全国优秀数学教师专著系列

奥数鼎级培优教程（高一分册）

AOSHU DINGJI PEIYOU JIAOCHENG (GAOYI FENCE)

马茂年　编著

哈爾濱工業大學出版社

HARBIN INSTITUTE OF TECHNOLOGY PRESS

大家書系

内容简介

本书以数学教学大纲为基础，归纳并总结了高一数学竞赛的热点专题，给出了不同的剖析与解法，同时对数学竞赛中的热点问题进行详细讲解，使学习者逐渐熟悉数学竞赛对学生的各项要求，积累有关答题节奏、答题策略等经验.

本书适用于参加高中数学竞赛的考生及高中数学教师参考使用.

图书在版编目(CIP)数据

奥数鼎级培优教程. 高一分册/马茂年编著. —哈尔滨：哈尔滨工业大学出版社，2018.9

ISBN 978－7－5603－7231－0

Ⅰ.①奥… Ⅱ.①马… Ⅲ.①中学数学课－高中－教学参考资料 Ⅳ.①G634.603

中国版本图书馆 CIP 数据核字(2018)第 020806 号

策划编辑 刘培杰 张永芹
责任编辑 张永芹 张永文
封面设计 孙茵艾
出版发行 哈尔滨工业大学出版社
社　　址 哈尔滨市南岗区复华四道街 10 号 邮编 150006
传　　真 0451－86414749
网　　址 http://hitpress.hit.edu.cn
印　　刷 哈尔滨市工大节能印刷厂
开　　本 787mm×1092mm 1/16 印张 36.75 字数 660 千字
版　　次 2018 年 9 月第 1 版 2018 年 9 月第 1 次印刷
书　　号 ISBN 978－7－5603－7231－0
定　　价 88.00 元

◎前言

众所周知,数学学习首先应该注重基础知识,基础知识包括基本理论、基本概念和基本运算,其次应该注重解题方法和技巧的研究.后者如何实施?许多人都说多做题,“熟读唐诗三百首,不会作诗也能吟”.诚然,多做题不失为一种方法,但不是捷径.经过多年高中数学竞赛教学实践,我们认为最有效的方法应该是注重题型和解题技巧的总结.

带着新学年的希望,《奥数鼎级培优教程》将陪伴大家一起成长,一同进取,一路思索,在求知殿堂里博取更广阔的天地.我们将以更充实的内容、更清晰的知识划分,依据课程标准与考试说明,依靠编者的深厚底蕴,集权威性、科学性、实用性、新颖性于一体,力求为大家在新学期的学习中助力,为大家在高考和竞赛中获取优异的成绩修桥铺路.

本书本着依据大纲、服务高考和竞赛、突出重点、推陈出新的编写理念,主要目的为巩固和强化高中数学竞赛知识,力求使同学们的数学解题能力有大幅度提高;同时进一步深化高中数学竞赛常见的数学思想与数学方法,归纳总结高中数学竞赛的热点专题,锻炼大家灵活运用数学竞赛基础知识和基本思想方法解题的能力,提醒大家对数学竞赛中的热点问题加以关注,使大家逐渐熟悉数学竞赛对学生的各项要求,积累有关答题策略方面的经验.

本书从历年的竞赛、高考试卷和国内外书刊、QQ 群、网页等资料中认真分析筛选出重要题型,然后归纳总结出各种题型的解题方法和技巧,旨在帮助广大数学爱好者在研究数学问题时能起到事半功倍、举一反三、触类旁通的效果.

本书是一套为快速提高数学竞赛解题水平和解密解题技巧而编写的顶尖之作,具有如下一些特点:

(1)遴选题型恰当,具有典型性、代表性、穿透性.所选题型有一定的难度、深度和广度,同时注意与高考、竞赛和研究紧密结合.

(2)针对题型精选例题的详尽分析和解答,对许多数学题的研究很有启发性.通过学习书中的解题过程和解法研究,考生能达到高考、竞赛试题解答口述和“秒杀”的从容境界.

(3)总结了一些全新的数学解题方法和技巧,可以大大提高学生的解题速度,拓宽解题思路,使其在高考和竞赛中一路高歌.

本书所选的都是一些经典的数学题,当然会有一定的深度,一定的难度.但作者充分了解这些问题的出题背景,求解和证明的过程中尽量做到深入浅出.任何事情都难以做到完美无缺,若偶有疏漏,或有考虑不周的地方,从某种意义上说,这种不足毋宁说是一种优点:它给读者留下思考、想象的空间.

作者虽倾心倾力,但限于能力和水平,难免有不妥之处,敬请广大读者和数学同行指正.

马茂年

2017.10

◎目录

第 1 讲　一元二次方程根的判别式与韦达定理

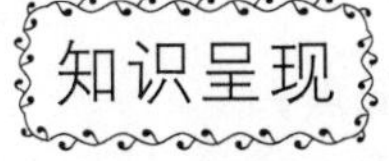

一、根的判别式

1. 一元二次方程根的判别式的定义

运用配方法解一元二次方程的过程中得到 $\left(x+\frac{b}{2a}\right)^2=\frac{b^2-4ac}{4a^2}$，显然只有当 $b^2-4ac\geqslant 0$ 时，才能直接开平方，得 $x+\frac{b}{2a}=\pm\sqrt{\frac{b^2-4ac}{4a^2}}$.

也就是说，一元二次方程 $ax^2+bx+c=0(a\neq 0)$ 只有当系数 a,b,c 满足条件 $\Delta=b^2-4ac\geqslant 0$ 时，才有实数根. b^2-4ac 叫作一元二次方程根的判别式.

2. 判别式与根的关系

在实数范围内，一元二次方程 $ax^2+bx+c=0(a\neq 0)$ 的根由其系数 a，b,c 确定，它的根的情况（是否有实数根）由 $\Delta=b^2-4ac$ 确定.

判别式：设一元二次方程为 $ax^2+bx+c=0(a\neq 0)$，其根的判别式为 $\Delta=b^2-4ac$，则：

(1) $\Delta>0\Leftrightarrow$ 方程 $ax^2+bx+c=0(a\neq 0)$ 有两个不相等的实数根 $x_{1,2}=\frac{-b\pm\sqrt{b^2-4ac}}{2a}$；

(2) $\Delta=0\Leftrightarrow$ 方程 $ax^2+bx+c=0(a\neq 0)$ 有两个相等的实数根 $x_1=x_2=-\frac{b}{2a}$；

(3) $\Delta<0\Leftrightarrow$ 方程 $ax^2+bx+c=0(a\neq 0)$ 没有实数根.

若 a,b,c 为有理数，且 Δ 为完全平方式，则方程的根为有理根；

若Δ为完全平方式，同时$-b\pm\sqrt{b^2-4ac}$是$2a$的整数倍，则方程的根为整数根.

说明 (1) 用判别式去判定方程的根时，要先求出判别式的值:上述判定法也可以反过来用，当方程有两个不相等的实数根时，$\Delta>0$;有两个相等的实数根时，$\Delta=0$;没有实数根时，$\Delta<0$.

(2) 在解一元二次方程时，一般情况下，首先要运用根的判别式$\Delta=b^2-4ac$判定方程根的情况(有两个不相等的实数根，有两个相等的实数根，无实数根). 当$\Delta=b^2-4ac=0$时，方程有两个相等的实数根(二重根)，不能说方程只有一个根.

① 当$a>0$时$\Leftrightarrow$抛物线开口向上$\Leftrightarrow$顶点为其最低点;

② 当$a<0$时$\Leftrightarrow$抛物线开口向下$\Leftrightarrow$顶点为其最高点.

3. 一元二次方程根的判别式的应用

一元二次方程根的判别式在以下几个方面有着广泛的应用:

(1) 运用判别式，判定方程实数根的个数;

(2) 利用判别式建立等式、不等式，求方程中参数值或取值范围;

(3) 通过判别式，证明与方程相关的代数问题;

(4) 借助判别式，运用一元二次方程必定有解的代数模型，解几何存在性问题，最值问题.

二、韦达定理

如果一元二次方程$ax^2+bx+c=0(a\neq0)$的两根为x_1,x_2，那么，就有

$$ax^2+bx+c=a(x-x_1)(x-x_2)$$

比较等式两边对应项的系数，得

$$\begin{cases}x_1+x_2=-\dfrac{b}{a} & ①\\ x_1x_2=\dfrac{c}{a} & ②\end{cases}$$

式①与式②也可以运用求根公式得到. 人们把公式①与②称之为韦达定理，即根与系数的关系.

因此，给定一元二次方程$ax^2+bx+c=0$就一定有式①②成立. 反过来，如果有两个数x_1,x_2满足式①②，那么这两个数x_1,x_2必是一个一元二次方程$ax^2+bx+c=0(a\neq0)$的根. 利用这一基本知识常可以简洁地处理问题.

利用根与系数的关系，我们可以不求方程$ax^2+bx+c=0$的根，而知其根

的正、负性.

在 $\Delta=b^2-4ac\geqslant 0$ 的条件下,我们有如下结论:

当 $\frac{c}{a}<0$ 时,方程的两根必一正一负.若 $-\frac{b}{a}\geqslant 0$,则此方程的正根不小于负根的绝对值;若 $-\frac{b}{a}<0$,则此方程的正根小于负根的绝对值.

当 $\frac{c}{a}>0$ 时,方程的两根同正或同负.若 $-\frac{b}{a}>0$,则此方程的两根均为正根;若 $-\frac{b}{a}<0$,则此方程的两根均为负根.

(1) 韦达定理

如果 $ax^2+bx+c=0(a\neq 0)$ 的两根是 x_1,x_2,则 $x_1+x_2=-\frac{b}{a}$,$x_1x_2=\frac{c}{a}$.(隐含的条件:$\Delta\geqslant 0$)

(2) 若 x_1,x_2 是 $ax^2+bx+c=0(a\neq 0)$ 的两根(其中 $x_1\geqslant x_2$),且 m 为实数,当 $\Delta\geqslant 0$ 时,一般地:

①$(x_1-m)(x_2-m)<0\Leftrightarrow x_1>m,x_2<m$;

②$(x_1-m)(x_2-m)>0$ 且 $(x_1-m)+(x_2-m)>0\Leftrightarrow x_1>m,x_2>m$;

③$(x_1-m)(x_2-m)>0$ 且 $(x_1-m)+(x_2-m)<0\Leftrightarrow x_1<m,x_2<m$.

特殊地,当 $m=0$ 时,上述就转化为 $ax^2+bx+c=0(a\neq 0)$ 有两异根、两正根、两负根的条件.

(3) 以两个数 x_1,x_2 为根的一元二次方程(二次项系数为 1) 是:$x^2-(x_1+x_2)x+x_1x_2=0$.

(4) 其他

① 若有理系数一元二次方程有一根 $a+\sqrt{b}$,则必有一根 $a-\sqrt{b}$(a,b 为有理数);

② 若 $ac<0$,则方程 $ax^2+bx+c=0(a\neq 0)$ 必有实数根;

③ 若 $ac>0$,则方程 $ax^2+bx+c=0(a\neq 0)$ 不一定有实数根;

④ 若 $a+b+c=0$,则方程 $ax^2+bx+c=0(a\neq 0)$ 必有一根 $x=1$;

⑤ 若 $a-b+c=0$,则方程 $ax^2+bx+c=0(a\neq 0)$ 必有一根 $x=-1$.

(5) 韦达定理主要用于以下几个方面

① 已知方程的一个根,求另一个根以及确定方程参数的值;

② 已知方程,求关于方程的两根的代数式的值;

③ 已知方程的两个根,求方程;

④ 结合根的判别式,讨论根的符号特征;

⑤ 逆用构造一元二次方程辅助解题:当已知等式具有相同的结构时,就可以把某两个变元看作某个一元二次方程的两根,以便利用韦达定理;

⑥ 利用韦达定理求出一元二次方程中待定系数后,一定要验证方程的Δ.在一些考试中,往往利用这一点设置陷阱.

典例展示

例 1 已知关于 x 的方程 $x^2+(m-2)x+m^2+1=0$ 有两个实数根,并且这两个实数根的平方和比它们的积大 3,求 m 的值.

解 设方程的两个根为 x_1,x_2.由已知方程有两个实数根,知 $\Delta=(m-2)^2-4(m^2+1)\geqslant 0$,解得 $-\frac{4}{3}\leqslant m\leqslant 0$.

又有条件 $x_1^2+x_2^2=x_1x_2+3$,即 $(x_1+x_2)^2=3x_1x_2+3$.

利用韦达定理,得 $(m-2)^2=3(m^2+1)+3$,解得 $m=-1$.

例 2 已知一元二次方程 $x^2+2x+m+2=0$,求:

(1) 当 m 满足什么条件时,方程有两个负根?

(2) 当 m 满足什么条件时,方程有一个正根和一个负根?

解 若一元二次方程有实根,则必须满足 $\Delta=4-4(m+2)\geqslant 0$,解得 $m\leqslant -1$.

若方程有两个实根 x_1,x_2,则:

(1) 若方程的两根为负根,则 $\begin{cases}x_1+x_2<0\\x_1x_2>0\end{cases}$,得 $m+2>0$,即 $m>-2$.所以 $m\in(-2,-1]$.

(2) 若方程的两根为一正一负,则必须满足 $x_1x_2<0$,即 $m+2<0$,解得 $m<-2$.所以 $m\in(-\infty,-2)$.

例 3 已知函数 $y=x^2-2(m+2)x+m^2+4m$,求证:函数图像与 x 轴恒有两个交点 A,B,并求 A,B 两点间的距离.

证明 函数图像与 x 轴恒有两个交点,等价于方程 $x^2-2(m+2)x+m^2+4m=0$ 恒有两个不同的解.由条件得

$$\Delta=4(m+2)^2-4(m^2+4m)=16>0$$

故函数图像与 x 轴恒有两个交点 A,B.

此时 A,B 两点间的距离可用公式

$$|AB|=|x_1-x_2|=\sqrt{(x_1-x_2)^2}=\sqrt{(x_1+x_2)^2-4(x_1x_2)}$$

由韦达定理$\begin{cases}x_1+x_2=2(m+2)\\x_1x_2=m^2+4m\end{cases}$，代入以上公式，可得 $|AB|=4$.

例4　已知一元二次方程 $4x^2-4(m-1)x-m^2=0$. 若该方程的两个实数根 x_1,x_2 满足 $|x_1|=|x_2|+1$，求 m 的值及相应的 x_1,x_2.

解　由 $\Delta=16(m-1)^2+16m^2>0$ 知方程恒有两个不同的实数根，且由 $x_1x_2=-\frac{m^2}{4}\leqslant 0$ 可知：若方程的一根为 0，即若 $m=0$，则方程的两根为 0 和 -1，满足条件 $|x_1|=|x_2|+1$；若方程的根不为 0，则方程的根为一正一负，此时由 $|x_1|=|x_2|+1$，可得 $x_1=-x_2+1$，即 $x_1+x_2=1$，解得 $m=2$，此时原方程的根为$\frac{1\pm\sqrt{5}}{2}$；或由 $-x_1=x_2+1$，解得 $m=0$，不符合题意.

故当 $m=0$ 时，方程的根为 0 和 -1；当 $m=2$ 时，方程的根为$\frac{1\pm\sqrt{5}}{2}$.

例5　已知 a,b,c 是实数，且 $a=b+c+1$. 求证：在两个方程 $x^2+x+b=0$ 与 $x^2+ax+c=0$ 中，至少有一个方程有两个不相等的实数根.

证明　(用反证法)

设两个方程都没有两个不相等的实数根，那么 $\Delta_1\leqslant 0$ 和 $\Delta_2\leqslant 0$.

即

$$\begin{cases}1-4b\leqslant 0 & ① \\ a^2-4c\leqslant 0 & ② \\ a=b+c+1 & ③\end{cases}$$

由式①得 $b\geqslant\frac{1}{4}$，$b+1\geqslant\frac{5}{4}$ 代入式③，得

$$a-c=b+1\geqslant\frac{5}{4},4c\leqslant 4a-5 \qquad ④$$

②+④得 $a^2-4a+5\leqslant 0$，即 $(a-2)^2+1\leqslant 0$，这是不能成立的.

既然 $\Delta_1\leqslant 0$ 和 $\Delta_2\leqslant 0$ 不能同时成立，那么必有一个大于 0.

所以在方程 $x^2+x+b=0$ 与 $x^2+ax+c=0$ 中，至少有一个方程有两个不相等的实数根.

说明　本题也可用直接法证明：当 $\Delta_1+\Delta_2>0$ 时，则 Δ_1 和 Δ_2 中至少有一个是正数.

例6　已知首项系数不相等的两个方程 $(a-1)x^2-(a^2+2)x+(a^2+2a)=0$ 和 $(b-1)x^2-(b^2+2)x+(b^2+2b)=0$（其中 a,b 为正整数）有一个公共根，求 a,b 的值.

解法一　设

$$(a-1)x^2-(a^2+2)x+(a^2+2a)=0 \quad ①$$
$$(b-1)x^2-(b^2+2)x+(b^2+2b)=0 \quad ②$$

用因式分解法求得:

方程 ① 的两个根是 a 和 $\dfrac{a+2}{a-1}$,方程 ② 的两个根是 b 和 $\dfrac{b+2}{b-1}$.

由已知 $a>1,b>1$ 且 $a\neq b$.

所以公共根是 $a=\dfrac{b+2}{b-1}$ 或 $b=\dfrac{a+2}{a-1}$.

两个等式去分母后的结果是一样的,即

$$ab-a=b+2,ab-a-b+1=3,(a-1)(b-1)=3$$

因为 a,b 都是正整数,所以

$$\begin{cases}a-1=1\\b-1=3\end{cases}\text{或}\begin{cases}a-1=3\\b-1=1\end{cases}$$

解得

$$\begin{cases}a=2\\b=4\end{cases}\text{或}\begin{cases}a=4\\b=2\end{cases}$$

解法二 设公共根为 x_0,那么

$$\begin{cases}(a-1)x_0^2-(a^2+2)x_0+(a^2+2a)=0 & ①\\(b-1)x_0^2-(b^2+2)x_0+(b^2+2b)=0 & ②\end{cases}$$

先消去二次项:① $\times(b-1)-$ ② $\times(a-1)$ 得

$$[-(a^2+2)(b-1)+(b^2+2)(a-1)]x_0+$$
$$(a^2+2a)(b-1)-(b^2+2b)(a-1)=0$$

整理得

$$(a-b)(ab-a-b-2)(x_0-1)=0$$

因为 $a\neq b$,所以

$$x_0=1\text{ 或 }ab-a-b-2=0$$

当 $x_0=1$ 时,由方程 ① 得 $a=1$,所以 $a-1=0$,故方程 ① 不是二次方程.

所以 x_0 不是公共根.

当 $ab-a-b-2=0$ 时,得 $(a-1)(b-1)=3$.

因为 a,b 都是正整数,所以

$$\begin{cases}a-1=1\\b-1=3\end{cases}\text{或}\begin{cases}a-1=3\\b-1=1\end{cases}$$

解得

$$\begin{cases}a=2\\b=4\end{cases}\text{或}\begin{cases}a=4\\b=2\end{cases}$$

例 7　已知 m,n 是不相等的实数，方程 $x^2+mx+n=0$ 的两根差与方程 $y^2+ny+m=0$ 的两根差相等，求 $m+n$ 的值.

解　方程 $x^2+mx+n=0$ 的两根差是

$$|x_1-x_2|=\sqrt{(x_1-x_2)^2}=\sqrt{(x_1+x_2)^2-4x_1x_2}=\sqrt{m^2-4n}$$

同理方程 $y^2+ny+m=0$ 的两根差是 $|y_1-y_2|=\sqrt{n^2-4m}$.

依题意，得

$$\sqrt{m^2-4n}=\sqrt{n^2-4m}$$

两边平方，得

$$m^2-4n=n^2-4m$$

所以

$$(m-n)(m+n+4)=0$$

因为 $m\neq n$，所以

$$m+n+4=0$$

即

$$m+n=-4$$

例 8　若 a,b,c 都是奇数，求证：一元二次方程 $ax^2+bx+c=0(a\neq 0)$ 没有有理数根.

证明　设方程有一个有理数根 $\frac{n}{m}$（m,n 是互素的整数），那么

$$a\left(\frac{n}{m}\right)^2+b\left(\frac{n}{m}\right)+c=0$$

即

$$an^2+bmn+cm^2=0$$

分 m,n 为奇数、偶数进行讨论.

因为 m,n 互素，所以不可能同为偶数.

(1) 当 m,n 同为奇数时，$an^2+bmn+cm^2$ 是奇数＋奇数＋奇数＝奇数 $\neq 0$；

(2) 当 m 为奇数，n 为偶数时，$an^2+bmn+cm^2$ 是偶数＋偶数＋奇数＝奇数 $\neq 0$；

(3) 当 m 为偶数，n 为奇数时，$an^2+bmn+cm^2$ 是奇数＋偶数＋偶数＝奇数 $\neq 0$.

综上所述，不论 m,n 取什么整数，方程 $a\left(\frac{n}{m}\right)^2+b\left(\frac{n}{m}\right)+c=0$ 都不成立，即假设方程有一个有理数根是不成立的.

所以当 a,b,c 都是奇数时，方程 $ax^2+bx+c=0(a\neq 0)$ 没有有理数根.

例 9 求证:对于任意一个矩形 A,总存在一个矩形 B,使得矩形 B 与矩形 A 的周长比和面积比都等于 $k(k\geqslant 1)$.

证明 设矩形 A 的长为 a,宽为 b,矩形 B 的长为 c,宽为 d.

根据题意,得

$$\frac{c+d}{a+b}=\frac{cd}{ab}=k$$

所以

$$c+d=(a+b)k,cd=abk$$

由韦达定理的逆定理,得 c,d 是方程 $z^2-(a+b)kz+abk=0$ 的两个根.

所以

$$\begin{aligned}\Delta=&[-(a+b)k]^2-4abk=\\&(a^2+2ab+b^2)k^2-4abk=\\&k[(a^2+2ab+b^2)k-4ab]\end{aligned}$$

因为 $k\geqslant 1,a^2+b^2\geqslant 2ab$,所以

$$a^2+2ab+b^2\geqslant 4ab,(a^2+2ab+b^2)k\geqslant 4ab$$

于是 $\Delta\geqslant 0$.

所以一定有 c,d 值满足题设的条件.

即总存在一个矩形 B,使得矩形 B 与矩形 A 的周长比和面积比都等于 $k(k\geqslant 1)$.

例 10 k 取什么整数值时,下列方程有两个整数解?

(1)$(k^2-1)x^2-6(3k-1)x+72=0$;

(2)$kx^2+(k^2-2)x-(k+2)=0$.

解 (1) 用因式分解法求得两个根是

$$x_1=\frac{12}{k+1},x_2=\frac{6}{k-1}$$

由 x_1 是整数,得

$$k+1=\pm 1,\pm 2,\pm 3,\pm 4,\pm 6,\pm 12$$

由 x_2 是整数,得

$$k-1=\pm 1,\pm 2,\pm 3,\pm 6$$

它们的公共解是

$$k=0,2,-2,3,-5$$

故当 $k=0,2,-2,3,-5$ 时,方程$(k^2-1)x^2-6(3k-1)x+72=0$ 有两个整数解.

(2) 根据韦达定理,得

$$\begin{cases} x_1+x_2=-\dfrac{k^2-2}{k}=-k+\dfrac{2}{k} \\ x_1x_2=-\dfrac{k+2}{k}=-1-\dfrac{2}{k} \end{cases}$$

因为 x_1,x_2,k 都是整数，所以 $k=\pm1,\pm2$.（这只是整数解的必要条件，而不是充分条件，故要进行检验.）

把 $k=1,-1,2,-2$ 分别代入原方程检验，只有当 $k=2$ 和 $k=-2$ 时符合题意.

故当 k 取 2 和 -2 时，方程 $kx^2+(k^2-2)x-(k+2)=0$ 有两个整数解.

课外训练

1.（1）如果方程 $ax^2+bx+c=0(a\neq0)$ 的两个根是 x_1,x_2，那么 $x_1+x_2=$________，$x_1x_2=$________；

（2）已知一元二次方程 $2x^2-3x+m=0$ 的两个根之差为 $\dfrac{5}{2}$，则 $m=$________.

2.（1）若关于 x 的方程 $x^2+2(m-1)x+4m^2=0$ 有两个实根，且两根互为倒数，则 $m=$________；

（2）已知方程 $2x^2+kx-4=0$ 的一个根是 -4，则其另一个根为________，$k=$________.

3.（1）方程 $(1-m)x^2-x-1=0$ 有两个不相等的实数根，那么整数 m 的最大值是________.

（2）已知方程 $x^2-(2m-1)x-4m+2=0$ 的两个实数根的平方和等于 5，则 $m=$________.

4. 已知菱形 $ABCD$ 的边长为 5，两条对角线 AC,BD 相交于点 O，OA,OB 的长是关于 x 的方程 $x^2+(2m-1)x+m^2+3=0$ 的两个根，则 $m=$________.

5. 如果一元二次方程的两个实数根的平方和等于 5，两个实数根的积是 2，那么这个方程是________.

6. 如果方程 $(x-1)(x^2-2x+m)=0$ 的三个根可作为一个三角形的三边长，那么实数 m 的取值范围是________.

7. 如果方程 $x^2+px+q=0$ 的一个实数根是另一个实数根的 2 倍，那么 p，q 应满足的关系是________.

8. 已知方程 $x^2+ax+b=0$ 的两个实数根各加上 1，就是方程 $x^2-a^2x+ab=0$ 的两个实数根，则 a,b 的值或取值范围分别为________，________.

9. 已知 α,β 是方程 $2x^2-5x+1=0$ 的两个根，求出下列各式的值：

(1) $\frac{1}{\alpha}+\frac{1}{\beta}$；

(2) $\alpha^2+\beta^2$；

(3) $|\alpha-\beta|$.

10. 方程 $x^2+3x+m=0$ 中的 m 是什么数值时，方程的两个实数根满足：

(1) 一个根比另一个根大 2；

(2) 一个根是另一个根的 3 倍；

(3) 两个根差的平方是 17.

11. 已知关于 x 的一元二次方程 $x^2+(4m+1)x+2m-1=0$.

(1) 求证：无论实数 m 取何值，方程都有实根；

(2) 设 x_1,x_2 是方程的两个实根，且 $\frac{1}{x_1}+\frac{1}{x_2}=-\frac{1}{2}$，求 m 的值.

第 2 讲　一元二次方程根的分布讨论

知识呈现

一元二次方程的实数根分布问题，即一元二次方程的实数根在什么区间内的问题，借助二次函数及其图像利用数形结合的方法来研究是非常有益的.

设 $f(x)=ax^2+bx+c(a\neq 0)$ 的两个实数根为 $x_1,x_2(x_1<x_2)$，$\Delta=b^2-4ac$，且 $\alpha,\beta(\alpha<\beta)$ 是预先给定的两个实数.

(1) 当两根都在 (α,β) 内时，方程系数所满足的充要条件为：

因为 $\alpha<x_1<x_2<\beta$，对应的二次函数 $f(x)$ 的图像如图 1 所示：

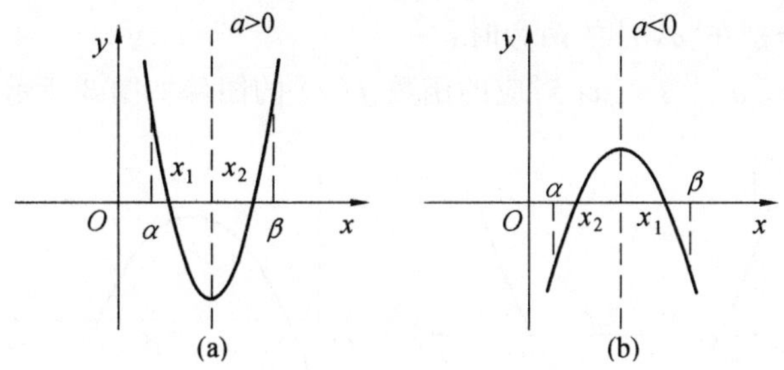

图 1

当 $a>0$ 时的充要条件是：$\Delta>0,\alpha<-\dfrac{b}{2a}<\beta,f(\alpha)>0,f(\beta)>0$.

当 $a<0$ 时的充要条件是：$\Delta>0,\alpha<-\dfrac{b}{2a}<\beta,f(\alpha)<0,f(\beta)<0$.

两种情形合并后的充要条件是

$$\begin{cases}\Delta>0,\alpha<-\dfrac{b}{2a}<\beta\\ af(\alpha)>0,af(\beta)>0\end{cases}\qquad ①$$

(2) 当两根中有且仅有一根在 (α,β) 内时，方程系数所满足的充要条件为：

因为 $\alpha<x_1<\beta$ 或 $\alpha<x_2<\beta$，对应的函数 $f(x)$ 的图像如图 2 所示：

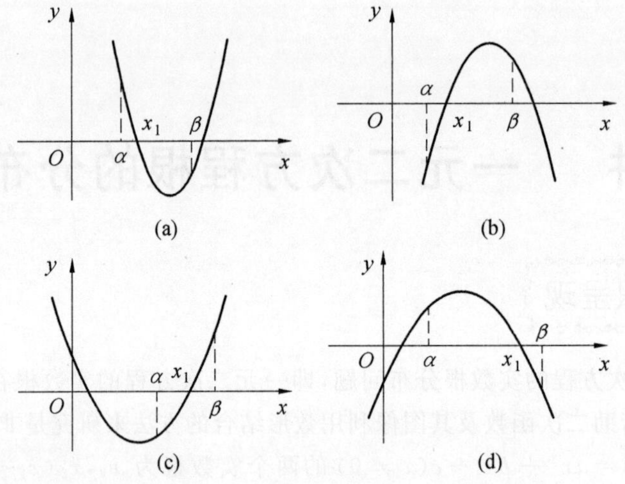

图 2

从四种情形得充要条件是

$$f(\alpha)\cdot f(\beta)<0 \qquad ②$$

(3) 当两根都不在$[\alpha,\beta]$内时,方程系数所满足的充要条件为:

当两根分别在$[\alpha,\beta]$的两旁时:

因为$x_1<\alpha<\beta<x_2$对应的函数$f(x)$的图像如图3所示:

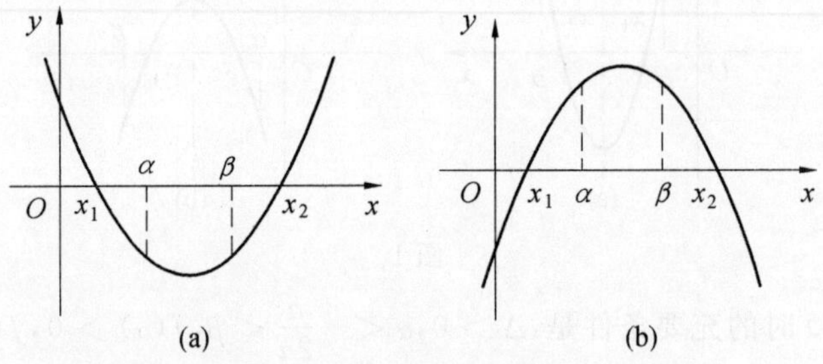

图 3

当$a>0$时的充要条件是:$f(\alpha)<0$,$f(\beta)<0$.

当$a<0$时的充要条件是:$f(\alpha)>0$,$f(\beta)>0$.

两种情形合并后的充要条件是

$$af(\alpha)<0,af(\beta)<0 \qquad ③$$

当两根分别在$[\alpha,\beta]$之外的同侧时:

因为$x_1<x_2<\alpha<\beta$或$\alpha<\beta<x_1<x_2$,对应函数$f(x)$的图像如图4所示:

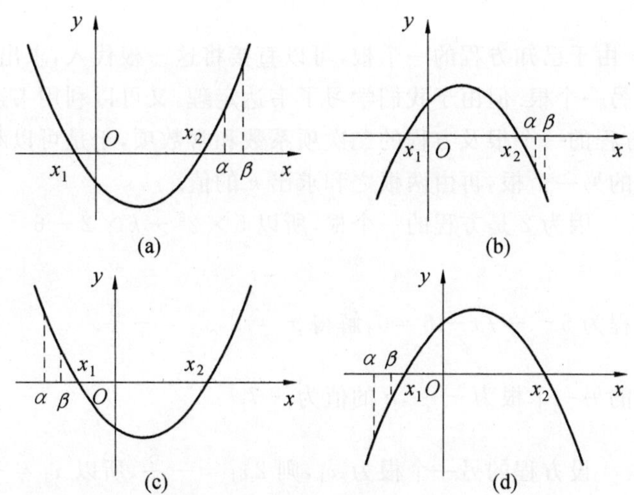

图 4

当 $x_1 < x_2 < \alpha$ 时的充要条件是

$$\Delta > 0, -\frac{b}{2a} < \alpha, af(\alpha) > 0 \qquad ④$$

当 $\beta < x_1 < x_2$ 时的充要条件是

$$\Delta > 0, -\frac{b}{2a} > \beta, af(\beta) > 0 \qquad ⑤$$

(3) 区间根定理

如果在 (a,b) 上有 $f(a) \cdot f(b) < 0$，则至少存在一个 $x \in (a,b)$，使 $f(x) = 0$（图 5）.

此定理即区间根定理，又称作勘根定理，它在判断根的位置时会发挥巨大的威力.

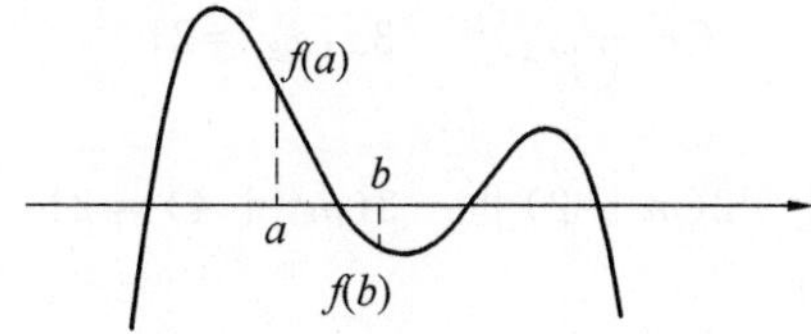

图 5

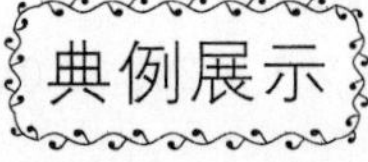

例 1　已知方程 $5x^2 + kx - 6 = 0$ 的一个根是 2，求它的另一个根及 k 的

值.

分析 由于已知方程的一个根,可以直接将这一根代入,求出 k 的值,再由方程解出另一个根.但由于我们学习了韦达定理,又可以利用韦达定理来解题,即已知方程的一个根及方程的二次项系数和常数项,于是可以利用两根之积求出方程的另一个根,再由两根之和求出 k 的值.

解法一 因为 2 是方程的一个根,所以 $5\times 2^2+k\times 2-6=0$,于是 $k=-7$.

所以方程为 $5x^2-7x-6=0$,解得 $x_1=2,x_2=-\frac{3}{5}$.

故方程的另一个根为 $-\frac{3}{5}$,k 的值为 -7.

解法二 设方程的另一个根为 x_1,则 $2x_1=-\frac{6}{5}$,所以 $x_1=-\frac{3}{5}$.

由 $-\frac{3}{5}+2=-\frac{k}{5}$,得 $k=-7$.

故方程的另一个根为 $-\frac{3}{5}$,k 的值为 -7.

例 2 已知关于 x 的方程 $x^2+2(m-2)x+m^2+4=0$ 有两个实数根,并且这两个实数根的平方和比两个根的积大 21,求 m 的值.

分析 本题可以利用韦达定理,由实数根的平方和比两个根的积大 21,得到关于 m 的方程,从而解得 m 的值.但在解题中需要特别注意的是,由于所给的方程有两个实数根,因此,其根的判别式应大于零.

解 设 x_1,x_2 是方程的两根,由韦达定理,得

$$x_1+x_2=-2(m-2),x_1x_2=m^2+4$$

因为 $x_1^2+x_2^2-x_1x_2=21$,所以

$$(x_1+x_2)^2-3x_1x_2=21$$

即

$$[-2(m-2)]^2-3(m^2+4)=21$$

化简,得

$$m^2-16m-17=0$$

解得 $m=-1$,或 $m=17$.

当 $m=-1$ 时,方程为 $x^2-6x+5=0$,$\Delta>0$,满足题意;

当 $m=17$ 时,方程为 $x^2+30x+293=0$,$\Delta=30^2-4\times 1\times 293<0$,不符合题意,舍去.

综上所述,$m=-1$.

例 3　(1) 已知两个数的和为 4，积为 -12，求这两个数；

(2) 若关于 x 的一元二次方程 $x^2-x+a-4=0$ 的一根大于零，另一根小于零，求实数 a 的取值范围.

分析　(1) 我们可以设这两个数分别为 x,y，利用二元方程求解出这两个数，也可以利用韦达定理转化为一元二次方程来求解.

解法一　设这两个数分别是 x,y，则

$$x+y=4 \qquad ①$$

$$xy=-12 \qquad ②$$

由式 ①，得 $y=4-x$，代入式 ②，得 $x(4-x)=-12$，即

$$x^2-4x-12=0$$

所以

$$x_1=-2, x_2=6$$

于是

$$\begin{cases}x_1=-2\\y_1=6\end{cases} \text{或} \begin{cases}x_2=6\\y_2=-2\end{cases}$$

故这两个数是 -2 和 6.

解法二　由韦达定理可知，这两个数是方程 $x^2-4x-12=0$ 的两个根.

解这个方程，得 $x_1=-2, x_2=6$.

所以，这两个数是 -2 和 6.

从上面的两种解法我们不难发现，解法二(直接利用韦达定理来解题) 要比解法一简洁.

(2) 设 x_1,x_2 是方程的两根，则

$$x_1x_2=a-4<0 \qquad ③$$

且

$$\Delta=(-1)^2-4(a-4)>0 \qquad ④$$

由式 ③ 得 $$a<4$$

由式 ④ 得 $$a<\frac{17}{4}$$

故 a 的取值范围是 $a<4$.

例 4　若 x_1 和 x_2 分别是一元二次方程 $2x^2+5x-3=0$ 的两根.

(1) 求 $|x_1-x_2|$ 的值；

(2) 求 $\frac{1}{x_1^2}+\frac{1}{x_2^2}$ 的值；

(3) 求 $x_1^3+x_2^3$ 的值.

解　因为 x_1 和 x_2 分别是一元二次方程 $2x^2+5x-3=0$ 的两根，所以

$$x_1+x_2=-\frac{5}{2},x_1x_2=-\frac{3}{2}$$

(1) 因为

$$|x_1-x_2|^2=x_1^2+x_2^2-2x_1x_2=(x_1+x_2)^2-4x_1x_2=\left(-\frac{5}{2}\right)^2-4\times\left(-\frac{3}{2}\right)=\frac{25}{4}+6=\frac{49}{4}$$

所以 $|x_1-x_2|=\frac{7}{2}$.

(2) $\frac{1}{x_1^2}+\frac{1}{x_2^2}=\frac{x_1^2+x_2^2}{x_1^2\cdot x_2^2}=\frac{(x_1+x_2)^2-2x_1x_2}{(x_1x_2)^2}=\frac{\left(-\frac{5}{2}\right)^2-2\times\left(-\frac{3}{2}\right)}{\left(-\frac{3}{2}\right)^2}=\frac{\frac{25}{4}+3}{\frac{9}{4}}=\frac{37}{9}$.

(3) $x_1^3+x_2^3=(x_1+x_2)(x_1^2-x_1x_2+x_2^2)=(x_1+x_2)[(x_1+x_2)^2-3x_1x_2]=\left(-\frac{5}{2}\right)\times\left[\left(-\frac{5}{2}\right)^2-3\times\left(-\frac{3}{2}\right)\right]=-\frac{215}{8}$.

说明　一元二次方程的两根之差的绝对值是一个重要的量,今后我们经常会遇到求这一个量的问题,为了解题简便,我们可以探讨出其一般规律.

设 x_1 和 x_2 是一元二次方程 $ax^2+bx+c=0(a\neq 0)$ 的两根,则

$$x_1=\frac{-b+\sqrt{b^2-4ac}}{2a},x_2=\frac{-b-\sqrt{b^2-4ac}}{2a}$$

所以

$$|x_1-x_2|=\left|\frac{-b+\sqrt{b^2-4ac}}{2a}-\frac{-b-\sqrt{b^2-4ac}}{2a}\right|=\left|\frac{2\sqrt{b^2-4ac}}{2a}\right|=\frac{\sqrt{b^2-4ac}}{|a|}=\frac{\sqrt{\Delta}}{|a|}$$

于是有下面的结论:

若 x_1 和 x_2 分别是一元二次方程 $ax^2+bx+c=0(a\neq 0)$ 的两根,则 $|x_1-x_2|=\frac{\sqrt{\Delta}}{|a|}$(其中 $\Delta=b^2-4ac$).

例 5　(1) 关于 x 的方程 $(m+3)x^2-4mx+2m-1=0$ 的两根异号,且负根的绝对值比正根大,求实数 m 的取值范围;

(2) 已知二次方程 $2x^2-(m+1)x+m=0$ 有且仅有一实根在 $(0,1)$ 内,求 m 的取值范围.

解　(1) 由题意知，$\begin{cases}-\dfrac{-4m}{m+3}<0\\ \dfrac{2m-1}{m+3}<0\end{cases}\Rightarrow -3<m<0$，即实数 m 的取值范围是 $(-3,0)$.

(2) 设 $f(x)=2x^2-(m+1)x+m$，依题意 $f(0)\cdot f(1)<0$，所以 $m<0$.

又当 $f(0)=0$，即 $m=0$ 时，由 $f(x)=2x^2-x=0$，得 $x_1=0,x_2=\dfrac{1}{2}$，符合题意.

当 $f(1)=0$ 时，$1=0$ 无解.

综上所述，m 的取值范围是 $(-\infty,0]$.

例 6　(1) 若关于 x 的一元二次方程 $x^2+2mx+2m+1=0$ 有两个不等的实数根，求实数 m 的取值范围，使得两根均在 $(0,1)$ 内.

(2) 设函数 $f(x)=\begin{cases}x^2+bx+c(x\leqslant 0)\\ \pi(x>0)\end{cases}$，若 $f(-4)=f(0)$，$f(-2)=-2$，求方程 $f(x)=x$ 的解.

解　(1) 由条件知

$$\begin{cases}0<-\dfrac{b}{2a}=-m<1\\ \Delta=(2m)^2-4(2m+1)>0\\ f(0)>0,f(1)>0\end{cases}\Rightarrow -\frac{1}{2}<m<1-\sqrt{2}$$

即实数 m 的取值范围是 $\left(-\dfrac{1}{2},1-\sqrt{2}\right)$.

(2) 依题意，得 $16-4b+c=c$，所以 $b=4$.

又因为 $4-2b+c=-2$，所以 $c=2$，于是函数解析式为

$$f(x)=\begin{cases}x^2+4x+2 & (x\leqslant 0)\\ \pi & (x>0)\end{cases}$$

则方程 $f(x)=x$ 转化为 $x=\pi$，或 $x=x^2+4x+2$，解得 $x_1=-2,x_2=-1$，$x_3=\pi$.

例 7　二次函数 $f(x)=ax^2+bx+1(a>0)$，设 $f(x)=x$ 的两个实根为 x_1,x_2.

(1) 如果 $b=2$ 且 $|x_2-x_1|=2$，求 a 的值；

(2) 如果 $x_1<2<x_2<4$，设函数 $f(x)$ 的图像的对称轴为 $x=x_0$，求证：$x_0>-1$.

解　(1) 当 $b=2$ 时，$f(x)=ax^2+2x+1(a>0)$，方程 $f(x)=x$ 为 ax^2+

$x+1=0$.因此

$$|x_2-x_1|=2\Rightarrow(x_2-x_1)^2=4\Rightarrow(x_1+x_2)^2-4x_1x_2=4 \quad ①$$

由韦达定理可知,$x_1+x_2=-\dfrac{2}{a}$,$x_1x_2=\dfrac{1}{a}$,代入式 ① 可得

$$4a^2+4a-1=0$$

解得

$$a=\frac{-1+\sqrt{2}}{2},a=\frac{-1-\sqrt{2}}{2}\quad(\text{舍去})$$

(2) 因为 $ax^2+(b-1)x+1=0(a>0)$ 的两根满足 $x_1<2<x_2<4$,设

$$g(x)=ax^2+(b-1)x+1$$

所以$\begin{cases}g(2)<0\\g(4)>0\end{cases}$,即

$$\begin{cases}4a+2(b-1)+1<0\\16a+4(b-1)+1>0\end{cases}\Rightarrow\begin{cases}2a>\dfrac{1}{4}\\b<\dfrac{1}{4}\end{cases}\Rightarrow 2a-b>0$$

又因为函数 $f(x)$ 的对称轴为 $x=x_0$,所以

$$x_0=-\frac{b}{2a}>-1$$

例 8 已知 a 是实数,函数 $f(x)=2ax^2+2x-3-a$,如果函数 $y=f(x)$ 在$[-1,1]$上有零点,求 a 的取值范围.

解 函数 $y=f(x)$ 在$[-1,1]$上有零点,等价于:

(1) 函数 $y=f(x)$ 在$[-1,1]$上与 x 轴有两个不同的交点,即方程 $2ax^2+2x-3-a=0$ 在$[-1,1]$上有两个不同的解,得

$$\begin{cases}a>0\\\Delta=(2)^2-8a(-3-a)\geqslant 0\Rightarrow a\geqslant 5\\f(-1)\geqslant 0,f(1)\geqslant 0\end{cases}$$

或

$$\begin{cases}a<0\\\Delta=(2)^2-8a(-3-a)\geqslant 0\Rightarrow a\leqslant-\dfrac{3+\sqrt{7}}{2}\\f(-1)\leqslant 0,f(1)\leqslant 0\end{cases}$$

(2) 函数 $y=f(x)$ 在$[-1,1]$上与 x 轴有一个交点,即

$$f(-1)\cdot f(1)<0\Rightarrow 1\leqslant a\leqslant 5$$

故满足条件的实数 a 的取值范围是$\left(-\infty,-\dfrac{3+\sqrt{7}}{2}\right]\cup[1,+\infty)$.

例 9　已知关于 x 的方程 $x^2-(m-2)x-\frac{m^2}{4}=0$.

(1) 求证：无论 m 取什么实数时，这个方程总有两个相异实数根；

(2) 若这个方程的两个实数根 x_1, x_2 满足 $|x_2|=|x_1|+2$，求 m 的值及相应的 x_1, x_2.

证明　(1)$\Delta=2(m-1)^2+2>0$；

(2) 因为 $x_1x_2=-\frac{m^2}{4}\leqslant 0$，所以 $x_1\leqslant 0, x_2\geqslant 0$，或 $x_1\geqslant 0, x_2\leqslant 0$.

① 若 $x_1\leqslant 0, x_2\geqslant 0$，则 $x_2=-x_1+2$，所以 $x_1+x_2=2$，于是 $m-2=2$，所以 $m=4$. 此时，方程为 $x^2-2x-4=0$，所以 $x_1=1+\sqrt{5}, x_2=1-\sqrt{5}$；

② 若 $x_1\geqslant 0, x_2\leqslant 0$，则 $-x_2=x_1+2$，所以 $x_1+x_2=-2$，于是 $m-2=-2$，所以 $m=0$. 此时，方程为 $x^2+2x=0$，所以 $x_1=0, x_2=-2$.

例 10　已知 x_1, x_2 是关于 x 的一元二次方程 $4kx^2-4kx+k+1=0$ 的两个实数根.

(1) 是否存在实数 k，使 $(2x_1-x_2)(x_1-2x_2)=-\frac{3}{2}$ 成立？若存在，求出 k 的值；若不存在，请说明理由；

(2) 求使 $\frac{x_1}{x_2}+\frac{x_2}{x_1}-2$ 的值为整数的实数 k 的整数值；

(3) 若 $k=-2, \lambda=\frac{x_1}{x_2}$，试求 λ 的值.

解　(1) 假设存在实数 k，使 $(2x_1-x_2)(x_1-2x_2)=-\frac{3}{2}$ 成立.

因为一元二次方程 $4kx^2-4kx+k+1=0$ 有两个实数根，所以 $k\neq 0$，且 $\Delta=16k^2-16k(k+1)=-16k\geqslant 0$，所以 $k<0$.

因为 $x_1+x_2=1, x_1x_2=\frac{k+1}{4k}$，所以

$$(2x_1-x_2)(x_1-2x_2)=2x_1^2-5x_1x_2+2x_2^2=2(x_1+x_2)^2-9x_1x_2=$$
$$2-\frac{9(k+1)}{4k}=-\frac{3}{2}$$

即 $\frac{9(k+1)}{4k}=\frac{7}{2}$，解得 $k=\frac{9}{5}$，与 $k<0$ 相矛盾，所以不存在实数 k，使 $(2x_1-x_2)(x_1-2x_2)=-\frac{3}{2}$ 成立.

(2) 因为

$$\frac{x_1}{x_2}+\frac{x_2}{x_1}-2=\frac{x_1^2+x_2^2}{x_1x_2}-2=\frac{(x_1+x_2)^2-2x_1x_2}{x_1x_2}-2=$$

$$\frac{(x_1+x_2)^2}{x_1x_2}-4=\frac{4k}{k+1}-4=\frac{4k-4(k+1)}{k+1}=-\frac{4}{k+1}$$

所以要使$\frac{x_1}{x_2}+\frac{x_2}{x_1}-2$的值为整数，只需$k+1$能整除4. 而$k$为整数，所以$k+1$只能取$\pm1,\pm2,\pm4$. 又因为$k<0$，所以$k+1<1$，所以$k+1$只能取$-1,-2,-4$，于是$k=-2,-3,-5$.

故能使$\frac{x_1}{x_2}+\frac{x_2}{x_1}-2$的值为整数的实数$k$的整数值为$-2,-3,-5$.

(3) 当$k=-2$时，有

$$x_1+x_2=1 \quad ①$$

$$x_1x_2=\frac{1}{8} \quad ②$$

①^2 ÷ ②，得

$$\frac{x_1}{x_2}+\frac{x_2}{x_1}+2=8$$

即$\lambda+\frac{1}{\lambda}=6$，所以

$$\lambda^2-6\lambda+1=0$$

故$\lambda=3\pm2\sqrt{2}$.

课外训练

1. 设$k\in\mathbf{R}$，x_1,x_2是方程$x^2-2kx+1-k^2=0$的两个实根，则$x_1^2+x_2^2$的最小值是________.

2. 关于x的方程$2kx^2-2x-3k-2=0$的两实根，一个大于1，一个小于1，则k的取值范围是________.

3. 若方程$x^2+(k-2)x+2k-1=0$的两根中，一根在0和1之间，另一根在1和2之间，则实数k的取值范围是________.

4. 已知函数$y=(m-2)x^2-4mx+2m-6$的图像与x轴负半轴有交点，则实数m的取值范围是________.

5. 若$8x^4+8(a-2)x^2-a+5>0$对任意实数x均成立，则实数a的取值范围是________.

6. 若二次函数$f(x)=4x^2-2(p-2)x-2p^2-p+1$在$[-1,1]$内至少

存在一点 c 使 $f(c)>0$,则实数 p 的取值范围是________.

7. 若方程 $x^2-2mx+4=0$ 的两根满足一根大于1,一根小于1,则实数 m 的取值范围是________.

8. 若方程 $ax+b=0(a\neq 0)$ 的根是1,则方程 $bx^2-ax=0$ 的根为________.

9. 已知函数 $f(x)=ax^2+(b-8)x-a-ab$,当 $x\in(-3,2)$ 时,其值为正,而当 $x\in(-\infty,-3)\cup(2,+\infty)$ 时,其值为负,求 a,b 的值及 $f(x)$ 的表达式.

10. 已知关于 x 的方程 $x^2-(2a-1)x+a^2-2=0$ 至少有一个正根,求 a 的取值范围.

11. 关于 x 的方程 $2x^2+ax-5-2a=0$ 的两实数根可分别在(0,1)和(1,$+\infty$)内,求实数 a 的取值范围.

第3讲　一元二次不等式的求解方法

知识呈现

对于一元二次方程 $ax^2+bx+c=0(a>0)$，设 $\Delta=b^2-4ac$，它的解的情形按照 $\Delta>0,\Delta=0,\Delta<0$ 分为下列三种情况——有两个不相等的实数解、有两个相等的实数解和没有实数解. 相应地，抛物线 $y=ax^2+bx+c(a>0)$ 与 x 轴分别有两个公共点、一个公共点和没有公共点(图1). 因此，我们可以分下列三种情况讨论对应的一元二次不等式 $ax^2+bx+c>0(a>0)$ 与 $ax^2+bx+c<0(a>0)$ 的解.

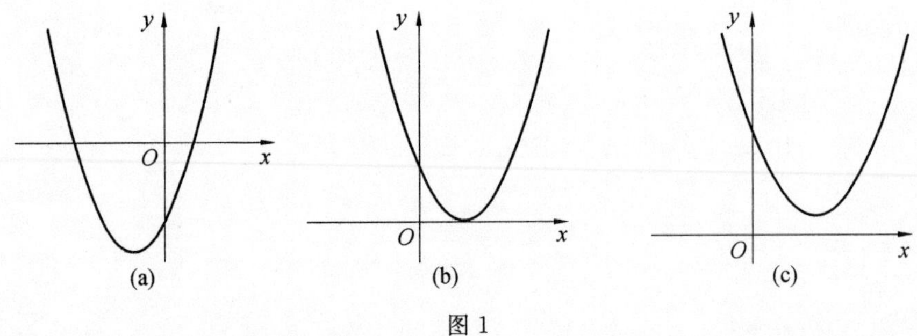

图1

(1) 当 $\Delta>0$ 时，抛物线 $y=ax^2+bx+c(a>0)$ 与 x 轴有两个公共点 $(x_1,0)$ 和 $(x_2,0)$，方程 $ax^2+bx+c=0$ 有两个不相等的实数根 x_1 和 $x_2(x_1<x_2)$，由图1(a)可知：

不等式 $ax^2+bx+c>0$ 的解为 $x<x_1$，或 $x>x_2$；不等式 $ax^2+bx+c<0$ 的解为 $x_1<x<x_2$.

(2) 当 $\Delta=0$ 时，抛物线 $y=ax^2+bx+c(a>0)$ 与 x 轴有且仅有一个公共点，方程 $ax^2+bx+c=0$ 有两个相等的实数根 $x_1=x_2=-\dfrac{b}{2a}$，由图1(b)可知：

不等式 $ax^2+bx+c>0$ 的解为 $x\neq-\dfrac{b}{2a}$；不等式 $ax^2+bx+c<0$ 无

解.

(3) 如果 $\Delta < 0$，抛物线 $y = ax^2 + bx + c(a > 0)$ 与 x 轴没有公共点，方程 $ax^2 + bx + c = 0$ 没有实数根，由图 1(c) 可知不等式 $ax^2 + bx + c > 0$ 的解为一切实数；不等式 $ax^2 + bx + c < 0$ 无解.

实际上，一元二次不等式 $ax^2 + bx + c > 0$ 或 $ax^2 + bx + c < 0(a \neq 0)$ 的解集如下：

设相应的一元二次方程 $ax^2 + bx + c = 0(a \neq 0)$ 的两根为 x_1, x_2 且 $x_1 \leqslant x_2$，$\Delta = b^2 - 4ac$，则不等式的解的各种情况如表 1 所示：

表 1

	$\Delta > 0$	$\Delta = 0$	$\Delta < 0$
$ax^2 + bx + c > 0(a < 0)$ 的解集	$\{x \mid x_1 < x < x_2\}$	$\varnothing$	$\varnothing$
$ax^2 + bx + c < 0(a < 0)$ 的解集	$\{x \mid x < x_1$ 或 $x > x_2\}$	$\{x \mid x \neq -\dfrac{b}{2a}\}$	$\mathbf{R}$
$ax^2 + bx + c > 0(a > 0)$ 的解集	$\{x \mid x < x_1$ 或 $x > x_2\}$	$\{x \mid x \neq -\dfrac{b}{2a}\}$	$\mathbf{R}$
$ax^2 + bx + c < 0(a > 0)$ 的解集	$\{x \mid x_1 < x < x_2\}$	$\varnothing$	$\varnothing$

典例展示

例 1　解下列一元二次不等式：

(1) $x - x^2 + 6 < 0$；

(2) $x^2 + 6x + 9 > 0$；

(3) $-4 + x - x^2 > 0$；

(4) $(x + 1)(x - 3) < -3$；

(5) $(x - 1)(x + 2) \geqslant (x + 2)(2x + 3)$.

解　(1) $x - x^2 + 6 < 0 \Rightarrow x^2 - x - 6 > 0 \Rightarrow (x - 3)(x + 2) > 0$，故不等式解集为 $(-\infty, -2) \cup (3, +\infty)$.

(2) $x^2 + 6x + 9 > 0 \Rightarrow (x + 3)^2 > 0$，故不等式解集为 $(-\infty, -3) \cup (-3, +\infty)$.

(3) $-4 + x - x^2 > 0 \Rightarrow x^2 - x + 4 < 0 \Rightarrow \left(x - \dfrac{1}{2}\right)^2 + \dfrac{15}{4} < 0$，故不等式解集为 $x \in \varnothing$.

(4) $(x+1)(x-3)<-3\Rightarrow x^2-2x<0\Rightarrow x(x-2)<0$,故不等式解集为$(0,2)$.

(5) $(x-1)(x+2)\geqslant(x+2)(2x+3)\Rightarrow(x+2)(x+4)\leqslant 0$,故不等式解集为$[-4,-2]$.

例 2 自变量 x 在什么范围内取值时,下列函数有意义?

(1) $y=\sqrt{-x^2+4x+5}$;

(2) $y=\dfrac{1}{\sqrt{4-x^2}}$.

解 (1) 要使该函数有意义,则必须满足 $-x^2+4x+5\geqslant 0$,解得 $(x-5)(x+1)\leqslant 0$,即 $x\in[-1,5]$.

(2) 要使该函数有意义,则必须满足 $4-x^2>0$,解得 $x\in(-2,2)$.

例 3 (1) 已知函数 $f(x)=\begin{cases}x+2(x\leqslant 0)\\-x+2(x>0)\end{cases}$,求不等式 $f(x)\geqslant x^2$ 的解集;

(2) 关于 x 的不等式 $mx^2-x>0$;

(3) 若关于 x 的不等式 $x^2-ax+b<0$ 的解集为 $(-1,4)$,求实数 a,b 的值.

解 (1) 依题意得

$$\begin{cases}x\leqslant 0\\x+2\geqslant x^2\end{cases}\text{或}\begin{cases}x>0\\-x+2\geqslant x^2\end{cases}\Rightarrow -1\leqslant x\leqslant 0\text{ 或 }0<x\leqslant 1\Rightarrow -1\leqslant x\leqslant 1$$

故不等式解集为$[-1,1]$.

(2) 因式分解得 $x(mx-1)>0$,分情况可得不等式解集为

$$\begin{cases}m>0\\x>\dfrac{1}{m}\text{ 或 }x<0\end{cases},\begin{cases}m=0\\x<0\end{cases},\begin{cases}m<0\\\dfrac{1}{m}<x<0\end{cases}$$

(3) 由条件知 -1 和 4 为方程 $x^2-ax+b=0$ 的两根,利用韦达定理得

$$a=-1+4=3,b=(-1)\times 4=-4$$

例 4 (1) 若关于 x 的方程 $x^2-(k+1)x+9=0$ 有两个正根,求实数 k 的取值范围;

(2) 已知函数 $y=(k^2-4)x^2+(k-2)x-3$ 的图像都在 x 轴的下方,求实数 k 的取值范围.

解 (1) 二次方程有两个正根,则必须满足

$$\begin{cases}\Delta=(k+1)^2-36\geqslant 0\\x_1+x_2=k+1>0\Rightarrow k\in[5,+\infty)\\x_1x_2=9>0\end{cases}$$

(2) 函数图像在 x 轴的下方，等价于对任意的实数，不等式 $y=(k^2-4)x^2+(k-2)x-3<0$ 恒成立，即

$$\begin{cases}k^2-4<0\\ \Delta=(k-2)^2+12(k^2-4)<0\end{cases}\Rightarrow -\frac{22}{13}<k<2$$

或

$$\begin{cases}k^2-4=0\\ (k^2-4)x^2+(k-2)x-3<0\end{cases}\Rightarrow k=2$$

故实数 k 的取值范围是 $\left(-\frac{22}{13},2\right]$.

例 5　已知不等式 $ax^2+bx+c<0(a\neq 0)$ 的解是 $x<2$，或 $x>3$，求不等式 $bx^2+ax+c>0$ 的解.

解　由不等式 $ax^2+bx+c<0(a\neq 0)$ 的解为 $x<2$，或 $x>3$，可知 $a<0$，且方程 $ax^2+bx+c=0$ 的两根分别为 2 和 3，所以

$$-\frac{b}{a}=5,\frac{c}{a}=6$$

即

$$\frac{b}{a}=-5,\frac{c}{a}=6$$

由于 $a<0$，所以不等式 $bx^2+ax+c>0$ 可变为

$$\frac{b}{a}x^2+x+\frac{c}{a}<0$$

即 $-5x^2+x+6<0$，整理，得

$$5x^2-x-6>0$$

所以，不等式 $bx^2+ax+c>0$ 的解是 $x<-1$，或 $x>\frac{6}{5}$.

例 6　解关于 x 的一元二次不等式 $x^2+ax+1>0$(a 为实数).

分析　对于一元二次不等式，按其一般解题步骤，应该先将二次项系数变成正数. 本题已满足这一要求，欲求一元二次不等式的解，要讨论根的判别式 Δ 的符号，而这里的 Δ 是关于未知系数的代数式，Δ 的符号取决于未知系数的取值范围. 因此，再根据解题的需要，对 Δ 的符号进行分类讨论.

$$\Delta=a^2-4$$

解　(1) 当 $\Delta>0$，即 $a<-2$ 或 $a>2$ 时，方程 $x^2+ax+1=0$ 的解为

$$x_1=\frac{-a-\sqrt{a^2-4}}{2},x_2=\frac{-a+\sqrt{a^2-4}}{2}$$

所以，原不等式的解集为

$$x<\frac{-a-\sqrt{a^2-4}}{2} \text{ 或 } x>\frac{-a+\sqrt{a^2-4}}{2}$$

(2) 当 $\Delta=0$,即 $a=\pm 2$ 时,原不等式的解为 $x\neq-\frac{a}{2}$,即 $x\neq\pm 1$;

(3) 当 $\Delta<0$,即 $-2<a<2$ 时,原不等式的解为一切实数.

综上所述,当 $a\leqslant-2$,或 $a\geqslant 2$ 时,原不等式的解为

$$x<\frac{-a-\sqrt{a^2-4}}{2}$$

或

$$x>\frac{-a+\sqrt{a^2-4}}{2}$$

当 $-2<a<2$ 时,原不等式的解为一切实数.

例 7 已知函数 $y=x^2-2ax+1$(a 为常数)在 $-2\leqslant x\leqslant 1$ 上的最小值为 n,试将 n 用 a 表示出来.

分析 由该函数的图像可知,该函数的最小值与抛物线的对称轴的位置有关,于是需要分类讨论对称轴的位置.

解 因为 $y=(x-a)^2+1-a^2$,所以抛物线 $y=x^2-2ax+1$ 的对称轴方程是 $x=a$.

(1) 若 $-2\leqslant a\leqslant 1$,由图 2(a) 可知,当 $x=a$ 时,该函数取最小值 $n=1-a^2$;

(2) 若 $a<-2$ 时,由图 2(b) 可知,当 $x=-2$ 时,该函数取最小值 $n=4a+5$;

(3) 若 $a>1$ 时,由图 2(c) 可知,当 $x=1$ 时,该函数取最小值 $n=-2a+2$.

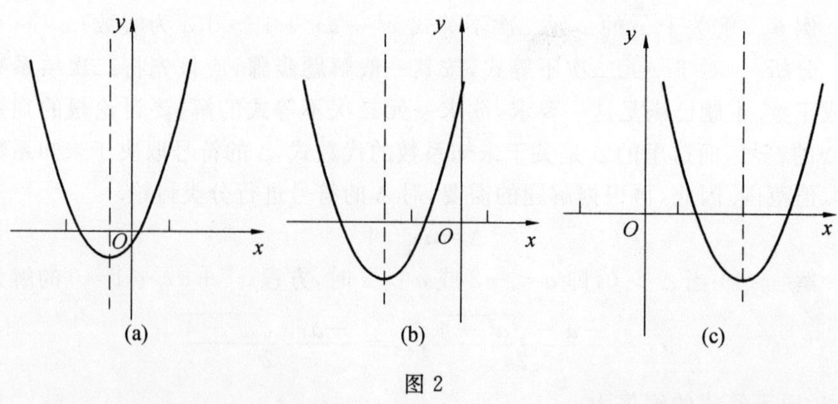

图 2

综上所述，函数的最小值

$$n=\begin{cases}4a+5 & (a<-2)\\1-a^2 & (-2\leqslant a\leqslant 1)\\-2a+2 & (a>1)\end{cases}$$

例 8　已知函数 $f(x)=\sqrt{\dfrac{1+2^x+3^x a}{3}}$ 对 $(-\infty,1]$ 上的一切 x 值恒有意义，求 a 的取值范围.

解　依题意，$\dfrac{1+2^x+3^x a}{3}\geqslant 0$ 对 $(-\infty,1]$ 上任意 x 的值恒成立.

整理为 $a\geqslant -\left(\dfrac{1}{3}\right)^x-\left(\dfrac{2}{3}\right)^x$ 对 $(-\infty,1]$ 上任意 x 的值恒成立.

设 $g(x)=-\left(\dfrac{1}{3}\right)^x-\left(\dfrac{2}{3}\right)^x$，只需 $a\geqslant g(x)_{\max}$，而 $g(x)=-\left(\dfrac{1}{3}\right)^x-\left(\dfrac{2}{3}\right)^x$ 在 $(-\infty,1]$ 上是增函数，则 $g(x)_{\max}=-1$.

所以，$a\geqslant -1$.

例 9　解关于 x 的不等式：$(m+3)x^2+2mx+m-2>0(m\in\mathbf{R})$.

分析　由于题中 x 的二次项系数含有参数，应先确定不等式的类别，再求解.

解　(1) 当 $m=-3$ 时，原不等式为 $-6x-5>0$，解为 $x<-\dfrac{5}{6}$；

(2) 当 $m\neq -3$ 时，$\Delta=4m^2-4(m+3)(m-2)=-4(m-6)$.

① 当 $m>6$ 时，由 $\begin{cases}m+3>0\\\Delta<0\end{cases}$，得原不等式的解为一切实数；

② 当 $m=6$ 时，原不等式为 $9x^2+12x+4>0$，解为 $x\neq -\dfrac{2}{3}$ 的所有实数；

③ 当 $-3<m<6$ 时，$m+3>0$，$\Delta>0$，得原不等式的解为

$$x<\frac{-m-\sqrt{6-m}}{m+3}\ \text{或}\ x>\frac{-m+\sqrt{6-m}}{m+3}$$

④ 当 $m<-3$ 时，$m+3<0$，$\Delta>0$，得原不等式的解为

$$\frac{-m+\sqrt{6-m}}{m+3}<x<\frac{-m-\sqrt{6-m}}{m+3}$$

所以，原不等式：

当 $m<-3$ 时，解为 $\dfrac{-m+\sqrt{6-m}}{m+3}<x<\dfrac{-m-\sqrt{6-m}}{m+3}$；

当 $m=-3$ 时,解为 $x<-\frac{5}{6}$;

当 $-3<m<6$ 时,解为 $x<\frac{-m-\sqrt{6-m}}{m+3}$ 或 $x>\frac{-m+\sqrt{6-m}}{m+3}$;

当 $m=6$ 时,解为 $x\neq-\frac{2}{3}$ 的所有实数;

当 $m>6$ 时,解为一切实数.

例 10 已知 a,b,c 是实数,函数 $f(x)=ax^2+bx+c$,$g(x)=ax+b$,当 $-1\leqslant x\leqslant 1$ 时,$|f(x)|\leqslant 1$.

(1) 求证:$|c|\leqslant 1$;

(2) 求证:当 $-1\leqslant x\leqslant 1$ 时,$|g(x)|\leqslant 2$;

(3) 设 $a>0$,当 $-1\leqslant x\leqslant 1$ 时,$g(x)$ 的最大值为 2,求 $f(x)$ 的值.

分析 证明(1),(2)的关键在于通过 $|f(x)|\leqslant 1$,$x\in[-1,1]$ 确定系数 a,b,c 的取值范围,即用 $f(x)$ 在 $[-1,1]$ 上的值表示系数 a,b,c;(3)需要通过条件"当 $-1\leqslant x\leqslant 1$ 时,$g(x)$ 的最大值为 2",确定系数 a,b,c 的值.由于题设条件中多为不等关系,因而需要注意"夹逼思想"的应用.

证明 (1) $|c|=|f(0)|\leqslant 1$.

(2) 若 $a>0$,当 $-1\leqslant x\leqslant 1$ 时,则

$$-a+b=g(-1)\leqslant g(x)\leqslant g(1)=a+b$$

由

$$f(-1)=a-b+c\Rightarrow a-b=f(-1)-c$$
$$\Rightarrow|-a+b|=|f(-1)-c|\leqslant|f(-1)|+|c|\leqslant 2$$
$$f(1)=a+b+c\Rightarrow a+b=f(1)-c$$
$$\Rightarrow|a+b|=|f(1)-c|\leqslant|f(1)|+|c|\leqslant 2$$

及 $-a+b\leqslant g(x)\leqslant a+b$,得 $|g(x)|\leqslant 2$;

若 $a<0$,当 $-1\leqslant x\leqslant 1$ 时,则

$$a+b=g(1)\leqslant g(x)\leqslant g(-1)=-a+b$$

同理可得 $|g(x)|\leqslant 2$.

所以,当 $-1\leqslant x\leqslant 1$ 时,$|g(x)|\leqslant 2$.

(3) 由 $a>0$,在 $[-1,1]$ 上,$g(x)_{\max}=g(1)=a+b=2$.

由 $f(1)=a+b+c=2+c\leqslant 1\Rightarrow c\leqslant-1\Rightarrow c=-1$(因为 $|c|\leqslant 1$).

由 $f(0)=c=-1\leqslant f(x)$,得 $x=0$ 时,二次函数 $f(x)$ 取最小值,即 $x=0$ 是二次函数 $f(x)$ 图像的对称轴.因而,$b=0$,$a=2$.

所以,$f(x)=2x^2-1$.

课外训练

1. 解以下关于 x 的不等式：

(1) $3x^2-x-4>0$ 的解集为________；

(2) $x^2-4x+4<0$ 的解集为________；

(3) $2x(1-x)>0$ 的解集为________；

(4) $x(x+2)>2x(x-3)$ 的解集为________.

2. 关于 x 的不等式：$x^2+ax-6a^2<0$ 的解集为________.

3. 若不等式 $x^2-ax-b<0$ 的解集为 $\{x\mid 2<x<3\}$，则不等式 $bx^2-ax-1>0$ 的解集为________.

4. 若不等式 $(m^2-1)x^2-2(m+1)x+3>0$ 对一切实数 x 恒成立，则实数 m 的取值范围为________.

5. 集合 $P=\{x\mid x^2-3x-10\leqslant 0, x\in \mathbf{Z}\}$，$Q=\{x\mid 2x^2-x-6>0, x\in \mathbf{Z}\}$，求 $P\cap Q=$________.

6. 已知集合 $A=\{x\mid 2x^2+7x-15<0\}$，$B=\{x\mid x^2+ax+b\leqslant 0\}$，且 $A\cap B=\varnothing$，$A\cup B=\{x\mid -5<x\leqslant 2\}$，则实数 $a=$________，$b=$________.

7. 关于 x 的不等式 $x^2+2x+1-a^2\leqslant 0$（a 为常数）的解集为________.

8. 关于 x 的不等式 $x^2-(1+a)x+a<0$（a 为常数）的解集为________.

9. 已知关于 x 的不等式 $2x^2+bx-c>0$ 的解为 $x<-1$ 或 $x>3$. 试解关于 x 的不等式 $bx^2+cx+4\geqslant 0$.

10. m 取什么值时，方程组

$$\begin{cases} y^2=4x \\ y=2x+m \end{cases}$$

有一个实数解？并求出这时方程组的解.

11. 已知抛物线 $y=(m-1)x^2+(m-2)x-1$ $(x\in \mathbf{R})$.

(1) 当 m 为何值时，抛物线与 x 轴有两个交点？

(2) 若关于 x 的方程 $(m-1)x^2+(m-2)x-1=0$ 的两个不等实数根的倒数平方不大于 2，求 m 的取值范围.

第4讲　含参变量二次函数在闭区间上的最值问题

知识呈现

二次函数 $y=ax^2+bx+c(a\neq 0)$ 的最值：

1. 当 $a>0$ 时，在 $x=-\dfrac{b}{2a}$ 时，有最小值 $y=\dfrac{4ac-b^2}{4a}$；

2. 当 $a<0$ 时，在 $x=-\dfrac{b}{2a}$ 时，有最大值 $y=\dfrac{4ac-b^2}{4a}$；

3. 若 $x\in[m,n]$，令 $t=-\dfrac{b}{2a}$，则：

(1) 当 $a>0$ 时，有

$$f(x)_{\min}=\begin{cases}f(t)(m<t<n)\\f(m)(t\leqslant m)\\f(n)(t\geqslant n)\end{cases},f(x)_{\max}=\begin{cases}f(n)(t\leqslant \dfrac{m+n}{2})\\f(m)(t\geqslant \dfrac{m+n}{2})\end{cases}$$

(2) 当 $a<0$ 时，有

$$f(x)_{\min}=\begin{cases}f(n)(t\leqslant \dfrac{m+n}{2})\\f(m)(t\geqslant \dfrac{m+n}{2})\end{cases},f(x)_{\max}=\begin{cases}f(m)(t\leqslant m)\\f(t)(m<t<n)\\f(n)(t\geqslant n)\end{cases}$$

4. 二次函数在闭区间上必定有最大值和最小值，它只能在区间的端点或对称轴的位置取得.

5. 定义在$[m,n]$上的二次函数求最值：$f(x)=x^2+2ax+1-a$，若开口向上，则求最小值分三段，求最大值分两段；若开口向下，则求最大值分三段，求最小值分两段(应知道如何分段).

典例展示

例 1　已知函数 $y=-x^2+2ax+a$，当 $x\in[0,2]$ 时，函数有最大值 a^2+a，最小值 0，求 a 的值.

解　函数 $y=-x^2+2ax+a=-(x-a)^2+a^2+a$，且当 $x=a$ 时，函数有最大值 a^2+a，而由条件当 $x\in[0,2]$ 时，函数有最大值 a^2+a，故 $a\in[0,2]$；

又当 $a\leqslant 1$ 时，函数的最小值为 $f(2)=-4+5a=0$，解得 $a=\frac{4}{5}$；

当 $a>1$ 时，函数的最小值为 $f(0)=a=0$，不满足条件.

故 $a=\frac{4}{5}$.

例 2　已知函数 $f(x)=x^2+2ax+1$ 在 $[-1,2]$ 上的最大值为 4，求 a 的值.

解　函数可变为

$$f(x)=x^2+2ax+1=(x+a)^2+1-a^2$$

当 $-a\leqslant\frac{1}{2}$，即 $a\geqslant-\frac{1}{2}$ 时，函数的最大值 $f(2)=5+4a=4$，得 $a=-\frac{1}{4}$；

当 $-a>\frac{1}{2}$，即 $a<-\frac{1}{2}$ 时，函数的最大值 $f(-1)=2-2a=4$，得 $a=-1$.

故 $a=-1$ 或 $a=-\frac{1}{4}$.

例 3　已知 $\frac{1}{3}\leqslant a\leqslant 1$，若函数 $f(x)=ax^2-2x+1$ 在 $[1,3]$ 上的最大值为 $M(a)$，最小值为 $N(a)$，令 $g(a)=M(a)-N(a)$.

(1) 求 $g(a)$ 的解析式；

(2) 判断 $g(a)$ 的单调性，并求 $g(a)$ 的最小值.

解　(1) 因为

$$f(x)=ax^2-2x+1=a\left(x-\frac{1}{a}\right)^2+1-\frac{1}{a}$$

又因为 $\frac{1}{3}\leqslant a\leqslant 1$，所以 $1\leqslant\frac{1}{a}\leqslant 3$. 即当 $x=\frac{1}{a}$ 时，有

$$N(a)=1-\frac{1}{a} \quad ①$$

当 $2<\frac{1}{a}\leqslant 3$，即 $\frac{1}{3}\leqslant a<\frac{1}{2}$ 时，有

$$M(a)=f(1)=a-1 \quad ②$$

当 $1\leqslant\frac{1}{a}\leqslant 2$,即 $\frac{1}{2}\leqslant a\leqslant 1$ 时,有

$$M(a)=f(3)=9a-5$$

所以

$$g(a)=\begin{cases}a+\frac{1}{a}-2 & (\frac{1}{3}\leqslant a<\frac{1}{2})\\ 9a+\frac{1}{a}-6 & (\frac{1}{2}\leqslant a\leqslant 1)\end{cases}$$

(2) 当 $\frac{1}{3}\leqslant a<\frac{1}{2}$,易证 $g(a)$ 单调递减,$g(a)>g\left(\frac{1}{2}\right)=\frac{1}{2}$;

同理可证当 $\frac{1}{2}\leqslant a\leqslant 1$ 时,$g(a)$ 单调递增,$g(a)\geqslant g\left(\frac{1}{2}\right)=\frac{1}{2}$.

所以 $g(a)$ 的最小值为 $\frac{1}{2}$.

例 4 设 $f(x)=x^2+ax+3-a$,若 $f(x)$ 在闭区间 $[-2,2]$ 上恒为非负数,求实数 a 的取值范围.

解 由题意,得

$$f(x)=x^2+ax+3-a=\left(x+\frac{a}{2}\right)^2+3-a-\frac{a^2}{4}$$

$f(x)\geqslant 0$ 在 $x\in[-2,2]$ 上恒成立,即 $f(x)$ 在 $[-2,2]$ 上的最小值非负.

(1) 当 $-\frac{a}{2}<-2$,即 $a>4$ 时,$y_{\min}=f(-2)=7-3a$. 由 $7-3a\geqslant 0$,得 $a\leqslant\frac{7}{3}$,这与 $a>4$ 相矛盾,此时 a 不存在;

(2) 当 $-2\leqslant-\frac{a}{2}\leqslant 2$,即 $-4\leqslant a\leqslant 4$ 时,$y_{\min}=f\left(-\frac{a}{2}\right)=3-a-\frac{a^2}{4}$. 由 $3-a-\frac{a^2}{4}\geqslant 0$,得 $-6\leqslant a\leqslant 2$,此时 $-4\leqslant a\leqslant 2$;

(3) 当 $-\frac{a}{2}>2$,即 $a<-4$ 时,$y_{\min}=f(2)=7+a$. 由 $7+a\geqslant 0$,得 $a\geqslant -7$,此时 $-7\leqslant a<-4$.

综上所述,所求 a 的取值范围是 $[-7,2]$.

例 5 (1) 如果函数 $f(x)=(x-1)^2+1$ 定义在 $[t,t+1]$ 上,求 $f(x)$ 的最小值;

(2) 已知 $f(x)=x^2-2x+3$,当 $x\in[t,t+1]$ $(t\in\mathbf{R})$ 时,求 $f(x)$ 的最大值.

解　(1) 函数 $f(x)=(x-1)^2+1$，其对称轴方程为 $x=1$，顶点坐标为 $(1,1)$，图像开口向上.

如图 1(a) 所示，若顶点横坐标在 $[t,t+1]$ 左侧时，有 $1<t$，此时，当 $x=t$ 时，函数取得最小值

$$f(x)_{\min}=f(t)=(t-1)^2+1$$

如图 1(b) 所示，若顶点横坐标在 $[t,t+1]$ 上时，有 $t\leqslant 1\leqslant t+1$，即 $0\leqslant t\leqslant 1$. 当 $x=1$ 时，函数取得最小值 $f(x)_{\min}=f(1)=1$.

如图 1(c) 所示，若顶点横坐标在 $[t,t+1]$ 右侧时，有 $t+1<1$，即 $t<0$. 当 $x=t+1$ 时，函数取得最小值

$$f(x)_{\min}=f(t+1)=t^2+1$$

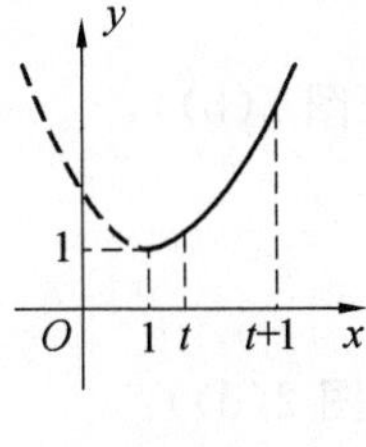

(a)

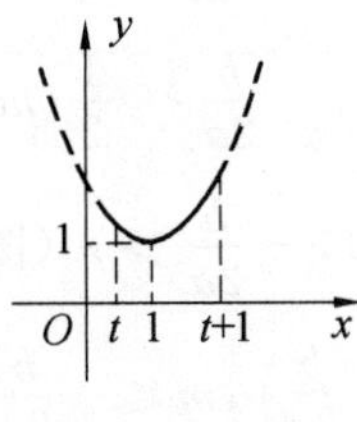

(b)

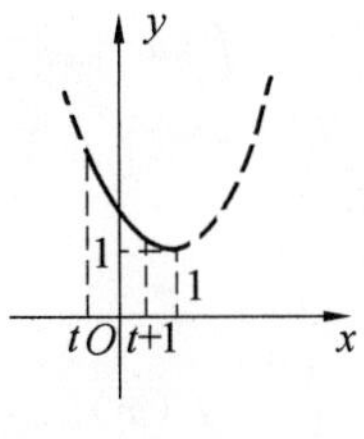

(c)

图 1

综上所述，$f(x)_{\min}=\begin{cases}(t-1)^2+1(t>1)\\1(0\leqslant t\leqslant 1)\\t^2+1(t<0)\end{cases}$.

(2) 由已知可求对称轴为 $x=1$.

(1) 当 $t>1$ 时，所以 $f(x)_{\min}=f(t)=t^2-2t+3$，$f(x)_{\max}=f(t+1)=t^2+2$.

(2) 当 $t\leqslant 1\leqslant t+1$，即 $0\leqslant t\leqslant 1$ 时，根据对称性，若 $\frac{t+t+1}{2}\leqslant 1$，即 $0\leqslant t\leqslant \frac{1}{2}$ 时，$f(x)_{\max}=f(t)=t^2-2t+3$；

若 $\frac{t+t+1}{2}>1$，即 $\frac{1}{2}<t\leqslant 1$ 时，$f(x)_{\max}=f(t+1)=t^2+2$.

(3) 当 $t+1<1$，即 $t<0$ 时，$f(x)_{\max}=f(t)=t^2-2t+3$.

综上所述，$f(x)_{\max}=\begin{cases}t^2+2(t>\frac{1}{2})\\t^2-2t+3(t\leqslant \frac{1}{2})\end{cases}$.

说明　观察上述两题的解法，为什么最值有时分两种情形讨论，而有时

又分三种情形讨论呢？这些问题其实仔细思考就很容易解决.不难观察：二次函数在闭区间上的最值总是在闭区间的端点或二次函数的顶点取到.在(1)中，这个二次函数是开口向上的，在闭区间上，它的最小值在区间的两个端点或二次函数的顶点都有可能取到，有三种可能，所以分三种情形讨论；而它的最大值不可能是二次函数的顶点，只可能是闭区间的两个端点，哪个端点距离对称轴远就在哪个端点取到，当然也可根据区间中点与左右端点的远近分两种情形讨论.根据这个理解，不难解释(2)为什么这样讨论.

对二次函数的区间最值结合函数图像总结如下(图2)：

当 $a>0$ 时，有

$$f(x)_{\max}=\begin{cases}f(m),-\dfrac{b}{2a}\geqslant\dfrac{1}{2}(m+n)\ (\text{图 }2(\text{a}))\\ f(n),-\dfrac{b}{2a}<\dfrac{1}{2}(m+n)\ (\text{图 }2(\text{b}))\end{cases}$$

$$f(x)_{\min}=\begin{cases}f(n),-\dfrac{b}{2a}>n\ (\text{图 }2(\text{c}))\\ f\left(-\dfrac{b}{2a}\right),m\leqslant-\dfrac{b}{2a}\leqslant n\ (\text{图 }2(\text{d}))\\ f(m),-\dfrac{b}{2a}<m\ (\text{图 }2(\text{e}))\end{cases}$$

当 $a<0$ 时，有

$$f(x)_{\max}=\begin{cases}f(n),-\dfrac{b}{2a}>n\ (\text{图 }2(\text{f}))\\ f\left(-\dfrac{b}{2a}\right),m\leqslant-\dfrac{b}{2a}\leqslant n\ (\text{图 }2(\text{g}))\\ f(m),-\dfrac{b}{2a}<m\ (\text{图 }2(\text{h}))\end{cases}$$

$$f(x)_{\min}=\begin{cases}f(m),-\dfrac{b}{2a}\geqslant\dfrac{1}{2}(m+n)\ (\text{图 }2(\text{i}))\\ f(n),-\dfrac{b}{2a}<\dfrac{1}{2}(m+n)\ (\text{图 }2(\text{j}))\end{cases}$$

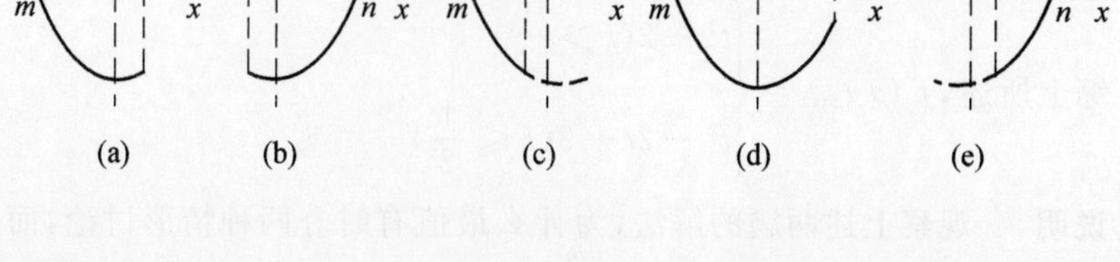

(a) (b) (c) (d) (e)

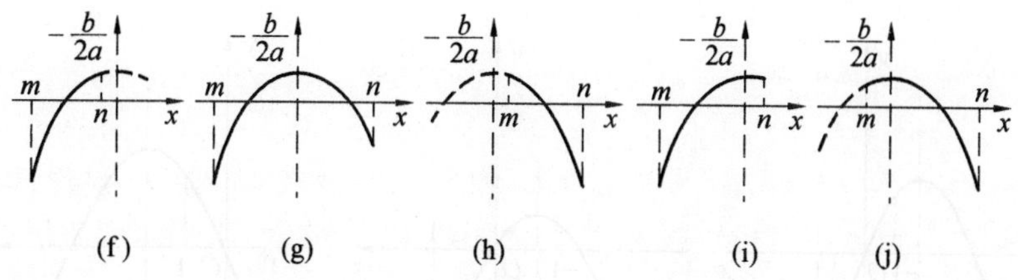

图 2

例 6　(1) 求 $f(x)=x^2+2ax+1$ 在 $[-1,2]$ 上的最大值；

(2) 求函数 $y=-x(x-a)$ 在 $[-1,1]$ 上的最大值.

解　(1) 二次函数的对称轴方程为 $x=-a$.

当 $-a<\frac{1}{2}$，即 $a>-\frac{1}{2}$ 时，$f(x)_{\max}=f(2)=4a+5$；

当 $-a\geqslant\frac{1}{2}$，即 $a\leqslant-\frac{1}{2}$ 时，$f(x)_{\max}=f(-1)=-2a+2$.

综上所述，$f(x)_{\max}=\begin{cases}-2a+2\left(a\leqslant-\frac{1}{2}\right)\\4a+5\left(a>-\frac{1}{2}\right)\end{cases}$.

(2) 函数 $y=-\left(x-\frac{a}{2}\right)^2+\frac{a^2}{4}$ 图像的对称轴方程为 $x=\frac{a}{2}$，应分 $-1\leqslant\frac{a}{2}\leqslant1$，$\frac{a}{2}<-1$，$\frac{a}{2}>1$，即 $-2\leqslant a\leqslant2$，$a<-2$ 和 $a>2$ 这三种情形讨论，如图 3 所示：

①$a<-2$，由图 3(a) 可知 $f(x)_{\max}=f(-1)$；

② $-2\leqslant a\leqslant2$，由图 3(b) 可知 $f(x)_{\max}=f\left(\frac{a}{2}\right)$；

③$a>2$ 时，由图 3(c) 可知 $f(x)_{\max}=f(1)$.

所以

$$y_{\max}=\begin{cases}f(-1)\quad(a<-2)\\f\left(\frac{a}{2}\right)\quad(-2\leqslant a\leqslant2)\\f(1)\quad(a>2)\end{cases}$$

即

$$y_{\max}=\begin{cases}-a-1\quad(a<-2)\\\frac{a^2}{4}\quad(-2\leqslant a\leqslant2)\\a-1\quad(a>2)\end{cases}$$

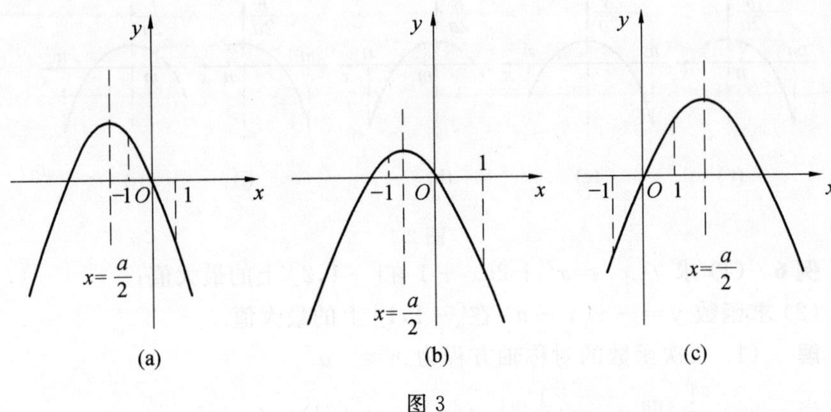

图 3

例 7 已知函数 $f(x)=-\frac{x^2}{2}+x$ 在 $[m,n]$ 上的最小值是 $3m$,最大值是 $3n$,求 m,n 的值.

解法一 对称轴 $x=1$,讨论 1 与 $m,\frac{m+n}{2},n$ 的位置关系.

(1) 若 $m<n\leqslant 1$,则 $\begin{cases} f(x)_{\max}=f(n)=3n \\ f(x)_{\min}=f(m)=3m \end{cases}$,解得 $m=-4,n=0$.

(2) 若 $\frac{m+n}{2}\leqslant 1<n$,则 $\begin{cases} f(x)_{\max}=f(1)=3n \\ f(x)_{\min}=f(m)=3m \end{cases}$,无解.

(3) 若 $m\leqslant 1<\frac{m+n}{2}$,则 $\begin{cases} f(x)_{\max}=f(1)=3n \\ f(x)_{\min}=f(n)=3m \end{cases}$,无解.

(4) 若 $1<m<n$,则 $\begin{cases} f(x)_{\max}=f(m)=3n \\ f(x)_{\min}=f(n)=3m \end{cases}$,无解.

综上所述,$m=-4,n=0$.

解法二 由 $f(x)=-\frac{1}{2}(x-1)^2+\frac{1}{2}$,知 $3n\leqslant\frac{1}{2}$,即 $n\leqslant\frac{1}{6}$,则 $[m,n]\subseteq(-\infty,1]$.

又因为在 $[m,n]$ 上当 x 增大时,$f(x)$ 也增大,所以

$$\begin{cases} f(x)_{\max}=f(n)=3n \\ f(x)_{\min}=f(m)=3m \end{cases}$$

解得 $m=-4,n=0$.

说明 解法二利用闭区间上的最值不超过整个定义域上的最值,缩小了 m,n 的取值范围,避开了繁难的分类讨论,解题过程简洁明了.

例 8 设 $f(x)=x^2-2ax+2$,当 $x\in[-1,+\infty)$ 时,都有 $f(x)\geqslant a$ 恒

成立，求 a 的取值范围.

分析　在 $f(x)\geqslant a$ 的不等式中，若把 a 移到等号的左边，则原问题可转化为二次函数区间恒成立问题.

解　设 $F(x)=f(x)-a=x^2-2ax+2-a$.

(1) 当 $\Delta=(-2a)^2-4(2-a)=4(a-1)(a+2)<0$ 时，即 $-2<a<1$ 时，对一切 $x\in[-1,+\infty)$，$F(x)\geqslant 0$ 恒成立；

(2) 当 $\Delta=4(a-1)(a+2)\geqslant 0$ 时，由图 4 可得以下充要条件

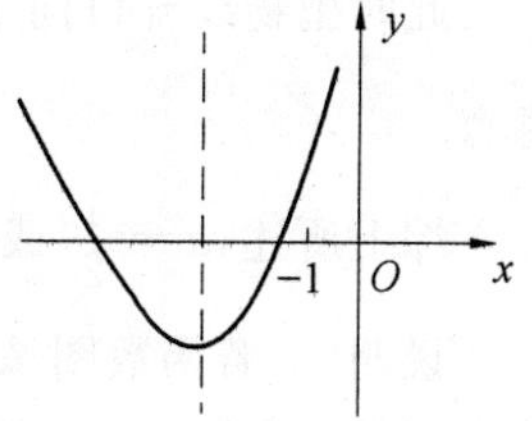

图 4

$$\begin{cases}\Delta\geqslant 0\\ f(-1)\geqslant 0\\ -\dfrac{-2a}{2}\leqslant -1\end{cases}$$

即

$$\begin{cases}(a-1)(a+2)\geqslant 0\\ a+3\geqslant 0\\ a\leqslant -1\end{cases}$$

得 $-3\leqslant a\leqslant -2$；

综上所述，a 的取值范围为 $[-3,1]$.

例 9　已知二次函数 $f(x)=ax^2+(2a-1)x+1$ 在 $\left[-\dfrac{3}{2},2\right]$ 上的最大值为 3，求实数 a 的值.

分析　这是一个逆向最值问题，若从求最值入手，需分 $a>0$ 与 $a<0$ 两大类，五种情形讨论，过程十分烦琐. 若注意到最大值总是在闭区间的端点或抛物线的顶点处取到，因此先计算这些点的函数值，再检验其真假，过程就简明多了.

解　(1) 令 $f\left(-\dfrac{2a-1}{2a}\right)=3$，得 $a=-\dfrac{1}{2}$.

此时抛物线开口向下，对称轴方程为 $x=-2$，且 $-2\notin\left[-\dfrac{3}{2},2\right]$，故 $-\dfrac{1}{2}$ 不符合题意.

(2) 令 $f(2)=3$，得 $a=\dfrac{1}{2}$.

此时抛物线开口向上，闭区间的右端点距离对称轴较远，故 $a=\dfrac{1}{2}$ 符合题

意.

(3) 若 $f\left(-\frac{3}{2}\right)=3$,得 $a=-\frac{2}{3}$.

此时抛物线开口向下,闭区间的右端点距离对称轴较远,故 $a=-\frac{2}{3}$ 符合题意.

综上所述,$a=\frac{1}{2}$ 或 $a=-\frac{2}{3}$.

说明 若函数图像的开口方向、对称轴均不确定,且动区间所含参数与确定函数的参数一致,可采用先斩后奏的方法,利用二次函数在闭区间上的最值只可能在区间端点、顶点处取得,不妨令之为最值,验证参数的资格,进行取舍,从而避开繁难的分类讨论,使解题过程简洁明了.

例 10 设 a 为实数,函数 $f(x)=2x^2+(x-a)\mid x-a\mid$.

(1) 若 $f(0)\geqslant 1$,求 a 的取值范围;

(2) 求 $f(x)$ 的最小值;

(3) 设函数 $h(x)=f(x), x\in(a,+\infty)$,直接写出(不需给出演算步骤)不等式 $h(x)\geqslant 1$ 的解集.

分析 本小题主要考查函数的概念、性质、图像及解一元二次不等式等基础知识,考查灵活运用数形结合、分类讨论的思想方法进行探索、分析与解决问题的综合能力.

解 (1) 若 $f(0)\geqslant 1$,则

$$-a\mid a\mid\geqslant 1\Rightarrow\begin{cases}a<0\\a^2\geqslant 1\end{cases}\Rightarrow a\leqslant -1$$

(2) 当 $x\geqslant a$ 时,有

$$f(x)=3x^2-2ax+a^2$$

$$f(x)_{\min}=\begin{cases}f(a), a\geqslant 0\\f\left(\frac{a}{3}\right), a<0\end{cases}=\begin{cases}2a^2, a\geqslant 0\\\frac{2a^2}{3}, a<0\end{cases}$$

当 $x\leqslant a$ 时,有

$$f(x)=x^2+2ax-a^2$$

$$f(x)_{\min}=\begin{cases}f(-a), a\geqslant 0\\f(a), a<0\end{cases}=\begin{cases}-2a^2, a\geqslant 0\\2a^2, a<0\end{cases}$$

综上所述,$f(x)_{\min}=\begin{cases}-2a^2(a\geqslant 0)\\\frac{2a^2}{3}(a<0)\end{cases}$.

(3) 当 $x \in (a, +\infty)$ 时, $h(x) \geqslant 1$ 得

$$3x^2 - 2ax + a^2 - 1 \geqslant 0$$

$$\Delta = 4a^2 - 12(a^2 - 1) = 12 - 8a^2$$

当 $a \leqslant -\frac{\sqrt{6}}{2}$ 或 $a \geqslant \frac{\sqrt{6}}{2}$ 时, $\Delta \leqslant 0, x \in (a, +\infty)$;

当 $-\frac{\sqrt{6}}{2} < a < \frac{\sqrt{6}}{2}$ 时, $\Delta > 0$, 得

$$\begin{cases} \left(x - \frac{a - \sqrt{3 - 2a^2}}{3}\right)\left(x - \frac{a + \sqrt{3 - 2a^2}}{3}\right) \geqslant 0 \\ x > a \end{cases}$$

讨论得: 当 $a \in \left(\frac{\sqrt{2}}{2}, \frac{\sqrt{6}}{2}\right)$ 时, 解集为 $(a, +\infty)$;

当 $a \in \left(-\frac{\sqrt{6}}{2}, -\frac{\sqrt{2}}{2}\right)$ 时, 解集为 $\left(a, \frac{a - \sqrt{3 - 2a^2}}{3}\right] \cup \left[\frac{a + \sqrt{3 - 2a^2}}{3}, +\infty\right)$;

当 $a \in \left[-\frac{\sqrt{2}}{2}, \frac{\sqrt{2}}{2}\right]$ 时, 解集为 $\left[\frac{a + \sqrt{3 - 2a^2}}{3}, +\infty\right)$.

课外训练

1. 若函数 $y = x^2 - 2x + 3$ 在 $[a, a+2]$ 上的最小值是 2, 则实数 a 的取值范围为________.

2. 已知函数 $y = -t^2 + at - \frac{a}{4} + \frac{1}{2}(t \in [-1, 1])$ 的最大值为 2, 则 $a =$ ________.

3. 根据条件, 函数 $f(x) = -x^2 + 2ax + 1 - a$ 在 $[0, 1]$ 上有最大值 2, 则实数 a 的值为________.

4. 根据条件, 函数 $f(x) = ax^2 + 2ax + 1$ 在 $[-3, 2]$ 上有最大值 4, 则实数 a 的值为________.

5. 已知 $f(x) = x^2 - 4kx + 2k + 30$, 且 $f(x) > 0$ 对一切 $x \in \mathbf{R}$ 恒成立, 则 $g(k) = (k+3)(1 + |k-1|)$ 的值域为________.

6. 函数 $f(x) = (x+1)(x+2)(x+3)(x+4) + 5$ 在 $[-3, 3]$ 上的最小值为________, 此时相应的 x 值为________.

7. 已知 $f(x)=x^2-ax+\frac{a}{2}(a>0)$ 在 $[0,1]$ 上的最小值为 $g(a)$，则 $g(a)$ 的最大值为________.

8. 已知 $y^2=4a(x-a)(a>0)$，则 $u=(x-3)^2+y^2$ 的最小值为________.

9. 已知二次函数 $f(x)=ax^2+bx(a,b$ 为常数)，满足条件 $f(-x+5)=f(x-3)$ 且方程 $f(x)=x$ 有等根.

(1) 求 $f(x)$ 的解析式；

(2) 是否存在实数 $m,n(m<n)$，使 $f(x)$ 的定义域和值域分别为 $[m,n]$ 和 $[3m,3n]$. 如果存在，请求出 m,n 的值；若不存在，请说明理由.

10. 对于满足 $|p|\leqslant 2$ 的所有实数 p，求使不等式 $x^2+px+1>2p+x$ 恒成立的 x 的取值范围.

11. 已知二次函数 $f(x)=ax^2+bx+1(a,b\in\mathbf{R},a>0)$，设方程 $f(x)=x$ 的两个实数根为 x_1 和 x_2.

(1) 如果 $x_1<2<x_2<4$，设函数 $f(x)$ 的对称轴为 $x=x_0$，求证：$x_0>-1$；

(2) 如果 $|x_1|<2$，$|x_2-x_1|=2$，求 b 的取值范围.

第 5 讲　二次函数的图像与性质

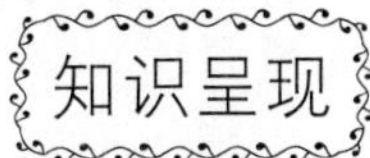

1. 二次函数的定义：形如 $y=ax^2+bx+c(a\neq 0,b,c$ 是常数）的函数叫作二次函数，其中 a 称作二次项系数，b 为一次项系数，c 为常数项.

2. 二次函数的表示：解析式法、图像法、列表法.

3. 二次函数的解析式：

(1) 一般式：$y=ax^2+bx+c(a\neq 0)$；

(2) 顶点式：$y=a(x-h)^2+k(a\neq 0)$，顶点坐标：(h,k)；

(3) 交点式：$y=a(x-x_1)(x-x_2)(a\neq 0)$，其中 x_1,x_2 是二次函数的图像与 x 轴交点的横坐标；

(4) 三点式：$f(x)=\dfrac{(x-x_1)(x-x_2)}{(x_3-x_1)(x_3-x_2)}f(x_3)+\dfrac{(x-x_1)(x-x_3)}{(x_2-x_1)(x_2-x_3)}\cdot f(x_2)+\dfrac{(x-x_2)(x-x_3)}{(x_1-x_2)(x_1-x_3)}f(x_1)$.

4. 二次函数的图像：

二次函数 $y=ax^2+bx+c(a\neq 0)$ 的图像是抛物线，当 $a>0$ 时，开口向上；当 $a<0$ 时，开口向下. 抛物线的对称轴是直线：$x=-\dfrac{b}{2a}$，顶点坐标为 $\left(-\dfrac{b}{2a},\dfrac{4ac-b^2}{4a}\right)$.

5. 二次函数 $y=ax^2+bx+c(a\neq 0)$ 的最值：

当 $a>0$ 时，在 $x=-\dfrac{b}{2a}$ 时，有最小值 $y=\dfrac{4ac-b^2}{4a}$；

当 $a<0$ 时，在 $x=-\dfrac{b}{2a}$ 时，有最大值 $y=\dfrac{4ac-b^2}{4a}$；

若 $x\in[m,n]$，令 $t=-\dfrac{b}{2a}$，则：

(1) 当 $a>0$ 时,$f_{\min}=\begin{cases}f(t)(m\leqslant t\leqslant n)\\f(m)(t<m)\\f(n)(t>n)\end{cases}$,$f(x)_{\max}=\begin{cases}f(n)(t\leqslant\frac{m+n}{2})\\f(m)(t\geqslant\frac{m+n}{2})\end{cases}$.

(2) 当 $a<0$ 时,$f(x)_{\min}=\begin{cases}f(n)(t\leqslant\frac{m+n}{2})\\f(m)(t\geqslant\frac{m+n}{2})\end{cases}$,$f(x)_{\max}=\begin{cases}f(m)(t\leqslant m)\\f(t)(m<t<n)\\f(n)(t>n)\end{cases}$.

典例展示

例 1 已知关于 x 的函数 $f(x)=x^2-2x-3$,若 $f(x_1)=f(x_2)(x_1\neq x_2)$,求 $f(x_1+x_2)$ 的值.

解 因为在二次函数 $f(x)=x^2-2x-3$ 中,$a=1,b=-2,c=-3$,所以由 $f(x_1)=f(x_2)$ 得

$$\frac{x_1+x_2}{2}=-\frac{-2}{2}=1$$

所以 $x_1+x_2=2$,则

$$f(x_1+x_2)=f(2)=-3$$

例 2 (1) 设函数 $f(x)=x^2+(2a-1)x+4$,若 $x_1<x_2,x_1+x_2=0$ 时,有 $f(x_1)>f(x_2)$,求实数 a 的取值范围;

(2) 已知函数 $f(x)=x\mid m-x\mid(x\in\mathbf{R})$,且 $f(4)=0$,求实数 m 的值并作出函数 $f(x)$ 的图像.

解 (1) 由题意知,只要二次函数的对称轴 $\frac{1-2a}{2}>0$,解得 $a<\frac{1}{2}$.

(2) 因为 $f(4)=0$,所以 $4\mid m-4\mid=0$,即 $m=4$.

$$f(x)=x\mid x-4\mid=\begin{cases}x(x-4)=(x-2)^2-4 & (x\geqslant 4)\\-x(x-4)=-(x-2)^2+4 & (x<4)\end{cases}$$

$f(x)$ 的图像如图 1 所示.

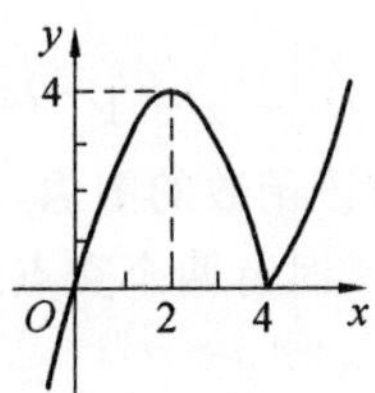

图 1

例 3　(1) 图 2 是二次函数 $y=ax^2+bx+c$ 图像的一部分，图像过点 $A(-3,0)$，对称轴方程为 $x=-1$. 给出下面四个结论：

①$b^2>4ac$；

②$2a-b=1$；

③$a-b+c=0$；

④$5a<b$. 其中正确的结论是(　　)

A. ②④　　B. ①④　　C. ②③　　D. ①③

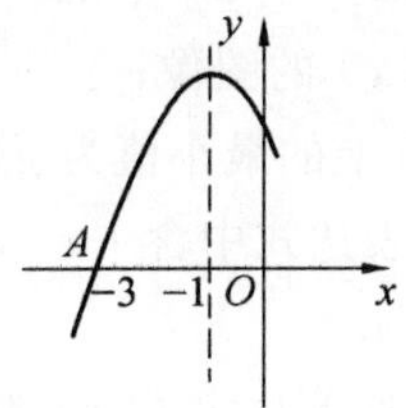

图 2

(2) 已知函数 $y=\frac{|x^2-1|}{x-1}$ 的图像与函数 $y=kx-2$ 的图像恰有两个交点，则实数 k 的取值范围是________.

解　(1) 因为图像与 x 轴交于两点，所以 $b^2-4ac>0$，即 $b^2>4ac$，① 正确；因为对称轴方程为 $x=-1$，即 $-\frac{b}{2a}=-1$，所以 $2a-b=0$，② 错误；结合图像知，当 $x=-1$ 时，$y>0$，即 $a-b+c>0$，③ 错误；由对称轴方程为 $x=-1$ 知，$b=2a$. 又函数图像开口向下，所以 $a<0$，所以 $5a<2a$，即 $5a<b$，④ 正确. 故选 B.

(2) 先作出函数 $y=\frac{|x^2-1|}{x-1}$ 的图像，然后利用函数 $y=kx-2$ 的图像过 $(0,-2)$ 以及与 $y=\frac{|x^2-1|}{x-1}$ 的图像有两个交点确定 k 的范围.

根据绝对值的意义，有

$$y=\frac{|x^2-1|}{x-1}=\begin{cases}x+1 & (x>1\text{ 或 }x<-1)\\ -x-1 & (-1\leqslant x<1)\end{cases}$$

在平面直角坐标系中作出该函数的图像,如图 3 中实线所示.根据图像可知,当 $0<k<1$ 或 $1<k<4$ 时有两个交点.

故填 $(0,1)\cup(1,4)$.

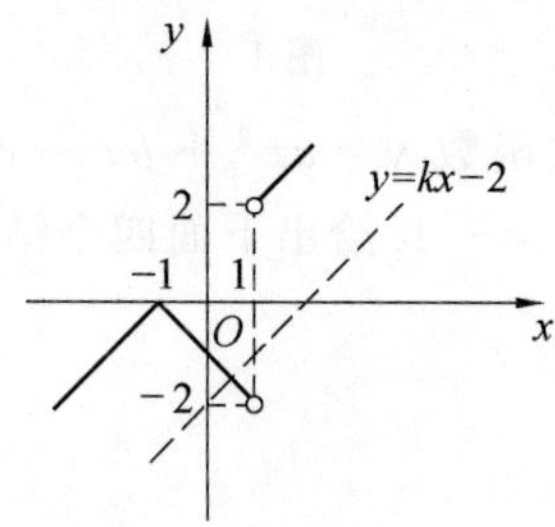

图 3

例 4　已知函数 $f(x)=ax^2-|x|+2a-1$(a 为实常数).

(1) 若 $a=1$,作出函数 $f(x)$ 的图像;

(2) 设 $f(x)$ 在区间 $[1,2]$ 上的最小值为 $g(a)$,求 $g(a)$ 的表达式.

分析　(1) 因为 $f(x)$ 的表达式中含 $|x|$,所以应分类讨论,将原表达式化为分段函数的形式,然后作图.

(2) 因为 $a\in\mathbf{R}$,所以 a 的取值决定 $f(x)$ 的表现形式,或为直线或为抛物线,若为抛物线又分为开口向上和向下两种情况,故应分类讨论解决.

解　(1) 当 $a=1$ 时,有

$$f(x)=x^2-|x|+1=\begin{cases}x^2+x+1 & (x<0)\\ x^2-x+1 & (x\geqslant 0)\end{cases}$$

如图 4 所示.

(2) 当 $x\in[1,2]$ 时,$f(x)=ax^2-x+2a-1$.

若 $a=0$,则 $f(x)=-x-1$ 在区间 $[1,2]$ 上是减函数,$g(a)=f(2)=-3$;

若 $a\neq 0$,则 $f(x)=a\left(x-\frac{1}{2a}\right)^2+2a-\frac{1}{4a}-1$,$f(x)$ 图像的对称轴是直线 $x=\frac{1}{2a}$;

当 $a<0$ 时,$f(x)$ 在区间 $[1,2]$ 上是减函数,$g(a)=f(2)=6a-3$;

当 $0<\frac{1}{2a}<1$,即 $a>\frac{1}{2}$ 时,$f(x)$ 在区间 $[1,2]$ 上是增函数,有

$$g(a)=f(1)=3a-2$$

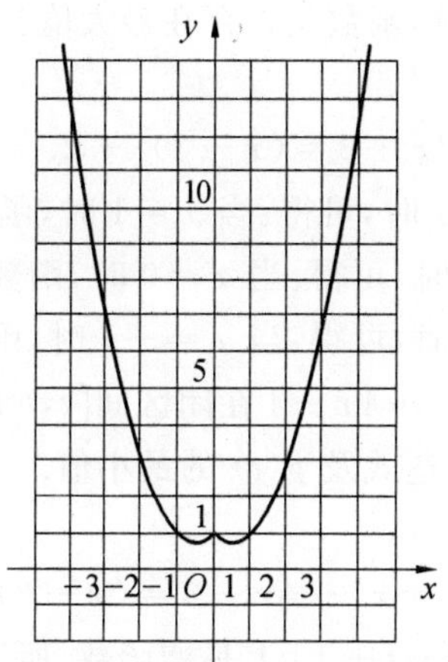

图 4

当 $1 \leqslant \frac{1}{2a} \leqslant 2$，即 $\frac{1}{4} \leqslant a \leqslant \frac{1}{2}$ 时，有

$$g(a)=f\left(\frac{1}{2a}\right)=2a-\frac{1}{4a}-1$$

当 $\frac{1}{2a}>2$，即 $0<a<\frac{1}{4}$ 时，$f(x)$ 在区间 $[1,2]$ 上是减函数，有

$$g(a)=f(2)=6a-3$$

综上可得，$g(a)=\begin{cases}6a-3\left(a<\frac{1}{4}\right)\\ 2a-\frac{1}{4a}-1\left(\frac{1}{4}\leqslant a\leqslant\frac{1}{2}\right)\\ 3a-2\left(a>\frac{1}{2}\right)\end{cases}$.

例 5　(1) 求函数 $y=-2x^2+x+1$ 的值域；

(2) 求函数 $y=x+2\sqrt{1-x}+2$ 的值域.

解　(1) 函数 $y=-2x^2+x+1=-2\left(x-\frac{1}{4}\right)^2+\frac{9}{8}$，故 $y\in\left(-\infty,\frac{9}{8}\right]$.

(2) 令 $\sqrt{1-x}=t(t\geqslant 0)$，即 $x=1-t^2$，换元，得

$$y=-t^2+2t+3=-(t-1)^2+4$$

故函数的值域为 $y\in(-\infty,4]$.

例 6　已知函数 $y=x^2-2x+3$.

(1) 当 $x\in(0,+\infty)$ 时，求函数的最小值；

(2) 当 $x\in[-1,0]$ 时，求函数的最小值；

(3) 当 $x\in[-1,2]$ 时,函数是否存在最大值?若存在,求出最大值;若不存在,请说明理由.

解 函数 $y=x^2-2x+3=(x-1)^2+2$.

(1) 当 $x\in(0,+\infty)$ 时,可得:当 $x=1$ 时,函数有最小值 2;

(2) 当 $x\in[-1,0]$ 时,可得:当 $x=0$ 时,函数有最小值 3;

(3) 当 $x\in[-1,2]$ 时,可得:当 $x=-1$ 时,函数有最大值 6.

例 7 函数 $f(x)=x^2-4x-4$ 在闭区间 $[t,t+1]$ $(t\in\mathbf{R})$ 上的最小值设为 $g(t)$,求 $g(t)$ 的函数表达式及 $g(t)$ 的最小值.

解 由题意知

$$f(x)=x^2-4x-4=(x-2)^2-8$$

当 $t>2$ 时,$f(x)$ 在 $[t,t+1]$ 上是增函数,所以

$$g(t)=f(t)=t^2-4t-4$$

当 $t\leqslant 2\leqslant t+1$,即 $1\leqslant t\leqslant 2$ 时,$g(t)=f(2)=-8$;

当 $t+1<2$,即 $t<1$ 时,$f(x)$ 在 $[t,t+1]$ 上是减函数,所以

$$g(t)=f(t+1)=t^2-2t-7$$

从而

$$g(t)=\begin{cases}t^2-2t-7 & (t<1)\\ -8 & (1\leqslant t\leqslant 2)\\ t^2-4t-4 & (t>2)\end{cases}$$

$g(t)$ 的图像如图 5 所示,由图像易知 $g(t)$ 的最小值为 -8.

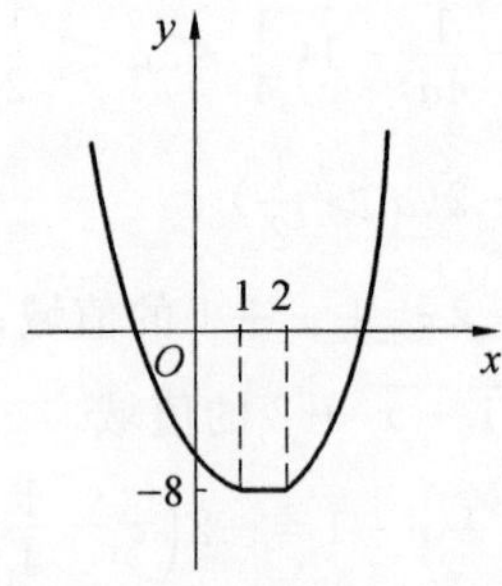

图 5

例 8 若对任何实数 p,抛物线 $y=2x^2-px+4p+1$ 都过一定点,求此定点的坐标.

分析 1 先运用特殊化法求出定点的坐标,再证明抛物线 $y=2x^2-px+4p+1$ 都过这一定点.

分析 2 将 $y=2x^2-px+4p+1$ 看作关于 p 的方程,原命题即为当 x,

y 为何值时,方程的解为一切实数.

解法 1　令

$$p=0 \Rightarrow y=2x^2+1 \quad ①$$

令

$$p=1 \Rightarrow y=2x^2-x+5 \quad ②$$

由式 ①② 解得

$$x=4, y=33$$

将 $x=4, y=33$ 代入 $y=2x^2-px+4p+1$,等式成立.所以对任何实数 p,抛物线 $y=2x^2-px+4p+1$ 都过定点(4,33).

解法 2　$y=2x^2-px+4p+1$ 可化为

$$p(4-x)=y-2x^2-1$$

当且仅当 $\begin{cases}4-x=0,\\ y-2x^2-1=0,\end{cases}$ 即 $\begin{cases}x=4\\ y=33\end{cases}$ 时,p 的解为一切实数.所以对任何实数 p,抛物线 $y=2x^2-px+4p+1$ 恒过定点(4,33).

例 9　设 α,β 是方程 $x^2-3x+1=0$ 的两根,求满足 $f(\alpha)=\beta, f(\beta)=\alpha$, $f(1)=1$ 的二次函数 $f(x)$.

分析　在二次函数的解析式中,共有三个待定系数.题设条件中有三个等式,故本题可运用列方程组的方法求解.

解法 1　设二次函数 $f(x)=ax^2+bx+c$,由题意,得

$$\begin{cases}a\alpha^2+b\alpha+c=\beta & ①\\ a\beta^2+b\beta+c=\alpha & ②\\ a+b+c=1 & ③\end{cases}$$

① + ② 得

$$a(\alpha^2+\beta^2)+(b-1)(\alpha+\beta)+2c=0$$

因为 $\alpha+\beta=3, \alpha\beta=1$,所以

$$7a+3b+2c=3 \quad ④$$

① − ② 得

$$a(\alpha^2-\beta^2)+(b+1)(\alpha-\beta)=0 \Rightarrow 3a+b=-1 \quad ⑤$$

由式 ③④⑤ 解得

$$a=1, b=-4, c=4$$

因此,所求函数为

$$f(x)=x^2-4x+4$$

解法 2　由 $f(1)=1$,可设二次函数 $f(x)=a(x-1)(x-m)+1$,则

$$\begin{cases}a(\alpha-1)(\alpha-m)+1=\beta\\a(\beta-1)(\beta-m)+1=\alpha\end{cases}\Rightarrow\begin{cases}a\alpha^2-a(m+1)\alpha+am+1=\beta & ⑥\\a\beta^2-a(m+1)\beta+am+1=\alpha & ⑦\end{cases}$$

因为 $\alpha+\beta=3,\alpha\beta=1$,所以 ⑥ + ⑦ 得

$$a(\alpha^2+\beta^2)-[a(m+1)+1](\alpha+\beta)+2am+2=0$$

$$\Rightarrow 4a-am-1=0 \quad ⑧$$

⑥ − ⑦ 得

$$a(\alpha^2-\beta^2)-[a(m+1)-1](\alpha-\beta)=0$$

$$\Rightarrow 2a-am+1=0 \quad ⑨$$

由式 ⑧⑨ 解得

$$a=1,m=3$$

因此,所求函数为

$$f(x)=x^2-4x+4$$

例 10 已知 $f(x)=x^2-ax+\frac{a}{2}$,$x\in[0,1]$,$a>0$,求 $f(x)$ 的最小值 $g(a)$ 的表达式,并求 $g(a)$ 的最大值.

分析 由于 $g(a)$ 是二次函数 $f(x)$ 在给定区间上的最小值.在求 $g(a)$ 的表达式时,需要注意二次函数 $f(x)$ 所表示的抛物线弧段是否包含顶点. $x\in[0,1]$ 表示 $0\leqslant x\leqslant 1$,其中$[0,1]$ 称为闭区间.

解 由题意知

$$f(x)=x^2-ax+\frac{a}{2}=\left(x-\frac{a}{2}\right)^2+\frac{a}{2}-\frac{a^2}{4}$$

若 $0\leqslant\frac{a}{2}\leqslant 1$,即 $0<a\leqslant 2$ 时,有

$$f_{\min}(x)=g(a)=\frac{a}{2}-\frac{a^2}{4}$$

若$\frac{a}{2}>1$,即 $a>2$ 时,有

$$f_{\min}(x)=g(a)=f(1)=1-\frac{a}{2}$$

所以

$$g(a)=\begin{cases}\frac{a}{2}-\frac{a^2}{4} & (0<a\leqslant 2)\\1-\frac{a}{2} & (a>2)\end{cases}$$

当 $0<a\leqslant 2$ 时,有

$$g(a)=\frac{a}{2}-\frac{a^2}{4}=-\frac{1}{4}(a-1)^2+\frac{1}{4}$$

得

$$a=1, g_{\max}(a)=g(1)=\frac{1}{4}$$

当 $a>2$ 时，$g(a)<0$.

所以，$g(a)$ 的最大值为 $\frac{1}{4}$（此时 $a=1$）.

课外训练

1.函数 $y=x^2+bx-c$ 的图像最低点为(1,2)，则 $b=$________，$c=$________.

2.设函数 $y=x^2+(a+2)x+3, x\in[a,b]$ 的图像关于直线 $x=1$ 对称，则 $b=$________.

3.二次函数 $f(x)$ 满足 $f(x+1)-f(x)=2x$ 且 $f(0)=1$.

(1) $f(x)$ 的解析式为________；

(2) 在闭区间 $[-1,1]$ 上，$y=f(x)$ 的图像恒在 $y=2x+m$ 的图像上方，则实数 m 的取值范围为________.

4.若函数 $f(x)=x^2-2ax+a$ 在区间 $(-\infty,1)$ 上有最小值，则 a 的取值范围为________.

5.二次函数 $f(x)$ 满足 $f(x+2)=f(-x+2)$，又 $f(0)=3, f(2)=1$，若在 $[0,m]$ 上有最大值 3，最小值 1，则 m 的取值范围为________.

6.函数 $y=x^2-4x+3$ 在 $[t,t+1]$ 上的最小值为________.

7.二次函数 $f(x)=-x^2+2ax+1$，定义域为 $[0,2]$，则最小值为________.

8.当 $x=\frac{1}{2}$ 时，二次函数 $y=f(x)$ 有最大值 25，函数图像与 x 轴的两个交点的横坐标的平方和等于 13，求二次函数 $f(x)$ 的解析式.

9.设抛物线 $y=ax^2+bx+c$ 过点 $A(1,2)$ 和 $B(-2,-1)$.

(1) 用 a 表示 b,c；

(2) 对任意非零实数 a，抛物线都不过点 $P(m,m^2+1)$，求 m 的值.

10.某工厂科研组对一项生产工艺流程总结出产量指标函数和消耗指示函数分别为 $f_1(x)=ax^2+\frac{1}{2}x+c$ 和 $f_2(x)=ax^2+bx+\frac{5}{4}$，且知

$f_1(-1)=f_2(-1)=f_1(3)=f_2(3)=2$.

(1) 分别求出 $f_1(x)$,$f_2(x)$ 的解析式;

(2) 问因素 x 取何值时,函数 $f_1(x)$,$f_2(x)$ 分别取最大值或最小值,最值各是多少?

11.(1) 已知 $y=x^2+(a+1)^2+|x+a-1|$ 的最小值 $y_{\min}>5$,求实数 a 的取值范围;

(2) 已知 $f(x)=x^2-2x-8$,若 $\varphi(t)$ 表示函数 $f(x)$ 在 $[t,t+1]$ 上的最小值,求 $\varphi(t)$ 在闭区间 $[-5,5]$ 上的最大值.

第 6 讲　二次函数、二次方程及二次不等式

知识呈现

1. 二次函数的基本性质

(1) 二次函数的三种表示法

$$y=ax^2+bx+c$$
$$y=a(x-x_1)(x-x_2)$$
$$y=a(x-x_0)^2+n$$

(2) 当 $a>0$，$f(x)$ 在闭区间 $[p,q]$ 上的最大值 M，最小值 m，令 $x_0=\frac{1}{2}(p+q)$.

若 $-\frac{b}{2a}<p$，则 $f(p)=m, f(q)=M$；

若 $p\leqslant -\frac{b}{2a}<x_0$，则 $f\left(-\frac{b}{2a}\right)=m, f(q)=M$；

若 $x_0\leqslant -\frac{b}{2a}<q$，则 $f(p)=M, f\left(-\frac{b}{2a}\right)=m$；

若 $-\frac{b}{2a}\geqslant q$，则 $f(p)=M, f(q)=m$.

2. 二次方程 $f(x)=ax^2+bx+c=0$ 的实根分布及条件.

(1) 方程 $f(x)=0$ 的两根中一根比 r 大，另一根比 r 小 $\Leftrightarrow a\cdot f(r)<0$；

(2) 二次方程 $f(x)=0$ 的两根都大于 $r\Leftrightarrow\begin{cases}\Delta=b^2-4ac>0\\ -\frac{b}{2a}>r\\ a\cdot f(r)>0\end{cases}$；

(3) 二次方程 $f(x)=0$ 在区间 (p,q) 内有两根 $\Leftrightarrow\begin{cases}\Delta=b^2-4ac>0\\ p<-\dfrac{b}{2a}<q\\ a\cdot f(q)>0\\ a\cdot f(p)>0\end{cases}$；

(4) 二次方程 $f(x)=0$ 在区间 (p,q) 内只有一根 $\Leftrightarrow f(p)\cdot f(q)<0$，或 $f(p)=0$(检验) 或 $f(q)=0$(检验) 检验另一根若在 (p,q) 内成立；

(5) 方程 $f(x)=0$ 两根的一根大于 p，另一根小于 $q(p<q)\Leftrightarrow\begin{cases}a\cdot f(p)<0\\ a\cdot f(q)>0\end{cases}$.

3.二次不等式转化策略

(1) 二次不等式 $f(x)=ax^2+bx+c\leqslant 0$ 的解集是

$$(-\infty,\alpha]\cup[\beta,+\infty)\Leftrightarrow a<0\text{ 且 }f(\alpha)=f(\beta)=0$$

(2) 当 $a>0$ 时，$f(\alpha)<f(\beta)\Leftrightarrow\left|\alpha+\dfrac{b}{2a}\right|<\left|\beta+\dfrac{b}{2a}\right|$；

当 $a<0$ 时，$f(\alpha)<f(\beta)\Leftrightarrow\left|\alpha+\dfrac{b}{2a}\right|>\left|\beta+\dfrac{b}{2a}\right|$；

(3) 当 $a>0$ 时，二次不等式 $f(x)>0$ 在 $[p,q]$ 上恒成立 $\Leftrightarrow\begin{cases}-\dfrac{b}{2a}<p\\ f(p)>0\end{cases}$ 或 $\begin{cases}p\leqslant-\dfrac{b}{2a}<q\\ f\left(-\dfrac{b}{2a}\right)>0\end{cases}$ 或 $\begin{cases}-\dfrac{b}{2a}\geqslant p\\ f(q)\geqslant 0\end{cases}$；

(4) $f(x)>0$ 恒成立 $\Leftrightarrow\begin{cases}a>0\\ \Delta<0\end{cases}$ 或 $\begin{cases}a=b=0\\ c>0\end{cases}$；$f(x)<0$ 恒成立 $\Leftrightarrow\begin{cases}a<0\\ \Delta<0\end{cases}$ 或 $\begin{cases}a=b=0\\ c<0\end{cases}$.

典例展示

例 1 已知二次函数 $f(x)=ax^2+bx+c$ 和一次函数 $g(x)=-bx$，其中 a,b,c 满足 $a>b>c,a+b+c=0(a,b,c\in\mathbf{R})$.

(1) 求证：两函数的图像交于不同的两点 A,B；

(2) 求线段 AB 在 x 轴上的射影 A_1B_1 的长的取值范围.

解　(1) 由$\begin{cases} y=ax^2+bx+c \\ y=-bx \end{cases}$消去$y$，得

$$ax^2+2bx+c=0$$

$$\Delta=4b^2-4ac=4(-a-c)^2-4ac=4(a^2+ac+c^2)=$$
$$4\left[\left(a+\frac{c}{2}\right)^2+\frac{3}{4}c^2\right]$$

因为$a+b+c=0$，$a>b>c$，所以$a>0$，$c<0$.

于是$\frac{3}{4}c^2>0$，所以$\Delta>0$，即两函数的图像交于不同的两点.

(2) 设方程$ax^2+2bx+c=0$的两根为x_1和x_2，则

$$x_1+x_2=-\frac{2b}{a},x_1x_2=\frac{c}{a}$$

$$|A_1B_1|^2=(x_1-x_2)^2=(x_1+x_2)^2-4x_1x_2=$$
$$\left(-\frac{2b}{a}\right)^2-\frac{4c}{a}=\frac{4b^2-4ac}{a^2}=$$
$$\frac{4(-a-c)^2-4ac}{a^2}=4\left[\left(\frac{c}{a}\right)^2+\frac{c}{a}+1\right]=$$
$$4\left[\left(\frac{c}{a}+\frac{1}{2}\right)^2+\frac{3}{4}\right]$$

因为

$$a>b>c,a+b+c=0,a>0,c<0$$

所以$a>-a-c>c$，解得

$$\frac{c}{a}\in\left(-2,-\frac{1}{2}\right)$$

因为$f\left(\frac{c}{a}\right)=4\left[\left(\frac{c}{a}\right)^2+\frac{c}{a}+1\right]$的对称轴方程是$\frac{c}{a}=-\frac{1}{2}$.

当$\frac{c}{a}\in\left(-2,-\frac{1}{2}\right)$时，为减函数.

所以$|A_1B_1|^2\in(3,12)$，故$|A_1B_1|\in(\sqrt{3},2\sqrt{3})$.

例2　已知关于x的二次方程$x^2+2mx+2m+1=0$.

(1) 若方程有两根，其中一根在$(-1,0)$内，另一根在$(1,2)$内，求m的范围；

(2) 若方程两根均在区间$(0,1)$内，求m的范围.

解　(1) 条件说明抛物线$f(x)=x^2+2mx+2m+1$与x轴的交点分别在$(-1,0)$和$(1,2)$内，画出示意图(图1)，得

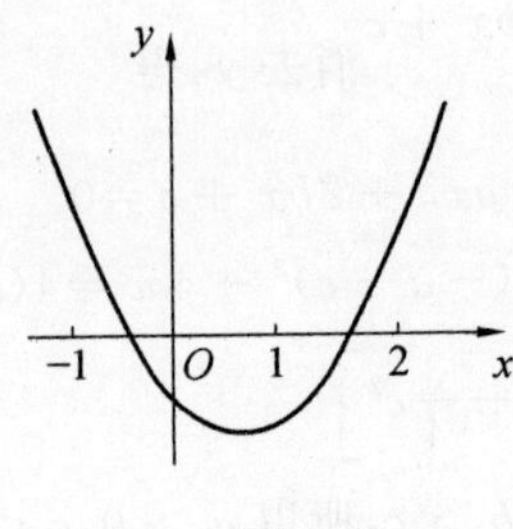

图 1

$$\begin{cases} f(0)=2m+1<0 \\ f(-1)=2>0 \\ f(1)=4m+2<0 \\ f(2)=6m+5>0 \end{cases} \Rightarrow \begin{cases} m<-\dfrac{1}{2} \\ m\in\mathbf{R} \\ m<-\dfrac{1}{2} \\ m>-\dfrac{5}{6} \end{cases}$$

所以 $-\dfrac{5}{6}<m<-\dfrac{1}{2}$.

(2) 根据抛物线与 x 轴交点落在区间(0,1)内(图 2),列不等式组

$$\begin{cases} f(0)>0 \\ f(1)>0 \\ \Delta\geqslant 0 \\ 0<-m<1 \end{cases} \Rightarrow \begin{cases} m>-\dfrac{1}{2} \\ m>-\dfrac{1}{2} \\ m\geqslant 1+\sqrt{2} \text{ 或 } m\leqslant 1-\sqrt{2} \\ -1<m<0 \end{cases}$$

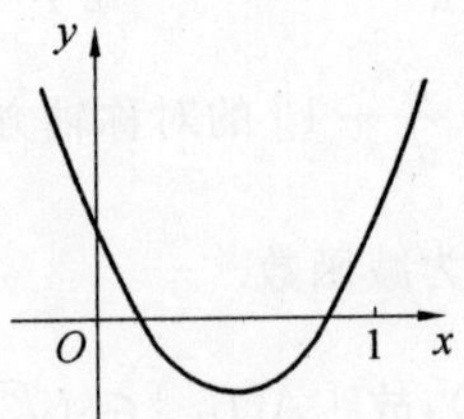

图 2

(这里 $0<-m<1$ 是因为对称轴 $x=-m$ 应在(0,1)内通过)

例 3 已知对于 x 的所有实数值,二次函数 $f(x)=x^2-4ax+2a+12$ $(a\in\mathbf{R})$ 的值都是非负的,求关于 x 的方程 $\dfrac{x}{a+2}=|a-1|+2$ 的根的取值范

围.

解　由条件知 $\Delta \leqslant 0$,即

$$(-4a)^2-4(2a+12)\leqslant 0$$

所以

$$-\frac{3}{2}\leqslant a\leqslant 2$$

(1) 当 $-\frac{3}{2}\leqslant a<1$ 时,原方程化为

$$x=-a^2+a+6$$

因为

$$-a^2+a+6=-\left(a-\frac{1}{2}\right)^2+\frac{25}{4}$$

所以当 $a=-\frac{3}{2}$ 时,$x_{\min}=\frac{9}{4}$;当 $a=\frac{1}{2}$ 时,$x_{\max}=\frac{25}{4}$.

故 $\frac{9}{4}\leqslant x\leqslant\frac{25}{4}$.

(2) 当 $1\leqslant a\leqslant 2$ 时,有

$$x=a^2+3a+2=\left(a+\frac{3}{2}\right)^2-\frac{1}{4}$$

所以当 $a=1$ 时,$x_{\min}=6$;当 $a=2$ 时,$x_{\max}=12$,所以 $6\leqslant x\leqslant 12$.

综上所述,$\frac{9}{4}\leqslant x\leqslant 12$.

例 4　设 $f(x)=ax^2+bx+c(a\neq 0)$,若 $|f(0)|\leqslant 1$,$|f(1)|\leqslant 1$,$|f(-1)|\leqslant 1$,求证:对于任意 $-1\leqslant x\leqslant 1$,有 $|f(x)|\leqslant\frac{5}{4}$.

证明　由待定系数法可以用 $f(0)$,$f(1)$,$f(-1)$ 来表示 a,b,c.

因为

$$f(-1)=a-b+c,f(1)=a+b+c,f(0)=c$$

所以

$$a=\frac{1}{2}[f(1)+f(-1)-2f(0)],b=\frac{1}{2}[f(1)-f(-1)],c=f(0)$$

于是

$$f(x)=f(1)\left(\frac{x^2+x}{2}\right)+f(-1)\left(\frac{x^2-x}{2}\right)+f(0)(1-x^2)$$

所以当 $-1\leqslant x\leqslant 0$ 时,有

$$|f(x)|\leqslant|f(1)|\cdot\left|\frac{x^2+x}{2}\right|+|f(-1)|\cdot$$

$$\left|\frac{x^2-x}{2}\right|+|f(0)|\cdot|1-x^2|\leqslant$$
$$\left|\frac{x^2+x}{2}\right|+\left|\frac{x^2-x}{2}\right|+|1-x^2|=$$
$$-\left(\frac{x^2+x}{2}\right)+\left(\frac{x^2-x}{2}\right)+(1-x^2)=$$
$$-x^2-x+1=$$
$$-\left(x+\frac{1}{2}\right)^2+\frac{5}{4}\leqslant\frac{5}{4}$$

当 $0\leqslant x\leqslant -1$ 时，有

$$|f(x)|\leqslant|f(1)|\cdot\left|\frac{x^2+x}{2}\right|+|f(-1)|\cdot$$
$$\left|\frac{x^2-x}{2}\right|+|f(0)|\cdot|1-x^2|\leqslant$$
$$\left|\frac{x^2+x}{2}\right|+\left|\frac{x^2-x}{2}\right|+|1-x^2|=$$
$$\left(\frac{x^2+x}{2}\right)+\left(\frac{-x^2+x}{2}\right)+(1-x^2)=$$
$$-x^2-x+1=$$
$$-\left(x-\frac{1}{2}\right)^2+\frac{5}{4}\leqslant\frac{5}{4}$$

综上所述，问题获证.

例 5 设二次函数 $f(x)=ax^2+bx+c(a>0)$，方程 $f(x)-x=0$ 的两个根 x_1,x_2 满足 $0<x_1<x_2<\frac{1}{a}$. 当 $x\in(0,x_1)$ 时，求证：$x<f(x)<x_1$.

分析 在已知方程 $f(x)-x=0$ 两根的情况下，根据函数与方程根的关系，可以写出函数 $f(x)-x$ 的表达式，从而得到函数 $f(x)$ 的表达式.

证明 由题意可知

$$f(x)-x=a(x-x_1)(x-x_2)$$

因为 $0<x<x_1<x_2<\frac{1}{a}$，所以

$$a(x-x_1)(x-x_2)>0$$

于是当 $x\in(0,x_1)$ 时，$f(x)>x$.

又

$$f(x)-x_1=a(x-x_1)(x-x_2)+x-x_1=$$
$$(x-x_1)(ax-ax_2+1)$$
$$x-x_1<0$$

且

$$ax-ax_2+1>1-ax_2>0$$

所以

$$f(x)<x_1$$

综上可知,问题获证.

例6　已知二次函数 $f(x)=ax^2+bx+1(a,b\in\mathbf{R},a>0)$,设方程 $f(x)=x$ 的两个实数根为 x_1 和 x_2.

(1) 如果 $x_1<2<x_2<4$,设函数 $f(x)$ 的对称轴为 $x=x_0$,求证:$x_0>-1$;

(2) 如果 $|x_1|<2$, $|x_2-x_1|=2$,求 b 的取值范围.

分析　条件 $x_1<2<x_2<4$ 实际上给出了 $f(x)=x$ 的两个实数根所在的区间,因此可以考虑利用上述图像特征去等价转化.设 $g(x)=f(x)-x=ax^2+(b-1)x+1$,则 $g(x)=0$ 的两根为 x_1 和 x_2.

证明　(1) 由 $a>0$ 及 $x_1<2<x_2<4$,可得

$$\begin{cases}g(2)<0\\g(4)>0\end{cases}$$

即

$$\begin{cases}4a+2b-1<0\\16a+4b-3>0\end{cases}$$

亦即

$$\begin{cases}3+3\cdot\dfrac{b}{2a}-\dfrac{3}{4a}<0 & ①\\-4-2\cdot\dfrac{b}{2a}+\dfrac{3}{4a}<0 & ②\end{cases}$$

①+② 得 $\dfrac{b}{2a}<1$,所以,$x_0>-1$.

(2) 由 $(x_1-x_2)^2=\left(\dfrac{b-1}{a}\right)^2-\dfrac{4}{a}$,可得

$$2a+1=\sqrt{(b-1)^2+1}$$

又 $x_1x_2=\dfrac{1}{a}>0$,所以 x_1,x_2 同号.

于是

$$|x_1|<2,\ |x_2-x_1|=2\Leftrightarrow\begin{cases}0<x_1<2<x_2\\2a+1=\sqrt{(b-1)^2+1}\end{cases}\text{或}$$

$$\begin{cases} x_2 < -2 < x_1 < 0 \\ 2a+1=\sqrt{(b-1)^2+1} \end{cases}$$

即

$$\begin{cases} g(2) > 0 \\ g(0) > 0 \\ 2a+1=\sqrt{(b-1)^2+1} \end{cases} \text{或} \begin{cases} g(-2) > 0 \\ g(0) > 0 \\ 2a+1=\sqrt{(b-1)^2+1} \end{cases}$$

解之得 $b < \frac{1}{4}$ 或 $b > \frac{7}{4}$.

例 7 已知 $f(x)=ax^2+bx$,满足 $1 \leqslant f(-1) \leqslant 2$ 且 $2 \leqslant f(1) \leqslant 4$,求 $f(-2)$ 的取值范围.

分析 在本题中,所给条件并不足以确定参数 a,b 的值,但应该注意到,所要求的结论不是 $f(-2)$ 的确定值,而是与条件相对应的"取值范围".因此,我们可以把 $1 \leqslant f(-1) \leqslant 2$ 和 $2 \leqslant f(1) \leqslant 4$ 当成两个独立的条件,先用 $f(-1)$ 和 $f(1)$ 来表示 a,b.

解 由 $f(1)=a+b, f(-1)=a-b$ 可解得

$$a=\frac{1}{2}[f(1)+f(-1)] \quad ①$$

$$b=\frac{1}{2}[f(1)-f(-1)] \quad ②$$

将式①②代入 $f(x)=ax^2+bx$,并整理得

$$f(x)=f(1)\left(\frac{x^2+x}{2}\right)+f(-1)\left(\frac{x^2-x}{2}\right)$$

所以

$$f(2)=f(1)+3f(-1)$$

又因为 $2 \leqslant f(1) \leqslant 4, 1 \leqslant f(-1) \leqslant 2$,所以

$$5 \leqslant f(-2) \leqslant 10$$

例 8 已知函数 $f(x)=ax^2+bx+c(a>0)$ 的图像与 x 轴有两个不同的交点,若 $f(c)=0$ 且 $0<x<c$ 时,$f(x)>0$.

(1) 比较 $\frac{1}{a}$ 与 c 的大小;

(2) 求证:$-2<b<-1$;

(3) 当 $c>1, t>1$ 时,求证:$\frac{a}{t+2}+\frac{b}{t+1}+\frac{c}{t}>0$.

分析 运用根的意义,及使用反证法来比较大小;讨论二次函数对称轴的位置,根据不同的位置情况来证明不等式;构建二次函数区间上的单调性来

证明不等式.

解　(1) 由题设知 c 为根,由根与系数的关系知另一个根 $x_2=\frac{1}{a}$,且 $c\neq\frac{1}{a}$. 若 $\frac{1}{a}<c$,因为 $a>0$,由题设 $f\left(\frac{1}{a}\right)>0$ 与根产生矛盾,所以 $\frac{1}{a}>c$;

(2) 题设条件和对称性与两根的关系切入,因为 $f(c)=0$,所以

$$ac+b+1=0,b=-1-ac$$

因为 $a>0,c>0$,所以 $b<-1$.

对称轴

$$x=-\frac{b}{2a}=\frac{c+\frac{1}{a}}{2}<\frac{1}{a}$$

所以 $b>-2$,于是 $-2<b<-1$.

(3) 分析法化归二次函数单调性证明不等式,由研究对称轴的位置切入,要证的不等式成立等价于

$$g(t)=(a+b+c)t^2+(a+2b+3c)t+2c>0\quad(t>0)$$

因为 $c>1>0$,所以 $f(1)>0$,于是

$$a+b+c>0$$

因为 $-2<b<-1$,所以

$$a+2b+3c=(a+b+c)+(b+2c)+c>(b+2c)+c>b+2c>b+2>0$$

于是二次函数 $g(t)$ 的对称轴 $-\frac{a+2b+3c}{2(a+b+c)}<0$,由此可见 $g(t)$ 在 $[0,+\infty)$ 上是增函数. 因为 $t>0$,所以

$$g(t)>g(0)=2c>0$$

则原不等式成立.

例 9　二次函数 $f(x)=px^2+qx+r$ 中实数 p,q,r 满足 $\frac{p}{m+2}+\frac{q}{m+1}+\frac{r}{m}=0$,其中 $m>0$,求证:

(1) $pf\left(\frac{m}{m+1}\right)<0$;

(2) 方程 $f(x)=0$ 在 $(0,1)$ 内恒有解.

证明　(1)

$$pf\left(\frac{m}{m+1}\right)=p[p\left(\frac{m}{m+1}\right)^2+q\left(\frac{m}{m+1}\right)]+r=$$

$$pm\left[\frac{pm}{(m+1)^2}+\frac{q}{m+1}+\frac{r}{m}\right]=pm$$

$$\left[\frac{pm}{(m+1)^2}-\frac{p}{m+2}\right]=p^2m\left[\frac{m(m+2)-(m+1)^2}{(m+1)^2(m+2)}\right]=$$
$$-\frac{p^2m}{(m+1)^2(m+2)}$$

由于 $f(x)$ 是二次函数,故 $p\neq0$. 又 $m>0$,所以

$$pf\left(\frac{m}{m+1}\right)<0$$

(2) 由题意,得

$$f(0)=r,f(1)=p+q+r$$

① 当 $p>0$ 时,由(1) 知

$$f\left(\frac{m}{m+1}\right)<0$$

若 $r>0$,则 $f(0)>0$. 又 $f\left(\frac{m}{m+1}\right)<0$,所以 $f(x)=0$ 在 $\left(0,\frac{m}{m+1}\right)$ 内有解.

若 $r\leqslant0$,则

$$f(1)=p+q+r=p+(m+1)\left(-\frac{p}{m+2}-\frac{r}{m}\right)+r=\frac{p}{m+2}-\frac{r}{m}>0$$

又 $f\left(\frac{m}{m+1}\right)<0$,所以 $f(x)=0$ 在 $\left(\frac{m}{m+1},1\right)$ 内有解.

② 当 $p<0$ 时,同理可证.

例 10 已知函数 $f(x)=ax^2+bx+c(a>b>c)$ 的图像上有两点 $A(m_1,f(m_1))$,$B(m_2,f(m_2))$ 满足 $f(1)=0$ 且 $a^2+[f(m_1)+f(m_2)]\cdot a+f(m_1)f(m_2)=0$.

(1) 求证:$b\geqslant0$;

(2) 能否保证 $f(m_1+3)$ 和 $f(m_2+3)$ 中至少有一个为正数? 请证明你的结论.

分析 把握方程根的意义,构建二次方程判别式、函数的单调性和不等式结论. 关键是研究二次对称轴的位置确定其单调性.

证明 (1) 由 $a^2+[f(m_1)+f(m_2)]\cdot a+f(m_1)f(m_2)=0$ 知,$f(m_1)=-a$ 或 $f(m_2)=-a$,即 m_1,m_2 是方程 $ax^2+bx+c=-a$ 的两根,则

$$\Delta=b^2-4a(a+c)\geqslant0$$
$$b^2\geqslant4a(a+c)$$

而 $f(1)=a+b+c=0$,即 $a+b+c=0$,且 $a>b>c$,则 $a>0,c<0$. 故 $b(b+4a)\geqslant0$,$b(3a-c)\geqslant0$. 而 $3a-c>0$,所以 $b\geqslant0$;

(2) 设 $f(x)=ax^2+bx+c$ 的两根为 x_1,x_2. 由 $f(1)=0$,显然其中一根

为1，另一根为$\frac{c}{a}$，又$a>0,c<0$，所以$\frac{c}{a}<0$. 而$a>b>c$，且$b=-a-c$，所以$a>-a-c$，于是$-2<\frac{c}{a}<-\frac{1}{2}$，所以

$$\frac{-b}{2a}=\frac{a+c}{2a}=\frac{1}{2}+\frac{c}{a}\in\left(-\frac{3}{2},0\right)$$

因为$f(1)=0$，所以$f(x)$在$[1,+\infty)$上单调递增且函数值恒大于0.

若$f(m_1)=-a=a(m_1-1)\left(m_1-\frac{c}{a}\right)<0$，所以$\frac{c}{a}<m_1<1$，于是

$$m_1+3>\frac{c}{a}+3>1$$

因为$f(x)$在$[1,+\infty)$上为增函数且函数值恒大于0，所以$f(m_1+3)>0$.

同理，当$f(m_2)=-a$时，有$f(m_2+3)>0$. 故$f(m_1+3)$和$f(m_2+3)$中至少有一个为正数.

课外训练

1. 若不等式$(a-2)x^2+2(a-2)x-4<0$对一切$x\in\mathbf{R}$恒成立，则a的取值范围是________.

2. 已知二次函数$f(x)=4x^2-2(p-2)x-2p^2-p+1$，若在$[-1,1]$上至少存在一个实数$c$，使$f(c)>0$，则实数$p$的取值范围是________.

3. 二次函数$f(x)$的二次项系数为正，且对任意实数x恒有$f(2+x)=f(2-x)$，若$f(1-2x^2)<f(1+2x-x^2)$，则x的取值范围是________.

4. 如果二次函数$y=mx^2+(m-3)x+1$的图像与x轴的交点至少有一个在原点的右侧，则m的取值范围为________.

5. 若不等式$\frac{x^2-8x+20}{mx^2-mx-1}<0$对一切$x$恒成立，则实数$m$的取值范围为________.

6. 设不等式$ax^2+bx+c>0$的解集是$\{x\mid \alpha<x<\beta\}(0<\alpha<\beta)$，则不等式$cx^2+bx+a<0$的解集为________.

7. 抛物线$y=ax^2+bx+c$与x轴交于A,B两点，与y轴交于点C. 若$\triangle ABC$是直角三角形，则$ac=$________.

8. 不等式$(a-2)x^2+2(a-2)x-4<0$对$x\in\mathbf{R}$恒成立，则a的取值范围为________.

9. 已知函数$f(x)=ax^2+bx+c$满足$f(-1)=0$，不等式$x\leqslant f(x)$对

一切实数 x 都成立，$x\in(0,2)$ 时，有 $f(x)\leqslant\frac{1}{2}(x^2+1)$.

(1) 求 $f(1)$ 的值；

(2) 证明：$ac\geqslant\frac{1}{16}$；

(3) 当 $x\in[-2,2]$ 且 $a+c$ 取得最小值时，函数 $F(x)=f(x)-mx\ (m\in\mathbf{R})$ 是单调的，求 m 的取值范围.

10. 已知二次函数 $f(x)=ax^2+bx+c$，当 $-1\leqslant x\leqslant 1$ 时，有 $-1\leqslant f(x)\leqslant 1$，求证：当 $-2\leqslant x\leqslant 2$ 时，有 $-7\leqslant f(x)\leqslant 7$.

11. 已知函数 $f(x)=2^x-\frac{a}{2^x}$.

(1) 将 $y=f(x)$ 的图像向右平移两个单位，得到函数 $y=g(x)$，求函数 $y=g(x)$ 的解析式；

(2) 函数 $y=h(x)$ 与函数 $y=g(x)$ 的图像关于直线 $y=1$ 对称，求函数 $y=h(x)$ 的解析式；

(3) 设 $F(x)=\frac{1}{a}f(x)+h(x)$，已知 $F(x)$ 的最小值是 m 且 $m>2+\sqrt{7}$，求实数 a 的取值范围.

第 7 讲　集合的概念与运算

知识呈现

定义 1　一般地，一组确定的、互异的、无序的对象的全体构成集合，简称集，用大写字母来表示；集合中的各个对象称为元素，用小写字母来表示，元素 x 在集合 A 中，称 x 属于 A，记为 $x \in A$，否则称 x 不属于 A，记作 $x \notin A$. 例如，通常用 $\mathbf{N}, \mathbf{Z}, \mathbf{Q}, \mathbf{R}, \mathbf{Q}^*$ 分别表示自然数集、整数集、有理数集、实数集、正有理数集，不包含任何元素的集合称为空集，用 $\varnothing$ 来表示. 集合分有限集和无限集两种.

集合的表示方法有列举法：将集合中的元素一一列举出来写在大括号内并用逗号隔开表示集合的方法，如$\{1,2,3\}$；描述法：将集合中的元素的属性写在大括号内表示集合的方法. 例如，$\{$有理数$\}$，$\{x \mid x > 0\}$ 分别表示有理数集和正实数集.

定义 2　子集：对于两个集合 A 与 B，如果集合 A 中的任何一个元素都是集合 B 中的元素，则 A 叫作 B 的子集，记为 $A \subseteq B$，例如，$N \subseteq Z$. 规定空集是任何集合的子集，如果 A 是 B 的子集，B 也是 A 的子集，则称 A 与 B 相等. 如果 A 是 B 的子集，而且 B 中存在的元素不属于 A，则 A 叫作 B 的真子集.

定义 3　交集：$A \cap B = \{x \mid x \in A$ 且 $x \in B\}$.

定义 4　并集：$A \cup B = \{x \mid x \in A$ 或 $x \in B\}$.

定义 5　补集：若 $A \subseteq I$，则 $\complement_I A = \{x \mid x \in I$，且 $x \notin A\}$ 称为 A 在 I 中的补集.

定义 6　差集：$A \backslash B = \{x \mid x \in A$，且 $x \notin B\}$.

定义 7　集合 $\{x \mid a < x < b, x \in \mathbf{R}, a < b\}$ 记作开区间 (a,b)，集合 $\{x \mid a \leqslant x \leqslant b, x \in \mathbf{R}, a < b\}$ 记作闭区间 $[a,b]$，$\mathbf{R}$ 记作 $(-\infty, +\infty)$.

集合的性质：对任意集合 A,B,C，有：

(1) $A \cap (B \cup C) = (A \cap B) \cup (A \cap C)$；

(2) $A \cup (B \cap C) = (A \cup B) \cap (A \cup C)$；

(3) $\complement_I A \cup \complement_I B = \complement_I (A \cap B)$；

(4) $\complement_I A \cap \complement_I B = \complement_I (A \cup B)$.

这里仅证(1)(3),其余由读者自己完成.

(1) 若 $x \in A \cap (B \cup C)$,则 $x \in A$,且 $x \in B$ 或 $x \in C$,所以 $x \in (A \cap B)$ 或 $x \in (A \cap C)$,即 $x \in (A \cap B) \cup (A \cap C)$;反之,$x \in (A \cap B) \cup (A \cap C)$,则 $x \in (A \cap B)$ 或 $x \in (A \cap C)$,即 $x \in A$ 且 $x \in B$ 或 $x \in C$,即 $x \in A$ 且 $x \in (B \cup C)$,即 $x \in A \cap (B \cup C)$.

(3) 若 $x \in \complement_I A \cup \complement_I B$,则 $x \in \complement_I A$ 或 $x \in \complement_I B$,所以 $x \notin A$ 或 $x \notin B$,所以 $x \notin (A \cap B)$. 又 $x \in I$,所以 $x \in \complement_I (A \cap B)$,即 $\complement_I A \cup \complement_I B \subseteq \complement_I (A \cap B)$,反之也有 $\complement_I (A \cap B) \subseteq \complement_I A \cup \complement_I B$.

典例展示

例 1 设 $M=\{a \mid a=x^2-y^2, x, y \in \mathbf{Z}\}$,求证:

(1) $2k-1 \in M(k \in \mathbf{Z})$;

(2) $4k-2 \notin M(k \in \mathbf{Z})$;

(3) 若 $p \in M, q \in M$,则 $pq \in M$.

证明 (1) 因为 $k, k-1 \in \mathbf{Z}$,且 $2k-1=k^2-(k-1)^2$,所以 $2k-1 \in M$.

(2) 假设 $4k-2 \in M(k \in \mathbf{Z})$,则存在 $x, y \in \mathbf{Z}$,使 $4k-2=x^2-y^2$,由于 $x-y$ 和 $x+y$ 有相同的奇偶性,所以 $x^2-y^2=(x-y)(x+y)$ 是奇数或4的倍数,不可能等于 $4k-2$,假设不成立,所以 $4k-2 \notin M$.

(3) 设 $p=x^2-y^2, q=a^2-b^2, x, y, a, b \in \mathbf{Z}$,则

$$pq=(x^2-y^2)(a^2-b^2)=x^2a^2+y^2b^2-x^2b^2-y^2a^2=(xa-yb)^2-(xb-ya)^2 \in M$$

(因为 $xa-yb \in \mathbf{Z}, xb-ya \in \mathbf{Z}$)

例 2 (1) 已知集合 $A=\{x \mid x^2-5x+6=0\}$,$B=\{x \mid mx-1=0\}$,且 $A \cap B=B$,求由实数 m 所构成的集合 M,并写出 M 的所有子集;

(2) 已知集合 $A=\{x \mid x^2+3x+2 \geqslant 0\}$,$B=\{x \mid mx^2-(2m+1)x+m-1>0, m \in \mathbf{R}\}$,若 $A \cap B=\varnothing$,且 $A \cup B=A$,求 m 的取值范围.

解 (1) 由题意得:$A=\{2,3\}$,$B \subseteq A$,所以 $B=\varnothing$ 或 $B=\{2\}$ 或 $B=\{3\}$.

(1) 若 $B=\varnothing$,即方程 $mx-1=0$ 无解,所以 $m=0$;

(2) 若 $B=\{2\}$,则 2 是方程 $mx-1=0$ 的解,解得:$m=\frac{1}{2}$;

(3) 若 $B=\{3\}$,则 3 是方程 $mx-1=0$ 的解,解得:$m=\frac{1}{3}$.

所以 $M=\{0,\frac{1}{2},\frac{1}{3}\}$，则 M 的所有子集为

$$\varnothing,\{0\},\{\frac{1}{2}\},\{\frac{1}{3}\},\{0,\frac{1}{2}\},\{0,\frac{1}{3}\},\{\frac{1}{2},\frac{1}{3}\},\{0,\frac{1}{2},\frac{1}{3}\}$$

(2) 由 $A\cup B=A$ 知 $B\subseteq A$，又 $A\cap B=\varnothing$，所以 $B=\varnothing$. 于是不等式 $mx^2-(2m+1)x+m-1\leqslant 0$ 对实数 x 恒成立. 由

$$\begin{cases}m<0\\ \Delta=(2m+1)^2-4m(m-1)\leqslant 0\end{cases}\Rightarrow m\leqslant-\frac{1}{8}$$

说明　(1) 由上述分析解答我们可以得到：若 $A\cup B=A$，或 $A\cap B=B$，都可得：$B\subseteq A$，由空集是任何集合的子集，不能忽视 $B=\varnothing$ 的特殊情况；

(2)A 显然非空，有 $A\cap B=\varnothing$ 且 $A\cup B=A\Rightarrow B=\varnothing$ 是至关重要的一步. 若少了空集 $\varnothing$，结果就不完整，从而就会暴露自己思维的缺陷.

例 3　(1) 已知集合 $A=\{(x,y)\mid x^2+mx-y+2=0\}$，$B=\{(x,y)\mid x-y+1=0$，且 $0\leqslant x\leqslant 2\}$，若 $A\cap B\neq\varnothing$，求实数 m 的取值范围；

(2) 设 $A=\{x\mid x^2+4x=0\}$，$B=\{x\mid x^2+2(a+1)x+a^2-1=0\}$，若 $A\cap B=B$，求 a 的值.

解　(1) 由 $A\cap B\neq\varnothing$，可知集合 A,B 有公共元素，即方程 $x^2+(m-1)x+1=0$ 在 $0\leqslant x\leqslant 2$ 范围内一定有实数根，这是解题的关键.

由 $\begin{cases}x^2+mx-y+2=0\\ x-y+1=0(0\leqslant x\leqslant 2)\end{cases}$ 得

$$x^2+(m-1)x+1=0 \quad ①$$

因为 $A\cap B\neq\varnothing$，所以方程 ① 在$[0,2]$上至少有一个实数解.

由 $\Delta=(m-1)^2-4\geqslant 0$，得 $m\geqslant 3$ 或 $m\leqslant-1$.

当 $m\geqslant 3$ 时，由 $x_1+x_2=-(m-1)<0$ 及 $x_1x_2=1>0$，知方程 ① 只有负根，不符合要求.

当 $m\leqslant-1$ 时，由 $x_1+x_2=-(m-1)>0$ 及 $x_1x_2=1>0$，知方程 ① 只有正根，且必有一根在$(0,1]$内，从而方程 ① 至少有一个根在$[0,2]$内.

故所求 m 的取值范围是 $m\leqslant-1$.

(2) 有 $A\cap B=B\Rightarrow B\subseteq A$，而 $A=\{x\mid x^2+4x=0\}=\{0,-4\}$，所以需要用 A 的子集进行分类讨论.

易得 $A=\{0,-4\}$. 若 $B=\varnothing$ 时，则 $x^2+2(a+1)x+a^2-1=0$ 无实数根，此时 $\Delta<0$，得 $a<-1$；

若 $B\neq\varnothing$ 时，则 B 含有 A 的元素：

① 若 $0\in B$，则 $a^2-1=0$，即 $a=\pm 1$，当 $a=-1$ 时，$B=\{0\}$ 符合题意；

当 $a=1$ 时,$B=\{0,-4\}$ 也符合题意;

② 若 $-4\in B$,则 $a=1$ 或 $a=7$. 当 $a=1$ 时,已得符合题意;当 $a=7$ 时,$B=\{-4,-2\}$ 不符合题意.

综上可知,a 的取值范围是 $a\leqslant -1$ 或 $a=1$.

说明 (1) 第(1)问运用了方程思想和分类讨论思想. 在解题中,应当注意空集的特殊性,若未指明集合非空时,要考虑到空集的可能性. 同时还应当注意空集的有关运算;

(2) 第(2)问要注意 $B=\varnothing$ 的情况,不要被忽视.

例 4 设 A,B 是两个集合,又设集合 M 满足 $A\cap M=B\cap M=A\cap B$,$A\cup B\cup M=A\cup B$,求集合 M(用 A,B 表示).

解 先证 $(A\cap B)\subseteq M$,若 $x\in(A\cap B)$,因为 $A\cap M=A\cap B$,所以 $x\in A\cap M$,$x\in M$,所以 $(A\cap B)\subseteq M$;

再证 $M\subseteq(A\cap B)$,若 $x\in M$,则 $x\in A\cup B\cup M=A\cup B$.

(1) 若 $x\in A$,则 $x\in A\cap M=A\cap B$;

(2) 若 $x\in B$,则 $x\in B\cap M=A\cap B$. 所以 $M\subseteq(A\cap B)$.

综上所述,$M=A\cap B$.

例 5 $A=\{x\mid x^2-3x+2=0\}$,$B=\{x\mid x^2-ax+a-1=0\}$,$C=\{x\mid x^2-mx+2=0\}$,若 $A\cup B=A$,$A\cap C=C$,求 a,m 的值.

解 依题设,$A=\{1,2\}$,再由 $x^2-ax+a-1=0$ 解得

$$x=a-1 \text{ 或 } x=1$$

因为 $A\cup B=A$,所以 $B\subseteq A$,于是 $a-1\in A$,所以 $a-1=1$ 或 2,于是

$$a=2 \text{ 或 } 3$$

因为 $A\cap C=C$,所以 $C\subseteq A$,若 $C=\varnothing$,则

$$\Delta=m^2-8<0$$

即

$$-2\sqrt{2}<m<2\sqrt{2}$$

若 $C\neq\varnothing$,则 $1\in C$ 或 $2\in C$,解得 $m=3$.

综上所述,$a=2$ 或 $a=3$;$m=3$ 或 $-2\sqrt{2}<m<2\sqrt{2}$.

例 6 (1) 若集合 A_1,A_2 满足 $A_1\cup A_2=A$,则称 (A_1,A_2) 为集合 A 的一种分拆,并规定:当且仅当 $A_1=A_2$ 时,(A_1,A_2) 与 (A_2,A_1) 为集合的同一种分拆,求集合 $A=\{a_1,a_2,a_3\}$ 的不同分拆的种数;

(2) 设数集 $M=\{x\mid m\leqslant x\leqslant m+\frac{3}{4}\}$,$N=\{x\mid n-\frac{1}{3}\leqslant x\leqslant n\}$,且 M,N 都是集合 $\{x\mid 0\leqslant x\leqslant 1\}$ 的子集,如果把 $b-a$ 叫作集合 $\{x\mid a\leqslant x\leqslant b\}$

的"长度",求集合 $M\cap N$ 的"长度"的最小值.

解　(1) 考虑元素 a_1 有3种情形:(1)$a_1\in A_1$,$a_1\notin A_2$;(2)$a_1\notin A_1$,$a_1\in A_2$;(3)$a_1\in A_1$,$a_1\in A_2$.同理,元素 a_2,a_3 也都有3种情形,故共有 $3\times3\times3=27$ 种不同的分拆种数.

(2) 由题意,知集合 M 的"长度"是 $\frac{3}{4}$,集合 N 的"长度"是 $\frac{1}{3}$.由集合 M,N 是 $\{x\mid 0\leqslant x\leqslant 1\}$ 的子集,知当且仅当 $M\cup N=\{x\mid 0\leqslant x\leqslant 1\}$ 时,集合 $M\cap N$ 的"长度"最小,最小值是 $\frac{3}{4}+\frac{1}{3}-1=\frac{1}{12}$.

例7　有54名学生,其中会打篮球的有36人,会打排球的人数比会打篮球的人数多4人,另外这两种球都不会打的人数是都会打的人数的 $\frac{1}{4}$ 还少1,问既会打篮球又会打排球的有多少人?

解　设由54名学生组成的集合为 U,会打篮球的学生的集合为 A,会打排球的学生的集合为 B,这两种球都会打的学生为集合 X,设 X 的元素个数为 x,画出韦恩图如图1所示,则

$$(36-x)+(40-x)+x+\left(\frac{1}{4}x-1\right)=54$$

解得

$$x=28$$

所以,既会打篮球又会打排球的学生有28人.

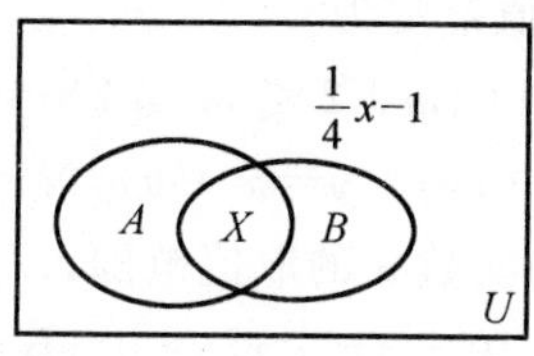

图1

例8　(1) 设 $A=\{x\mid x^2-8x+15=0\}$,$B=\{x\mid ax-1=0\}$,若 $B\subseteq A$,求实数 a 组成的集合的子集有多少个?

(2) 已知集合 $A=\{x\mid -2\leqslant x\leqslant 5\}$,$B=\{x\mid m+1\leqslant x\leqslant 2m-1\}$,若 $A\cup B=A$,求实数 m 的取值范围.

解　(1) 集合 B 是方程 $ax-1=0$ 的解集,该方程不一定是一次方程,故须分 $a=0$ 和 $a\neq0$ 讨论.

化简集合 $A=\{3,5\}$.

当 $a=0$ 时,$B=\varnothing$,满足 $B\subseteq A$,所以 $a=0$ 符合题意.

当 $a \neq 0$ 时，$B \neq \varnothing$，则 $x=\dfrac{1}{a}$. 因为 $B \nsubseteq A$，所以

$$\frac{1}{a}=3 \text{ 或 } \frac{1}{a}=5$$

即

$$a=\frac{1}{3} \text{ 或 } a=\frac{1}{5}$$

故实数 a 组成的集合为 $\{0,\dfrac{1}{3},\dfrac{1}{5}\}$，其子集有 8 个.

(2) 由 $A \cup B=A$ 可得 $B \subseteq A$，而 $B \subseteq A$ 包括两种情况，即

$$B=\varnothing \text{ 和 } B \neq \varnothing$$

由题意，$A \cup B=A$，所以 $B \subseteq A$

① 若 $B=\varnothing$，则 $m+1>2m-1$，即 $m<2$，此时总有 $A \cup B=A \cup \varnothing=A$ 成立.

② 若 $B \neq \varnothing$，则

$$\begin{cases} m+1 \leqslant 2m-1 \\ -2 \leqslant m+1 \\ 2m-1 \leqslant 5 \end{cases}$$

解得

$$2 \leqslant m \leqslant 3$$

综合 ①，② 知，m 的取值范围为

$$\{m \mid m<2\} \cup \{m \mid 2 \leqslant m \leqslant 3\}=\{m \mid m \leqslant 3\}$$

例 9 (1) 已知 $M=\{(x,y) \mid y=x+a\}$，$N=\{(x,y) \mid x^2+y^2=2\}$，求使等式 $M \cap N=\varnothing$ 成立的实数 a 的取值范围；

(2) 已知集合 $A=\{x \mid 10+3x-x^2 \geqslant 0\}$，$B=\{x \mid x^2-2x+2m<0\}$，若 $A \cap B=B$，求实数 m 的值.

解 (1) $M \cap N=\{(x,y) \mid (x,y) \in M$，且

$$(x,y) \in \mathbf{N}\}=\left\{(x,y) \,\middle|\, \begin{cases} y=x+a \\ x^2+y^2=2 \end{cases}\right.$$

故 $M \cap N=\varnothing$ 等价于方程组

$$\begin{cases} y=x+a & ① \\ x^2+y^2=2 & ② \end{cases}$$

无解.

由方程 ①② 联立消去 y，得关于 x 的一元二次方程

$$2x^2+2ax+a^2-2=0 \qquad ③$$

问题转化为一元二次方程 ③ 无实根，故

$$\Delta=(2a)^2-4\cdot 2\cdot(a^2-2)<0$$

由此解得

$$a>2 \text{ 或 } a<-2$$

故 a 的取值范围是 $\{a \mid a>2 \text{ 或 } a<-2\}$.

(2) 不难求出

$$A=\{x \mid -2\leqslant x\leqslant 5\}$$

由 $A\cap B=B\Rightarrow B\subseteq A$，又 $x^2-2x+2m<0$，$\Delta=4-8m$.

若 $4-8m\leqslant 0$，即 $m\geqslant \frac{1}{2}$，则 $B=\varnothing\subseteq A$.

若 $4-8m>0$，即

$$m<\frac{1}{2}$$

$$B=\{x \mid 1-\sqrt{1-2m}<x<1+\sqrt{1-2m}\}$$

所以

$$\begin{cases}1-\sqrt{1-2m}\geqslant -2\\ 1+\sqrt{1-2m}\leqslant 5\end{cases}\Rightarrow -4\leqslant m<\frac{1}{2}$$

故知 m 的取值范围是 $m\in[-4,\frac{1}{2})$.

例 10　(1) 已知集合 $A=\{x \mid x^2-ax+a^2-19=0\}$，$B=\{x \mid x^2-5x=-6\}$，$C=\{x \mid x^2+2x-8=0\}$，且 $A\cap B\neq\varnothing$，$A\cap C=\varnothing$ 同时成立，求实数 a 和集合 A；

(2) 设集合 $A=\{x \mid x^2-2x+2m+4=0\}$，$B=\{x \mid x<0\}$，若 $A\cap B\neq\varnothing$，求实数 m 的取值范围.

解　(1) 由已知条件易知

$$B=\{2,3\},C=\{-4,2\}$$

由 $A\cap C=\varnothing$，知 $2\notin A$，$-4\notin A$，又 $A\cap B\neq\varnothing$，所以 $3\in A$，即 3 为方程 $x^2-ax+a^2-19=0$ 的一根.

所以 $9-3a+a^2-19=0$，即 $a^2-3a-10=0$，解得 $a=5$ 或 $a=-2$.

当 $a=5$ 时，$A=\{2,3\}$ 与 $2\notin A$ 相矛盾，故舍去.

当 $a=-2$ 时，$A=\{3,-5\}$ 满足题意.

所以满足条件的 a 值为 -2，集合 A 为 $\{3,-5\}$.

(2) **解法一**　关键是准确地理解 $A\cap B\neq\varnothing$ 的具体意义，首先要从数学定义上解释 $A\cap B\neq\varnothing$ 的意义，然后才能提出解决问题的具体方法.

命题$\Leftrightarrow$方程 $x^2-2x+2m+4=0$ 至少有一个负实数根，设 $M=\{m\mid$ 关于 x 的方程 $x^2-2x+2m+4=0$ 两根均为非负实数$\}$，则

$$\begin{cases}\Delta=4(-2m-3)\geqslant 0\\ x_1+x_2=2>0\Rightarrow -2\leqslant m\leqslant -\dfrac{3}{2}\\ x_1x_2=2m+4\geqslant 0\end{cases}$$

所以

$$M=\{m\mid -2\leqslant m\leqslant -\frac{3}{2}\}$$

设全集

$$U=\{m\mid \Delta\geqslant 0\}=\{m\mid m\leqslant -\frac{3}{2}\}$$

所以 m 的取值范围是 $\complement_U M=\{m\mid m<-2\}$.

解法二　命题$\Leftrightarrow$方程的根

$$x=1-\sqrt{-2m-3}<0$$
$$\Rightarrow\sqrt{-2m-3}>1$$
$$\Rightarrow -2m-3>1$$
$$\Rightarrow m<-2$$

解法三　设 $f(x)=x^2-2x+4$，这是开口向上的抛物线.

因为其对称轴 $x=1>0$，所以由二次函数的性质知命题又等价于

$$f(0)<0\Rightarrow m<-2$$

说明　在解法三中，$f(x)$ 对称轴的位置起了关键作用，否则解答没有这么简单.

课外训练

1. 已知集合 $A=\{x,xy,x+y\}$，$B=\{0,|x|,y\}$，且 $A=B$，则 $x=$________，$y=$________.

2. $I=\{1,2,3,4,5,6,7,8,9\}$，$A\subseteq I$，$B\subseteq I$，$A\cap B=\{2\}$，$(\complement_I A)\cap(\complement_I B)=\{1,9\}$，$(\complement_I A)\cap B=\{4,6,8\}$，则 $A\cap(\complement_I B)=$________.

3. 已知集合 $A=\{x\mid 10+3x-x^2\geqslant 0\}$，$B=\{x\mid m+1\leqslant x\leqslant 2m-1\}$，当 $A\cap B=\varnothing$ 时，实数 m 的取值范围是________.

4. 若实数 a 为常数，且 $a\in A=\left\{x\,\middle|\,\dfrac{1}{\sqrt{ax^2-x+1}}=1\right\}$，则 $a=$________.

5. 集合 $M=\{m^2,m+1,-3\}$，$N=\{m-3,2m-1,m^2+1\}$，若 $M\cap N=\{-3\}$，则 $m=$________.

6. 集合 $A=\{a\mid a=5x+3,x\in\mathbf{N}^*\}$，$B=\{b\mid b=7y+2,y\in\mathbf{N}^*\}$，则 $A\cap B$ 中的最小元素是________.

7. 集合 $A=\{x-y,x+y,xy\}$，$B=\{x^2+y^2,x^2-y^2,0\}$，且 $A=B$，则 $x+y=$________.

8. 已知集合 $A=\{x\mid x^2-3x-10\leqslant 0\}$，$B=\{x\mid p+1\leqslant x\leqslant 2p-1\}$，若 $B\subseteq A$，则 p 的取值范围是________.

9. 已知集合 $A=\left\{(x,y)\mid \dfrac{y-3}{x-2}=a+1\right\}$，$B=\{(x,y)\mid (a^2-1)x+(a-1)y=30\}$. 如果 $A\cap B=\varnothing$，试求实数 a 的值.

10. 已知集合 $S=\{0,1,2,3,4,5\}$，A 是 S 的一个子集，当 $x\in A$ 时，若 $x-1\notin A$，且 $x+1\notin A$，则称 x 为 A 的一个“孤立元素”，那么 S 中无“孤立元素”的 4 个元素的子集共有多少个？

11. 已知集合 $A=\{x\mid x^2-3x+2=0,x\in\mathbf{R}\}$，$B=\{x\mid x^2-ax+a-1=0,x\in\mathbf{R}\}$ 且 $A\cup B=A$，求实数 a 的值.

第8讲　子集与集合的划分

定义1　子集：对于两个集合A与B，如果集合A中的任何一个元素都是集合B中的元素，则A叫作B的子集，记为$A \subseteq B$，例如$N \subseteq Z$.规定空集是任何集合的子集，如果A是B的子集，B也是A的子集，则称A与B相等.如果A是B的子集，而B中存在的元素不属于A，则A叫作B的真子集.

定理1　加法原理：做一件事有n类办法，第一类办法中有m_1种不同的方法，第二类办法中有m_2种不同的方法，……，第n类办法中有m_n种不同的方法，那么完成这件事一共有$N=m_1+m_2+\cdots+m_n$种不同的方法.

定理2　乘法原理：做一件事分n个步骤，第一步有m_1种不同的方法，第二步有m_2种不同的方法，……，第n步有m_n种不同的方法，那么完成这件事一共有$N=m_1 \cdot m_2 \cdot \cdots \cdot m_n$种不同的方法.

定理3　容斥原理：用$|A|$表示集合A的元素个数，则

$$|A \cup B|=|A|+|B|-|A \cap B|$$

$$|A \cup B \cup C|=|A|+|B|+|C|-|A \cap B|-|A \cap C|-|B \cap C|+|A \cap B \cap C|$$

此结论可以推广到n个集合的情况，即

$$\sum \left|\bigcup_{i=1}^{n} A_i\right|=\sum_{i=1}^{n}|A_i|-\sum_{i \neq j}|A_i \cap A_j|+\sum_{1 \leqslant i<j<k \leqslant n}|A_i \cap A_j \cap A_k|-\cdots+(-1)^{n-1}\left|\bigcap_{i=1}^{n} A_i\right|$$

定义2　集合的划分：若$A_1 \cup A_2 \cup \cdots \cup A_n=I$，且$A_i \cap A_j=\varnothing(1 \leqslant i,j \leqslant n,i \neq j)$，则这些子集的全集叫作$I$的一个$n-$划分.

定理4　最小数原理：自然数集的任何非空子集必有最小数.

定理5　抽屉原理：将$mn+1$个元素放入$n(n>1)$个抽屉，必有一个抽屉放有不少于$m+1$个元素，也必有一个抽屉放有不多于m个元素；将无穷多个元素放入n个抽屉必有一个抽屉放有无穷多个元素.

典例展示

例1　集合 A,B,C 是 $I=\{1,2,3,4,5,6,7,8,9,0\}$ 的子集.

(1) 若 $A\cup B=I$，求有序集合对 (A,B) 的个数；

(2) 求 I 的非空真子集的个数.

解　(1) 集合 I 可划分为三个不相交的子集：$A\backslash B,B\backslash A,A\cap B$，$I$ 中的每个元素恰属于其中一个子集，10 个元素共有 3^{10} 种可能，每一种可能确定一个满足条件的集合对，所以集合对有 3^{10} 个.

(2)I 的子集分三类：空集、非空真子集、集合 I 本身，确定一个子集分为十步，第一步，1 或者属于该子集或者不属于，有两种；第二步，2 也有两种，……，第十步，0 也有两种，由乘法原理，子集共有 $2^{10}=1\,024$ 个，非空真子集有 1 022 个.

例2　在不大于 1 000 的自然数中，既不是 3 的倍数，也不是 5 的倍数共有多少个？

分析　若不大于 1 000 的自然数集合为全集 I，其中 3 的倍数的集合为 A，5 的倍数的集合为 B，则要求的是 $|\complement_I(A\cup B)|$.

解　设不大于 1 000 的自然数的集合为全集 I，其中 3 的倍数的集合为 A，5 的倍数的集合为 B，则

$$|A|=\left[\frac{1\,000}{3}\right]=333,\ |B|=\left[\frac{1\,000}{5}\right]=200,\ |A\cap B|=\left[\frac{1\,000}{15}\right]=66$$

因此

$$|A\cup B|=|A|+|B|-|A\cap B|=333+200-66=467$$

所以，在不大于 1 000 的自然数中，既不是 3 的倍数，也不是 5 的倍数共有

$$|\complement_I(A\cup B)|=1\,000-|A\cup B|=533(\text{个})$$

例3　给定集合 $I=\{1,2,3,\cdots,n\}$ 的 k 个子集：$A_1,A_2,\cdots,A_k$ 满足任何两个子集的交集非空，并且再添加 I 的任何一个其他子集后将不再具有该性质，求 k 的值.

解　将 I 的子集作如下配对：每个子集和它的补集为一对，共得 2^{n-1} 对，每一对不能同在这 k 个子集中，因此，$k\leqslant 2^{n-1}$；其次，每一对中必有一个在这 k 个子集中出现，否则，若有一对子集未出现，设为 C_1A 与 A，并设 $A\cap A_1=\varnothing$，则 $A_1\subseteq\complement_I A$，从而可以在 k 个子集中再添加 C_1A，与已知相矛盾，所以 $k\geqslant 2^{n-1}$. 综上所述，$k=2^{n-1}$.

例4　求 $1,2,3,\cdots,100$ 中不能被 2,3,5 整除的数的个数.

解 设$I=\{1,2,3,\cdots,100\}$,$A=\{x\mid 1\leqslant x\leqslant 100$,且$x$能被2整除设为$2\mid x\}$

$$B=\{x\mid 1\leqslant x\leqslant 100,3\mid x\},C=\{x\mid 1\leqslant x\leqslant 100,5\mid x\}$$

由容斥原理,知

$$|A\cup B\cup C|=|A|+|B|+|C|-|A\cap B|-|B\cap C|-|C\cap A|+|A\cap B\cap C|=\left[\frac{100}{2}\right]+\left[\frac{100}{3}\right]+\left[\frac{100}{5}\right]-\left[\frac{100}{6}\right]-\left[\frac{100}{10}\right]-\left[\frac{100}{15}\right]+\left[\frac{100}{30}\right]=74$$

所以不能被2,3,5整除的数有$|I|-|A\cup B\cup C|=26$个.

例5 S是集合$\{1,2,\cdots,2\ 004\}$的子集,S中的任意两个数的差不等于4或7,问S中最多含有多少个元素?

解 将任意连续的11个整数排成一圈.由题目条件可知每相邻两个数至多有一个属于S,将这11个数按连续两个为一组,分成6组,其中一组只有一个数.若S含有这11个数中至少6个,则必有两个数在同一组,与已知相矛盾,所以S至多含有其中5个数.又因为$2\ 004=182\times 11+2$,所以S一共至多含有$182\times 5+2=912$个元素,另一方面,当$S=\{r\mid r=11k+t,t=1,2,4,7,10,r\leqslant 2\ 004,k\in\mathbf{N}\}$时,恰有$|S|=912$,且$S$满足题目条件,所以最少含有912个元素.

例6 设$M=\{n\mid 1\leqslant n\leqslant 1\ 995,n\in\mathbf{N}\}$,$A\subseteq M$,且当$x\in A$时,$15x\notin A$,求$|A|$的最大值.

解 由题意,x与$15x$不能同属于集合A.按照集合A的这一本质特征,构造具有最多元素的集合A.

由$\left[\frac{1\ 995}{15}\right]=133$,又$x$与$15x$不能同属于集合$A$,得

$$A_1=\{n\mid 134\leqslant n\leqslant 1\ 995,n\in\mathbf{N}\}\subseteq A$$

由$\left[\frac{133}{15}\right]=8$,得集合

$$A_2=\{n\mid 9\leqslant n\leqslant 133(n\in\mathbf{N})\}$$

已不可能与集合A_1同为集合A的子集.

故$|A|\leqslant 1\ 995-125=1\ 870$.

设$A_3=\{n\mid 1\leqslant n\leqslant 8,n\in\mathbf{N}\}$,经检验,$A_1\cup A_3$是满足条件的集合,且$|A_1\cup A_3|=1\ 870$.所以$|A|$的最大值为1 870.

例7 (1) 对$\{1,2,\cdots,n\}$及其每一个非空子集,定义一个唯一确定的“交替和”:对每一个子集按照递减的次序重新排列,然后从最大的数开始交替的

减或加后继的数(例如,$\{1,2,4,6,9\}$ 的"交替和"是 $9-6+4-2+1=6$;$\{5\}$ 的"交替和"是 5). 对 $n=7$,求所有这些"交替和"的总和;

(2) 已知集合 S 中有 10 个元素,每个元素都是两位数. 求证:一定可以从 S 中取出两个无公共元素的子集,使两个子集的元素和相等.

解　(1) 求所有这些"交替和"的总和的关键在于每一个数字在"交替和"中出现的次数及符号.

对集合 $\{1,2,\cdots,n\}$ 的全部子集分为两类:含元素 n 的子集共有 2^{n-1} 个,不含元素 n 的子集也有 2^{n-1} 个.

将含元素 n 的子集 $\{n,a_1,a_2,\cdots,a_k\}$ 与不含元素 n 的子集 $\{a_1,a_2,\cdots,a_k\}$ 相对应,得这两个子集的"交替和"恒为 n.

所以,所有这些"交替和"的总和为 $2^{n-1}\cdot n$. 当 $n=7$ 时,"交替和"的总和为 $7\times 2^6=448$.

(2) 本题要求的是从集合 S 的子集中找到两个元素和相等的子集. 这两个子集即使有公共元素,只要同时除去公共元素就可以满足题意.

由集合 S 中每个元素都是两位数,故它们的总和不会超过 1 000. 而集合 S 共有 $2^{10}=1\,024$ 个子集. 由抽屉原理,得集合 S 的子集中至少有两个子集的和相等. 若这两个子集有公共元素,只要同时从这两个子集中同时除去公共元素,得到两个无公共元素的子集,且使两个子集的元素和相等,即命题得证.

例 8　求所有自然数 $n(n\geqslant 2)$,使存在实数 $a_1,a_2,\cdots,a_n$ 满足

$$\{|a_i-a_j|\,|\,1\leqslant i<j\leqslant n\}=\{1,2,\cdots,\frac{n(n-1)}{2}\}$$

解　当 $n=2$ 时,$a_1=0,a_2=1$;

当 $n=3$ 时,$a_1=0,a_2=1,a_3=3$;

当 $n=4$ 时,$a_1=0,a_2=2,a_3=5,a_4=1$.

下面证明当 $n\geqslant 5$ 时,不存在 $a_1,a_2,\cdots,a_n$ 满足条件.

令 $0=a_1<a_2<\cdots<a_n$,则 $a_n=\dfrac{n(n-1)}{2}$.

所以必存在某两个下标 $i<j$,使 $|a_i-a_j|=a_n-1$,所以

$$a_n-1=a_{n-1}-a_1=a_{n-1} \text{ 或 } a_n-1=a_n-a_2$$

即 $a_2=1$,所以

$$a_n=\frac{n(n-1)}{2},a_{n-1}=a_n-1 \text{ 或 } a_n=\frac{n(n-1)}{2},a_2=1$$

(1) 若 $a_n=\dfrac{n(n-1)}{2},a_{n-1}=a_n-1$,考虑 a_n-2,有

$$a_n-2=a_{n-2} \text{ 或 } a_n-2=a_n-a_2$$

即 $a_2=2$. 设 $a_{n-2}=a_n-2$,则

$$a_{n-1}-a_{n-2}=a_n-a_{n-1}$$

产生矛盾,故只有 $a_2=2$.

考虑 a_n-3,有

$$a_n-3=a_{n-2} \text{ 或 } a_n-3=a_n-a_3$$

即 $a_3=3$,设 $a_n-3=a_{n-2}$,则 $a_{n-1}-a_{n-2}=2=a_2-a_0$,推出矛盾,设 $a_3=3$,则

$$a_n-a_{n-1}=1=a_3-a_2$$

又推出矛盾,所以 $a_{n-2}=a_2$,$n=4$. 故当 $n\geqslant 5$ 时,不存在满足条件的实数.

(2) 若 $a_n=\dfrac{n(n-1)}{2}$,$a_2=1$,考虑 a_n-2,有

$$a_n-2=a_{n-1} \text{ 或 } a_n-2=a_n-a_3$$

即 $a_3=2$,这时 $a_3-a_2=a_2-a_1$,产生矛盾,故 $a_{n-1}=a_n-2$. 考虑 a_n-3,有

$$a_n-3=a_{n-2} \text{ 或 } a_n-3=a_n-a_3$$

即 $a_3=3$,于是 $a_3-a_2=a_n-a_{n-1}$,产生矛盾. 因此 $a_{n-2}=a_n-3$,所以

$$a_{n-1}-a_{n-2}=1=a_2-a_1$$

这又产生矛盾,所以只有 $a_{n-2}=a_2$,所以 $n=4$. 故当 $n\geqslant 5$ 时,不存在满足条件的实数.

例 9 设 $A=\{1,2,3,4,5,6\}$,$B=\{7,8,9,\cdots,n\}$,在 A 中取三个数,B 中取两个数组成五个元素的集合 A_i,$i=1,2,\cdots,20$,$|A_i\cap A_j|\leqslant 2$,$1\leqslant i<j\leqslant 20$,求 n 的最小值.

解 设 B 中每个数在所有 A_i 中最多重复出现 k 次,则必有 $k\leqslant 4$. 若不然,数 m 出现 k 次($k>4$),则 $3k>12$. 在 m 出现的所有 A_i 中,至少有一个 A 中的数出现 3 次,不妨设它是 1,就有集合

$$\{1,a_1,a_2,m,b_1\},\{1,a_3,a_4,m,b_2\},\{1,a_5,a_6,m,b_3\}$$

其中 $a_i\in A$,$1\leqslant i\leqslant 6$,为满足题意的集合. a_i 必定各不相同,但只能是 2,3,4,5,6 这 5 个数,这不可能,所以 $k\leqslant 4$.

在 20 个 A_i 中,B 中的数有 40 个,因此至少是 10 个不同的,所以 $n\geqslant 16$. 当 $n=16$ 时,如下 20 个集合满足要求

$$\{1,2,3,7,8\},\{1,2,4,12,14\},\{1,2,5,15,16\},\{1,2,6,9,10\},$$
$$\{1,3,4,10,11\},\{1,3,5,13,14\},\{1,3,6,12,15\},\{1,4,5,7,9\},$$
$$\{1,4,6,13,16\},\{1,5,6,8,11\},\{2,3,4,13,15\},\{2,3,5,9,11\},$$
$$\{2,3,6,14,16\},\{2,4,5,8,10\},\{2,4,6,7,11\},\{2,5,6,12,13\},$$
$$\{3,4,5,12,16\},\{3,4,6,8,9\},\{3,5,6,7,10\},\{4,5,6,14,15\}$$

故 $n_{\min}=16$.

例 10　一次会议有 2 005 位数学家参加，每人至少有 1 337 位合作者，求证：可以找到 4 位数学家，他们中每两人都合作过.

分析　按题意，可以构造一种选法，找出符合条件的四位数学家.

由题意，可任选两位合作过的数学家 a，b，设与 a 合作过的数学家的集合为 A，与 b 合作过的数学家的集合为 B，则

$$|A| \geqslant 1\,337,\ |B| \geqslant 1\,337$$

又 $|A \cup B| \leqslant 2\,005$，所以

$|A \cap B| = |A| + |B| - |A \cup B| \geqslant 1\,337 + 1\,337 - 2\,005 = 669$

因此，在集合 $A \cap B$ 中，有数学家且不是 a，b. 从中选出数学家 c，并设与 c 合作过的数学家的集合为 C，则

$$|(A \cup B) \cup C| \leqslant 2\,005,\ |C| \geqslant 1\,337$$

于是

$|A \cap B \cap C| = |A \cap B| + |C| - |(A \cap B) \cup C| \geqslant 669 + 1\,337 - 2\,005 = 1$

因此，在集合 $A \cap B \cap C$ 中，有数学家且不是 a，b，c. 又可从中选出数学家 d，则数学家 a，b，c，d 他们中每两人都合作过，即原命题得证.

课外训练

1. 集合 $M = \{x \in \mathbf{R} \mid x^2 - ax + a + 3 = 0\}$ 的子集的个数为________.

2. 满足 $\{a,b\} \subseteq P \subseteq \{a,b,c,d,e\}$ 的集合 P 的个数为________.

3. 已知集合 $A = \{2,3,4,5,6,7\}$，对 $X \subseteq A$，定义 $S(X)$ 为 X 中所有元素之和. 全体 $S(X)$ 的总和 S 为________.

4. 设集合 $A = \{(x,y) \mid y = x^2 - 4x + 1\}$，$B = \{(x,y) \mid y = 2x - 1\}$，集合 $A \cap B$ 的子集的个数为________.

5. 若数集 $\{\sqrt{a},1\} \subseteq \{1,2,a\} \subseteq \{1,2,4,a^2\}$，则 $a =$________.

6. 设非空集合 $A \subseteq \{1,2,3,4,5,6,7\}$，且当 $a \in A$ 时，必有 $8 - a \in A$，这样的 A 共有________个.

7. 设 $A = \{n \mid 100 \leqslant n \leqslant 600, n \in \mathbf{N}\}$，则集合 A 中被 7 除余 2 且不能被 57 整除的数的个数为________.

8. 集合 $\{1,2,\cdots,3n\}$ 可以划分成 n 个互不相交的三元集合 $\{x,y,z\}$，其中 $x + y = 3z$，则满足条件的最小正整数 n 的值为________.

9. 已知对任意实数 x，函数 $f(x)$ 都有定义，且 $f^2(x) \leqslant 2x^2 f\left(\dfrac{x}{2}\right)$，如果集合 $A = \{a \mid f(a) > a^2\}$ 不是空集，试证明 A 是无限集.

10. 设 A,B 是坐标平面上的两个点集,$C_r=\{(x,y)\mid x^2+y^2\leqslant r^2\}$,若对任何 $r\geqslant 0$ 都有 $C_r\cup A\subseteq C_r\cup B$,则必有 $A\subseteq B$. 此命题是否正确? 如果成立,请说明理由.

11. 设 S 为满足下列条件的有理数集合:

(1) 若 $a\in S,b\in S$,则 $a+b\in S,ab\in S$;

(2) 对任意一个有理数 r,三个关系 $r\in S,-r\in S,r=0$ 有且仅有一个成立.

求证:S 是由全体正有理数组成的集合.

第 9 讲　映射与函数

知识呈现

定义 1　映射，对于任意两个集合 A,B，依对应法则 f，若对 A 中的任意一个元素 x，在 B 中都有唯一一个元素与之对应，则称 $f:A\to B$ 为一个映射.

定义 2　单射，若 $f:A\to B$ 是一个映射且对任意 $x,y\in A$，$x\neq y$ 都有 $f(x)\neq f(y)$ 则称之为单射.

定义 3　满射，若 $f:A\to B$ 是映射且对任意 $y\in B$ 都有一个 $x\in A$ 使 $f(x)=y$，则称 $f:A\to B$ 是 A 到 B 上的满射.

定义 4　一一映射，若 $f:A\to B$ 既是单射又是满射，则叫作一一映射，只有一一映射存在逆映射，即从 B 到 A 由相反的对应法则 f^{-1} 构成的映射，记作 $f^{-1}:A\to B$.

定义 5　函数，在映射 $f:A\to B$ 中，若 A,B 都是非空数集，则这个映射为函数. A 称为它的定义域，若 $x\in A$，$y\in B$，且 $f(x)=y$(即 x 对应 B 中的 y)，则 y 叫作 x 的象，x 叫作 y 的原象. 集合 $\{f(x)\mid x\in A\}$ 叫作函数的值域. 通常函数由解析式给出，此时函数定义域就是使解析式有意义的未知数的取值范围，如函数 $y=3\sqrt{x}-1$ 的定义域为 $\{x\mid x\geqslant 0,x\in\mathbf{R}\}$.

定义 6　反函数，若函数 $f:A\to B$(通常记作 $y=f(x)$)是一一映射，则它的逆映射 $f^{-1}:A\to B$ 叫作原函数的反函数，通常写作 $y=f^{-1}(x)$. 这里求反函数的过程是：在解析式 $y=f(x)$ 中反解 x 得 $x=f^{-1}(y)$，然后将 x,y 互换得 $y=f^{-1}(x)$，最后指出反函数的定义域即原函数的值域. 例如，函数 $y=\dfrac{1}{1-x}$ 的反函数是 $y=1-\dfrac{1}{x}(x\neq 0)$.

定理 1　互为反函数的两个函数的图像关于直线 $y=x$ 对称.

定理 2　在定义域上为增(减) 函数的函数，其反函数必为增(减) 函数.

典例展示

例 1 已知 $X=\{-1,0,1\}$，$Y=\{-2,-1,0,1,2\}$，映射 $f:X\to Y$ 满足：对任意的 $x\in X$，它在 Y 中的象 $f(x)$ 使 $x+f(x)$ 为偶数，这样的映射共有多少个？

解 分类讨论，当 $x=-1$ 时，$f(x)=-1$ 或 1；当 $x=0$ 时，$f(x)=-2$，0 或 2；当 $x=1$ 时，$f(x)=-1$ 或 1.

故利用分步乘法计数原理，映射个数为 $2\times3\times2=12$ 个.

例 2 映射 $f:\{a,b,c,d\}\to\{1,2,3\}$ 满足 $10<f(a)\cdot f(b)\cdot f(c)\cdot f(d)<20$，这样的映射 f 共有多少个？

解 分成三类，当 $f(a)\cdot f(b)\cdot f(c)\cdot f(d)=1\cdot2\cdot2\cdot3=12$ 时，有 $4\times3=12$ 个；

当 $f(a)\cdot f(b)\cdot f(c)\cdot f(d)=2\cdot2\cdot2\cdot2=16$ 时，有 1 个；

当 $f(a)\cdot f(b)\cdot f(c)\cdot f(d)=1\cdot2\cdot3\cdot3=18$ 时，有 $4\times3=12$ 个.

故共有 25 种.

例 3 函数 $f(n)=\begin{cases}n-3(n\geqslant 1\,000)\\ f(f(n+5))(n<1\,000)\end{cases}$，求 $f(84)$ 的值.

解 利用穿脱技巧，找到周期后再解题.

$$f(84)=f_2(89)=\cdots=f_{185}(1\,004)=f_{184}(1\,001)=f_{183}(998)=$$
$$f_{184}(1\,003)=f_{183}(1\,000)=f_{182}(997)=$$
$$f_{183}(1\,002)=f_{182}(999)=f_{183}(1\,004)=\cdots=f(1\,004)=1\,001$$

例 4 已知 $f(x)=\dfrac{bx+1}{2x+a}$(a,b 是常数，$ab\neq2$)，且 $f(x)f\left(\dfrac{1}{x}\right)=k$.

(1) 求 k 的值；

(2) 若 $f(f(1))=\dfrac{k}{2}$，求 a,b 的值.

解 (1) $f(x)f\left(\dfrac{1}{x}\right)=\dfrac{bx+1}{2x+a}\cdot\dfrac{\dfrac{b}{x}+1}{\dfrac{2}{x}+a}=\dfrac{bx^2+(b^2+1)x+b}{2ax^2+(4+a^2)x+2a}$

故 $\dfrac{b}{2a}=\dfrac{b^2+1}{4+a^2}$，因式分解得

$$(ab-2)(a-2b)=0$$

故 $k=\dfrac{b}{2a}=\dfrac{1}{4}$.

(2) 由 $f(f(1))=f\left(\frac{b+1}{2+a}\right)=\frac{1}{8}$，得 $a=7, b=\frac{7}{2}$.

例 5　已知函数 $f(x)=\frac{x}{ax+b}$（a, b 为常数，且 $a\neq 0$）满足 $f(2)=1$，$f(x)=x$ 有唯一的解，求函数 $y=f(x)$ 的解析式和 $f[f(-3)]$ 的值.

解　由 $f(2)=1$ 得 $2a+b=2$.

因为 $f(x)=x$ 有唯一解，即 $\frac{x}{ax+b}=x$ 有唯一解，所以 $x\frac{1-ax-b}{ax+b}=0$，故 $x_1=0, x_2=\frac{1-b}{a}$.

故 $0=\frac{1-b}{a}$，即 $b=1$ 或者 $b\neq 1$，且 0 为增根，即 $b=0$，由 $2a+b=2$ 得

$$a=\frac{1}{2} \text{ 或 } 1, f[f(3)]=f(6)=\frac{3}{2} \text{ 或 } f[f(3)]=f(1)=1$$

例 6　已知函数 $f(x)=2x-1, g(x)=\begin{cases}x^2 (x\geqslant 0)\\ -1 (x<0)\end{cases}$，求 $f[g(x)]$ 和 $g[f(x)]$ 的解析式.

解

$$f[g(x)]=\begin{cases}2x^2-1 & (x\geqslant 0)\\ -3 & (x<0)\end{cases}$$

$$g[f(x)]=\begin{cases}(2x-1)^2 (2x-1\geqslant 0)\\ -1 (2x-1<0)\end{cases}=\begin{cases}(2x-1)^2 & (x\geqslant \frac{1}{2})\\ -1 & (x<\frac{1}{2})\end{cases}$$

例 7　设对满足 $|x|\neq 1$ 的所有实数 x，函数 $f(x)$ 满足 $f\left(\frac{x-3}{x+1}\right)+f\left(\frac{3+x}{1-x}\right)=x$，求所有可能的 $f(x)$ 的值.

解　设 $t=\frac{x-3}{x+1}$，则 $x=\frac{t+3}{1-t}$，代入 $f\left(\frac{x-3}{x+1}\right)+f\left(\frac{3+x}{1-x}\right)=x$，得

$$f(t)+f\left(\frac{t-3}{t+1}\right)=\frac{t+3}{1-t}$$

同理，设 $g=\frac{3+x}{1-x}$，得

$$f\left(\frac{g+3}{1-g}\right)+f(g)=\frac{g-3}{g+1}$$

所以

$$f\left(\frac{x+3}{1-x}\right)+f(x)+f(x)+f\left(\frac{x-3}{x+1}\right)-f\left(\frac{x-3}{x+1}\right)-f\left(\frac{3+x}{1-x}\right)=2f(x)$$

即
$$f(x)=\frac{x^3+7x}{2-2x^2}$$

例 8 已知函数 $f(x)$ 定义在非负整数集上,且对于任意正整数 x 都有 $f(x)=f(x-1)+f(x+1)$,若 $f(3)=2\ 019$,求 $f(2\ 019)$ 的值.

解 由 $f(x+1)=f(x)+f(x+2)$ 得
$$f(x-1)+f(x+2)=0$$
得 $f(x)=f(x+6)$,故
$$f(2\ 019)=f(226\times 6+3)=f(3)=2\ 019$$

例 9 设集合 $M=\{x\mid 1\leqslant x\leqslant 9,x\in\mathbf{N}\}$,$P=\{(a,b,c,d)\mid a,b,c,d\in M\}$. 定义 P 到 $\mathbf{Z}$ 的映射 $f:(a,b,c,d)\rightarrow ab-cd$. 若 u,v,x,y 都是 M 中的元素,且满足 $f:(u,v,x,y)\rightarrow 39$,$(u,y,x,v)\rightarrow 66$,试求 $u+v+x+y$ 的值.

分析 注意到由 $(u,v,x,y)\rightarrow 39$,$(u,y,x,v)\rightarrow 66$ 可以得到关于 u,v,x,y 的两个方程,且 u,v,x,y 全是正整数,故可以考虑整数的素因数分解.

解 由题意得
$$uv-xy=39 \quad ①$$
$$uy-xv=66 \quad ②$$
①+② 得
$$(u-x)(v+y)=105=3\times 5\times 7 \quad ③$$
②-① 得
$$(y-v)(u+x)=27=3\times 3\times 3 \quad ④$$
由
$$0<u-x<9,v+y\leqslant 18,0<y-v<9,u+x\leqslant 18$$
所以由式 ③④ 可得
$$u-x=7,v+y=15,y-v=3,u+x=9$$
解得 $u=8,v=6,x=1,y=9$,故 $u+v+x+y=24$.

例 10 设 $f(x)=\begin{cases}1(1\leqslant x\leqslant 2)\\ x-1(2<x\leqslant 3)\end{cases}$,对于任意的 $a(a\in\mathbf{R})$,设 $u(a)=\max\{f(x)-ax\mid x\in[1,3]\}-\min\{f(x)-ax\mid x\in[1,3]\}$,试求 $u(a)$ 的最小值.

分析 令 $g(x)=f(x)-ax$,先研究 $g(x)$ 的单调性,从而求出 $u(a)$ 的表达式.

解 令
$$g(x)=f(x)-ax=\begin{cases}1-ax & (1\leqslant x\leqslant 2)\\ (1-a)x-1 & (2<x\leqslant 3)\end{cases}$$

则

$$g(1)=1-a,g(2)=1-2a,g(3)=2-3a$$

当 $a\leqslant 0$ 时,由于 $y=g(x)$ 是一个单调递减的函数,故

$$\max\{g(x)\mid x\in[1,3]\}=2-3a,\min\{g(x)\mid x\in[1,3]\}=1-a$$

此时

$$u(a)=1-2a\quad(a\leqslant 0)$$

当 $0<a<1$ 时,函数 $y=g(x)$ 先减后增,故

$$\min\{g(x)\mid x\in[1,3]\}=1-2a$$

比较 $1-a$ 和 $2-3a$ 知:

当 $0<a\leqslant\frac{1}{2}$ 时,$\max\{g(x)\mid x\in[1,3]\}=2-3a,u(a)=1-a$.

当 $\frac{1}{2}<a<1$ 时,$\max\{g(x)\mid x\in[1,3]\}=1-a,u(a)=a$.

当 $a\geqslant 1$ 时,函数 $y=g(x)$ 是不增的,故

$$\max\{g(x)\mid x\in[1,3]\}=1-a,\min\{g(x)\mid x\in[1,3]\}=2-3a$$

此时 $u(a)=2a-1$.

由上述讨论知

$$u(a)=\begin{cases}1-2a & (a\leqslant 0)\\ 1-a & \left(0<a\leqslant\frac{1}{2}\right)\\ a & \left(\frac{1}{2}<a<1\right)\\ 2a-1 & (a\geqslant 1)\end{cases}$$

显然 $u(a)\min=\frac{1}{2}$.

课外训练

1. 已知函数 $f(x)$ 由表 1 给出,则满足 $f(f(x))\leqslant 2$ 的 x 的值是________.

表 1

x	1	2	3
$f(x)$	2	3	1

2. 函数 $f(x)$ 满足 $f\left(\frac{x-1}{x}\right)=1-\frac{1}{x}+\frac{1}{x^2}$,则 $f\left(\frac{1}{x}\right)=$________.

3. 设 $f(x)=\dfrac{1+x}{1-x}$, $f_1(x)=f(x)$, 若 $f_{n+1}(x)=f(f_n(x))$ 则 $f_{2\,011}(x)=$ ________.

4. 已知集合 $A=\{1,2,3\}$, $B=\{-1,0,1\}$, 满足条件 $f(3)=f(1)+f(2)$ 的映射 $f:A\to B$ 有________.

5. 若二次函数 $f(x)$ 满足 $f(x+1)-f(x)=2x$, $f(0)=1$, 则 $f(x)=$ ________.

6. 若 $f(x)$ 满足 $f(x)+2f\left(\dfrac{1}{x}\right)=ax$, 则 $f(x)$ 的解析式为________.

7. 已知函数 $f(x)$ 满足 $f(p+q)=f(p)\cdot f(q)$, $f(1)=3$, 则 $\dfrac{f^2(1)+f(2)}{f(1)}+\dfrac{f^2(2)+f(4)}{f(3)}+\dfrac{f^2(3)+f(6)}{f(5)}+\dfrac{f^2(4)+f(8)}{f(7)}=$ ________.

8. 设函数 $f:\mathbf{R}\to\mathbf{R}$ 满足 $f(0)=1$, 且对任意 $x,y\in\mathbf{R}$, 都有 $f(xy+1)=f(x)f(y)-f(y)-x+2$, 则 $f(x)=$ ________.

9. 设定义在 $\mathbf{N}$ 上的函数 $f(x)$ 满足 $f(n)=\begin{cases}n+13(n\leqslant 2\,000)\\ f[f(n-18)](n>2\,000)\end{cases}$, 求 $f(2\,008)$ 的值.

10. 已知 $f(x)$ 是定义在 $\mathbf{R}$ 上的函数, $f(1)=1$, 且对任意的 $x\in\mathbf{R}$ 都有

$$f(x+5)\geqslant f(x)+5 \quad ①$$

$$f(x+1)\leqslant f(x)+1 \quad ②$$

若 $g(x)=f(x)+1-x$, 求 $g(2\,016)$ 的值.

11. 若关于 x 的不等式 $\dfrac{x^2+(2a^2+2)x-a^2+4a-7}{x^2+(a^2+4a-5)x-a^2+4a-7}<0$ 的解集是一些区间的并集, 且这些区间的长度的和不小于 4, 求实数 a 的取值范围.

第 10 讲　函数的定义域和值域

定义　函数，映射 f：在 $A \to B$ 中，若 A,B 都是非空数集，则这个映射为函数. A 称为它的定义域，若 $x \in A, y \in B$，且 $f(x)=y$（即 x 对应 B 中的 y），则 y 叫作 x 的象，x 叫作 y 的原象. 集合 $\{f(x) \mid x \in A\}$ 叫作函数的值域. 通常函数由解析式给出，此时函数的定义域就是使解析式有意义的未知数的取值范围，如函数 $y=3\sqrt{x}-1$ 的定义域为 $\{x \mid x \geqslant 0, x \in \mathbf{R}\}$.

特别提示：求函数值域的常用方法为配方法、判别式法、不等式法、换元法、构造法.

典例展示

例 1　(1) 已知 $a \in \left(-\frac{1}{2},0\right]$，$f(x)$ 的定义域是 $(0,1]$，求 $g(x)=f(x+a)+f(x-a)+f(x)$ 的定义域；

(2) 设当 $0 \leqslant a < 1$ 时，$f(x)=(a-1)x^2-6ax+a+1$ 恒为正，求 $f(x)$ 的定义域.

解　(1) $$\begin{cases}0 < x+a \leqslant 1\\ 0 < x-a \leqslant 1\\ 0 < x \leqslant 1\end{cases} \Rightarrow \begin{cases}-a < x \leqslant 1-a\\ a < x \leqslant 1+a\\ 0 < x \leqslant 1\end{cases}$$

由 $a \in \left(-\frac{1}{2},0\right)$ 知，$-a < x \leqslant 1+a$，即定义域为 $(-a,1+a]$.

(2) 由 $(a-1)x^2-6ax+a+1>0$ 对任意的 $0 \leqslant a < 1$ 成立，设 $g(a)=(x^2-6x+1)a-x^2+1$，则只需 $\begin{cases}g(0)>0\\ g(1)>0\end{cases}$ 即可，故 $x \in \left(-\frac{1}{3},1\right)$.

例 2　(1) 求函数 $y=x+\sqrt{2x+1}$ 的值域；

(2) 求函数 $y=(\sqrt{1+x}+\sqrt{1-x}+2)(\sqrt{1-x^2}+1)$，$x \in [0,1]$ 的值

域.

解 (1)$y=x+\sqrt{2x+1}=\frac{1}{2}[2x+1+2\sqrt{2x+1}+1]-1=$

$$\frac{1}{2}(\sqrt{2x+1}+1)-1\geqslant\frac{1}{2}-1=-\frac{1}{2}$$

当 $x=-\frac{1}{2}$ 时,y 取最小值 $-\frac{1}{2}$,所以函数的值域是$[-\frac{1}{2},+\infty)$.

(2) 令$\sqrt{1+x}+\sqrt{1-x}=u$,因为 $x\in[0,1]$,所以

$$2\leqslant u^2=2+2\sqrt{1-x^2}\leqslant 4$$

于是$\sqrt{2}\leqslant u\leqslant 2$,所以

$$\frac{\sqrt{2}+2}{2}\leqslant\frac{u+2}{2}\leqslant 2$$

即

$$1\leqslant\frac{u^2}{2}\leqslant 2$$

故

$$y=\frac{u+2}{2},u^2\in[\sqrt{2}+2,8]$$

所以该函数的值域为$[2+\sqrt{2},8]$.

例 3 函数 $y=f(x)$ 的值域为 $\left[\frac{3}{8},\frac{4}{9}\right]$,求函数 $g(x)=f(x)+\sqrt{1-2f(x)}$ 的值域.

解 设 $f(x)=t$,则

$$g(t)=t+\sqrt{1-2t}\quad(t\in\left[\frac{3}{8},\frac{4}{9}\right])$$

设 $u=\sqrt{1-2t}$,即 $t=\frac{1-u^2}{2}$

则

$$g(u)=-\frac{1}{2}(u-1)^2-1\quad(u\in\left[\frac{1}{3},\frac{1}{2}\right])$$

所以值域为$\left[\frac{7}{9},\frac{7}{8}\right]$.

例 4 求函数 $y=\frac{x^2-3x+4}{x^2+3x+4}$ 的值域.

解 由函数解析式得

$$(y-1)x^2+3(y+1)x+4y-4=0 \quad ①$$

当 $y\neq 1$ 时,式 ① 是关于 x 的方程且有实根.

所以

$$\Delta=9(y+1)^2-16(y-1)^2\geqslant 0$$

解得 $\frac{1}{7}\leqslant y\leqslant 1$.

又当 $y=1$ 时,存在 $x=0$ 使解析式成立,所以函数的值域为 $\left[\frac{1}{7},7\right]$.

例5　求函数 $y=x+\sqrt{x^2-3x+2}$ 的值域.

解　$$y=x+\sqrt{x^2-3x+2}\Rightarrow\sqrt{x^2-3x+2}=y-x\geqslant 0 \qquad ①$$

式 ① 的两边平方得 $(2y-3)x=y^2-2$,从而 $y\neq\frac{3}{2}$ 且 $x=\frac{y^2-2}{2y-3}$.

由 $y-x=y-\frac{y^2-2}{2y-3}\geqslant 0\Rightarrow\frac{y^2-3y+2}{2y-3}\geqslant 0\Rightarrow 1\leqslant y<\frac{3}{2}$ 或 $y\geqslant 2$.

任取 $y\geqslant 2$,由 $x=\frac{y^2-2}{2y-3}$,易知 $x\geqslant 2$,于是 $x^2-3x+2\geqslant 0$.

任取 $1\leqslant y<\frac{3}{2}$,同样由 $x=\frac{y^2-2}{2y-3}$,易知 $x\leqslant 1$.

于是 $x^2-3x+2\geqslant 0$.

因此,所求函数的值域为 $\left[1,\frac{3}{2}\right)\cup[2,+\infty)$.

例6　求下列函数的值域:

(1) $y=\frac{x^2+2}{x-1}$;

(2) $y=\frac{x-1}{x^2+2}$.

解　(1) 设 $x-1=t$,则

$y=\frac{t^2+2t+3}{t}=t+\frac{3}{t}+2\in(-\infty,2-2\sqrt{3}]\cup[2+2\sqrt{3},+\infty)$

(2) 设 $x-1=t$,则

$$y=\frac{t}{t^2+2t+3}$$

当 $t=0$ 时,$y=0$.

当 $t\neq 0$ 时,$y=\frac{1}{t+\frac{3}{t}+2}\in\left[-\frac{1+\sqrt{3}}{4},0\right)\cup\left(0,\frac{\sqrt{3}-1}{4}\right]$.

故值域为 $\left[-\frac{1+\sqrt{3}}{4},\frac{\sqrt{3}-1}{4}\right]$.

例 7 若函数 $f(x)=\sqrt{(1-a^2)x^2+3(1-a)x+6}$ 的定义域为 $\mathbf{R}$,求实数 a 的取值范围.

解 (1) 若 $1-a^2=0$,即 $a=\pm 1$.

当 $a=1$ 时,$f(x)=\sqrt{6}$,定义域为 $\mathbf{R}$,符合题意;

当 $a=-1$ 时,$f(x)=\sqrt{6x+6}$,定义域不为 $\mathbf{R}$,不符合题意;

(2) 若 $1-a^2\neq 0$,$g(x)=(1-a^2)x^2+3(1-a)x+6$ 为二次函数,因为 $f(x)$ 的定义域为 $\mathbf{R}$,所以 $g(x)\geqslant 0$ 对 $x\in\mathbf{R}$ 恒成立,于是

$$\begin{cases}1-a^2>0\\ \Delta=9(1-a)^2-24(1-a^2)\leqslant 0\end{cases}$$

所以

$$\begin{cases}-1<a<1\\ (a-1)(11a+5)\leqslant 0\end{cases}$$

即

$$-\frac{5}{11}\leqslant a<1$$

综合(1),(2) 得 a 的取值范围为 $[-\frac{5}{11},1]$.

例 8 (1) 求函数 $f(x)=\sqrt{x^4-3x^2-6x+13}-\sqrt{x^4-x^2+1}$ 的最大值;

(2) 求函数 $f(x)=\sqrt{8x-x^2}-\sqrt{14x-x^2-48}$ 的最大值.

解 (1) 由题意,得

$$f(x)=\sqrt{(x^2-2)^2+(x-3)^2}-\sqrt{(x^2-1)^2+(x-0)^2}$$

设点 $P(x,x^{-2})$,$A(3,2)$,$B(0,1)$,则 $f(x)$ 表示动点 P 到点 A 和 B 距离的差.

因为 $|PA|-|PB|\leqslant|AB|=\sqrt{3^2+(2-1)^2}=\sqrt{10}$,当且仅当点 P 为 AB 延长线与抛物线 $y=x^2$ 的交点时等号成立(图 1).

所以 $f(x)_{\max}=\sqrt{10}$.

(2) $f(x)$ 的定义域为 $[6,8]$,则

$$f(x)=\sqrt{8-x}(\sqrt{x}-\sqrt{x-6})=\frac{6\sqrt{8-x}}{\sqrt{x}+\sqrt{x-6}}$$

因为 $\sqrt{8-x}$,$\frac{1}{\sqrt{x}+\sqrt{x-6}}$ 在 $[6,8]$ 上为恒正的减函数,从而当 $x=6$ 时,$f(x)$ 有最大值 $2\sqrt{3}$.

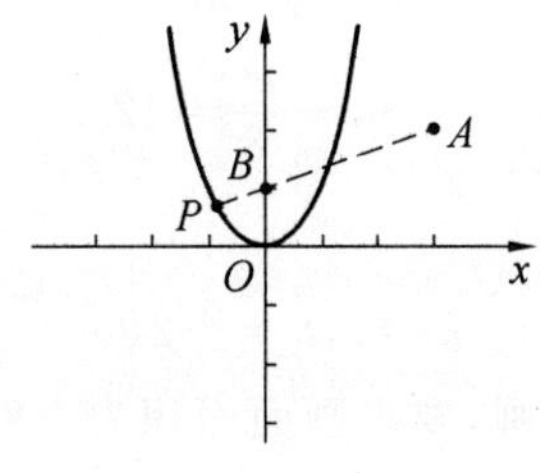

图 1

例 9　(1) 已知 a 为正常数, $x>0$, 求函数 $y=x+\frac{a}{x}+\frac{x}{x^2+a}$ 的最小值;

(2) 已知函数 $y=\frac{ax^2+bx+6}{x^2+2}$ 的最小值是 2, 最大值是 6, 求实数 a, b 的值.

解　(1) 因为

$$y=x+\frac{a}{x}+\frac{x}{x^2+a}=x+\frac{a}{x}+\frac{1}{x+\frac{a}{x}}$$

所以令 $t=x+\frac{a}{x}$. 因为 a 为正常数, $x>0\Rightarrow t=x+\frac{a}{x}\geqslant 2\sqrt{a}$, 所以

$$y=t+\frac{1}{t}\quad (t\geqslant 2\sqrt{a})$$

所以 ① 当 $0<a\leqslant\frac{1}{4}$ 时, $t+\frac{1}{t}\geqslant 2\Rightarrow$ 当 $t=1\geqslant 2\sqrt{a}$ 时, $y_{\min}=2$;

② 当 $a>\frac{1}{4}$ 时, $t\geqslant 2\sqrt{a}\geqslant 1$, $y=t+\frac{1}{t}$ 是增函数 $\Rightarrow$ 当 $t=2\sqrt{a}$ 时, $y_{\min}=2\sqrt{a}+\frac{1}{2\sqrt{2}}$.

(2) 将原函数去分母, 并整理得

$$(a-y)x^2+bx+(6-2y)=0$$

若 $y\equiv a$, 即 y 是常数, 就不可能有最小值是 2 和最大值是 6, 所以 y 不恒等于 a. 于是

$$\Delta=b^2-4(a-y)(6-2y)\geqslant 0$$

所以

$$y^2-(a+3)y+3a-\frac{b^2}{8}\leqslant 0$$

由题设, y 的最小值是 2, 最大值是 6, 所以

$$\begin{cases}a+3=8\\3a-\dfrac{b^2}{8}=12\end{cases}$$

解得

$$a=5,b=\pm 2\sqrt{6}$$

例 10 设计一幅宣传画,要求画面面积为 4 840 cm^2,画面的宽与高的比为 $\lambda(\lambda<1)$,画面的上、下各留 8 cm 的空白,左右各留 5 cm 的空白,怎样确定画面的高与宽的长度,才能使宣传画所用纸张面积最小?如果要求 $\lambda\in\left[\dfrac{2}{3},\dfrac{3}{4}\right]$,那么 λ 为何值时,能使宣传画所用纸张面积最小?

解 设画面高为 x cm,宽为 λx cm,则 $\lambda x^2=4\ 840$,设纸张面积为 S cm^2,则

$$S=(x+16)(\lambda x+10)=\lambda x^2+(16\lambda+10)x+160 \quad ①$$

将 $x=\dfrac{22\sqrt{10}}{\sqrt{\lambda}}$ 代入式 ① 得

$$S=5\ 000+44\sqrt{10}\left(8\sqrt{\lambda}+\frac{5}{\sqrt{\lambda}}\right)$$

当 $8\sqrt{\lambda}=\dfrac{5}{\sqrt{\lambda}}$,即 $\lambda=\dfrac{5}{8}\left(\dfrac{5}{8}<1\right.$ 时 S 取得最小值. 此时高:$x=\sqrt{\dfrac{4\ 840}{\lambda}}=88$ cm,宽:$\lambda x=\dfrac{5}{8}\times 88=55$ cm).

如果 $\lambda\in\left[\dfrac{2}{3},\dfrac{3}{4}\right]$ 可设 $\dfrac{2}{3}\leqslant\lambda_1<\lambda_2\leqslant\dfrac{3}{4}$,则由 S 的表达式得

$$S(\lambda_1)-S(\lambda_2)=44\sqrt{10}\left(8\sqrt{\lambda_1}+\frac{5}{\sqrt{\lambda_1}}-8\sqrt{\lambda_2}-\frac{5}{\sqrt{\lambda_2}}\right)=$$

$$44\sqrt{10}(\sqrt{\lambda_1}-\sqrt{\lambda_2})\left(8-\frac{5}{\sqrt{\lambda_1\lambda_2}}\right)$$

又 $\sqrt{\lambda_1\lambda_2}\geqslant\dfrac{2}{3}>\dfrac{5}{8}$,所以

$$8-\frac{5}{\sqrt{\lambda_1\lambda_2}}>0$$

于是 $S(\lambda_1)-S(\lambda_2)<0$,所以 $S(\lambda)$ 在 $\left[\dfrac{2}{3},\dfrac{3}{4}\right]$ 内单调递增.

从而对于 $\lambda\in\left[\dfrac{2}{3},\dfrac{3}{4}\right]$,当 $\lambda=\dfrac{2}{3}$ 时,$S(\lambda)$ 取得最小值.

故画面高为 88 cm，宽为 55 cm 时，所用纸张面积最小. 如果要求 $\lambda \in \left[\frac{2}{3},\frac{3}{4}\right]$，当 $\lambda=\frac{\sqrt{3}}{2}$ 时，所用纸张面积最小.

课外训练

1. 设 $f(x)=\begin{cases}1(x\in[1,2])\\ x-1(x\in(2,3])\end{cases}$，对任意的 $a\in\mathbf{R}$，设 $V(a)=\max\{f(x)-ax\mid x\in[1,3]\}-\min\{f(x)-ax\mid x\in[1,3]\}$，则 $V(a)$ 的最小值为________.

2. 设 $f(x)=\frac{ax+b}{x^2+1}(a>0)$ 的值域为 $[-1,4]$，则实数 a,b 的值分别为________.

3. 已知函数 $f(x)=\sqrt{x+2}+k$，且存在 $a,b(a<b)$ 使 $f(x)$ 在 $[a,b]$ 上的值域为 $[a,b]$，则实数 k 的取值范围为________.

4. 当 $x\in[-1,1]$ 时，函数 $f(x)=\frac{x^4+4x^3+17x^2+26x+106}{x^2+2x+7}$ 的值域为________.

5. 函数 $y=2x-3+\sqrt{x^2-12}$ 的值域为________.

6. (1) $f(x)=|x^2-a|$ 在 $[-1,1]$ 上的最大值 $M(a)$ 的最小值为________；

(2) 函数 $y=(x+1)(x+2)(x+3)(x+4)+5$ 在 $[-3,3]$ 上的最小值是________；

(3) 若不等式 $|x-4|+|x-2|+|x-1|+|x|\geqslant a$ 对一切实数 x 成立，则 a 的最大可能值是________；

(4) 设 $f(x)=-x^2+2tx-t, x\in[-1,1]$，则 $[f(x)_{\max}]_{\min}=$________.

7. 已知 $a,b,c\in\mathbf{R}_+$，则 $f(x)=\sqrt{x^2+a}+\sqrt{(c-x)^2+b}$ 的最小值是________.

8. 在 $\left[\frac{1}{2},2\right]$ 上函数 $f(x)=-x^2+px+q$ 与 $g(x)=\frac{x}{x^2+1}$ 在同一点取得相同的最大值，则 $f(x)$ 在 $\left[\frac{1}{2},2\right]$ 上的最小值为________.

9. 设实数 x,y 满足 $4x^2-5xy+4y^2=5$，设 $S=x^2+y^2$，求 $\frac{1}{S_{\min}}+\frac{1}{S_{\max}}$ 的值.

10. 若函数 $f(x)=-\frac{1}{2}x^2+\frac{13}{2}$ 在 $[a,b]$ 上的最小值为 $2a$，最大值为 $2b$，求 $[a,b]$.

11. 在 Rt△ABC 中，$\angle C=90^\circ$，以斜边 AB 所在的直线为轴将 Rt△ABC 旋转一周生成两个圆锥，设这两个圆锥的侧面积之积为 S_1，Rt△ABC 的内切圆面积为 S_2，设 $\frac{BC+CA}{AB}=x$.

(1) 求函数 $f(x)=\frac{S_1}{S_2}$ 的解析式并求 $f(x)$ 的定义域；

(2) 求函数 $f(x)$ 的最小值.

第 11 讲　函数的性质与运用

单调性:设函数 $f(x)$ 在区间 I 上满足对任意的 $x_1,x_2 \in I$ 并且 $x_1 < x_2$,总有 $f(x_1) < f(x_2)(f(x_1) > f(x_2))$,则称 $f(x)$ 在区间 I 上是增(减)函数,区间 I 称为单调增(减)区间.

特别提示:函数 $y = x + \frac{a}{x}(a > 0)$ 的图像和单调区间.

奇偶性:设函数 $y = f(x)$ 的定义域为 D,且 D 是关于原点对称的数集,若对于任意的 $x \in D$,都有 $f(-x) = -f(x)$,则称 $f(x)$ 是奇函数;若对任意的 $x \in D$,都有 $f(-x) = f(x)$,则称 $f(x)$ 是偶函数. 奇函数的图像关于原点对称,偶函数的图像关于 y 轴对称.

特别提示:定义域关于原点对称的任何一个函数 $y = f(x)$ 都可以表示成一个奇函数与一个偶函数之和. 其中奇函数为 $y = \frac{f(x) - f(-x)}{2}$,偶函数为 $y = \frac{f(x) + f(-x)}{2}$.

周期性:对于函数 $f(x)$,如果存在一个不为零的常数 T,当 x 取定义域内的每一个数时,$f(x + T) = f(x)$ 总成立,则称 $f(x)$ 为周期函数,T 称为这个函数的周期;如果周期中存在最小的正数 T_0,则这个正数叫作函数 $f(x)$ 的最小正周期.

若 T 是 $y = f(x)$ 的周期,且 $y = f(x)$ 的定义域为 $\mathbf{R}$,那么 $nT(n \in \mathbf{Z}, n \neq 0)$ 也是它的周期.

若 $y = f(x)$ 是周期为 T 的函数,则 $y = f(ax + b)(a \neq 0)$ 是周期为 $\frac{T}{a}$ 的周期函数.

若函数 $y = f(x)$ 的图像关于直线 $x = a$ 和 $x = b$ 对称,则 $y = f(x)$ 是周期为 $2(a - b)$ 的函数.

若函数 $y = f(x)$ 满足 $f(x + a) = -f(x)(a \neq 0)$,则 $y = f(x)$ 是周期为

$2a$ 的函数.

若函数 $f(x)=f_1(x)+f_2(x)$，$f_1(x)$ 和 $f_2(x)$ 分别有最小正周期 T_1 和 T_2，且 $\frac{T_1}{T_2}$ 为有理数，则函数 $f(x)$ 也为周期函数.

若函数 $u=\varphi(x)$ 与 $y=f(u)$ 都是周期函数，则复合函数 $y=f(\varphi(x))$ 也是周期函数.

定义 如果实数 $a<b$，则数集 $\{x \mid a<x<b, x\in\mathbf{R}\}$ 叫作开区间，记作 (a,b)，集合 $\{x \mid a\leqslant x\leqslant b, x\in\mathbf{R}\}$ 记作闭区间 $[a,b]$，集合 $\{x \mid a<x\leqslant b\}$ 记作半开半闭区间 $(a,b]$，集合 $\{x \mid a\leqslant x<b\}$ 记作半闭半开区间 $[a,b)$，集合 $\{x \mid x>a\}$ 记作开区间 $(a,+\infty)$，集合 $\{x \mid x\leqslant a\}$ 记作半开半闭区间 $(-\infty,a]$.

定理 复合函数 $y=f[g(x)]$ 的单调性，记住四个字："同增异减". 例如 $y=\frac{1}{2-x}$，$u=2-x$ 在 $(-\infty,2)$ 上是减函数，$y=\frac{1}{u}$ 在 $(0,+\infty)$ 上是减函数，所以 $y=\frac{1}{2-x}$ 在 $(-\infty,2)$ 上是增函数.

说明 复合函数单调性的判断方法为同增异减. 这里不做严格的论证，求导之后是显然的.

典例展示

例 1 设 $x,y\in\mathbf{R}$，且满足 $\begin{cases}(x-1)^3+2\,017(x-1)=-1\\(y-1)^3+2\,017(y-1)=1\end{cases}$，求 $x+y$ 的值.

解 设 $f(t)=t^3+2\,017t$，先证 $f(t)$ 在 $(-\infty,+\infty)$ 上单调递增. 事实上，若 $a<b$，则

$f(b)-f(a)=b^3-a^3+2\,017(b-a)=(b-a)(b^2+ba+a^2+2\,017)>0$

所以 $f(t)$ 单调递增.

由题设，知

$$f(x-1)=-1=f(1-y)$$

所以 $x-1=1-y$，故 $x+y=2$.

例 2 解方程 $(3x-1)(\sqrt{9x^2-6x+5}+1)+(2x-3)(\sqrt{4x^2-12x+13}+1)=0$.

解 令 $m=3x-1$，$n=2x-3$，方程化为

$$m(\sqrt{m^2+4}+1)+n(\sqrt{n^2+4}+1)=0 \quad ①$$

若 $m=0$,则由方程 ① 得 $n=0$,但 m,n 不同时为 0,所以 $m\neq 0,n\neq 0$.

(1) 若 $m>0$,则由方程 ① 得 $n<0$,设 $f(t)=t(\sqrt{t^2+4}+1)$,则 $f(t)$ 在 $(0,+\infty)$ 上是增函数. 又 $f(m)=f(-n)$,所以 $m=-n$,于是 $3x-1+2x-3=0$,所以 $x=\frac{4}{5}$.

(2) 若 $m<0$,且 $n>0$. 同理有 $m+n=0$,$x=\frac{4}{5}$,但与 $m<0$ 相矛盾.

综上所述,方程有唯一实数解 $x=\frac{4}{5}$.

例 3　设 $f(x)=\lg\frac{1+2^x+\cdots+(n-1)^x+n^xa}{n}$,其中 a 是实数,n 是任意给定的自然数,且 $n\geqslant 2$. 如果 $f(x)$ 在 $x\in(-\infty,1]$ 时有意义,求 a 的取值范围.

解　函数 $f(x)$ 有意义

$$\Leftrightarrow\frac{1+2^x+\cdots+(n-1)^x+n^xa}{n}>0$$

$$\Leftrightarrow 1+2^x+\cdots+(n-1)^x+n^xa>0$$

$$\Leftrightarrow a>-\left[\left(\frac{1}{n}\right)^x+\left(\frac{2}{n}\right)^x+\cdots+\left(\frac{n-1}{n}\right)^x\right]$$

由于 $y_m=\left(\frac{m}{n}\right)^x(m=1,2,\cdots,n-1)$ 在 $(-\infty,1]$ 上为减函数,所以 $y=\sum y_m$ 为减函数,故

$$y_{\min}=\frac{1}{n}+\frac{2}{n}+\cdots+\frac{n-1}{n}=\frac{1}{2}(n-1)$$

所以

$$a>-\frac{1}{2}(n-1)$$

例 4　(1) $f(n)$ 定义在 $\mathbf{N}$ 上,$f(n)$ 的取值为整数,且是严格单调递增的. 当 m 与 n 互素时,有 $f(mn)=f(m)f(n)$. 若 $f(19)=19$,求 $f(f(19)f(98))$ 的值;

(2) 解方程 $(x+8)^{2\,001}+x^{2\,001}+2x+8=0$.

解　(1) 由于 $f(19)=f(1)f(19)$,所以 $f(1)=1$.

又由于 $1=f(1)<f(2)<\cdots<f(19)=19$,所以

$$f(k)=k\quad(1\leqslant k\leqslant 19,k\in\mathbf{Z})$$

于是

$$f(98)=f(2)f(49)=2f(49)$$

又因为

$$f(51)=f(3)f(17)=51, f(48)=f(3)f(16)=48$$

所以

$$48=f(48)<f(49)<f(50)<f(51)=51$$

于是 $f(49)=49$,故 $f(98)=98$,所以

$$f(f(19)f(98))=f(19\times 98)=f(19)\times f(98)=1\,862$$

(2) 原方程化为

$$(x+8)^{2\,001}+(x+8)+x^{2\,001}+x=0$$

即

$$(x+8)^{2\,001}+(x+8)=(-x)^{2\,001}+(-x)$$

构造函数 $f(x)=x^{2\,001}+x$,原方程等价于

$$f(x+8)=f(-x)$$

而由函数的单调性可知 $f(x)$ 是 $\mathbf{R}$ 上的单调递增函数,于是 $x+8=-x$,即 $x=-4$ 为原方程的解.

例 5 (1) 奇函数 $f(x)$ 在定义域 $(-1,1)$ 内是减函数,又 $f(1-a)+f(1-a^2)<0$,求 a 的取值范围;

(2) 已知 $g(x)$ 是奇函数,$f(x)=\log_2(\sqrt{x^2+1}-x)+g(x)+2^x$,且 $f(-3)=5\frac{1}{8}$,求 $f(3)$ 的值.

解 (1) 因为 $f(x)$ 是奇函数,所以

$$f(1-a^2)=-f(a^2-1)$$

由题设知

$$f(1-a)<f(a^2-1)$$

又 $f(x)$ 在定义域 $(-1,1)$ 内单调递减,所以

$$-1<1-a<a^2-1<1$$

解得

$$0<a<1$$

(2) 由已知得

$$\begin{cases} f(x)=\log_2(\sqrt{x^2+1}-x)+g(x)+2^x & ① \\ f(-x)=\log_2(\sqrt{x^2+1}+x)+g(-x)+2^{-x} & ② \end{cases}$$

①+② 得

$$f(x)=2^x+2^{-x}-f(-x)$$

所以

$$f(3)=8+\frac{1}{8}-f(-3)=3$$

例 6　(1) 设 $f(x)$ 为定义在实数集上周期为 2 的周期函数,且为偶函数. 已知当 $x\in[2,3]$ 时,$f(x)=x$,求 $x\in[-2,0]$ 时,$f(x)$ 的解析式;

(2) 设 $f(x)$ 是定义在 $(-\infty,+\infty)$ 上以 2 为周期的函数,对 $k\in\mathbf{Z}$,用 I_k 表示 $(2k-1,2k+1]$,已知当 $x\in I_0$ 时,$f(x)=x^2$,求 $f(x)$ 在 I_k 上的解析式.

解　(1) 当 $x\in[-2,-1]$ 时,有

$$f(x)=f(x+4)=x+4$$

当 $x\in[-1,0]$ 时,有

$$f(x)=f(-x)=f(-x+2)=-x+2$$

所以

$$f(x)=\begin{cases}-x+2 & (-1\leqslant x\leqslant 0)\\ x+4 & (-2\leqslant x<-1)\end{cases}$$

(2) 设 $x\in I_k$,则

$$2k-1<x\leqslant 2k+1$$

所以

$$f(x-2k)=(x-2k)^2$$

又因为 $f(x)$ 是以 2 为周期的函数,所以当 $x\in I_k$ 时,有

$$f(x)=f(x-2k)=(x-2k)^2$$

例 7　函数 $f(x)$ 定义在 $\mathbf{R}$ 上,且对一切实数 x 满足等式 $f(2+x)=f(2-x)$ 和 $f(7+x)=f(7-x)$. 设 $x=0$ 是 $f(x)=0$ 的一个根,设 $f(x)=0$ 在 $-1\,000\leqslant x\leqslant 1\,000$ 中的根的个数为 N,求 N 的最小值.

解　由已知,得 $f(x)$ 有两个对称轴 $x=2,x=7$,故周期为 $T=2(7-2)=10$,所以由对称性知,在 $[0,10)$ 内有 0,4 两个零点,故在 $[0,1\,000)$ 内有 200 个零点,由对称性在 $[-1\,000,0)$ 有 200 个零点,最后由于 1 000 也是函数的零点,所以一共有 401 个零点.

故 N 的最小值是 401.

例 8　设 $f(x)$ 是 $\mathbf{R}$ 映射到自身的函数,并且对任何 $x\in\mathbf{R}$ 均有 $|f(x)|\leqslant 1$,以及 $f\left(x+\frac{13}{42}\right)+f(x)=f\left(x+\frac{1}{6}\right)+f\left(x+\frac{1}{7}\right)$,求证:$f(x)$ 是周期函数.

证明　由

$$\begin{cases} f\left(x+\frac{1}{6}+\frac{1}{7}\right)+f(x)=f\left(x+\frac{1}{6}\right)+f\left(x+\frac{1}{7}\right) & ① \\ f\left(x+\frac{1}{6}+\frac{2}{7}\right)+f\left(x+\frac{1}{7}\right)=f\left(x+\frac{1}{6}+\frac{1}{7}\right)+f\left(x+\frac{2}{7}\right) & ② \end{cases}$$

①+② 知

$$f\left(x+\frac{1}{6}+\frac{2}{7}\right)+f(x)=f\left(x+\frac{1}{6}\right)+f\left(x+\frac{2}{7}\right)$$

同理推得

$$f\left(x+\frac{1}{6}+\frac{7}{7}\right)+f(x)=f\left(x+\frac{1}{6}\right)+f\left(x+\frac{7}{7}\right)$$

以及

$$f\left(x+\frac{6}{6}+\frac{7}{7}\right)+f(x)=f\left(x+\frac{6}{6}\right)+f\left(x+\frac{7}{7}\right)$$

即

$$f(x)+f(x+2)=2f(x)$$

不妨设

$$f(x+2)-f(x+1)=f(x+1)-f(x)=k$$

则

$$f(x+m)=f(x)+(m-1)k$$

由于 $|f(x)|\leqslant 1$,故 $k=0$,即 $f(x+1)=f(x)$.

例9 函数 $f(x)$ 的定义域关于原点对称,但不包括数0.对定义域中的任意数 x,在定义域中存在 $x_1,x_2,f(x_1)\neq f(x_2)$,且满足以下三个条件:

(1)x_1,x_2 是定义域中的数,$f(x_1)\neq f(x_2)$ 或 $0<|x_1-x_2|<2a$,则 $f(x_1-x_2)=\dfrac{f(x_1)f(x_2)+1}{f(x_2)-f(x_1)}$.

(2)$f(a)=1(a>0)$;

(3)当 $0<x<2a$ 时,$f(x)>0$.

求证:(1)$f(x)$ 是奇函数;

(2)$f(x)$ 是周期函数,并求出其周期;

(3)$f(x)$ 在 $(0,4a)$ 内为减函数.

证明 (1)由题意知,对于定义域中任意数 x,在定义域中存在 x_1,x_2,使 $x=x_1-x_2$,则

$$f(x)=f(x_1-x_2)=\frac{f(x_1)f(x_2)+1}{f(x_2)-f(x_1)}=-\frac{f(x_2)f(x_1)+1}{f(x_1)-f(x_2)}=-f(-x)$$

所以 $f(x)$ 是奇函数.

(2)由 $f(a)=1$,得 $f(-a)=-f(a)=-1$,于是

$$f(-2a)=f(-a-a)=\frac{f(-a)f(a)+1}{f(a)-f(-a)}=0$$

当 $f(x)\neq 0$ 时，有

$$f(x+2a)=f[x-(-2a)]=\frac{f(x)f(-2a)+1}{f(-2a)-f(x)}=\frac{-1}{f(x)}$$

则

$$f(x+4a)=-\frac{1}{f(x+2a)}=f(x)$$

当 $f(x)=0$ 时，有

$$f(x+a)=f[x-(-a)]=\frac{f(x)f(-a)+1}{f(-a)-f(x)}=-1$$

则

$$f(x+3a)=-\frac{1}{f(x+a)}=1$$

$$f(x+4a)=f[x+3a-(-a)]=\frac{f(x+3a)f(-a)+1}{f(-a)-f(x+3a)}=0$$

则

$$f(x+4a)=f(x)$$

所以 $f(x)$ 是以 $4a$ 为周期的周期函数.

(3) 先证 $y=f(x)$ 在 $(0,2a]$ 上是减函数.

设 $0<x_1<x_2\leqslant 2a$，则

$$0<x_2-x_1<2a,f(x_1)>0,f(x_2)>0,f(x_2-x_1)>0$$

由 $f(x_2-x_1)=\dfrac{f(x_1)f(x_2)+1}{f(x_1)-f(x_2)}>0$ 得 $f(x_2)-f(x_1)>0$，为减函数.

下面证明 $y=f(x)$ 在 $(2a,4a)$ 上是减函数.

设

$$2a<x_1<x_2<4a,0<x_1-2a<x_2-2a<2a$$

于是

$$f(x_1-2a)>f(x_2-2a)>0$$

又因为

$$f(x-2a)=\frac{f(2a)f(x)+1}{f(2a)-f(x)}=-\frac{1}{f(x)}$$

即

$$f(x)=-\frac{1}{f(x-2a)}$$

所以

$$f(x_1)-f(x_2)=-\frac{1}{f(x_1-2a)}+\frac{1}{f(x_2-2a)}>0$$

为减函数.

故 $f(x)$ 在$(0,4a)$ 为减函数.

例 10 设 $k\in\mathbf{N}$,若存在函数 $f:\mathbf{N}\to\mathbf{N}$ 是严格单调递增的,且对于每个 $n\in\mathbf{N}$,都有 $f[f(n)]=kn$, 求证:对每个 $n\in\mathbf{N}$, 都有 $\frac{2kn}{k+1}\leqslant f(n)\leqslant\frac{(k+1)n}{2}$.

证明 先证后一半,即证明

$$2f(n)\leqslant kn+n=f[f(n)]+n$$

把这个式子改写为

$$f(n)-n\leqslant f[f(n)]-f(n) \quad ①$$

(1) $f(n)\geqslant n$,这是因为 $f(n)$ 是自然数,且函数 $f:\mathbf{N}\to\mathbf{N}$ 是严格单调递增的,即

$$f(1)<f(2)<f(3)<\cdots<f(n)$$

(2) 若 $m>n$,则 $f(m)-f(n)\geqslant m-n$.

这是因为若 $m>n$,设 $m=n+p(p\in\mathbf{N})$,则

$$f(m)=f(n+p)\geqslant f(n+p-1)+1\geqslant f(n+p-2)+2\geqslant\cdots\geqslant f(n)+p$$

即

$$f(m)-f(n)\geqslant p=m-n \quad ②$$

在式 ② 中取 $m=f(n)$ 即得式 ①.

于是 $f(n)\leqslant\frac{(k+1)n}{2}$ 成立.

再证前一半,即证明$\frac{2kn}{k+1}\leqslant f(n)$,即证 $2f[f(n)]\leqslant(k+1)f(n)$,即证

$$f[f(n)]\leqslant\frac{k+1}{2}f(n)$$

这只要在式 ① 中以 $f(n)$ 代 n 即可得证.

所以对每个 $n\in\mathbf{N}$,都有

$$\frac{2kn}{k+1}\leqslant f(n)\leqslant\frac{(k+1)n}{2}$$

课外训练

1. 设函数 $y=f(x)$ 对一切实数 x 都满足 $f(3+x)=f(3-x)$，且方程 $f(x)=0$ 的根的和为 33，则方程 $f(x)=0$ 的根的个数是________.

2. 设函数 $y=f(x)(x\in\mathbf{R}$ 且 $x\neq 0)$，对任意的非零实数 x_1,x_2 满足 $f(x_1x_2)=f(x_1)+f(x_2)$. 又 $f(x)$ 在 $(0,+\infty)$ 是增函数，所以不等式 $f(x)+f\left(x-\frac{1}{2}\right)\leqslant 0$ 的解集为________.

3. 若 $a>0, a\neq 1, F(x)$ 是奇函数，则 $G(x)=F(x)\left(\frac{1}{a^x-1}+\frac{1}{2}\right)$ 是________(奇偶性).

4. 设函数 $y=f(x)$ 对于一切实数 x 满足 $f(3+x)=f(3-x)$，且方程 $f(x)=0$ 恰有 6 个不同的实数根，则这 6 个实根的和为________.

5. 对于 $x\in\mathbf{R}$，函数 $f(x+2)+f(x-2)=f(x)$，则它是周期函数，这类函数的最小正周期是________.

6. 当函数 $y=\frac{2x}{\sqrt{1+4x^2}}$ 单调递增时，x 的取值范围是________.

7. 设 $f(x)=\frac{1}{1+a^x}-\frac{1}{2}(a>0$，且 $a\neq 1$，$[m]$ 表示不超过 m 的最大整数)，则 $[f(x)]+[f(-x)]$ 的值域是________.

8. 已知 $f(x)=|1-2x|, x\in[0,1]$，那么方程 $f(f(f(x)))=\frac{1}{2}x$ 的解的个数是________.

9. 设函数 $f(x)=-\frac{x}{1+|x|}(x\in\mathbf{R})$，$M=[a,b](a<b)$，集合 $N=\{y\mid y=f(x), x\in M\}$，则使 $M=N$ 成立的实数对 (a,b) 有多少对?

10. 设 $f(x)$ 为奇函数，对于任意 $x,y\in\mathbf{R}$，都有 $f(x+y)=f(x)+f(y)$ 且 $x>0$ 时，$f(x)<0$，$f(1)=-2$.

(1) 试判断函数 $f(x)$ 在 $(-\infty,+\infty)$ 上的单调性；

(2) 求函数 $f(x)$ 在 $x\in[-3,3]$ 上的最值.

11. 设 $f:\mathbf{N}^*\rightarrow\mathbf{N}^*$，并且对所有的正整数 n，有 $f(n+1)>f(n)$，$f(f(n))=3n$，求 $f(1\,992)$ 的值.

第 12 讲　指数函数、对数函数与幂函数

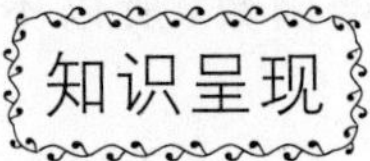

1. 指数函数及其性质:形如 $y=a^x(a>0,a\neq 1)$ 的函数叫作指数函数,其定义域为 $\mathbf{R}$,值域为 $(0,+\infty)$,当 $0<a<1$ 时,$y=a^x$ 是减函数;当 $a>1$ 时,$y=a^x$ 为增函数,它的图像恒过定点 $(0,1)$.

2. 分数指数幂:$a^{\frac{1}{n}}=\sqrt[n]{a}$,$a^{\frac{m}{n}}=\sqrt[n]{a^m}$,$a^{-n}=\dfrac{1}{a^n}$,$a^{-\frac{m}{n}}=\dfrac{1}{\sqrt[n]{a^m}}$.

3. 对数函数及其性质:形如 $y=\log_a x(a>0,a\neq 1)$ 的函数叫作对数函数,其定义域为 $(0,+\infty)$,值域为 $\mathbf{R}$,图像过定点 $(1,0)$. 当 $0<a<1$ 时,$y=\log_a x$ 为减函数;当 $a>1$ 时,$y=\log_a x$ 为增函数.

4. 对数的性质($M>0,N>0$):

(1)$a^x=M\Leftrightarrow x=\log_a M(a>0,a\neq 1)$;

(2)$\log_a(MN)=\log_a M+\log_a N$;

(3)$\log_a\left(\dfrac{M}{N}\right)=\log_a M-\log_a N$;

(4)$\log_a M^n=n\log_a M$;

(5)$\log_a\sqrt[n]{M}=\dfrac{1}{n}\log_a M$;

(6)$a_{\log_a M}=M$;

(7)$\log_a b=\dfrac{\log_c b}{\log_c a}(a>0,b>0,c>0,a\neq,c\neq 1)$.

5. 函数 $y=x+\dfrac{a}{x}(a>0)$ 的单调递增区间是 $(-\infty,-\sqrt{a}]$ 和 $[\sqrt{a},+\infty)$;单调递减区间为 $[-\sqrt{a},0)$ 和 $(0,\sqrt{a}]$.

6. 连续函数的性质:若 $a<b$,$f(x)$ 在 $[a,b]$ 上连续,且 $f(a)f(b)<0$,则 $f(x)=0$ 在 $[a,b]$ 上至少有一个实根.

典例展示

例 1　(1) 解方程 $3^x+4^x+5^x=6^x$；

(2) 已知 $a,b,c\in(-1,1)$，求证：$ab+bc+ca+1>0$.

解　(1) 方程可化为

$$\left(\frac{1}{2}\right)^x+\left(\frac{2}{3}\right)^x+\left(\frac{5}{6}\right)^x=1$$

设 $f(x)=\left(\frac{1}{2}\right)^x+\left(\frac{2}{3}\right)^x+\left(\frac{5}{6}\right)^x$，则 $f(x)$ 在 $(-\infty,+\infty)$ 上是减函数，因为 $f(3)=1$，所以方程只有一个解 $x=3$.

(2) 设 $f(x)=(b+c)x+bc+1(x\in(-1,1))$，则 $f(x)$ 是关于 x 的一次函数.

所以要证原不等式成立，只需证 $f(-1)>0$ 且 $f(1)>0$(因为 $-1<a<1$).

因为

$$f(-1)=-(b+c)+bc+1=(1-b)(1-c)>0$$
$$f(1)=b+c+bc+a=(1+b)(1+c)>0$$

所以 $f(a)>0$，即

$$ab+bc+ca+1>0$$

例 2　若 $a_1,a_2,\cdots,a_n$ 是不全为 0 的实数，$b_1,b_2,\cdots,b_n\in\mathbf{R}$，则 $(\sum\limits_{i=1}^{n}a_i^2)\cdot(\sum\limits_{i=1}^{n}b_i^2)\geqslant(\sum\limits_{i=1}^{n}a_ib_i)^2$，当且仅当存在 $\mu\in\mathbf{R}$，使 $a_i=\mu b_i$，$i=1,2,\cdots,n$ 时等号成立.

证明　令

$$f(x)=(\sum_{i=1}^{n}a_i^2)x^2-2(\sum_{i=1}^{n}a_ib_i)x+\sum_{i=1}^{n}b_i^2=\sum_{i=1}^{n}(a_ix-b_i)^2$$

因为 $\sum\limits_{i=1}^{n}a_i^2>0$，且对任意 $x\in\mathbf{R}$，$f(x)\geqslant0$，所以

$$\Delta=4(\sum_{i=1}^{n}a_ib_i)-4(\sum_{i=1}^{n}a_i^2)(\sum_{i=1}^{n}b_i^2)\leqslant0$$

展开得

$$(\sum_{i=1}^{n}a_i^2)(\sum_{i=1}^{n}b_i^2)\geqslant(\sum_{i=1}^{n}a_ib_i)^2$$

等号成立等价于 $f(x)=0$ 有实根,即存在 μ,使 $a_i=\mu b_i, i=1,2,\cdots,n$.

例 3 (1) 设 $p,q\in\mathbf{R}^+$ 且满足 $\log_9 p=\log_{12} q=\log_{16}(p+q)$,求 $\dfrac{q}{p}$ 的值;

(2) 设 $x,y\in\mathbf{R}^+, x+y=c, c$ 为常数且 $c\in(0,2]$,求 $u=\left(x+\dfrac{1}{x}\right)\left(y+\dfrac{1}{y}\right)$ 的最小值.

解 (1) 令 $\log_9 p=\log_{12} q=\log_{16}(p+q)=t$,则

$$p=9^t, q=12^t$$

即

$$p+q=16^t$$

所以

$$9^t+12^t=16^t$$

即

$$1+\left(\frac{4}{3}\right)^t=\left(\frac{4}{3}\right)^{2t}$$

设 $x=\dfrac{q}{p}=\dfrac{12^t}{9^t}=\left(\dfrac{4}{3}\right)^t$,则 $1+x=x^2$,解得

$$x=\frac{1\pm\sqrt{5}}{2}$$

又 $\dfrac{q}{p}>0$,所以

$$\frac{q}{p}=\frac{1\pm\sqrt{5}}{2}$$

(2)
$$u=\left(x+\frac{1}{x}\right)\left(y+\frac{1}{y}\right)=xy+\frac{x}{y}+\frac{y}{x}+\frac{1}{xy}\geqslant$$
$$xy+\frac{1}{xy}+2\cdot\sqrt{\frac{x}{y}\cdot\frac{y}{x}}=$$
$$xy+\frac{1}{xy}+2$$

令 $xy=t$,则

$$0<t=xy\leqslant\frac{(x+y)^2}{4}=\frac{c^2}{4}$$

设 $f(t)=t+\dfrac{1}{t}$,则

$$0<t\leqslant\frac{c^2}{4}$$

因为 $0 < c \leqslant 2$，所以 $0 < \frac{c^2}{4} \leqslant 1$，故 $f(t)$ 在 $\left(0, \frac{c^2}{4}\right]$ 上单调递减.

所以

$$f(t)_{\min} = f\left(\frac{c^2}{4}\right) = \frac{c^2}{4} + \frac{4}{c^2}$$

于是

$$u \geqslant \frac{c^2}{4} + \frac{4}{c^2} + 2$$

当 $x = y = \frac{c}{2}$ 时，等号成立. 故 u 的最小值为 $\frac{c^2}{4} + \frac{4}{c^2} + 2$.

例 4　(1) 对于正整数 a, b, c $(a \leqslant b \leqslant c)$ 和实数 x, y, z, w，若 $a^x = b^y = c^z = 70^w$，且 $\frac{1}{x} + \frac{1}{y} + \frac{1}{z} = \frac{1}{w}$，求证：$a + b = c$；

(2) 已知 $x \neq 1, ac \neq 1, a \neq 1, c \neq 1$，且 $\log_a x + \log_c x = 2\log_b x$，求证：$c^2 = (ac)^{\log_a b}$.

证明　(1) 由 $a^x = b^y = c^z = 70^w$ 取常用对数，得

$$x\lg a = y\lg b = z\lg c = w\lg 70$$

所以

$$\frac{1}{w}\lg a = \frac{1}{x}\lg 70, \frac{1}{w}\lg b = \frac{1}{y}\lg 70, \frac{1}{w}\lg c = \frac{1}{z}\lg 70$$

相加得

$$\frac{1}{w}(\lg a + \lg b + \lg c) = \left(\frac{1}{x} + \frac{1}{y} + \frac{1}{z}\right)\lg 70$$

由题设 $\frac{1}{x} + \frac{1}{y} + \frac{1}{z} = \frac{1}{w}$，所以

$$\lg a + \lg b + \lg c = \lg 70$$

于是

$$\lg abc = \lg 70$$

所以

$$abc = 70 = 2 \times 5 \times 7$$

若 $a = 1$，则因为 $x\lg a = w\lg 70$，所以 $w = 0$ 与题设相矛盾，所以 $a > 1$.
又 $a \leqslant b \leqslant c$，且 a, b, c 为 70 的正约数，所以只有 $a = 2, b = 5, c = 7$.
故 $a + b = c$.

(2) 由题设 $\log_a x + \log_c x = 2\log_b x$，化为以 a 为底的对数，得

$$\log_a x + \frac{\log_a x}{\log_a c} = \frac{2\log_a x}{\log_a b}$$

因为 $ac>0$，$ac\neq1$，所以 $\log_a b=\log_{ac}c^2$，故 $c^2=(ac)^{\log_a b}$.

说明 指数与对数式互化，取对数、换元、换底公式往往是解题的桥梁.

例 5 (1) 解方程组：$\begin{cases}x^{x+y}=y^{12}\\ y^{x+y}=x^3\end{cases}$（其中 $x,y\in\mathbf{R}^+$）;

(2) 解方程：$\dfrac{2x+\sqrt{4x^2+1}}{x^2+1+\sqrt{(x^2+1)^2+1}}=2^{(x-1)^2}$.

解 (1) 两边取对数，则原方程组可化为

$$\begin{cases}(x+y)\lg x=12\lg y & ①\\ (x+y)\lg y=3\lg x & ②\end{cases}$$

把式 ① 代入式 ② 得

$$(x+y)2\lg x=36\lg x$$

所以

$$[(x+y)^2-36]\lg x=0$$

由 $\lg x=0$ 得 $x=1$，由 $(x+y)^2-36=0(x,y\in\mathbf{R}^+)$ 得

$$x+y=6$$

代入式 ① 得 $\lg x=2\lg y$，即 $x=y^2$，所以

$$y^2+y-6=0$$

又 $y>0$，所以 $y=2$，$x=4$.

故方程组的解为

$$\begin{cases}x_1=1\\ y_1=1\end{cases},\begin{cases}x_2=4\\ y_2=2\end{cases}$$

(2) 两边取以 2 为底的对数得

$$\log_2\frac{2x+\sqrt{4x^2+1}}{x^2+1+\sqrt{(x^2+1)^2+1}}=(x-1)^2$$

即

$$\log_2(2x+\sqrt{4x^2+1})-\log_2[x^2+1+\sqrt{(x^2+1)^2+1}]=x^2-2x+1$$

即

$$\log_2(2x+\sqrt{4x^2+1})+2x=\log_2[x^2+1+\sqrt{(x^2+1)^2+1}]+(x^2+1)$$

构造函数

$$f(x)=\log_2(x+\sqrt{x^2+1})+x$$

于是

$$f(2x)=f(x^2+1)$$

易证：$f(x)$ 是奇函数，且是 $\mathbf{R}$ 上的增函数.

所以 $2x=x^2+1$，解得 $x=1$.

例 6　已知 $a>0,a\neq 1$，试求使方程 $\log_a(x-ak)=\log_a^2(x^2-a^2)$ 有解的 k 的取值范围.

解　由对数性质知，原方程的解 x 应满足

$$\begin{cases}(x-ak)^2=x^2-a^2 & ①\\ x-ak>0 & ②\\ x^2-a^2>0 & ③\end{cases}$$

若式 ①、式 ② 同时成立，则式 ③ 必成立，故只需解

$$\begin{cases}(x-ak)^2=x^2-a^2\\ x-ak>0\end{cases}$$

由式 ① 可得

$$2kx=a(1+k^2) \quad ④$$

当 $k=0$ 时，式 ④ 无解；当 $k\neq 0$ 时，式 ④ 的解是

$$x=\frac{a(1+k^2)}{2k}$$

代入式 ② 得

$$\frac{1+k^2}{2k}>k$$

若 $k<0$，则 $k^2>1$，所以 $k<-1$；若 $k>0$，则 $k^2<1$，所以 $0<k<1$.

综上所述，当 $k\in(-\infty,-1)\cup(0,1)$ 时，原方程有解.

例 7　设函数 $f(x)=\log_a(x-3a)(a>0$ 且 $a\neq 1)$，当点 $P(x,y)$ 是函数 $y=f(x)$ 图像上的点时，点 $Q(x-2a,-y)$ 是函数 $y=g(x)$ 图像上的点.

(1) 写出函数 $y=g(x)$ 的解析式；

(2) 若当 $x\in[a+2,a+3]$ 时，恒有 $|f(x)-g(x)|\leqslant 1$，试确定 a 的取值范围.

解　(1) 设点 Q 的坐标为(x',y')，则

$$x'=x-2a,y'=-y$$

即

$$x=x'+2a,y=-y'$$

因为点 $P(x,y)$ 在函数 $y=\log_a(x-3a)$ 的图像上，所以

$$-y'=\log_a(x'+2a-3a)$$

即 $y'=\log_a\dfrac{1}{x^2-a}$，所以

$$g(x)=\log_a\frac{1}{x-a}$$

(2) 由题意得

$$x-3a=(a+2)-3a=-2a+2>0$$

$$\frac{1}{x-a}=\frac{1}{(a+3)-a}>0$$

又 $a>0$ 且 $a\neq 1$,所以 $0<a<1$. 因为

$$|f(x)-g(x)|=|\log_a(x-3a)-\log_a\frac{1}{x-a}|=$$

$$|\log_a(x^2-4ax+3a^2)|\cdot|f(x)-g(x)|\leqslant 1$$

所以

$$-1\leqslant \log_a(x^2-4ax+3a^2)\leqslant 1$$

因为 $0<a<1$,所以

$$a+2>2a$$

$f(x)=x^2-4ax+3a^2$ 在 $[a+2,a+3]$ 上为减函数,所以 $\mu(x)=\log_a(x^2-4ax+3a^2)$ 在 $[a+2,a+3]$ 上为减函数,从而

$$[\mu(x)]_{\max}=\mu(a+2)=\log_a(4-4a)$$

$$[\mu(x)]_{\min}=\mu(a+3)=\log_a(9-6a)$$

于是所求问题转化为求不等式组 $\begin{cases}0<a<1\\ \log_a(9-6a)\geqslant -1\\ \log_a(4-4a)\leqslant 1\end{cases}$ 的解.

由 $\log_a(9-6a)\geqslant -1$ 解得

$$0<a\leqslant\frac{9-\sqrt{57}}{12}$$

由 $\log_a(4-4a)\leqslant 1$ 解得

$$0<a\leqslant\frac{4}{5}$$

所以所求 a 的取值范围是 $0<a\leqslant\dfrac{9-\sqrt{57}}{12}$.

例 8 设 $f(x)=\log_2\dfrac{1+x}{1-x}$,$F(x)=\dfrac{1}{2-x}+f(x)$.

(1) 试判断函数 $f(x)$ 的单调性,并用函数单调性定义给出证明;

(2) 若 $f(x)$ 的反函数为 $f^{-1}(x)$,求证:对任意的自然数 $n(n\geqslant 3)$,都有 $f^{-1}(n)>\dfrac{n}{n+1}$;

(3) 若 $F(x)$ 的反函数 $F^{-1}(x)$,证明:方程 $F^{-1}(x)=0$ 有唯一解.

解 (1) 由 $\dfrac{1+x}{1-x}>0$,且 $2-x\neq 0$ 得 $F(x)$ 的定义域为 $(-1,1)$,设

$-1 < x_1 < x_2 < 1$,则

$$F(x_2) - F(x_1) = \left(\frac{1}{2-x_2} - \frac{1}{2-x_1}\right) + \left(\log_2 \frac{1+x_2}{1-x_2} - \log_2 \frac{1+x_1}{1-x_1}\right) =$$

$$\frac{x_2 - x_1}{(2-x_1)(2-x_2)} + \log_2 \frac{(1-x_1)(1+x_2)}{(1+x_1)(1-x_2)} \qquad ①$$

因为 $x_2 - x_1 > 0, 2 - x_1 > 0, 2 - x_2 > 0$,所以式 ① 第 2 项中对数的真数大于 1.

因此

$$F(x_2) - F(x_1) > 0$$

即

$$F(x_2) > F(x_1)$$

所以 $F(x)$ 在 $(-1,1)$ 上是增函数.

(2) 由 $y = f(x) = \log_2 \frac{1+x}{1-x}$ 得

$$2^y = \frac{1+x}{1-x}$$

即

$$x = \frac{2^y - 1}{2^y + 1}$$

所以

$$f^{-1}(x) = \frac{2^x - 1}{2^x + 1}$$

因为 $f(x)$ 的值域为 $\mathbf{R}$,所以 $f^{-1}(x)$ 的定义域为 $\mathbf{R}$.

当 $n \geqslant 3$ 时,有

$$f^{-1}(n) > \frac{n}{n+1} \Leftrightarrow \frac{2^n - 1}{2^n + 1} > \frac{n}{n+1} \Leftrightarrow 1 - \frac{2}{2^n + 1} > 1 - \frac{1}{n+1} \Leftrightarrow 2^n > 2n + 1$$

用数学归纳法易证 $2^n > 2n + 1 (n \geqslant 3)$,证略.

(3) 因为 $F(0) = \frac{1}{2}$,所以 $F^{-1}\left(\frac{1}{2}\right) = 0$,于是 $x = \frac{1}{2}$ 是 $F^{-1}(x) = 0$ 的一个根.假设 $F^{-1}(x) = 0$ 还有一个解 $x_0\left(x_0 \neq \frac{1}{2}\right)$,则 $F^{-1}(x_0) = 0$,于是 $F(0) = x_0\left(x_0 \neq \frac{1}{2}\right)$.这是不可能的,故 $F^{-1}(x) = 0$ 有唯一解.

例 9 已知过原点 O 的一条直线与函数 $y = \log_8 x$ 的图像交于 A,B 两点,分别过点 A,B 作 y 轴的平行线与函数 $y = \log_2 x$ 的图像交于 C,D 两点.

(1) 求证:点 C,D 和原点 O 在同一条直线上;

(2) 当 BC 平行于 x 轴时,求点 A 的坐标.

证明 (1) 设点 A,B 的横坐标分别为 x_1,x_2,由题意知

$$x_1>1,x_2>1$$

则点 A,B 的纵坐标分别为 $\log_8 x_1,\log_8 x_2$. 因为点 A,B 在过点 O 的直线上,所以

$$\frac{\log_8 x_1}{x_1}=\frac{\log_8 x_2}{x_2}$$

点 C,D 的坐标分别为 $(x_1,\log_2 x_1)$,$(x_2,\log_2 x_2)$,由于

$$\log_2 x_1=\frac{\log_8 x_1}{\log_8 2}=3\log_8 x_1,\log_2 x_2=\frac{\log_8 x_2}{\log_8 2}=3\log_8 x_2$$

所以 OC 的斜率为

$$k_1=\frac{\log_2 x_1}{x_2}=\frac{3\log_8 x_1}{x_1}$$

OD 的斜率为

$$k_2=\frac{\log_2 x_2}{x_2}=\frac{3\log_8 x_2}{x_2}$$

由此可知:$k_1=k_2$,即 O,C,D 三点在同一条直线上.

(2) 由 BC 平行于 x 轴知

$$\log_2 x_1=\log_8 x_2$$

即

$$\log_2 x_1=\frac{1}{3}\log_2 x_2$$

代入 $x_2\log_8 x_1=x_1\log_8 x_2$ 得

$$x_1^3\log_8 x_1=3x_1\log_8 x_1$$

由于 $x_1>1$ 知 $\log_8 x_1\neq 0$,所以 $x_1^3=3x_1$. 又 $x_1>1$,所以 $x_1=\sqrt{3}$,则点 A 的坐标为$(\sqrt{3},\log_8\sqrt{3})$.

例 10 在 xOy 平面上有一点列 $P_1(a_1,b_1),P_2(a_2,b_2),\cdots,P_n(a_n,b_n),\cdots$,对每个自然数 n,点 P_n 位于函数 $y=2\,000\left(\frac{a}{10}\right)^x$ $(0<a<1)$ 的图像上,且点 P_n,点$(n,0)$ 与点$(n+1,0)$ 构成一个以点 P_n 为顶点的等腰三角形.

(1) 求点 P_n 的纵坐标 b_n 的表达式;

(2) 若对于每个自然数 n,以 b_n,b_{n+1},b_{n+2} 为边长能构成一个三角形,求 a 的取值范围;

(3) 设 $C_n=\lg b_n(n\in\mathbf{N}^*)$,若 a 取(2) 中确定的范围内的最小整数,问数

列$\{C_n\}$前多少项的和最大？请说明理由.

解　(1) 由题意知，$a_n=n+\dfrac{1}{2}$，所以

$$b_n=2\ 000\left(\frac{a}{10}\right)^{n+\frac{1}{2}}$$

(2) 因为函数 $y=2\ 000\left(\dfrac{a}{10}\right)^x(0<a<10)$ 单调递减，所以对每个自然数 n，有

$$b_n>b_{n+1}>b_{n+2}$$

则以 b_n,b_{n+1},b_{n+2} 为边长能构成一个三角形的充要条件是 $b_{n+2}+b_{n+1}>b_n$，即

$$\left(\frac{a}{10}\right)^2+\left(\frac{a}{10}\right)-1>0$$

解得

$$a<-5(1+\sqrt{2})\text{ 或 }a>5(\sqrt{5}-1)$$

所以

$$5(\sqrt{5}-1)<a<10$$

(3) 因为 $5(\sqrt{5}-1)<a<10$，所以 $a=7$.

故

$$b_n=2\ 000\left(\frac{7}{10}\right)^{n+\frac{1}{2}}$$

数列$\{b_n\}$是一个单调递减的正数数列，对每个自然数 $n\geqslant 2$，$B_n=b_nB_{n-1}$. 于是当 $b_n\geqslant 1$ 时，$B_n<B_{n-1}$；当 $b_n<1$ 时，$B_n\leqslant B_{n-1}$. 因此数列$\{B_n\}$的最大项的项数 n 满足不等式 $b_n\geqslant 1$ 且 $b_{n+1}<1$，由 $b_n=2\ 000\left(\dfrac{7}{10}\right)^{n+\frac{1}{2}}\geqslant 1$，得 $n\leqslant 20.8$，所以 $n=20$.

课外训练

1. 不等式 $1+2^x<3^x$ 的解是________.

2. 已知 $x>10$，$y>10$，$xy=1\ 000$，则 $(\lg x)(\lg y)$ 的取值范围是________.

3. 若方程 $\lg(kx)=2\lg(x+1)$ 只有一个实数解，则实数 k 的取值范围是________.

4. 如图 1 所示，开始时，桶 1 中有 a L 水，t min 后剩余的水符合指数衰减

曲线 $y_1=ae^{-nt}$，那么桶 2 中的水就是 $y_2=a-ae^{-nt}$，假设过 5 min 时，桶 1 和桶 2 的水相等，则再过________ min 桶 1 中的水只有 $\frac{a}{8}$.

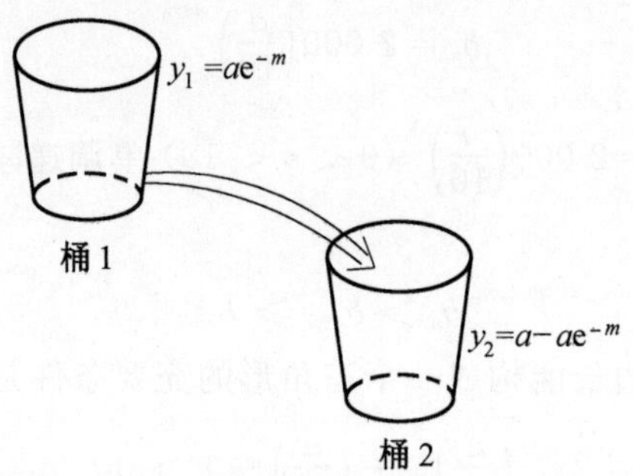

图 1

5. 设 α,β 分别是方程 $\log_2 x+x-3=0$ 和 $2^x+x-3=0$ 的根，则 $\alpha+\beta=$________，$\log_2\alpha+2^\beta=$________.

6. 设对所有的实数 x，不等式 $x^2\log_2\frac{4(a+1)}{a}+2x\log_2\frac{2a}{a+1}+\log_2\frac{(a+1)^2}{4a^2}>0$ 恒成立，则 a 的取值范围为________.

7. 设 x,y,z 为非负实数，且满足方程 $4\sqrt{5x+9y+4z}-68\cdot 2\sqrt{5x+9y+4z}+256=0$，$x+y+z$ 的最大值与最小值的乘积为________.

8. 设 $a=\lg z+\lg[x(yz)^{-1}+1]$，$b=\lg x^{-1}+\lg(xyz+1)$，$c=\lg y+\lg[(xyz)^{-1}+1]$，设 a,b,c 中的最大数为 M，则 M 的最小值为________.

9. 已知函数 $f(x)=\log_a x\ (a>0$ 且 $a\neq 1)$，$(x\in(0,+\infty))$，若 $x_1,x_2\in(0,+\infty)$，判断 $\frac{1}{2}[f(x_1)+f(x_2)]$ 与 $f(\frac{x_1+x_2}{2})$ 的大小，并加以证明.

10. 已知函数 x,y 满足 $x\geqslant 1,y\geqslant 1$，$\log_a^2 x+\log_a^2 y=\log_a(ax^2)+\log_a(ay^2)(a>0$ 且 $a\neq 1)$，求 $\log_a(xy)$ 的取值范围.

11. 设不等式 $2(\log_{\frac{1}{2}}x)^2+9(\log_{\frac{1}{2}}x)+9\leqslant 0$ 的解集为 M，求当 $x\in M$ 时，函数 $f(x)=\left(\log_2\frac{x}{2}\right)(\log_2\frac{x}{8})$ 的最大值、最小值.

第 13 讲　函数的图像

知识呈现

1. 函数的图像：坐标为$(x,f(x))$的点的集合$\{(x,y)\mid y=f(x),x\in D\}$称为函数 $y=f(x)$ 的图像，其中 D 是函数的定义域.

2. 图像变换：平移变换、对称变换

(1) 函数 $y=f(x+k)(k\neq 0)$ 的图像是函数 $y=f(x)$ 的图像沿 x 轴方向向左$(k>0)$或向右$(k<0)$平移$|k|$个单位得到的；

(2) 函数 $y=f(x)+h(h\neq 0)$ 的图像是函数 $y=f(x)$ 的图像沿 y 轴方向向上$(h>0)$或向下$(h<0)$平移$|h|$个单位得到的；

(3) 函数 $y=-f(x)$ 的图像与函数 $y=f(x)$ 的图像关于 x 轴对称；

(4) 函数 $y=f(-x)$ 的图像与函数 $y=f(x)$ 的图像关于 y 轴对称；

(5) 函数 $y=-f(-x)$ 的图像与函数 $y=f(x)$ 的图像关于原点成中心对称；

(6) 函数 $y=|f(x)|$ 的图像是函数 $y=f(x)$ 的图像保留 x 轴上方的部分不变，将 x 轴下方的部分沿 x 轴对称翻折上来得到的；

(7) 函数 $y=f(|x|)$ 的图像是函数 $y=f(x)$ 的图像保留 y 轴右侧的部分不变，y 轴左侧的部分与 y 轴右侧部分对称.

3. 轴对称与中心对称

(1) 若函数 $y=f(x)$ 满足 $f(a-x)=f(a+x)$，则函数 $y=f(x)$ 关于$x=a$对称；

(2) 若函数 $y=f(x)$ 满足 $f(a-x)=-f(a+x)$，则函数 $y=f(x)$ 关于$(a,0)$对称.

典例展示

例 1　已知函数 $f(x)=ax^3+bx^2+cx+d$ 的图像如图 1 所示，求 b 的范围.

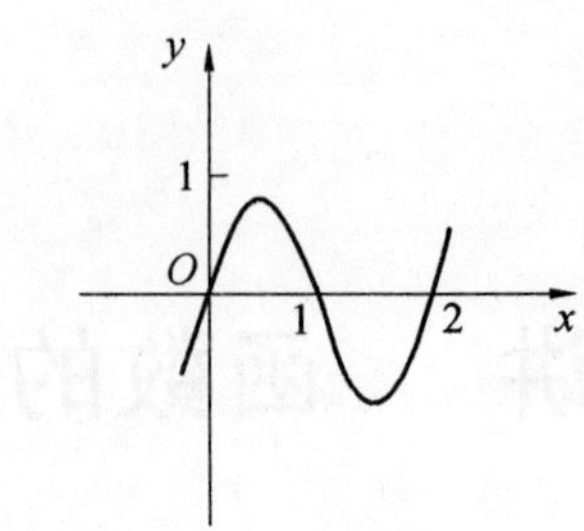

图 1

解法一　观察 $f(x)$ 的图像,可知函数 $f(x)$ 的图像过原点,即 $f(0)=0$,得 $d=0$,又 $f(x)$ 的图像过(1,0),所以

$$f(x)=a+b+c \quad ①$$

又有 $f(-1)<0$,即

$$-a+b-c<0 \quad ②$$

①+② 得 $b<0$,故 b 的取值范围是 $(-\infty,0)$.

解法二　如图 1 所示,$f(0)=0$ 有三根,所以

$$f(x)=ax^3+bx^2+cx+d=ax(x-1)(x-2)=ax^3-3ax^2+2ax$$

于是 $b=-3a$,因为 $a>0$,所以 $b<0$.

例 2　对函数 $y=f(x)$ 定义域中任一个 x 的值均有 $f(x+a)=f(a-x)$.

(1) 求证:$y=f(x)$ 的图像关于直线 $x=a$ 对称;

(2) 若函数 $f(x)$ 对一切实数 x 都有 $f(x+2)=f(2-x)$,且方程 $f(x)=0$ 恰好有四个不同的实根,求这些实根之和.

证明　(1) 设 (x_0,y_0) 是函数 $y=f(x)$ 图像上任一点,则 $y_0=f(x_0)$. 又 $f(a+x)=f(a-x)$,所以

$$f(2a-x_0)=f[a+(a-x_0)]=f[a-(a-x_0)]=f(x_0)=y_0$$

于是 $(2a-x_0,y_0)$ 也在函数的图像上,而

$$\frac{(2a-x_0)+x_0}{2}=a$$

所以点 (x_0,y_0) 与 $(2a-x_0,y_0)$ 关于直线 $x=a$ 对称.

故 $y=f(x)$ 的图像关于直线 $x=a$ 对称.

(2) 由 $f(2+x)=f(2-x)$ 得 $y=f(x)$ 的图像关于直线 $x=2$ 对称,若 x_0 是 $f(x)=0$ 的根,则 $4-x_0$ 也是 $f(x)=0$ 的根,由对称性知,$f(x)=0$ 的四根之和为 8.

例 3　设函数 $f_0(x)=|x|$,$f_1(x)=|f_0(x)-1|$,$f_2(x)=|f_1(x)-2|$,求函数 $y=f_2(x)$ 的图像与 x 轴所围成的封闭部分的面积.

分析　先把 $f_2(x)$ 的图像画出来.

解　如图 2(a) 所示,函数 $f_0(x)$ 是两条射线,函数 $f_1(x)=|f_0(x)-1|$ 的图像把函数 $f_0(x)$ 的图像先沿 y 轴方向向下平移一个单位,在保留 x 轴上方的部分,把 x 轴下方的部分对称地翻折到 x 轴上方得到的,如图 2(b) 所示,同理得 $f_2(x)$ 的图像.故

$$S_{\text{梯形}ABCD}-S_{\triangle CDE}=\frac{1}{2}(2+6)\times 2-\frac{1}{2}\times 2\times 1=7$$

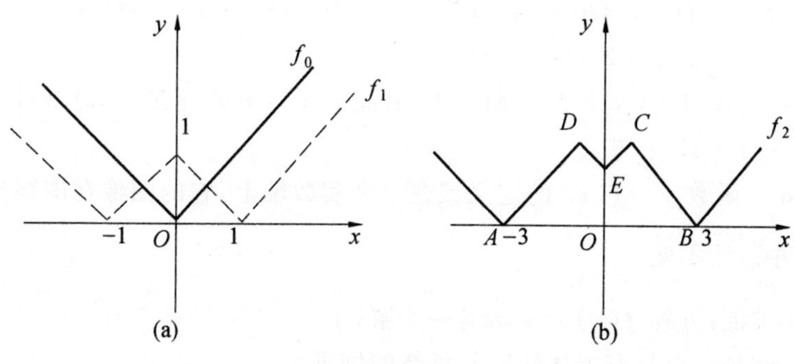

图 2

例 4　(1) 求方程 $|x-1|=\frac{1}{x}$ 的正根的个数;

(2)k 为何实数时,方程 $x^2-2|x|+3=k$ 有四个互不相等的实数根.

解　(1) 分别画出 $y=|x-1|$ 和 $y=\frac{1}{x}$ 的图像(图 3),由图像可知两者有唯一交点,所以方程有一个正根.

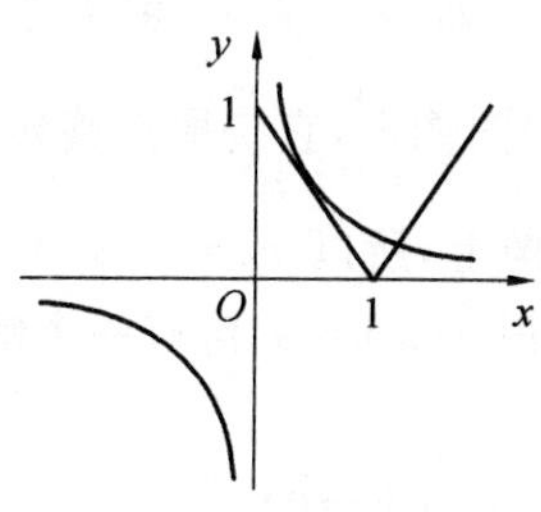

图 3

(2) 将原方程变形为 $x^2-2|x|+1=k-2$,设 $y=f(x)=x^2-2|x|+1$,作出其图像,而 $y=k-2$ 是一条平行于 x 轴的直线,原方程有四个互不相等的实根,即直线与曲线有四个不同的交点,由图像可知,$0<k-2<1$,即 $2<k<3$.

例 5 设函数 $f(x)$ 对任一实数 x 满足：$f(2-x)=f(2+x)$，$f(7-x)=f(7+x)$ 且 $f(0)=0$. 求证：$f(x)=0$ 的根在 $[-30,30]$ 上至少有 13 个，且 $f(x)$ 是以 10 为周期的周期函数.

证明 由题设知，函数 $f(x)$ 的图像关于直线 $x=2$ 和 $x=7$ 对称，所以

$$f(4)=f(2+2)=f(2-2)=f(0)=0$$

$$f(10)=f(7+3)=f(7-3)=f(4)=0$$

于是 $f(x)=0$ 在 $(0,10]$ 上至少有两个根. 另一方面，有

$$f(x+10)=f(7+3+x)=f(7-3-x)=f(4-x)=f(2+2-x)=f(2-2+x)=f(x)$$

所以 $f(x)$ 是以 10 为周期的周期函数. 因此 $f(x)=0$ 的根在 $[-30,30]$ 上至少有 $6\times 2+1=13$ 个零点.

例 6 函数 $y=f(x)$ 的定义域在整个实数轴上，它的图像在围绕坐标原点旋转角 $\frac{\pi}{2}$ 后不变.

(1) 求证：方程 $f(x)=x$ 恰有一个解；

(2) 试举一个具有上述性质的函数的例子.

证明 (1) 设 $f(0)=y_0$，则 $(0,y_0)$ 是函数 $y=f(x)$ 的图像上的点，把该点按同一方向绕原点旋转两次，每次旋转角为 $\frac{\pi}{2}$，得到的点 $(0,-y_0)$ 仍在 $y=f(x)$ 的图像上，所以

$$y_0=f(0)=-y_0$$

于是 $y_0=0$，即 $f(0)=0$. 也就是说 $x=0$ 是方程 $f(x)=x$ 的一个解.

另一方面，设 $x=x_0$ 是方程 $x=f(x)$ 的一个解，即 $f(x_0)=x_0$，因此点 (x_0,x_0) 在函数 $y=f(x)$ 的图像上，它绕原点旋转 3 个 $\frac{\pi}{2}$ 后得到 $(x_0,-x_0)$，且此点也在 $y=f(x)$ 的图像上，所以 $x_0=f(x_0)=-x_0$，即 $x_0=0$.

从上面的讨论可知，方程 $f(x)=x$ 恰有一个解 $x=0$.

(2) 构造函数如下

$$f(x)=\begin{cases}0 & (x=0)\\ -\frac{1}{2}x & (4^k\leqslant |x|<2\times 4^k)\\ 2x & (2\times 4^k\leqslant |x|<4^k)\end{cases}$$

例 7 (1) 若不等式 $x^2-\log_a x<0$ 对 $x\in\left(0,\frac{1}{2}\right)$ 恒成立，求实数 a 的取值范围；

(2) 函数 $f(x)=x^4+2x^3+4x^2+cx$ 的图像关于某条垂直于 x 轴的直线对称，求实数 c 的值.

解　(1) 原不等式为 $x^2<\log_a x$，设 $f(x)=x^2$，$g(x)=\log_a x$，因为 $0<x<\frac{1}{2}<1$，而 $\log_a x>x^2>0$，所以 $0<a<1$，作出 $f(x)$ 在 $x\in\left(0,\frac{1}{2}\right)$ 内的图像，因为 $f\left(\frac{1}{2}\right)=\frac{1}{4}$，所以 $A\left(\frac{1}{2},\frac{1}{4}\right)$，当函数 $g(x)$ 的图像经过点 A 时，$\frac{1}{4}=\log_a\frac{1}{2}\Rightarrow a=\frac{1}{16}$. 因为当 $x\in\left(0,\frac{1}{2}\right)$ 时，$\log_a x>x^2$，所以 $\frac{1}{16}\leqslant a<1$.

(2) 设函数图像关于 $x=m$ 对称，则对于任意实数 $x\in\mathbf{R}$，有

$$f(m-x)=f(m+x)$$

代入函数

$$f(x)=x^4+2x^3+4x^2+cx$$

得

$$(4m+2)x^3+(4m^3+6m^2+8m+c)x=0 \qquad ①$$

又因为式 ① 对于任意的 $x\in\mathbf{R}$ 均成立，所以

$$\begin{cases}4m+2=0\\4m^3+6m^2+8m+c=0\end{cases}$$

解得 $m=-\frac{1}{2}$，$c=3$.

例 8　用语言描述：

(1) 怎样由函数 $y=f(x)$ 的图像得到 $f(2x)$ 的图像？

(2) 怎样由 $y=\left(\frac{1}{2}\right)^x$ 的图像得到 $y=\log_2(x+1)$ 的图像？

(3) 已知函数 $y=f(x-1)$ 的图像，通过怎样的图像变换可得到 $y=f(2-x)$ 的图像？

解　(1) 将 $y=f(x)$ 图像上各点的纵坐标保持不变，横坐标变为原来的 $\frac{1}{2}$.

(2) 将 $y=\left(\frac{1}{2}\right)^x$ 的图像以直线 $y=x$ 翻折后得到 $y=\log_{\frac{1}{2}}x$ 的图像，在关于 x 轴对称，得到 $y=\log_2 x$ 的图像，在将 $y=\log_2 x$ 的图像向左平移 1 个单位，得到 $y=\log_2(x+1)$ 的图像.

(3) 将 $y=f(x-1)$ 的图像平移 1 个单位后得到 $y=f(x)$ 的图像，再以 y 轴为对称轴翻折180° 得 $y=f(-x)$ 的图像，最后将 $y=f(-x)$ 的图像向右平移 2 个单位得 $y=f[-(x-2)]$，即 $y=f(2-x)$ 的图像.

例 9 如图 4 所示,点 A,B,C 都在函数 $y=\sqrt{x}$ 的图像上,它们的横坐标分别是 $a,a+1,a+2$. 又点 A,B,C 在 x 轴上的射影分别是 A',B',C',设 $\triangle AB'C$ 的面积为 $f(a)$,$\triangle A'BC'$ 的面积为 $g(a)$.

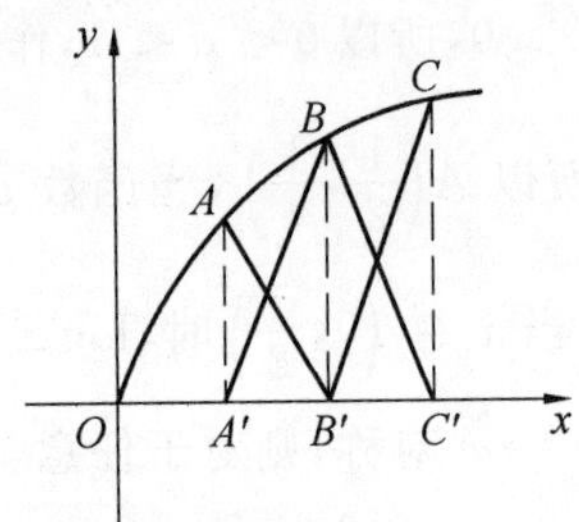

图 4

(1) 求函数 $f(a)$ 和 $g(a)$ 的表达式;

(2) 比较 $f(a)$ 与 $g(a)$ 的大小,并证明你的结论.

解 (1) 联结 AA',BB',CC',则

$$f(a)=S_{\triangle AB'C}=S_{梯形AA'C'C}-S_{\triangle AA'B'}-S_{\triangle CC'B}=\frac{1}{2}(A'A+C'C)=$$

$$\frac{1}{2}(\sqrt{a}+\sqrt{a+2})$$

$$g(a)=S_{\triangle A'BC'}=\frac{1}{2}A'C'\cdot B'B=B'B=\sqrt{a+1}$$

(2)
$$f(a)-g(a)=\frac{1}{2}(\sqrt{a}+\sqrt{a+2}-2\sqrt{a+1})=$$

$$\frac{1}{2}[(\sqrt{a+2}-\sqrt{a+1})-(\sqrt{a+1}-\sqrt{a})]=$$

$$\frac{1}{2}\left(\frac{1}{\sqrt{a+2}+\sqrt{a+1}}-\frac{1}{\sqrt{a+1}+\sqrt{a}}\right)<0$$

所以 $f(a)<g(a)$.

例 10 如图 5 所示,函数 $y=\frac{3}{2}\mid x\mid$ 在 $x\in[-1,1]$ 的图像上有 A,B 两点,$AB\,/\!/\,Ox$ 轴,点 $M(1,m)\left(m\in\mathbf{R}\text{ 且 }m>\frac{3}{2}\right)$ 是 $\triangle ABC$ 的 BC 边的中点.

(1) 写出用点 B 的横坐标 t 表示 $\triangle ABC$ 面积 S 的函数解析式 $S=f(t)$;

(2) 求函数 $S=f(t)$ 的最大值,并求出相应的点 C 的坐标.

解 (1) 依题意,设 $B(t,\frac{3}{2}t)$,$A(-t,\frac{3}{2}t)(t>0)$,$C(x_0,y_0)$.

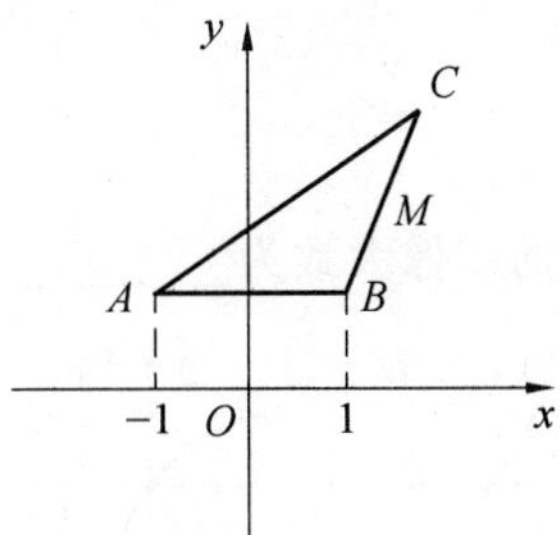

图 5

因为点 M 是 BC 的中点，所以

$$\frac{t+x_0}{2}=1,\frac{\frac{3}{2}t+y_0}{2}=m$$

于是

$$x_0=2-t,y_0=2m-\frac{3}{2}t$$

在 $\triangle ABC$ 中，$|AB|=2t$，AB 边上的高

$$h_{AB}=y_0-\frac{3}{2}t=2m-3t$$

所以

$$S=\frac{1}{2}|AB|\cdot h_{AB}=\frac{1}{2}\cdot 2t\cdot(2m-3t)$$

即

$$f(t)=-3t^2+2mt\quad(t\in(0,1))$$

(2) 因为

$$S=-3t^2+2mt=-3\left(t-\frac{m}{3}\right)^2+\frac{m^2}{3}\quad(t\in(0,1])$$

若$\begin{cases}0<\frac{m}{3}\leqslant 1\\ m>\frac{3}{2}\end{cases}$，即 $\frac{3}{2}<m\leqslant 3$，当 $t=\frac{m}{3}$ 时，$S_{\max}=\frac{m^2}{3}$，相应的点 C 的坐标是 $(2-\frac{m}{3},\frac{3}{2}m)$，若 $\frac{m}{3}>1$，即 $m>3$. $S=f(t)$ 在 $(0,1]$ 上是增函数，所以 $S_{\max}=f(1)=2m-3$，相应的点 C 的坐标是 $(1,2m-3)$.

课外训练

1. 函数 $y=\ln(1-x)$ 的图像大致为________.(填序号)

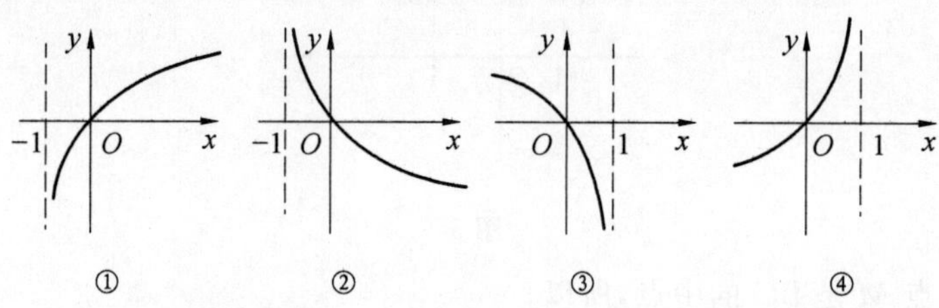

2. 函数 $f(x)=\begin{cases}3^x(x\leqslant 1)\\ \log\frac{1}{3}x(x>1)\end{cases}$，则 $y=f(x+1)$ 的图像大致是________.

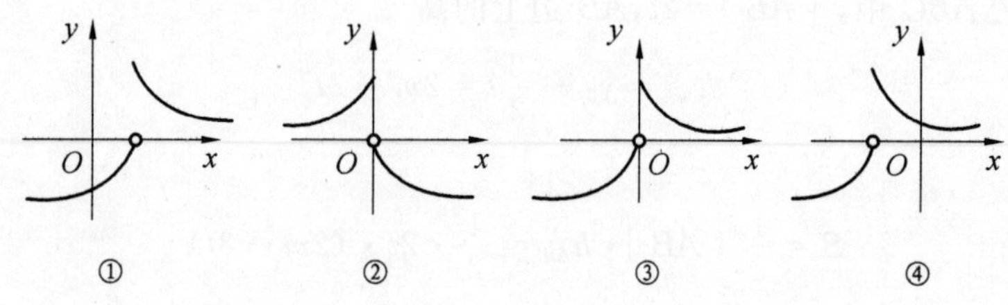

3. 已知函数 $y=f(x)$ 是 $\mathbf{R}$ 上的奇函数，则函数 $y=f(x-3)+2$ 的图像经过的定点为________.

4. 函数 $y=ax^2+bx$ 与 $y=\log\left|\frac{b}{a}\right|x\,(ab\neq 0,\ |a|\neq|b|)$ 在同一直角坐标系中的图像可能是________.

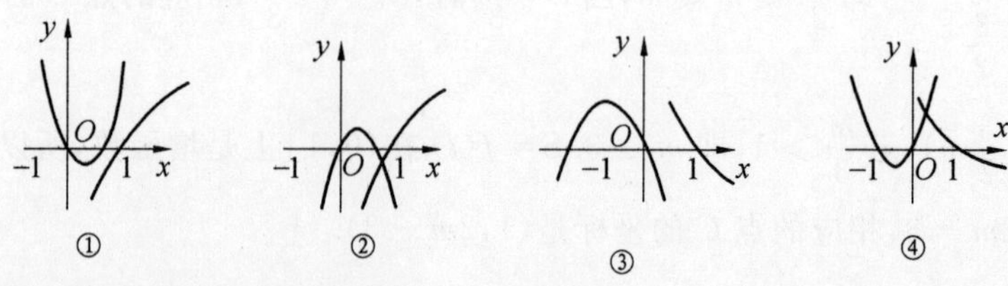

5. 已知函数 $f(x)=2-x^2$，$g(x)=x$. 若 $f(x)*g(x)=\min\{f(x),g(x)\}$，那么 $f(x)*g(x)$ 的最大值是________.（注意：min 表示最小值）

6. 不等式 $f(x)=ax^2-x-c>0$ 的解集为 $\{x\mid -2<x<1\}$，则函数 $y=f(-x)$ 的图像为________.

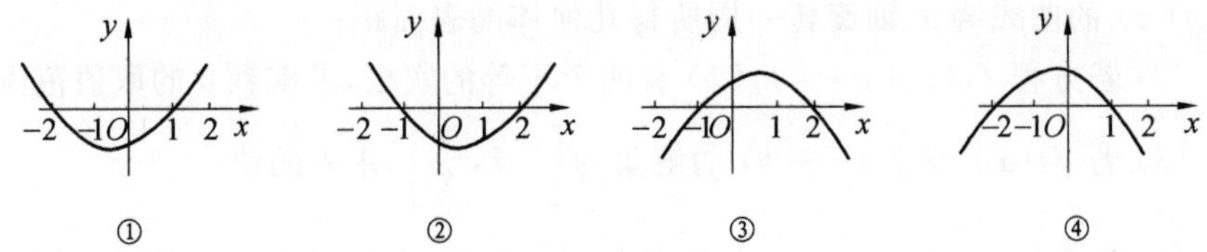

7. 设奇函数 $f(x)$ 的定义域为 $[-5,5]$，若当 $x\in[0,5]$ 时，$f(x)$ 的图像如图 6 所示，则不等式 $f(x)<0$ 的解集是________.

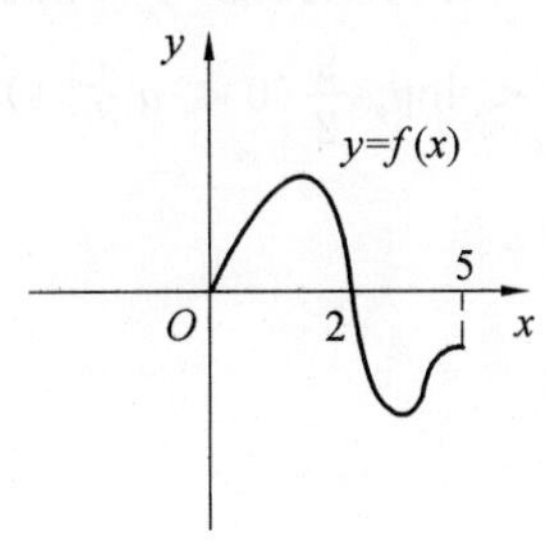

图 6

8. 已知函数 $f(x)=x$，$g(x)$ 是定义在 $\mathbf{R}$ 上的偶函数，当 $x>0$ 时，$g(x)=\ln x$，则函数 $y=f(x)\cdot g(x)$ 的图像大致为________.

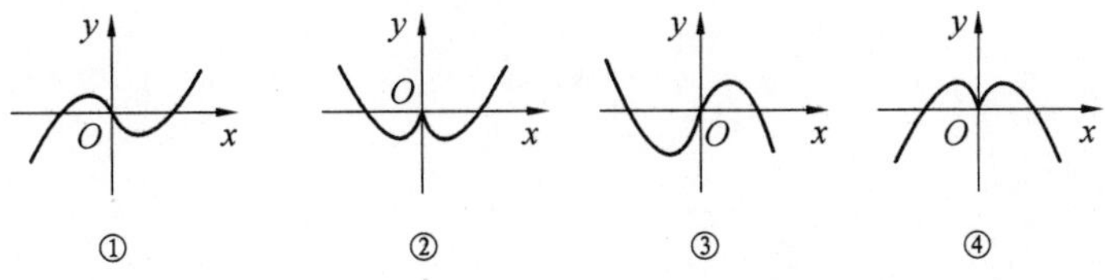

9. 已知函数 $f(x)$ 是 $y=\dfrac{2}{10^x+1}-1(x\in\mathbf{R})$ 的反函数，函数 $g(x)$ 的图像与函数 $y=-\dfrac{1}{x-2}$ 的图像关于 y 轴对称，设 $F(x)=f(x)+g(x)$.

(1) 求函数 $F(x)$ 的解析式及定义域；

(2) 试问在函数 $F(x)$ 的图像上是否存在两个不同的点 A，B，使直线 AB

恰好与 y 轴垂直？若存在，求出点 A,B 的坐标；若不存在，请说明理由.

10. 已知函数 $f_1(x)=\sqrt{1-x^2}$，$f_2(x)=x+2$.

(1) 设 $y=f(x)=\begin{cases}f_1(x)(x\in[-1,0))\\3-f_2(x)(x\in[0,1))\end{cases}$，试画出 $y=f(x)$ 的图像并求 $y=f(x)$ 的曲线绕 x 轴旋转一周所得几何体的表面积；

(2) 若方程 $f_1(x+a)=f_2(x)$ 有两个不等的实根，求实数 a 的取值范围；

(3) 若 $f_1(x)>f_2(x-b)$ 的解集为 $\left[-1,\frac{1}{2}\right]$，求 b 的值.

11. 设函数 $f(x)=x+\frac{1}{x}$ 的图像为 C_1，C_1 关于点 $A(2,1)$ 对称的图像为 C_2，C_2 对应的函数为 $g(x)$.

(1) 求 $g(x)$ 的解析式；

(2) 若直线 $y=b$ 与 C_2 只有一个交点，求 b 的值，并求出交点的坐标；

(3) 解不等式 $\log_a g(x)<\log_a\frac{9}{2}(0<a<1)$.

第 14 讲　函数与方程

知识呈现

1. 函数零点：对于函数 $y=f(x)(x\in D)$，把使 $f(x)=0$ 成立的实数 x 叫作函数 $y=f(x)(x\in D)$ 的零点.

2. 函数零点的意义：函数 $y=f(x)$ 的零点就是方程 $f(x)=0$ 的实数根，亦即函数 $y=f(x)$ 的图像与 x 轴交点的横坐标. 即方程 $f(x)=0$ 有实数根 $\Leftrightarrow$ 函数 $y=f(x)$ 的图像与 x 轴有交点 $\Leftrightarrow$ 函数 $y=f(x)$ 有零点.

定理　零点存在定理：如果函数 $y=f(x)$ 在 $[a,b]$ 上的图像是连续不断的一条曲线，并且有 $f(a)f(b)<0$，那么函数 $y=f(x)$ 在 (a,b) 内有零点，即存在 $c\in(a,b)$，使 $f(c)=0$，这个 c 也就是方程的根.

典例展示

例 1　求 $y=(3x-1)(\sqrt{9x^2-6x+5}+1)+(2x-3)(\sqrt{4x^2-12x+13}+1)$ 的图像与 x 轴的交点坐标.

解
$$y=(3x-1)[\sqrt{(3x-1)^2+4}+1]+(2x-3)[\sqrt{(2x-3)^2+4}+1]$$

令 $f(t)=t(\sqrt{t^2+4}+1)$，可知 $f(t)$ 是奇函数，且严格单调，所以
$$y=f(3x-1)+f(2x-3)$$
当 $y=0$ 时，有
$$f(3x-1)=-f(2x-3)=f(3-2x)$$
所以 $3x-1=3-2x$，故 $x=\frac{4}{5}$，即图像和 x 轴的交点坐标为 $\left(\frac{4}{5},0\right)$.

说明　若函数 $f(x)$ 为单调的奇函数，且 $f(x_1)+f(x_2)=0$，则 $x_1+x_2=0$. 若遇两个式子结构相同，不妨依此构造函数，若刚好函数能满足上述性质，则可解之.

例 2　求不等式$\log_6(1+\sqrt{x})>\log_{25}x$的整数解.

解　设$\log_{25}x=t$,则$x=25^t$,代入原式得$\log_6(1+5^t)>t$,即

$$1+5^t>6^t \Rightarrow \left(\frac{1}{6}\right)^t+\left(\frac{5}{6}\right)^t>1$$

考查函数

$$f(x)=\left(\frac{1}{6}\right)^x+\left(\frac{5}{6}\right)^x$$

易知函数在定义域范围内是减函数,又因为$f(1)=1$,所以$t<1$.

故原不等式的解为$0<x<25$,即整数解为

$$x=1,2,3,\cdots,24$$

例 3　关于x的方程$\cos^2 x-\sin x+a=0$在$\left(0,\frac{\pi}{2}\right]$上有解,求$a$的取值范围.

解　原方程可化为

$$a=\sin x-\cos^2 x$$

令$y=\sin x-\cos^2 x$,则

$$y=\sin^2 x+\sin x-1=\left(\sin x+\frac{1}{2}\right)^2-\frac{5}{4}$$

因为$x\in\left(0,\frac{\pi}{2}\right]$,于是$0<\sin x\leqslant 1$,所以$-1<y\leqslant 1$.

因为方程有解,所以$a\in(-1,1]$.

例 4　设$A=\{x\mid 1<x<3\}$,$B=\left\{x\mid\begin{cases}x^2-2x+a\leqslant 0\\x^2-2bx+5\leqslant 0\end{cases},(a,b\in\mathbf{R})\right\}$,如果$A\subseteq B$,确定$a,b$的取值范围.

解　由题意,当$x\in(1,3)$时,$x^2-2x+a\leqslant 0$,$x^2-2bx+5\leqslant 0$恒成立.

即

$$a\leqslant -x^2+2x,b\geqslant\frac{x^2+5}{2x}=\frac{x}{2}+\frac{5}{2x}$$

故

$$a\leqslant -3,b\geqslant\frac{7}{2}$$

例 5　已知关于x的方程$2\lg(x+1)-\lg(2-x)=\lg(a+2x)$有两个不相等的实根,求$a$的取值范围,并求出两根.

解　该方程等价于$a+2=\frac{(x+1)^2}{2-x}$在$x\in(-1,2)$内有两个不等的实

根,即

$$a=\frac{3x^2-2x+1}{2-x}$$

设 $t=2-x$,则

$$a=3t+\frac{9}{t}-10\quad(0<t<3)$$

所以当 $6\sqrt{3}-10<a<2$ 时,有两个不相等的实根,分别为

$$x=\frac{2-a\pm\sqrt{a^2+20a-8}}{6}$$

例 6　(1) 已知函数 $f(x)=\log_2(a-2^x)+x-2$,若 $f(x)$ 存在零点,求实数 a 的取值范围;

(2) 设函数 $f(x)=\log_a(1-x)$, $g(x)=\log_a(1+x)$, $(a>0$ 且 $a\neq1)$. 若关于 x 的方程 $a^{g(x-x^2+1)}=a^{f(k)}-x$ 只有一解,求 k 的取值范围.

解　(1) 由题意知,$\log_2(a-2^x)=2-x$ 有解,即 $a-2^x=2^{2-x}$ 有解,也即

$$a=2^x+4\times2^{-x}$$

因为 $2^x+4\times2^{-x}\geqslant4$,所以 $a\geqslant4$.

(2)　$a^{g(x-x^2+1)}=a^{f(k)}-x\Rightarrow a^{\log_a(2+x-x^2)}=a^{\log_a(1-k)}-x\Rightarrow k=$
$x^2-x-1\quad(-1<x<2)$

故 $k\in\left(-\frac{5}{4},1\right)$.

例 7　根据实数 t 的变化,讨论关于 x 的方程 $1+\log_x\frac{4-x}{10}=(\lg\lg t-1)\log_x10$ 的实根的个数.

解　$1+\log_x\frac{4-x}{10}=(\lg\lg t-1)\log_x10\Rightarrow1+\frac{\lg(4-x)-1}{\lg x}=$
$(\lg\lg t-1)\frac{1}{\lg x}$

即

$$\lg x+\lg(4-x)-1=\lg\lg t-1\Rightarrow\lg x(4-x)=\lg\lg t\Rightarrow t=10^{-(x-2)^2+4}\quad(x\in(0,1)\cup(1,4))$$

即当 $t>10^4$ 时,无解;当 $t=10^4,10^3$ 时,有一解;当 $0<t<10^3$ 或 $10^3<t<10^4$ 时,有两解.

例 8　已知函数 $y=\sqrt{x^2+2ax+3a}$ 的定义域为 $\mathbf{R}$,求关于 x 的方程 $4x-|2-a|(2a+5)+6=0$ 的解的范围.

解　由于 $y=\sqrt{x^2+2ax+3a}$ 的定义域为 $\mathbf{R}$,故 $\Delta\leqslant0$,即 $0\leqslant a\leqslant3$;

方程 $4x-|2-a|(2a+5)+6=0$ 的解为

$$x=\frac{|2-a|(2a+5)-6}{4}=\begin{cases}-\frac{1}{2}(a+\frac{1}{4})^2+\frac{33}{32} & (0\leqslant a\leqslant 2)\\ \frac{1}{2}(a+\frac{1}{4})^2-\frac{129}{32} & (2<a\leqslant 3)\end{cases}$$

右端为关于 a 的函数,设为 $g(a)$,$g(a)$ 在 $(0,2)$ 内单调递减,在 $(2,3)$ 内单调递增,故

$$g(2)\leqslant x\leqslant\{g(0),g(3)\}_{\max}$$

即 $x\in\left[\frac{3}{2},4\right]$.

例 9 若抛物线 $y=-x^2+mx-1$ 和两端点为 $A(0,3)$,$B(3,0)$ 的线段 AB 有两个不同的交点,求 m 的取值范围.

解 线段 AB 的方程为

$$y=-x+3\quad(0\leqslant x\leqslant 3)$$

由 $\begin{cases}y=-x^2+mx-1\\ y=-x+3(0\leqslant x\leqslant 3)\end{cases}$ 消去 y 得

$$x^2-(m+1)x+4=0\quad(0\leqslant x\leqslant 3)$$

因为抛物线与线段 AB 有两个不同的交点,所以 $x^2-(m+1)x+4=0$ 在 $[0,3]$ 上有两个不同的解.

设 $f(x)=x^2-(m+1)x+4$,则 $f(x)$ 的图像在 $[0,3]$ 上与 x 轴有两个不同的交点,所以

$$\begin{cases}\Delta=m+1^2-16>0\\ 0<\frac{m+1}{2}<3\\ f(0)=4>0\\ f(3)=9-3m+1+4\geqslant 0\end{cases}$$

解得

$$3<m\leqslant\frac{10}{3}$$

例 10 已知函数 $f(x)=ax^2+bx-1(a,b\in\mathbf{R}$ 且 $a>0)$ 有两个零点,其中一个零点在 $(1,2)$ 内,求 $a-b$ 的取值范围.

解 函数 $f(x)=ax^2+bx-1(a>0)$ 有两个零点,其中一个零点在 $(1,2)$ 内,结合二次函数的图像知 $\begin{cases}f(1)<0\\ f(2)>0\end{cases}$,即满足

$$\begin{cases}a+b-1<0\\ 4a+2b-1>0\end{cases}$$

所以 $a-b$ 的取值范围即为：满足可行域 $\begin{cases} a>0 \\ a+b-1<0 \\ 4a+2b-1>0 \end{cases}$ 内的点 $P(a,b)$ 的目标函数 $z=a-b$ 的取值范围，作出可行域如图 1 所示：

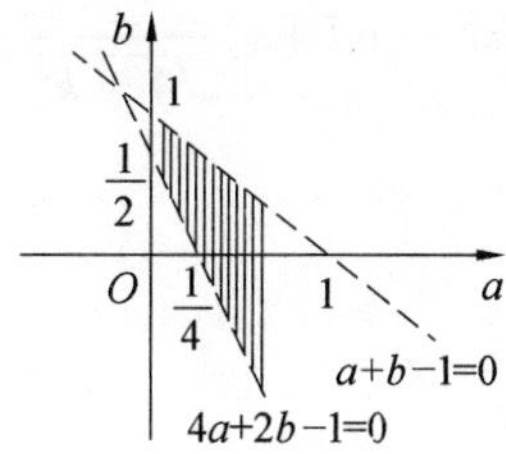

图 1

当 $b=a-z$ 的一族平行线经过可行域时，目标函数 $z=a-b$ 在点 $(0,1)$ 处取得最小值 -1，最大值趋向正无穷，故 $z\geqslant -1$.

课外训练

1. 若二次函数 $y=f(x)$ 满足 $f(3+x)=f(3-x)$ 且 $f(x)=0$ 有实根 x_1，x_2，则 $x_1+x_2=$________.

2. 若函数 $y=x^2-3x+4$ 与函数 $y=2x-a^2$ 的图像有公共点，则 a 的取值范围为________.

3. 已知函数 $y=x^2-ax-6a$ 的图像与 x 轴交于 A，B 两点，若线段 AB 的长不超过 5，则 a 的取值范围是________.

4. 函数 $f(x)=|x-2|-\ln x$ 在定义域内零点的个数为________.

5. 方程 $\sin x=|\lg x|$ 的根的个数是________.

6. 已知函数 $f(x)=\begin{cases} 2^x-1(x>0) \\ -x^2-2x(x\leqslant 0) \end{cases}$，若函数 $g(x)=f(x)-m$ 有 3 个零点，则实数 m 的取值范围为________.

7. 方程 $x^2-(2-a)x+(5-a)=0$ 的两根都大于 2，则实数 a 的取值范围为________.

8. 已知关于 x 的方程 $kx^2+\frac{1}{2}kx+k-2=0$ 的两个实根分别在 $(0,1)$ 与 $(-1,0)$ 之间，则实数 k 的取值范围为________.

9. 当 $0\leqslant m\leqslant 2$ 时，求方程 $x^2+mx-(2m-1)=0$ 的实根的取值范围.

10. 设 a 为常数,试讨论方程 $\lg(x-1)+\lg(3-x)=\lg(a-x)$ 的实根的个数.

11. 已知 $\begin{cases}a^2+b^2-kab=1\\c^2+d^2-kcd=1\end{cases}$ $(a,b,c,d,k\in\mathbf{R},\ |k|<2)$,求证

$$|ac-bd|\leqslant\frac{2}{\sqrt{4-k^2}}$$

第 15 讲　函数的综合问题

知识呈现

函数的综合问题是历年高考和竞赛的热点和重点内容之一，一般难度较大，考查内容和形式灵活多样.本讲主要帮助考生在掌握有关函数知识的基础上进一步深化综合运用知识的能力，掌握基本解题技巧和方法，并培养考生的思维和创新能力.

在解决函数综合问题时，要认真分析、处理好各种关系，把握问题的主线，运用相关的知识和方法逐步划归为基本问题来解决，尤其是注意等价转化、分类讨论、数形结合等思想的综合运用.综合问题的求解往往需要应用多种知识和技能.因此，必须全面掌握有关的函数知识，并且严谨审题，弄清题目的已知条件，尤其要挖掘题目中的隐含条件.

典例展示

例 1　(1) 解方程$(x+8)^{2\,015}+x^{2\,015}+2x+8=0$；

(2) 解方程$\dfrac{2x+\sqrt{4x^2+1}}{x^2+1+\sqrt{(x^2+1)^2+1}}=2^{(x-1)^2}$.

解　(1) 原方程化为

$$(x+8)^{2\,015}+(x+8)+x^{2\,015}+x=0$$

即

$$(x+8)^{2\,015}+(x+8)=(-x)^{2\,015}+(-x)$$

构造函数

$$f(x)=x^{2\,015}+x$$

于是原方程等价于

$$f(x+8)=f(-x)$$

而由函数的单调性可知 $f(x)$ 是 $\mathbf{R}$ 上的单调递增函数.

于是 $x+8=-x$，所以 $x=-4$ 为原方程的解.

(2) 方程两边取以 2 为底的对数,得

$$\log_2 \frac{2x+\sqrt{4x^2+1}}{x^2+1+\sqrt{(x^2+1)^2+1}}=(x-1)^2$$

即

$$\log_2(2x+\sqrt{4x^2+1})-\log_2[x^2+1+\sqrt{(x^2+1)^2+1}]=x^2-2x+1$$

即

$$\log_2(2x+\sqrt{4x^2+1})+2x=\log_2[x^2+1+\sqrt{(x^2+1)^2+1}]+(x^2+1)$$

构造函数

$$f(x)=\log_2(x+\sqrt{x^2+1})+x$$

于是原方程等价于

$$f(2x)=f(x^2+1)$$

易证:$f(x)$ 是奇函数,且是 $\mathbf{R}$ 上的增函数,所以 $2x=x^2+1$,解得 $x=1$.

说明　这两个方程都是通过变形将其转化为 $f(g(x))=f(h(x))$ 的形式,进而利用函数 $f(x)$ 的性质(单调性、奇偶性等)加以解决.

例 2　设函数 $f(x)$ 的定义域为 $\mathbf{R}$,对任意实数 x,y 都有 $f(x+y)=f(x)+f(y)$. 当 $x>0$ 时,$f(x)<0$ 且 $f(3)=-4$.

(1) 求证:$f(x)$ 为奇函数;

(2) 在$[-9,9]$上,求 $f(x)$ 的最值.

证明　(1) 令 $x=y=0$,得 $f(0)=0$.

令 $y=-x$,得

$$f(0)=f(x)+f(-x)$$

即 $f(-x)=-f(x)$,所以 $f(x)$ 是奇函数.

(2) 任取实数 $x_1,x_2\in[-9,9]$ 且 $x_1<x_2$,这时

$$x_2-x_1>0$$

$$\begin{aligned}f(x_1)-f(x_2)=&f[(x_1-x_2)+x_2]-f(x_2)=\\&f(x_1-x_2)+f(x_2)-f(x_1)=\\&-f(x_2-x_1)\end{aligned}$$

因为 $x>0$ 时,$f(x)<0$,所以

$$f(x_1)-f(x_2)>0$$

于是 $f(x)$ 在$[-9,9]$上是减函数.

故 $f(x)$ 的最大值为 $f(-9)$,最小值为 $f(9)$.

而

$$f(9)=f(3+3+3)=3f(3)=-12,f(-9)=-f(9)=12$$

所以 $f(x)$ 在$[-9,9]$上的最大值为 12,最小值为 -12.

例 3　设 $f(x)$ 是定义在 $\mathbf{R}$ 上的偶函数,其图像关于直线 $x=1$ 对称,对任意 $x_1,x_2\in\left[0,\frac{1}{2}\right]$,都有 $f(x_1+x_2)=f(x_1)\cdot f(x_2)$,且 $f(1)=a>0$.

(1) 求 $f\left(\frac{1}{2}\right)$,$f\left(\frac{1}{4}\right)$ 的值;

(2) 求证:$f(x)$ 是周期函数.

解　(1) 因为对 $x_1,x_2\in[0,\frac{1}{2}]$,都有

$$f(x_1+x_2)=f(x_1)\cdot f(x_2)$$

所以

$$f(x)=f\left(\frac{x}{2}+\frac{x}{2}\right)=f\left(\frac{x}{2}\right)\geqslant 0\quad(x\in[0,1])$$

又因为

$$f(1)=f\left(\frac{1}{2}+\frac{1}{2}\right)=f\left(\frac{1}{2}\right)\cdot f\left(\frac{1}{2}\right)=\left[f\left(\frac{1}{2}\right)\right]^2$$

$$f\left(\frac{1}{2}\right)=f\left(\frac{1}{4}+\frac{1}{4}\right)=f\left(\frac{1}{4}\right)\cdot f\left(\frac{1}{4}\right)=\left[f\left(\frac{1}{4}\right)\right]$$

又 $f(1)=a>0$,所以

$$f(\frac{1}{2})=a^{\frac{1}{2}},f\left(\frac{1}{4}\right)=a^{\frac{1}{4}}$$

(2) 依题意,设 $y=f(x)$ 关于直线 $x=1$ 对称,故

$$f(x)=f(1+1-x)$$

即

$$f(x)=f(2-x)\quad(x\in\mathbf{R})$$

又由 $f(x)$ 是偶函数,知

$$f(-x)=f(x)\quad(x\in\mathbf{R})$$

所以

$$f(-x)=f(2-x)\quad(x\in\mathbf{R})\qquad ①$$

将式 ① 中 $-x$ 以 x 代换得 $f(x)=f(x+2)$,这表明 $f(x)$ 是 $\mathbf{R}$ 上的周期函数,且 2 是它的一个周期.

例 4　定义在$(-1,1)$内的函数 $f(x)$ 满足(1) 对任意 $x,y\in(-1,1)$ 都有 $f(x)+f(y)=f\left(\frac{x+y}{1+xy}\right)$;(2) 当 $x\in(-1,0)$ 时,有 $f(x)>0$.

求证:$f\left(\frac{1}{5}\right)+f\left(\frac{1}{11}\right)+\cdots+f\left(\frac{1}{n^2+3n+1}\right)>f\left(\frac{1}{2}\right)$.

证明 对 $f(x)+f(y)=f\left(\frac{x+y}{1+xy}\right)$ 中的 x, y，令 $x=y=0$，得 $f(0)=0$，再令 $y=-x$，又得

$$f(x)+f(-x)=f(0)=0$$

即

$$f(-x)=-f(x)$$

所以 $f(x)$ 在 $x\in(-1,1)$ 内是奇函数. 设 $-1<x_1<x_2<0$，则

$$f(x_1)-f(x_2)=f(x_1)+f(-x_2)=f\left(\frac{x_1-x_2}{1-x_1x_2}\right)$$

因为 $-1<x_1<x_2<0$，所以

$$x_1-x_2<0, 1-x_1x_2>0$$

所以 $\frac{x_1-x_2}{1-x_1x_2}<0$，于是由(2)知 $f\left(\frac{x_1-x_2}{1-x_1x_2}\right)>0$，从而 $f(x_1)-f(x_2)>0$，即 $f(x_1)>f(x_2)$，故 $f(x)$ 在 $x\in(-1,0)$ 内是单调递减函数. 根据奇函数的图像关于原点对称，知 $f(x)$ 在 $x\in(0,1)$ 内仍是单调递减函数，且 $f(x)<0$.

因为

$$f\left(\frac{1}{n^2+3n+1}\right)=f\left[\frac{1}{(n+1)(n+2)-1}\right]=f\left[\frac{\frac{1}{(n+1)(n+2)}}{1-\frac{1}{(n+1)(n+2)}}\right]=$$

$$f\left[\frac{\frac{1}{n+1}-\frac{1}{n+2}}{1-\frac{1}{n+1}\cdot\frac{1}{n+2}}\right]=f\left(\frac{1}{n+1}\right)-f\left(\frac{1}{n+2}\right)$$

所以

$$f\left(\frac{1}{5}\right)+f\left(\frac{1}{11}\right)+\cdots+f\left(\frac{1}{n^2+3n+1}\right)=$$

$$\left[f\left(\frac{1}{2}\right)-f\left(\frac{1}{3}\right)\right]+\left[f\left(\frac{1}{3}\right)-f\left(\frac{1}{4}\right)\right]+\cdots+$$

$$\left[f\left(\frac{1}{n+1}\right)-f\left(\frac{1}{n+2}\right)\right]=f\left(\frac{1}{2}\right)-f\left(\frac{1}{n+2}\right)$$

因为 $0<\frac{1}{n+2}<1$ 时，所以

$$f\left(\frac{1}{n+2}\right)<0$$

于是 $f\left(\frac{1}{2}\right)-f\left(\frac{1}{n+2}\right)>f\left(\frac{1}{2}\right)$，故原结论成立.

例 5 设函数 f 定义在区间 $(0,1)$ 内，且

$$f(x)=\begin{cases}x & (\text{当 } x \text{ 是无理数时})\\ \dfrac{p+1}{q} & \left(\text{当 } x=\dfrac{p}{q},(p,q)=1,0<p<q\text{ 时}\right)\end{cases}$$

求函数 f 在 $\left(\frac{7}{8},\frac{8}{9}\right)$ 内的最大值.

解　若 x 为无理数,则 $f(x)=x$. 当 $x\to\frac{8}{9}$ 时,$f(x)\to\frac{8}{9}$. 即当 x 为无理数时,$f(x)<\frac{8}{9}$;若 x 为有理数时,由于 $\frac{p+1}{q}>\frac{p}{q}$,故希望 $\frac{p+1}{q}>\frac{8}{9}$,为此应使分数 $\frac{p}{q}$ 的分子、分母尽可能接近.

当 x 为无理数时,$f(x)=x<\frac{8}{9}$.

当 x 为有理数时,设 $x=\frac{p}{q}$,且 $\frac{7}{8}<\frac{p}{q}<\frac{8}{9}$,$0<p<q$.

令 $q=p+1$,则

$$7q<8q-8,9q-9<8q$$

即 $8<q<9$,不可能.

令 $q=p+2$,则

$$7q<8q-16,9q-18<8q$$

得

$$16<q<18$$

即

$$q=17,p=15,\frac{p+1}{q}=\frac{16}{17}$$

令 $q=p+3$,则

$$7q<8q-24,9q-27<8q$$

得

$$24<q<27$$

故

$$\frac{p+1}{p+3}=1-\frac{2}{p+3}<\frac{16}{17}$$

当 $q>p+3$ 时,$p>21$,即

$$p\geqslant 22,q\geqslant 26$$

此时

$$f(x)<\frac{p+1}{q}<\frac{8}{9}+\frac{1}{26}<\frac{16}{17}$$

综上所述，函数 f 在 $\left(\frac{7}{8},\frac{8}{9}\right)$ 上取得的最大值为 $\frac{16}{17}$.

例 6 设 $f(x)$ 是定义在 $(-\infty,+\infty)$ 上以 2 为周期的函数，对 $k\in\mathbf{Z}$，用 I_k 表示 $(2k-1,2k+1]$，已知当 $x\in I_0$ 时，$f(x)=x^2$.

(1) 求 $f(x)$ 在 I_k 上的解析表达式；

(2) 对自然数 k，求集合 $M_k=\{a\mid$ 使方程 $f(x)=ax$ 在 I_k 在上有两个不相等的实根$\}$.

分析 方程 $f(x)=ax$ 在 I_k 上有两个不相等的实根等价于函数 $g(x)=ax$，$f(x)=(x-2k)^2$ 的图像在 $(2k-1,2k+1]$ $(k\in\mathbf{N})$ 上有两个不同的公共点.

解 (1) 设 $x\in I_k=(2k-1,2k+1]$，则

$$x-2k\in(-1,1]=I_0$$

由已知，当 $x\in I_0$ 时，$f(x)=x^2$，所以

$$f(x-2k)=(x-2k)^2$$

又由已知，$f(x)$ 是周期为 2 的周期函数，所以

$$f(x-2k)=f(x)$$

即当 $x\in I_k$ 时，$f(x)=(x-2k)^2$.

(2) 由题意，即求关于 x 的方程 $(x-2k)^2=ax$ 在 $(2k-1,2k+1]$ 上.

$I_k=(2k-1,2k+1]$ $(k\in\mathbf{N})$ 上有两个不同的解时，求实数 a 的取值范围.

方程 $(x-2k)^2=ax$ 即为

$$x^2-(4k+a)x+4k^2=0$$

由 $\Delta=(4k+a)^2-16k^2>0$ 得

$$a>-8k \text{ 或 } a<0$$

由 $2k-1<\frac{4k+a}{2}<2k+1$ 得

$$-2<a<2$$

由

$$(2k-1)^2-(4k+a)(2k-1)+4k^2\geqslant 0$$

得

$$a\leqslant\frac{1}{2k-1}$$

由

$$(2k+1)^2-(4k+a)(2k+1)+4k^2\geqslant 0$$

得

$$a \leqslant \frac{1}{2k+1}$$

由于 $k \in \mathbf{N}$，所以 $a \in \left(0, \frac{1}{2k+1}\right]$，即所求集合 $M_k = \left(0, \frac{1}{2k+1}\right]$.

说明 设 $g(x) = ax$（含参数，形式简单）. 问题转化为在同一个坐标系中，两函数 $g(x) = ax$，$f(x) = (x-2k)^2$ 的图像在 $(2k-1, 2k+1]$ $(k \in \mathbf{N})$ 上有两个不同的公共点时，求 a 的取值范围.

如图 1 所示，不难得到 $a \in \left(0, \frac{1}{2k+1}\right]$.

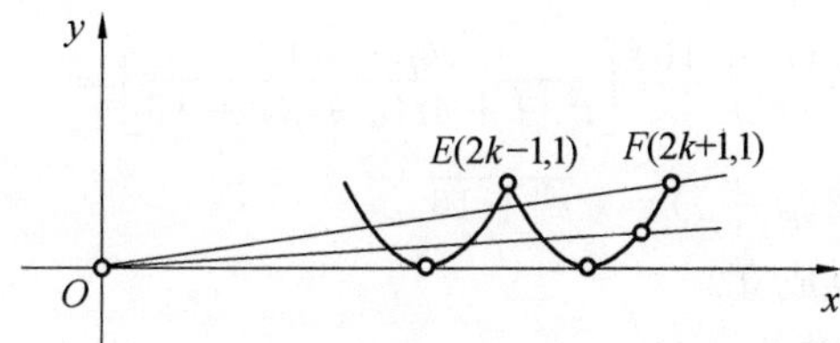

图 1

所以集合 $M_k = \left(0, \frac{1}{2k+1}\right]$.

例 7 设关于 x 的一元二次方程 $2x^2 - tx - 2 = 0$ 的两个根为 α, β，(t 为实数，$\alpha < \beta$).

(1) 若 x_1, x_2 为 $[\alpha, \beta]$ 上的两个不同点，求证：$4x_1x_2 - t(x_1 + x_2) - 4 < 0$；

(2) 设 $f(x) = \frac{4x - t}{x^2 + 1}$，$f(x)$ 在 $[\alpha, \beta]$ 上的最大值与最小值分别为 $f_{\max}$，$f_{\min}$，$g(t) = f_{\max} - f_{\min}$，求 $g(t)$ 的最小值.

证明 (1) 考查函数 $h(x) = 2x^2 - tx - 2$.

由 $\alpha < x_1, x_2 < \beta$，故

$$2x_1^2 - tx_1 - 2 < 0 \quad ①$$

$$2x_2^2 - tx_2 - 2 < 0 \quad ②$$

① + ② 得

$$2(x_1^2 + x_2^2) - t(x_1 + x_2) - 4 < 0$$

又 $4x_1x_2 \leqslant 2(x_1^2 + x_2^2)$，所以

$$4x_1x_2 - t(x_1 + x_2) - 4 \leqslant 2(x_1^2 + x_2^2) - t(x_1 + x_2) - 4 < 0$$

(2) 由已知得 $2x^2 - 2 = tx$，所以

$$2x^2 + 2 = tx + 4 > 0$$

对于 $t\neq 0$,及 $tx+4>0$,有

$$f(x)=\frac{2(4x-t)}{tx+4}=\frac{2}{t}\left(4-\frac{t^2+16}{tx+4}\right)$$

此时 $f(x)$ 单调递增.

所以

$$f_{\max}=f(\beta),f_{\min}=f(\alpha)$$

于是

$$g(t)=f(\beta)-f(\alpha)=\frac{2(t^2+16)}{t}\left(\frac{1}{t\alpha+4}-\frac{1}{t\beta+4}\right)=$$

$$\frac{2(t^2+16)}{t}\left[\frac{t(\beta-\alpha)}{t^2\alpha\beta+4t(\alpha+\beta)+16}\right]=$$

$$2(\beta-\alpha)=\sqrt{t^2+16}$$

对于 $t=0$,此结果也成立.

故 $g(t)$ 的最小值为 4.

例 8 设函数 $f(x)=ax^2+8x+3(a<0)$,对于给定的负数 a,有一个最大正数 $l(a)$ 在整个区间 $[0,l(a)]$ 上,不等式 $|f(x)|\leqslant 5$ 都成立. a 为何值时 $l(a)$ 最大? 求出这个最大的 $l(a)$,并证明你的结论.

分析 结合函数 $f(x)$ 的图像来研究,$f(x)$ 的图像一定经过点 $(0,3)$,因 $a<0$,所以抛物线开口向下. 若顶点纵坐标大于 5,则 $l(a)$ 应为 $f(x)=5$ 的较小的根;若顶点纵坐标不大于 5,则 $l(a)$ 应为 $f(x)=-5$ 的较大的根.

解 由题意,得

$$f(x)=a(x^2+\frac{8}{a}x)+3=a\left(x+\frac{4}{a}\right)^2+3-\frac{16}{a}$$

故抛物线的顶点为 $\left(-\frac{4}{a},3-\frac{16}{a}\right)$,即 $x=-\frac{4}{a}$ 时,$f(x)_{\max}=3-\frac{16}{a}$.

(1) 当 $3-\frac{16}{a}>5$,即 $-8<a<0$ 时,$l(a)$ 是方程 $ax^2+8x+3=5$ 的较小根,故

$$l(a)=\frac{-8+\sqrt{64+8a}}{2a}$$

(2) 当 $3-\frac{16}{a}\leqslant 5$,即 $a\leqslant -8$ 时,$l(a)$ 是方程 $ax^2+8x+3=-5$ 的较大根,故

$$l(a)=\frac{-8-\sqrt{64-32a}}{2a}$$

综上所述

$$l(a)=\begin{cases}\dfrac{-8-\sqrt{64-32a}}{2a} & (a\leqslant -8)\\ \dfrac{-8+\sqrt{64+8a}}{2a} & (-8<a<0)\end{cases}$$

当 $a\leqslant -8$ 时，有

$$l(a)=\frac{-8+\sqrt{64-32a}}{2a}=\frac{4}{\sqrt{4-2a}-2}\leqslant\frac{4}{\sqrt{20}-2}=\frac{1+\sqrt{5}}{2}$$

当 $-8<a<0$ 时，有

$$l(a)=\frac{-8+\sqrt{64+8a}}{2a}=\frac{2}{\sqrt{16+2a}+4}<\frac{2}{4}<\frac{1+\sqrt{5}}{2}$$

所以 $a=-8$ 时，$l(a)$ 取得最大值，$l(a)_{\max}=\dfrac{1+\sqrt{5}}{2}$.

例 9　甲、乙两地相距 S km，汽车从甲地匀速行驶到乙地，速度不得超过 c km/h. 已知汽车每小时的运输成本（单位：元）由可变部分和固定部分组成，可变部分与速度 v km/h 的平方成正比，比例系数为 b，固定部分为 a 元.

(1) 把全程运输成本 y(元) 表示为 v km/h 的函数，并指出这个函数的定义域；

(2) 为了使全程运输成本最小，求汽车的速度？

解　(1) 依题意知，汽车从甲地匀速行驶到乙地所用的时间为 $\dfrac{S}{v}$，全程的运输成本为

$$y=a\cdot\frac{S}{v}+bv^2\cdot\frac{S}{v}=S\left(\frac{a}{v}+bv\right)$$

故所求函数及其定义域为

$$y=S\left(\frac{a}{v}+bv\right)\quad (v\in(0,c])$$

(2) **解法一**　依题意知，S,a,b,v 均为正数，所以

$$S\left(\frac{a}{v}+bv\right)\geqslant 2S\sqrt{ab}\qquad ①$$

当且仅当 $\dfrac{a}{b}=bv$，即 $v=\sqrt{\dfrac{a}{b}}$ 时，式 ① 中等号成立. 若 $\sqrt{\dfrac{a}{b}}\leqslant c$，则当 $v=\sqrt{\dfrac{a}{b}}$ 时，有 $y_{\min}$；

若 $\sqrt{\dfrac{a}{b}}>c$，则当 $v\in(0,c]$ 时，有

$$S\left(\frac{a}{v}+bv\right)-S\left(\frac{a}{c}+bc\right)=S\left[\left(\frac{a}{v}-\frac{a}{c}\right)+(bv-bc)\right]=$$
$$\frac{S}{vc}(c-v)(a-bcv)$$

因为 $c-v\geqslant 0$,且 $c>bc^2$,所以
$$a-bcv\geqslant a-bc^2>0$$

于是
$$S\left(\frac{a}{v}+bv\right)\geqslant S\left(\frac{a}{c}+bc\right)$$

当且仅当 $v=c$ 时,等号成立,也即当 $v=c$ 时,有 $y_{\min}$;

综上可知,为使全程运输成本 y 最小,当 $\frac{\sqrt{ab}}{b}\leqslant c$ 时,行驶速度应为 $v=\frac{\sqrt{ab}}{b}$,当 $\frac{\sqrt{ab}}{b}>c$ 时,行驶速度应为 $v=c$.

解法二 因为函数 $y=x+\frac{k}{x}(k>0)$,$x\in(0,+\infty)$,当 $x\in(0,\sqrt{k})$ 时,y 单调递减;当 $x\in(\sqrt{k},+\infty)$ 时,y 单调递增;当 $x=\sqrt{k}$ 时,y 取得最小值,而全程运输成本的函数为
$$y=Sb\left(v+\frac{\frac{a}{b}}{v}\right)\quad(v\in(0,c])$$

所以当 $\sqrt{\frac{a}{b}}\leqslant c$ 时,则当 $v=\sqrt{\frac{a}{b}}$ 时,y 最小;若 $\sqrt{\frac{a}{b}}>c$ 时,则当 $v=c$ 时,y 最小.

综上可知,为使全程运输成本 y 最小,当 $\frac{\sqrt{ab}}{b}\leqslant c$ 时,行驶速度应为 $v=\frac{\sqrt{ab}}{b}$,当 $\frac{\sqrt{ab}}{b}>c$ 时,行驶速度应为 $v=c$.

例 10 设二次函数 $f(x)=ax^2+bx+c(a,b,c\in\mathbf{R},a\neq 0)$ 满足条件:
(1) 当 $x\in\mathbf{R}$ 时,$f(x-4)=f(2-x)$,且 $f(x)\geqslant x$;
(2) 当 $x\in(0,2)$ 时,$f(x)\leqslant\left(\frac{x+1}{2}\right)^2$;
(3) $f(x)$ 在 $\mathbf{R}$ 上的最小值为 0.
求最大的 $m(m>1)$,存在 $t\in\mathbf{R}$,只要 $x\in[1,m]$,就有 $f(x+t)\leqslant x$.

解 由 $f(x-4)=f(2-x)$,$x\in\mathbf{R}$,可知二次函数 $f(x)$ 的对称轴为直线 $x=-1$.

又由(3) 知,二次函数 $f(x)$ 的开口向上,即 $a>0$,于是可设

$$f(x)=a(x+1)^2 \quad (a>0)$$

由(1) 知 $f(1)\geqslant 1$,由(2) 知 $f(1)\leqslant\left(\frac{1+1}{2}\right)^2=1$,所以 $f(1)=1$.

即 $1=a(1+1)^2$,所以 $a=\frac{1}{4}$,即 $f(x)=\frac{1}{4}(x+1)^2$.

因为 $f(x)=\frac{1}{4}(x+1)^2$ 的图像开口向上,而 $y=f(x+t)$ 的图像是由 $y=f(x)$ 的图像向左平移 $|t|$ 个单位得到.

要在$[1,m]$上,使 $y=f(x+t)$ 的图像在 $y=x$ 的图像的下方,且 m 最大,则 1 和 m 应为关于 x 的方程

$$\frac{1}{4}(x+t+1)^2=x \qquad ①$$

的两个根.

令 $x=1$ 代入方程 ①,得 $t=0$ 或 $t=-4$.

当 $t=0$ 时,方程 ① 的解为 $x_1=x_2=1$,这与 $m>1$ 矛盾.

当 $t=-4$ 时,方程 ① 的解为 $x_1=1,x_2=9$,所以 $m=9$.

又当 $t=-4$ 时,对任意 $x\in[1,9]$,恒有

$$(x-1)(x-9)\leqslant 0$$

即

$$\frac{1}{4}(x-4+1)^2\leqslant x$$

也就是

$$f(x-4)\leqslant x$$

所以 m 的最大值为 9.

课外训练

1. 若关于 x 的方程 $2^{2x}+2^xa+a+1=0$ 有实根,则实数 a 的取值范围是________.

2. 设 a 为实数,函数 $f(x)=x^2+|x-a|+1$,$x\in\mathbf{R}$,则 $f(x)$ 的最小值为________.

3. 定义在$(-\infty,-2)\cup(2,+\infty)$上的函数 $f(x)=\frac{x+2+\sqrt{x^2-4}}{x+2-\sqrt{x^2-4}}+$

$\dfrac{x+2-\sqrt{x^2-4}}{x+2+\sqrt{x^2-4}}$ 的奇偶性为________.

4. 二次函数 $f(x)=ax^2+bx+c$ 的图像如图 2 所示，设 $M=|a+b+c|+|2a-b|$，$N=|a-b+c|+|2a+b|$，则 M 与 N 的大小关系为________.

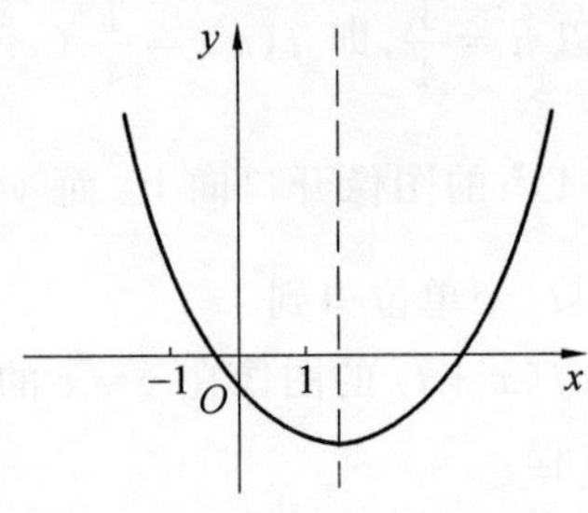

图 2

5. 已知 $f(x)$ 是定义域在 $(0,+\infty)$ 上的单调递增函数，且满足 $f(6)=1$，$f(x)-f(y)=f\left(\dfrac{x}{y}\right)(x>0,y>0)$，则不等式 $f(x+3)<f\left(\dfrac{1}{x}\right)+2$ 的解集是________.

6. 给出如下 5 个命题：

① 奇函数的图像一定经过原点；

② 函数 $y=\log_2 x$ 与 $y=\log_4 x^2$ 是同一函数；

③ 函数 $y=\dfrac{1}{x}$ 是减函数；

④ 方程 $\log_2(x+4)=2x$ 有且只有两个实根；

⑤ 函数 $y=f(1-x)$ 与函数 $y=f(1+x)$ 的图像关于 y 轴对称.

其中正确命题的序号是________.

7. 函数 $y=\sqrt{x^2+4x+5}+\sqrt{x^2-4x+8}$ 的最小值是________.

8. 已知二次函数 $f(x)=4x^2-4ax+(a^2-2a+2)$ 在 $0\leqslant x\leqslant 1$ 上的最小值为 2，则实数 a 的值为________.

9. 解方程：$\ln(\sqrt{x^2+1}+x)+\ln(\sqrt{4x^2+1}+2x)+3x=0$.

10. 设 $f(x)=\dfrac{1}{x+1}+\lg\dfrac{1-x}{1+x}$.

(1) 求 $f(x)$ 在其定义域上的单调性；

(2) 求证：方程 $f^{-1}(x)=0$ 有唯一解；

(3) 解不等式 $f\left[x\left(x-\dfrac{1}{2}\right)\right]<\dfrac{1}{2}$.

11. 设 $f(x)$ 是定义在整数集上的整值函数，满足下列 4 条性质：

(1) 对任意 $x \in \mathbf{Z}, 0 \leqslant f(x) \leqslant 1\,996$；

(2) 对任意 $x \in \mathbf{Z}, f(x+1\,997)=f(x)$；

(3) 对任意 $x, y \in \mathbf{Z}, f(xy) \equiv f(x)f(y) \pmod{1\,997}$；

(4) $f(2)=999$.

已知这样的函数存在且唯一，根据此条件求满足 $f(x)=1\,000$ 的最小正整数 x.

第 16 讲　整数的性质及其应用

知识呈现

整数 a 除以整数 $b(b\neq 0)$，可以将 a 表示为 $a=bq+r$，这里 q,r 是整数，且 $0\leqslant r<b$. q 称为 a 除以 b 所得的商，r 称为 a 除以 b 所得的余数.

当 $r=0$ 时，$a=bq$，称 a 能被 b 整除，或称 b 整除 a，记为 $b\mid a$，b 叫作 a 的因数，a 叫作 b 的倍数；q 取 1，则 $a=b$，a 也是它本身的因数.

当 $r\neq 0$ 时，称 a 不能被 b 整除，b 不整除 a，记作 $b\nmid a$.

若 $c\mid a$，$c\mid b$，则称 c 是 a,b 的公因数，a,b 的最大公因数 d 记为 (a,b).

若 $a\mid c$，$b\mid c$，则称 c 是 a,b 的公倍数，a,b 的最小公倍数 M 记为 $[a,b]$.

一个正整数，按它的正因数个数可以分为三类. 只有一个正因数的正整数是 1；有两个正因数的正整数称为素数(质数)，素数的正因数只有 1 和它本身；正因数个数超过两个的正整数称为合数，合数除了 1 和它本身外还有其他正因数.

任何一个大于 1 的整数均可分解为素数的乘积，若不考虑素数相乘的前后顺序，则分解式是唯一的. 一个整数分解成素数的乘积时，其中有些素数可能重复出现，把分解式中相同的素数的积写成幂的形式，大于 1 的整数 a 可以表示为

$$a=p_1^{\alpha_1}p_2^{\alpha_2}\cdots p_i^{\alpha_i}\cdots p_s^{\alpha_s}\quad(其中\ i=1,2,\cdots,s)$$

以上式子称为 a 的标准分解式. 大于 1 的整数的标准分解式是唯一的(不考虑乘积的先后顺序).

若 a 的标准分解式是 $a=p_1^{\alpha_1}p_2^{\alpha_2}\cdots p_i^{\alpha_i}\cdots p_s^{\alpha_s}$，其中 $i=1,2,\cdots,s$，则 d 是 a 的正因数的充要条件是 $d=p_1^{\beta_1}p_2^{\beta_2}\cdots p_i^{\beta_i}\cdots p_s^{\beta_s}$，其中 $0\leqslant\beta_i\leqslant\alpha_i$，$i=1,2,\cdots,s$.

由此可知，a 的正因数的个数为

$$d(a)=(\alpha_1+1)(\alpha_2+1)\cdots(\alpha_s+1)$$

由 a 的标准分解式 $a=p_1^{\alpha_1}p_2^{\alpha_2}\cdots p_i^{\alpha_i}\cdots p_s^{\alpha_s}(i=1,2,\cdots,s)$，若 a 是整数的 k 次方，则 $\alpha_i(i=1,2,\cdots,s)$ 是 k 的倍数. 若 a 是整数的平方，则 $\alpha_i(i=1,2,\cdots,s)$ 是偶数.

推论：设 $a=bc$，且 $(b,c)=1$，若 a 是整数的 k 次方，则 b,c 也是整数的 k 次方. 若 a 是整数的平方，则 b,c 也是整数的平方.

典例展示

例1　求证：$1\underbrace{0\cdots0}_{2\,000个0}1$ 被 1 001 整除.

证明

$$1\underbrace{0\cdots0}_{2\,000个0}1=10^{2\,001}+1=(10^3)^{667}+1=$$

$$(10^3+1)[(10^3)^{666}-(10^3)^{665}+\cdots-10^3+1]$$

所以 $10^3+1(=1\,001)$ 整除 $1\underbrace{0\cdots0}_{2\,000个0}1$.

例2　对正整数 n，设 $S(n)$ 为 n 的十进制表示中数码之和. 求证：$9\mid n$ 的充要条件是 $9\mid S(n)$.

证明　设 $n=a_k\cdot10^k+\cdots+a_1\cdot10+a_0$（这里 $0\leqslant a_i\leqslant9$，且 $a_k\neq0$），则

$$S(n)=a_0+a_1+\cdots+a_n$$

于是

$$n-S(n)=a_k\cdot(10^k-1)+\cdots+a_1\cdot(10-1) \qquad ①$$

对于 $1\leqslant i\leqslant k$，知 $9\mid(10^i-1)$，故式①右端 k 个加项中的每一个都是 9 的倍数，从而由整除的性质可知它们的和也能被 9 整除，即 $9\mid(n-S(n))$. 由此可易推出结论的两个方面.

例3　设 $(k\geqslant1)$ 是一个奇数，求证：对任意正整数 n，$1^k+2^k+\cdots+n^k$ 不能被 $n+2$ 整除.

证明　当 $n=1$ 时，结论显然成立. 设 $n\geqslant2$，$1^k+2^k+\cdots+n^k=A$，则

$$2A=2+(2^k+n^k)+[3^k+(n-1)^k]+\cdots+(n^k+2^k)$$

由 k 是正奇数，从而每一个 $i\geqslant2$，$i^k+(n+2-i)^k$ 被 $i+(n+2-i)=n+2$ 整除，故 $2A$ 被 $n+2$ 除得余数为 2，从而 A 不可能被 $n+2$ 整除（注意 $n+2>2$）.

例4　设 m,n 是正整数，$m>2$，求证：$(2^m-1)\nmid(2^n+1)$.

证明　首先，当 $n\leqslant m$ 时，易知结论成立. 事实上，当 $m=n$ 时，结论平凡；当 $n<m$ 时，结果可由 $2^n+1\leqslant2^{m-1}+1\leqslant2^m-1$ 推出来（注意 $m>2$）.

最后，$n>m$ 的情形可化为上述特殊情形：由带余除法 $n=mp+r$，$0\leqslant r<m$ 而 $q>0$，由 $2^n+1=(2^{mq}-1)2^r+2^r+1$，从而由若 n 是正整数，则

$$x^n-y^n=(x-y)(x^{n-1}+x^{n-2}y+\cdots+xy^{n-2}+y^{n-1})$$

知$(2^m-1)\nmid(2^{mq}-1)$；而$0\leqslant r<m$，故由上面证的结论知$(2^m-1)\nmid(2^r+1)$(注意当$r=0$时，结论平凡)，从而当$n>m$时，也有$(2^m-1)\nmid(2^n+1)$. 这就证明了本题的结论.

例5 设正整数a,b,c,d满足$ab=cd$，求证：$a+b+c+d$不是素(质)数.

证法一 由$ab=cd$，可设$\frac{a}{c}=\frac{d}{b}=\frac{m}{n}$其中$(m,n)=1$. 由$\frac{a}{c}=\frac{m}{n}$意味着有理数$\frac{a}{c}$的分子、分母约去了某个正整数$u$后得既约分数$\frac{m}{n}$，因此

$$a=mu,c=nu \quad ①$$

同理，存在正整数v使

$$b=nv,d=mv \quad ②$$

因此，$a+b+c+d=(m+n)(u+v)$是两个大于1的整数之积，从而不是素数.

证法二 由$ab=cd$，得$b=\frac{cd}{a}$，因此

$$a+b+c+d=a+\frac{cd}{a}+c+d=\frac{(a+c)(a+d)}{a}$$

因为$a+b+c+d$是整数，所以$\frac{(a+c)(a+d)}{a}$也是整数.

若它是一个素数，设为p，则由

$$(a+c)(a+d)=ap \quad ③$$

可见p整除$(a+c)(a+d)$，从而素数p整除$a+c$或$a+d$. 不妨设$p\mid a+c$，则$a+c\geqslant p$，结合式③推出$a+d\leqslant a$，而这是不可能的(因为$d\geqslant 1$).

例6 (1) 求出有序整数对(m,n)的个数，其中$1\leqslant m\leqslant 99$，$1\leqslant n\leqslant 99$，$(m+n)^2+3m+n$是完全平方数；

(2) 求证：若正整数a,b满足$2a^2+a=3b^2+b$，则$a-b$和$2a+2b+1$都是完全平方数.

解 (1) 由于$1\leqslant m\leqslant 99$，$1\leqslant n\leqslant 99$可得

$$(m+n)^2+3m+n<(m+n)^2+4(m+n)+4=(m+n+2)^2$$

又$(m+n)^2<(m+n)^2+3m+n$，所以

$$(m+n)^2<(m+n)^2+3m+n<(m+n+2)^2$$

若$(m+n)^2+3m+n$是完全平方数，则必有

$$(m+n)^2+3m+n=(m+n+1)^2$$

然而

$$(m+n)^2+3m+n=(m+n+1)^2+n-m-1$$

于是必有

$$n-m-1=0$$

即 $m=n-1$，此时

$$n=2,3,\cdots,99, m=1,2,\cdots,98$$

故所求的有序整数对(m,n)共有 98 对：$(m,n)=(1,2),(2,3),(3,4),\cdots,(98,99)$.

(2) **证法一**　已知关系式即为

$$2a^2+a=3b^2+b \Leftrightarrow 2(a^2-b^2)+(a-b)=b^2$$
$$\Leftrightarrow (a-b)(2a+2b+1)=b^2 \quad ①$$

若 $a=b=0$（或者说 a,b 中有一个为 0 时），结论显然成立.

不妨设 $a \neq b$ 且 $ab \neq 0$，令$(a,b)=d$，则

$$a=a_1d, b=b_1d, (a_1,b_1)=1$$

从而 $a-b=(a_1-b_1)d$，将其代入式 ① 得

$$2a_1^2d+a_1-b_1=3b_1^2d \quad ②$$

因为$d \mid 2a_1^2d$，所以$d \mid (a_1-b_1)$，从而 $d \leqslant a_1-b_1$；

而式 ② 又可写成$(a_1-b_1)(2a_1+2b_1+1)=b_1d^2$；

因为$(a,b)=d$ 且$(a_1,b_1)=1$，所以$(a_1-b_1,b_1)=1$.

于是$(a_1-b_1) \mid d$，从而 $a_1-b_1 \leqslant d$.

所以 $d=a_1-b_1$，于是 $a-b=(a_1-b_1)d=d^2$，从而 $a-b$ 为完全平方数.

故 $2a+2b+1=\dfrac{b^2}{d^2}=\left(\dfrac{b}{d}\right)^2$ 也是完全平方数.

证法二　已知关系式即为

$$2a^2+a=3b^2+b \Leftrightarrow 2(a^2-b^2)+(a-b)=b^2$$
$$\Leftrightarrow (a-b)(2a+2b+1)=b^2 \quad ③$$

论证的关键是证明正整数 $a-b$ 与 $2a+2b+1$ 互素.

设 $d=(a-b,2a+2b+1)$. 若 $d>1$，则 d 有素因子 p，从而由式 ③ 知 $p \mid b^2$. 因为 p 是素数，所以 $p \mid b$，结合 $p \mid (a-b)$ 知 $p \mid a$，从而由$p \mid 2a+2b+1$ 得$p \mid 1$，这是不可能的. 故 $d=1$，从而由式 ③ 推知正整数 $a-b$ 与 $2a+2b+1$ 都是完全平方数.

例 7　已知n是三位奇数，它的所有正因数（包括 1 和 n）的末位数字之和是 33，求满足条件的数 n.

分析　条件中隐含了整数的正因数个数是奇数. 联想算术基本定理：$n=p^kq^i\cdots t^s$，正因数个数为 $d(n)=(k+1)(i+1)\cdots(s+1)$，题中每个因数均为奇

数,因数的个数也是奇数,故 k,i,s 是偶数,所以 n 为完全平方数.三位奇数是完全平方数,范围缩小到 11 个.还能把范围缩小点吗?

解 由题意知,所有因数是奇数,所有因数的个数是奇数,所以每个素因数的指数是偶数,n 是完全平方数;

若是素数的平方数,则有 3 个因数,个位数字之和不能超过 27,故为合数的完全平方数;

这样的三位数只能在下列数中间:$15^2,21^2,25^2,27^2$.

逐个验算,得 $n=729$.

说明 本例题的解法实质上还是筛选法,三位数有 900 个,三位奇数是其中的一半,但如果能从条件中发现是完全平方数,范围就非常有限了.

例 8 已知 m,n,k 是正整数,且 $m^n \mid n^m$,$n^k \mid k^n$.求证:$m^k \mid k^m$.

分析 条件 $m^n \mid n^m$,说明 m^n 是 n^m 的约数,对于给定的 m,n,怎样找到 m^n 与 n^m 的联系?必须具体一些.m^n 是 n^m 的约数,则 m^n 的每一个因数都是 n^m 的约数.

证明 设 m,n,k 中所有的素因数分别是 $p_1,p_2,\cdots,p_s$,不妨设 $p_1<p_2<\cdots<p_s$,且表示

$$m=p_1^{\alpha_1}p_2^{\alpha_2}\cdots p_i^{\alpha_i}\cdots p_s^{\alpha_s},n=p_1^{\beta_1}p_2^{\beta_2}\cdots p_i^{\beta_i}\cdots p_s^{\beta_s},k=p_1^{\gamma_1}p_2^{\gamma_2}\cdots p_i^{\gamma_i}\cdots p_s^{\gamma_s}$$

其中 $\alpha_i,\beta_i,\gamma_i\geqslant 0,i=1,2,\cdots,s$.

由 $m^n \mid n^m$ 得

$$0\leqslant n\alpha_i\leqslant m\beta_i \quad ①$$

由 $n^k \mid k^n$ 得

$$0\leqslant k\beta_i\leqslant n\gamma_i \quad ②$$

① × ② 得

$$0\leqslant kn\alpha_i\beta_i\leqslant mn\beta_i\gamma_i$$

即

$$0\leqslant k\alpha_i\leqslant m\gamma_i\quad(i=1,2,\cdots,s)$$

所以 $m^k \mid k^m$.

说明 在整除和约数问题中,可以借助算术基本定理把抽象的关系式转化为较具体的形式处理.这里用到性质:

若 a 的标准分解式是 $a=p_1^{\alpha_1}p_2^{\alpha_2}\cdots p_i^{\alpha_i}\cdots p_s^{\alpha_s}$,其中 $i=1,2,\cdots,s$,则 d 是 a 的正因数的充要条件是 $d=p_1^{\beta_1}p_2^{\beta_2}\cdots p_i^{\beta_i}\cdots p_s^{\beta_s}$,其中 $0\leqslant\beta_i\leqslant\alpha_i,i=1,2,\cdots,s$.

例 9 设 p 是素数,且 p^2+71 的不同正因数的个数不超过 10 个,求 p 的值.

分析 分解因数,可以先从 p 的起始值开始探索.由例 2,p^2-1 是 24 的

倍数，$p^2+71=p^2-1+72$，72 也是 24 的倍数. 所以 2^3，3^1 都是 p^2+71 的因数. p^2+71 正因数的个数显然超过 8 个.

解　当 $p=2$ 时，$p^2+71=75=5^2\times 3$，此时共有正因数

$$(2+1)\times(1+1)=6(\text{个})$$

$p=2$ 满足条件；

当 $p=3$ 时，$p^2+71=80=2^4\times 5$，此时共有正因数

$$(4+1)\times(1+1)=10(\text{个})$$

$p=3$ 满足条件；

当 $p>3$ 时，$p^2+71=p^2-1+72=(p-1)(p+1)+72$，素数 p 必为 $3k\pm 1$ 型的奇数，$p-1$，$p+1$ 是相邻的两个偶数，且其中必有一个是 3 的倍数，所以 $(p-1)(p+1)$ 是 24 的倍数，故 p^2+71 是 24 的倍数.

$$p^2+71=24\cdot m\quad(m\geqslant 4)$$

若 m 有不同于 2，3 的素因数，那么 p^2+71 的正因数个数 $\geqslant(3+1)\times(1+1)\times(1+1)>10$；

若 m 中含有素因数 3，那么 p^2+71 的正因数个数 $\geqslant(3+1)\times(2+1)>10$；

若 m 中仅含有素因数 2，那么 p^2+71 的正因数个数 $\geqslant(5+1)\times(1+1)>10$；

所以 $p>3$ 不满足条件；

综上所述，所求的素数 p 是 2 或 3.

说明　本题中，对于 $p>3$ 时的情况，也可以设 $p=6n\pm 1$ 来讨论. 注意数 n 的正因数个数公式：

若 n 的标准分解式是 $n=p_1^{\alpha_1}p_2^{\alpha_2}\cdots p_i^{\alpha_i}\cdots p_s^{\alpha_s}$，其中 $i=1,2,\cdots,s$，则 a 是 n 的正因数的充要条件是 $a=p_1^{\beta_1}p_2^{\beta_2}\cdots p_i^{\beta_i}\cdots p_s^{\beta_s}$，其中 $0\leqslant\beta_i\leqslant\alpha_i$，$i=1,2,\cdots,s$. 由此可知，$n$ 的正因数的个数为 $d(n)=(\alpha_1+1)(\alpha_2+1)\cdots(\alpha_s+1)$.

例 10　称自然数为"完全数"，如果它等于自己的所有不包括自身的正约数的和，例如，$6=1+2+3$. 如果大于 6 的"完全数"可被 3 整除，求证：它必能被 9 整除.

分析　要证一个大于 6 且能被 3 整除的"完全数"$3n$，必定是 9 的倍数，可以从反面考虑 —— 假设它不是 9 的倍数. 此时 n 不是 3 的倍数，设集合 $A=\{d\mid d\text{ 是 }n\text{ 的正约数}\}$，则集合 A 与集合 $B=\{3d\mid d\text{ 是 }n\text{ 的正约数}\}$ 的并集恰好是 $3n$ 的正约数集合，"完全数"$3n$ 的所有正约数的和 $3n+3n$ 是 4 的倍数，故 n 是偶数. 所以 $\frac{3n}{2}$，n，$\frac{n}{2}$ 都是"完全数"$3n$ 的约数. 只要还有其他的正约数，即

可以说明 $3n$ 不是"完全数".

证明 设"完全数"等于 $3n(n>2)$,假设其中 n 不是 3 的倍数,于是 $3n$ 的所有正约数(包括它自己)总可以分为两类:能被 3 整除的正约数和不能被 3 整除的正约数,若其中 d 是不可被 3 整除的正约数,则 $3d$ 是可被 3 整除的正约数,且 $d\to 3d$ 是一一对应.从而 $3n$ 的所有正约数的和是 4 的倍数.又由题意,知所有正约数的和(包括自身)为 $6n$.因此,n 是 2 的倍数.

因为 $n>2$,所以 $\frac{3n}{2}$,n,$\frac{n}{2}$ 和 1 是 $3n$ 的互不相同的正约数,它们的和等于 $3n+1>3n$ 与"完全数"的定义相矛盾.所以 n 必须是 3 的倍数,即这类"完全数"是 9 的倍数.

说明 本题涉及两个概念,"完全数"和所有正因数的和.n 是完全数,则它的所有正因数的和为 $2n$,另外,若 $n=p_1^{\alpha_1}p_2^{\alpha_2}\cdots p_i^{\alpha_i}\cdots p_s^{\alpha_s}$,则 n 的所有正因数的和是 $\sigma(n)=(1+p_1+p_1^2+\cdots+p_1^{\alpha_1})(1+p_2+p_2^2+\cdots+p_2^{\alpha_2})\cdots(1+p_s+p_s^2+\cdots+p_s^{\alpha_s})=\prod_{i=1}^{s}\frac{p_1^{\alpha_i+1}-1}{p_i-1}$.请思考,能否延此方向解决问题.

课外训练

1.设 n 是正整数,且 $4n^2+17n-15$ 表示两个相邻正整数的积,求这样的 n 的值.

2.若 $2^6+2^9+2^n$ 为一个平方数,求正整数 n 的值.

3.求证:任何十个连续的正整数中必有至少一个数与其他各数都互素.

4.把 1～2 006 这 2 006 个数分成 n 个小组,使每个数都至少在某一个组中,且第一组中的数没有 2 的倍数,第二组中的数没有 3 的倍数,…,第 n 组中没有 $n+1$ 的倍数,那么,n 至少是多少?

5.是否存在 2 006 个连续的整数,使每一个都含有重复的素因子,即都能被某个素数的平方所整除?

6.求所有使 $p^2+2\,543$ 具有少于 16 个不同正因数的素数 p.

7.求证:$\frac{21p+4}{14p+3}$ 是既约分数.

8.已知自然数 a,b,c 满足 $[a,b]=24,(b,c)=6,[c,a]=36$,则满足上述条件的数组 (a,b,c) 有多少组?

9.求出所有的正整数对 (m,n),使 $\frac{n^3+1}{mn-1}$ 是一个整数.

10.已知 $a,b,m,n\in\mathbf{N}^*$,且 $(a,b)=1,a>2$,试问 $a^n+b^n\mid a^m+b^m$ 的充

要条件是 $n \mid m$ 吗?

11. 我们知道 $2^3+1=9$ 有 1 个素因子,且 $3^2 \mid 2^3+1$,$2^{3^2}+1=513=3^3\times 19$ 有 2 个素因子,且 $3^3 \mid 2^{3^2}+1$,…,如此下去,我们可以猜想:$k\in \mathbf{N}^*$,$2^{3^k}+1$ 至少有 k 个素因子,且 $3^{k+1} \mid 2^{3^k}+1$. 试证明之.

第 17 讲　同余问题

知识呈现

设 m 是正整数，若用 m 去除整数 a，b，所得的余数相同，则称为 a 与 b 关于模 m 同余，记作 $a \equiv b(\bmod m)$. 否则，称为 a 与 b 关于模 m 不同余.

设 $m > 0$，若 $m \mid (a-b)$，则称 a 和 b 对模 m 同余，记作 $a \equiv b(\bmod m)$；若不然，则称 a 和 b 对模 m 不同余，记作 $a \equiv b(\bmod m)$. 例如，$34 \equiv 4(\bmod 15)$，$1\,000 \equiv -1(\bmod 7)$ 等.

当 $0 \leqslant b < m$ 时，$a \equiv b(\bmod m)$，则称 b 是 a 对模 m 的最小非负剩余.

由带余除法可知，a 和 b 对模 m 同余的充要条件是 a 与 b 被 m 除得的余数相同. 对于固定的模 m，模 m 的同余式与通常的等式有许多类似的性质：

性质 1　$a \equiv b(\bmod m)$ 的充要条件是 $a=b+mt$，$t \in \mathbf{Z}$ 也即 $m \mid (a-b)$.

性质 2　同余关系满足以下规律：

(1)(反身性)$a \equiv a(\bmod m)$；

(2)(对称性) 若 $a \equiv b(\bmod m)$，则 $b \equiv a(\bmod m)$；

(3)(传递性) 若 $a \equiv b(\bmod m)$，$b \equiv c(\bmod m)$，则 $a \equiv c(\bmod m)$；

(4)(同余式相加) 若 $a \equiv b(\bmod m)$，$c \equiv d(\bmod m)$，则 $a \pm c \equiv b \pm d(\bmod m)$；

(5)(同余式相乘) 若 $a \equiv b(\bmod m)$，$c \equiv d(\bmod m)$，则 $ac \equiv bd(\bmod m)$；

(6) 若 $ac \equiv bc(\bmod m)$，则 $a \equiv b\left(\bmod \dfrac{m}{(m,c)}\right)$，由此可以推出，若 $(c, m)=1$，则 $a \equiv b(\bmod m)$，即在 c 与 m 互素时，可以在原同余式两边约去 c 而不改变模(这一点再一次说明了互素的重要性).

现在提几个与模相关的简单而有用的性质：

(7) 若 $a \equiv b(\bmod m)$，$d \mid m$，则 $a \equiv b(\bmod d)$；

(8) 若 $a \equiv b(\bmod m)$，$d \neq 0$，则 $da \equiv db(\bmod dm)$；

(9) 若 $a \equiv b(\bmod m_i)(i=1,2,\cdots,k)$，则 $a \equiv b(\bmod [m_1,m_2,\cdots,m_n])$，

特别地，若 $m_1, m_2, \cdots, m_n$ 两两互素时，则 $a \equiv b(\bmod m_1 m_2 \cdots m_n)$；

性质 3　若 $a_i \equiv b_i(\bmod m)$，$i=1,2,\cdots,k$，则 $\sum_{i=1}^{k} a_i \equiv \sum_{i=1}^{k} b_i(\bmod m)$；$\prod_{i=1}^{k} a_i \equiv \prod_{i=1}^{k} b_i$；

性质 4　设 $f(x)$ 是系数全为整数的多项式，若 $a \equiv b(\bmod m)$，则 $f(a) \equiv f(b)(\bmod m)$.

这一性质在计算时特别有用：在计算大数的式子时，可以改变成与它同余的小的数字，使计算大大地简化.

典例展示

例 1　试解方程 $\left[\dfrac{5+6x}{8}\right]=\dfrac{15x-7}{5}$.

解　因为左边是整数，因而右边的分式也应该是整数，所以

$$\left[\frac{5+6x}{8}-\frac{15x-7}{5}\right]=-\frac{15x-7}{5}+\left[\frac{5+6x}{8}\right]=0$$

于是

$$\left[\frac{81-90x}{40}\right]=0$$

从而

$$0 \leqslant \frac{81-90x}{40}<1$$

故

$$0 \leqslant 81-90x<40 \qquad ①$$

但 $\dfrac{15x-7}{5}$ 是整数，故 $15x=5t+7(t \in \mathbf{Z})$，代入前面的不等式 ①，得

$$0 \leqslant 39-30t<40 \quad (t \in \mathbf{Z})$$

直接观察即知 $t=0,1$，于是 $x=\dfrac{7}{15},\dfrac{4}{5}$.

例 2　在数 100！的十进位制表示中，末尾连续地有多少位全是零？

解　命题等价于 100！最多可以被 10 的多少次方整除. 因为 $10=2\times5$，所以 100！中 2 的指数大于 5 的指数，所以 100！中 5 的指数就是所需求出的零的位数.

由 $\alpha=\left[\dfrac{100}{5}\right]+\left[\dfrac{100}{5^2}\right]=20+4=24$，即可知 100！的末尾连续地有 24 位

全是数码零.

例 3 试求$(257^{33}+46)^{26}$被 50 除所得的余数.

解 由于$(x^{33}+46)^{26}$是关于 x 的整系数多项式,而

$$257 \equiv 7 \pmod{50}$$

于是知

$$(257^{33}+46)^{26} \equiv (7^{33}+46)^{26} \pmod{50}$$

又注意到 $7^2 \equiv 49 \equiv -1 \pmod{50}$,所以

$$(257^{33}+46)^{26} \equiv (7^{33}+46)^{26} \pmod{50} \equiv [(7^2)^{16}\times 7+46]^{26} \equiv [(-1)^{16}\times 7+46]^{26} \equiv (7+46)^{26} \equiv 53^{26} \equiv 3^{26} \pmod{50}$$

又

$$3^5 \equiv 243 \equiv 250-7 \equiv -7 \pmod{50}$$

所以

$$(257^{33}+46)^{26} \equiv (3^5)^5\times 3 \equiv (-7)^5\times 3 \equiv -(7^2)^2\times 7\times 3 \equiv -21 \equiv 29 \pmod{50}$$

注意到 $0<29<50$,因而 29 就是所求的余数.

说明 在上述过程中,我们已经看到 $7^2 \equiv 49 \equiv -1 \pmod{50}$ 的作用.一般而言,知道一个整数的多少次幂关于模同余与 ± 1 是非常有用的.事实上,若 $a^k \equiv 1 \pmod{m}$,则对大的指数 n 利用带余除法定理,可得 $n=kq+r$,$0\leqslant r<k$,于是有 $a^n \equiv a^{kq+r} \equiv (a^k)^q a^r \equiv a^r \pmod{m}$,这里余数 r 是一个比 n 小得多的数,这样一来,计算 a^n 的问题,就转化成了计算余数 r 次幂 a^r 的问题,从而使计算简单化.

例 4 设 $a=10^{10^{10}}$,计算某星期一后的第 a 天是星期几?

解 星期几的问题是被 7 除求余数的问题.由于 $10 \equiv 3 \pmod 7$,于是

$$10^2 \equiv 3^2 \equiv 2 \pmod 7$$

$$10^3 \equiv 3^3 \equiv 2\times 3 \equiv 6 \equiv -1 \pmod 7$$

因而 $10^6 \equiv 1 \pmod 7$.

为了把指数 a 的指数 10^{10} 写成 $6q+r$ 的形式,还需取 6 为模来计算 10^{10}.为此我们有

$$10 \equiv 4 \pmod 6$$

进而

$$10^2 \equiv 4^2 \equiv 4 \pmod 6,\ 10^3 \equiv 4^3 \equiv 4 \pmod 6$$

依此类推,有

$$10^{10} \equiv 4 \pmod 6$$

所以

$$10^{10} \equiv 6q + 4 \pmod 6$$

从而

$$a \equiv 10^{6q+4} \equiv (10^6)^q \times 10^4 \equiv 1^q \times 10^4 \equiv 3^4 \equiv 4 \pmod 7$$

这样，星期一后的第 a 天将是星期五.

例 5 求所有的素数 p，使 $4p^2+1$ 与 $6p^2+1$ 也是素数.

分析 要使 $4p^2+1$ 与 $6p^2+1$ 也是素数，应该是对 p 除以某个素数 q 的余数进行分类讨论，最后确定 p 只能是这个素数. 由于只有两个数，所以 q 不能太大，那样讨论起来也不会有什么效果，试验 $q=2,3$ 发现对本题不起任何效果，现对 $q=5$ 展开讨论.

解 设 $u=4p^2+1, v=6p^2+1$，且

$$p=5k+1, k \in \mathbf{Z}, r \in \{0,1,2,3,4\}$$

若 $r=1$ 或 4 时，有

$$p^2 \equiv 1 \pmod 5, u=4p^2+1 \equiv 4+1 \equiv 0 \pmod 5$$

若 $r=2$ 或 3 时，有

$$p^2 \equiv 4 \pmod 5, v=6p^2+1 \equiv 24+1 \equiv 0 \pmod 5$$

即 $r \neq 0$ 时，u, v 为 5 的倍数且比 5 大，不为素数. 故 $r=0$，此时

$$p=5, u=5^2 \times 4+1=101, v=5^2 \times 6+1=151$$

都是素数. 即题有唯一解 $p=5$.

说明 要使几个数同为素数，一般是对这几个数也符合以某一素数的余数来确定，如 $p, p+2, p+4$ 均为素数，可得 p 只能为 3，由于这是 p 的一次式，故三个数就模 3，而二次式对三个数就模 5，四个数一般就模 7 了.

例 6 求满足 $|12^m - 5^n| = 7$ 的全部正整数 m, n.

解 如果 $5^n - 12^m = 7$，两边 mod 4，得 $1 \equiv 3 \pmod 4$，这是不可能的；如果 $12^m - 5^n = 7$，而 m, n 中有一个大于 1，则另一个也大于 1，mod 3 得

$$-(-1)^n \equiv 1 \pmod 3$$

故 n 为奇数，mod 8，得

$$-5^n \equiv -1 \pmod 8$$

而 $5^2 \equiv 1 \pmod 8$，n 为奇数，从而 $-5 \equiv -1 \pmod 8$，产生矛盾！

所以 $m=n=1$ 为唯一解.

说明 在解不定方程时，往往要分情况讨论，也常常利用同余来推出一些性质，求出矛盾！

例 7 数列 $\{a_n\}$ 满足：$a_0=1, a_{n+1}=\dfrac{7a_n+\sqrt{45a_n^2-36}}{2}, n \in \mathbf{N}$.

求证:(1) 对任意 $n\in \mathbf{N}$,a_n 为正整数;

(2) 对任意 $n\in \mathbf{N}$,$a_n a_{n+1}-1$ 为完全平方数.

证明 (1) 由题设得 $a_1=5$,且 $\{a_n\}$ 严格单调递增. 将条件式变形,得

$$2a_{n+1}-7a_n=\sqrt{45a_n^2-36}$$

两边平方整理,得

$$a_{n+1}^2-7a_n a_{n+1}+a_n^2+9=0 \quad ①$$

所以

$$a_n^2-7a_{n-1}a_n+a_{n-1}^2+9=0 \quad ②$$

① − ② 得

$$(a_{n+1}-a_{n-1})(a_{n+1}+a_{n-1}-7a_n)=0$$

因为 $a_{n+1}>a_n$,所以

$$a_{n+1}+a_{n-1}-7a_n=0\Rightarrow a_{n+1}=7a_n-a_{n-1} \quad ③$$

由式 ③ 及 $a_0=1,a_1=5$ 可知,对任意 $n\in \mathbf{N}$,a_n 为正整数.

(2) 将式 ① 两边配方,得

$$(a_{n+1}+a_n)^2=9(a_n a_{n+1}-1)$$

所以

$$a_n a_{n+1}-1=\left(\frac{a_{n+1}a_n}{3}\right)^2 \quad ④$$

由式 ③ 得

$$a_{n+1}+a_n=9a_n-(a_{n-1}+a_n)\equiv-(a_n+a_{n-1})\pmod 3$$

所以

$$a_{n+1}+a_n\equiv(-1)^n(a_1+a_0)\equiv 0\pmod 3$$

于是 $\frac{a_{n+1}+a_n}{3}$ 为正整数,式 ④ 成立.

所以 $a_n a_{n+1}-1$ 是完全平方数.

例 8 若 $\frac{3n+1}{n(2n-1)}$ 可以写成有限小数,那么自然数 n 的值是多少?

解 由 $(n,3n+1)=1$.

若 $3n+1$ 与 $2n-1$ 互素,则分数 $p=\frac{3n+1}{n(2n-1)}$ 是既约分数;

若 $3n+1$ 与 $2n-1$ 不互素,设它们的公约数为 d,且 $d>1$,设 $3n+1=da$,$2n-1=db$,则

$$d(2a-3b)=2(3n+1)-3(2n-1)=5$$

故 $3n+1$ 与 $2n-1$ 的公约数是 5,此时分数 p 的分子、分母只有公约数 5.

由于 p 可以写成有限小数,故约分之后 p 的分母除了 2,5 以外,没有其他

的公约数,因此

$$n(2n-1)=2^k\times 5^m$$

因为 $2n-1$ 是奇数,$(n,2n-1)=1$,所以

$$\begin{cases}n=2^k\\2n-1=5^m\end{cases}$$

即

$$2^{k+1}=5^m+1$$

由于 $5^m+1\equiv 2(\mathrm{mod}\ 4)$,故

$$2^{k+1}\equiv 2(\mathrm{mod}\ 4)$$

从而 $k=0$,即 $m=0,n=1$.

故只有 $n=1$,p 才是有限小数.

例 9　数 $1\ 978^n$ 与 $1\ 978^m$ 的最末三位数相等,试求正整数 m 和 n 使 $n+m$ 取最小值,这里 $n>m\geqslant 1$.

分析　数 $1\ 978^n$ 与 $1\ 978^m$ 的最末三位数相等等价于 $1\ 978^{n-m}\equiv 1(\mathrm{mod}\ 1\ 000)$,寻找最小的 $n-m$ 及 m.

解　由已知得

$$1\ 978^n\equiv 1\ 078^m(\mathrm{mod}\ 1\ 000)$$

而 $1\ 000=8\times 125$,所以

$$1\ 978^n\equiv 1\ 078^m(\mathrm{mod}\ 8) \quad ①$$

$$1\ 978^n\equiv 1\ 078^m(\mathrm{mod}\ 125) \quad ②$$

因为 $n>m\geqslant 1$,且 $(1\ 978^m,125)=1$,所以由式 ② 知

$$1\ 978^{n-m}\equiv 1(\mathrm{mod}\ 125) \quad ③$$

又直接验证知,1 978 的各次方幂的个位数是以 8,4,2,6 循环出现的,所以只有 $n-m$ 为 4 的倍数时,式 ③ 才能成立,因而可令 $n-m=4k$.由于

$$n+m=(n-m)+2m=4k+2m$$

因而只需确定出 k 和 m 的最小值即可.

先确定 k 的最小值:因为

$$1\ 978^4=(79\times 25+3)^4\equiv 3^4\equiv 1(\mathrm{mod}\ 5),1\ 978^4\equiv 3^4\equiv 6(\mathrm{mod}\ 25)$$

所以可令 $1\ 978^4=5t+1$,而 5 不整除 t,从而

$$0\equiv 1\ 978^{n-m}-1=1\ 978^{4k}-1=(5k+1)^k-1\equiv$$

$$\frac{k(k-1)}{2}\cdot(5t)^2+k\cdot 5t(\mathrm{mod}\ 125) \quad ④$$

显然,使式 ④ 成立的 k 的最小值为 25.

再确定 m 的最小值:因为 $1\ 978\equiv 2(\mathrm{mod}\ 8)$,所以由式 ① 知

$$2^n \equiv 2^m \pmod 8 \qquad ⑤$$

由 $n > m \geqslant 1$,式 ⑤ 显然对 $m=1,2$ 不成立,从而 m 的最小值为 3.

故符合题设条件的 $n+m$ 的最小值为 106.

说明 此例中我们用了这样一个结论:1 978 的各次方幂的个位数是以 8,4,2,6 循环出现,即当 $r=1,2,3,4$ 时,$1\,978^p = 1\,978^{4q+r} \equiv 8,4,2,6 \pmod{10}$.这种现象在数学上称为"模同期现象".一般地,我们有如下定义:

整数列 $\{x_n\}$ 各项除以 $m(m \geqslant 2, m \in \mathbf{N}^*)$ 后的余数 a_n 组成数列 $\{a_n\}$.若 $\{a_n\}$ 是一个周期数列,则称 $\{x_n\}$ 是关于模 m 的周期数列,简称模 m 周期数列.满足 $a_{n+T}=a_n$(或 $a_{n+T} \equiv x_n \pmod m$)的最小正整数 T 称为它的周期.

例 10 设 a 是方程 $x^3-3x^2+1=0$ 的最大正根,求证:17 可以整除 $[a^{1\,788}]$ 与 $[a^{1\,988}]$.其中 $[x]$ 表示不超过 x 的最大整数.

分析 探求 $[a^n]$ 是本题的关键,而 a 的值无法准确的得到.所以本题通过韦达定理寻求 $[a^n]$ 的递推形式.

证明 根据表 1 可知,若设三根依次为 $\alpha < \beta < a$,则

$$-1 < \alpha < -\frac{1}{2}, \frac{1}{2} < \beta < 1, 2\sqrt{2} < a$$

表 1

x	-1	$-\frac{1}{2}$	$\frac{1}{2}$	1	$2\sqrt{3}$	3
$f(x)$ 的符号	$-$	$+$	$+$	$-$	$-$	$+$

由于

$$f(-\alpha) = -2\alpha^3 + (\alpha^3 - 2\alpha^2 + 1) = -2\alpha^3 > 0$$

于是

$$-\alpha < \beta$$

即

$$|\alpha| < \beta$$

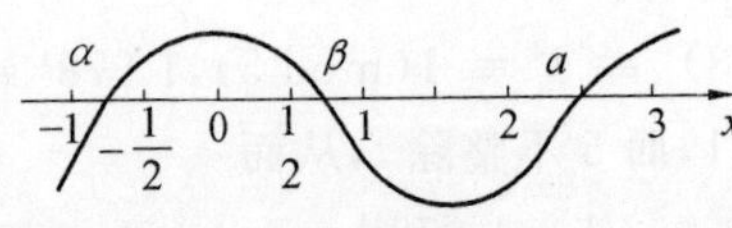

图 1

另一方面,由韦达定理知

$$\alpha^2 + \beta^2 = (\alpha+\beta)^2 - 2\alpha\beta = (3-a)^2 + \frac{2}{a} =$$

$$9+\frac{2-6a^2+a^3}{a}=9+\frac{-2a^3+a^3}{a}=$$
$$1+(8-a^2)$$

因为 $a^2>(2\sqrt{2})^2=8$,所以 $\alpha^2+\beta^2<1$.

为了估计$[a^{1788}]$,$[a^{1988}]$,先一般考查$[a^n]$,为此定义

$$u_n=\alpha^n+\beta^n+a^n\quad(n=0,1,2,\cdots)$$

直接计算可知

$$u_0=3,u_1=2+\beta+a=3,u_2=\alpha^2+\beta^2+a^2=9$$

以及

$$u_{n+3}=3u_{n+2}-n\quad(n\geqslant 0)$$

又因

$$0<\alpha^n+\beta^n<1$$

(因为 $|\alpha|<\beta$,所以 $\alpha^n+\beta^n>0$. 又 $\alpha+\beta=3-\alpha<2-2\sqrt{2}<1$,当 $n\geqslant 2$ 时,$\alpha^n+\beta^n\leqslant|\alpha|^n+\beta^n<\alpha^2+\beta^2<1$),所以

$$a^n=u_n-(\alpha^n+\beta^n)=u_n-1-[1-(\alpha^n+\beta^n)]$$

所以

$$[a^n]=u_n-1\quad(n=1,2,\cdots)$$

由此知,命题变为证明:$u_{1788}-1$ 和 $u_{1988}-1$ 能被 17 整除.

现考查$\{u_n\}$在模 17 的意义下的情况

$$u_0\equiv 3,u_1\equiv 3,u_2\equiv 9,u_3\equiv 7,u_4\equiv 1,u_5\equiv 11,u_6\equiv 9,$$
$$u_7\equiv 9,u_8\equiv 16,u_9\equiv 5,u_{10}\equiv 6,u_{11}\equiv 2,$$
$$u_{12}\equiv 1,u_{13}\equiv 14,u_{14}\equiv 6,u_{15}\equiv 0,u_{16}\equiv 3,u_{17}\equiv 3,u_{18}\equiv 9,\cdots$$

可见,在模 17 的意义下,$\{u_n\}$是以 16 为周期的模周期数列,即

$$u_{n+16}\equiv u_n(\text{mod }17)$$

由于

$$1\,788\equiv 12(\text{mod }16),1\,988\equiv 4(\text{mod }16)$$

故

$$u_{1\,788}\equiv u_{12}\equiv 1(\text{mod }17),u_{1\,988}\equiv u_4\equiv 1(\text{mod }17)$$
$$u_{1\,788}-1\equiv 0,u_{1\,988}-1\equiv 0(\text{mod }17)$$

故命题得证.

说明　本题利用导数估计了根的分布,递推式的构造需要仔细体味.

课外训练

1. 求证:对于任何整数 $k\geqslant 0$,$2^{6k+1}+3^{6k+1}+5^{6k}+1$ 能被 7 整除.

2.试判断$1\ 971^{26}+1\ 972^{27}+1\ 973^{28}$能被3整除吗?

3.求证:对一切正整数n,$a_n=5^n+2\times 3^{n-1}+1$能被8整除.

4.求最大的正整数x,对任意$y\in \mathbf{N}$,有$x\mid(7^y+12y-1)$.

5.试求出一切可使$n\cdot 2^n+1$被3整除的自然数n.

6.设$p=p_1p_2\cdots p_n$是最初的几个素数的乘积,这里$n\in \mathbf{N}^*$,$n\geqslant 2$.求证:$p-1$和$p+1$都不是完全平方数.

7.设a,b,c,d是4个整数,求证:$b-a,c-a,d-a,c-b,d-b,d-c$的积能被12整除.

8.在已知数列1,4,8,10,16,19,21,25,30,43中,相邻若干数之和能被11整除的数组共有多少组.

9.正整数n满足十进制表示下n^3的末三位数为888,求满足条件的最小的n值.

10.在每张卡片上写出11 111到99 999的五位数,然后把这些卡片按任意顺序排成一列,求证:所得到的444 445位数不可能是2的幂.

11.设a,b,c是三个互不相等的正整数,求证:在a^3b-ab^3,b^3c-bc^3,c^3a-ca^3三个数中,至少有一个数能被10整除.

第 18 讲　不定方程

知识呈现

1. 不定方程问题的常见类型

(1) 求不定方程的解；

(2) 判定不定方程是否有解；

(3) 判定不定方程的解的个数(有限个还是无限个).

2. 解不定方程问题常用的解法

(1) 代数恒等变形：如因式分解、配方、换元等；

(2) 不等式估算法：利用不等式等方法，确定出方程中某些变量的范围，进而求解；

(3) 同余法：对等式两边取特殊的模(如奇偶分析)，缩小变量的范围或性质，得出不定方程的整数解或判定其无解；

(4) 构造法：构造出符合要求的特解，或构造一个求解的递推式，证明方程有无穷多解；

(5) 无穷递推法.

以下给出几个关于特殊方程的求解定理：

二元一次不定方程(组)

定义 1　形如 $ax+by=c(a,b,c\in\mathbf{Z},a,b$ 不同时为零) 的方程称为二元一次不定方程.

定理 1　方程 $ax+by=c$ 有解的充要是 $(a,b)\mid c$.

定理 2　若 $(a,b)=1$，且 x_0,y_0 为 $ax+by=c$ 的一个解，则方程的一切解都可以表示成

$$\begin{cases}x=x_0+\dfrac{b}{(a,b)}t\\ y=y_0-\dfrac{a}{(a,b)}t\end{cases}\quad(t\text{ 为任意整数})$$

定理 3　n 元一次不定方程 $a_1x_1+a_2x_2+\cdots+a_nx_n=c(a_1,a_2,\cdots,a_n,c\in$

N) 有解的充要条件是$(a_1,a_2,\cdots,a_n)\mid c$.

方法与技巧：

1. 解二元一次不定方程通常先判定方程有无解. 若有解，可先求出$ax+by=c$的一个特解，从而写出通解. 当不定方程的系数不大时，有时可以通过观察法求得其解，即引入变量，逐渐减小系数，直到容易得其特解为止.

2. 解n元一次不定方程$a_1x_1+a_2x_2+\cdots+a_nx_n=c$时，可先顺次求出$(a_1,a_2)=d_2$，$(d_2,a_3)=d_3$，…，$(d_{n-1},a_n)=d_n$. 若$d_n\nmid c$，则方程无解；若$d_n\mid c$，则方程有解，作方程组

$$\begin{cases}a_1x_1+a_2x_2=d_2t_2\\ d_2t_2+a_3x_3=d_3t_3\\ \qquad\vdots\\ d_{n-2}t_{n-2}+a_{n-1}x_{n-1}=d_{n-1}t_{n-1}\\ d_{n-1}t_{n-1}+a_nx_n=c\end{cases}$$

求出最后一个方程的一切解，然后把t_{n-1}的每一个值代入倒数第二个方程，求出它的一切解，这样下去即可得方程的一切解.

3. m个n元一次不定方程组成的方程组，其中$m<n$，可以消去$m-1$个未知数，从而消去$m-1$个不定方程，将方程组转化为一个$n-m+1$元的一次不定方程.

高次不定方程(组)及其解法：

1. 因式分解法：对方程的一边进行因式分解，另一边作素因式分解，然后对比两边，转而求解若干个方程组.

2. 同余法：如果不定方程$F(x_1,\cdots,x_n)=0$有整数解，则对任意$m\in\mathbf{N}$，其整数解$(x_1,\cdots,x_n)$满足$F(x_1,\cdots,x_n)\equiv 0(\bmod m)$，利用这一条件，同余可以作为探究不定方程整数解的一块试金石.

3. 不等式估计法：利用不等式工具确定不定方程中某些字母的范围，再分别求解.

4. 无限递降法：若关于正整数n的命题$P(n)$对某些正整数成立，设n_0是使$P(n)$成立的最小正整数，可以推出：存在$n_1\in\mathbf{N}^*$，使$n_1<n_0$成立，适合证明不定方程无正整数解.

方法与技巧：

1. 因式分解法是不定方程中最基本的方法，其理论基础是整数的唯一分解定理，分解法作为解题的一种手段，没有固定的程序可循，应在具体的例子中才能有深刻的体会.

2. 同余法主要用于证明方程无解或导出有解的必要条件，为进一步求解

或求证做准备.同余的关键是选择适当的模,它需要经过多次尝试.

3.不等式估计法主要针对方程有整数解,则必然有实数解,当方程的实数解为一个有界集,则着眼于一个有限范围内的整数解至多有有限个,逐一检验,求出全部解;若方程的实数解是无界的,则着眼于整数,利用整数的各种性质产生适用的不等式.

4.无限递降法论证的核心是设法构造出方程的新解,使它比已选择的解"严格地小",由此产生矛盾.

特殊的不定方程

1.利用分解法求不定方程 $ax+by=cxy(abc\neq 0)$ 整数解的基本思路:

将 $ax+by=cxy(abc\neq 0)$ 转化为 $(x-a)(cy-b)=ab$ 后,若 ab 可分解为 $ab=a_1b_1=\cdots=a_ib_i\in\mathbf{Z}$,则解的一般形式为 $\begin{cases}x=\dfrac{a_i+a}{c}\\ y=\dfrac{b_i+b}{c}\end{cases}$,再取舍得其整数解.

2.定义 2　形如 $x^2+y^2=z^2$ 的方程叫作勾股数方程,这里 x,y,z 为正整数.

对于方程 $x^2+y^2=z^2$,如果 $(x,y)=d$,则 $d^2\mid z^2$,从而只需讨论 $(x,y)=1$ 的情形,此时易知 x,y,z 两两互素,这种两两互素的正整数组叫作方程的本原解.

定理 4　勾股数方程 $x^2+y^2=z^2$ 满足条件 $2\mid y$ 的一切解可表示为:

$x=a^2-b^2,y=2ab,z=a^2+b^2$,其中 $a>b>0,(a,b)=1$ 且 a,b 为一奇一偶.

推论　勾股数方程 $x^2+y^2=z^2$ 的全部正整数解(x,y 的顺序不加区别)可表示为:$x=(a^2-b^2)d,y=2abd,z=(a^2+b^2)d$,其中 $a>b>0$ 是互素的奇偶性不同的一对正整数,d 是一个整数.

勾股数不定方程 $x^2+y^2=z^2$ 的整数解的问题主要依据定理来解决.

3.定义 3　方程 $x^2-dy^2=\pm 1,\pm 4(x,y\in\mathbf{Z},d\in\mathbf{N}^*$ 且不是平方数)是 $x^2-dy^2=c$ 的一种特殊情况,称为皮尔(Pell)方程.

这种二元二次方程比较复杂,它们本质上归结为双曲线方程 $x^2-dy^2=c$ 的研究,其中 c,d 都是整数,$d>0$ 且非平方数,而 $c\neq 0$.它主要用于证明问题有无数多个整数解.对于具体的 d 可用尝试法求出一组成正整数解.如果上述皮尔方程有正整数解 (x,y),则称使 $x+\sqrt{d}y$ 的最小的正整数解 (x_1,y_1) 为它的最小解.

定理5 皮尔方程 $x^2-dy^2=1(x,y\in\mathbf{Z},d\in\mathbf{N}^*$ 且不是平方数）必有正整数解(x,y)，且若设它的最小解为(x_1,y_1)，则它的全部解可以表示成

$$\begin{cases}x_n=\dfrac{1}{2}\left[(x_1+\sqrt{d}y_1)^n+(x_1-\sqrt{d}y_1)^n\right]\\ y_n=\dfrac{1}{2\sqrt{d}}\left[(x_1+\sqrt{d}y_1)^n-(x_1-\sqrt{d}y_1)^n\right]\end{cases}\quad(n\in\mathbf{N}^*)$$

上面的公式也可以写成下面的形式：

(1) $x_n+y_n\sqrt{d}=(x_1+y_1\sqrt{d})^n$；

(2) $\begin{cases}x_{n+1}=x_1x_n+dy_1y_n\\ y_{n+1}=x_1y_n+y_1x_n\end{cases}$；

(3) $\begin{cases}x_{n+1}=2x_1x_n-y_{n-1}\\ y_{n+1}=2x_1y_n-y_{n-1}\end{cases}$.

定理6 皮尔方程 $x^2-dy^2=-1(x,y\in\mathbf{Z},d\in\mathbf{N}^*$ 且不是平方数）要么无正整数解，要么有无穷多组正整数解(x,y)，且在后一种情况下，设它的最小解为(x_1,y_1)，则它的全部解可以表示为

$$\begin{cases}x_n=\dfrac{1}{2}\left[(x_1+\sqrt{d}y_1)^{2n-1}+(x_1-\sqrt{d}y_1)^{2n-1}\right]\\ y_n=\dfrac{1}{2\sqrt{d}}\left[(x_1+\sqrt{d}y_1)^{2n-1}-(x_1-\sqrt{d}y_1)^{2n-1}\right]\end{cases}\quad(n\in\mathbf{N}^*)$$

定理7 （费马(Fermat)大定理）方程 $x^n+y^n=z^n(n\geqslant 3$ 为整数）无正整数解.

费马大定理的证明一直以来是数学界的难题，但是在1994年6月，美国普林斯顿大学的数学教授A. Wiles完全解决了这一难题.至此，这一困扰了人们四百多年的数学难题终于露出了庐山真面目，脱去了其神秘的面纱.

典例展示

例1 求不定方程 $37x+107y=25$ 的整数解.

解 先求 $37x+107y=1$ 的一组特解，为此对37，107运用辗转相除法

$$107=2\times 37+33,37=1\times 33+4,33=4\times 8+1$$

将上述过程回填，得

$$1=33-8\times 4=37-4-8\times 4=$$
$$37-9\times 4=37-9\times(37-33)=$$
$$9\times 33-8\times 37=$$

$$9\times(107-2\times 37)-8\times 37=$$
$$9\times 107-26\times 37=$$
$$37\times(-26)+107\times 9$$

由此可知，$x_1=-26$，$y_1=9$ 是方程 $37x+107y=1$ 的一组特解，于是

$$x_0=25\times(-26)=-650,\ y_0=25\times 9=225$$

是方程 $37x+107y=25$ 的一组特解，因此原方程的一切整数解为

$$\begin{cases}x=-650+107t\\ y=225-37t\end{cases}$$

例 2　求不定方程 $7x+19y=213$ 的所有正整数解.

解　用原方程中的最小系数 7 去除方程的各项，并移项得

$$x=\frac{213-19y}{7}=30-2y+\frac{3-5y}{7}$$

因为 x，y 是整数，所以 $\frac{3-5y}{7}=u$ 也一定是整数，于是 $5y+7u=3$，再用 5 去除比式的两边，得

$$y=\frac{3-7u}{5}=-u+\frac{3-2u}{5}$$

令 $v=\frac{3-2u}{5}$ 为整数，由此得

$$2u+5v=3$$

经观察得 $u=-1$，$v=1$ 是最后一个方程的一组解，依次回代，可求得原方程的一组特解

$$x_0=25,\ y_0=2$$

所以原方程的一切整数解为

$$\begin{cases}x=25-19t\\ y=2+7t\end{cases}$$

例 3　求不定方程 $3x+2y+8z=40$ 的正整数解.

解　显然此方程有整数解. 先确定系数最大的未知数 z 的取值范围，因为 x，y，z 的最小值为 1，所以

$$1\leqslant z\leqslant\left[\frac{40-3-2}{8}\right]=4$$

当 $z=1$ 时，原方程变形为 $3x+2y=32$，即

$$y=\frac{32-3x}{2} \qquad ①$$

由式 ① 知 x 是偶数且 $2\leqslant x\leqslant 10$.

故方程组有 5 组正整数解,分别为

$$\begin{cases}x=2\\y=13\end{cases},\begin{cases}x=4\\y=10\end{cases},\begin{cases}x=6\\y=7\end{cases},\begin{cases}x=8\\y=4\end{cases},\begin{cases}x=10\\y=1\end{cases}$$

当 $z=2$ 时,原方程变形为 $3x+2y=24$,即 $y=\frac{24-3x}{2}$,故方程有 3 组正整数解,分别为 $\begin{cases}x=2\\y=9\end{cases},\begin{cases}x=4\\y=6\end{cases},\begin{cases}x=6\\y=3\end{cases}$;

当 $z=3$ 时,原方程变形为 $3x+2y=16$,即 $y=\frac{16-3x}{2}$,故方程有 2 组正整数解,分别为 $\begin{cases}x=2\\y=5\end{cases},\begin{cases}x=4\\y=2\end{cases}$;

当 $z=4$ 时,原方程变形为 $3x+2y=8$,即 $y=\frac{8-3x}{2}$,故方程只有一组正整数解,为 $\begin{cases}x=2\\y=1\end{cases}$.

故原方程有 11 组正整数解(表 1):

表 1

x	2	4	6	8	10	2	4	6	2	4	2
y	13	10	7	4	1	9	6	3	5	2	1
z	1	1	1	1	1	2	2	2	3	3	4

例 4 求出方程 $x^2-7y^2=1$ 的所有正整数解.

解 先求最小解 (x_1,y_1). 令 $y=1,2,3,\cdots$

当 $y=1$ 时,$1+7y^2=8$;

当 $y=2$ 时,$1+7y^2=29$;

当 $y=3$ 时,$1+7y^2=64=8^2$. 所以 $x^2-7y^2=1$ 的最小解为 $(8,3)$,于是

$$\begin{cases}x_n=\frac{1}{2}\left[(x_1+\sqrt{d}y_1)^n+(x_1-\sqrt{d}y_1)^n\right]=\\ \quad\frac{1}{2}\left[(8+3\sqrt{7})^n+(8-3\sqrt{7})^n\right]\\ y_n=\frac{1}{2\sqrt{d}}\left[(x_1+\sqrt{d}y_1)^n-(x_1-\sqrt{d}y_1)^n\right]=\\ \quad\frac{1}{2\sqrt{7}}\left[(8+3\sqrt{7})^n-(8-3\sqrt{7})^n\right]\end{cases}\quad(n\in\mathbf{N}^*)$$

例 5 设 p 为素数,$a,n\in\mathbf{N}^*$,并且 $2^p+3^p=a^n$,求证:$n=1$.

证明 从最小的素数 2 开始分析,从中寻找规律.

当 $p=2$ 时，$a^n=2^2+3^2=13$，则 $n=1$；

当 $p=3$ 时，$a^n=2^3+3^3=35$，则 $n=1$；

当 $p=5$ 时，$a^n=2^5+3^5=275=25\times 11$，则 $n=1$，…

当 $p=2$ 时，$a^n=13$，则 $n=1$；

当 $p>2$ 时，素数 p 为奇数，则

$$a^n=2^p+3^p=5(2^{p-1}-2^{p-2}\times 3+\cdots+3^{p-1})$$

故 $5\mid 2^p+3^p$，若 $n>1$，则

$$5\mid(2^{p-1}-2^{p-2}\times 3+\cdots+3^{p-1})$$

注意到

$$A=2^{p-1}-2^{p-2}\times 3+\cdots+3^{p-1}\equiv 2^{p-1}+2^{p-1}+\cdots+2^{p-1}\equiv p\cdot 2^{p-1}\pmod 5$$

故 $5\mid p\times 2^{p-1}$，从而 $5\mid p$，结合 p 为素数，知 $p=5$，此时 $a^n=5^2\times 11$，与 $n>1$ 相矛盾. 所以命题成立.

说明　在归纳过程中，可以发现 a^n 总是 5 的倍数，且只有 $p=5$ 时，a^n 是 25 的倍数，从而在式子上找到答案.

例 6　在直角坐标平面上，以(199,0)为圆心，以 199 为半径的圆周上的整点的个数为多少个?

解　设点 $A(x,y)$ 为圆 O 上任一整点，则其方程为

$$y^2+(x-199)^2=199^2$$

显然(0,0)，(199,199)，(199，−199)，(389,0)为方程的 4 组解.

但当 $y\neq 0,\pm 199$ 时，$(y,199)=1$(因为 199 是素数)，此时，$199,y,|199-x|$ 是一组勾股数，故 199 可表示为两个正整数的平方和，即 $199=m^2+n^2$.

因为 $199=4\times 49+3$，可设 $m=2k,n=2l+1$，则

$$199=4k^2+4l^2+4l+1=4(k^2+l^2+l)+1$$

这与 199 为 $4d+3$ 型的素数相矛盾！因而圆 O 上只有四个整点

$$(0,0),(199,199),(199,-199),(389,0)$$

例 7　求所有满足 $8^x+15^y=17^z$ 的正整数三元组 (x,y,z).

解　两边取 mod 8，得

$$(-1)^y\equiv 1\pmod 8$$

所以 y 是偶数，再 mod 7 得 $2\equiv 3^z\pmod 7$，所以 z 也是偶数. 此时令 $y=2m$，$z=2t(m,t\in\mathbf{N})$.

于是，由 $8^x+15^y=17^z$ 可知

$$2^{3x}=(17^t-15^m)(17^t+15^m)$$

由唯一分解定理

$$(17^t-15^m)=2^s,(17^t+15^m)=2^{3x-s}$$

从而

$$17^t=\frac{1}{2}(2^s+2^{3x-s})=2^{s-1}+2^{3x-s-1}$$

注意到17是奇数,所以要使

$$17^t=\frac{1}{2}(2^s+2^{3x-s})=2^{s-1}+2^{3x-s-1}$$

成立,一定有$s=1$.

于是

$$17^t-15^m=2$$

当$m\geqslant 2$时,在$17^t-15^m=2$的两边取 mod 9,得

$$(-1)^t\equiv 2 \pmod 9$$

这显然是不成立的,所以$m=1$,从而$t=1,x=2$.

故方程$8^x+15^y=17^z$只有唯一的一组解(2,2,2).

例8 a是一个给定的整数,当a为何值时,x,y的方程$y^3+1=a(xy-1)$有正整数解?在有正整数解时,求解该不定方程.

解 若有素数$p\mid x^3,p\mid xy-1$,则$p\mid x$,从而$p\mid 1$,产生矛盾!所以

$$(x^3,xy-1)=1$$

因此$xy-1\mid y^3+1$当且仅当$xy-1\mid x^3(y^3+1)$.因为

$$x^3(y^3+1)=(x^3y^3-1)+(x^3+1)$$

显然$xy-1\mid x^3(y^3+1)$,所以$xy-1\mid y^3+1$当且仅当

$$xy-1\mid x^3+1 \qquad ①$$

(1) 若$y=1$时,$a=\dfrac{2}{x-1}\in\mathbf{Z}$,所以$x=2$或$x=3,a=2$或$a=1$;

(2) 类似地,若$x=1$,则$\dfrac{2}{y-1}\in\mathbf{Z}$,所以$y=2$或$y=3,a=9$或$a=14$;

(3) 由条件①,不妨设$x\geqslant y>1$;

若$x=y$,则

$$a=\frac{y^3+1}{y^2-1}=y+\frac{1}{y-1}\in\mathbf{Z}$$

所以

$$x=y=2,a=3$$

若$x>y$,则因为

$$y^3+1\equiv 1 \pmod y,xy-1\equiv -1 \pmod y$$

所以存在 $b\in\mathbf{N}$，使

$$y^3+1=(xy-1)(by-1)$$

所以

$$by-1=\frac{y^3+1}{xy-1}<\frac{y^3+1}{y^2-1}=y+\frac{1}{y-1},by-1<\frac{1}{y-1}+1$$

因为 $y\geqslant 2,b\in\mathbf{N}$，所以必有 $b=1$.

于是

$$y^3+1=(xy-1)(y-1)$$

故

$$y^3=xy^2-xy-y,y^2=xy-y-1$$

所以

$$x=\frac{y^2+1}{y-1}=y+1+\frac{2}{y-1}\in\mathbf{N}$$

故

$$y=2\text{ 或 }y=3$$

当 $y=2$ 时，$x=5$；

当 $y=3$ 时，$x=5$，对应的 a 为 1 或 2.

由条件 ① 知 $x=2,y=5$ 以及 $x=3,y=5$ 也是原方程的解，对应的整数 a 为 14 或 9.

综上所述，当 $a=1,2,3,9,14$ 时，原方程有整数解，它们分别是

$(3,1),(5,2);(2,1),(5,3),(2,2);(1,2),(3,5);(1,3),(2,5)$

例 9　求证：边长为整数的直角三角形的面积不可能是完全平方数.

证明　假设结论不成立，在所有的面积为平方数勾股三角形中选取一个面积最小的，设其边长为 $x<y<z$，则 $\frac{1}{2}xy$ 是平方数，则必有 $(x,y)=1$.

因为 $x^2+y^2=z^2$，所以存在整数 $a>b>0$，a,b 中一奇一偶，$(a,b)=1$，使(不妨设 y 是偶数)

$$x=a^2-b^2,y=2ab,z=a^2+b^2$$

由 $\frac{1}{2}xy=(a-b)(a+b)$，ab 是完全平方数，而知 $a-b,a+b,ab$ 两两互素，故它们是平方数，即

$$a=p^2,b=q^2,a+b=u^2,a-b=v^2$$

所以

$$u^2-v^2=2q^2$$

即

$$(u+v)(u-v)=2q^2$$

因为 u,v 是奇数,易知$(u+v,u-v)=2$,于是 $u-v$ 与 $u+v$ 中有一个是 $2r^2$,另一个是$(2s)^2$,而 $q^2=4r^2s^2$;

另一方面

$$a=p^2,b=q^2,a+b=u^2,a-b=v^2$$

得

$$p^2=a=\frac{1}{2}(u^2+v^2)=\frac{1}{4}[(u+v)^2+(u-v)^2]=$$

$$\frac{1}{4}[(2r^2)^2+(2s)^4]=r^4+4s^4$$

所以以 $r^2,2s^2,p$ 为边的三角形都是直角三角形,其面积等于$\frac{1}{2}r^2\cdot 2s^2=(rs)^2$ 是平方数,但

$$(rs)^2=\frac{q^2}{4}=\frac{b}{4}<(a^2-b^2)ab=\frac{1}{2}xy$$

于是构造出了一个面积更小的勾股三角形,产生矛盾!

故假设不成立.

例 10 求证:不定方程 $x^2+y^2=3(z^2+w^2)$ 没有非零整数解.

证明 (无穷递降法)注意方程 $x^2+y^2=3(z^2+w^2)$ 的特点,若(x,y,z,w) 是方程的非零解,则$(|x|,|y|,|z|,|w|)$ 也是方程的非零解,不妨设(x_0,y_0,z_0,w_0) 为方程的非零解,其中

$$x_0\geqslant 0,y_0\geqslant 0,z_0\geqslant 0,w_0\geqslant 0,x_0+y_0+z_0+w_0>0$$

则

$$x_0^2+y_0^2=3(z_0^2+w_0^2)\equiv 0(\bmod 3)$$

因为 $x_0^2+y_0^2\equiv 0(\bmod 3)$,所以

$$x_0^2\equiv 0(\bmod 3),y_0^2\equiv 0(\bmod 3)$$

于是

$$x_0\equiv 0(\bmod 3),y_0\equiv 0(\bmod 3)$$

设 $x_0=3x_1,y_0=3y_1$,则

$$3(x_1^2+y_1^2)=z_0^2+w_0^2\equiv 0(\bmod 3)$$

同理

$$z_0\equiv 0(\bmod 3),w_0\equiv 0(\bmod 3)$$

设 $z_0=3z_1,w_0=3w_1$,则可得

$$x_1^2+y_1^2=3(z_1^2+w_1^2)$$

说明(x_1,y_1,z_1,w_1) 也是方程 $x^2+y^2=3(z^2+w^2)$ 的非负非零解,其中 $x_1\geqslant$

$0, y_1 \geqslant 0, z_1 \geqslant 0, w_1 \geqslant 0$，且

$$x_0 + y_0 + z_0 + w_0 > x_1 + y_1 + z_1 + w_1 > 0$$

继续以上过程，可得到一系列的非负非零解，使

$$x_0 + y_0 + z_0 + w_0 > x_1 + y_1 + z_1 + w_1 > \cdots > x_n + y_n + z_n + w_n > \cdots > 0$$

而且上述过程可以进行无限次，于是就有无限项的严格递减的正整数数列

$$x_0 + y_0 + z_0 + w_0, x_1 + y_1 + z_1 + w_1, \cdots, x_n + y_n + z_n + w_n, \cdots$$

这是不可能的，因为 $x_0 + y_0 + z_0 + w_0 = m$ 是一个有限大的正整数，数列后一项至少比前一项小 1，则

$$x_m + y_m + z_m + w_m \leqslant 0$$

所以方程 $x^2 + y^2 = 3(z^2 + w^2)$ 没有非零整数解.

说明　无限递降法论证的核心是设法构造出方程的新解，使它比已选择的解“严格地小”，由此产生矛盾.

课外训练

1. 求不定方程 $7x - 15y = 31$ 的解.

2. 求不定方程组 $\begin{cases} x + 2y + 3z = 10 \\ x - 2y + 5z = 4 \end{cases}$ 的解.

3. 求不定方程 $5x - 14y = 11$ 的正整数解.

4. 求方程 $x^2 - dy^2 = 1 (d < -1)$ 的非负整数解.

5. 求不定方程 $4x^2 - 4xy - 3y^2 = 21$ 的正整数解.

6. 求不定方程 $x^2 - 18xy + 35 = 0$ 的正整数解.

7. 将一个四位数的数码相反顺序排列时为原来的 4 倍，求原数.

8. 求不定方程 $3x + 2y + 8z = 40$ 的正整数解.

9. 求证：对任意整数 $a, b, 5a \geqslant 7b \geqslant 0$，方程组 $\begin{cases} x + 2y + 3z + 7u = a \\ y + 2z + 5u = b \end{cases}$ 有非负整数解.

10. 是否存在正整数 x, y, z, u, v，使其中每一个都大于 200，并且 $x^2 + y^2 + z^2 + u^2 + v^2 = xyzuv - 65$.

11. 对整数 n，用 $f(n)$ 表示 $n^2 + 2$ 被 4 除的余数，求证：方程 $x^2 + (-1)^y f(z) = 10y$ 没有整数解.

第 19 讲　周期函数与周期数列

知识呈现

如果函数 $y=f(x)$ 对定义域内任意的 x 存在一个不等于 0 的常数 T,使 $f(x+T)=f(x)$ 恒成立,则称函数 $f(x)$ 是周期函数,T 是它的一个周期.

一般情况下,如果 T 是函数 $f(x)$ 的周期,则 $kT(k\in\mathbf{N}^*)$ 也是 $f(x)$ 的周期.

1. 若 $f(x+T)=-f(x)$,则 $2T$ 是 $f(x)$ 的周期,即 $f(x+2T)=f(x)$.

证明

$$f(x+2T)=f(x+T+T)=-f(x+T)=f(x)$$

由周期函数的性质可得

$$f(x+2nT)=f(x)\quad(n\in\mathbf{Z})$$

2. 若 $f(x+T)=\pm\dfrac{1}{f(x)}$,则 $2T$ 是 $f(x)$ 的周期,即 $f(x+2T)=f(x)$.

仅以 $f(x+T)=\dfrac{1}{f(x)}$ 为例.

证明　$$f(x+2T)=f(x+T+T)=\frac{1}{f(x+T)}=f(x)$$

由周期函数的性质可得

$$f(x+2nT)=f(x)\quad(n\in\mathbf{Z})$$

3. 在数列 $\{a_n\}$ 中,如果存在非零常数 T,使 $a_{m+T}=a_m$ 对于任意的非零自然数 m 均成立,那么就称数列 $\{a_n\}$ 为周期数列,其中 T 叫作数列 $\{a_n\}$ 的周期.

典例展示

例 1　已知函数 $f(x)$ 对任意实数 x,都有 $f(a+x)=f(a-x)$ 且 $f(b+x)=f(b-x)$,求证:$2|a-b|$ 是 $f(x)$ 的一个周期$(a\neq b)$.

证明　不妨设 $a>b$,于是

$f(x+2(a-b))=f(a+(x+a-2b))=f(a-(x+a-2b))=$

$$f(2b-x)=f(b-(x-b))=$$
$$f(b+(x-b))=f(x)$$

所以 $2(a-b)$ 是 $f(x)$ 的一个周期. 当 $a<b$ 时,同理可得.

故 $2|a-b|$ 是 $f(x)$ 的周期.

例 2　已知数列 $\{x_n\}$ 满足 $x_1=1, x_2=6, x_{n+1}=x_n-x_{n-1}(n\geqslant 2)$,求 x_{2018} 及 S_{2018} 的值.

解法一　由 $x_1=1, x_2=6$,及 $x_{n+1}=x_n-x_{n-1}$ 得

$$x_3=5, x_4=-1, x_5=-6, x_6=-5, x_7=1, x_8=6$$

所以数列 $\{x_n\}$ 是周期数列,其周期为 $6k(k\in\mathbf{Z})$,且

$$x_1+x_2+\cdots+x_6=0$$

故

$$x_{2018}=x_{6\times 336+2}=x_2=6, S_{2018}=7$$

解法二　因为

$$x_{n+1}=x_n-x_{n-1}=(x_{n-1}-x_{n-2})-x_{n-1}=-x_{n-2}$$

于是,得

$$x_{n+6}=-x_{n+3}=x_n$$

所以数列 $\{x_n\}$ 是周期数列,其周期为 $6k(k\in\mathbf{Z})$,且

$$x_1+x_2+\cdots+x_6=0$$

故

$$x_{2018}=x_{6\times 336+2}=x_2=6, S_{2018}=7$$

例 3　定义在 $\mathbf{R}$ 上的奇函数且 $f(x+2)=f(x-2)$,且 $f(1)=2$,求 $f(2)+f(7)$ 的值.

解　因为 $f(x+2)=f(x-2)$,知 $f(x+2T)=f(x)$,即

$$f(x+4)=f(x)$$

所以

$$f(7)=f(3+4)=f(-1+4)=f(-1)=-f(1)=-2$$
$$f(-2)=f(-2+4)=f(2)$$

于是 $f(2)=0$. 从而

$$f(2)+f(7)=-2$$

说明　若 $f(x+T)=\pm f(x-T)$.

① $f(x+T)=f(x-T)$, $2T$ 是 $f(x)$ 的周期,即 $f(x+2T)=f(x)$.

证明　$f(x+2T)=f(x+T+T)=f(x+T-T)=f(x)$

② $f(x+T)=-f(x-T)$, $4T$ 是 $f(x)$ 的周期,即 $f(x+4T)=f(x)$.

证明　$f(x+2T)=f(x+T+T)=-f[(x+T)-T]=-f(x)$

所以,有 $f(x+4T)=f(x)$.

例 4 定义在 $\mathbf{R}$ 上的奇数满足 $f(1+x)=f(1-x)$,当 $x\in(4,5]$ 时,$f(x)=2^{x-4}$,则 $x\in[-1,0)$,求 $f(x)$ 的解析式.

解 因为

$$f(1+x)=f(1-x),f(x)=f(-x)$$

知 $f(x+4)=f(x)$,所以当 $x\in(0,1]$ 时,有

$$x+4\in(4,5],f(x)=f(x+4)=2^{x+4-4}=2^{x}$$

又 $x\in[-1,0)$ 时,即 $-x\in(0,1]$,所以

$$f(x)=-f(-x)=-2^{-x}\quad(x\in[-1,0))$$

说明 若 $f(T+x)=\pm f(T-x)$.

(1) $f(T+x)=f(T-x)$.

① 若 $f(x)$ 是偶函数,则 $2T$ 是 $f(x)$ 的周期,即 $f(x+2T)=f(x)$;

② 若 $f(x)$ 是奇函数,则 $4T$ 是 $f(x)$ 的周期,即 $f(x+4T)=f(x)$.

(2) $f(T+x)=-f(T-x)$.

① 若 $f(x)$ 是偶函数,则 $4T$ 是 $f(x)$ 的周期,即 $f(x+4T)=f(x)$;

② 若 $f(x)$ 是奇函数,则 $2T$ 是 $f(x)$ 的周期,即 $f(x+2T)=f(x)$.

例 5 设 $f(x)$ 是定义在 $\mathbf{R}$ 上的偶函数,其图像关于直线 $x=1$ 对称,对任意 $x_1,x_2\in\left[0,\frac{1}{2}\right]$,都有 $f(x_1+x_2)=f(x_1)\cdot f(x_2)$,且 $f(1)=a>0$.

(1) 求 $f\left(\frac{1}{2}\right),f\left(\frac{1}{4}\right)$ 的值;

(2) 证明:$f(x)$ 是周期函数;

(3) 设 $a_n=f\left(2n+\frac{1}{2n}\right)$,求 $\lim\limits_{n\to\infty}(\ln a_n)$ 的值.

分析 本题主要考查函数的概念、图像,函数的奇偶性和周期性以及数列极限等知识,还考查运算能力和逻辑思维能力.认真分析处理好各知识点的相互联系,抓住条件 $f(x_1+x_2)=f(x_1)\cdot f(x_2)$ 找到问题的突破口.由 $f(x_1+x_2)=f(x_1)\cdot f(x_2)$ 变形为

$$f(x)=f\left(\frac{x}{2}+\frac{x}{2}\right)=f\left(\frac{x}{2}\right)\cdot f\left(\frac{x}{2}\right)\cdot f\left(\frac{x}{2}\right)$$

是解决问题的关键.

解 (1) 因为对 $x_1,x_2\in\left[0,\frac{1}{2}\right]$,都有

$$f(x_1+x_2)=f(x_1)\cdot f(x_2)$$

所以

$$f(x)=f\left(\frac{x}{2}+\frac{x}{2}\right)=f\left(\frac{x}{2}\right)\geqslant 0\quad (x\in[0,1])$$

又因为

$$f(1)=f\left(\frac{1}{2}+\frac{1}{2}\right)=f\left(\frac{1}{2}\right)\cdot f\left(\frac{1}{2}\right)=\left[f\left(\frac{1}{2}\right)\right]^2$$

$$f\left(\frac{1}{2}\right)=f\left(\frac{1}{4}+\frac{1}{4}\right)=f\left(\frac{1}{4}\right)\cdot f\left(\frac{1}{4}\right)=\left[f\left(\frac{1}{4}\right)\right]^2$$

又 $f(1)=a>0$，所以

$$f\left(\frac{1}{2}\right)=a^{\frac{1}{2}},f\left(\frac{1}{4}\right)=a^{\frac{1}{4}}$$

(2) 依题意，设 $y=f(x)$ 关于直线 $x=1$ 对称，故

$$f(x)=f(1+1-x)$$

即

$$f(x)=f(2-x)\quad (x\in\mathbf{R})$$

又由 $f(x)$ 是偶函数知

$$f(-x)=f(x)\quad (x\in\mathbf{R})\qquad ①$$

所以

$$f(-x)=f(2-x)\quad (x\in\mathbf{R})$$

将式 ① 中 $-x$ 以 x 代换得

$$f(x)=f(x+2)$$

这表明 $f(x)$ 是 $\mathbf{R}$ 上的周期函数，且 2 是它的一个周期.

(3) 由(1) 知 $f(x)\geqslant 0,x\in[0,1]$. 因为

$$f\left(\frac{1}{2}\right)=f\left(n\cdot\frac{1}{2n}\right)=f\left(\frac{1}{2n}+(n-1)\frac{1}{2n}\right)=$$

$$f\left(\frac{1}{2n}\right)\cdot f\left((n-1)\cdot\frac{1}{2n}\right)=\cdots=$$

$$f\left(\frac{1}{2n}\right)\cdot f\left(\frac{1}{2n}\right)\cdot\cdots\cdot f\left(\frac{1}{2n}\right)=$$

$$\left[f\left(\frac{1}{2n}\right)\right]^n=a^{\frac{1}{2}}$$

所以

$$f\left(\frac{1}{2n}\right)=a^{\frac{1}{2n}}$$

又因为 $f(x)$ 的一个周期是 2，所以

$$f\left(2n+\frac{1}{2n}\right)=f\left(\frac{1}{2n}\right)$$

因此

$$a_n = a^{\frac{1}{2n}}$$

故

$$\lim_{n\to\infty}(\ln a_n) = \lim_{n\to\infty}\left(\frac{1}{2n}\ln a\right) = 0$$

例 6 已知数列 $\{x_n\}$ 满足 $x_{n+1} = x_n - x_{n-1}(n \geqslant 2)$, $x_1 = a$, $x_2 = b$, 设 $S_n = x_1 + x_2 + \cdots + x_n$, 求 x_{100}, S_{100} 的值.

解 因为

$$x_{n+1} = x_n - x_{n-1} = (x_{n-1} - x_{n-2}) - x_{n-1} = -x_{n-2}$$

于是

$$x_{n+6} = -x_{n+3} = x_n$$

所以数列 $\{x_n\}$ 是周期数列,其周期为 $6k(k \in \mathbf{Z})$,且

$$x_1 + x_2 + \cdots + x_6 = 0, x_{100} = x_4 = -x_1 = -a$$

故

$$S_{100} = 16(x_1 + x_2 + \cdots + x_6) + x_{97} + x_{98} + \cdots + x_{99} + x_{100} = x_1 + x_2 + x_3 + x_4 = x_2 + x_3 = 2b - a$$

例 7 设数列 $a_1, a_2, a_3, \cdots, a_n$, 满足 $a_1 = a_2 = 1$, $a_3 = 2$, 且对任意自然数 n 都有 $a_n \cdot a_{n+1} \cdot a_{n+2} \neq 1$, $a_n \cdot a_{n+1} \cdot a_{n+2} a_{n+3} = a_n + a_{n+1} + a_{n+2} + a_{n+3}$, 求 $a_1 + a_2 + a_3 + \cdots + a_{100}$ 的值.

解 由

$$a_n \cdot a_{n+1} \cdot a_{n+2} a_{n+3} = a_n + a_{n+1} + a_{n+2} + a_{n+3} \quad ①$$

得

$$a_{n+1} \cdot a_{n+2} \cdot a_{n+3} a_{n+4} = a_{n+1} + a_{n+2} + a_{n+3} + a_{n+4} \quad ②$$

① − ② 得

$$(a_n - a_{n+4})(a_{n+1} + a_{n+2} a_{n+3} - 1) = 0$$

由 $a_{n+1} + a_{n+2} a_{n+3} \neq 1$, 所以 $a_{n+4} = a_n$.

又 $a_1 = a_2 = 1$, $a_3 = 2$, 由式 ① 得 $2a_4 = 4 + a_4$, 所以 $a_4 = 4$.

故

$$a_1 + a_2 + a_3 + a_4 = 8$$

于是

$$a_1 + a_2 + a_3 + \cdots + a_{100} = 25(a_1 + a_2 + a_3 + a_4) = 200$$

例 8 设函数 $f(x)$ 在 $(-\infty, +\infty)$ 上满足 $f(2 - x) = f(2 + x)$, $f(7 - x) = f(7 + x)$, 且在闭区间 $[0, 7]$ 上, 只有 $f(1) = f(3) = 0$.

(1) 试判断函数 $y = f(x)$ 的奇偶性;

(2) 试求方程 $f(x)=0$ 在闭区间$[-2\,015,2\,015]$上的根的个数,并证明你的结论.

解　(1) 由

$$\begin{cases}f(2-x)=f(2+x)\\ f(7-x)=f(7+x)\end{cases}\Rightarrow\begin{cases}f(x)=f(4-x)\\ f(x)=f(14-x)\end{cases}\Rightarrow f(4-x)=$$

$$f(14-x)\Rightarrow f(x)=f(x+10)$$

从而知函数 $y=f(x)$ 的周期为 $T=10$.

又 $f(3)=f(1)=0$,而

$$f(7)\neq 0,f(-3)=f(-3+10)=f(7)\neq 0$$

所以

$$f(-3)\neq\pm f(3)$$

故函数 $y=f(x)$ 是非奇非偶函数.

(2) 又

$$f(3)=f(1)=0,f(11)=f(13)=f(-7)=f(-9)=0$$

所以 $f(x)$ 在$[0,10]$和$[-10,0]$上均有两个解,从而可知函数 $y=f(x)$ 在$[0,2\,015]$上有 404 个解,在$[-2\,015,0]$上有 402 个解,所以函数 $y=f(x)$ 在闭区间$[-2\,015,2\,015]$上有 806 个解.

说明　若 $f(a+x)=\pm f(a-x)$,且 $f(b+x)=\pm f(b-x)(a\neq b)$.

(1) 若 $f(a+x)=f(a-x)$,且 $f(b+x)=f(b-x)$,或 $f(a+x)=-f(a-x)$,且 $f(b+x)=-f(b-x)$,则 $2(b-a)$ 是 $f(x)$ 的周期,即

$$f[x+2(b-a)]=f(x)$$

证明　因为

$$f(2a+x)=f[a+(a+x)]=f(2a-x)=f(-x)$$

同理

$$f(2b+x)=f(-x)$$

因为

$$f[x+2(b-a)]=f[2b+(x-2a)]=f[(x-2a)]=f(x)$$

或

$$f(2a+x)=f[a+(a+x)]=-f[a-(a-x)]=-f(-x)$$

同理

$$f(2b+x)=-f(-x)$$

故

$$f(x+2(b-a))=f(2b+(x-2a))=-f[2a+(-x)]=f(x)$$

(2) 若 $f(a+x)=f(a-x)$,且

$$f(b+x)=-f(b-x)\text{，或 }f(a+x)=-f(a-x)$$

且

$$f(b+x)=f(b-x)$$

则 $4(b-a)$ 是 $f(x)$ 的周期，即 $f[x+4(b-a)]=-f(-x)$.（证明留给读者完成）

例 9 设 $f(x)$ 是定义在 $(-\infty,+\infty)$ 上以 2 为周期的函数，对 $k\in\mathbf{Z}$，用 I_k 表示 $(2k-1,2k+1]$，已知当 $x\in I_0$ 时，$f(x)=x^2$.

(1) 求 $f(x)$ 在 I_k 上的解析表达式；

(2) 对自然数 k，求集合 $M_K=\{a\mid$ 使方程 $f(x)=ax$ 在 I_k 上有两个不相等的实数根$\}$.

解 (1) 因为 $f(x)$ 是以 2 为周期的函数，所以当 $k\in\mathbf{Z}$ 时，$2k$ 是 $f(x)$ 的周期. 又因为当 $x\in I_k$ 时，$(x-2k)\in I_0$，所以

$$f(x)=f(x-2k)=(x-2k)^2$$

即对 $k\in\mathbf{Z}$，当 $x\in I_k$ 时，$f(x)=(x-2k)^2$.

(2) 当 $k\in\mathbf{N}$ 且 $x\in I_k$ 时，利用(1) 的结论可得方程

$$(x-2k)^2=ax$$

整理得

$$x^2-(4k+a)x+4k^2=0$$

它的判别式

$$\Delta=(4k+a)^2-16k^2=a(a+8k)$$

上述方程在区间 I_K 上恰有两个不相等的实数根的充要条件是 a 满足

$$\begin{cases}a(a+k)>0\\2k-1<\dfrac{1}{2}\left[4k+a-\sqrt{a(a+8k)}\right]\\2k+1\geqslant\dfrac{1}{2}\left[4k+a+\sqrt{a(a+8k)}\right]\end{cases}$$

化简得

$$\begin{cases}a(a+8k)>0 & ①\\\sqrt{a(a+8k)}>2+a & ②\\\sqrt{a(a+8k)}\leqslant 2-a & ③\end{cases}$$

由式 ① 知 $a>0$，或 $a<-8k$. 当 $a>0$ 时，因为 $2+a>2-a$，所以由式 ②，③ 可得

$$\sqrt{a(a+8k)}\leqslant 2-a$$

即

$$\begin{cases}a(a+8k)\leqslant(2-a)^2\\2-a>0\end{cases}$$

即

$$\begin{cases}(2k+1)a\leqslant 1\\a<2\end{cases}$$

所以

$$0<a\leqslant\frac{1}{2k+1}$$

当 $a<-8k$ 时，$2+a<2-8k<0$，易知$\sqrt{a(a+8k)}<2+a$ 无解.

综上所述，a 应满足

$$0<a\leqslant\frac{1}{2k+1}$$

故所求集合(1)$k>0$ 时，$M_K=\left\{a\,\middle|\,0<a\leqslant\frac{1}{2k+1}\right\}$；(2)$k=0$，$\{a\mid -1<a<0$，或 $0<a<1\}$

例 10　在直角坐标平面中，已知点 $P_1(1,2)$，$P_2(2,2^2)$，$P_3(3,2^3)$，…，$P_n(n,2^n)$，其中 n 是正整数. 对平面上任一点 A_0，设点 A_1 为 A_0 关于点 P_1 的对称点，设点 A_2 为 A_1 关于点 P_2 的对称点，…，A_n 为 A_{n-1} 关于点 P_n 的对称点.

(1) 求向量$\overrightarrow{A_0A_2}$ 的坐标；

(2) 当点 A_0 在曲线 C 上移动时，点 A_2 的轨迹是函数 $y=f(x)$ 的图像，其中 $f(x)$ 是以 3 为周期的周期函数，且当 $x\in(0,3]$ 时，$f(x)=\lg x$，求以曲线 C 为图像的函数在$(1,4]$ 的解析式；对任意偶数 n，用 n 表示向量$\overrightarrow{A_0A_n}$ 的坐标.

解　(1) 设点 $A_0(x,y)$，A_0 关于点 P_1 的对称点 A_1 的坐标为 $A_1(2-x,4-y)$，A_1 关于点 P_2 的对称点 A_2 的坐标为 $A_2(2+x,4+y)$，所以

$$\overrightarrow{A_0A_2}=\{2,4\}$$

(2) **解法一**　因为$\overrightarrow{A_0A_2}=\{2,4\}$，所以 $f(x)$ 的图像由曲线 C 向右平移 2 个单位，再向上平移 4 个单位得到.

因此，曲线 C 是函数 $y=g(x)$ 的图像，其中 $g(x)$ 是以 3 为周期的周期函数，且当 $x\in(-2,1]$ 时，$g(x)=\lg(x+2)-4$，于是，当 $x\in(1,4]$ 时，$g(x)=\lg(x-1)-4$.

解法二　设点 $A_0(x,y)$，$A_2(x_2,y_2)$，于是

$$\begin{cases}x_2-x=2\\y_2-y=4\end{cases}$$

若 $3<x_2\leqslant 6$，则 $0<x_2-3\leqslant 3$，于是

$$f(x_2)=f(x_2-3)=\lg(x_2-3)$$

当 $1 < x \leqslant 4$ 时,则

$$3 < x_2 \leqslant 6, y+4=\lg(x-1)$$

所以当 $x \in (1,4]$ 时,有

$$g(x)=\lg(x-1)-4$$

(3) $$\overrightarrow{A_0A_n}=\overrightarrow{A_0A_2}+\overrightarrow{A_2A_4}+\cdots+\overrightarrow{A_{n-2}A_n}$$

由于 $\overrightarrow{A_{2k-2}A_{2k}}=2\overrightarrow{P_{2k-1}P_{2k}}$,得

$$\overrightarrow{A_0A_n}=2(\overrightarrow{P_1P_2}+\overrightarrow{P_3P_4}+\cdots+\overrightarrow{P_{n-1}P_n})=$$
$$2(\{1,2\}+\{1,2^3\}+\cdots+\{1,2^{n-1}\})=$$
$$2\left\{\frac{n}{2},\frac{2(2^n-1)}{3}\right\}=\left\{n,\frac{4(2^n-1)}{3}\right\}$$

课外训练

1. 定义“等和数列”:在一个数列中,如果每一项与它的后一项的和都为同一个常数,那么这个数列叫作等和数列,这个常数叫作该数列的公和.已知数列 $\{a_n\}$ 是等和数列,且 $a_1=2$,公和为 5,求这个数列的前 n 项和 S_n.

2. 若存在常数 $p>0$,使得函数 $f(x)$ 满足 $f(px)=f\left(px-\frac{p}{2}\right)(x\in\mathbf{R})$,求 $f(x)$ 的一个正周期.

3. 对任意整数 x,函数 $f(x)$ 满足 $f(x+1)=\frac{1+f(x)}{1-f(x)}$,若 $f(1)=2$,求 $f(2\ 019)$ 的值.

4. 已知函数 $f(x)$ 的定义域为 $\mathbf{N}$,且对任意正整数 x,都有 $f(x)=f(x-1)+f(x+1)$.若 $f(0)=2\ 016$,求 $f(2\ 016)$ 的值.

5. 已知对于任意 $a,b\in\mathbf{R}$,有 $f(a+b)+f(a-b)=2f(a)f(b)$,且 $f(x)\neq 0$.

(1) 求证:$f(x)$ 是偶函数;

(2) 若存在正整数 m 使 $f(m)=0$,求满足 $f(x+T)=f(x)$ 的一个 T 值 $(T\neq 0)$.

6. 设 $f(n)$ 为自然数 n 的个位数,$a_n=f(n^2)-f(n)$,求 $a_1+a_2+a_3+\cdots+a_{2\ 016}$ 的值.

7. 函数 f 定义在整数集上.满足:$f(n)=\begin{cases}n-3(若\ n\geqslant 1\ 000)\\ [f(n+5)](若\ n<1\ 000)\end{cases}$,求 $f(84)$ 的值.

8. 已知数列$\{a_n\}$满足$a_1=1, a_2=2, a_n a_{n+1} a_{n+2}=a_n+a_{n+1}+a_{n+2}$，且$a_{n+1}a_{n+2}\neq 1$，求$\sum\limits_{i=1}^{2\,015} a_i$的值.

9. 设函数$f(x)$的定义域关于原点对称且满足：

A. $f(x_1-x_2)=\dfrac{f(x_1)f(x_2)+1}{f(x_2)-f(x_1)}$；

B. 存在正常数a使$f(a)=1$.

求证：(1) $f(x)$是奇函数.

(2) $f(x)$是周期函数，且有一个周期是$4a$.

10. 已知集合M是满足下列性质的函数$f(x)$的全体：存在非零常数T，对任意$x\in\mathbf{R}$，有$f(x+T)=Tf(x)$成立.

(1) 函数$f(x)=x$是否属于集合M？请说明理由；

(2) 设函数$f(x)=a^x$ $(a>0$，且$a\neq 1)$的图像与$y=x$的图像有公共点，证明：$f(x)=a^x\in M$；

(3) 若函数$f(x)=\sin kx\in M$，求实数k的取值范围.

11. 设$f(x)$是一个从实数集$\mathbf{R}$到$\mathbf{R}$的一个映射，对于任意的实数x，都有$|f(x)|\leqslant 1$，并且$f(x)+f\left(x+\dfrac{13}{42}\right)=f\left(x+\dfrac{1}{6}\right)+f\left(x+\dfrac{1}{7}\right)$，求证：$f(x)$是周期函数.

第 20 讲　函数迭代与函数方程

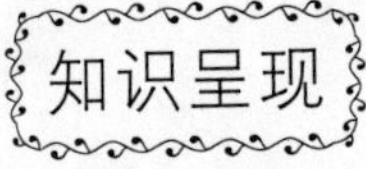

在研究函数的表达式或函数的性质时，函数的解析式通常没有给出，往往只给出函数的某些性质，而要求出函数的解析式，或证明该函数具有另外的一些性质，或证明满足所给性质的函数不存在或有多少个，或求出该函数的某些特殊函数值等，这就是本讲所讲的主要内容 —— 函数迭代与函数方程问题.

利用了一个函数自身复合多次，这就叫作迭代. 一般地，设 $f: D \to D$ 是一个函数，对任意的 $x \in D$，设 $f^{(0)}(x)=x, f^{(1)}(x)=f(x), f^{(2)}(x)=f(f(x)), \cdots, f^{(n+1)}(x)=f(f^{(n)}(x))$，则称 $f^{(n)}(x)$ 为 $f(x)$ 的 n 次迭代，并称 n 为 $f^{(n)}(x)$ 的迭代指数.

如果 $f^{(n)}(x)$ 有反函数，则记为 $f^{(-n)}(x)$. 于是迭代指数可以取所有整数.

对于一些简单的函数，它的 n 次迭代是容易得到的.

若 $f(x)=x+c$，则 $f^{(n)}(x)=x+nc$.

若 $f(x)=x^2$，则 $f^{(n)}(x)=x^{2n}$.

若 $f(x)=ax+b$，则 $f^{(n)}(x)=a^n x+\dfrac{1-a^n}{1-a}b\ (a \neq 1)$.

函数迭代的理论与方法在计算数学和微分动力系统等领域中有着十分重要的应用. 然而，由于它的一些方法和结果是初等的，又较有趣，因而在数学竞赛中屡有出现.

常见函数 n 次迭代有：

(1) $f(x)=x+a, f^{(n)}(x)=x+na$；

(2) $f(x)=ax, f^{(n)}(x)=a^n x$；

(3) $f(x)=\dfrac{x}{1+ax}, f^{(n)}(x)=\dfrac{x}{1+nax}$；

(4) $f(x)=ax+b, f^{(n)}(x)=a^n\left(x-\dfrac{b}{1-a}\right)+\dfrac{b}{1-a}$；

(5) $f(x)=4x(1-x), f^{(n)}(x)=\sin^2(2^n \arcsin\sqrt{x})$.

典例展示

例1　(1) 已知 $f(e^x)=x^3+\sin x$，求函数 $f(x)$ 的解析式；

(2) 已知 $f(x)$ 为多项式函数，解函数方程 $f(x+1)+f(x-1)=2x^2-4x$.

解　(1) 令 $t=e^x$，则

$$x=\ln t \quad (t>0)$$

将此代入 $f(e^x)=x^3+\sin x$ 可得

$$f(t)=(\ln t)^3+\sin(\ln t)\ (t>0)$$

即

$$f(x)=(\ln x)^3+\sin(\ln x)\ (x>0)$$

说明　解函数方程 $f(\varphi(x))=g(x)$（其中 $\varphi(x)$ 及 $g(x)$ 是已知函数）时，可设 $t=\varphi(x)$，并在 φ 的反函数存在时，求出反函数 $x=\varphi^{-1}(t)$；将它们代回原来的方程式以求出 $f(x)$. 但若 $\varphi(x)$ 为未知函数时，这个方法就不能用了. 由于代换后的函数未必与原函数方程等价，所以最后一定要检验所得到的解是否满足原来的函数方程.

(2) 由于 $f(x)$ 为多项式函数，注意 $f(x+1)$ 与 $f(x-1)$ 和 $f(x)$ 的次数是相同的.

因为 $f(x)$ 为多项式函数，而 $f(x+1)$ 与 $f(x-1)$ 并不会改变 $f(x)$ 的次数，故由(1) 可知 $f(x)$ 为二次函数.

不妨设 $f(x)=ax^2+bx+c$，则

$$f(x+1)=a(x+1)^2+b(x+1)+c=ax^2+(2a+b)x+(a+b+c)$$

$$f(x-1)=a(x-1)^2+b(x-1)+c=ax^2+(b-2a)x+(a-b+c)$$

所以

$$f(x+1)+f(x-1)=2ax^2+2bx+2(a+c)=2x^2-4x$$

于是

$$\begin{cases}2a=2\\2b=-4\\a+c=0\end{cases}$$

解得

$$\begin{cases}a=1\\b=-2\\c=-1\end{cases}$$

故 $f(x)=x^2-2x-1$.

说明 当 $f(x)$ 是多项式时，一般可设 $f(x)=a_0x^n+a_1x^{n-1}+\cdots+a_n(a_0\neq 0)$，代入函数方程的两端，比较两端 x 最高次幂的指数和 x 同次幂的系数，得到关于 n 及 $a_0,a_1,\cdots,a_n$ 的方程组，解出这个方程组便可得到函数方程的解.

例 2 (1) 已知 $f(x)=\sqrt{2+x}\,(x>2)$，求 $f^{(n)}(x)$ 的解析式；

(2) 若 $f(x)=\sqrt{19x^2+93}$，求 $f^{(n)}(x)$ 的解析式.

解 (1) 注意到恒等式

$$t+\frac{1}{t}+2=\left(\sqrt{t}+\frac{1}{\sqrt{t}}\right)^2$$

所以，设

$$x=t+\frac{1}{t}\quad(t>1)$$

$$t=\frac{x+\sqrt{x^2-4}}{2}$$

$$x=t+\frac{1}{t}$$

$$f(x)=t^{\frac{1}{2}}+\frac{1}{t^{\frac{1}{2}}}$$

$$f^{(2)}(x)=t^{\frac{1}{4}}+\frac{1}{t^{\frac{1}{4}}}$$

$$\vdots$$

用数学归纳法不难猜到

$$f^{(n)}(x)=t^{\frac{1}{2^n}}+\frac{1}{t^{\frac{1}{2n}}}$$

即

$$f^{(n)}(x)=\left(\frac{x+\sqrt{x^2-4}}{2}\right)^{\frac{1}{2^n}}+\left(\frac{x+\sqrt{x^2-4}}{2}\right)^{-\frac{1}{2^n}}\quad(x>2)$$

(2) 令 $\sqrt{19x^2+93}=x$，则

$$x^2=-\frac{31}{6}$$

$$f(x)=\sqrt{19\left(x^2+\frac{31}{6}\right)-\frac{31}{6}}$$

$$f^{(2)}(x)=\sqrt{19^2\left(x^2+\frac{31}{6}\right)-\frac{31}{6}}$$

$$f^{(n)}(x)=\sqrt{19^n\left(x^2+\frac{31}{6}\right)-\frac{31}{6}}$$

说明　直接计算，找出规律再用数学归纳法证明，是函数迭代的一种常用方法.

例 3　(1) 已知 $f(x)=\dfrac{x}{\sqrt[k]{a+ax^k}}$，$x\geqslant 0$，求 $f^{(n)}(x)$ 的解析式；

(2) 已知 $f(x)=2x^2-1$，求 $f^{(n)}(x)$ 的解析式.

解　(1) $f(x)=(x^{-k}+a)^{-\frac{1}{k}}$，不难发现

$$\varphi(x)=x^k,\varphi(^x)^{-1}=x^{-\frac{1}{k}}$$

$$g(x)=x+a$$

$$f^{(n)}(x)=\varphi^{-1}(g^{(n)}(\varphi(x)))=\sqrt[k]{\frac{x^k}{1+nax^k}}$$

$$f^{(n)}(x)=\frac{x}{\sqrt[k]{1+nax^k}}$$

(2) 令 $\ell(x)=\arccos x$，$g(x)=2x$，则

$$\ell^{-1}(x)=\cos x$$

此时

$$f(x)=2x^2-1=2\cos^2(\arccos x)-1=\cos 2(\arccos x)=\ell^{-1}(g(\ell(x)))$$

而 $g^{(n)}(x)=2^n x$ 所以

$$f^{(n)}(x)=\ell^{-1}(g^{(n)}(\ell(x)))=\cos(2^n\arccos x)$$

说明　如果存在一个双射 $\varphi(x)$，使 $f(x)=\varphi^{-1}(g(\varphi(x)))$，我们就称 $f(x)$ 与 $g(x)$ 在区间 D 上是共轭的(也叫相似的，这个和矩阵中相似矩阵的概念完全一致，只是这里是对算子下的定义). 其中 $\varphi(x)$，叫作桥函数. 不难证明这是一种等价关系，我们知道等价关系决定一种分类. 这种分类实际上是这个关系相对函数空间的商群.

定理 1　共轭(相似)是一种等价关系.

证明只需要验证一下，自反性、对称性、传递性，即可！

定理 2　共轭关系具有迭代不变性，即如果 $f(x)=\varphi^{-1}(g(\varphi(x)))$，那么 $f^{(n)}(x)=\varphi^{-1}(g^{(n)}(\varphi(x)))$，而且具有相同的桥函数.

特别声明：对于 $n=-1$ 也是成立的.

例 4　已知 $f(x)=ax^2+bx+c$，$a\neq 0$，求 $f^{(n)}(x)$ 的解析式.

解
$$ax^2+bx+c=x\Rightarrow x_1=-\frac{b}{2a},x_2=\frac{b^2-2b}{2a}$$

$$\varphi(x)=x+\frac{b}{2a}$$

$$\varphi^{-1}(x)=x-\frac{b}{2a}$$

$$g(x)=\varphi(f(\varphi^{-1}(x)))=ax^{2}$$

很显然,这一形式已经很容易计算

$$g^{(n)}(x)=a^{2^{n}-1}x^{2^{n}}$$

$$f^{(n)}(x)=\varphi^{-1}(g(\varphi(x)))=a^{2^{n}-1}\left(x+\frac{b}{2a}\right)^{2^{n}}-\frac{b}{2a}$$

说明 函数迭代不动点法:若 $f(x)=ax+b$,则把它化成 $f(x)=a\left(x-\frac{b}{1-a}\right)+\frac{b}{1-a}$.

因而

$$f^{(2)}(x)=a^{2}\left(x-\frac{b}{1-a}\right)+\frac{b}{1-a}$$

$$f^{(3)}(x)=a^{3}\left(x-\frac{b}{1-a}\right)+\frac{b}{1-a}$$

$$\vdots$$

$$f^{(n)}(x)=a^{n}\left(x-\frac{b}{1-a}\right)+\frac{b}{1-a}$$

这里的$\frac{b}{1-a}$就是方程 $ax+b=x$ 的根.一般地,我们称 $f(x)=x$ 的根为函数 $f(x)$ 的不动点,则$\frac{b}{1-a}$是 $f(x)=ax+b$ 的不动点.

如果 x_0 是 $f(x)$ 的不动点,则 x_0 也是 $f^{(n)}(x)$ 的不动点.这一点用数学归纳法是容易证明的.利用不动点能较快地求得 $f(x)$ 的 n 次迭代式.

第一步,先求出不动点($f(x)=x$,比如说有两个不动点),若

$$\varphi_1(x)=x-x_1,f(x)=\varphi_1^{-1}(g_1(\varphi_1(x)))$$

$$\varphi_2(x)=x-x_2,f(x)=\varphi_1^{-1}(g_2(\varphi_1(x)))$$

$$\varphi_3(x)=\frac{x-x_1}{x-x_2},f(x)=\varphi_1^{-1}(g_3(\varphi_1(x)))$$

$$\varphi_4(x)=\frac{x-x_2}{x-x_1},f(x)=\varphi_1^{-1}(g_4(\varphi_1(x)))$$

分别检验看哪个 $g_i^{(k)}(x)$ 好计算一些.

若 $f(x)=x$,只有唯一一根 x_0 时,有

$$\varphi_1(x)=x-x_0,f(x)=\varphi_1^{-1}(g_1(\varphi_1(x)))$$

$$\varphi_2(x)=\frac{1}{x-x_0},f(x)=\varphi_2^{-1}(g_2(\varphi_2(x)))$$

分别比较哪一个 $g_i^{(k)}(x)$ 好计算一些.

例 5　(1) 已知函数 $f(x)$ 满足：$f(0)=1$，$f\left(\frac{\pi}{2}\right)=2$，且对任意的 $x, y\in\mathbf{R}$ 有 $f(x+y)+f(x-y)=2f(x)\cos y$，求函数 $f(x)$；

(2) 设 $f(x)$ 是对除 $x=0$ 和 $x=1$ 以外的一切实数有定义的实值函数，且 $f(x)+f\left(\frac{x-1}{x}\right)=1+x$，求 $f(x)$ 的值.

分析　(1) 已知函数方程中出现了两个独立的变量 x, y，不妨设其中一个变量为常数.

(2) 题目给出了函数 $f(x)$ 所满足的条件，故应用适当的表达式换元，得到关于 $f(x)$ 的方程组.

解　(1) 令 $x=0$，$y=t$ 代入原式可得

$$f(t)+f(-t)=2f(0)\cos t=2\cos t \tag{①}$$

令 $x=\frac{\pi}{2}+t$，$y=\frac{\pi}{2}$ 代入式 ① 可得

$$f(t+\pi)+f(t)=0 \tag{②}$$

令 $x=\frac{\pi}{2}$，$y=\frac{\pi}{2}+t$ 代入式 ① 可得

$$f(t+\pi)+f(-t)=-2f\left(\frac{\pi}{2}\right)\sin t=-4\sin t \tag{③}$$

由式 ①②③ 得

$$2f(t)=2\cos t+4\sin t$$

即

$$f(t)=\cos t+2\sin t$$

所以 $f(x)=\cos x+2\sin x$.

易检验 $f(x)$ 满足方程

$$f(x+y)+f(x-y)=2f(x)\cos y$$

说明　由函数方程 $f(x+y)+f(x-y)=2f(x)\cos y$ 所确定的函数不唯一，这取决于两个初始值 $f(0)$ 和 $f\left(\frac{\pi}{2}\right)$. 事实上，若 $f(0)=a$，$f\left(\frac{\pi}{2}\right)=b$，则函数方程 $f(x+y)+f(x-y)=2f(x)\cos y$ 的解为 $f(x)=a\cos x+b\sin x$.

(2) **解法一**　令 $x=\frac{y-1}{y}$，$y\neq 0,1$，则 $y=\frac{1}{1-x}$，将此代入

$$f(x)+f\left(\frac{x-1}{x}\right)=1+x \tag{④}$$

可得

$$f\left(\frac{y-1}{y}\right)+f\left(\frac{1}{1-y}\right)=\frac{2y-1}{y}$$

即

$$f\left(\frac{x-1}{x}\right)+f\left(\frac{1}{1-x}\right)=\frac{2x-1}{x} \quad ⑤$$

此时式④及式⑤并无法解出 $f(x)$；再令 $x=\frac{1}{1-z}, z\neq 0,1$，则 $z=\frac{x-1}{x}$. 将此代入式④则可得

$$f\left(\frac{1}{1-z}\right)+f(z)=\frac{2-z}{1-z}$$

即

$$f\left(\frac{1}{1-x}\right)+f(x)=\frac{2-x}{1-x} \quad ⑥$$

将式④,⑤,⑥联立,消去 $f\left(\frac{1}{1-x}\right)$, $f\left(\frac{x-1}{x}\right)$,得

$$f(x)=\frac{x^3-x^2-1}{2x(x-1)} \quad ⑦$$

将式⑦代入式④检验

$$f(x)+f\left(\frac{x-1}{x}\right)=\frac{x^3-x^2-1}{2x(x-1)}+\frac{\left(\frac{x-1}{x}\right)^3-\left(\frac{x-1}{x}\right)^2-1}{2\,\frac{x-1}{x}\left(\frac{x-1}{x}-1\right)}=x+1$$

所以

$$f(x)=\frac{x^3-x^2-1}{2x(x-1)} \quad (x\neq 0,1)$$

解法二　令 $\varphi(x)=\frac{x-1}{x}$,则

$$\varphi^2(x)=\varphi(\varphi(x))=\varphi\left(\frac{x-1}{x}\right)=\frac{\frac{x-1}{x}-1}{\frac{x-1}{x}}=\frac{1}{1-x}$$

$$\varphi^3(x)=\varphi(\varphi^2(x))=\varphi\left(\frac{1}{1-x}\right)=\frac{\frac{1}{1-x}-1}{\frac{1}{1-x}}=x$$

此时可将 $f(x)+f\left(\frac{x-1}{x}\right)=1+x$ 表示为

$$f(x)+f(\varphi(x))=1+x \quad ⑧$$

迭代一次可得

$$f(\varphi(x))+f(\varphi^2(x))=1+\varphi(x)=\frac{2x-1}{x} \quad ⑨$$

再迭代一次可得

$$f(\varphi^2(x))+f(\varphi^3(x))=\frac{2\varphi(x)-1}{\varphi(x)}=f(\varphi^2(x))+f(x)=\frac{2-x}{1-x} \quad ⑩$$

将式⑧,⑨,⑩联立,解得

$$f(x)=\frac{x^3-x^2-1}{2x(x-1)}$$

以下同解法一.

说明　利用一次换元,出现了新的函数形式,此时无法通过消元求出所求函数,可以考虑再进行一次换元,使出现的函数形式个数与方程个数一致,从而通过解方程组解出所求函数.

例 6　设 **Q** 是全体有理数集合,求适合下列条件的从 **Q** 到 **Q** 的全体函数 $f(x)$:

(1) $f(1)=2$;

(2) 对任意 $x,y\in\mathbf{Q}$,有 $f(xy)=f(x)f(y)-f(x+y)+1$.

分析　先考虑正整数上的函数 $f(x)$,再考虑整数,再到有理数 $\frac{n}{m}$.

解　在 $f(xy)=f(x)f(y)-f(x+y)+1$ 中,令 $y=1$,则

$$f(x)=f(x)f(1)-f(x+1)+1$$

又 $f(1)=2$,所以 $f(x+1)=f(x)+1$.

当 n 为正整数时,有

$$f(x+n)=f(x+n-1)+1=\cdots=f(x)+n$$

当 $n=-m$ 为负整数时,有

$$f(x+n)=f(x-m)=f(x-m+1)-1=\cdots=f(x-m+2)-2=\cdots=f(x)-m=f(x)+n$$

因此,当 n 为整数时,有

$$f(x+n)=f(x)+n$$

于是

$$f(n+1)=f(1)+n=n+2$$

这样,就有当 x 为整数时,有 $f(x)=x+1$.

对任意有理数 $\frac{n}{m}$(m,n 为整数且 $m\neq 0$),在 $f(xy)=f(x)f(y)-f(x+$

$y)+1$ 中,令 $x=m, y=\frac{n}{m}$,得

$$f(n)=f\left(m\cdot\frac{n}{m}\right)=f(m)f\left(\frac{n}{m}\right)-f\left(m+\frac{n}{m}\right)+1$$

即
$$n+1=(m+1)f\left(\frac{n}{m}\right)-\left[f(m)+\frac{n}{m}\right]+1$$

即
$$f\left(\frac{n}{m}\right)=\frac{n}{m}+1$$

故当 x 为有理数时,有 $f(x)=x+1$.

经检验 $f(x)=x+1$ 满足条件(1) 和(2),则 $f(x)=x+1$.

说明 二元函数方程:$f:\mathbf{R}\to\mathbf{R}, f(x+y)=f(x)+f(y)$ 是一个非常重要的函数方程,这个方程最早是由法国数学家柯西(Cauchy) 加以研究的,后来称之为柯西函数方程.很多问题可以通过变化归结为柯西函数方程.

解这类函数方程的步骤是:依次求出独立变量取正整数值、整数值、有理数值,直至所有实数值,而得到函数方程的解.在假设函数 f 是连续函数时,对于常见的二元函数方程式我们有以下结果:

(1)$f(x+y)=f(x)+f(y), f(x)=xf(1)$(正比例函数);

(2)$f(x+y)=f(x)f(y), f(x)=[f(1)]^x$(指数函数);

(3)$f(xy)=f(x)+f(y), f(x)=\log_b x$(对数函数);

(4)$f(xy)=f(x)f(y), f(x)=x^a$(幂函数).

例 7 设 $\mathbf{Q}^*$ 是全体正有理数集,试作一个函数 $f:\mathbf{Q}^*\to\mathbf{Q}^*$,使得对一切 $x, y\in\mathbf{Q}^*$,都有

$$f(xf(y))=\frac{f(x)}{y} \quad ①$$

分析 满足式 ① 的函数 f 较难看出,我们的想法是从式 ① 导出几个容易捉摸的式子.而式 ① 中的 $f(xf(y))$ 最麻烦,希望能避开这个麻烦.

解 令 $x=1$ 代入式 ①,得

$$f(f(y))=\frac{f(1)}{y} \quad ②$$

而 $f(1)$ 是容易求得的.令 $y=f(1)$ 代入式 ②,得 $f(f(f(1)))=1$.所以

$$f(f(1))=f\left(\frac{f(1)}{1}\right)=f(f(f(1)))=1$$

考虑函数 f 为单射,则 $f(1)=f(f(1))=1$.于是式 ② 为

$$f(f(y))=\frac{1}{y} \quad ③$$

用 $f(y)$ 代换式 ③ 中的 y，得 $f(f(f(y)))=\frac{1}{f(y)}$，再利用式 ②，得

$$f\left(\frac{1}{y}\right)=\frac{1}{f(y)} \quad (\text{利用了 } f(1)=1) \tag{4}$$

用 $y=f\left(\frac{1}{z}\right)$ 代入式 ①，得

$$f\left(xf\left(f\left(\frac{1}{z}\right)\right)\right)=\frac{f(x)}{f\left(\frac{1}{z}\right)} \tag{5}$$

结合式 ⑤，这就是说，满足式 ① 的函数 f 必定满足式 ③ 和式 ⑤. 另一方面，满足式 ③ 和式 ⑤ 的 f 必定满足式 ①. 这只需在式 ⑤ 中令 $x=f(y)$，则

$$f(z)=f(f(y))=\frac{1}{y} \quad (\text{利用了式 ③})$$

即得式 ①，而式 ③ 和式 ⑤ 比式 ① 简单.

现在来构造满足式 ③，⑤ 的函数 f. 设 p_i 是第 i 个素数(例如，$p_1=2$，$p_2=3$)，令 p_i+1，若 i 是奇数，则

$$f(pi)=\begin{cases} p_i+1 & (\text{若 } i \text{ 是奇数}) \\ \dfrac{1}{p_i-1} & (\text{若 } i \text{ 是偶数}) \end{cases} \tag{6}$$

这样定义的函数 f 对素数 p，显然有 $f(f(p))=\frac{1}{p}$，即满足式 ③. 对于 $x\in \mathbf{Q}^*$，x 可表示成 $p_1^{a_1}p_2^{a_2}\cdots p_n^{a_n}$，其中 $a_1,a_2,\cdots,a_n$ 是整数，令

$$f(x)=f(p_1)a_1f(p_2)a_2\cdots f(p_n)a_n \tag{7}$$

由式 ⑥，⑦ 定义的 $\mathbf{Q}^*\to\mathbf{Q}^*$ 的函数 f 显然满足式 ③，⑤，从而满足式 ①.

例 8　f 是定义在 $(1,+\infty)$ 上且在 $(1,+\infty)$ 中取值的函数，满足条件：对任何 $x>1$，$y>1$ 及 $u>0$，$v>0$

$$f(x^uy^v)\leqslant[f(x)]^{\frac{1}{4u}}[f(y)]^{\frac{1}{4v}} \tag{1}$$

都成立，试确定所有的这样的函数 f.

解　先将式 ① 化为一元函数，为此令 $x=y$，$u=v$，则

$$f(x^{2u})\leqslant[f(x)]^{\frac{1}{2u}}$$

再将 $2u$ 代换知，对所有 $x>1$，$u>0$，均有

$$f(x^u)\leqslant[f(x)]^{\frac{1}{u}} \tag{2}$$

令 $y=x^u$，$v=\frac{1}{u}$，则 $x=y^{\frac{1}{u}}=y^v$，$u=\frac{1}{v}$. 代入式 ②，得 $f(y)\leqslant[f(y^v)]^v$.

用 x 代换 y，u 代换 v，则对所有 $x>1$，$u>0$，又有

$$f(x^u) \geqslant [f(x)]^{\frac{1}{u}} \qquad ③$$

由式②,③便知

$$f(x^u) = [f(x)]^{\frac{1}{u}} \qquad ④$$

取 $x=\mathrm{e}, t=\mathrm{e}^u$(则 $u=\ln t$).当 u 从 0 变到 $+\infty$ 时,t 从 1 变到 $+\infty$.于是式④为

$$f(t) = [f(\mathrm{e})]^{\frac{1}{\ln t}}$$

令 $f(\mathrm{e})=a>1$,用 x 代替 t,则

$$f(x) = a^{\frac{1}{\ln x}} \quad (a>1) \qquad ⑤$$

下面验证式⑤所给出的函数满足式①.利用算术-调和平均不等式,有

$$\frac{u\ln x + v\ln y}{2} \geqslant \frac{2}{\frac{1}{u\ln x} + \frac{1}{v\ln y}}$$

所以

$$\frac{1}{4u\ln x} + \frac{1}{4v\ln y} \geqslant \frac{1}{u\ln x + v\ln y}$$

$$f(x^u y^v) = a\,\frac{1}{4v\ln x} + \frac{1}{4u\ln x} = [f(x)]^{\frac{1}{4u}} f[(y)]^{\frac{1}{4v}}$$

这就证明了对所有 $a>1$,式⑤所给出的函数 $f(x)$ 即为所求.

说明 当所给的函数方程(或不等式)含有较多变量,常常先将它化为一个变量的方程(或不等式).另外,利用不等式来证等式的技巧也是处理这类问题的常用方法.

例 9 设 $\mathbf{R}$ 是全体实数的集合,试求出所有的函数 $f:\mathbf{R}\to\mathbf{R}$,使得对于 $\mathbf{R}$ 中的一切 x 和 y,都有

$$f(x^2 + f(y)) = y + (f(x))^2 \qquad ①$$

解 先求 $f(0)$.令 $x=0, t=(f(0))^2$,代入式①,得

$$f(f(y)) = y + t \qquad ②$$

由式②,可知

$$f(f(x^2 + f(f(y)))) = x^2 + f(f(y)) + t \qquad ③$$

由式①,可得

$$f(f(x^2 + f(f(y)))) = f((f(x))^2 + f(y)) = y + (f(f(x))^2 \qquad ④$$

从式②,③,④便得

$$x^2 + y + 2t = y + (x+t)^2$$

即 $2t = t^2 + 2tx$ 对任意实数 x 均成立.所以 $t=0$,从而 $f(0)=0$.将 $t=0$ 代入式②,得

$$f(f(y))=y \quad ⑤$$

当 $x\geqslant 0$ 时，由式 ① 和 ⑤，得

$$f(x+y)=f(x+f(f(y)))=f(y)+(f(\sqrt{x}))^2\geqslant f(y)$$

于是知 $f(x)$ 是 $\mathbf{R}$ 上的单调递增函数，即当 $x\geqslant y$ 时，有 $f(x)\geqslant f(y)$. 因此，$f(x)=x$.

事实上，若存在 $x_0\in\mathbf{R}$，使得 $f(x_0)\neq x_0$. 如果 $x_0<f(x_0)$，则

$$f(x_0)\leqslant f(f(x_0))=x_0$$

产生矛盾；如果 $x_0>f(x_0)$，则 $f(x_0)\geqslant f(f(x_0))=x_0$，产生矛盾.

易知 $f(x)=x$ 满足式 ①. 因此所求的函数为 $f(x)=x$.

说明　通过观察式 ①，容易知道 $f(x)=x$ 是式 ① 的一个解. 估计 $f(x)$ 可能是线性函数，所以先求 $f(0)$ 将有助于解题.

例 10　已知一个二元函数的 $f:\mathbf{R}^+\times\mathbf{R}^+=|(x,y)||x,y\in\mathbf{R}^+|\to\mathbf{R}^+$ 满足下面两个条件：(1) 对任意正实数 x,y,z，有 $f(f(x,y),z)=f(f(z,y),x)$；(2) 对任意正实数 x,y，有 $f(x,1)=\dfrac{1}{x}$，$f(1,y)=y$.

求证：(1) 若 $f(x,y)=f(x,z)$，则 $y=z$；

(2) 若 $f(x,y)=f(z,y)$，则 $x=z$.

证明　令 $x=1$，由条件(1)，(2) 得

$$f(y,z)=\frac{1}{f(z,y)} \quad ①$$

即

$$f(y,z)\cdot f(z,y)=1 \quad ②$$

在式 ② 中，令 $y=z$，得

$$[f(y,y)]^2=1$$

所以

$$f(y,y)=1$$

若 $f(x,y)=f(x,z)$，则由式 ①，得 $\dfrac{1}{f(y,x)}=\dfrac{1}{f(z,x)}$，所以

$$f(y,x)=f(z,x)$$

于是

$$f(f(y,x),x)=f((z,x),x)$$

再由条件(1)，便得

$$f(f(x,x),y)=f((x,x),z)$$

所以 $f(1,y)=f(1,z)$. 由条件(2) 便知 $y=z$.

若 $f(x,y)=f(z,y)$,则由式 ① 得

$$\frac{1}{f(y,x)}=\frac{1}{f(y,z)}$$

所以 $f(y,x)=f(y,z)$. 由上面已证的结果知,$x=z$.

综上所述,命题成立.

课外训练

1. 设 $f\left(\frac{x+1}{x}\right)=\frac{x^2+1}{x^2}$,则函数 $f(x)$ 的解析式是________.

2. 设 $f(x)$ 适合等式 $f(x)-2f\left(\frac{1}{x}\right)=x$,则函数 $f(x)$ 的值域是________.

3. 设 $f(n)$ 是定义在自然数集 $\mathbf{N}^*$ 上的函数,且满足 $f(1)=2$,$f(n+1)=\frac{2f(n)+1}{2}$,则 $f(2\,016)=$________.

4. 若多项式 $P(x)$ 满足方程 $P(x^2)+2x^2+10x=2xP(x+1)+3$,则多项式 $P(x)$ 的解析式为________.

5. 若函数 $f(x)$ 和 $g(x)$ 都在 $\mathbf{R}$ 上有定义,且 $f(x-y)=f(x)g(y)-g(x)f(y)$,$f(-2)=f(1)\neq 0$,则 $g(1)+g(-1)=$________(用数字作答).

6. 设函数 $f:\mathbf{R}\to\mathbf{R}$,满足 $f(0)=1$,且对任意 $x,y\in\mathbf{R}$,都有 $f(xy+1)=f(x)f(y)-f(y)-x+2$,则 $f(x)=$________.

7. 定义在 $\mathbf{R}$ 上的函数 $y=f(x)$,具有下列性质:

(1) 对任何 $x\in\mathbf{R}$,都有 $f(x^3)=f^3(x)$;

(2) 对任何 $x_1,x_2\in\mathbf{R}$,$x_1\neq x_2$,都有 $f(x_1)\neq f(x_2)$.

则 $f(0)+f(1)+f(-1)=$________.

8. 设函数 $f:\mathbf{R}\to\mathbf{R}$,$f(x)=\frac{x}{\sqrt{1+x^2}}$,若 $f_1(x)=f(f(x))$,且对任意的 $n\geqslant 2$,设 $f_n(x)=f(f_{n-1}(x))$,则 $f_n(x)=$________.

9. 设 $f(x)$ 为定义在正整数上的函数,$f(1)=1$ 且满足:对任意的 $x\geqslant 2$,有 $f(x-1)-f(x)=xf(x-1)f(x)$,求函数 $f(x)$.

10. 设函数 $f(x)$ 对所有 $x>0$ 有意义,且满足下列条件:

(1) 对于 $x>0$,有 $f(x)f\left[f(x)+\frac{1}{x}\right]=1$;

(2) $f(x)$ 在 $(0,+\infty)$ 上严格单调递增.

求 $f(1)$ 的值.

11. 求证:不存在函数 $f:\mathbf{R}^+\to\mathbf{R}^+$,使得对任何正实数 x,y,都有

$$(f(x))^2\geqslant f(x+y)(f(x)+y)$$

第 21 讲　三角函数的化简与求值

知识呈现

三角函数式的化简和求值是高考考查的重点内容之一. 通过本讲的学习使学生掌握化简和求值问题的解题规律和途径,特别是要掌握化简和求值的一些常规技巧,以优化我们的解题效果,做到事半功倍.

本难点所涉及的问题以及解决的方法主要有:

1. 求值问题的基本类型

(1) 给角求值;

(2) 给值求值;

(3) 给式求值;

(4) 求函数式的最值或值域;

(5) 化简求值.

2. 技巧与方法

(1) 要寻求角与角关系的特殊性,化非特殊角为特殊角,熟练准确地应用公式;

(2) 注意切割化弦、异角化同角、异名化同名、角的变换等常规技巧的运用;

(3) 对于条件求值问题,要认真寻找条件和结论的关系,寻找解题的突破口,很难入手的问题,可利用分析法;

(4) 求最值问题,常用配方法、换元法来解决.

典例展示

例 1　已知$\frac{\pi}{2}<\beta<\alpha<\frac{3\pi}{4}$,$\cos(\alpha-\beta)=\frac{12}{13}$,$\sin(\alpha+\beta)=-\sqrt{3}$,求$\sin 2\alpha$的值.

解法一　因为$\frac{\pi}{2}<\beta<\alpha<\frac{3\pi}{4}$,所以

$$0<\alpha-\beta<\frac{\pi}{4},\pi<\alpha+\beta<\frac{3\pi}{4}$$

于是

$$\sin(\alpha-\beta)=\sqrt{1-\cos^2(\alpha-\beta)}=\frac{5}{13}$$

$$\cos(\alpha+\beta)=-\sqrt{1-\sin^2(\alpha+\beta)}=-\frac{4}{5}$$

所以

$$\sin 2\alpha=\sin[(\alpha-\beta)+(\alpha+\beta)]=$$
$$\sin(\alpha-\beta)\cos(\alpha+\beta)+\cos(\alpha-\beta)\sin(\alpha+\beta)=$$
$$\frac{5}{13}\times\left(-\frac{4}{5}\right)+\frac{12}{13}\times\left(-\frac{3}{5}\right)=-\frac{56}{65}$$

解法二　因为

$$\sin(\alpha-\beta)=\frac{5}{13},\cos(\alpha+\beta)=-\frac{4}{5}$$

所以

$$\sin 2\alpha+\sin 2\beta=2\sin(\alpha+\beta)\cos(\alpha-\beta)=-\frac{72}{65}$$

$$\sin 2\alpha-\sin 2\beta=2\cos(\alpha+\beta)\sin(\alpha-\beta)=-\frac{40}{65}$$

故

$$\sin 2\alpha=\frac{1}{2}\left(-\frac{72}{65}-\frac{40}{65}\right)=-\frac{56}{65}$$

例 2　不查表求 $\sin^2 20°+\cos^2 80°+\sqrt{3}\cos 20°\cos 80°$ 的值.

解法一　$\sin^2 20°+\cos^2 80°+\sqrt{3}\sin 20°\cos 80°=$

$$\frac{1}{2}(1-\cos 40°)+\frac{1}{2}(1+\cos 160°)+\sqrt{3}\sin 20°\cos 80°=$$

$$1-\frac{1}{2}\cos 40°+\frac{1}{2}\cos 160°+\sqrt{3}\sin 20°\cos (60°+20°)=$$

$$1-\frac{1}{2}\cos 40°+\frac{1}{2}(\cos 120°\cos 40°-\sin 120°\sin 40°)+$$

$$\sqrt{3}\sin 20°(\cos 60°\cos 20°-\sin 60°\sin 20°)=$$

$$1-\frac{1}{2}\cos 40°-\frac{1}{4}\cos 40°-\frac{\sqrt{3}}{4}\sin 40°+$$

$$\frac{\sqrt{3}}{4}\sin 40°-\frac{3}{2}\sin^2 20°=$$

$$1-\frac{3}{4}\cos 40^\circ-\frac{3}{4}(1-\cos 40^\circ)=\frac{1}{4}$$

解法二 设

$$x=\sin^2 20^\circ+\cos^2 80^\circ+\sqrt{3}\sin 20^\circ\cos 80^\circ$$

$$y=\cos^2 20^\circ+\sin^2 80^\circ-\sqrt{3}\cos 20^\circ\sin 80^\circ$$

则

$$x+y=1+1-\sqrt{3}\sin 60^\circ=\frac{1}{2}$$

$$x-y=-\cos 40^\circ+\cos 160^\circ+\sqrt{3}\sin 100^\circ=-2\sin 100^\circ\sin 60^\circ+\sqrt{3}\sin 100^\circ=0$$

所以 $x=y=\frac{1}{4}$,即

$$x=\sin^2 20^\circ+\cos^2 80^\circ+\sqrt{3}\sin 20^\circ\cos 80^\circ=\frac{1}{4}$$

例 3 求$\frac{\cos 1^\circ}{\sin 46^\circ}+\frac{\cos 2^\circ}{\sin 47^\circ}+\frac{\cos 3^\circ}{\sin 48^\circ}+\cdots+\frac{\cos 89^\circ}{\sin 134^\circ}$的值.

解法一 因为

$$\frac{\cos\alpha}{\sin(45^\circ+\alpha)}=\frac{\cos\alpha}{\cos(45^\circ-\alpha)}=\frac{\cos[(\alpha-45^\circ)+45^\circ]}{\cos(\alpha-45^\circ)}=\frac{\sqrt{2}}{2}-\frac{\sqrt{2}}{2}\tan(\alpha-45^\circ)$$

所以

$$\frac{\cos 1^\circ}{\sin 46^\circ}+\frac{\cos 2^\circ}{\sin 47^\circ}+\frac{\cos 3^\circ}{\sin 48^\circ}+\cdots+\frac{\cos 89^\circ}{\sin 134^\circ}=\frac{\sqrt{2}}{2}\times 89-$$

$$\frac{\sqrt{2}}{2}[\tan(-44^\circ)+\tan(-43^\circ)+\cdots+\tan(44^\circ)]=\frac{89\sqrt{2}}{2}$$

解法二 (利用诱导公式配对求和)因为

$$\frac{\cos\alpha}{\sin(45^\circ+\alpha)}+\frac{\cos(90^\circ-\alpha)}{\sin(135^\circ-\alpha)}=\frac{\cos\alpha}{\sin(45^\circ+\alpha)}+\frac{\sin\alpha}{\sin(45^\circ+\alpha)}=$$

$$\frac{\sin\alpha+\cos\alpha}{\sin(45^\circ+\alpha)}=\sqrt{2}$$

所以

$$\frac{\cos 1^\circ}{\sin 46^\circ}+\frac{\cos 2^\circ}{\sin 47^\circ}+\frac{\cos 3^\circ}{\sin 48^\circ}+\cdots+\frac{\cos 89^\circ}{\sin 134^\circ}=$$

$$\left(\frac{\cos 1^\circ}{\sin 46^\circ}+\frac{\cos 89^\circ}{\sin 134^\circ}\right)+\cdots+\left(\frac{\cos 44^\circ}{\sin 89^\circ}+\frac{\cos 46^\circ}{\sin 91^\circ}\right)+$$

$$\frac{\cos 45^\circ}{\sin 90^\circ}=\frac{89\sqrt{2}}{2}$$

例 4 求函数 $f(x)=\sin^4 x\tan x+\cos^4 x\cot x$ 的值域.

解　因为

$$f(x)=\sin^4 x\cdot\frac{\sin x}{\cos x}+\cos^4 x\cdot\frac{\cos x}{\sin x}=\frac{\sin^6 x+\cos^6 x}{\sin x\cos x}=\frac{2-\frac{3}{2}\sin^2 2x}{\sin 2x}$$

令 $t=\sin 2x$，则

$$t\in[-1,0)\cup(0,1],f(x)=\frac{2-\frac{3}{2}t^2}{t}=\frac{2}{t}-\frac{3}{2}t$$

易知函数

$$g(t)=\frac{2}{t}-\frac{3}{2}t$$

在 $[-1,0)$ 与 $(0,1]$ 上都是减函数，所以 $g(t)$ 的值域为 $\left(-\infty,-\frac{1}{2}\right]\cup\left[\frac{1}{2},+\infty\right)$，故 $f(x)$ 的值域为 $\left(-\infty,-\frac{1}{2}\right]\cup\left[\frac{1}{2},+\infty\right)$.

例 5　给定实数 $a>1$，求函数 $f(x)=\frac{(a+\sin x)(4+\sin x)}{1+\sin x}$ 的最小值.

解　由题意，知

$$f(x)=\frac{(a+\sin x)(4+\sin x)}{1+\sin x}=1+\sin x+\frac{3(a-1)}{1+\sin x}+a+2$$

当 $1<a\leqslant\frac{7}{3}$ 时，$0<\sqrt{3(a-1)}\leqslant 2$，此时

$$f(x)=1+\sin x+\frac{3(a-1)}{1+\sin x}+a+2\geqslant 2\sqrt{3(a-1)}+a+2$$

且当 $\sin x=\sqrt{3(a-1)}-1(\in(-1,1])$ 时，不等式等号成立，故

$$f_{\min}(x)=2\sqrt{3(a-1)}+a+2$$

当 $a>\frac{7}{3}$ 时，$\sqrt{3(a-1)}>2$，此时“耐克”函数 $y=t+\frac{3(a-1)}{t}$ 在 $(0,\sqrt{3(a-1)}]$ 内单调递减，故此时

$$f_{\min}(x)=f(1)=2+\frac{3(a-1)}{2}+a+2=\frac{5(a+1)}{2}$$

综上所述

$$f_{\min}(x)=\begin{cases}2\sqrt{3(a-1)}+a+2 & (1<a\leqslant\frac{7}{3})\\ \frac{5(a+1)}{2} & (a>\frac{7}{3})\end{cases}$$

例6　设关于 x 的函数 $y=2\cos^2 x-2a\cos x-(2a+1)$ 的最小值为 $f(a)$，

试确定满足 $f(a)=\frac{1}{2}$ 的 a 值,并对此时的 a 值求 y 的最大值.

解 由 $y=2\left(\cos x-\frac{a}{2}\right)^2-\frac{a^2-4a+2}{2}$ 及 $\cos x\in[-1,1]$ 得

$$f(a)\begin{cases}1 & (a\leqslant -2)\\ -\frac{a^2}{2}-2a-1 & (-2<a<2)\\ 1-4a & (a\geqslant 2)\end{cases}$$

因为 $f(a)=\frac{1}{2}$,所以

$$1-4a=\frac{1}{2}\Rightarrow a=\frac{1}{8}\notin[2,+\infty)$$

故

$$-\frac{a^2}{2}-2a-1=\frac{1}{2}$$

解得 $a=-1$,此时

$$y=2\left(\cos x+\frac{1}{2}\right)^2+\frac{1}{2}$$

当 $\cos x=1$ 时,即

$$x=2k\pi(k\in\mathbf{Z}),y_{\max}=5$$

例 7 已知函数 $f(x)=2\cos x\sin\left(x+\frac{\pi}{3}\right)-\sqrt{3}\sin^2 x+\sin x\cos x$.

(1) 求函数 $f(x)$ 的最小正周期;

(2) 求 $f(x)$ 的最小值及取得最小值时相应的 x 的值;

(3) 若当 $x\in\left[\frac{\pi}{12},\frac{7\pi}{12}\right]$ 时,$f(x)$ 的反函数为 $f^{-1}(x)$,求 $f^{-1}(1)$ 的值.

解 (1) $f(x)=2\cos x\sin\left(x+\frac{\pi}{3}\right)-\sqrt{3}\sin^2 x+\sin x\cos x=$

$$2\cos x\left(\sin x\cos\frac{\pi}{3}+\cos x\sin\frac{\pi}{3}\right)-$$

$$\sqrt{3}\sin^2 x+\sin x\cos x=$$

$$2\sin x\cos x+\sqrt{3}\cos 2x=2\sin\left(2x+\frac{\pi}{3}\right)$$

所以 $f(x)$ 的最小正周期 $T=\pi$.

(2) 当 $2x+\frac{\pi}{3}=2k\pi-\frac{\pi}{2}$,即 $x=k\pi-\frac{5\pi}{12}(k\in\mathbf{Z})$ 时,$f(x)$ 取得最小值 -2.

(3) 令 $2\sin\left(2x+\frac{\pi}{3}\right)=1$，又 $x\in\left[\frac{\pi}{2},\frac{7\pi}{2}\right]$，所以

$$2x+\frac{\pi}{3}\in\left[\frac{\pi}{3},\frac{3\pi}{2}\right]$$

于是 $2x+\frac{\pi}{3}=\frac{5\pi}{6}$，则 $x=\frac{\pi}{4}$，故 $f^{-1}(1)=\frac{\pi}{4}$.

例 8　(1) 已知函数 $f(x)=\dfrac{\sqrt{2}\sin\left(x+\frac{\pi}{4}\right)+2x^2+x}{2x^2+\cos x}$ 有最大值 M、最小值 m，求 $M+m$ 的值；

(2) 已知正实数 a,b 满足 $a^2+b^2=1$，且 $a^3+b^3+1=m(a+b+1)^3$，求 m 的最小值.

解　(1) $f(x)=\dfrac{\sin x+\cos x+2x^2+x}{2x^2+\cos x}=\dfrac{\sin x+x}{2x^2+\cos x}+1$

$$g(x)=\frac{\sin x+x}{2x^2+\cos x}$$

是奇函数. $g(x)_{\max}=-g(x)_{\min}$，又 $M=g(x)_{\max}+1$，$m=g(x)_{\min}+1$，所以 $M+m=2$.

(2) 令 $a=\cos\theta$，$b=\sin\theta$，$0<\theta<\frac{\pi}{2}$，则

$$m=\frac{\cos^3\theta+\sin^3\theta+1}{(\cos\theta+\sin\theta+1)^3}=\frac{(\cos\theta+\sin\theta)(\cos^2\theta-\cos\theta\sin\theta+\sin^2\theta)+1}{(\cos\theta+\sin\theta+1)^3}$$

令 $x=\cos\theta+\sin\theta$，则 $x=\sqrt{2}\sin\left(\theta+\frac{\pi}{4}\right)\in(1,\sqrt{2}]$，且 $\cos\theta\sin\theta=\frac{x^2-1}{2}$.

于是

$$m=\frac{x\left(1-\frac{x^2-1}{2}\right)+1}{(x+1)^3}=\frac{2+3x-x^3}{2(x+1)^3}=\frac{2+x-x^2}{2(x+1)^2}=\frac{2-x}{2(x+1)}=\frac{3}{2(x+1)}-\frac{1}{2}$$

因为函数 $f(x)=\frac{3}{2(x+1)}-\frac{1}{2}$ 在 $(1,\sqrt{2}]$ 上单调递减，所以

$$f(\sqrt{2})\leqslant m<f(1)$$

因此，m 的最小值为

$$f(\sqrt{2})=\frac{3\sqrt{2}-4}{2}$$

课外训练

1. 已知 $\sin\alpha=\frac{3}{5},\alpha\in(\frac{\pi}{2},\pi),\tan(\pi-\beta)=\frac{1}{2}$，则 $\tan(\alpha-2\beta)=$ ______.

2. 设 $\alpha\in\left(\frac{\pi}{4},\frac{3\pi}{4}\right),\beta\in(0,\frac{\pi}{4}),\cos\left(\alpha-\frac{\pi}{4}\right)=\frac{3}{5},\sin\left(\frac{3\pi}{4}+\beta\right)=\frac{5}{13}$，则 $\sin(\alpha+\beta)=$ ______.

3. 不查表求值：$\frac{2\sin 130^\circ+\sin 100^\circ(1+\sqrt{3}\tan 370^\circ)}{\sqrt{1+\cos 10^\circ}}=$ ______.

4. 已知 $\cos\left(\frac{\pi}{4}+x\right)=\frac{3}{5}$，$\left(\frac{17\pi}{12}<x<\frac{7\pi}{4}\right)$，则 $\frac{\sin 2x+2\sin^2 x}{1-\tan x}=$ ______.

5. 设 $\triangle ABC$ 的内角 A,B,C 所对的边 a,b,c 成等比数列，则求 $\frac{\sin A\cot C+\cos A}{\sin B\cot C+\cos B}$ 的取值范围为______.

6. 若 α,β,γ 为锐角，且 $\sin^2\alpha+\sin^2\beta+\sin^2\gamma=1$，则 $\frac{\sin\alpha+\sin\beta+\sin\gamma}{\cos\alpha+\cos\beta+\cos\gamma}$ 的最大值为______.

7. 设 α,β,γ 满足 $0<\alpha<\beta<\gamma<2\pi$，若对于任意 $x\in\mathbf{R}$，$\cos(x+\alpha)+\cos(x+\beta)+\cos(x+\gamma)=0$，则 $\gamma-\alpha=$ ______.

8. 若 $x\in\left[-\frac{5\pi}{12},-\frac{\pi}{3}\right]$，则 $y=\tan\left(x+\frac{2\pi}{3}\right)-\tan\left(x+\frac{\pi}{6}\right)+\cos\left(x+\frac{\pi}{6}\right)$ 的最大值是______.

9. 已知 $\alpha-\beta=\frac{8}{3}\pi$，且 $\alpha\neq k\pi(k\in\mathbf{Z})$，求 $\frac{1-\cos(\pi-\alpha)}{\csc\frac{\alpha}{2}-\sin\frac{\alpha}{2}}-4\sin^2\left(\frac{\pi}{4}-\frac{\beta}{4}\right)$ 的最大值及最大值时的条件.

10. 如图 1 所示，扇形 OAB 的半径为 1，中心角 60°，四边形 $PQRS$ 是扇形的内接矩形，当其面积最大时，求点 P 的位置，并求此时的最大面积.

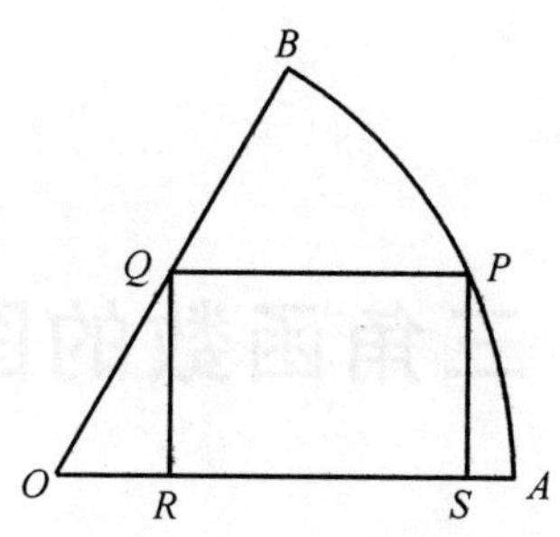

图 1

11. 已知 $\cos\alpha+\sin\beta=\sqrt{3}$，$\sin\alpha+\cos\beta$ 的取值范围是 D，$x\in D$，求函数 $y=\log 0.5\dfrac{\sqrt{2x+3}}{4x+10}$ 的最小值，并求取得最小值时 x 的值.

第 22 讲　三角函数的图像与性质

1. 正弦函数、余弦函数、正切函数的图像(图 1、图 2、图 3)

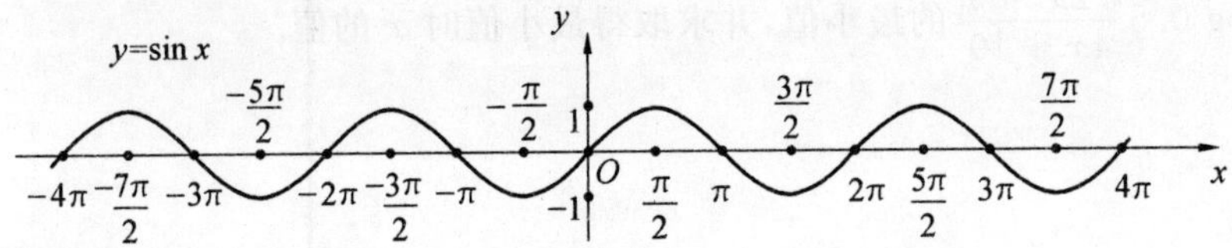

图 1

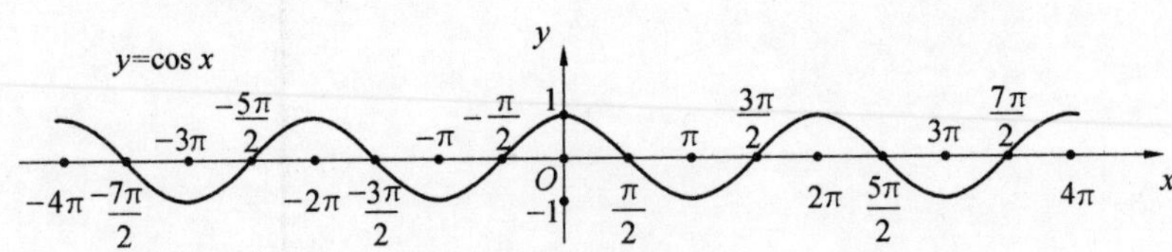

图 2

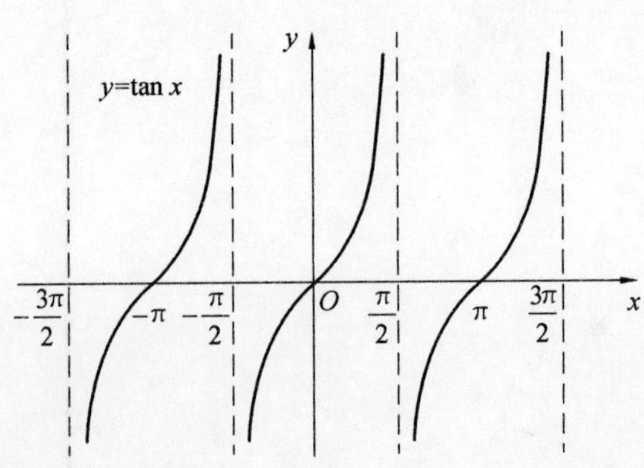

图 3

2. 三角函数的单调区间

(1) $y=\sin x$ 的单调递增区间是 $\left[2k\pi-\frac{\pi}{2},2k\pi+\frac{\pi}{2}\right](k\in\mathbf{Z})$，单调递减区间是 $\left[2k\pi+\frac{\pi}{2},2k\pi+\frac{3\pi}{2}\right](k\in\mathbf{Z})$；

(2) $y=\cos x$ 的单调递增区间是 $[2k\pi-\pi,2k\pi](k\in\mathbf{Z})$，单调递减区间是 $[2k\pi,2k\pi+\pi](k\in\mathbf{Z})$，$y=\tan x$ 的单调递增区间是 $\left(k\pi-\frac{\pi}{2},k\pi+\frac{\pi}{2}\right)(k\in\mathbf{Z})$.

3. 函数 $y=A\sin(\omega x+\varphi)+B$（其中 $A>0,\omega>0$），最大值是 $A+B$，最小值是 $B-A$，周期是 $T=\frac{2\pi}{\omega}$，频率是 $f=\frac{\omega}{2\pi}$，相位是 $\omega x+\varphi$，初相是 φ；其图像的对称轴是直线 $\omega x+\varphi=k\pi+\frac{\pi}{2}(k\in\mathbf{Z})$，凡是该图像与直线 $y=B$ 的交点都是该图像的对称中心.

4. 由 $y=\sin x$ 的图像变换出 $y=\sin(\omega x+\varphi)$ 的图像一般有两个途径.

途径一：先平移变换再周期变换（伸缩变换）

先将 $y=\sin x$ 的图像向左（$\varphi>0$）或向右（$\varphi<0$=平移 $|\varphi|$ 个单位，再将图像上各点的横坐标变为原来的 $\frac{1}{\omega}$ 倍（$\omega>0$），便得 $y=\sin(\omega x+\varphi)$ 的图像.

途径二：先周期变换（伸缩变换）再平移变换

先将 $y=\sin x$ 的图像上各点的横坐标变为原来的 $\frac{1}{\omega}$ 倍（$\omega>0$），再沿 x 轴向左（$\varphi>0$）或向右（$\varphi<0$=平移 $\frac{|\varphi|}{\omega}$ 个单位，便得 $y=\sin(\omega x+\varphi)$ 的图像.

5. 由 $y=A\sin(\omega x+\varphi)$ 的图像求其函数式

给出图像确定解析式 $y=A\sin(\omega x+\varphi)$ 的题型，有时从寻找“五点”中的第一零点 $\left(-\frac{\varphi}{\omega},0\right)$ 作为突破口，要从图像的升降情况找准第一个零点的位置.

6. 对称轴与对称中心

$y=\sin x$ 的对称轴为 $x=k\pi+\frac{\pi}{2}$，对称中心为 $(k\pi,0)k\in\mathbf{Z}$；

$y=\cos x$ 的对称轴为 $x=k\pi$，对称中心为 $(k\pi+\frac{\pi}{2},0)$；

对于 $y=A\sin(\omega x+\varphi)$ 和 $y=A\cos(\omega x+\varphi)$ 来说，对称中心与零点相联

系,对称轴与最值点联系.

7. 五点法作 $y=A\sin(\omega x+\varphi)$ 的简图

五点法是设 $x=\omega x+\varphi$,由 x 取 $0,\frac{\pi}{2},\pi,\frac{3\pi}{2},2\pi$ 来求相应的 x 值及对应的 y 值,再描点作图.

典例展示

例 1 方程 $\frac{1}{5}\log_2 x=\sin(5\pi x)$ 的实根有多少个?

分析 仅仅判断根的个数,基本方法是利用函数的图像数形结合求解.

原方程实根的个数即为两个函数 $y=\frac{1}{5}\log_2 x$ 和 $y=\sin(5\pi x)$ 图像的交点的个数.

解 由于 $|\sin x|\leqslant 1$,所以只需考虑 $\frac{1}{32}\leqslant x\leqslant 32$.

(1) 当 $\frac{1}{32}\leqslant x<1$ 时,由于函数 $y=\sin(5\pi x)$ 的最小正周期是 $\frac{2}{5}$,所以在其范围内函数 $y=\sin(5\pi x)$ 的图像出现两次,在 x 轴下方有四个交点;

(2) 当 $1<x\leqslant 32$ 时,其范围的长度是周期的 $\frac{155}{2}$ 倍,由于 $x=1$ 时,$\sin 5\pi x=0$,所以有 $77\times 2=154$ 个交点;

(3) 当 $x=1$ 时,两个函数也有一个交点.

综上所述,原方程共有 $4+154+1=159$ 个实根.

说明 利用函数图像来确定某些特殊的非常规方程的实根个数是一条十分重要的途径. 在"数形结合"时,特别强调"以数定形",如方程 $\sin x=x$ 的解只有一个(当 $x\in\left(0,\frac{\pi}{2}\right)$ 时,$\sin x<x$).

例 2 已知 $x,y\in\left[-\frac{\pi}{4},\frac{\pi}{4}\right],a\in\mathbf{R}$,且 $\begin{cases}x^3+\sin x-2a=0\\4y^3+\sin y\cos y+a=0\end{cases}$,求 $\cos(x+2y)$ 的值.

分析 构造函数用单调性求解,或利用函数的奇偶性和函数图像的特征求解.

解法一 由已知得

$$x^3+\sin x=2a=(-2y)^3+\sin(-2y)$$

现构造函数 $f(t)=t^3+\sin t$,由此得

$$f(x)=f(-2y)$$

而函数 $f(t)$ 在 $\left[-\frac{\pi}{4},\frac{\pi}{4}\right]$ 上是增函数，所以

$$x=-2y,x+2y=0$$

即

$$\cos(x+2y)=1$$

解法二　设

$$f(x)=x^3+\sin x-2a,g(2y)=(2y)^3+\sin(2y)+2a$$

于是 $g(x)=x^3+\sin x+2a$，又 $y=f(x)$，$y=g(x)$ 分别是 $\mathbf{R}$ 上的增函数，所以它们的图像与 x 轴只有一个交点，而

$$g(x)=x^3+\sin x+2a=-[(-x)^3+\sin(-x)-2a]=-f(-x)$$

即

$$f(-x)=-g(x)$$

所以函数 $y=f(x)$ 与 $y=g(x)$ 的图像关于原点对称，那么它们的交点也关于原点对称.

设 $f(x)=0$，$g(x)=0$ 的根分别是 x，$2y$，则 $\frac{1}{2}(x+2y)=0$，所以

$$\cos(x+2y)=1$$

例 3　已知 α,β 为锐角，且 $x\left(\alpha+\beta-\frac{\pi}{2}\right)^x>0$，试证不等式 $f(x)=\left(\frac{\cos\alpha}{\sin\beta}\right)^x+\left(\frac{\cos\beta}{\sin\alpha}\right)^x<2$ 对一切非零实数都成立.

证明　若 $x>0$，则 $\alpha+\beta>\frac{\pi}{2}$.

因为 α,β 为锐角，所以

$$0<\frac{\pi}{2}-\alpha<\beta<\frac{\pi}{2},0<\frac{\pi}{2}-\beta<\frac{\pi}{2}$$

于是

$$0<\sin\left(\frac{\pi}{2}-\alpha\right)<\sin\beta,0<\sin\left(\frac{\pi}{2}-\beta\right)<\sin\alpha$$

所以

$$0<\cos\alpha<\sin\beta,0<\cos\beta<\sin\alpha$$

于是

$$0<\frac{\cos\alpha}{\sin\beta}<1,0<\frac{\cos\beta}{\sin\alpha}<1$$

所以 $f(x)$ 在 $(0,+\infty)$ 上单调递减，于是 $f(x)<f(0)=2$. 若 $x<0$，$\alpha+\beta<$

$\frac{\pi}{2}$,因为 α,β 为锐角

$$0<\beta<\frac{\pi}{2}-\alpha<\frac{\pi}{2},0<\alpha<\frac{\pi}{2}-\beta<\frac{\pi}{2},0<\sin\beta<\sin\left(\frac{\pi}{2}-\alpha\right)$$

所以

$$\sin\beta<\cos\alpha,0<\sin\alpha<\sin\left(\frac{\pi}{2}-\beta\right)$$

于是 $\sin\alpha<\cos\beta$,所以

$$\frac{\cos\alpha}{\sin\beta}>1,\frac{\cos\beta}{\sin\alpha}>1$$

因为 $f(x)$ 在 $(-\infty,0)$ 上单调递增,所以

$$f(x)<f(0)=2$$

故结论成立.

例 4 已知 $\begin{cases}m=2\cos\theta\\2-m^2=2\lambda+2\sin\theta\end{cases}$,其中 $m,\lambda,\theta\in\mathbf{R}$,求 λ 的取值范围.

解法一 因为

$$\begin{cases}m=2\cos\theta\\2-m^2=2\lambda+2\sin\theta\end{cases}$$

所以

$$\lambda=1-2\cos^2\theta-\sin\theta=2\sin^2\theta-\sin\theta-1=2\left(\sin\theta-\frac{1}{4}\right)^2-\frac{9}{8}$$

当 $\sin\theta=\frac{1}{4}$ 时,λ 取最小值 $-\frac{9}{8}$;当 $\sin\theta=-1$ 时,λ 取最大值 2.

故 λ 的取值范围为 $[-\frac{9}{8},2]$.

解法二 因为

$$\begin{cases}m=2\cos\theta\\2-m^2=2\lambda+2\sin\theta\end{cases}$$

所以

$$\begin{cases}\cos\theta=\dfrac{m}{2}\\\sin\theta=\dfrac{2-m^2-2\lambda}{2}\end{cases}$$

于是

$$\frac{m^2}{4}+\frac{(2-m^2-2\lambda)^2}{4}=1$$

所以

$$m^4-(3-4\lambda)m^2+4\lambda^2-8\lambda=0$$

设 $t=m^2$，则 $0\leqslant t\leqslant 4$.

令 $f(t)=t^2-(3-4\lambda)t+4\lambda^2-8\lambda$，则

$$\begin{cases}\Delta\geqslant 0\\ 0\leqslant\dfrac{3-4\lambda}{2}\leqslant 4\\ f(0)\geqslant 0\\ f(4)\geqslant 0\end{cases}\text{或 } f(0)\cdot f(4)\leqslant 0$$

所以

$$\begin{cases}\lambda\geqslant-\dfrac{9}{8}\\ -\dfrac{5}{4}\leqslant\lambda\leqslant\dfrac{3}{4}\text{ 或 }0\leqslant\lambda\leqslant 2\\ \lambda\geqslant 2\text{ 或 }\lambda\leqslant 0\end{cases}$$

于是

$$-\frac{9}{8}\leqslant\lambda\leqslant 0\text{ 或 }0\leqslant\lambda\leqslant 2$$

故 λ 的取值范围是 $\left[-\dfrac{9}{8},2\right]$.

例 5　已知函数 $f(x)=\sin(\omega x+\varphi)(\omega>0,0\leqslant\varphi\leqslant\pi)$ 是 $\mathbf{R}$ 上的偶函数，其图像关于点 $\left(\dfrac{3\pi}{4},0\right)$ 对称，且在 $\left[0,\dfrac{\pi}{2}\right]$ 是单调函数，求 ω 和 φ 的值.

分析　运用三角函数对称的特征求解，也可用偶函数和关于点对称的定义求解.

解法一　由偶函数关于 x 轴对称，知当 $x=0$ 时，函数 $f(x)$ 取最大值或最小值，所以 $\sin\varphi=\pm 1$. 又 $0\leqslant\varphi\leqslant\pi$，所以 $\varphi=\dfrac{\pi}{2}$；另一方面，函数 $f(x)$ 的图像关于点 $\left(\dfrac{3\pi}{4},0\right)$ 对称，此点是函数图像与 x 轴的一个交点，所以当 $x=\dfrac{3\pi}{4}$，$\sin\left(\dfrac{3\pi}{4}\omega+\dfrac{\pi}{2}\right)=0$，即

$$\cos\frac{3\pi}{4}\omega=0,\frac{3\pi}{4}\omega=\frac{\pi}{2}+k\pi,\omega=\frac{2}{3}(2k+1)\quad(k=0,1,2,\cdots)$$

当 $k=0$ 时，$\omega=\dfrac{2}{3}$，$f(x)=\sin\left(\dfrac{2}{3}x+\dfrac{\pi}{2}\right)$ 在 $\left[0,\dfrac{\pi}{2}\right]$ 上是减函数；

当 $k=1$ 时，$\omega=2$，$f(x)=\sin\left(2x+\frac{\pi}{2}\right)$ 在 $\left[0,\frac{\pi}{2}\right]$ 上是减函数；

当 $k\geqslant 2$ 时，$\omega\geqslant\frac{10}{3}f(x)=\sin(\omega x+\varphi)$ 在 $\left[0,\frac{\pi}{2}\right]$ 上不是减函数.

综上所述，$\omega=\frac{2}{3}$ 或 $\omega=2$，$\varphi=\frac{\pi}{2}$.

解法二 由 $f(x)$ 是偶函数，得 $f(-x)=f(x)$，即

$$\sin(-\omega x+\varphi)=\sin(\omega x+\varphi)$$

所以 $-\cos\varphi\sin\omega x=\cos\varphi\sin\omega x$ 对任意 x 都成立，只能是 $\cos\varphi=0$. 又 $0\leqslant\varphi\leqslant\pi$，所以 $\varphi=\frac{\pi}{2}$.

由 $f(x)$ 的图像关于点 $\left(\frac{3\pi}{4},0\right)$ 对称，得

$$f\left(\frac{3\pi}{4}-x\right)=-f\left(\frac{3\pi}{4}+x\right)$$

令 $x=0$，得 $f\left(\frac{3\pi}{4}\right)=0$，以下同解法一.

例 6 如图 1 所示，一滑雪运动员自 $h=50$ m 的高处由点 A 滑至点 O，由于运动员的技巧(不计阻力)，在点 O 保持速率 v_0 不变，并以倾斜角 θ 起跳，落至点 B，令 $OB=L$，试问，$\alpha=30°$ 时，L 的最大值为多少？当 L 取最大值时，θ 为多大？

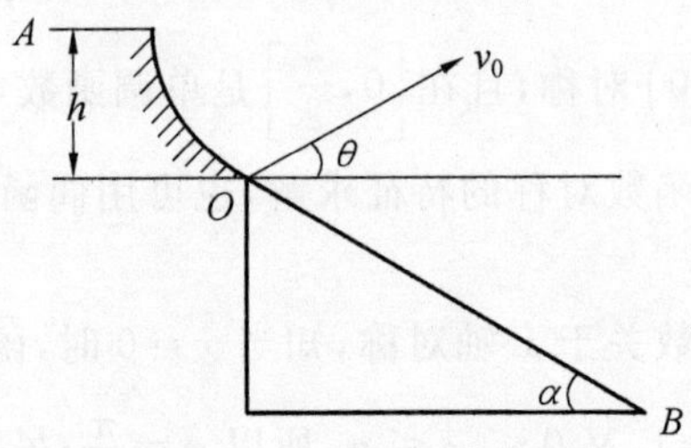

图 1

解 由已知条件列出从点 O 飞出后的运动方程

$$\begin{cases}S=L\cos\alpha=v_0t\cos\theta & ①\\ -h=-L\sin\alpha=v_0 4\sin\theta-\frac{1}{2}gt^2 & ②\end{cases}$$

由式 ①，② 整理得

$$v_0\cos\theta=\frac{L\cos\alpha}{t},v_0\sin\theta=\frac{-L\sin\alpha}{t}+\frac{1}{2}gt$$

所以

$$v_0^2+gL\sin\alpha=\frac{1}{4}g^2t^2+\frac{L^2}{t^2}\geqslant 2\sqrt{\frac{1}{4}g^2t^2\cdot\frac{L^2}{t^2}}=gL$$

运动员从点 A 滑至点 O，机械守恒有

$$mgh=\frac{1}{2}mv_0^2$$

所以 $v_0^2=2gh$，所以

$$L\leqslant\frac{v_0^2}{g(1-\sin\alpha)}=\frac{2gh}{g(1-\sin\alpha)}=200(\mathrm{m})$$

即 $L_{\max}=200(\mathrm{m})$. 又

$$\frac{1}{4}g^2t^2=\frac{S^2+h^2}{t^2}=\frac{L^2}{t^2}$$

所以

$$t=\sqrt{\frac{2L}{g}},S=L\cos\alpha=v_0t\cos\alpha=\sqrt{2gh}\sqrt{\frac{2L}{g}}\cdot\cos\theta$$

得 $\cos\theta=\cos\alpha$，所以 $\theta=\alpha=30°$.

故 L 的最大值为 200 m，当 L 最大时，起跳仰角为 30°.

例 7　如图 5 所示，某地一天从 6 时到 14 时的温度变化曲线近似满足函数 $y=A\sin(\omega x+\varphi)+b$.

(1) 求这段时间的最大温差；

(2) 写出这段曲线的函数解析式.

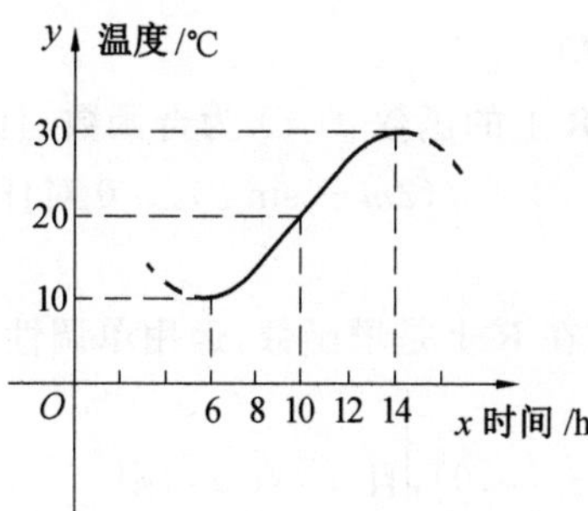

图 5

解　(1) 如图 5 所示，这段时间的最大温差是

$$30-10=20(℃)$$

(2) 图 5 中从 6 时到 14 时的图像是函数 $y=A\sin(\omega x+\varphi)+b$ 的半个周期的图像.

所以$\frac{1}{2}\cdot\frac{2\pi}{\omega}=14-6$,解得$\omega=\frac{\pi}{8}$,由图 5 知

$$A=\frac{1}{2}(30-10)=10, b=\frac{1}{2}(30+10)=20$$

这时

$$y=10\sin\left(\frac{\pi}{8}x+\varphi\right)+20 \qquad ①$$

将 $x=6$,$y=10$ 代入式 ① 可取 $\varphi=\frac{3}{4}\pi$.

综上所求的解析式为

$$y=10\sin\left(\frac{\pi}{8}x+\frac{3}{4}\pi\right)+20 \quad (x\in[6,14])$$

例 8 已知集合 M 是满足下列性质的函数 $f(x)$ 的全体:存在非零常数 T,对任意 $x\in\mathbf{R}$,有 $f(x+T)=Tf(x)$ 成立.若函数 $f(x)=\sin kx\in M$,求实数 k 的取值范围.

分析 运用等式恒成立的条件求解.

解 当 $k=0$ 时,$f(x)=0$,显然 $f(x)\in M$;

当 $k\neq 0$ 时,因为 $f(x)=\sin kx\in M$,所以存在非零常数 T,对任意 $x\in\mathbf{R}$ 都成立,即 $\sin(kx+kT)=T\sin kx$.对 $x\in\mathbf{R}$ 恒成立,即

$$\sin kx\cos kT+\cos kx\sin kT=T\sin kx$$

$$\sin kx(\cos kT-T)+\cos kx\sin kT=0$$

恒成立,由等式恒成立知只能有 $\cos kT-T=0$,且 $\sin kT=0$,从而 $T=\pm1$,进而求得 $k=m\pi(m\in\mathbf{Z})$.

例 9 已知定义在 $\mathbf{R}$ 上的函数 $f(x)$ 为奇函数,且在$[0,+\infty)$ 上是增函数.若不等式 $f(\cos 2\theta-3)+f(2m-\sin\theta)>0$ 对任意 $\theta\in\mathbf{R}$ 恒成立,求实数 m 的取值范围.

分析 先证明函数在 $\mathbf{R}$ 上是增函数,运用单调性去掉 $f(x)$ 后转化为不等式恒成立求解.

解 设 $x_1,x_2\in(-\infty,0)$,且 $x_1<x_2$,则

$$-x_1,-x_2\in(0,+\infty),且-x_1>-x_2$$

因为 $f(x)$ 在$[0,+\infty)$ 上是增函数,所以

$$f(-x_1)>f(-x_2)$$

又 $f(x)$ 为奇函数,所以 $f(x_1)<f(x_2)$.故 $f(x)$ 在$(-\infty,0)$ 上也是增函数.

即函数 $f(x)$ 在$(-\infty,0)$ 和$[0,+\infty)$ 上是增函数,且 $f(x)$ 在 $\mathbf{R}$ 上是奇函

数，所以 $f(x)$ 在 $(-\infty, +\infty)$ 上是增函数.

因为

$$f(\cos 2\theta - 3) + f(2m - \sin\theta) > 0$$

所以

$$f(\cos 2\theta - 3) > -f(2m - \sin\theta), f(\cos 2\theta - 3) > f(\sin\theta - 2m)$$
$$\cos 2\theta - 3 > \sin\theta - 2m, 2m > 2\sin^2\theta + \sin\theta + 2$$

即

$$m > \left(\sin\theta + \frac{1}{4}\right)^2 + \frac{15}{16}$$

因为当 $\sin\theta = 1$ 时，$\left(\sin\theta + \frac{1}{4}\right)^2 + \frac{15}{16}$ 的最大值为 $2\frac{1}{2}$，所以当 $m > 2\frac{1}{2}$ 时，不等式恒成立.

例 10　函数 $F(x) = |\cos^2 x + 2\sin x\cos x - \sin^2 x + Ax + B|$，当 $x \in \left[0, \frac{3\pi}{2}\right]$ 时的最大值 M 与参数 A, B 有关，问 A, B 取什么值时，M 为最小？证明你的结论.

分析　在 M 是最大值的前提下通过特殊值构造不等关系，并结合函数图像直观分析.

解法一　（数形结合分析）(1) 若 $A = B = 0$，$F(x) = \left|\sqrt{2}\sin\left(2x + \frac{\pi}{4}\right)\right|$，则当 $x = \frac{\pi}{8}, \frac{5\pi}{8}, \frac{9\pi}{8}$ 时，$F(x)$ 的最大值 M 为 $\sqrt{2}$.

(2) 若 $A = 0, B \neq 0$，$F(x) = \left|\sqrt{2}\sin\left(2x + \frac{\pi}{4}\right) + B\right|$，此时

$$M = \max\{|\sqrt{2} + B|, |\sqrt{2} - B|\} > \sqrt{2}$$

(3) 若 $A \neq 0, B = 0$，$F(x) = \left|\sqrt{2}\sin\left(2x + \frac{\pi}{4}\right) + Ax\right|$；

若 $A > 0$ 时，$F\left(\frac{\pi}{8}\right) = \left|\sqrt{2} + A \cdot \frac{\pi}{8}\right| > \sqrt{2}$，此时 $M > \sqrt{2}$；

若 $A < 0$ 时，$F\left(\frac{5\pi}{8}\right) = \left|-\sqrt{2} + A \cdot \frac{5\pi}{8}\right| > \sqrt{2}$，此时也有 $M > \sqrt{2}$.

(4) 若 $A \neq 0, B \neq 0$，如图 6 所示，直线 $y = Ax + B$ 必有一部分在第一或第四象限，与射线 l_1, l_2, l_3 中至少一条相交，交点处两函数 $y = Ax + B$ 与 $y = \sqrt{2}\sin\left(2x + \frac{\pi}{4}\right)$ 函数值同号，其和的绝对值必小于 $\sqrt{2}$，因此也有 $M > \sqrt{2}$.

说明　问题的关键就是考查三个函数值 $F\left(\frac{\pi}{8}\right), F\left(\frac{5\pi}{8}\right), F\left(\frac{9\pi}{8}\right)$ 的值，从

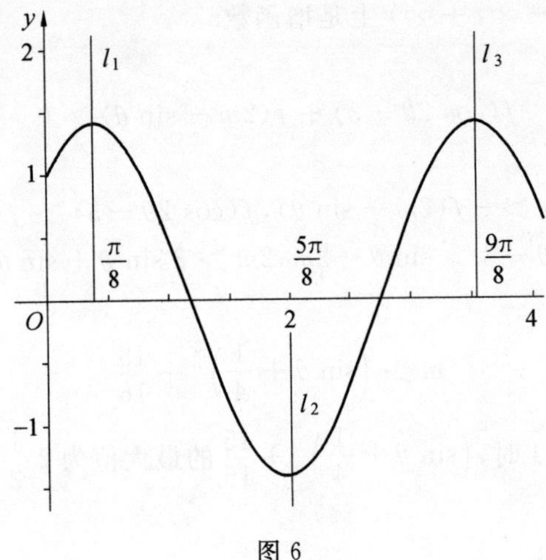

图 6

而得到所求.

解法二 由$\begin{cases}F\left(\frac{\pi}{8}\right)=\left|\sqrt{2}+\frac{\pi}{8}A+B\right| \\ F\left(\frac{5\pi}{8}\right)=\left|-\sqrt{2}+\frac{5\pi}{8}A+B\right| \\ F\left(\frac{9\pi}{8}\right)=\left|\sqrt{2}+\frac{9\pi}{8}A+B\right|\end{cases}$,将这三个函数值综合起来考虑.

当 $A=0$ 时,同解法一;当 $A\neq 0$ 时,讨论如下:

(1) 若 $\frac{5\pi}{8}A+B<0$,则 $F\left(\frac{5\pi}{8}\right)>\sqrt{2}$;

(2) 若 $\frac{5\pi}{8}A+B\geqslant 0$, $\frac{9\pi}{8}A+B=\left(\frac{5\pi}{8}A+B\right)+\frac{4\pi}{8}A$ 与 $\frac{\pi}{8}A+B=\left(\frac{5\pi}{8}A+B\right)-\frac{4\pi}{8}A$ 至少有一个大于 0,即 $F\left(\frac{9\pi}{8}\right)>\sqrt{2}$ 或 $F\left(\frac{\pi}{8}\right)>\sqrt{2}$ 至少有一个成立,因此总有 $M>\sqrt{2}$.

从而当且仅当 $A=B=0$ 时,$M=\sqrt{2}$,其他情况下均有 $M>\sqrt{2}$.

课外训练

1. 设 $f(x)$ 的定义域为 $\mathbf{R}$,最小正周期为 $\frac{3\pi}{2}$ 的函数,若 $f(x)=\begin{cases}\cos x\left(-\frac{\pi}{2}\leqslant x<0\right) \\ \sin x(0\leqslant x<\pi)\end{cases}$,则 $f\left(-\frac{15\pi}{4}\right)=$ ______.

2. 设关于 x 的方程 $x^2-2x\sin\theta-(2\cos^2\theta+3)=0$，其中 $\theta\in\left[0,\frac{\pi}{2}\right]$，则该方程实根的最大值是________，实根的最小值是________.

3. 关于角 θ 的函数 $y=\cos 2\theta-2a\cos\theta+4a-3$，当 $\theta\in\left[0,\frac{\pi}{2}\right]$ 时恒大于 0，则实数 a 的取值范围是________.

4. 已知函数 $f(x)=\sin(\omega x+\varphi)(\omega>0,x\in\mathbf{R})$ 满足 $f(x)=f(x+1)-f(x+2)$. 若 $A=\sin(\omega x+\varphi+9\omega)$，$B=\sin(\omega x+\varphi-9\omega)$，则 A 与 B 的大小关系是________.

5. 示波器荧屏上有一正弦波，一个最高点在 $B(3,5)$，与点 B 相邻的最低点 $C(7,-1)$，则这个正弦波对应的函数是________.

6. 函数 $f(x)=\frac{\sin x+\cos x}{\sin x+\tan x}+\frac{\tan x+\cot x}{\cos x+\tan x}+\frac{\sin x+\cos x}{\cos x+\cot x}+\frac{\tan x+\cot x}{\sin x+\cot x}$ 在 $x\in\left(0,\frac{\pi}{2}\right)$ 时的最小值为________.

7. 在平面直角坐标系 xOy 中，函数 $f(x)=a\sin ax+\cos ax\,(a>0)$ 在一个最小正周期长的区间上的图像与函数 $g(x)=\sqrt{a^2+1}$ 的图像所围成的封闭图形的面积是________.

8. 函数 $y=\sin^2 x+a\cdot\cos x+\frac{5}{8}a-\frac{3}{2}$ 在闭区间 $\left[0,\frac{\pi}{2}\right]$ 上的最大值是 1，实数 a 的值为________.

9. 设二次函数 $f(x)=x^2+bx+c\,(b,c\in\mathbf{R})$，已知不论 α,β 为何实数恒有 $f(\sin\alpha)\geqslant 0$ 和 $f(2+\cos\beta)\leqslant 0$.

(1) 求证：$b+c=-1$；

(2) 求证：$c\geqslant 3$；

(3) 若函数 $f(\sin\alpha)$ 的最大值为 8，求 b,c 的值.

10. 设 α,β 分别是方程 $\cos(\sin x)=x$ 和 $\sin(\cos x)=x$ 在 $\left(0,\frac{\pi}{2}\right)$ 上的解，确定 α,β 的大小关系.

11. 三个数 $a,b,c\in\left(0,\frac{\pi}{2}\right)$，且满足 $\cos a=a$，$\sin\cos b=b$，$\cos\sin c=c$，按从小到大的顺序排列这三个数.

第 23 讲　三角恒等变换

知识呈现

1. 两角和与差的正弦、余弦和正切公式

(1)$\cos(\alpha-\beta)=\cos\alpha\cos\beta+\sin\alpha\sin\beta$;

(2)$\cos(\alpha+\beta)=\cos\alpha\cos\beta-\sin\alpha\sin\beta$;

(3)$\sin(\alpha-\beta)=\sin\alpha\cos\beta-\cos\alpha\sin\beta$;

(4)$\sin(\alpha+\beta)=\sin\alpha\cos\beta+\cos\alpha\sin\beta$;

(5)$\tan(\alpha-\beta)=\dfrac{\tan\alpha-\tan\beta}{1+\tan\alpha\tan\beta}\Rightarrow\tan\alpha-\tan\beta=\tan(\alpha-\beta)(1+\tan\alpha\tan\beta)$;

(6)$\tan(\alpha+\beta)=\dfrac{\tan\alpha+\tan\beta}{1-\tan\alpha\tan\beta}\Rightarrow\tan\alpha+\tan\beta=\tan(\alpha+\beta)(1-\tan\alpha\tan\beta)$.

2. 二倍角的正弦、余弦和正切公式

$\sin 2\alpha=2\sin\alpha\cos\alpha\Rightarrow$

$1\pm\sin 2\alpha=\sin^2\alpha+\cos^2\alpha\pm 2\sin\alpha\cos\alpha=(\sin\alpha\pm\cos\alpha)^2$

$\cos 2\alpha=\cos^2\alpha-\sin^2\alpha=2\cos^2\alpha-1=1-2\sin^2\alpha\Rightarrow$

升幂公式 $1+\cos\alpha=2\cos^2\dfrac{\alpha}{2}$，$1-\cos\alpha=2\sin^2\dfrac{\alpha}{2}\Rightarrow$

降幂公式 $\cos^2\alpha=\dfrac{1+\cos 2\alpha}{2}$，$\sin^2\alpha=\dfrac{1-\cos 2\alpha}{2}$

$$\tan 2\alpha=\frac{2\tan\alpha}{1-\tan^2\alpha}$$

3. 半角公式

(1)$\cos\dfrac{\alpha}{2}=\pm\sqrt{\dfrac{1+\cos\alpha}{2}}$，$\sin\dfrac{\alpha}{2}=\pm\sqrt{\dfrac{1-\cos\alpha}{2}}$;

(2)$\tan\dfrac{\alpha}{2}=\pm\sqrt{\dfrac{1-\cos\alpha}{1+\cos\alpha}}=\dfrac{\sin\alpha}{1+\cos\alpha}=\dfrac{1-\cos\alpha}{\sin\alpha}$;

4. 万能公式

$$\sin\alpha=\frac{2\tan\frac{\alpha}{2}}{1+\tan^2\frac{\alpha}{2}},\cos\alpha=\frac{1-\tan^2\frac{\alpha}{2}}{1+\tan^2\frac{\alpha}{2}}.$$

4. 合一变形 ⇒ 把两个三角函数的和或差化为“一个三角函数、一个角、一次方”的 $y=A\sin(\bar{\omega}x+\varphi)+B$ 的形式. $A\sin\alpha+B\cos\alpha=\sqrt{A^2+B^2}\sin(\alpha+\varphi)$，其中 $\tan\varphi=\frac{B}{A}$.

典例展示

例 1　(1) 化简三角有理式 $\frac{\cos^4x+\sin^4x+\sin^2x\cos^2x}{\sin^6x+\cos^6x+2\sin^2x\cos^2x}$；

(2) 已知 $\theta\in\left[\frac{5\pi}{4},\frac{3\pi}{2}\right]$，化简 $\sqrt{1-\sin 2\theta}-\sqrt{1+\sin 2\theta}$.

解　(1) 分母 $=(\sin^2x+\cos^2x)(\sin^4x+\cos^4x-\sin^2x\cos^2x)+$

$2\sin^2x\cos^2x=$

$\sin^4x+\cos^4x+\sin^2x\cos^2x$

所以，原式 $=1$.

(2) 因为 $\theta\in\left[\frac{5\pi}{4},\frac{3\pi}{2}\right]$，所以

$$\sqrt{1-\sin 2\theta}-\sqrt{1+\sin 2\theta}=|\cos\theta-\sin\theta|-|\cos\theta+\sin\theta|=2\cos\theta$$

例 2　已知 $\begin{cases}\sin\alpha+\sin\beta=b\\ \cos\alpha+\cos\beta=a\end{cases}$，求 $\sin(\alpha+\beta)$，$\cos(\alpha+\beta)$ 的值.

解　由已知条件有

$$\begin{aligned}b=&\sin[(\alpha+\beta)-\beta]+\sin[(\alpha+\beta)-\alpha]=\\&(\cos\alpha+\cos\beta)\sin(\alpha+\beta)-\\&(\sin\alpha+\sin\beta)\cos(\alpha+\beta)=\\&a\sin(\alpha+\beta)-b\cos(\alpha+\beta)\end{aligned}$$

同理

$$a=b\sin(\alpha+\beta)+a\cos(\alpha+\beta)$$

联立求出

$$\sin(\alpha+\beta)=\frac{2ab}{a^2+b^2},\cos(\alpha+\beta)=\frac{a^2-b^2}{a^2+b^2}$$

例 3　求$\cos^2 10°+\cos^2 50°-\sin 40°\sin 80°$的值.

分析　本题的基本方法是降次、和差化积,从结构特征构造求解.

解法一　注意 $\sin 40°=\cos 50°$,$\sin 80°=\cos 10°$,且三角式是关于$\cos 10°$,$\cos 50°$对称的,所以可以构造二元对称代换求值.设$\cos 10°=a+b$,$\cos 50°=a-b$,则

$$a=\frac{1}{2}(\cos 10°+\cos 50°)=\frac{\sqrt{3}}{2}\cos 20°$$

$$b=\frac{1}{2}(\cos 10°-\cos 50°)=\frac{1}{2}\sin 20°$$

所以

$$\begin{aligned}原式&=\cos^2 10°+\cos^2 50°-\cos 50°\cos 10°=\\&(a+b)^2+(a-b)^2-(a-b)(a+b)=a^2+3b^2=\\&\left(\frac{\sqrt{3}}{2}\cos 20°\right)^2+3\left(\frac{1}{2}\sin 20°\right)^2=\frac{3}{4}\end{aligned}$$

解法二　利用$\cos^2 10°+\sin^2 10°=1$,$\cos^2 50°+\sin^2 50°=1$,构造对偶模型求解.

设

$$A=\cos^2 10°+\cos^2 50°-\sin 40°\sin 80°$$
$$B=\sin^2 10°+\sin^2 50°-\cos 40°\cos 80°$$

则

$$A+B=2-\cos 40°$$

$$A-B=\cos 20°+\cos 100°+\cos 120°=\cos 40°-\frac{1}{2}$$

从而求出$A=\frac{3}{4}$.

说明　三角式的结构特征分析在解题中的作用很大,往往能揭示问题的本质.本题也可以通过构造三角形等其他方法求解.

例 4　(1) 已知函数$y=(a\cos^2 x-3)\sin x$的最小值为-3,则实数a的取值范围是________;

(2) 设函数 $f(x)$ 的定义域为 $\mathbf{R}$,且对任意实数 $x\in\left(-\frac{\pi}{2},\frac{\pi}{2}\right)$,$f(\tan x)=\sin 2x$,则 $f(2\sin x)$ 的最大值为________.

解　(1) 令 $\sin x=t$,则原函数化为 $g(t)=(-at^2+a-3)t$,即

$$g(t)=-at^3+(a-3)t$$

由

$$-at^3+(a-3)t\geqslant -3$$
$$-at(t^2-1)-3(t-1)\geqslant 0$$
$$(t-1)[-at(t+1)-3]\geqslant 0$$

及 $t-1\leqslant 0$ 知

$$-at(t+1)-3\leqslant 0$$

即

$$a(t^2+t)\geqslant -3 \qquad ①$$

当 $t=0,-1$ 时，式 ① 总是成立；

对 $0<t\leqslant 1, 0<t^2+t\leqslant 2$；

对 $-1<t<0, -\frac{1}{4}\leqslant t^2+t<0$. 再交代 $t=1, y=-3$ 取得到.

从而可知 $-\frac{3}{2}\leqslant a\leqslant 12$.

(2) 由 $f(\tan x)=\frac{2\tan x}{1+\tan^2 x}$，知

$$f(x)=\frac{2x}{1+x^2}$$

所以

$$f(2\sin x)=\frac{4\sin x}{1+4\sin^2 x}\leqslant 1$$

当 $\sin x=\frac{1}{2}$ 时，等号成立. 故 $f(2\sin x)$ 的最大值为 1.

例 5　若 a,b,c 均是整数（其中 $0<c<90$），且使 $\sqrt{9-8\sin 50^\circ}=a+b\sin c^\circ$，求 $\frac{a+b}{c}$ 的值.

分析　角变换，使 $9-8\sin 50^\circ$ 为完全平方.

$$\begin{aligned}9-8\sin 50^\circ=&9+8\sin 10^\circ-8\sin 10^\circ-8\sin 50^\circ=\\&9+8\sin 10^\circ-8[\sin(30^\circ-20^\circ)+\sin(30^\circ+20^\circ)]=\\&9+8\sin 10^\circ-8\cos 20^\circ=\\&9+8\sin 10^\circ-8(1-2\sin^2 10^\circ)=\\&16\sin^2 10^\circ+8\sin 10^\circ+1=\\&(4\sin 10^\circ+1)^2\end{aligned}$$

所以

$$a=1, b=4, c=10$$

故

$$\frac{a+b}{c}=\frac{1}{2}$$

例 6 设 a,b 是非零实数，$x\in\mathbf{R}$，已知 $\frac{\sin^4 x}{a^2}+\frac{\cos^4 x}{b^2}=\frac{1}{a^2+b^2}$，求证：$\frac{\sin^{2\,008} x}{a^{2\,006}}+\frac{\cos^{2\,008} x}{b^{2\,006}}=\frac{1}{(a^2+b^2)^{1\,003}}$.

证明 已知

$$\frac{\sin^4 x}{a^2}+\frac{\cos^4 x}{b^2}=\frac{1}{a^2+b^2} \quad ①$$

将式 ① 改写成

$$1=\sin^4 x+\cos^4 x+\frac{b^2}{a^2}\sin^4 x+\frac{a^2}{b^2}\cos^4 x$$

而

$$1=(\sin^2 x+\cos^2 x)^2=\sin^4 x+\cos^4 x+2\sin^2 x\cos^2 x$$

所以

$$\frac{b^2}{a^2}\sin^4 x-2\sin^2 x\cos^2 x+\frac{a^2}{b^2}\cos^4 x=0$$

即

$$\left(\frac{b}{a}\sin^2 x-\frac{a}{b}\cos^2 x\right)^2=0$$

也即 $\frac{\sin^4 x}{a^4}=\frac{\cos^4 x}{b^4}$，将该值记为 C. 则由式 ① 知，$a^2C+b^2C=\frac{1}{a^2+b^2}$. 于是

$$C=\frac{1}{(a^2+b^2)^2}$$

$$\frac{\sin^{2\,008} x}{a^{2\,006}}+\frac{\cos^{2\,008} x}{b^{2\,006}}=a^2C^{502}+b^2C^{502}=(a^2+b^2)\frac{1}{(a^2+b^2)^{1\,004}}=\frac{1}{(a^2+b^2)^{1\,003}}$$

例 7 求 $\cos\frac{2\pi}{5}+\cos\frac{4\pi}{5}$ 的值.

分析 从基本法和构造法两个角度求解.

解法一 （和差化积逆用公式）

$$\cos\frac{2\pi}{5}+\cos\frac{4\pi}{5}=2\cos\frac{\pi}{5}\cos\frac{3\pi}{5}=-2\cos\frac{\pi}{5}\cos\frac{2\pi}{5}$$

分子、分母同乘以 $4\sin\frac{\pi}{5}$，连续两次逆用二倍角公式得其值为 $-\frac{1}{2}$.

解法二 （构造对偶式求解）设

$$x=\cos\frac{2\pi}{5}+\cos\frac{4\pi}{5},y=\cos\frac{2\pi}{5}-\cos\frac{4\pi}{5}$$

$$xy=\cos^2\frac{2\pi}{5}-\cos^2\frac{4\pi}{5}=\frac{1}{2}\left(1+\cos\frac{4\pi}{5}\right)-\frac{1}{2}\left(1+\cos\frac{8\pi}{5}\right)=$$

$$\frac{1}{2}\left(\cos\frac{4\pi}{5}-\cos\frac{2\pi}{5}\right)=-\frac{1}{2}y$$

约去 $y(y>0)$，得 $x=-\frac{1}{2}$.

解法三　(自身代换构造方程求解)

$$x=\cos\frac{2\pi}{5}+\cos\frac{4\pi}{5}=\cos\frac{2\pi}{5}-\cos\frac{\pi}{5}<0$$

平方得

$$x^2=\cos^2\frac{2\pi}{5}+\cos^2\frac{4\pi}{5}+2\cos\frac{2\pi}{5}\cos\frac{4\pi}{5}=$$

$$\frac{1}{2}\left(1+\cos\frac{4\pi}{5}\right)+\frac{1}{2}\left(1+\cos\frac{8\pi}{5}\right)+2\frac{\sin\frac{4\pi}{5}\sin\frac{8\pi}{5}}{2\sin\frac{2\pi}{5}\cdot 2\sin\frac{4\pi}{5}}=$$

$$\frac{1}{2}+\frac{1}{2}\left(\cos\frac{4\pi}{5}+\cos\frac{8\pi}{5}\right)=$$

$$\frac{1}{2}+\frac{1}{2}\left(\cos\frac{4\pi}{5}+\cos\frac{2\pi}{5}\right)=$$

$$\frac{1}{2}+\frac{x}{2}$$

得方程 $x^2=\frac{1}{2}+\frac{1}{2}x$，从而解得 $x=-\frac{1}{2}$.

解法四　(构造同形方程)设

$$\cos x+\cos 2x=\cos\frac{2\pi}{5}+\cos\frac{4\pi}{5}$$

则 $\cos x=\cos\frac{2\pi}{5},\cos\frac{4\pi}{5}$ 同时满足该同形方程.

由二倍角公式，得二次方程

$$2\cos^2x+\cos x-\left(1+\cos\frac{2\pi}{5}+\cos\frac{4\pi}{5}\right)=0$$

这表明 $\cos\frac{2\pi}{5},\cos\frac{4\pi}{5}$ 是方程

$$2y^2+y-\left(1+\cos\frac{2\pi}{5}+\cos\frac{4\pi}{5}\right)=0$$

的两根,而且是全体根,由根与系数的关系得

$$\cos\frac{2\pi}{5}+\cos\frac{4\pi}{5}=-\frac{1}{2}$$

例 8 化简 $\tan\alpha\tan 2\alpha+\tan 2\alpha\tan 3\alpha+\cdots+\tan(n-1)\alpha\tan n\alpha$.

分析 从结构特征入手,由于每个乘积项中的两个角的差都是 α,从两角差的正切公式化简入手.

解 由

$$\tan\alpha=\tan[n\alpha-(n-1)\alpha]=\frac{\tan n\alpha-\tan(n-1)\alpha}{1+\tan n\alpha\tan(n-1)\alpha}$$

变形得

$$\tan n\alpha\tan(n-1)\alpha=\frac{\tan n\alpha-\tan(n-1)\alpha}{\tan\alpha}-1$$

其中 $n=2,3,4,\cdots$.

从而

$$\text{原式}=\left(\frac{\tan 2\alpha-\tan\alpha}{\tan\alpha}-1\right)+\left(\frac{\tan 3\alpha-\tan 2\alpha}{\tan\alpha}-1\right)+\cdots+\left[\frac{\tan n\alpha-\tan(n-1)\alpha}{\tan\alpha}-1\right]=\frac{\tan n\alpha}{\tan\alpha}-n$$

例 9 求证:$\tan\frac{\pi}{7}\tan\frac{2\pi}{7}\tan\frac{3\pi}{7}=\sqrt{7}$.

分析 构造方程求解.

证明 由 $\theta=\frac{k\pi}{7}$ 知,θ 是方程 $\tan 3\theta+\tan 4\theta=0$ 的根. 设 $\theta=\frac{k\pi}{7}$,$k=1$,2,3.

则

$$\tan 3\theta+\tan 4\theta=0$$

即

$$\frac{\tan\theta+\tan 2\theta}{1-\tan\theta\tan 2\theta}+\frac{2\tan 2\theta}{1-\tan^2 2\theta}=0$$

令 $x=\tan\theta$,对 $\frac{\tan\theta+\tan 2\theta}{1-\tan\theta\tan 2\theta}+\frac{2\tan 2\theta}{1-\tan^2 2\theta}=0$ 展开整理得

$$x^6-21x^4+35x^2-7=0$$

由 $\tan\frac{\pi}{7}$,$\tan\frac{2\pi}{7}$,$\tan\frac{3\pi}{7}$ 是上述方程的三个根,那么 $\tan^2\frac{\pi}{7}$,$\tan^2\frac{2\pi}{7}$,$\tan^2\frac{3\pi}{7}$ 是方程 $t^3-21t^2+35t-7=0$ 的三个根. 由根与系数的关系得

$$\tan^2\frac{\pi}{7}\tan^2\frac{2\pi}{7}\tan^2\frac{3\pi}{7}=7$$

开方即得

$$\tan\frac{\pi}{7}\tan\frac{2\pi}{7}\tan\frac{3\pi}{7}=\sqrt{7}$$

例 10　(1) 函数 $f(x)=\frac{\sin x+\cos x}{\sin x+\tan x}+\frac{\tan x+\cot x}{\cos x+\tan x}+\frac{\sin x+\cos x}{\cos x+\cot x}+\frac{\tan x+\cot x}{\sin x+\cot x}$ 在 $x\in\left(0,\frac{\pi}{2}\right)$ 时的最小值＝________；

(2) 定义在 $\mathbf{R}$ 上的奇函数 $f(x)$ 满足 $f(2-x)=f(x)$，当 $x\in[0,1]$ 时，$f(x)=\sqrt{x}$. 又 $g(x)=\cos\frac{\pi x}{2}$，所以集合 $\{x\mid f(x)=g(x)\}$ 为________；

(3) 已知 $f(x)=\sin 2x+2\sin x$，$g(x)=3x+\frac{1}{4x}$，若对任意 $x_1,x_2\in(0,+\infty)$ 恒有 $f(x_1)\leqslant g(x_2)+m$，则 m 的最小值为________.

解　(1) $f(x)=(\sin x+\cos x)\left(\frac{1}{\sin x+\tan x}+\frac{1}{\cos x+\cot x}\right)+$

$$(\tan x+\cot x)\tan\left(\frac{1}{\cos x+\tan x}+\frac{1}{\sin x+\cot x}\right)\geqslant$$

(由调和平均值不等式)

$$(\sin x+\cos x)\left(\frac{4}{\sin x+\tan x+\cos x+\cot x}\right)+$$

$$(\tan x+\cot x)\left(\frac{4}{\sin x+\tan x+\cos x+\cot x}\right)=4 \quad ①$$

要使式 ① 等号成立，当且仅当

$$\begin{cases}\sin x+\tan x=\cos x+\cot x & ②\\ \tan x+\cos x=\cot x+\sin x & ③\end{cases}$$

② － ③ 得

$$\sin x-\cos x=\cos x-\sin x$$

即得 $\sin x=\cos x$. 因为 $x\in\left(0,\frac{\pi}{2}\right)$，所以当 $x=\frac{\pi}{4}$ 时，$f(x)=f\left(\frac{\pi}{4}\right)=4$.

故 $\min f(x)=4$.

(2) 因为 $f(x)$ 为奇函数，所以函数图像关于点 $(0,0)$ 对称. 又满足 $f(2-x)=f(x)$，函数图像关于直线 $x=1$ 对称，则 $f(x)$ 为周期函数，其周期为 4. 函数 $g(x)=\cos\frac{\pi x}{2}$ 的周期也为 4，当 $x\in[0,1]$ 时，$f(x)=\sqrt{x}$，画出两个函数的图像(图 1)，在 $[-1,3]$ 一个周期内有两个不同的交点的横坐标为 $\frac{1}{2}$，$\frac{5}{2}$，故

在整个定义域内有

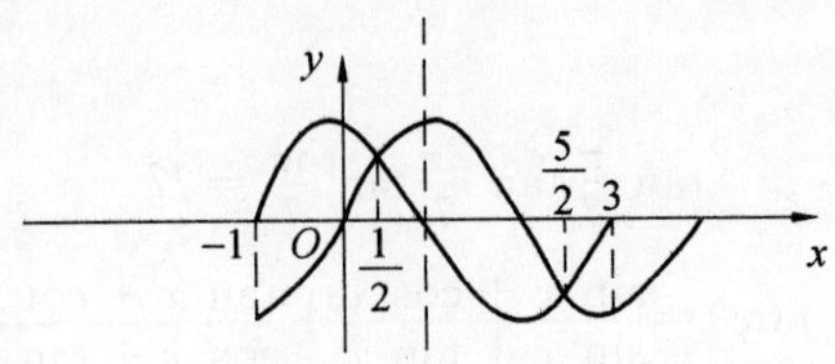

图 1

$$x_1=4k+\frac{1}{2}=2\cdot 2k+\frac{1}{2}\quad (k\in \mathbf{Z})$$

$$x_2=4k+\frac{5}{2}=2(2k+1)+\frac{1}{2}\quad (k\in \mathbf{Z})$$

集合$\{x\mid f(x)=g(x)\}$等于$\{x\mid x=2k+\frac{1}{2},k\in \mathbf{Z}\}$.

(3) 因为

$$f(x_1)=\sin 2x_1+2\sin x_1=2\sin x_1(\cos x_1+1)$$

$$(f(x_1))^2=4(1-\cos x_1)(1+\cos x_1)^3=$$

$$\frac{4}{3}(3-3\cos x_1)(1+\cos x_1)(1+\cos x_1)(1+\cos x_1)\leqslant$$

$$\frac{4}{3}\times\left(\frac{3-3\cos x_1+1+\cos x_1+1+\cos x_1+1+\cos x_1}{4}\right)^4=$$

$$\frac{27}{4}$$

所以

$$f(x_1)\leqslant\frac{3\sqrt{3}}{2}$$

又

$$g(x_2)=3x_2+\frac{1}{4x_2}\geqslant\sqrt{3}$$

所以

$$m\geqslant\frac{3\sqrt{3}}{2}-\sqrt{3}=\frac{\sqrt{3}}{2}$$

当$x_1=\frac{\pi}{3},x_2=\frac{\sqrt{3}}{6}$时,上述各式的等号成立,所以$m$的最小值为$\frac{\sqrt{3}}{2}$.

课外训练

1. 对非 0 实数 a，存在实数 θ 使 $\cos\theta=\frac{a^2+1}{2|a|}$ 成立，则 $\cos\left(\theta+\frac{\pi}{6}\right)=$ ________.

2. $\cos 0+\cos\frac{\pi}{7}+\cos\frac{2\pi}{7}+\cos\frac{3\pi}{7}+\cos\frac{4\pi}{7}+\cos\frac{5\pi}{7}+\cos\frac{6\pi}{7}=$ ________.

3. 设 $x\in\left(0,\frac{\pi}{2}\right)$，则函数 $y=\frac{1}{\cos^2 x}+\frac{2\sqrt{2}}{\sin x}+4$ 的最小值为________.

4. 函数 $f(x)=\frac{\sqrt{2}\sin x+\cos x}{\sin x+\sqrt{1-\sin x}}(0\leqslant x\leqslant\pi)$ 的最大值为________.

5. 已知 $\tan\left(\frac{\pi}{4}+\theta\right)=3$，则 $\sin 2\theta-2\cos^2\theta=$ ________.

6. 已知 α,β 是锐角，$\cos\alpha=\frac{4}{5}$，$\tan(\alpha-\beta)=-\frac{1}{3}$，则 $\cos\beta=$ ________.

7. 函数 $y=\frac{\sin 3x\sin^3 x+\cos 3x\cos^3 x}{\cos^2 2x}+\sin 2x$ 的最小值为________.

8. 已知 $\frac{\sin(\alpha-\beta)}{\sin\alpha}=2\tan\alpha\sin\beta$（其中 $\alpha\neq\frac{k\pi}{2},\beta\neq\frac{k\pi}{2},k\in\mathbf{Z}$），则 $\frac{\sin(2\alpha+\beta)}{\sin\beta}=$ ________.

9. 求证：对任一自然数 n 及任意实数 $x\neq\frac{m\pi}{2^k}(k=0,1,2,\cdots,n)$，$m$ 为任一整数，有 $\frac{1}{\sin 2x}+\frac{1}{\sin 4x}+\cdots+\frac{1}{\sin 2^n x}=\cot x-\cot 2^n x$.

10. 设 α,β 是锐角，且 $\sin^2\alpha+\sin^2\beta=\sin(\alpha+\beta)$. 求证：$\alpha+\beta=\frac{\pi}{2}$.

11. 已知 $A_1\cos\alpha_1+A_2\cos\alpha_2+\cdots+A_n\cos\alpha_n=0$，$A_1\cos(\alpha_1+1)+A_2\cos(\alpha_2+1)+\cdots+A_n\cos(\alpha_n+1)=0$.

求证：对任意的 $\beta\in\mathbf{R}$，恒有 $A_1\cos(\alpha_1+\beta)+A_2\cos(\alpha_2+\beta)+\cdots+A_n\cos(\alpha_n+\beta)=0$.

第24讲　正弦定理与余弦定理

知识呈现

1. 正弦定理：$\frac{a}{\sin A}=\frac{b}{\sin B}=\frac{c}{\sin C}=2R$.

2. 余弦定理：$a^2=b^2+c^2-2bc\cos A\Leftrightarrow\cos A=\frac{b^2+c^2-a^2}{2bc}$；

$b^2=c^2+a^2-2ca\cos B\Leftrightarrow\cos B=\frac{c^2+a^2-b^2}{2ca}$；

$c^2=a^2+b^2-2ab\cos C\Leftrightarrow\cos C=\frac{a^2+b^2-c^2}{2ab}$.

3. 解三角形的知识在测量、航海、几何、物理学等方面都有非常广泛的应用，如果我们抽去每道应用题中与生产生活实际所联系的外壳，就暴露出解三角形问题的本质，这就要提高分析问题和解决问题的能力及化实际问题为抽象数学问题的能力.

三角形中的三角函数关系是历年高考和竞赛的重点内容之一，本讲主要帮助考生深刻理解正、余弦定理，掌握解斜三角形的方法和技巧.

本难点所涉及的问题以及解决的主要方法有：

(1) 运用方程观点结合恒等变形法巧解三角形；

(2) 熟练地进行边角和已知关系式的等价转化；

(3) 能熟练地运用三角形基础知识，正、余弦定理及面积公式与三角函数公式配合，通过等价转化或构建方程解答三角形的综合问题，注意隐含条件的挖掘.

典例展示

例1　已知$\triangle ABC$的三个内角A,B,C满足$A+C=2B$，$\frac{1}{\cos A}+\frac{1}{\cos C}=-\frac{\sqrt{2}}{\cos B}$，求$\cos\frac{A-C}{2}$的值.

解法一　由题设条件,知

$$\angle B=60^\circ,\angle A+\angle C=120^\circ$$

设 $\alpha=\dfrac{\angle A-\angle C}{2}$,则 $\angle A-\angle C=2\alpha$,可得

$$\angle A=60^\circ+\alpha,\angle C=60^\circ-\alpha$$

所以

$$\frac{1}{\cos A}+\frac{1}{\cos C}=\frac{1}{\cos(60^\circ+\alpha)}+\frac{1}{\cos(60^\circ-\alpha)}=$$

$$\frac{1}{\frac{1}{2}\cos\alpha-\frac{\sqrt{3}}{2}\sin\alpha}+\frac{1}{\frac{1}{2}\cos\alpha+\frac{\sqrt{3}}{2}\sin\alpha}=$$

$$\frac{\cos\alpha}{\frac{1}{4}\cos^2\alpha-\frac{3}{4}\sin^2\alpha}=\frac{\cos\alpha}{\cos^2\alpha-\frac{3}{4}}$$

依题设条件,有

$$\frac{\cos\alpha}{\cos^2\alpha-\frac{3}{4}}=\frac{-\sqrt{2}}{\cos B}$$

因为 $\cos B=\dfrac{1}{2}$,所以

$$\frac{\cos\alpha}{\cos^2\alpha-\frac{3}{4}}=-2\sqrt{2}$$

整理得

$$4\sqrt{2}\cos^2\alpha+2\cos\alpha-3\sqrt{2}=0$$

$$(2\cos\alpha-\sqrt{2})(2\sqrt{2}\cos\alpha+3)=0$$

因为 $2\sqrt{2}\cos\alpha+3\neq 0$,所以 $2\cos\alpha-\sqrt{2}=0$. 从而得 $\cos\dfrac{A-C}{2}=\dfrac{\sqrt{2}}{2}$.

解法二　由题设条件,知

$$\angle B=60^\circ,\angle A+C=120^\circ$$

因为 $\dfrac{-\sqrt{2}}{\cos 60^\circ}=-2\sqrt{2}$,所以

$$\frac{1}{\cos A}+\frac{1}{\cos C}=-2\sqrt{2} \qquad ①$$

把式 ① 化为

$$\cos A+\cos C=-2\sqrt{2}\cos A\cos C \qquad ②$$

利用和差化积及积化和差公式，式②可化为

$$2\cos\frac{A+C}{2}\cos\frac{A-C}{2}=-\sqrt{2}[\cos(A+C)+\cos(A-C)] \quad ③$$

将 $\cos\frac{A+C}{2}=\cos 60^{\circ}=\frac{1}{2}$，$\cos(A+C)=-\frac{1}{2}$ 代入式③得

$$\cos\frac{A-C}{2}=\frac{\sqrt{2}}{2}-\sqrt{2}\cos(A-C) \quad ④$$

将 $\cos(A-C)=2\cos^2\left(\frac{A-C}{2}\right)-1$ 代入式④，得

$$4\sqrt{2}\cos^2\left(\frac{A-C}{2}\right)+2\cos\frac{A-C}{2}-3\sqrt{2}=0 \quad ⑤$$

$$(2\cos\frac{A-C}{2}-2\sqrt{2})(2\sqrt{2}\cos\frac{A-C}{2}+3)=0$$

因为 $2\sqrt{2}\cos\frac{A-C}{2}+3=0$，所以

$$2\cos\frac{A-C}{2}-\sqrt{2}=0$$

从而得

$$\cos\frac{A-C}{2}=\frac{\sqrt{2}}{2}$$

例 2 已知函数 $f(x)=\sin\frac{x}{3}\cos\frac{x}{3}+\sqrt{3}\cos^2\frac{x}{3}$.

(1) 将 $f(x)$ 写成 $A\sin(\omega x+\varphi)$ 的形式，并求其图像对称中心的横坐标；

(2) 如果 $\triangle ABC$ 的三边 a,b,c 满足 $b^2=ac$，且边 b 所对的角为 x，试求 x 的范围及此时函数 $f(x)$ 的值域.

解 (1)

$$f(x)=\frac{1}{2}\sin\frac{2x}{3}+\frac{\sqrt{3}}{2}\left(1+\cos\frac{2x}{3}\right)=$$

$$\frac{1}{2}\sin\frac{2x}{3}+\frac{\sqrt{3}}{2}\cos\frac{2x}{3}+\frac{\sqrt{3}}{2}=$$

$$\sin\left(\frac{2x}{3}+\frac{\pi}{3}\right)+\frac{\sqrt{3}}{2}$$

由 $\sin\left(\frac{2x}{3}+\frac{\pi}{3}\right)=0$，即 $\frac{2x}{3}+\frac{\pi}{3}=k\pi(k\in\mathbf{Z})$ 得

$$x=\frac{3k-1}{2}\pi \quad (k\in\mathbf{Z})$$

即对称中心的横坐标为 $\frac{3k-1}{2}\pi(k\in\mathbf{Z})$.

(2) 由已知 $b^2=ac$，得

$$\cos x=\frac{a^2+c^2-b^2}{2ac}=\frac{a^2+c^2-ac}{2ac}\geqslant\frac{2ac-ac}{2ac}=\frac{1}{2}$$

所以

$$\frac{1}{2}\leqslant\cos x<1$$

$$0<x\leqslant\frac{\pi}{3}$$

$$\frac{\pi}{3}<\frac{2x}{3}+\frac{\pi}{3}\leqslant\frac{5\pi}{9}$$

因为

$$\left|\frac{\pi}{3}-\frac{\pi}{2}\right|>\left|\frac{5\pi}{9}-\frac{\pi}{2}\right|$$

所以

$$\sin\frac{\pi}{3}<\sin\left(\frac{2x}{3}+\frac{\pi}{3}\right)\leqslant 1$$

故

$$\sqrt{3}<\sin\left(\frac{2x}{3}+\frac{\pi}{3}\right)\leqslant 1+\frac{\sqrt{3}}{2}$$

即 $f(x)$ 的值域为$\left(\sqrt{3},1+\frac{\sqrt{3}}{2}\right]$.

综上所述，$x\in\left(0,\frac{\pi}{3}\right]$，$f(x)$ 的值域为$\left(\sqrt{3},1+\frac{\sqrt{3}}{2}\right]$.

例 3　已知圆 O 的半径为 R，在它的内接 $\triangle ABC$ 中，有 $2R(\sin^2A-\sin^2C)=(\sqrt{2}a-b)\sin B$ 成立，求 $\triangle ABC$ 面积 S 的最大值.

解　由已知条件，得

$$(2R)^2(\sin^2A-\sin^2B)=2R\sin B(\sqrt{2}a-b)$$

即

$$a^2-c^2=\sqrt{2}ab-b^2$$

又

$$\cos C=\frac{a^2+b^2-c^2}{2ab}=\frac{\sqrt{2}}{2}$$

所以

$$\angle C=\frac{\pi}{4}$$

于是

$$S=\frac{1}{2}ab\sin C=\frac{\sqrt{2}}{4}ab=\frac{\sqrt{2}}{4}\cdot 4R^2\sin A\sin B=$$

$$-\frac{\sqrt{2}}{2}R^2[\cos(A+B)-\cos(A-B)]=$$

$$\frac{\sqrt{2}}{2}R^2\left[\frac{\sqrt{2}}{2}+\cos(A-B)\right]$$

故当 $\angle A=\angle B$ 时，$S_{\max}=\frac{\sqrt{2}+1}{2}R^2$.

例 4 $\triangle ABC$ 内接于单位圆，三个内角 A,B,C 的平分线延长后分别交此圆于点 A_1,B_1,C_1，求 $\frac{AA_1\cos\frac{A}{2}+BB_1\cos\frac{B}{2}+CC_1\cos\frac{C_1}{2}}{\sin A+\sin B+\sin C}$ 的值.

解 用正弦定理化边为角转化为三角式处理. 如图 1 所示，联结 BA_1，则

$$AA_1=2\sin\left(B+\frac{A}{2}\right)=2\cos\frac{B-C}{2}$$

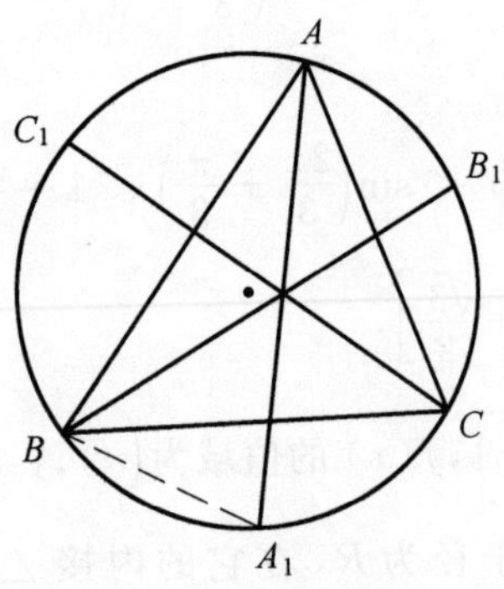

图 1

故

$$AA_1\cos\frac{A}{2}=2\cos\frac{B-C}{2}\cos\frac{A}{2}=\sin C+\sin B$$

同理

$$BB_1\cos\frac{B}{2}=\sin A+\sin C, CC_1\cos\frac{C}{2}=\sin A+\sin B$$

代入原式得

$$\frac{AA_1\cos\frac{A}{2}+BB_1\cos\frac{B}{2}+CC_1\cos\frac{C_1}{2}}{\sin A+\sin B+\sin C}=\frac{2(\sin A+\sin B+\sin C)}{\sin A+\sin B+\sin C}=2$$

例 5 在 $\triangle ABC$ 中，设 $BC=a,CA=b,AB=c$，若 $9a^2+9b^2-19c^2=0$，

求$\dfrac{\cot C}{\cot A+\cot B}$的值.

分析　综合运用正余弦定理,边角关系相互转化求解.

解　由已知,得

$$a^2+b^2=\frac{19}{9}c^2$$

又由余弦定理,得

$$\cos C=\frac{a^2+b^2-c^2}{2ab}$$

所以

$$\cos C=\frac{5}{9}\cdot\frac{c^2}{ab}=\frac{5}{9}\cdot\frac{\sin^2 C}{\sin A\sin B}$$

于是

$$\cot C=\frac{5}{9}\cdot\frac{\sin C}{\sin A\sin B}=\frac{5}{9}\cdot\frac{\sin(A+B)}{\sin A\sin B}=$$
$$\frac{5}{9}\cdot\frac{\sin A\cos B+\cos A\sin B}{\sin A\sin B}=$$
$$\frac{5}{9}(\cot A+\cot B)$$

故

$$\frac{\cot C}{\cot A+\cot B}=\frac{5}{9}$$

例 6　在非钝角$\triangle ABC$中,$AB>AC$,$\angle B=45^\circ$,点O,I分别是$\triangle ABC$的外心和内心,且$\sqrt{2}\,OI=AB-AC$,求$\sin A$的值.

分析　化边为角,利用三角形中的几何关系求值.

解　由已知条件及欧拉公式,得

$$\left(\frac{c-b}{\sqrt{2}}\right)^2=OI^2=R-2Rr$$

其中R,r分别为外接圆和内切圆的半径,再由三角形中的几何关系得

$$r=\frac{c+a-b}{2}\tan\frac{B}{2}=\frac{c+a-b}{2}\tan\frac{\pi}{8}=\frac{\sqrt{2}-1}{2}(c+a-b)$$

结合正弦定理消去边和R,r得

$$1-2(\sin C-\sin B)^2=2(\sin A+\sin C-\sin B)(\sqrt{2}-1)$$

又

$$\sin B=\frac{\sqrt{2}}{2},\sin C=\sin\left(\frac{3\pi}{4}-A\right)=\frac{\sqrt{2}}{2}(\sin A+\cos A)$$

代入并分解因式得

$$(\sqrt{2}\sin A-1)(\sqrt{2}\cos A-\sqrt{2}+1)=0$$

即

$$\sin A=\frac{\sqrt{2}}{2}\text{ 或 }\cos A=1-\frac{\sqrt{2}}{2}$$

所以

$$\sin A=\frac{\sqrt{2}}{2}\text{ 或 }\sin A=\sqrt{\sqrt{2}-\frac{1}{2}}$$

经验证这两个值都满足条件.

例 7 已知$\triangle ABC$的三内角A,B,C满足$A+C=2B$,设$x=\cos\dfrac{A-C}{2}$,$f(x)=\cos B\left(\dfrac{1}{\cos A}+\dfrac{1}{\cos C}\right)$.

(1) 试求函数$f(x)$的解析式及其定义域;

(2) 判断其单调性,并加以证明;

(3) 求这个函数的值域.

解 (1) 因为$A+C=2B$,所以$B=60^\circ,A+C=120^\circ$

$$f(x)=\frac{1}{2}\cdot\frac{\cos A+\cos C}{\cos A\cdot\cos C}=\frac{2\cos\frac{A+C}{2}\cos\frac{A-C}{2}}{\cos(A+C)+\cos(A-C)}=$$

$$\frac{x}{-\frac{1}{2}+2x^2-1}=\frac{2x}{4x^2-3}$$

因为$0^\circ\leqslant\left|\dfrac{A-C}{2}\right|<60^\circ$,所以

$$x=\cos\frac{A-C}{2}\in\left(\frac{1}{2},1\right]$$

又$4x^2-3\neq 0$,所以$x\neq\dfrac{\sqrt{3}}{2}$,于是定义域为

$$\left(\frac{1}{2},\frac{\sqrt{3}}{2}\right)\cup\left(\frac{\sqrt{3}}{2},1\right]$$

(2) 设$x_1<x_2$,所以

$$f(x_2)-f(x_1)=\frac{2x_2}{4x_2^2-3}-\frac{2x_1}{4x_1^2-3}=\frac{2(x_1-x_2)(4x_1x_2+3)}{(4x_1^2-3)(4x_2^2-3)}$$

若$x_1,x_2\in\left(\dfrac{1}{2},\dfrac{\sqrt{3}}{2}\right)$,则

$$4x_1^2-3<0,4x_2^2-3<0,4x_1x_2+3>0,x_1-x_2<0$$

所以

$$f(x_2)-f(x_1)<0$$

即 $f(x_2)<f(x_1)$，若 $x_1,x_2\in\left(\frac{\sqrt{3}}{2},1\right]$，则

$$4x_1^2-3>0$$

$$4x_2^2-3>0,4x_1x_2+3>0,x_1-x_2<0$$

所以

$$f(x_2)-f(x_1)<0$$

即 $f(x_2)<f(x_1)$，所以 $f(x)$ 在$\left(\frac{1}{2},\frac{\sqrt{3}}{2}\right)$和$\left(\frac{\sqrt{3}}{2},1\right]$上都是减函数.

(3) 由(2)知，$f(x)<f\left(\frac{1}{2}\right)=-\frac{1}{2}$ 或 $f(x)\geqslant f(1)=2$.

故 $f(x)$ 的值域为$\left(-\infty,-\frac{1}{2}\right)\cup[2,+\infty)$.

例 8 在海岛 A 上有一座海拔 1 km 的山，山顶设有一个观察站 P，上午 11 时，测得一轮船在岛北 30° 东，俯角为 60° 的 B 处，到 11 时 10 分又测得该船在岛北 60° 西、俯角为 30° 的 C 处(图 2).

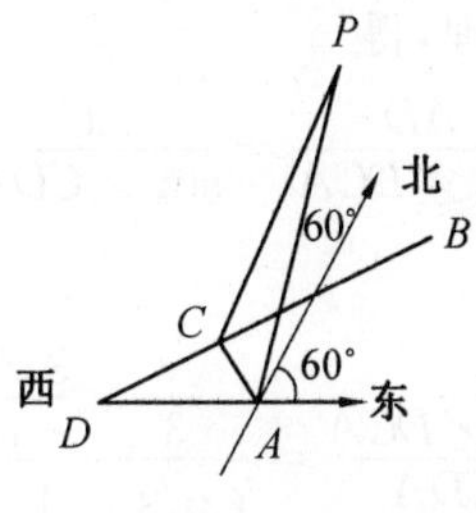

图 2

(1) 求船的航行速度；

(2) 又经过一段时间后，船到达海岛的正西方向的 D 处，问此时船距岛 A 的距离？

解 (1) 在 Rt△PAB 中，$\angle APB=60°$，$PA=1$，所以

$$AB=\sqrt{3}\,(\text{km})$$

在 Rt△PAC 中，$\angle APC=30°$，所以

$$AC=\frac{\sqrt{3}}{3}\,(\text{km})$$

在 △ACB 中，$\angle CAB=30°+60°=90°$.

所以

$$BC=\sqrt{AC^2+AB^2}=\sqrt{\left(\frac{\sqrt{3}}{3}\right)^2+(\sqrt{3})^2}=\frac{\sqrt{30}}{3}$$

则船的航行速度为

$$\frac{\sqrt{30}}{3}\div\frac{1}{6}=2\sqrt{30}\,(\text{km/h})$$

(2)
$$\angle DAC=90^\circ-60^\circ=30^\circ$$

$$\sin\angle DCA=\sin(180^\circ-\angle ACB)=\sin\angle ACB=\frac{AB}{BC}=$$

$$\frac{\sqrt{3}}{\frac{\sqrt{30}}{3}}=\frac{3}{10}\sqrt{10}$$

$$\sin\angle CDA=\sin(\angle ACB-30^\circ)=$$

$$\sin\angle ACB\cdot\cos 30^\circ-\cos\angle ACB\cdot\sin 30^\circ=$$

$$\frac{3}{10}\sqrt{10}\times\frac{\sqrt{3}}{2}-\frac{1}{2}\times\sqrt{1-\left(\frac{3}{10}\sqrt{10}\right)^2}=$$

$$\frac{(3\sqrt{3}-1)\sqrt{10}}{20}$$

在 $\triangle ACD$ 中,由正弦定理,得

$$\frac{AD}{\sin\angle DCA}=\frac{AC}{\sin\angle CDA}$$

所以

$$AD=\frac{AC\cdot\sin\angle DCA}{\sin\angle CDA}=\frac{\frac{\sqrt{3}}{3}\times\frac{3\sqrt{10}}{10}}{\frac{(3\sqrt{3}-1)\sqrt{10}}{20}}=\frac{9+\sqrt{3}}{13}$$

故此时船距岛 A 的距离为 $\frac{9+\sqrt{3}}{13}$ km.

例9 设非 Rt$\triangle ABC$ 的重心为 G,内心为 I,垂心为 H,内角 A,B,C 所对的边分别是 a,b,c. 求证:

(1) $\sin A\cdot\overrightarrow{IA}+\sin B\cdot\overrightarrow{IB}+\sin C\cdot\overrightarrow{IC}=\mathbf{0}$;

(2) $\tan A\cdot\overrightarrow{HA}+\tan B\cdot\overrightarrow{HB}+\tan C\cdot\overrightarrow{HC}=\mathbf{0}$;

(3) $\overrightarrow{HG}=\cot C(\cot B-\cot A)\overrightarrow{GB}+\cot B(\cot C-\cot A)\overrightarrow{GC}$.

分析 利用三角形中三角函数关系和平面向量的基本定理求证.

解 (1) 如图 3(a) 所示,由定比分点的向量形式,得

$$\overrightarrow{ID}=\frac{\overrightarrow{IB}+\frac{BD}{DC}\overrightarrow{IC}}{1+\frac{BD}{DC}}=\frac{\overrightarrow{IB}+\frac{AB}{AC}\overrightarrow{IC}}{1+\frac{AB}{AC}}=\frac{b\cdot\overrightarrow{IB}+c\cdot\overrightarrow{IC}}{b+c}$$

由$\overrightarrow{IA}$,$\overrightarrow{ID}$共线,得

$$\overrightarrow{IA}=-\frac{AI}{ID}\cdot\overrightarrow{ID}$$

即

$$\overrightarrow{IA}=-\frac{AB}{BD}\cdot\overrightarrow{ID}$$

又 $BD=\frac{ac}{b+c}$,所以

$$\overrightarrow{IA}=-\frac{b+c}{a}\overrightarrow{ID}=-\frac{b\cdot\overrightarrow{IB}+c\cdot\overrightarrow{IC}}{a}$$

即

$$a\cdot\overrightarrow{IA}+b\cdot\overrightarrow{IB}+c\cdot\overrightarrow{IC}=\mathbf{0}$$

由正弦定理可得

$$\sin A\cdot\overrightarrow{IA}+\sin B\cdot\overrightarrow{IB}+\sin C\cdot\overrightarrow{IC}=\mathbf{0}$$

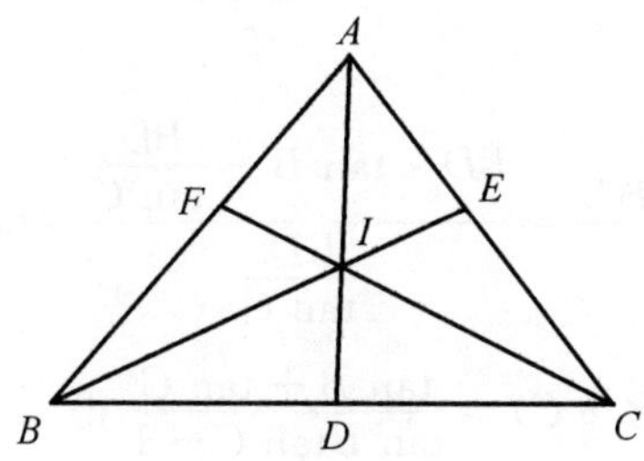

(a)

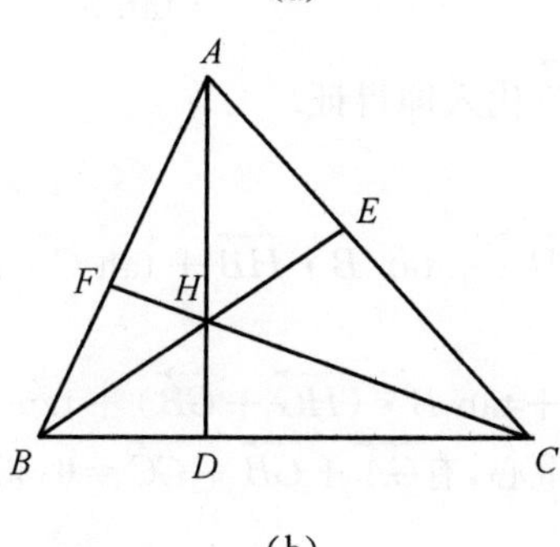

(b)

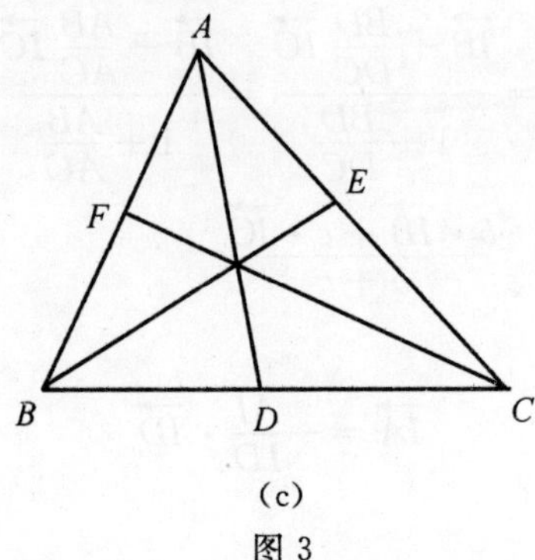

(c)

图 3

(2) 由$\dfrac{AD}{BD}=\tan B,\dfrac{AD}{DC}=\tan C$,得$\dfrac{BD}{DC}=\dfrac{\tan C}{\tan B}$,由定比分点公式的向量形式有

$$\overrightarrow{HD}=\frac{\overrightarrow{HB}+\dfrac{\tan C}{\tan B}\overrightarrow{HC}}{1+\dfrac{\tan C}{\tan B}}=\frac{\tan B\cdot\overrightarrow{HB}+\tan C\cdot\overrightarrow{HC}}{\tan B+\tan C}$$

又$\overrightarrow{HA}=-\dfrac{HA}{HD}\overrightarrow{HD}$,下面求$\dfrac{HA}{HD}$.

$$HD=BD\cdot\tan\angle HBD=\frac{BD}{\tan C},AD=BD\cdot\tan B$$

所以

$$\frac{HA}{HD}=\frac{AD-HD}{HD}=\frac{BD\cdot\tan B-\dfrac{BD}{\tan C}}{\dfrac{BD}{\tan C}}=\tan B\tan C-1$$

由 $\tan A=-\tan(B+C)=\dfrac{\tan B+\tan C}{\tan B\tan C-1}$ 得

$$\tan B\tan C-1=\frac{\tan B+\tan C}{\tan A}$$

所以$\dfrac{HA}{HD}=\dfrac{\tan B+\tan C}{\tan A}$代入即得证.

(3) 由(2) 知

$$\tan A\cdot\overrightarrow{HA}+\tan B\cdot\overrightarrow{HB}+\tan C\cdot\overrightarrow{HC}=\mathbf{0}$$

所以

$$\tan A\cdot(\overrightarrow{HG}+\overrightarrow{GA})+\tan B\cdot(\overrightarrow{HG}+\overrightarrow{GB})+\tan C\cdot(\overrightarrow{HG}+\overrightarrow{GC})=\mathbf{0}$$

由点 G 是三角形的重心,有$\overrightarrow{GA}+\overrightarrow{GB}+\overrightarrow{GC}=\mathbf{0}$,得$\overrightarrow{GA}=-(\overrightarrow{GB}+\overrightarrow{GC})$ 代入并利用

$$\tan A+\tan B+\tan C=\tan A\tan B\tan C$$

整理即得.

例 10　在非 Rt$\triangle ABC$ 中,边长 a,b,c 满足 $a+c=\lambda b(\lambda>1)$.

(1) 求证:$\tan\dfrac{A}{2}\tan\dfrac{C}{2}=\dfrac{\lambda-1}{\lambda+1}$;

(2) 是否存在函数 $f(\lambda)$, 对于一切满足条件的 λ, 代数式 $\dfrac{\cos A+\cos C+f(\lambda)}{f(\lambda)\cos A\cos C}$ 恒为定值?若存在,请给出一个满足条件的 $f(\lambda)$,并证明;若不存在,请说明理由.

证明　(1) 由 $a+c=\lambda b$ 得 $\sin A+\sin C=\lambda\sin B$,和差化积得

$$2\sin\frac{A+C}{2}\cos\frac{A-C}{2}=2\lambda\sin\frac{B}{2}\cos\frac{B}{2}$$

因为$\dfrac{\angle A+\angle C}{2}=\dfrac{\pi}{2}-\dfrac{\angle B}{2}$,所以

$$\cos\frac{A-C}{2}=\lambda\cos\frac{A+C}{2}$$

展开整理得

$$(1+\lambda)\sin\frac{A}{2}\sin\frac{C}{2}=(\lambda-1)\cos\frac{A}{2}\cos\frac{C}{2}$$

故

$$\tan\frac{A}{2}\tan\frac{C}{2}=\frac{\lambda-1}{\lambda+1}$$

(2) 从要为定值的三角式的结构特征分析,寻求 $\cos A+\cos C$ 与 $\cos A\cos C$ 之间的关系.

由 $\tan\dfrac{A}{2}\tan\dfrac{C}{2}=\dfrac{\lambda-1}{\lambda+1}$ 及半角公式得

$$\frac{1-\cos A}{1+\cos A}\cdot\frac{1-\cos C}{1+\cos C}=\frac{(\lambda-1)^2}{(\lambda+1)^2} \quad ①$$

对式 ① 展开整理,得

$$4\lambda-2(\lambda^2+1)(\cos A+\cos C)=-4\lambda\cos A\cos C$$

即

$$\frac{4\lambda-2(\lambda^2+1)(\cos A+\cos C)}{\cos A\cos C}=-4\lambda$$

亦即

$$\frac{\cos A+\cos C-\dfrac{2\lambda}{\lambda^2+1}}{\cos A\cos C}=\frac{2\lambda}{\lambda^2+1}$$

即

$$\frac{\cos A+\cos C-\frac{2\lambda}{\lambda^2+1}}{-\frac{2\lambda}{\lambda^2+1}\cos A\cos C}=-1$$

与原三角式做比较可知 $f(\lambda)$ 存在且 $f(\lambda)=-\frac{2\lambda}{\lambda^2+1}$.

课外训练

1. 在 $\triangle ABC$ 中,$c=2\sqrt{2}$,$a>b$,$\angle C=\frac{\pi}{4}$,且 $\tan A\tan B=6$,则 a,b 及 $\triangle ABC$ 的面积分别为________.

2. 在 $\triangle ABC$ 中,$\angle A=80^\circ$,$a^2=b(b+c)$,则 $\angle C=$________.

3. 已知圆内接四边形 $ABCD$ 的边长分为 $AB=2$,$BC=6$,$CD=DA=4$,则四边形 $ABCD$ 的面积为________.

4. 在 $\triangle ABC$ 中,若 $c-a$ 等于 AC 边上的高 h,则 $\sin\frac{C-A}{2}+\cos\frac{C+A}{2}=$________.

5. 在 $\triangle ABC$ 中,已知 A,B,C 成等差数列,则 $\tan\frac{A}{2}+\tan\frac{C}{2}+\sqrt{3}\tan\frac{A}{2}\cdot\tan\frac{C}{2}=$________.

6. 在 $\triangle ABC$ 中,$\angle A$ 为最小角,$\angle C$ 为最大角,已知 $\cos(2A+C)=-\frac{4}{3}$,$\sin B=\frac{4}{5}$,则 $\cos 2(B+C)=$________.

7. 在 $\triangle ABC$ 中,$\angle A=2\angle B$,$\angle C$ 是钝角,三边长均为整数,则 $\triangle ABC$ 周长的最小值为________.

8. 如图 4 所示,在半径为 R 的圆桌的正中央上空挂一盏电灯,桌子边缘一点处的照亮度和灯光射到桌子边缘的光线与桌面的夹角 θ 的正弦成正比,角和这一点到光源的距离 r 的平方成反比,即 $I=k\cdot\frac{\sin\theta}{r^2}$,其中 k 是一个和灯光强度有关的常数,电灯悬挂的高度 $h=$________时,桌子边缘处最亮.

9. 如图 5 所示,在等边 $\triangle ABC$ 中,$AB=a$,点 O 为中心,过点 O 的直线交 AB 于点 M,交 AC 于点 N,求 $\frac{1}{OM^2}+\frac{1}{ON^2}$ 的最大值和最小值.

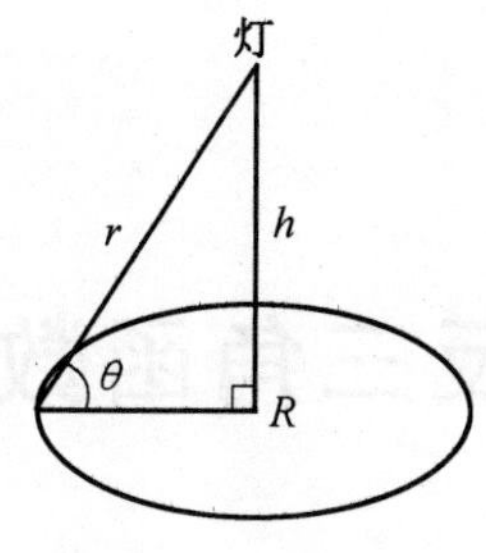

图 4

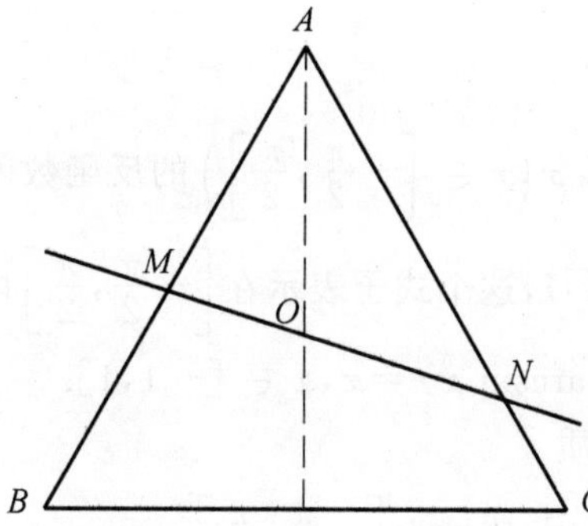

图 5

10. 在 $\triangle ABC$ 中，a,b,c 分别为角 A,B,C 的对边，若 $2\sin A(\cos B+\cos C)=3(\sin B+\sin C)$.

(1) 求角 A 的大小；

(2) 若 $a=\sqrt{61}$，$b+c=9$，求 b 和 c 的值.

11. 在正 $\triangle ABC$ 的 AB，AC 边上分别取 D，E 两点，使沿线段 DE 折叠三角形时，顶点 A 正好落在 BC 边上，在这种情况下，若要使 AD 最小，求 $AD:AB$ 的值.

第 25 讲　反三角函数与三角方程

一、反正弦函数

1. 定义：函数 $y=\sin x\left(x\in\left[-\frac{\pi}{2},\frac{\pi}{2}\right]\right)$ 的反函数就是反正弦函数，记为 $y=\arcsin x(x\in[-1,1])$，这个式子表示在 $\left[-\frac{\pi}{2},\frac{\pi}{2}\right]$ 内，正弦函数值为 x 的角就是 $\arcsin x$，即 $\sin(\arcsin x)=x, x\in[-1,1]$.

2. 反正弦函数的性质

(1) 定义域为 $[-1,1]$，值域为 $\left[-\frac{\pi}{2},\frac{\pi}{2}\right]$；

(2) 在定义域上单调递增；

(3) 反正弦函数是 $[-1,1]$ 上的奇函数，即 $\arcsin(-x)=-\arcsin x$，$x\in[-1,1]$；

(4) $y=\arcsin x$ 的图像与 $y=\sin x\left(x\in\left[-\frac{\pi}{2},\frac{\pi}{2}\right]\right)$ 的图像关于 $y=x$ 对称；

(5) $\arcsin(\sin x)=x, x\in\left[-\frac{\pi}{2},\frac{\pi}{2}\right]$.

二、反余弦函数

仿反正弦函数的情况可以得到：

1. 定义：函数 $y=\cos x(x\in[0,\pi])$ 的反函数就是反余弦函数，记为 $y=\arccos x(x\in[-1,1])$，这个式子表示在 $[0,\pi]$ 内，余弦函数值为 x 的角就是 $\arccos x$，即 $\cos(\arccos x)=x, x\in[-1,1]$.

2. 反余弦函数的性质

(1) 定义域为 $[-1,1]$，值域为 $[0,\pi]$；

(2) 在定义域上单调递减；

(3) 反余弦函数是$[-1,1]$上的非奇非偶函数，即 $\arccos(-x)=\pi-\arccos x, x\in[-1,1]$；

(4) $y=\arccos x$ 的图像与 $y=\cos x(x\in[0,\pi])$ 的图像关于 $y=x$ 对称.

(5) $\arccos(\cos x)=x, x\in[0,\pi]$.

三、反正切函数

1. 定义：函数 $y=\tan x\left(x\in\left(-\frac{\pi}{2},\frac{\pi}{2}\right)\right)$ 的反函数就是反正切函数，记为 $y=\arctan x(x\in\mathbf{R})$. 这个式子表示在$\left(-\frac{\pi}{2},\frac{\pi}{2}\right)$内，正切函数值为 x 的角就是 $\arctan x$，即 $\tan(\arctan x)=x, x\in\mathbf{R}$.

2. 反正切函数的性质

(1) 定义域为 $\mathbf{R}$，值域为$\left(-\frac{\pi}{2},\frac{\pi}{2}\right)$；

(2) 在定义域上单调递增；

(3) 反正切函数是 $\mathbf{R}$ 上的奇函数，即 $\arctan(-x)=-\arctan x, x\in\mathbf{R}$；

(4) $y=\arctan x$ 的图像与 $y=\tan x\left(x\in\left(-\frac{\pi}{2},\frac{\pi}{2}\right)\right)$ 的图像关于 $y=x$ 对称；

(5) $\arctan(\tan x)=x, x\in\left(-\frac{\pi}{2},\frac{\pi}{2}\right)$.

四、反余切函数

请根据上面的内容自己写出.

典例展示

例 1　求证：$\arcsin x+\arccos x=\frac{\pi}{2}, x\in[-1,1]$.

证明　令 $\arcsin x=\alpha$，$\arccos x=\beta$，则

$$\alpha\in\left[-\frac{\pi}{2},\frac{\pi}{2}\right], \beta\in[0,\pi], \frac{\pi}{2}-\beta\in\left[-\frac{\pi}{2},\frac{\pi}{2}\right]$$

而

$$\sin\alpha=x, \sin\left(\frac{\pi}{2}-\beta\right)=\cos\beta=x$$

即 $\sin\alpha=\sin\left(\frac{\pi}{2}-\beta\right)$，但 α 与 β 都在$\left[-\frac{\pi}{2},\frac{\pi}{2}\right]$内，在此区间内正弦函数是单

调递增函数,从而 $\alpha=\frac{\pi}{2}-\beta$. 就是 $\arcsin x+\arccos x=\frac{\pi}{2}$.

例 2 求证:$\arctan x+\operatorname{arccot} x=\frac{\pi}{2}, x\in\mathbf{R}$.

证明 令 $\arctan x=\alpha, \operatorname{arccot} x=\beta$,则

$$\alpha\in\left(-\frac{\pi}{2},\frac{\pi}{2}\right), \beta\in(0,\pi), \frac{\pi}{2}-\beta\in\left(-\frac{\pi}{2},\frac{\pi}{2}\right)$$

而

$$\tan\alpha=x, \tan\left(\frac{\pi}{2}-\beta\right)=\cot\beta=x$$

即

$$\tan\alpha=\tan\left(\frac{\pi}{2}-\beta\right)$$

但 α 与 β 都在 $\left(-\frac{\pi}{2},\frac{\pi}{2}\right)$ 内,在此区间内正切函数是单调递增函数,从而 $\alpha=\frac{\pi}{2}-\beta$. 就是

$$\arctan x+\operatorname{arccot} x=\frac{\pi}{2}$$

例 3 计算:$\sin(\arcsin x+\arcsin y)+\cos(\arccos x+\arccos y), x, y\in[-1,1]$.

解 因为

$$\sin(\arcsin x+\arcsin y)=x\sqrt{1-y^2}+y\sqrt{1-x^2}$$
$$\cos(\arccos x+\arccos y)=xy-\sqrt{1-x^2}\cdot\sqrt{1-y^2}$$

所以

$$\text{原式}=x\sqrt{1-y^2}+y\sqrt{1-x^2}+xy-\sqrt{1-x^2}\cdot\sqrt{1-y^2}$$

例 4 求 $10\cot(\operatorname{arccot} 3+\operatorname{arccot} 7+\operatorname{arccot} 13+\operatorname{arccot} 21)$ 的值.

解 设 $\operatorname{arccot} 3=\alpha, \operatorname{arccot} 7=\beta, \operatorname{arccot} 13=\gamma, \operatorname{arccot} 21=\delta$,则

$$0<\delta<\gamma<\beta<\alpha<\frac{\pi}{4}$$

所以

$$\tan\alpha=\frac{1}{3}, \tan\beta=\frac{1}{7}, \tan\gamma=\frac{1}{13}, \tan\delta=\frac{1}{21}$$

于是

$$\tan(\alpha+\beta)=\frac{\tan\alpha+\tan\beta}{1-\tan\alpha\tan\beta}=\frac{\frac{1}{3}+\frac{1}{7}}{1-\frac{1}{3}\times\frac{1}{7}}=\frac{10}{20}=\frac{1}{2}$$

$$\tan(\gamma+\delta)=\frac{\tan\gamma+\tan\delta}{1-\tan\gamma\tan\delta}=\frac{\frac{1}{13}+\frac{1}{21}}{1-\frac{1}{13}\times\frac{1}{21}}=\frac{1}{8}$$

$$\tan(\alpha+\beta+\gamma+\delta)=\frac{\frac{1}{2}+\frac{1}{8}}{1-\frac{1}{2}\times\frac{1}{8}}=\frac{2}{3}$$

故

$$10\cot(\operatorname{arccot}3+\operatorname{arccot}7+\operatorname{arccot}13+\operatorname{arccot}21)=10\times\frac{3}{2}=15$$

例 5　求常数 c，使 $f(x)=\arctan\frac{2-2x}{1+4x}+c$ 在 $\left(-\frac{1}{4},\frac{1}{4}\right)$ 内是奇函数.

解　若 $f(x)$ 是 $\left(-\frac{1}{4},\frac{1}{4}\right)$ 内的奇函数，则必要条件是 $f(0)=0$，即

$$c=-\arctan 2$$

当 $c=-\arctan 2$ 时，有

$$\tan\left(\arctan\frac{2-2x}{1+4x}-\arctan 2\right)=\frac{\frac{2-2x}{1+4x}-2}{1+\frac{2-2x}{1+4x}\cdot 2}=\frac{2-2x-2-8x}{1+4x+4-4x}=-2x$$

即

$$f(x)=\arctan(-2x),f(-x)=\arctan[-(-2x)]=\arctan 2x=-f(x)$$

故 $f(x)$ 是 $\left(-\frac{1}{4},\frac{1}{4}\right)$ 内的奇函数.

例 6　$[x]$ 表示不超过 x 的最大整数，$\{x\}$ 表示 x 的小数部分(即 $\{x\}=x-[x]$)，求方程 $\cot[x]\cdot\cot\{x\}=1$ 的解集.

解　由于 $0\leqslant\{x\}<1$，故 $\cot\{x\}>\cot 1>0$，即 $\cot\{x\}\neq 0$.

所以

$$\cot[x]=\frac{1}{\cot\{x\}}=\tan\{x\}=\cot\left(\frac{\pi}{2}-\{x\}\right)$$

于是

$$[x]=k\pi+\frac{\pi}{2}-\{x\}$$

即

$$[x]+\{x\}=k\pi+\frac{\pi}{2}\quad(k\in\mathbf{Z})$$

就是 $x=k\pi+\frac{\pi}{2}(k\in\mathbf{Z})$.

例 7　求使方程$\sqrt{a+\sqrt{a+\sin x}}=\sin x$有实数解时，实数 a 的取值范围.

解　$\sin x\geqslant 0$，平方得

$$\sqrt{a+\sin x}=\sin^2 x-a$$

故

$$a\leqslant \sin^2 x$$

平方整理，得

$$a^2-(2\sin^2 x+1)a+\sin^4 x-\sin x=0$$

这是一个关于 a 的一元二次方程.

$$\begin{aligned}\Delta=&(2\sin^2 x+1)^2-4(\sin^4 x-\sin x)=\\&4\sin^2 x+4\sin x+1=\\&(2\sin x+1)^2\end{aligned}$$

所以

$$a=\frac{1}{2}[2\sin^2 x+1\pm(2\sin x+1)]$$

其中，$a=\sin^2 x+\sin x+1>\sin^2 x$，故舍去；

$a=\sin^2 x-\sin x$，当 $0\leqslant\sin x\leqslant 1$ 时，有 $a\in[-\frac{1}{4},0]$.

当 $a=0$ 时，得 $\sin x=0$ 或 1，有实解；当 $a=-\frac{1}{4}$ 时，$\sin x=\frac{1}{2}$，有实解.

故 a 的取值范围为$[-\frac{1}{4},0]$.

例 8　解方程 $\cos^n x-\sin^n x=1$，这里，n 表示任意给定的正整数.

解　原方程就是

$$\cos^n x=1+\sin^n x$$

(1) 当 n 为正偶数时，由 $\cos^n x\leqslant 1$，$\sin^n x\geqslant 0$，故当且仅当 $\cos^n x=1$，$\sin^n x=0$，即 $x=k\pi(k\in\mathbf{Z})$ 时为解.

(2) 当 n 为正奇数时，若 $2k\pi\leqslant x\leqslant 2k\pi+\pi$，则 $\cos^n x\leqslant 1$，$\sin^n x\geqslant 0$，故只有 $\cos^n x=1$，$\sin^n x=0$ 时，即 $x=2k\pi(k\in\mathbf{Z})$ 时为解；

若 $2k\pi+\pi<x<2(k+1)\pi$，由 $1+\sin^n x\geqslant 0$，故只能在 $2k\pi+\frac{3\pi}{2}\leqslant x<2(k+1)\pi$ 内求解，此时 $x=2k\pi+\frac{3\pi}{2}$ 满足方程.

若 $2k\pi+\frac{3\pi}{2}<x<2(k+1)\pi$，当 $n=1$ 时，有

$$\cos x - \sin x = |\cos x| + |\sin x| > 1$$

当 $n \geqslant 3$ 时，有

$$\cos^n x - \sin^n x = |\cos^n x| + |\sin^n x| < |\cos^2 x| + |\sin^2 x| = 1$$

即此时无解.

所以当 n 为正偶数时，解为 $x = k\pi (k \in \mathbf{Z})$；当 n 为正奇数时，解为 $x = 2k\pi$ 与 $x = 2k\pi + \frac{3\pi}{2} (k \in \mathbf{Z})$.

例 9　如图 1 所示，单位圆（半径为 1 的圆）的圆心 O 为坐标原点，单位圆与 y 轴的正半轴交于点 A，与钝角 α 的终边 OB 交于点 $B(x_B, y_B)$，设 $\angle BAO = \beta$.

(1) 用 β 表示 α；

(2) 如果 $\sin \beta = \frac{4}{5}$，求点 $B(x_B, y_B)$ 的坐标；

(3) 求 $x_B - y_B$ 的最小值.

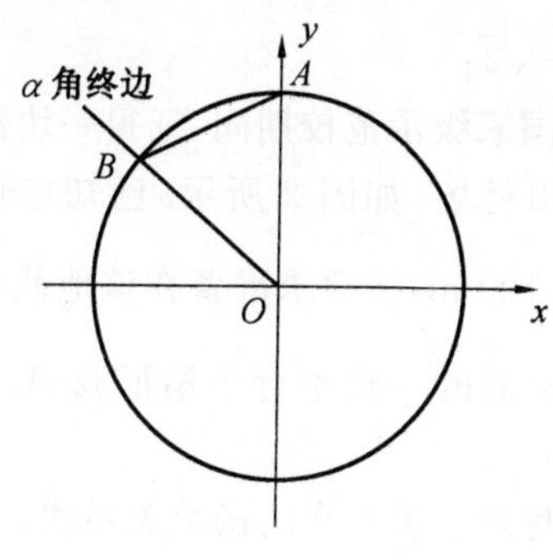

图 1

解　(1)

$$\angle AOB = \alpha - \frac{\pi}{2} = \pi - 2\beta$$

所以

$$\alpha = \frac{3\pi}{2} - 2\beta$$

(2) 由 $\sin \alpha = \frac{y_B}{r}$，又 $r = 1$，所以

$$y_B = \sin \alpha = \sin\left(\frac{3\pi}{2} - 2\beta\right) = -\cos 2\beta = 2\sin^2\beta - 1 = 2 \times \left(\frac{4}{5}\right)^2 - 1 = \frac{7}{25}$$

由钝角 α，知

$$x_B = \cos \alpha = -\sqrt{1 - \sin^2\alpha} = -\frac{24}{25}$$

所以点 $B\left(-\dfrac{24}{25},\dfrac{7}{25}\right)$.

(3) **解法一** $x_B-y_B=\cos\alpha-\sin\alpha=\sqrt{2}\cos(\alpha+\dfrac{\pi}{4})$

又

$$\alpha\in\left(\frac{\pi}{2},\pi\right),\alpha+\frac{\pi}{4}\in\left(\frac{3\pi}{4},\frac{5\pi}{4}\right),\cos(\alpha+\frac{\pi}{4})\in\left[-1,-\frac{\sqrt{2}}{2}\right)$$

所以 x_B-y_B 的最小值为 $-\sqrt{2}$.

解法二 因为 α 为钝角,所以

$$x_B<0,y_B>0,x_B^2+y_B^2=1$$

$$x_B-y_B=-(-x_B+y_B)$$

$$(-x_B+y_B)^2\leqslant 2(x_B^2+y_B^2)=2$$

于是

$$x_B-y_B\geqslant-\sqrt{2}$$

故 x_B-y_B 的最小值为 $-\sqrt{2}$.

例 10 某校在申办国家级示范校期间,征得一块形状为扇形的土地用于建设田径场,如图 2 所示. 已知扇形角 $\angle AOB=\dfrac{2\pi}{3}$,半径 $OA=120$ m,按要求准备在该地截出内接矩形 $MNPQ$,并保证矩形的一边平行于扇形弦 AB,设 $\angle POA=\theta,PQ=y$.

(1) 以 θ 为自变量,写出 y 关于 θ 的函数关系式;

(2) 当 θ 为何值时,矩形田径场的面积最大,并求最大面积.

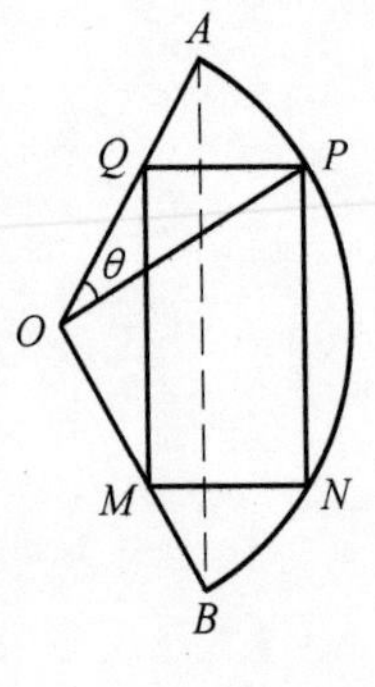

图 2

解 (1) 因为 $\angle OQM=\dfrac{\pi}{6}$,所以

$$\angle OQP=\frac{\pi}{6}+\frac{\pi}{2}=\frac{2\pi}{3}$$

在 $\triangle OQP$ 中,$\dfrac{y}{\sin\theta}=\dfrac{120}{\sin\dfrac{2\pi}{3}}\Rightarrow y=80\sqrt{3}\sin\theta,\theta\in\left(0,\dfrac{2\pi}{3}\right)$

(2) 作 $OH\perp PN$ 于点 H,则

$$PN=2\cdot120\cdot\sin\left(\frac{\pi}{3}-\theta\right)=240\sin\left(\frac{\pi}{3}-\theta\right)$$

或先求 $OQ=80\sqrt{3}\sin\left(\dfrac{\pi}{3}-\theta\right)$,由余弦定理求

$$QM=240\sin\left(\frac{\pi}{3}-\theta\right)$$

或联结 ON，用余弦定理直接求 PN，此时

$$\angle PON=\frac{2\pi}{3}-2\theta$$

$$S=PN\cdot y=19\ 200\sqrt{3}\sin\left(\frac{\pi}{3}-\theta\right)\cdot\sin\theta=$$

$$9\ 600\sqrt{3}\left[\sin\left(2\theta+\frac{\pi}{6}\right)-\frac{1}{2}\right]$$

（注：也可得到 $S=9\ 600\sqrt{3}\left[\cos\left(2\theta-\frac{\pi}{3}\right)-\frac{1}{2}\right]$）

所以当 $2\theta+\frac{\pi}{6}=\frac{\pi}{2}\Rightarrow$ 当 $\theta=\frac{\pi}{6}$ 时，$S_{\max}=4\ 800\sqrt{3}$.

故当 $\theta=\frac{\pi}{6}$ 时，矩形田径场的面积最大，最大面积为 $4\ 800\sqrt{3}\ \mathrm{m}^2$.

课外训练

1. $\arcsin(\sin 2\ 000°)=$________.

2. 函数 $y=\arcsin[\sin x]+\arccos[\cos x]$，$x\in[0,2\pi)$ 的值域（其中 $[x]$ 表示不超过实数 x 的最大整数）是________.

3. 已知 $\alpha\in\left(-\frac{\pi}{2},\frac{\pi}{2}\right)$，$\sin 2\alpha=\sin\left(\alpha-\frac{\pi}{4}\right)$，则 $\alpha=$________.

4. (1) 方程 $x^2-2x\sin\frac{\pi x}{2}+1=0$ 的所有实数根为________；

(2) 关于 x 的方程 $x^2-2x-\sin\frac{\pi x}{2}+2=0$ 的实数根为________.

5. 方程 $\left(\frac{\sin x}{2}\right)^{2\csc^2 x}=\frac{1}{4}$ 的解为________.

6. 方程 $\sin^n x+\frac{1}{\cos^m x}=\cos^n x+\frac{1}{\sin^m x}$ 的实数解为________（其中 m,n 是正奇数）.

7. 当 $x=\theta$ 时，函数 $f(x)=\sin x+2\cos x$ 取得最大值，则 $\cos\theta=$________.

8. (1) 已知 $f(x)=\sin x+\sqrt{3}\cos x(x\in\mathbf{R})$，函数 $y=f(x+\varphi)\left(|\varphi|\leqslant\frac{\pi}{2}\right)$ 的图像关于直线 $x=0$ 对称，则 $\varphi=$________.

(2) 如果函数 $y=3\cos(2x+\varphi)$ 的图像关于点 $\left(\frac{4\pi}{3},0\right)$ 中心对称，那么 $|\varphi|$ 的最小值为________.

9. (1) 已知 $f(x)=\sin\left(\omega x+\frac{\pi}{3}\right)(\omega>0)$，$f\left(\frac{\pi}{6}\right)=f\left(\frac{\pi}{3}\right)$，且 $f(x)$ 在 $\left(\frac{\pi}{6},\frac{\pi}{3}\right)$ 上有最小值，无最大值，求 ω 的值；

(2) 将函数 $y=\sqrt{3}\cos x+\sin x(x\in\mathbf{R})$ 的图像向左平移 $m(m>0)$ 个单位长度后，所得到的图像关于 y 轴对称，求 m 的最小值.

10. 是否存在锐角 α 和 β，使 ①$\alpha+2\beta=\frac{2\pi}{3}$；②$\tan\beta=(2-\sqrt{3})\cot\frac{\alpha}{2}$ 同时成立？若存在，请求出 α 和 β 的值；若不存在，请说明理由.

11. 已知定义在 $\left[-\pi,\frac{2}{3}\pi\right]$ 上的函数 $y=f(x)$ 的图像关于直线 $x=-\frac{\pi}{6}$ 对称，当 $x\in\left[-\frac{\pi}{6},\frac{2}{3}\pi\right]$ 时，函数 $f(x)=A\sin(\omega x+\varphi)\left(A>0,\omega>0,-\frac{\pi}{2}<\varphi<\frac{\pi}{2}\right)$，其图像如图 3 所示.

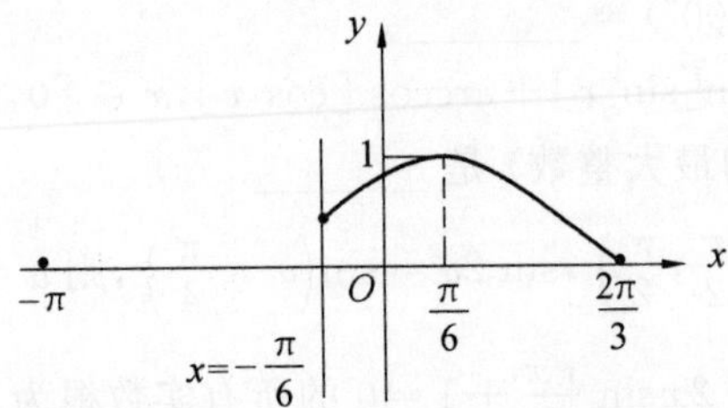

图 3

(1) 求函数 $y=f(x)$ 在 $\left[-\pi,\frac{2}{3}\pi\right]$ 上的表达式；

(2) 求方程 $f(x)=\frac{\sqrt{2}}{2}$ 的解.

第 26 讲　三角不等式

知识呈现

含有未知数的三角函数的不等式叫作三角不等式.(1)三角不等式是不等式,因此如配方法、比较法、放缩法、基本不等式法、反证法、数学归纳法等也是解决三角不等式的常用方法;(2)三角不等式又有自己的特点——含有三角式.因而三角函数的单调性、有界性以及图像特征、三角公式及三角恒等变形的方法等都是处理三角不等式的常用工具.

典例展示

例 1　(1)已知 $x\in[0,\pi]$,求证:$\cos(\sin x)>\sin(\cos x)$;

(2)三个数 $a,b,c\in\left(0,\frac{\pi}{2}\right)$,且满足 $\cos a=a,\sin\cos b=b,\cos\sin c=c$,按从小到大的顺序排列这三个数.

分析一　从比较两数大小的角度来看,可考虑找一个中间量,比 $\cos(\sin x)$ 小,同时比 $\sin(\cos x)$ 大,即可证明原不等式.

分析二　$\cos(\sin x)$ 可看作一个角 $\sin x$ 的余弦,而 $\sin(\cos x)$ 可看作一个角 $\cos x$ 的正弦,因此可考虑先用诱导公式化为同名三角函数,再利用三角函数的单调性来证明.

证法一　当 $x=0,\frac{\pi}{2},\pi$ 时,显然 $\cos(\sin x)>\sin(\cos x)$ 成立.

当 $\frac{\pi}{2}<x<\pi$ 时,$0<\sin x<1<\frac{\pi}{2},-\frac{\pi}{2}<\cos x<0$,则

$$\cos(\sin x)>0>\sin(\cos x)$$

当 $0<x<\frac{\pi}{2}$ 时,有 $0<\sin x<x<\frac{\pi}{2}$,而函数 $y=\cos x$ 在 $\left(0,\frac{\pi}{2}\right)$ 上为减函数,从而有 $\cos(\sin x)>\cos x$;而 $0<\cos x<\frac{\pi}{2}$,则 $\sin(\cos x)<$

$\cos x$. 因此 $\cos(\sin x) > \cos x > \sin(\cos x)$，从而 $\cos(\sin x) > \sin(\cos x)$.

证法二 当 $0 < x < \frac{\pi}{2}$ 时，有 $0 < \sin x < 1, 0 < \cos x < 1$，且 $\sin x + \cos x = \sqrt{2}\sin\left(x + \frac{\pi}{4}\right) \leqslant \sqrt{2} < \frac{\pi}{2}$，即 $0 < \sin x < \frac{\pi}{2} - \cos x < \frac{\pi}{2}$，而函数 $y = \cos x$ 在 $\left(0, \frac{\pi}{2}\right)$ 上为减函数，所以

$$\cos(\sin x) > \cos\left(\frac{\pi}{2} - \cos x\right) = \sin(\cos x)$$

即 $\cos(\sin x) > \sin(\cos x)$. x 在其他区域时，证明同证法一.

(2) 比较 a, b, c 三数的大小

$$a = \cos a, b = \sin\cos b < \cos b, c = \cos\sin c > \cos c$$

等式的两边变量均不相同，直接比较不易进行，故考虑分类讨论，先比较 a 与 b，由 $\begin{cases} a = \cos a \\ b = \sin\cos b \end{cases}$，对等号两边分别比较，即先假定一边的不等号方向，再验证另一侧的不等号方向是否一致.

若 $a = b$，则 $\cos a = \sin\cos a$，但由 $\cos a \in \left(0, \frac{\pi}{2}\right)$，故 $\cos a > \sin\cos a$，产生矛盾，即 $a \neq b$.

若 $a < b$，则由单调性可知 $\cos a > \cos b$. 又由 $a < b$ 及题意可得 $\cos a < \sin\cos b$，而 $\sin\cos b < \cos b$. 因此又可得 $\cos a < \cos b$，从而产生矛盾. 综上所述，$a > b$.

类似地，若 $c = a$，则由题意可得 $\cos a = \cos\sin a$，从而可得 $a = \sin a$ 与 $a > \sin a$ 相矛盾；若 $c < a$，则 $\sin c < \sin a < a$，即 $\sin c < a$，所以 $\cos\sin c > \cos a$，即 $c > a$ 产生矛盾.

综上可得，$b < a < c$.

说明 第(1)小题的证明用到结论：当 $x \in \left(0, \frac{\pi}{2}\right)$ 时，$\sin x < x < \tan x$，这是实现角与三角函数值不等关系转化的重要工具，该结论可利用三角函数线知识来证明. 证法一通过中间量 $\cos x$ 来比较，证法二利用有界性得 $\sin x + \cos x < \frac{\pi}{2}$，再利用单调性证明，这是比较大小常用的两种方法；本题结论可推广至 $x \in \mathbf{R}$.

第(2)小题的实质是用排除法从两个实数的三种可能的大小关系排除掉两种，从而得第三种，体现了“正难则反”的解题策略.

例 2　已知 $0<\alpha<\pi$，试比较 $2\sin 2\alpha$ 和 $\cot\frac{\alpha}{2}$ 的大小.

分析　两个式子分别含有 2α 与 $\frac{\alpha}{2}$ 的三角函数，故可考虑都化为 α 的三角函数，注意到两式均为正，可考虑作商来比较.

解法一

$$\frac{2\sin 2\alpha}{\cot\frac{\alpha}{2}}=4\sin\alpha\cos\alpha\tan\frac{\alpha}{2}=4\sin\alpha\cos\alpha\,\frac{1-\cos\alpha}{\sin\alpha}=$$

$$4\cos\alpha-4\cos^2\alpha=-4\left(\cos\alpha-\frac{1}{2}\right)^2+1 \qquad ①$$

因为 $0<\alpha<\pi$，所以当 $\cos\alpha=\frac{1}{2}$，即 $\alpha=\frac{\pi}{3}$ 时，式 ① 有最大值 1；当 $0<\alpha<\pi$ 且 $\alpha\neq\frac{\pi}{3}$ 时，式 ① 总小于 1. 因此，当 $\alpha=\frac{\pi}{3}$ 时，$2\sin 2\alpha=\cot\frac{\alpha}{2}$；当 $0<\alpha<\pi$ 且 $\alpha\neq\frac{\pi}{3}$ 时，$2\sin 2\alpha<\cot\frac{\alpha}{2}$.

解法二　设 $\tan\frac{\alpha}{2}=t$，由 $0<\alpha<\pi$ 得 $0<\frac{\alpha}{2}<\frac{\pi}{2}$，故 $\tan\frac{\alpha}{2}=t>0$，则

$$\cot\frac{\alpha}{2}=\frac{1}{t},2\sin 2\alpha=4\sin\alpha\cos\alpha=\frac{4(1-t^2)2t}{(1+t^2)^2}$$

于是

$$\cot\frac{\alpha}{2}-2\sin 2\alpha=\frac{1}{t}-\frac{4(1-t^2)2t}{(1+t^2)^2}=\frac{9t^4-6t^2+1}{t(1+t^2)^2}=$$

$$\frac{(3t^2-1)^2}{t(1+t^2)^2}\geqslant 0$$

因此，当 $\alpha=\frac{\pi}{3}$ 时，$2\sin 2\alpha=\cot\frac{\alpha}{2}$；当 $0<\alpha<\pi$ 且 $\alpha\neq\frac{\pi}{3}$ 时，$2\sin 2\alpha<\cot\frac{\alpha}{2}$.

例 3　已知 $x,y,z\in\mathbf{R}$，$0<x<y<z<\frac{\pi}{2}$. 求证：$\frac{\pi}{2}+2\sin x\cos y+2\sin y\cos z>\sin 2x+\sin 2y+\sin 2z$.

分析　将二倍角均化为单角的正余弦，联想单位圆中的三角函数线，两两正余弦的乘积联想到图形的面积.

证明

$$\frac{\pi}{4}+\sin x\cos y+\sin y\cos z>\sin x\cos x+\sin y\cos y+\sin z\cos z$$

即证明

$$\frac{\pi}{4}>\sin x(\cos x-\cos y)+\sin y(\cos y-\cos z)+\sin z\cos z \quad ②$$

式②右边的就是如图1所示单位圆中三个阴影矩形的面积之和,而式②左边$\frac{\pi}{4}$为此单位圆在第一象限的面积,所以式②成立.

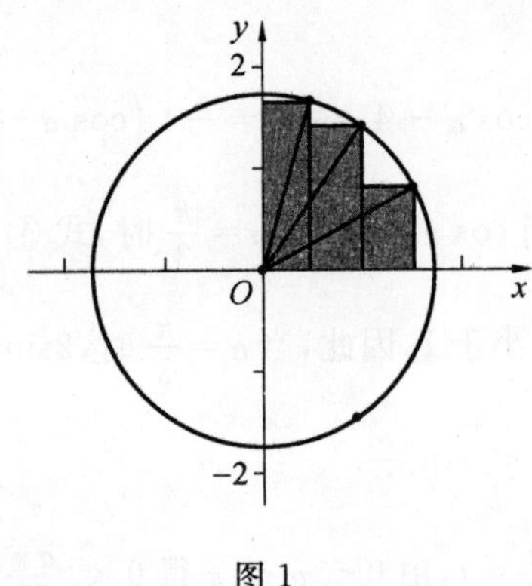

图1

综上所述,原不等式成立.

例4 已知不等式$\sqrt{2}(2a+3)\cos\left(\theta-\frac{\pi}{4}\right)+\frac{6}{\sin\theta+\cos\theta}-2\sin 2\theta<3a+6$对于$\theta\in\left[0,\frac{\pi}{2}\right]$恒成立,求$a$的取值范围.

分析 所给不等式中有两个变量,给出其中一个的范围,求另一个的范围,常采用分离变量的方法. 注意到与角θ有关的几个三角函数式,$\cos\left(\theta-\frac{\pi}{4}\right)=\frac{\sqrt{2}}{2}(\sin\theta+\cos\theta)$,$\sin 2\theta=2\sin\theta\cos\theta$. 因此考虑令$\sin\theta+\cos\theta=x$进行变量代换,以化简所给不等式,再寻求解题思路.

解 设$\sin\theta+\cos\theta=x$,则

$$\cos\left(\theta-\frac{\pi}{4}\right)=\frac{\sqrt{2}}{2}x,\sin 2\theta=x^2-1$$

当$\theta\in\left[0,\frac{\pi}{2}\right]$时,$x\in[1,\sqrt{2}]$. 从而原不等式可化为

$$(2a+3)x+\frac{6}{x}-2(x^2-1)<3a+6$$

即

$$2x^2-2ax-3x-\frac{6}{x}+3a+4>0$$

$$2x\left(x+\frac{2}{x}-a\right)-3\left(x+\frac{2}{x}-a\right)>0$$

$$(2x-3)\left(x+\frac{2}{x}-a\right)>0\quad(x\in[1,\sqrt{2}])\qquad ①$$

所以原不等式等价于不等式①，因为 $x\in[1,\sqrt{2}]$，所以 $2x-3<0$.

(1) 不等式恒成立等价于 $x+\frac{2}{x}-a<0(x\in[1,\sqrt{2}])$ 恒成立.

从而只要 $a>\left(x+\frac{2}{x}\right)_{\max}(x\in[1,\sqrt{2}])$. 又 $f(x)=x+\frac{2}{x}$ 在 $[1,\sqrt{2}]$ 上单调递减，所以 $\left(x+\frac{2}{x}\right)_{\max}=3(x\in[1,\sqrt{2}])$，所以 $a>3$.

例 5　求 $y=\sin x+\frac{15}{4}\sin 2x+\sin 3x$ 的最大值.

解　$y=\sin x+\frac{15}{2}\sin x\cos x+3\sin x-4\sin^3 x=$

$2\sin x\cdot\cos x\cdot\left(\frac{15}{4}+2\cos x\right)$

(此时知 x 在锐角时可取到最大值)$=$

$\frac{2}{ab}\cdot(a\sin x)\cdot(b\cos x)\cdot\left(\frac{15}{4}+2\cos x\right)\leqslant$

$\frac{2}{ab}\cdot\left[\frac{a\sin x+b\cos x+\left(\frac{15}{4}+2\cos x\right)}{3}\right]^3=$

$\frac{2}{ab}\cdot\left[\frac{\sqrt{a^2+(2+b)^2}\sin(x+\varphi)+\frac{15}{4}}{3}\right]^3\leqslant$

$\frac{2}{ab}\cdot\left[\frac{\sqrt{a^2+(2+b)^2}+\frac{15}{4}}{3}\right]^3$

其中当且仅当 $a\sin x=b\cos x=\frac{15}{4}+2\cos x$ 和 $\sin(x+\varphi)=1$ 时，不等式取等号. 其中后者又等价于 $\cos x=\sin\varphi=\frac{2+b}{\sqrt{a^2+(2+b)^2}}$，所以

$$a\cdot\frac{a}{\sqrt{a^2+(2+b)^2}}=b\cdot\frac{2+b}{\sqrt{a^2+(2+b)^2}}=\frac{15}{4}+2\frac{2+b}{\sqrt{a^2+(2+b)^2}}$$

$$a^2=b(2+b)=t\sqrt{a^2+(2+b)^2}+4+2b$$

消去 a 后,有

$$b(2+b)=\frac{15}{4}\sqrt{b(2+b)+(2+b)^2}+4+2b$$

$$(b-2)\sqrt{2+b}=\frac{15}{2\sqrt{2}}\sqrt{b+1}\quad (\text{知 } b>2)$$

$$8(b^2-4b+4)(2+b)=225(b+1)$$

$$8b^3-16b^2-257b-161=0$$

$$(b-7)(8b^2+40b+23)=0$$

则
$$b=7, a=3\sqrt{7}$$

故所求最大值为 $\frac{441}{32\sqrt{7}}$. 此时 $\cos x=\frac{3}{4}, x\in\left(0,\frac{\pi}{2}\right)$.

例 6 已知当 $x\in[0,1]$ 时,不等式 $x^2\cos\theta-x(1-x)+(1-x)^2\sin\theta>0$ 恒成立,试求 θ 的取值范围.

分析一 不等式左边按一、三两项配方,求出左边式子的最小值,根据最小值应为正求出 θ 的取值范围.

分析二 不等式的左边视为关于 x 的二次函数,求出此二次函数的最小值,令其大于 0,从而求出 θ 的取值范围.

分析三 原不等式看作关于 x 与 $1-x$ 的二次齐次式,两边同除 $x(1-x)$.

解法一 设 $f(x)=x^2\cos\theta-x(1-x)+(1-x)^2\sin\theta$,则由 $x\in[0,1]$ 时,$f(x)>0$ 恒成立,有

$$f(0)=\sin\theta>0, f(1)=\cos\theta>0$$

所以

$$\begin{aligned}f(x)=&(x\sqrt{\cos\theta})^2+[(1-x)\sqrt{\sin\theta}]^2-2x(1-x)\sqrt{\sin\theta\cos\theta}+\\&2x(1-x)\sqrt{\sin\theta\cos\theta}-x(1-x)=\\&[x\sqrt{\cos\theta}-(1-x)\sqrt{\sin\theta}]^2-\\&2x(1-x)\left(\frac{1}{2}-\sqrt{\sin\theta\cos\theta}\right)>0\end{aligned}$$

当 $x=\frac{\sqrt{\sin\theta}}{\sqrt{\sin\theta}+\sqrt{\cos\theta}}$ 时,有

$$x\sqrt{\cos\theta}-(1-x)\sqrt{\sin\theta}=0$$

令 $x_0=\frac{\sqrt{\sin\theta}}{\sqrt{\sin\theta}+\sqrt{\cos\theta}}$,则

$$0<x_0<1, f(x_0)=2x_0(1-x_0)\left(\sqrt{\sin\theta\cos\theta}-\frac{1}{2}\right)>0$$

故$\sqrt{\frac{1}{2}\sin 2\theta}>\frac{1}{2}$,即 $\sin 2\theta>\frac{1}{2}$,且 $\sin\theta>0,\cos\theta>0$,所求范围是

$$2k\pi+\frac{\pi}{12}<\theta<2k\pi+\frac{5}{12}\pi \quad (k\in\mathbf{Z})$$

反之,当 $2k\pi+\frac{\pi}{12}<\theta<2k\pi+\frac{5}{12}\pi,k\in\mathbf{Z}$ 时,有

$$\sin 2\theta>\frac{1}{2},\text{且} \sin\theta>0,\cos\theta>0$$

于是只要 $x\in[0,1]$ 必有 $f(x)>0$ 恒成立.

解法二　由条件知,$\cos\theta>0,\sin\theta>0$,若对一切 $x\in[0,1]$ 时,恒有

$$f(x)=x^2\cos\theta-x(1-x)+(1-x)^2\sin\theta>0$$

即

$$f(x)=(\cos\theta+1+\sin\theta)x^2-(1+2\sin\theta)x+\sin\theta>0$$

对 $x\in[0,1]$ 时,恒成立,则必有

$$\cos\theta=f(1)>0,\sin\theta=f(0)>0$$

另一方面对称轴为

$$x=\frac{1+2\sin\theta}{2(\cos\theta+\sin\theta+1)}\in[0,1]$$

故必有

$$\frac{4(\cos\theta+\sin\theta+1)\sin\theta-(1+2\sin\theta)^2}{4(\cos\theta+\sin\theta+1)}>0$$

即

$$4\cos\theta\sin\theta-1>0,\sin 2\theta>\frac{1}{2}$$

又由于 $\cos\theta>0,\sin\theta>0$,所以

$$2k\pi+\frac{\pi}{12}<\theta<2k\pi+\frac{5\pi}{12} \quad (k\in\mathbf{Z})$$

解法三　原不等式化为

$$x^2\cos\theta+(1-x)^2\sin\theta>x(1-x) \qquad ①$$

当 $x=0$ 得 $\sin\theta>0$,$x=1$ 得

$$\cos\theta>0 \qquad ②$$

当 $x\neq 0$ 且 $x\neq 1$ 时,式 ① 可化为

$$\frac{x}{1-x}\cos\theta+\frac{1-x}{x}\sin\theta>1$$

对 $x\in(0,1)$ 恒成立,由基本不等式得

$$\frac{x}{1-x}\cos\theta+\frac{1-x}{x}\sin\theta\geqslant 2\sqrt{\sin\theta\cos\theta}$$

所以$\frac{x}{1-x}\cos\theta+\frac{1-x}{x}\sin\theta$的最小值为 $2\sqrt{\sin\theta\cos\theta}$,等号当$\frac{x}{1-x}\cos\theta=\frac{1-x}{x}\sin\theta$,即 $x=\frac{\sqrt{\sin\theta}}{\sqrt{\sin\theta}+\sqrt{\cos\theta}}$ 时取到,因此 $2\sqrt{\sin\theta\cos\theta}>1$. 所以 $\sin 2\theta>\frac{1}{2}$,又由于 $\cos\theta>0$, $\sin\theta>0$,所以

$$2k\pi+\frac{\pi}{12}<\theta<2k\pi+\frac{5\pi}{12}\quad(k\in\mathbf{Z})$$

例 7 已知 a,b,A,B 都是实数,若对于一切实数 x 都有 $f(x)=1-a\cos x-b\sin x-A\cos 2x-B\sin 2x\geqslant 0$,求证:$a^2+b^2\leqslant 2$, $A^2+B^2\leqslant 1$.

分析 根据函数式的特征及所要证明的式子易知,应首先将不等式化成 $f(x)=1-\sqrt{a^2+b^2}\sin(x+\theta)-\sqrt{A^2+B^2}\sin(2x+\varphi)\geqslant 0$,其中 x 为任意实数,注意到所要证的结论中不含未知数 x,故考虑用特殊值法.

证明 若 $a^2+b^2=0$, $A^2+B^2=0$,则结论显然成立;故设 $a^2+b^2\neq 0$, $A^2+B^2\neq 0$,令

$$\sin\theta=\frac{a}{\sqrt{a^2+b^2}},\cos\theta=\frac{b}{\sqrt{a^2+b^2}},\sin\varphi=\frac{A}{\sqrt{A^2+B^2}},\cos\varphi=\frac{B}{\sqrt{A^2+B^2}}$$

得

$$f(x)=1-\sqrt{a^2+b^2}\sin(x+\theta)-\sqrt{A^2+B^2}\sin(2x+\varphi)$$

即对于一切实数 x,都有

$$f(x)=1-\sqrt{a^2+b^2}\sin(x+\theta)-\sqrt{A^2+B^2}\sin(2x+\varphi)\geqslant 0\qquad①$$

$$f\left(x+\frac{\pi}{2}\right)=1-\sqrt{a^2+b^2}\cos(x+\theta)+\sqrt{A^2+B^2}\sin(2x+\varphi)\geqslant 0\qquad②$$

①+②得

$$2-\sqrt{a^2+b^2}[\sin(x+\theta)+\cos(x+\theta)]\geqslant 0$$

即

$$\sin(x+\theta)+\cos(x+\theta)\leqslant\frac{2}{\sqrt{a^2+b^2}}$$

对于一切实数 x 恒成立,$\frac{2}{\sqrt{a^2+b^2}}\geqslant\sqrt{2}$,因此 $a^2+b^2\leqslant 2$.

$$f(x+\pi)=1+\sqrt{a^2+b^2}\sin(x+\theta)-\sqrt{A^2+B^2}\sin(2x+\varphi)\geqslant 0\qquad③$$

①＋③ 得

$$2-2\sqrt{A^2+B^2}\sin(2x+\varphi)\geqslant 0$$

即 $\sin(2x+\varphi)\leqslant\dfrac{1}{\sqrt{A^2+B^2}}$ 恒成立，$\dfrac{1}{\sqrt{A^2+B^2}}\geqslant 1$，所以

$$A^2+B^2\leqslant 1$$

例 8　设 $\alpha+\beta+\gamma=\pi$，求证：对任意满足 $x+y+z=0$ 的实数 x,y,z 有 $yz\sin^2\alpha+zx\sin^2\beta+xy\sin^2\gamma\leqslant 0$.

分析　由 $x+y+z=0$ 消去一个未知数 z，再整理成关于 y 的二次不等式，对 x 恒成立，即可得证.

证明　由题意，则将 $z=-(x+y)$ 代入不等式左边得

不等式左边 $=-[y^2\sin^2\alpha+x^2\sin^2\beta+xy(\sin^2\alpha+\sin^2\beta-\sin^2\gamma)]$

(1) 当 $\sin\alpha=0$，易证不等式左边 $\leqslant 0$ 成立；

(2) 当 $\sin\alpha\neq 0$，整理成 y 的二次方程，再证 $\Delta\leqslant 0$.

$$\text{左边}=-\left[y\sin\alpha+\frac{x(\sin^2\alpha+\sin^2\beta-\sin^2\gamma)}{2\sin\alpha}\right]^2+\frac{x^2[(\sin^2\alpha+\sin^2\beta-\sin^2\gamma)^2-4\sin^2\alpha\sin^2\beta]}{4\sin^2\alpha}$$

由

$$\begin{aligned}&(\sin^2\alpha+\sin^2\beta-\sin^2\gamma)^2-4\sin^2\alpha\sin^2\beta=\\&(\sin^2\alpha+\sin^2\beta-\sin^2\gamma+2\sin\alpha\sin\beta)\cdot\\&(\sin^2\alpha+\sin^2\beta-\sin^2\gamma-2\sin\alpha\sin\beta)=\\&2\sin\alpha\sin\beta[1-\cos(\alpha+\beta)]\cdot 2\sin\alpha\sin\beta[-1-\cos(\alpha+\beta)]=\\&-4\sin^2\alpha\sin^2\beta[1-\cos^2(\alpha+\beta)]\leqslant 0\end{aligned}$$

所以

$$\frac{x^2[(\sin^2\alpha+\sin^2\beta-\sin^2\gamma)^2-4\sin^2\alpha\sin^2\beta]}{4\sin^2\alpha}\leqslant 0$$

故不等式左边 $\leqslant 0$ 成立.

例 9　在 $\triangle ABC$ 中，求证：$\sum\sin B\sin C\cos\dfrac{A}{2}\leqslant\dfrac{9\sqrt{3}}{8}$.

证法一　不妨设 $\angle A$ 为 $\triangle ABC$ 的最大内角，$e=\sin\dfrac{\pi-A}{4}$，则

$$e\in\left(0,\frac{1}{2}\right]$$

$$\cos\frac{A}{2}=2e\sqrt{1-e^2},1+\cos A=8e^2(1-e^2)$$

$$\sin\frac{A}{2}=1-2e^2,\sin A=4e(1-2e^2)\sqrt{1-e^2}$$

命题等价于

$$\frac{1}{2}\cos\frac{A}{2}[\cos(B-C)+\cos A]+2\sin A\cos\frac{B}{2}\cos\frac{C}{2}\left(\sin\frac{B}{2}+\sin\frac{C}{2}\right)\leqslant\frac{9\sqrt{3}}{8}$$

$$\Leftrightarrow\frac{1}{2}\cos\frac{A}{2}[\cos(B-C)+\cos A]+$$

$$2\sin A\left(\cos\frac{B+C}{2}+\cos\frac{B-C}{2}\right)\cdot\sin\frac{B+C}{4}\cos\frac{B-C}{4}\leqslant\frac{9\sqrt{3}}{8}$$

$$\Leftrightarrow\frac{1}{2}\cos\frac{A}{2}[\cos(B-C)+\cos A]+$$

$$2\sin A\left(\cos\frac{\pi-A}{2}+\cos\frac{B-C}{2}\right)\cdot\sin\frac{\pi-A}{4}\cos\frac{B-C}{4}\leqslant\frac{9\sqrt{3}}{8}$$

$$\Leftrightarrow\frac{1}{2}\cos\frac{A}{2}(1+\cos A)+2\sin A(\cos\frac{\pi-A}{2}+1)\sin\frac{\pi-A}{4}\leqslant\frac{9\sqrt{3}}{8}$$

$$\Leftrightarrow 8e^3(1-e^2)\sqrt{1-e^2}+16e^2(1-e^2)(1-2e^2)\sqrt{1-e^2}\leqslant\frac{9\sqrt{3}}{8}$$

$$\Leftrightarrow 8e^2(1-e^2)(2+e-4e^2)\sqrt{1-e^2}\leqslant\frac{9\sqrt{3}}{8}$$

下面再证 $8e(1-e^2)\sqrt{1-e^2}\leqslant\frac{3\sqrt{3}}{2},e(2+e-4e^2)\leqslant\frac{3}{4}$ 即可,它们分别等价于

$$(1-4e^2)^2(27-40e^2+16e^4)\geqslant 0$$

即

$$(1-2e)^2(3+4e)\geqslant 0$$

易知成立.

证法二 设 $f(A,B,C)=\sum\sin B\sin C\cos\frac{A}{2}$,则

$$f(A,B,C)=\frac{1}{2}\cos\frac{A}{2}[\cos(B-C)+\cos(B+C)]+$$

$$2\sin A\cos\frac{B}{2}\cos\frac{C}{2}\left(\sin\frac{B}{2}+\sin\frac{C}{2}\right)=$$

$$\frac{1}{2}\cos\frac{A}{2}[\cos(B-C)+\cos(B+C)]+$$

$$2\sin A\left(\cos\frac{B+C}{2}+\cos\frac{B-C}{2}\right)\sin\frac{B+C}{4}\cos\frac{B-C}{4}=$$

$$\frac{1}{2}\cos\frac{A}{2}\cos(B-C)+$$
$$\frac{1}{2}\cos\frac{A}{2}\cos(B+C)+$$
$$2\sin A\cos\frac{B+C}{2}\sin\frac{B+C}{4}\cos\frac{B-C}{4}+$$
$$2\sin A\sin\frac{B+C}{4}\cos\frac{B-C}{4}\cos\frac{B-C}{2}$$

和

$$f(A,B,C)-f\left(A,\frac{B+C}{2},\frac{B+C}{2}\right)=\frac{1}{2}\cos\frac{A}{2}[\cos(B-C)-1]+$$
$$2\sin A\cos\frac{B+C}{2}\sin\frac{B+C}{4}\left(\cos\frac{B-C}{4}-1\right)+$$
$$2\sin A\sin\frac{B+C}{4}\left(\cos\frac{B-C}{4}\cos\frac{B-C}{2}-1\right)\leqslant 0$$

所以不断地对 $f(A,B,C)$ 中三个变量进行局部调整法,函数值越来越小,直至

$$f(A,B,C)\leqslant f(60°,60°,60°)=\frac{9\sqrt{3}}{8}$$

例 10　在 $\triangle ABC$ 中,求证:$\frac{\cos^2 A}{1+\cos A}+\frac{\cos^2 B}{1+\cos B}+\frac{\cos^2 C}{1+\cos C}\geqslant\frac{1}{2}$.

证明　不妨设 A 是最小内角

$$左边=f(A,B,C)=\frac{\cos^2 A-1+1}{1+\cos A}+\frac{\cos^2 B-1+1}{1+\cos B}+\frac{\cos^2 C-1+1}{1+\cos C}=$$
$$\cos A+\frac{1}{1+\cos A}+\cos B+\frac{1}{1+\cos B}+\cos C+\frac{1}{1+\cos C}-3=$$
$$\cos A+\frac{1}{1+\cos A}+2\cos\frac{B+C}{2}\cdot\cos\frac{B-C}{2}+$$
$$\frac{2+2\cos\frac{B+C}{2}\cdot\cos\frac{B-C}{2}}{4\cos^2\frac{B}{2}\cdot\cos^2\frac{C}{2}}-3=$$
$$\cos A+\frac{1}{1+\cos A}+2\cos\frac{B+C}{2}\cdot\cos\frac{B-C}{2}+$$
$$\frac{2+2\cos\frac{B+C}{2}\cdot\cos\frac{B-C}{2}}{\left(\cos\frac{B+C}{2}+\cos\frac{B-C}{2}\right)^2}-3$$

所以

$$f(A,B,C)-f\left(A,\frac{B+C}{2},\frac{B+C}{2}\right)=$$

$$2\sin\frac{A}{2}\left(\cos\frac{B-C}{2}-1\right)+\left[\frac{2+2\sin\frac{A}{2}\cdot\cos\frac{B-C}{2}}{\left(\sin\frac{A}{2}+\cos\frac{B-C}{2}\right)^2}-\frac{2}{\sin\frac{A}{2}+1}\right]=$$

$$2\sin\frac{A}{2}\left(\cos\frac{B-C}{2}-1\right)+$$

$$\frac{\left(2+2\sin\frac{A}{2}\times\cos\frac{B-C}{2}\right)\left(\sin\frac{A}{2}+1\right)-2\left(\sin\frac{A}{2}+\cos\frac{B-C}{2}\right)^2}{\left(\sin\frac{A}{2}+1\right)\left(\sin\frac{A}{2}+\cos\frac{B-C}{2}\right)^2}=$$

$$2\left(1-\cos\frac{B-C}{2}\right)\times$$

$$\left[\frac{\sin\frac{A}{2}+1+\cos\frac{B-C}{2}-\sin^2\frac{A}{2}}{\left(\sin\frac{A}{2}+1\right)\left(\sin\frac{A}{2}+\cos\frac{B-C}{2}\right)^2}-\sin\frac{A}{2}\right]=$$

$$2\left(1-\cos\frac{B-C}{2}\right)\times$$

$$\left[\frac{1}{\left(\sin\frac{A}{2}+1\right)\left(\sin\frac{A}{2}+\cos\frac{B-C}{2}\right)}+\frac{1-\sin^2\frac{A}{2}}{\left(\sin\frac{A}{2}+1\right)\left(\sin\frac{A}{2}+\cos\frac{B-C}{2}\right)^2}-\sin\frac{A}{2}\right]\geqslant$$

$$2\left(1-\cos\frac{B-C}{2}\right)\left[\frac{1}{\left(\sin\frac{A}{2}+1\right)^2}+\frac{1-\sin^2\frac{A}{2}}{\left(\sin\frac{A}{2}+1\right)^3}-\sin\frac{A}{2}\right]\geqslant$$

$$2\left(1-\cos\frac{B-C}{2}\right)\frac{2-4\times\left(\frac{1}{2}\right)^2-3\times\left(\frac{1}{2}\right)^3-\left(\frac{1}{2}\right)^4}{\left(\sin\frac{A}{2}+1\right)^3}\geqslant 0$$

下面证 $f\left(A,\frac{B+C}{2},\frac{B+C}{2}\right)=f\left(A,\frac{\pi-A}{2},\frac{\pi-A}{2}\right)\geqslant\frac{1}{2}$. 若设 $x=\sin\frac{A}{2}\in\left(0,\frac{1}{2}\right]$,即只要证

$$\cos A+\frac{1}{1+\cos A}+2\sin\frac{A}{2}+\frac{2}{1+\sin\frac{A}{2}}\geqslant\frac{7}{2}$$

$\Leftrightarrow 1-2x^2+\frac{1}{2-2x^2}+2x+\frac{2}{1+x}\geqslant\frac{7}{2}\Leftrightarrow x^2(1-4x+4x^2)\geqslant 0$

至此结论得证.

课外训练

1. 设 x 为锐角,求证:$y=2\sin^2 x\cos x\leqslant\frac{4\sqrt{3}}{9}$.

2. 求证:对所有实数 x,y,均有 $\cos x^2+\cos y^2-\cos xy<3$.

3. 在锐角 $\triangle ABC$ 中,求证:

(1) $\tan A\tan B\tan C>1$;

(2) $\sin A+\sin B+\sin C>2$.

4. 求证:$2\sin^2\left(\frac{\pi}{4}-\frac{\sqrt{2}}{2}\right)\leqslant\cos(\sin x)-\sin(\cos x)\leqslant 2\sin^2\left(\frac{\pi}{4}+\frac{\sqrt{2}}{2}\right)$.

5. 已知 $\alpha,\beta\in\left(0,\frac{\pi}{2}\right)$,能否以 $\sin\alpha,\sin\beta,\sin(\alpha+\beta)$ 的值为边长,构成一个三角形?

6. 已知 α,β 为锐角,求证:$\frac{1}{\cos^2\alpha}+\frac{1}{\sin^2\alpha\sin^2\beta\cos^2\beta}\geqslant 9$.

7. 在 $\triangle ABC$ 中,角 A,B,C 的对边为 a,b,c,求证:$\frac{aA+bB+cC}{a+b+c}\geqslant\frac{\pi}{3}$.

8. 设 $\angle A,\angle B,\angle C$ 为锐角三角形的内角,n 为自然数,求证:$\tan^n A+\tan^n B+\tan^n C\geqslant 3^{\frac{n}{2}+1}$.

9. 已知 $0<\theta<\frac{\pi}{2},a>0,b>0$,求证:$\frac{a}{\sin\theta}+\frac{b}{\cos\theta}\geqslant(a^{\frac{2}{3}}+b^{\frac{2}{3}})^{\frac{3}{2}}$.

10. 设点 P 是 $\triangle ABC$ 内任一点,求证:$\angle PAB,\angle PBC,\angle PCA$ 中至少有一个小于或等于 $30°$.

11. 已知函数 $f(x)=\sin 2x-(2\sqrt{2}+\sqrt{2}a)\sin\left(x+\frac{\pi}{4}\right)+2a+3,x\in\left[0,\frac{\pi}{2}\right],a\in\mathbf{R}$,求 $f(x)>\frac{2\sqrt{2}}{\cos\left(x-\frac{\pi}{4}\right)}$ 恒成立时,a 的取值范围.

第 27 讲　平面向量的基本概念

1. 既有大小又有方向的量,称为向量. 画图时用有向线段来表示,线段的长度表示向量的模. 向量的符号用两个大写字母上面加箭头,或一个小写字母上面加箭头表示. 书中用黑体表示向量,$|\boldsymbol{a}|$ 表示向量的模,模为零的向量称为零向量,规定零向量的方向是任意的. 零向量和零不同,模为 1 的向量称为单位向量.

2. 方向相同或相反的向量称为平行向量(或共线向量),规定零向量与任意一个非零向量平行.

定理 1　向量的运算,加法满足平行四边形法则,减法满足三角形法则. 加法和减法都满足交换律和结合律.

定理 2　非零向量 $\boldsymbol{a},\boldsymbol{b}$ 共线的充要条件是存在实数 $\lambda \neq 0$,使 $\boldsymbol{a}=\lambda\boldsymbol{b}$.

定理 3　平面向量的基本定理,若平面内的向量 $\boldsymbol{a},\boldsymbol{b}$ 不共线,则对同一平面内任意向量是 $\boldsymbol{c}$,存在唯一一对实数 x,y,使得 $\boldsymbol{c}=x\boldsymbol{a}+y\boldsymbol{b}$,其中 $\boldsymbol{a},\boldsymbol{b}$ 称为一组基底.

3. 向量的坐标,在平面直角坐标系中,取与 x 轴、y 轴方向相同的两个单位向量 $\boldsymbol{i},\boldsymbol{j}$ 作为基底,任取一个向量 $\boldsymbol{c}$,由定理 3 可知存在唯一一组实数 x,y,使得 $\boldsymbol{c}=x\boldsymbol{i}+y\boldsymbol{j}$,则 (x,y) 叫作 $\boldsymbol{c}$ 坐标.

4. 向量的数量积,若非零向量 $\boldsymbol{a},\boldsymbol{b}$ 的夹角为 θ,则 $\boldsymbol{a},\boldsymbol{b}$ 的数量积记作 $\boldsymbol{a}\cdot\boldsymbol{b}=|\boldsymbol{a}|\cdot|\boldsymbol{b}|\cos\theta=|\boldsymbol{a}|\cdot|\boldsymbol{b}|\cos\theta\langle\boldsymbol{a},\boldsymbol{b}\rangle$,也称内积,其中 $|\boldsymbol{b}|\cos\theta$ 叫作 $\boldsymbol{b}$ 在 $\boldsymbol{a}$ 上的投影(注:投影可能为负值).

定理 4　平面向量的坐标运算:若 $\boldsymbol{a}=(x_1,y_1)$,$\boldsymbol{b}=(x_2,y_2)$,则

$$\boldsymbol{a}+\boldsymbol{b}=(x_1+x_2,y_1+y_2),\boldsymbol{a}-\boldsymbol{b}=(x_1-x_2,y_1-y_2)$$

$$\lambda\boldsymbol{a}=(\lambda x_1,\lambda y_1),\boldsymbol{a}\cdot(\boldsymbol{b}+\boldsymbol{c})=\boldsymbol{a}\cdot\boldsymbol{b}+\boldsymbol{a}\cdot\boldsymbol{c}$$

$$\boldsymbol{a}\cdot\boldsymbol{b}=x_1x_2+y_1y_2,\cos\langle\boldsymbol{a},\boldsymbol{b}\rangle=\frac{x_1x_2+y_1y_2}{\sqrt{x_1^2+y_1^2}\cdot\sqrt{x_2^2+y_2^2}}\quad(\boldsymbol{a}\neq\boldsymbol{0},\boldsymbol{b}\neq\boldsymbol{0})$$

$$\boldsymbol{a}\parallel\boldsymbol{b}\Leftrightarrow x_1y_2=x_2y_1,\boldsymbol{a}\perp\boldsymbol{b}\Leftrightarrow x_1x_2+y_1y_2=0$$

5. 若点 P 是直线 P_1P_2 上异于 P_1,P_2 的一点，则存在唯一的实数 λ，使 $\overrightarrow{P_1P}=\lambda\overrightarrow{PP_2}$，$\lambda$ 叫作点 P 分 $\overrightarrow{P_1P_2}$ 所成的比，若点 O 为平面内任意一点，则 $\overrightarrow{OP}=\dfrac{\overrightarrow{OP_1}+\lambda\overrightarrow{OP_2}}{1+\lambda}$. 由此可得若点 P_1,P,P_2 的坐标分别为 $(x_1,y_1),(x,y),(x_2,y_2)$，则 $\begin{cases}x=\dfrac{x_1+\lambda x_2}{1+\lambda}\\ y=\dfrac{y_1+\lambda y_2}{1+\lambda}\end{cases}$，$\lambda=\dfrac{x-x_1}{x_2-x}=\dfrac{y-y_1}{y_2-y}$.

6. 设 F 是坐标平面内的一个图形，将 F 上所有的点按照向量 $\boldsymbol{a}=(h,k)$ 的方向平移 $|\boldsymbol{a}|=\sqrt{h^2+k^2}$ 个单位得到图形 F'，这一过程叫作平移. 设 $P(x,y)$ 是 F 上的任意一点，平移到 F' 上对应的点为 $P'(x',y')$，则 $\begin{cases}x'=x+h\\ y'=y+k\end{cases}$ 称为平移公式.

定理 5　对任意向量 $\boldsymbol{a}=(x_1,y_1),\boldsymbol{b}=(x_2,y_2)$，$|\boldsymbol{a}\cdot\boldsymbol{b}|\leqslant|\boldsymbol{a}|\cdot|\boldsymbol{b}|$，并且 $|\boldsymbol{a}+\boldsymbol{b}|\leqslant|\boldsymbol{a}|+|\boldsymbol{b}|$.

证明　因为

$$|\boldsymbol{a}|^2\cdot|\boldsymbol{b}|^2-|\boldsymbol{a}\cdot\boldsymbol{b}|^2=(x_1^2+y_1^2)(x_2^2+y_2^2)-(x_1x_2+y_1y_2)^2=(x_1y_2-x_2y_1)^2\geqslant 0$$

又

$$|\boldsymbol{a}\cdot\boldsymbol{b}|\geqslant 0,\ |\boldsymbol{a}|\cdot|\boldsymbol{b}|\geqslant 0$$

所以

$$|\boldsymbol{a}|\cdot|\boldsymbol{b}|\geqslant|\boldsymbol{a}\cdot\boldsymbol{b}|$$

由向量的三角形法则及直线段最短定理可得

$$|\boldsymbol{a}+\boldsymbol{b}|\leqslant|\boldsymbol{a}|+|\boldsymbol{b}|$$

说明　本定理的两个结论均可推广.

(1) 对 n 维向量，$\boldsymbol{a}=(x_1,x_2,\cdots,x_n),\boldsymbol{b}=(y_1,y_2,\cdots,y_n)$，同样有 $|\boldsymbol{a}\cdot\boldsymbol{b}|\leqslant|\boldsymbol{a}|\cdot|\boldsymbol{b}|$，化简即为柯西不等式：$(x_1^2+x_2^2+\cdots+x_n^2)(y_1^2+y_2^2+\cdots+y_n^2)\geqslant(x_1y_1+x_2y_2+\cdots+x_ny_n)^2\geqslant 0$. 又 $|\boldsymbol{a}\cdot\boldsymbol{b}|\geqslant 0$，$|\boldsymbol{a}|\cdot|\boldsymbol{b}|\geqslant 0$，所以 $|\boldsymbol{a}|\cdot|\boldsymbol{b}|\geqslant|\boldsymbol{a}\cdot\boldsymbol{b}|$.

由向量的三角形法则及直线段最短定理可得 $|\boldsymbol{a}+\boldsymbol{b}|\leqslant|\boldsymbol{a}|+|\boldsymbol{b}|$.

(2) 对于任意 n 个向量，$\boldsymbol{a}_1,\boldsymbol{a}_2,\cdots,\boldsymbol{a}_n$，有

$$|\boldsymbol{a}_1+\boldsymbol{a}_2+\cdots+\boldsymbol{a}_n|\leqslant|\boldsymbol{a}_1|+|\boldsymbol{a}_2|+\cdots+|\boldsymbol{a}_n|$$

典例展示

例 1　设坐标平面上有三点 A,B,C，$\boldsymbol{i},\boldsymbol{j}$ 分别是坐标平面上 x 轴、y 轴正方向的单位向量，若向量 $\overrightarrow{AB}=i-2j$，$\overrightarrow{BC}=i+mj$，那么是否存在实数 m，使 A，B，C 三点共线.

分析　可以假设满足条件的 m 存在，由 A,B,C 三点共线 $\Leftrightarrow \overrightarrow{AB}\parallel\overrightarrow{BC}\Leftrightarrow$ 存在实数 λ，使 $\overrightarrow{AB}=\lambda\overrightarrow{BC}$，从而建立方程来探索.

解法一　假设满足条件的 m 存在，由 A,B,C 三点共线，即 $\overrightarrow{AB}\parallel\overrightarrow{BC}$，所以存在实数 λ，使

$$\overrightarrow{AB}=\lambda\overrightarrow{BC},i-2j=\lambda(i+mj)$$

$$\begin{cases}\lambda=1\\ \lambda m=-2\end{cases}$$

所以 $m=-2$. 所以当 $m=-2$ 时，A,B,C 三点共线.

解法二　假设满足条件的 m 存在，根据题意可知：$\boldsymbol{i}=(1,0)$，$\boldsymbol{j}=(0,1)$，所以

$$\overrightarrow{AB}=(1,0)-2(0,1)=(1,-2),\overrightarrow{BC}=(1,0)+m(0,1)=(1,m)$$

由 A,B,C 三点共线，即 $\overrightarrow{AB}\parallel\overrightarrow{BC}$，所以

$$1\cdot m-1\cdot(-2)=0$$

解得

$$m=-2$$

所以当 $m=-2$ 时，A,B,C 三点共线.

说明　(1) 共线向量的条件有两种不同的表示形式，但其本质是一样的，在运用中各有特点，解题时可灵活选择.

(2) 本题是存在探索性问题，这类问题一般有两种思考方法，即假设存在法 —— 当存在时；假设否定法 —— 当不存在时.

例 2　(1) 如图 1 所示，四边形 $ABCD$ 是菱形，AC 和 BD 是它的两条对角线. 求证：$AC\perp BD$；

(2) 若非零向量 $\boldsymbol{a}$ 和 $\boldsymbol{b}$ 满足 $|\boldsymbol{a}+\boldsymbol{b}|=|\boldsymbol{a}-\boldsymbol{b}|$，求证：$\boldsymbol{a}\perp\boldsymbol{b}$.

分析　(1) 对于线段的垂直，可以联想到两个向量垂直的条件，而对于这一条件的应用，可以考虑向量式的整式形式，也可以考虑坐标形式.

(2) 此题在综合学习向量知识之后，解决途径较多，可以考虑两向量垂直条件的应用，也可考虑平面图形的几何性质，下面给出此题的三种证法.

(1) **证法一**　因为

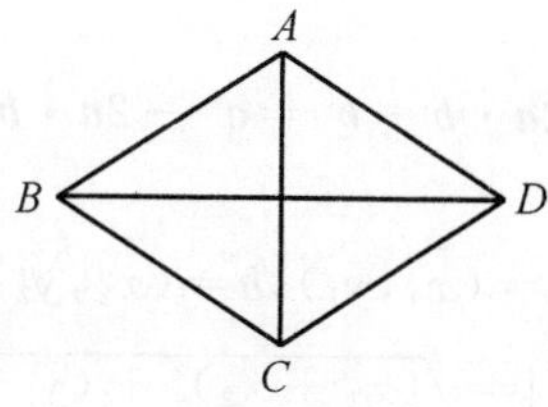

图 1

$$\overrightarrow{AC}=\overrightarrow{AB}+\overrightarrow{AD},\overrightarrow{BD}=\overrightarrow{AD}-\overrightarrow{AB}$$

所以

$$\overrightarrow{AC}\cdot\overrightarrow{BD}=(\overrightarrow{AB}+\overrightarrow{AD})\cdot(\overrightarrow{AD}-\overrightarrow{AB})=|\overrightarrow{AD}|^2-|\overrightarrow{AB}|^2=0$$

故$\overrightarrow{AC}\perp\overrightarrow{BD}$.

证法二　如图 2 所示，以 OC 所在的直线为 x 轴，以点 B 为原点建立平面直角坐标系，设 $B(0,0)$，$A(a,b)$，$C(c,0)$ 则由 $|AB|=|BC|$ 得

$$a^2+b^2=c^2$$

因为

$$\overrightarrow{AC}=\overrightarrow{BC}-\overrightarrow{BA}=(c,0)-(a,b)=(c-a,-b)$$

$$\overrightarrow{BD}=\overrightarrow{BA}+\overrightarrow{BC}=(a,b)+(c,0)=(c+a,b)$$

所以

$$\overrightarrow{AC}\cdot\overrightarrow{BD}=c^2-a^2-b^2=0$$

故$\overrightarrow{AC}\perp\overrightarrow{BD}$，即 $AC\perp BD$.

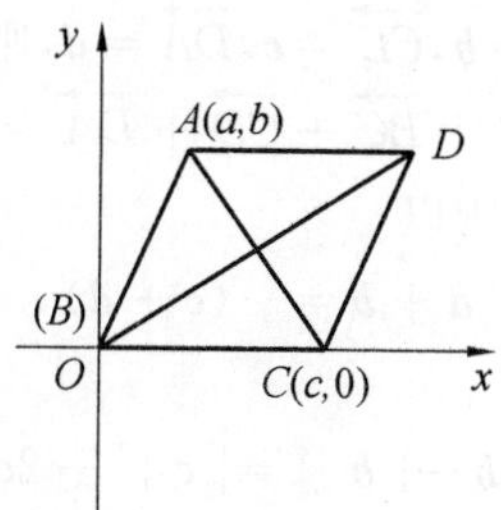

图 2

(2) **证法一**　(根据平面图形的几何性质) 设$\overrightarrow{OA}=\boldsymbol{a}$，$\overrightarrow{OB}=\boldsymbol{b}$，由已知可得 $\boldsymbol{a}$ 与 $\boldsymbol{b}$ 不平行，由 $|\boldsymbol{a}+\boldsymbol{b}|=|\boldsymbol{a}-\boldsymbol{b}|$，得以$\overrightarrow{OA}$，$\overrightarrow{OB}$ 为邻边的 $\square OACB$ 的对角线$\overrightarrow{OC}$ 和$\overrightarrow{BA}$ 相等.

所以 $\square OACB$ 是矩形，即$\overrightarrow{OA}\perp\overrightarrow{OB}$，故 $\boldsymbol{a}\perp\boldsymbol{b}$.

证法二　因为 $|\boldsymbol{a}+\boldsymbol{b}|=|\boldsymbol{a}-\boldsymbol{b}|$，所以

$$(\boldsymbol{a}+\boldsymbol{b})^2=(\boldsymbol{a}-\boldsymbol{b})^2$$

故

$$\boldsymbol{a}^2+2\boldsymbol{a}\cdot\boldsymbol{b}+\boldsymbol{b}^2=\boldsymbol{a}^2-2\boldsymbol{a}\cdot\boldsymbol{b}+\boldsymbol{b}^2$$

故 $\boldsymbol{a}\cdot\boldsymbol{b}=0$,所以 $\boldsymbol{a}\perp\boldsymbol{b}$.

证法三 设 $\boldsymbol{a}=(x_1,y_1),\boldsymbol{b}=(x_2,y_2)$

$$|\boldsymbol{a}+\boldsymbol{b}|=\sqrt{(x_1+x_2)^2+(y_1+y_2)^2}$$

$$|\boldsymbol{a}-\boldsymbol{b}|=\sqrt{(x_1-x_2)^2+(y_1-y_2)^2}$$

所以

$$\sqrt{(x_1+x_2)^2+(y_1+y_2)^2}=\sqrt{(x_1-x_2)^2+(y_1-y_2)^2}$$

化简得

$$x_1x_2+y_1y_2=0$$

故 $\boldsymbol{a}\cdot\boldsymbol{b}=0$,所以 $\boldsymbol{a}\perp\boldsymbol{b}$.

说明 通过向量的坐标表示,可以把几何问题的证明转化成代数式的运算,体现了向量的数与形的桥梁作用,有助于提高学生对于“数形结合”解题思想的认识和掌握.

例 3 在四边形 $ABCD$ 中,$\overrightarrow{AB}\cdot\overrightarrow{BC}=\overrightarrow{BC}\cdot\overrightarrow{CD}=\overrightarrow{CD}\cdot\overrightarrow{DA}=\overrightarrow{DA}\cdot\overrightarrow{AB}$,求证:四边形 $ABCD$ 是矩形.

分析 要证明四边形 $ABCD$ 是矩形,可以先证四边形 $ABCD$ 为平行四边形,再证明其一组邻边互相垂直. 为此我们将从四边形边的长度和位置两方面的关系来进行思考.

证明 设 $\overrightarrow{AB}=\boldsymbol{a},\overrightarrow{BC}=\boldsymbol{b},\overrightarrow{CD}=\boldsymbol{c},\overrightarrow{DA}=\boldsymbol{d}$,则

$$\overrightarrow{AB}+\overrightarrow{BC}+\overrightarrow{CD}+\overrightarrow{DA}=\boldsymbol{0}$$

因为 $\boldsymbol{a}+\boldsymbol{b}+\boldsymbol{c}+\boldsymbol{d}=\boldsymbol{0}$,所以

$$\boldsymbol{a}+\boldsymbol{b}=-(\boldsymbol{c}+\boldsymbol{d})$$

两边平方,得

$$|\boldsymbol{a}|^2+2\boldsymbol{a}\cdot\boldsymbol{b}+|\boldsymbol{b}|^2=|\boldsymbol{c}|^2+2\boldsymbol{c}\cdot\boldsymbol{d}+|\boldsymbol{d}|^2$$

又 $\boldsymbol{a}\cdot\boldsymbol{b}=\boldsymbol{c}\cdot\boldsymbol{d}$,所以

$$|\boldsymbol{a}|^2+|\boldsymbol{b}|^2=|\boldsymbol{c}|^2+|\boldsymbol{d}|^2 \quad ①$$

同理

$$|\boldsymbol{a}|^2+|\boldsymbol{d}|^2=|\boldsymbol{b}|^2+|\boldsymbol{c}|^2 \quad ②$$

由式 ①,② 得

$$|\boldsymbol{a}|^2=|\boldsymbol{c}|^2,\ |\boldsymbol{d}|^2=|\boldsymbol{b}|^2$$

所以

$$|\boldsymbol{a}|=|\boldsymbol{c}|,\ |\boldsymbol{d}|=|\boldsymbol{b}|$$

即 $AB=CD$，$BC=DA$，所以四边形 $ABCD$ 是平行四边形.

于是 $\overrightarrow{AB}=-\overrightarrow{CD}$，即 $\boldsymbol{a}=-\boldsymbol{c}$，又 $\boldsymbol{a}\cdot\boldsymbol{b}=\boldsymbol{b}\cdot\boldsymbol{c}$，故 $\boldsymbol{a}\cdot\boldsymbol{b}=\boldsymbol{b}\cdot(-\boldsymbol{a})$. 所以 $\boldsymbol{a}\cdot\boldsymbol{b}=0$.

所以 $\overrightarrow{AB}\perp\overrightarrow{BC}$，故四边形 $ABCD$ 为矩形.

说明　向量具有二重性，一方面具有“形”的特点，另一方面又具有一套优良的运算性质. 因此，对于某些几何命题的抽象的证明，自然可以转化为向量的运算问题来解决，要注意体会.

例 4　平面内有向量 $\overrightarrow{OA}=(1,7)$，$\overrightarrow{OB}=(5,1)$，$\overrightarrow{OP}=(2,1)$，点 X 为直线 OP 上的一个动点.

(1) 当 $\overrightarrow{XA}\cdot\overrightarrow{XB}$ 取最小值时，求 $\overrightarrow{OX}$ 的坐标；

(2) 当点 X 满足(1)的条件和结论时，求 $\cos\angle AXB$ 的值.

分析　因为点 X 在直线 OP 上，向量 $\overrightarrow{OX}$ 与 $\overrightarrow{OP}$ 共线，可以得到关于 $\overrightarrow{OX}$ 坐标的一个关系式，再根据 $\overrightarrow{XA}\cdot\overrightarrow{XB}$ 的最小值，求得 $\overrightarrow{OX}$ 的坐标，而 $\cos\angle AXB$ 是 $\overrightarrow{XA}$ 与 $\overrightarrow{XB}$ 夹角的余弦，利用数量积的知识易解决.

解　(1) 设 $\overrightarrow{OX}=(x,y)$，因为点 X 在直线 OP 上，所以向量 $\overrightarrow{OX}$ 与 $\overrightarrow{OP}$ 共线.

又 $\overrightarrow{OP}=(2,1)$，所以 $x-2y=0$，即 $x=2y$，所以

$$\overrightarrow{OX}=(2y,y)$$

又 $\overrightarrow{XA}=\overrightarrow{OA}-\overrightarrow{OX}$，$\overrightarrow{OA}=(1,7)$，所以

$$\overrightarrow{XA}=(1-2y,7-y)$$

同样

$$\overrightarrow{XB}=\overrightarrow{OB}-\overrightarrow{OX}=(5-2y,1-y)$$

于是

$$\overrightarrow{XA}\cdot\overrightarrow{XB}=(1-2y)(5-2y)+(7-y)(1-y)=5y^2-20y+12=5(y-2)^2-8$$

所以当 $y=2$ 时，$\overrightarrow{XA}\cdot\overrightarrow{XB}$ 有最小值 -8，所以 $\overrightarrow{OX}=(4,2)$.

(2) 当 $\overrightarrow{OX}=(4,2)$，即 $y=2$ 时，有

$$\overrightarrow{XA}=(-3,5),\ \overrightarrow{XB}=(1,-1)$$

所以

$$|\overrightarrow{XA}|=\sqrt{34},\ |\overrightarrow{XB}|=\sqrt{2}$$

故

$$\cos\angle AXB=\frac{\overrightarrow{XA}\cdot\overrightarrow{XB}}{|\overrightarrow{XA}||\overrightarrow{XB}|}=-\frac{4\sqrt{17}}{17}$$

说明　(1) 中最值问题不少都转化为函数最值问题解决，因此解题关键

在于寻找变量,以构造函数.而(2)中即为数量积定义的应用.

例5 平面内给定三个向量:$\boldsymbol{a}=(3,2)$,$\boldsymbol{b}=(-1,2)$,$\boldsymbol{c}=(4,1)$.回答下列问题:

(1) 求满足 $\boldsymbol{a}=m\boldsymbol{b}+n\boldsymbol{c}$ 的实数 m 和 n;

(2) 若$(\boldsymbol{a}+k\boldsymbol{c})\parallel(2\boldsymbol{b}-\boldsymbol{a})$,求实数 k 的值;

(3) 设 $\boldsymbol{d}=(x,y)$ 满足$(\boldsymbol{a}+\boldsymbol{b})\parallel(\boldsymbol{d}-\boldsymbol{c})$且 $|\boldsymbol{d}-\boldsymbol{c}|=1$,求 $\boldsymbol{d}$ 的值.

分析 根据向量的坐标运算法则及两个向量平行的条件、模的计算公式,建立方程组求解.

解 (1) 因为 $\boldsymbol{a}=m\boldsymbol{b}+n\boldsymbol{c}$,$m,n\in\mathbf{R}$,所以

$$(3,2)=m(-1,2)+n(4,1)=(-m+4n,2m+n)$$

于是

$$\begin{cases}-m+4n=3\\2m+n=2\end{cases}$$

解之得

$$\begin{cases}m=\dfrac{5}{9}\\n=\dfrac{8}{9}\end{cases}$$

(2) 因为$(\boldsymbol{a}+k\boldsymbol{c})\parallel(2\boldsymbol{b}-\boldsymbol{a})$,且

$$\boldsymbol{a}+k\boldsymbol{c}=(3+4k,2+k),2\boldsymbol{b}-\boldsymbol{a}=(-5,2)$$

所以

$$(3+4k)\cdot2-(-5)\cdot(2+k)=0$$

故

$$k=-\frac{16}{13}$$

(3) 因为

$$\boldsymbol{d}-\boldsymbol{c}=(x-4,y-1),\boldsymbol{a}+\boldsymbol{b}=(2,4)$$

又因为$(\boldsymbol{a}+\boldsymbol{b})\parallel(\boldsymbol{d}-\boldsymbol{c})$且 $|\boldsymbol{d}-\boldsymbol{c}|=1$,所以

$$\begin{cases}4(x-4)-2(y-1)=0\\(x-4)^2+(y-1)^2=1\end{cases}$$

解之得

$$\begin{cases}x=\dfrac{20+\sqrt{5}}{5}\\y=\dfrac{5+2\sqrt{5}}{5}\end{cases}\text{或}\begin{cases}x=\dfrac{20-\sqrt{5}}{5}\\y=\dfrac{5-2\sqrt{5}}{5}\end{cases}$$

所以

$$d=\left(\frac{20+\sqrt{5}}{5},\frac{5+2\sqrt{5}}{5}\right)\text{或}\ d=\left(\frac{20-\sqrt{5}}{5},\frac{5-2\sqrt{5}}{5}\right)$$

说明　向量的数乘、向量的加法与减法运算以及同向与共线的区别、向量共线的条件,以及证明方法,自己找出答案.

例 6　已知向量$\overrightarrow{OP_1}$,$\overrightarrow{OP_2}$,$\overrightarrow{OP_3}$满足$\overrightarrow{OP_1}+\overrightarrow{OP_2}+\overrightarrow{OP_3}=\mathbf{0}$,$|\overrightarrow{OP_1}|=|\overrightarrow{OP_2}|=|\overrightarrow{OP_3}|=1$.求证:$\triangle P_1P_2P_3$ 是正三角形.

分析　由$|\overrightarrow{OP_1}|=|\overrightarrow{OP_2}|=|\overrightarrow{OP_3}|=1$,知点 O 是 $\triangle P_1P_2P_3$ 的外接圆圆心,要证 $\triangle P_1P_2P_3$ 是正三角形,只需证 $\angle P_1OP_2=\angle P_2OP_3=\angle P_3OP_1$ 即可,即需求$\overrightarrow{OP_1}$与$\overrightarrow{OP_2}$,$\overrightarrow{OP_2}$与$\overrightarrow{OP_3}$,$\overrightarrow{OP_3}$与$\overrightarrow{OP_1}$的夹角. 由$\overrightarrow{OP_1}+\overrightarrow{OP_2}+\overrightarrow{OP_3}=\mathbf{0}$变形可出现数量积,进而求夹角.

证明　因为$\overrightarrow{OP_1}+\overrightarrow{OP_2}+\overrightarrow{OP_3}=\mathbf{0}$,所以

$$\overrightarrow{OP_1}+\overrightarrow{OP_2}=-\overrightarrow{OP_3}$$

故

$$|\overrightarrow{OP_1}+\overrightarrow{OP_2}|=|-\overrightarrow{OP_3}|$$

所以

$$|\overrightarrow{OP_1}|^2+|\overrightarrow{OP_2}|^2+2\overrightarrow{OP_1}\cdot\overrightarrow{OP_2}=|\overrightarrow{OP_3}|^2$$

又因为$|\overrightarrow{OP_1}|=|\overrightarrow{OP_2}|=|\overrightarrow{OP_3}|=1$,所以$\overrightarrow{OP_1}\cdot\overrightarrow{OP_2}=-\frac{1}{2}$.

于是

$$|\overrightarrow{OP_1}||\overrightarrow{OP_2}|\cos\angle P_1OP_2=-\frac{1}{2}$$

即

$$\angle P_1OP_2=120^\circ$$

同理

$$\angle P_1OP_3=\angle P_2OP_3=120^\circ$$

所以 $\triangle P_1P_2P_3$ 为等边三角形.

说明　解本题的关键是由$\overrightarrow{OP_1}+\overrightarrow{OP_2}+\overrightarrow{OP_3}=\mathbf{0}$转化出向量的数量积,进而求夹角.

本题也可用如下方法证明:以点 O 为坐标原点建立平面直角坐标系 xOy,设点 $P_1(x_1,y_1)$,$P_2(x_2,y_2)$,$P_3(x_3,y_3)$,则

$$\overrightarrow{OP_1}=(x_1,y_1),\overrightarrow{OP_2}=(x_2,y_2),\overrightarrow{OP_3}=(x_3,y_3)$$

由$\overrightarrow{OP_1}+\overrightarrow{OP_2}+\overrightarrow{OP_3}=\mathbf{0}$,得

$$\begin{cases}x_1+x_2+x_3=0\\y_1+y_2+y_3=0\end{cases}$$

所以

$$\begin{cases}x_1+x_2=-x_3\\y_1+y_2=-y_3\end{cases}$$

由 $|\overrightarrow{OP_1}|=|\overrightarrow{OP_2}|=|\overrightarrow{OP_3}|=1$,得

$$x_1^2+y_1^2=x_2^2+y_2^2=x_3^2+y_3^2=1$$

所以

$$2+2(x_1x_2+y_1y_2)=1$$

所以

$$|\overrightarrow{P_1P_2}|=\sqrt{(x_1-x_2)^2+(y_1-y_2)^2}=\sqrt{x_1^2+x_2^2+y_1^2+y_2^2-2x_1x_2-2y_1y_2}=\sqrt{2(1-x_1x_2-y_1y_2)}=\sqrt{3}$$

同理

$$|\overrightarrow{P_1P_3}|=\sqrt{3},\ |\overrightarrow{P_2P_3}|=\sqrt{3}$$

所以 $\triangle P_1P_2P_3$ 为正三角形.

例 7 若 $\boldsymbol{a},\boldsymbol{b}$ 是两个不共线的向量($t\in\mathbf{R}$).

(1) 若 $\boldsymbol{a}$ 与 $\boldsymbol{b}$ 起点相同,t 为何值时,$\boldsymbol{a},t\boldsymbol{b},\frac{1}{3}(\boldsymbol{a}+\boldsymbol{b})$ 三向量的终点在一直线上?

(2) 若 $|\boldsymbol{a}|=|\boldsymbol{b}|$ 且 $\boldsymbol{a}$ 与 $\boldsymbol{b}$ 的夹角为 $60°$,那么 t 为何值时,$|\boldsymbol{a}-t\boldsymbol{b}|$ 的值最小?

分析 用两个向量共线的条件,可解决平面几何中的平行问题或共线问题.

解 (1) 设 $\boldsymbol{a}-t\boldsymbol{b}=m[\boldsymbol{a}-\frac{1}{3}(\boldsymbol{a}+\boldsymbol{b})](m\in\mathbf{R})$,化简得

$$\left(\frac{2m}{3}-1\right)\boldsymbol{a}=\left(\frac{m}{3}-t\right)\boldsymbol{b}$$

因为 $\boldsymbol{a}$ 与 $\boldsymbol{b}$ 不共线,所以

$$\begin{cases}\frac{2m}{3}-1=0\\\frac{m}{3}-t=0\end{cases}\Rightarrow\begin{cases}m=\frac{3}{2}\\t=\frac{1}{2}\end{cases}$$

当 $t=\frac{1}{2}$ 时,$\boldsymbol{a},t\boldsymbol{b},\frac{1}{3}(\boldsymbol{a}+\boldsymbol{b})$ 的终点在一直线上.

(2) $|\boldsymbol{a}-t\boldsymbol{b}|^2=(\boldsymbol{a}-t\boldsymbol{b})^2=$

$$|\boldsymbol{a}|^2+t^2|\boldsymbol{b}|^2-2t|\boldsymbol{a}||\boldsymbol{b}|\cos 60^\circ=$$
$$(1+t^2-t)|\boldsymbol{a}|^2$$

所以当 $t=\frac{1}{2}$ 时，$|\boldsymbol{a}-t\boldsymbol{b}|$ 有最小值$\frac{\sqrt{3}}{2}|\boldsymbol{a}|$.

例 8　已知 $\boldsymbol{a},\boldsymbol{b}$ 是两个非零向量，当 $\boldsymbol{a}+t\boldsymbol{b}(t\in\mathbf{R})$ 的模取最小值时.

(1) 求 t 的值；

(2) 求证：$\boldsymbol{b}\perp(\boldsymbol{a}+t\boldsymbol{b})$.

分析　利用 $|\boldsymbol{a}+t\boldsymbol{b}|^2=(\boldsymbol{a}+t\boldsymbol{b})^2$ 进行转换，可讨论有关 $|\boldsymbol{a}+t\boldsymbol{b}|$ 的最小值问题，若能计算得 $\boldsymbol{b}\cdot(\boldsymbol{a}+t\boldsymbol{b})=0$，则证得了 $\boldsymbol{b}\perp(\boldsymbol{a}+t\boldsymbol{b})$.

解　(1) 设 $\boldsymbol{a}$ 与 $\boldsymbol{b}$ 的夹角为 θ，则

$$|\boldsymbol{a}+t\boldsymbol{b}|^2=(\boldsymbol{a}+t\boldsymbol{b})^2=|\boldsymbol{a}|^2+t^2|\boldsymbol{b}|^2+2\boldsymbol{a}\cdot(t\boldsymbol{b})=$$
$$|\boldsymbol{a}|^2+t^2|\boldsymbol{b}|^2+2t|\boldsymbol{a}||\boldsymbol{b}|\cos\theta=$$
$$|\boldsymbol{b}|^2\left(t+\frac{|\boldsymbol{a}|}{|\boldsymbol{b}|}\cos\theta\right)^2+|\boldsymbol{a}|^2\sin^2\theta$$

所以当 $t=-\frac{|\boldsymbol{a}|}{|\boldsymbol{b}|}\cos\theta=-\frac{|\boldsymbol{a}||\boldsymbol{b}|\cos\theta}{|\boldsymbol{b}|^2}=-\frac{\boldsymbol{a}\cdot\boldsymbol{b}}{|\boldsymbol{b}|^2}$ 时，$|\boldsymbol{a}+t\boldsymbol{b}|$ 有最小值.

(2) 因为

$$\boldsymbol{b}\cdot(\boldsymbol{a}+t\boldsymbol{b})=\boldsymbol{b}\cdot\left(\boldsymbol{a}-\frac{\boldsymbol{a}\cdot\boldsymbol{b}}{|\boldsymbol{b}|^2}\cdot\boldsymbol{b}\right)=\boldsymbol{a}\cdot\boldsymbol{b}-\boldsymbol{a}\cdot\boldsymbol{b}=0$$

所以

$$\boldsymbol{b}\perp(\boldsymbol{a}+t\boldsymbol{b})$$

说明　用向量的数量积可以处理有关长度、角度和垂直等几何问题，向量的坐标运算为处理这类问题带来了很大的方便.

例 9　如图 3 所示，已知点 O 为 $\triangle ABC$ 的外心，a,b,c 分别是角 A,B,C 的对边，且满足 $\overrightarrow{CO}\cdot\overrightarrow{AB}=\overrightarrow{BO}\cdot\overrightarrow{CA}$.

(1) 推导出三边 a,b,c 之间的关系式；

(2) 求 $\frac{\tan A}{\tan B}+\frac{\tan A}{\tan C}$ 的值.

解　(1) 取 AB,AC 的中点 E,F，则

$$\overrightarrow{CO}\cdot\overrightarrow{AB}=(\overrightarrow{CE}+\overrightarrow{EO})\cdot\overrightarrow{AB}=\overrightarrow{CE}\cdot\overrightarrow{AB}=$$
$$\frac{1}{2}(\overrightarrow{CB}+\overrightarrow{CA})\cdot(\overrightarrow{CB}-\overrightarrow{CA})=$$
$$\frac{1}{2}(a^2-b^2)$$

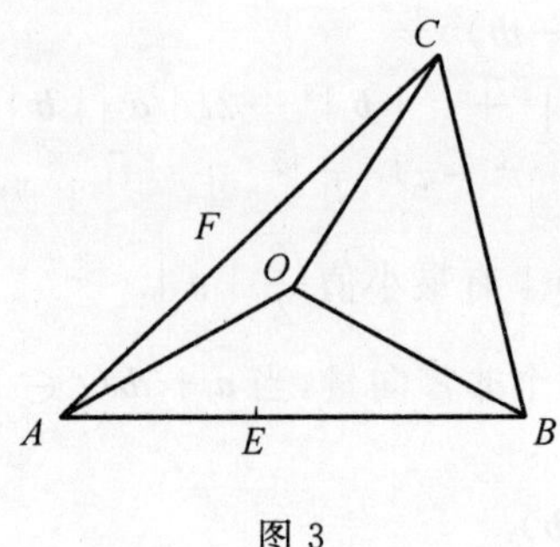

图 3

同理

$$\overrightarrow{BO}\cdot\overrightarrow{CA}=\frac{1}{2}(\boldsymbol{c}^2-\boldsymbol{a}^2)$$

所以

$$2\boldsymbol{a}^2=\boldsymbol{b}^2+\boldsymbol{c}^2$$

(2) $$\frac{\tan A}{\tan B}+\frac{\tan A}{\tan C}=\left(\frac{\cos B}{\sin B}+\frac{\cos C}{\sin C}\right)\cdot\frac{\sin A}{\cos A}=$$

$$\frac{\sin(B+C)\cdot\sin A}{\sin B\cdot\sin C\cdot\cos A}=$$

$$\frac{\boldsymbol{a}^2}{\boldsymbol{bc}\cdot\frac{\boldsymbol{b}^2+\boldsymbol{c}^2-\boldsymbol{a}^2}{2\boldsymbol{bc}}}=2$$

例 10 已知向量 $\boldsymbol{a}=(\sin x,1)$，$\boldsymbol{b}=\left(\sin x,\cos x-\frac{9}{8}\right)$，设函数 $f(x)=\boldsymbol{a}\cdot\boldsymbol{b}$，$x\in[0,\pi]$.

(1) 求 $f(x)$ 的单调区间；

(2) 若 $f(x)=0$ 在 $[0,\pi]$ 上有两个不同的根 α,β，求 $\cos(\alpha+\beta)$ 的值.

解法一 (1) 因为

$$f(x)=\sin^2x+\cos x-\frac{9}{8}=1-\cos^2x+\cos x-\frac{9}{8}=-\cos^2x+\cos x-\frac{1}{8}$$

所以

$$f(x)=-\left(\cos x-\frac{1}{2}\right)^2+\frac{1}{8}$$

令 $t=\cos x$，当 $x\in\left[0,\frac{\pi}{3}\right]$ 时，$\frac{1}{2}\leqslant t\leqslant 1$，且 $t=\cos x$ 为减函数.

又 $f(t)=-\left(t-\frac{1}{2}\right)^2+\frac{1}{8}$ 在 $\left[\frac{1}{2},1\right]$ 上为减函数，所以 $f(x)$ 在 $\left[0,\frac{\pi}{3}\right]$ 上是增函数.

当 $x\in\left[\frac{\pi}{3},\pi\right]$ 时，$-1\leqslant t\leqslant\frac{1}{2}$，且 $t=\cos x$ 为减函数.

又 $f(t)=-\left(t-\frac{1}{2}\right)^2+\frac{1}{8}$ 在 $\left[-1,\frac{1}{2}\right]$ 上为增函数，所以 $f(x)$ 在 $\left[\frac{\pi}{3},\pi\right]$ 上是减函数.

综上所述，$f(x)$ 的单调区间为 $\left[0,\frac{\pi}{3}\right]$，$\left[\frac{\pi}{3},\pi\right]$.

(2) 由 $f(x)=0$ 得

$$-\cos^2 x+\cos x-\frac{1}{8}=0$$

即

$$\cos^2 x-\cos x+\frac{1}{8}=0$$

令 $t=\cos x$，则 $\cos\alpha$，$\cos\beta$ 是方程 $t^2-t+\frac{1}{8}=0$ 的两个根，从而

$$\cos\alpha+\cos\beta=1,\cos\alpha\cdot\cos\beta=\frac{1}{8}$$

$$\begin{aligned}\sin^2\alpha\cdot\sin^2\beta&=(1-\cos^2\alpha)(1-\cos^2\beta)=\\&1-(\cos^2\alpha+\cos^2\beta)+\cos^2\alpha\cdot\cos^2\beta=\\&1-(\cos\alpha+\cos\beta)^2+2\cos\alpha\cdot\cos\beta+\cos^2\alpha\cdot\cos^2\beta=\frac{17}{64}\end{aligned}$$

所以

$$\sin\alpha\sin\beta=\frac{\sqrt{17}}{8},\cos(\alpha+\beta)=\cos\alpha\cdot\cos\beta-\sin\alpha\cdot\sin\beta=\frac{1-\sqrt{17}}{8}$$

解法二　由 $f(x)=0$ 得

$$-\cos^2 x+\cos x-\frac{1}{8}=0$$

即

$$\cos^2 x-\cos x+\frac{1}{8}=0$$

不妨设 $\cos\alpha=\frac{2-\sqrt{2}}{4}$，$\cos\beta=\frac{2+\sqrt{2}}{4}$，则

$$\sin\alpha=\sqrt{1-\cos^2\alpha}=\frac{\sqrt{10+4\sqrt{2}}}{4},\sin\beta=\frac{\sqrt{10-4\sqrt{2}}}{4}$$

$$\cos(\alpha+\beta)=\cos\alpha\cdot\cos\beta-\sin\alpha\cdot\sin\beta=\frac{1-\sqrt{17}}{8}$$

课外训练

1. 已知点 $A(1,-2)$，若向量 $\overrightarrow{AB}$ 与 $\boldsymbol{a}=(2,3)$ 同向，$|\overrightarrow{AB}|=2\sqrt{13}$，则点 B 的坐标为________.

2. 设向量 $\boldsymbol{m}=(a,b)$，$\boldsymbol{n}=(c,d)$，规定两向量 $\boldsymbol{m}$，$\boldsymbol{n}$ 之间的一个运算为 $\boldsymbol{m}\otimes\boldsymbol{n}=(ac-bd,ad+bc)$，若已知 $\boldsymbol{p}=(1,2)$，$\boldsymbol{p}\otimes\boldsymbol{q}=(-4,-3)$，则 $\boldsymbol{q}=$________.

3. 给出下列命题：

① 若 $\boldsymbol{a}^2+\boldsymbol{b}^2=0$，则 $\boldsymbol{a}=\boldsymbol{b}=\boldsymbol{0}$；

② 已知 $\boldsymbol{a}$，$\boldsymbol{b}$，$\boldsymbol{c}$ 是三个非零向量，若 $\boldsymbol{a}+\boldsymbol{b}=\boldsymbol{0}$，则 $|\boldsymbol{a}\cdot\boldsymbol{c}|=|\boldsymbol{b}\cdot\boldsymbol{c}|$；

③ 在 $\triangle ABC$ 中，$a=5$，$b=8$，$c=7$，则 $\overrightarrow{BC}\cdot\overrightarrow{CA}=20$；

④ $\boldsymbol{a}$ 与 $\boldsymbol{b}$ 是共线向量 $\Leftrightarrow \boldsymbol{a}\cdot\boldsymbol{b}=|\boldsymbol{a}||\boldsymbol{b}|$.

其中真命题的序号是________.(请把你认为是真命题的序号都填上)

4. 设两向量 $\boldsymbol{e}_1$，$\boldsymbol{e}_2$ 满足 $|\boldsymbol{e}_1|=2$，$|\boldsymbol{e}_2|=1$，$\boldsymbol{e}_1$，$\boldsymbol{e}_2$ 的夹角为 $60°$，若向量 $2t\boldsymbol{e}_1+7\boldsymbol{e}_2$ 与向量 $\boldsymbol{e}_1+t\boldsymbol{e}_2$ 的夹角为钝角，则实数 t 的取值范围为________.

5. 已知四边形 $ABCD$，AC 是 BD 的垂直平分线，垂足为 E，点 O 为直线 BD 外一点. 设向量 $|\overrightarrow{OB}|=5$，$|\overrightarrow{OD}|=3$，则 $(\overrightarrow{OA}+\overrightarrow{OC})\cdot(\overrightarrow{OB}-\overrightarrow{OD})=$________.

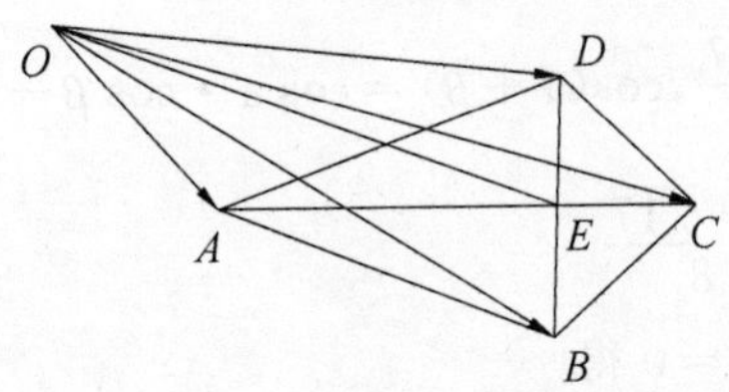

图 4

6. 在平面直角坐标系 xOy 中，点 O 为坐标原点，设向量 $\overrightarrow{OA}=(1,2)$，$\overrightarrow{OB}=(2,-1)$，若 $\overrightarrow{OP}=x\overrightarrow{OA}+y\overrightarrow{OB}$ 且 $1\leqslant x\leqslant y\leqslant 2$，则点 P 所有可能的位置所构成的区域面积是________.

7. 设点 O 为坐标原点，已知向量 $\overrightarrow{OA}=(3,2)$，$\overrightarrow{OB}=(0,-2)$. 又有点 C 满足 $|\overrightarrow{AC}|=\frac{5}{2}$，则 $\angle ABC$ 的取值范围为________.

8. 已知 $k\in\mathbf{Z}$，$\overrightarrow{AC}=(2,2)$，$\overrightarrow{AB}=(k,2)$，$|\overrightarrow{AB}|\leqslant 5$，则 $\triangle ABC$ 是直角三角

形的概率是________.

9. 如图 5 所示，在 $\triangle ABC$ 中，$AM:AB=1:3$，$AN:AC=1:4$，BN 与 CM 交于点 E，$\overrightarrow{AB}=\boldsymbol{a}$，$\overrightarrow{AC}=\boldsymbol{b}$，用 $\boldsymbol{a}$，$\boldsymbol{b}$ 表示 $\overrightarrow{AE}$.

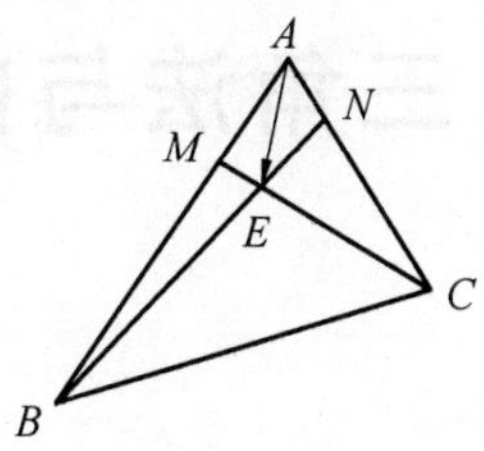

图 5

10. 已知 $\triangle ABC$ 的三边 a,b,c 满足 $b^2+c^2=5a^2$，BE，CF 分别是 AC，AB 边上的中线，求证：$BE\perp CF$.

11. 如图 6 所示，对于同一高度（足够高）的两个定滑轮，用一条（足够长）绳子跨过它们，并在两端分别挂有 4 kg 和 2 kg 的物体，另在两个滑轮中间的一段绳子悬挂另一物体，为使系统保持平衡状态，此物体的质量应是多少？（忽略滑轮半径、绳子的重量）

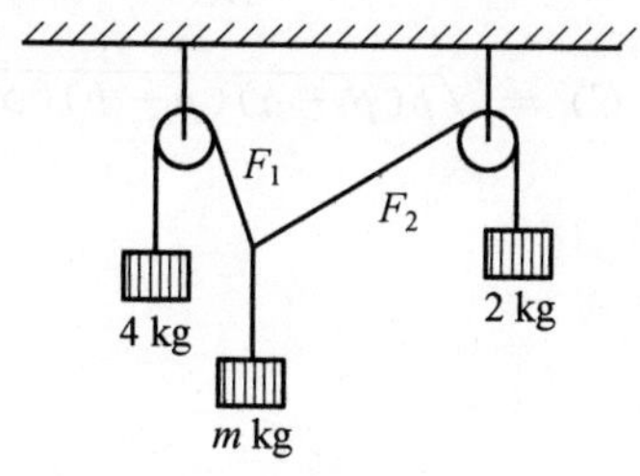

图 6

第 28 讲　三角法与向量法证题

知识呈现

在 $\triangle ABC$ 中，R 为外接圆半径，r 为内切圆半径，$p=\dfrac{a+b+c}{2}$，则：

1. 正弦定理：$\dfrac{a}{\sin A}=\dfrac{b}{\sin B}=\dfrac{c}{\sin C}=2R$.

2. 余弦定理：$a^2=b^2+c^2-2bc\cos A, b^2=a^2+c^2-2ac\cos B, c^2=a^2+b^2-2ab\cos C$.

3. 射影定理：$a=b\cos C+c\cos B, b=a\cos C+c\cos A, c=a\cos B+b\cos A$.

4. 面积：$S=\dfrac{1}{2}ah_a=\dfrac{1}{2}ab\sin C=\dfrac{abc}{4R}=rp=2R^2\sin A\sin B\sin C=rR(\sin A+\sin B+\sin C)=\sqrt{p(p-a)(p-b)(p-c)}=\dfrac{1}{4}(a^2\cot A+b^2\cot B+c^2\cot C)$.

典例展示

例 1　已知向量 $\overrightarrow{OA}=(3,-4), \overrightarrow{OB}=(6,-3), \overrightarrow{OC}=(5-m,-3-m)$.

(1) 若点 A,B,C 能构成三角形，求实数 m 满足的条件；

(2) 若 $\triangle ABC$ 为直角三角形，且 $\angle A=90^\circ$，求实数 m 的值.

解　(1) 由已知，得

$$\overrightarrow{AB}=(3,1), \overrightarrow{AC}=(2-m,1-m)$$

若点 A,B,C 能构成三角形，则这三点不共线. 故

$$3(1-m)\neq 2-m$$

所以当 $m\neq\dfrac{1}{2}$ 时，满足条件.

(2) 若 $\triangle ABC$ 为直角三角形，且 $\angle A=90^\circ$，则 $\overrightarrow{AB}\perp\overrightarrow{AC}$，所以

$$\overrightarrow{AB}\cdot\overrightarrow{AC}=3(2-m)+(1-m)=0$$

解得

$$m=\frac{7}{4}$$

例 2　已知点 A,B,C 的坐标分别为 $A(4,0),B(0,4),C(3\cos\alpha,3\sin\alpha)$.

(1) 若 $\alpha\in(-\pi,0)$，且 $|\overrightarrow{AC}|=|\overrightarrow{BC}|$，求角 α 的值；

(2) 若 $\overrightarrow{AC}\cdot\overrightarrow{BC}=0$，求 $\dfrac{2\sin^2\alpha+\sin 2\alpha}{1+\tan\alpha}$ 的值.

解　$\overrightarrow{AC}=(3\cos\alpha-4,3\sin\alpha),\overrightarrow{BC}=(3\cos\alpha,3\sin\alpha-4)$

(1) 由 $|\overrightarrow{AC}|=|\overrightarrow{BC}|$ 得 $\overrightarrow{AC}^2=\overrightarrow{BC}^2$，即

$$(3\cos\alpha-4)^2+9\sin^2\alpha=9\cos^2\alpha+(3\sin\alpha-4)^2,\sin\alpha=\cos\alpha$$

因为 $\alpha\in(-\pi,0)$，所以 $\alpha=-\frac{3\pi}{4}$.

(2) 由 $\overrightarrow{AC}\cdot\overrightarrow{BC}=0$，得

$$3\cos\alpha(3\cos\alpha-4)+3\sin\alpha(3\sin\alpha-4)=0$$

解得

$$\sin\alpha+\cos\alpha=\frac{3}{4}$$

两边平方，得

$$2\sin\alpha\cos\alpha=-\frac{7}{16}$$

所以

$$\frac{2\sin^2\alpha+\sin 2\alpha}{1+\tan\alpha}=\frac{2\sin^2\alpha+2\sin\alpha\cos\alpha}{1+\dfrac{\sin\alpha}{\cos\alpha}}=2\sin\alpha\cos\alpha=-\frac{7}{16}$$

例 3　如图 1 所示，已知锐角 $\triangle ABC$ 的外接圆的圆心为 O，点 M 为 BC 边上的中点，由顶点 A 作 $AG\perp BC$ 于点 G，并在 AG 上取一点 H，使 $\overrightarrow{AH}=2\overrightarrow{OM}$，又点 H,M 在直线 BC 的同一侧，且 $\overrightarrow{OA}=\boldsymbol{a},\overrightarrow{OB}=\boldsymbol{b},\overrightarrow{OC}=\boldsymbol{c}$.

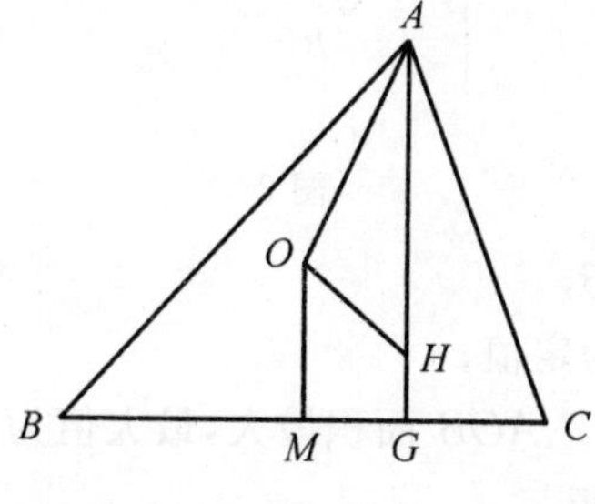

图 1

(1) 用 $\boldsymbol{a},\boldsymbol{b},\boldsymbol{c}$ 表示$\overrightarrow{OM}$与$\overrightarrow{OH}$；

(2) 求证：$\overrightarrow{BH}\perp\overrightarrow{AC}$，$\overrightarrow{CH}\perp\overrightarrow{AB}$.

解 (1) 由向量加法的平行四边形法则，知

$$\overrightarrow{OM}=\frac{1}{2}(\overrightarrow{OB}+\overrightarrow{OC})$$

所以

$$\overrightarrow{OM}=\frac{1}{2}(\boldsymbol{b}+\boldsymbol{c})$$

由向量加法的三角形法则，知

$$\overrightarrow{OH}=\overrightarrow{OA}+\overrightarrow{AH}=\overrightarrow{OA}+2\overrightarrow{OM}=\boldsymbol{a}+\boldsymbol{b}+\boldsymbol{c}$$

(2)

$$\overrightarrow{AC}=\overrightarrow{OC}-\overrightarrow{OA}=\boldsymbol{c}-\boldsymbol{a}$$

$$\overrightarrow{BA}=\overrightarrow{OA}-\overrightarrow{OB}=\boldsymbol{a}-\boldsymbol{b}$$

$$\overrightarrow{BH}=\overrightarrow{BA}+\overrightarrow{AH}=\boldsymbol{a}-\boldsymbol{b}+\boldsymbol{b}+\boldsymbol{c}=\boldsymbol{a}+\boldsymbol{c}$$

$$\overrightarrow{AC}\cdot\overrightarrow{BH}=(\boldsymbol{c}-\boldsymbol{a})(\boldsymbol{c}+\boldsymbol{a})=\boldsymbol{c}^2-\boldsymbol{a}^2\quad(因为|\boldsymbol{c}|=|\boldsymbol{a}|)$$

所以$\overrightarrow{AC}\perp\overrightarrow{BH}$. 同理可得$\overrightarrow{CH}\perp\overrightarrow{AB}$.

例 4 如图 2 所示，在平面直角坐标系 xOy 中，角 α 的终边过点 $A(1+\cos x,\sin x)$，角 β 的终边过点 $B(1-\cos x,-\sin x)$，且 $\alpha\in\left(0,\frac{\pi}{2}\right)$，$\beta\in\left(-\frac{\pi}{2},0\right)$，$x\in(0,\pi)$.

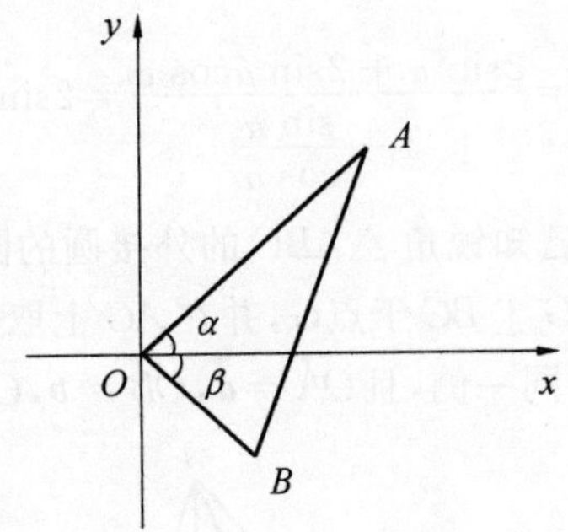

图 2

(1) 用 x 表示角 α,β；

(2) 求证：$\angle AOB$ 为定值；

(3) 问 x 为何值时，$\triangle AOB$ 面积最大，最大值为多少？

解 (1) 由条件可得

$$\tan\alpha=\tan\frac{x}{2}\quad\left(\alpha\in\left(0,\frac{\pi}{2}\right),\frac{x}{2}\in\left(0,\frac{\pi}{2}\right)\right)$$

所以

$$\alpha=\frac{x}{2}$$

又由

$$\tan\beta=-\cot\frac{x}{2}=\tan\left(\frac{x}{2}-\frac{\pi}{2}\right)\quad\left(\beta\in\left(-\frac{\pi}{2},0\right),\frac{x}{2}-\frac{\pi}{2}\in\left(-\frac{\pi}{2},0\right)\right)$$

所以

$$\beta=\frac{x}{2}-\frac{\pi}{2}$$

(2) 由(1) 可知

$$\beta=\frac{x}{2}-\frac{\pi}{2}=\alpha-\frac{\pi}{2}$$

所以 $\alpha-\beta=\frac{\pi}{2}$，即 $\angle AOB=\frac{\pi}{2}$ 为定值.

(3) 由(2) 可知

$$S_{\triangle ABC}=\frac{1}{2}\mid OA\mid\cdot\mid OB\mid=$$

$$\frac{1}{2}\sqrt{(2+2\cos x)(2-2\cos x)}=\sin x$$

所以当 $x=\frac{\pi}{2}$ 时，$S_{\triangle ABC}$ 最大值为 1.

例 5　已知向量 $\boldsymbol{a}=(\cos\frac{3}{2}x,\sin\frac{3}{2}x)$，$\boldsymbol{b}=\left(\cos\frac{x}{2},-\sin\frac{x}{2}\right)$，且 $x\in[0,\pi]$.

(1) 求 $\boldsymbol{a}\cdot\boldsymbol{b}$ 及 $\mid\boldsymbol{a}+\boldsymbol{b}\mid$ 的值；

(2) 若 $f(x)=\boldsymbol{a}\cdot\boldsymbol{b}-2\lambda\mid\boldsymbol{a}+\boldsymbol{b}\mid$ 的最小值为 $-\frac{3}{2}$，求实数 λ 的值.

解　(1) $\boldsymbol{a}\cdot\boldsymbol{b}=\cos\frac{3}{2}x\cos\frac{x}{2}-\sin\frac{3}{2}x\sin\frac{x}{2}=\cos 2x$

$$\mid\boldsymbol{a}+\boldsymbol{b}\mid=\sqrt{\left(\cos\frac{3x}{2}+\cos\frac{x}{2}\right)^2+\left(\sin\frac{3}{2}x-\sin\frac{x}{2}\right)^2}=$$

$$\sqrt{2+2\cos 2x}=2\sqrt{\cos^2 x}=2\mid\cos x\mid$$

因为 $x\in[0,\pi]$，所以 $\mid\cos x\mid\in[0,1]$.

(2)　$f(x)=\boldsymbol{a}\cdot\boldsymbol{b}-2\lambda\mid\boldsymbol{a}+\boldsymbol{b}\mid=\cos 2x-4\lambda\mid\cos x\mid=$

$$2(\mid\cos x\mid-\lambda)^2-1-2\lambda^2$$

$$|\cos x|\in[0,1]$$

当 $\lambda<0$ 时,当且仅当 $|\cos x|=0$ 时,得 $-1=-\frac{3}{2}$ 产生矛盾;

当 $0\leqslant\lambda\leqslant 1$ 时,当且仅当 $|\cos x|=\lambda$ 时,$-1-2\lambda^2=-\frac{3}{2}$,得 $\lambda=\frac{1}{2}$;

当 $\lambda>1$ 时,当且仅当 $|\cos x|=1$ 时,$1-4\lambda=-\frac{3}{2}$,得 $\lambda=\frac{8}{5}$,这与 $\lambda>1$ 相矛盾.

综上所述,$\lambda=\frac{1}{2}$ 为所求.

例 6 如图 3 所示,某园林单位准备绿化一块直径为 BC 的半圆形空地,$\triangle ABC$ 外的地方种草,$\triangle ABC$ 的内接正方形 $PQRS$ 为一水池,其余的地方种花.若 $BC=a$,$\angle ABC=\theta$,设 $\triangle ABC$ 的面积为 S_1,正方形的面积为 S_2.

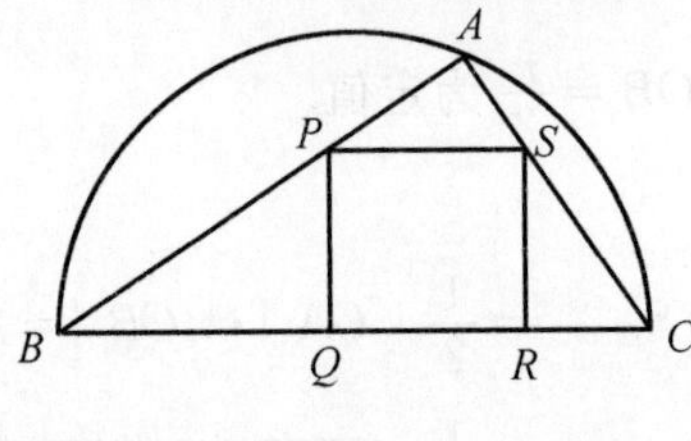

图 3

(1) 用 a,θ 表示 S_1 和 S_2;

(2) 当 a 固定,θ 变化时,求 $\frac{S_1}{S_2}$ 取最小值时的角 θ.

解 (1) 因为 $AC=a\sin\theta,AB=a\cos\theta$,所以

$$S_1=\frac{1}{2}a^2\sin\theta\cos\theta=\frac{1}{4}a^2\sin 2\theta$$

设正方形的边长为 x,则

$$BQ=x\cot\theta,RC=x\tan\theta$$

所以

$$x\cot\theta+x+x\tan\theta=a$$

$$x=\frac{a}{\cot\theta+\tan\theta+1}=\frac{a\sin\theta\cos\theta}{1+\sin\theta\cos\theta}=\frac{a^2\sin 2\theta}{2+\sin 2\theta}$$

故

$$S_2=\left(\frac{a\sin 2\theta}{2+\sin 2\theta}\right)^2=\frac{a^2\sin^2 2\theta}{4+\sin^2 2\theta+4\sin 2\theta}$$

(2) 当 a 固定,θ 变化时,有

$$\frac{S_1}{S_2}=\frac{1}{4}\left(\frac{4}{\sin 2\theta}+\sin 2\theta+4\right)$$

令 $\sin 2\theta=t$，则

$$\frac{S_1}{S_2}=\frac{1}{4}\left(t+\frac{1}{t}+4\right)$$

因为 $0<\theta<\frac{\pi}{2}$，所以 $0<t\leqslant 1$. 令 $f(t)=t+\frac{1}{t}$，用导数知识可以证明：函数 $f(t)=t+\frac{1}{t}$ 在 $(0,1]$ 是减函数，于是当 $t=1$ 时，$\frac{S_1}{S_2}$ 取最小值，此时 $\theta=\frac{\pi}{4}$.

说明　三角函数有着广泛的应用，本题就是一个典型的范例. 通过引入角度，将图形的语言转化为三角的符号语言，再将其转化为我们熟知的函数 $f(t)=t+\frac{1}{t}$. 三角函数的应用性问题是历年高考命题的一个冷点，但在复习中应引起足够的关注.

例 7　如图 4 所示，点 A,B 是一矩形 $OEFG$ 边界上不同的两点，且 $\angle AOB=45°$，$OE=1$，$EF=\sqrt{3}$，设 $\angle AOE=\alpha$.

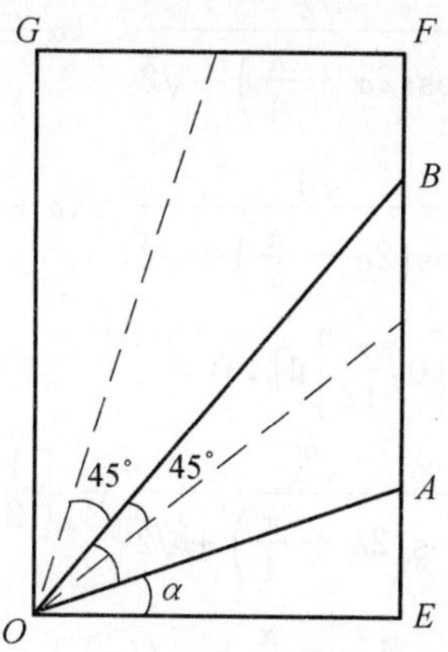

图 4

(1) 写出 $\triangle AOB$ 的面积关于 α 的函数关系式 $f(\alpha)$；

(2) 写出函数 $f(x)$ 的取值范围.

解　(1) 因为 $OE=1$，$EF=\sqrt{3}$，所以

$$\angle EOF=60°$$

当 $\alpha\in[0,15°]$ 时，$\triangle AOB$ 的两顶点 A,B 在点 E,F 上，且

$$AE=\tan\alpha,\ BE=\tan(45°+\alpha)$$

所以

$$f(\alpha)=S_{\triangle AOB}=\frac{1}{2}[\tan(45^\circ+\alpha)-\tan\alpha]=$$

$$\frac{\sin 45^\circ}{2\cos\alpha\cdot\cos(45^\circ+\alpha)}=$$

$$\frac{\sqrt{2}}{2\cos(2\alpha+45^\circ)+\sqrt{2}}$$

当 $\alpha\in(15^\circ,45^\circ]$ 时，点 A 在 EF 上，点 B 在 FG 上，且

$$OA=\frac{1}{\cos\alpha},OB=\frac{\sqrt{3}}{\cos(45^\circ-\alpha)}$$

所以

$$f(\alpha)=S_{\triangle AOB}=\frac{1}{2}OA\cdot OB\cdot\sin 45^\circ=\frac{1}{2\cos\alpha}\cdot\frac{\sqrt{3}}{\cos(45^\circ-\alpha)}\cdot\sin 45^\circ=$$

$$\frac{\sqrt{6}}{2\cos\left(\frac{\pi}{4}-2\alpha\right)+\sqrt{2}}$$

综上所述

$$f(\alpha)=\begin{cases}\dfrac{\sqrt{2}}{2\cos\left(2\alpha+\frac{\pi}{4}\right)+\sqrt{2}} & \left(\alpha\in\left[0,\frac{\pi}{12}\right]\right)\\ \dfrac{\sqrt{6}}{2\cos\left(2\alpha-\frac{\pi}{4}\right)+\sqrt{2}} & \left(\alpha\in\left(\frac{\pi}{12},\frac{\pi}{4}\right]\right)\end{cases}$$

(2) 由(1)得，当 $\alpha\in\left[0,\frac{\pi}{12}\right]$ 时，有

$$f(\alpha)=\frac{\sqrt{2}}{2\cos\left(2\alpha+\frac{\pi}{4}\right)+\sqrt{2}}\in\left[\frac{1}{2},\sqrt{3}-1\right]$$

且当 $\alpha=0$ 时，$f(\alpha)_{\min}=\frac{1}{2}$；当 $\alpha=\frac{\pi}{12}$ 时，$f(\alpha)_{\max}=\sqrt{3}-1$；

当 $\alpha\in\left(\frac{\pi}{12},\frac{\pi}{4}\right]$ 时，有

$$-\frac{\pi}{12}\leqslant 2\alpha-\frac{\pi}{4}\leqslant\frac{\pi}{4},f(\alpha)=\frac{\sqrt{6}}{2\cos\left(2\alpha-\frac{\pi}{4}\right)+\sqrt{2}}\in\left[\sqrt{6}-\sqrt{3},\frac{\sqrt{3}}{2}\right]$$

且当 $\alpha=\frac{\pi}{8}$ 时，$f(\alpha)_{\min}=\sqrt{6}-\sqrt{3}$；当 $\alpha=\frac{\pi}{4}$ 时，$f(\alpha)_{\max}=\frac{\sqrt{3}}{2}$.

所以 $f(x)\in\left[\frac{1}{2},\frac{\sqrt{3}}{2}\right]$.

说明　三角函数与其他数学知识有着紧密的关系，它几乎渗透了数学的每一个分支.注意三角函数的综合应用.

例 8　若 $\triangle ABC$ 的外接圆的直径 AE 交 BC 于点 D，则 $\tan B \cdot \tan C = \dfrac{AD}{DE}$.

解　如图 5 所示，作 $AM \perp BC$，$EN \perp BC$，联结 BE，CE，于是

$$\frac{S_{\triangle ABC}}{S_{\triangle EBC}} = \frac{AM}{EN} = \frac{AD}{DE} \qquad ①$$

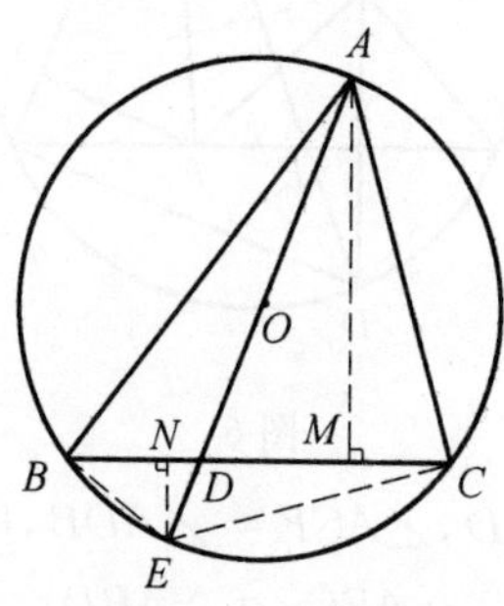

图 5

另一方面

$$\frac{S_{\triangle ABC}}{S_{\triangle EBC}} = \frac{\frac{1}{2}AC \cdot AB\sin A}{\frac{1}{2}BE \cdot EC\sin \angle BEC}$$

注意到

$$\sin A = \sin \angle BEC, \frac{AC}{EC} = \tan \angle AEC = \tan B, \frac{AB}{BE} = \tan \angle AEB = \tan C.$$

因此

$$\frac{S_{\triangle ABC}}{S_{\triangle EBC}} = \tan B \tan C \qquad ②$$

由式 ①② 得

$$\tan B \tan C = \frac{AD}{DE}$$

例 9　在锐角 $\triangle ABC$ 的 BC 边上有两点 E，F，满足 $\angle BAE = \angle CAF$，作 $FM \perp AB$，$FN \perp AC$（点 M，N 是垂足），延长 AE 交 $\triangle ABC$ 的外接圆于点 D. 求证：四边形 $AMDN$ 与 $\triangle ABC$ 的面积相等.

证明　如图 6 所示，联结 MN，BD. 因为 $FM \perp AB$，$FN \perp AC$，所以 A，M，F，N 四点共圆. 于是

$$\angle AMN=\angle AFN,\angle AMN+\angle BAE=\angle AFN+\angle CAF=90°$$

即

$$MN\perp AD,S_{\text{四边形}AMDN}=\frac{1}{2}AD\cdot MN$$

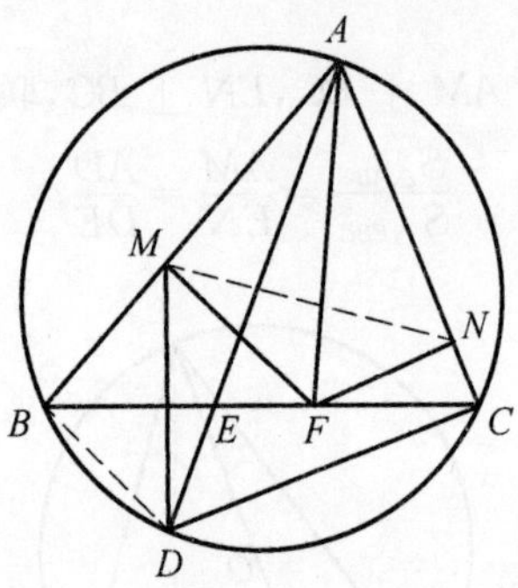

图 6

又因为 $\angle CAF=\angle BAD,\angle ACF=\angle ADB$,所以

$$\triangle AFC\backsim\triangle ABD$$

于是

$$\frac{AF}{AB}=\frac{AC}{AD},AF\cdot AD=AB\cdot AC$$

而

$$AF\cdot\sin\angle BAC=MN,AF=\frac{MN}{\sin\angle BAC}$$

所以

$$S_{\triangle ABC}=\frac{1}{2}AB\cdot AC\sin\angle BAC=\frac{1}{2}AF\cdot AD\sin\angle BAC=$$

$$\frac{1}{2}AD\cdot MN=S_{\text{四边形}AMDH}$$

例 10 如图 7 所示,在四边形 $ABCD$ 中,对角线 AC 平分 $\angle BAD$,在 CD 上取一点 E,BE 与 AC 交于点 F,延长 DF 交 BC 于点 G. 求证:$\angle GAC=\angle EAC$.

证明 如图 7 所示,联结 BD 交 AC 于点 H,对 $\triangle BCD$ 应用塞瓦定理,有

$$\frac{CG}{GB}\cdot\frac{BH}{HD}\cdot\frac{DE}{EC}=1$$

因为 AH 是 $\angle BAD$ 的角平分线,由角平分线定理有

$$\frac{BH}{HD}=\frac{AB}{AD}$$

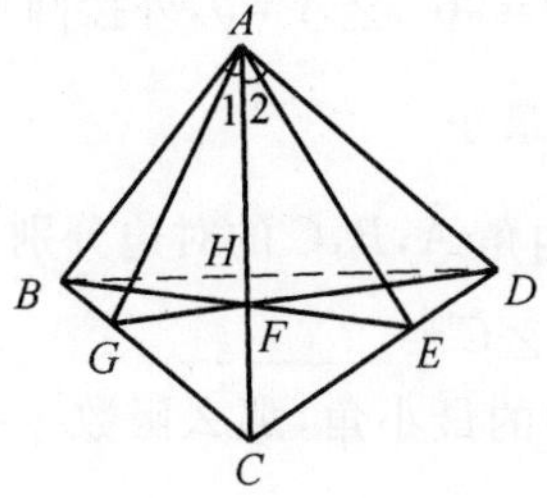

图 7

故

$$\frac{CG}{GB}\cdot\frac{AB}{AD}\cdot\frac{DE}{EC}=1$$

设 $\angle BAC=\angle DAC=\alpha\left(\alpha\in\left(0,\frac{\pi}{2}\right)\right)$，$\angle GAC=\angle 1$，$\angle EAC=\angle 2$，由张角公式有

$$\frac{CG}{GB}=\frac{AC\sin\angle 1}{AB\sin(\alpha-\angle 1)},\frac{DE}{EC}=\frac{AD\sin(\alpha-\angle 2)}{AC\sin\angle 2}$$

于是

$$\frac{AC\sin\angle 1}{AB\sin(\alpha-\angle 2)}\cdot\frac{AB}{AD}\cdot\frac{AD\sin(\alpha-\angle 2)}{AC\sin\angle 2}=1$$

即

$$\sin\angle 1\cdot\sin(\alpha-\angle 2)=\sin\angle 2\cdot\sin(\alpha-\angle 1)$$

所以

$$\sin\angle 1\cdot\sin\alpha\cos\angle 2-\sin\angle 1\cdot\cos\alpha\sin\angle 2=$$
$$\sin\angle 2\cdot\sin\alpha\cos\angle 1-\sin\angle 2\cdot\cos\alpha\sin\angle 1$$

所以

$$\sin\angle 1\cdot\cos\angle 2=\cos\angle 1\cdot\sin\angle 2$$

即

$$\sin(\angle 1-\angle 2)=0$$

而 $\angle 1,\angle 2\in\left(0,\frac{\pi}{2}\right)$，所以 $\angle 1-\angle 2=0$，即 $\angle GAC=\angle EAC$.

课外训练

1. 在 $\triangle ABC$ 中，已知 $b=a\sin C, c=a\sin(90°-B)$，$\triangle ABC$ 的形状为________.

2. 在 Rt$\triangle ABC$ 中，$\angle C=90^\circ$，$\angle A=\theta$，外接圆半径为 R，内切圆半径为 r，当 θ 为________时，$\dfrac{R}{r}$ 的值最小.

3. 在 $\triangle ABC$ 中，三个内角 A,B,C 的对边分别为 a,b,c，若 $a^2+c^2=b^2+ac$，且 $a:c=(\sqrt{3}+1):2$，$\angle C=$________.

4. 设 $\angle A$ 是 $\triangle ABC$ 中的最小角，那么函数 $y=\sin A-\cos A$ 的值域为________.

5. 在 $\triangle ABC$ 中，$AB=AC$，AB 边上的高为$\sqrt{3}$，AB 边上的高与 BC 的夹角为 60°，则 $S_{\triangle ABC}=$________.

6. 已知向量 $\boldsymbol{m}=(\cos\theta,\sin\theta)$ 和 $\boldsymbol{n}=(\sqrt{2}-\sin\theta,\cos\theta)$，$\theta\in(\pi,2\pi)$，且 $|\boldsymbol{m}+\boldsymbol{n}|=\dfrac{8\sqrt{2}}{5}$，则 $\cos\left(\dfrac{\theta}{2}+\dfrac{\pi}{8}\right)=$________.

7. 在 $\triangle ABC$ 中，a,b,c 分别是 $\angle A,\angle B,\angle C$ 的对边长，已知 a,b,c 成等比数列，且 $a^2-c^2=ac-bc$，则 $\angle A=$________，$\dfrac{b\sin B}{c}=$________.

8. 已知 $\triangle ABC$ 的三个内角 A,B,C 满足 $\angle A+\angle C=2\angle B$，且 $\dfrac{1}{\cos A}+\dfrac{1}{\cos C}=-\dfrac{\sqrt{2}}{\cos B}$，则 $\cos\dfrac{A-C}{2}=$________.

9. 在 $\triangle ABC$ 中，内角 A,B,C 的对边分别为 a,b,c，已知 a,b,c 成等比数列，且 $\cos B=\dfrac{3}{4}$.

(1) 求 $\cot A+\cot C$ 的值；

(2) 设$\overrightarrow{BA}\cdot\overrightarrow{BC}=\dfrac{3}{2}$，求 $a+c$ 的值.

10. 在 ▱$ABCD$ 的每条边上取一点，若以所取的四个点为顶点的四边形的面积等于平行四边形面积的一半，则该四边形至少有一条对角线平行于平行四边形的边.

11. 已知 $\angle A,\angle B,\angle C$ 是 $\triangle ABC$ 的三个内角，$y=\cot A+\dfrac{2\sin A}{\cos A+\cos(B-C)}$.

(1) 若任意交换两个角的位置，y 的值是否变化？试证明你的结论；

(2) 求 y 的最小值.

第 29 讲　数列的通项

知识呈现

1. $f(S_n, a_n)=0$ 型

解　这种类型一般利用 $a_n=\begin{cases}S_1(n=1)\\S_n-S_{n-1}(n\geqslant 2)\end{cases}$ 与 $a_n=S_n-S_{n-1}=f(a_n)-f(a_{n-1})$ 消去 $S_n(n\geqslant 2)$ 或与 $S_n=f(S_n-S_{n-1})(n\geqslant 2)$ 消去 a_n 进行求解.

2. 递推公式为 $a_{n+1}=a_n+f(n)$

解　把原递推公式转化为 $a_{n+1}-a_n=f(n)$，利用累加法(逐差相加法)求解.

3. 递推公式为 $a_{n+1}=f(n)a_n$

解　把原递推公式转化为 $\frac{a_{n+1}}{a_n}=f(n)$，利用累乘法(逐商相乘法)求解.

4. 递推公式为 $a_{n+1}=pa_n+q$(其中 p,q 均为常数，$pq(p-1)\neq 0$).

解　(待定系数法)把原递推公式转化为 $a_{n+1}-t=p(a_n-t)$，其中 $t=\frac{q}{1-p}$，再利用换元法转化为等比数列求解.

5. 递推公式为 $a_{n+1}=pa_n+f(n)$

解法一　变形 $\frac{a_{n+1}}{p^{n+1}}=\frac{a_n}{p^n}+\frac{f(n)}{p^{n+1}}$ 转化为类型 2 求解.

解法二　(待定系数法)只需构造数列 $\{b_n\}$，消去 $f(n)$ 带来的差异.

6. 递推公式为 $\begin{cases}a_{n+1}=p(n)a_n+q(n)\ (p(n)\neq 0)\\a_1=a\ (a\text{ 为常数})\end{cases}$

解　添加辅助数列 $\{p(n)\}$，使 $p(n)=\frac{h(n)}{h(n+1)}$，代入 $a_{n+1}=p(n)a_n+q(n)$，得

$$a_{n+1}=\frac{h(n)}{h(n+1)}a_n+q(n)$$

所以

$$h(n+1)a_{n+1}=h(n)a_n+h(n+1)q(n)$$

令 $b(n)=h(n)a_n$,所以 $b_{n+1}-b_n=h(n+1)q(n)$ 转化为类型 2.

7.递推公式为 $a_{n+1}=pa_n^q(a_n>0)$

解 这种类型一般是等式两边取对数后转化为 $a_{n+1}=pa_n+q$ 型,再利用待定系数法求解.

8.递推公式为 $a_{n+2}=pa_{n+1}+qa_n$(其中 p,q 均为常数).

解法一 先把原递推公式转化为

$$a_{n+2}-sa_{n+1}=t(a_{n+1}-sa_n)$$

其中 s,t 满足 $\begin{cases}s+t=p\\st=-q\end{cases}$,再应用前面类型 3 的方法求解.

解法二 对于由递推公式 $a_{n+2}=pa_{n+1}+qa_n$,$a_1=\alpha$,$a_2=\beta$ 给出的数列 $\{a_n\}$,方程 $x^2-px-q=0$ 叫作数列 $\{a_n\}$ 的特征方程.若 x_1,x_2 是特征方程的两个根,当 $x_1\neq x_2$ 时,数列 $\{a_n\}$ 的通项为 $a_n=Ax_1^{n-1}+Bx_2^{n-1}$,其中 A,B 由 $a_1=\alpha$,$a_2=\beta$ 决定(即把 a_1,a_2,x_1,x_2 和 $n=1,2$ 代入 $a_n=Ax_1^{n-1}+Bx_2^{n-1}$,得到关于 A,B 的方程组);当 $x_1=x_2$ 时,数列 $\{a_n\}$ 的通项为 $a_n=(A+Bn)x_1^{n-1}$,其中 A,B 由 $a_1=\alpha$,$a_2=\beta$ 决定(即把 a_1,a_2,x_1,x_2 和 $n=1,2$ 代入 $a_n=(A+Bn)x_1^{n-1}$,得到关于 A,B 的方程组).

9.递推公式为 $a_{n+1}=\dfrac{pa_n+q}{ra_n+h}$ 型(特别的情形是:$a_{n+1}=\dfrac{a_n}{pa_n+1}$)

解 可作特征方程 $x=\dfrac{px+q}{rx+h}$,当特征方程有且仅有一根 x_0 时,则 $\left\{\dfrac{1}{a_n-x_0}\right\}$ 是等差数列;当特征方程有两个相异的根 x_1,x_2 时,则 $\left\{\dfrac{a_n-x_1}{a_n-x_2}\right\}$ 是等比数列.

说明 形如:$a_n=\dfrac{ma_{n-1}}{k(a_{n-1}+b)}$ 的递推式,考虑函数倒数关系有

$$\frac{1}{a_n}=k\left(\frac{1}{a_{n-1}}+\frac{1}{m}\right)\Rightarrow\frac{1}{a_n}=k\cdot\frac{1}{a_{n-1}}+\frac{k}{m}$$

令 $b_n=\dfrac{1}{a_n}$,则 $\{b_n\}$ 可归为 $a_{n+1}=pa_n+q$ 型.(取倒数法)

在这里补充两种特殊形式:

(1)$a_n=\dfrac{Aa_{n-1}+B}{Ba_{n-1}+A}$ 型合分比定理

$\dfrac{a_n}{1}=\dfrac{Aa_{n-1}+B}{Ba_{n-1}+A}$,用下合分比定理

$$\frac{a_n+1}{a_n-1}=\frac{(A+B)a_{n-1}+(A+B)}{(A-B)a_{n-1}+(A-B)}=\left(\frac{A+B}{A-B}\right)\left[\frac{a_{n-1}+1}{a_{n-1}-1}\right]$$

(2)$a_n=\dfrac{Aa_{n-1}}{f(n)a_{n-1}+C}$型倒数法：$\dfrac{1}{a_n}=\dfrac{f(n)}{A}+\dfrac{C}{A}\dfrac{1}{a_{n-1}}$，然后再用“分析法”直接秒杀．或者直接转类型 6．

10．$a_{n+1}=\dfrac{a_n^2+p}{2a_n+q}$型

解　特征方程为 $x=\dfrac{x^2+p}{2x+q}$，求出特征根 $x_1=\alpha,x_2=\beta$，则

$$a_{n+1}=\frac{a_n^2+p}{2a_n+q}$$

可变为$\dfrac{a_{n+1}-\alpha}{a_{n+1}-\beta}=\left(\dfrac{a_n-\alpha}{a_n-\beta}\right)^2$，设 $b_n=\dfrac{a_n-\alpha}{a_n-\beta}$，则 $b_{n+1}=b_n^2$ 再用对数变换法或迭代法求解．

典例展示

例 1　已知数列$\{a_n\}$的前 n 项和 S_n 满足 $S_n=2a_n+(-1)^n,n\geqslant 1$．

(1) 写出数列$\{a_n\}$的前 3 项 a_1,a_2,a_3；

(2) 求数列$\{a_n\}$的通项公式．

解
$$S_n=2a_n+(-1)^n\quad(n\geqslant 1)\qquad ①$$

由 $a_1=S_1=2a_1-1$，得

$$a_1=1\qquad ②$$

由 $n=2$ 得

$$a_1+a_2=2a_2+1$$

得

$$a_2=0\qquad ③$$

由 $n=3$ 得

$$a_1+a_2+a_3=2a_3-1$$

得

$$a_3=2\qquad ④$$

用 $n-1$ 代 n 得

$$S_{n-1}=2a_{n-1}+(-1)^{n-1}\qquad ⑤$$

①－⑤得

$$a_n=S_n-S_{n-1}=2a_n-2a_{n-1}+2(-1)^n$$

即

$$a_n=2a_{n-1}-2(-1)^n \quad ⑥$$

$$a_n=2a_{n-1}-2(-1)^n=2[2a_{n-2}-2(-1)^{n-1}]-2(-1)^n=$$
$$2^2a_{n-2}-2^2(-1)^{n-1}-2(-1)^n=\cdots=$$
$$2^{n-1}a_1-2^{n-1}(-1)-2^{n-2}(-1)^2-\cdots 2(-1)^n=$$
$$\frac{2}{3}[2^{n-2}+(-1)^{n-1}] \quad ⑦$$

说明 实际上,本题还有下面一些解法:

解法一

$$a_n=2a_{n-1}-2(-1)^n$$
$$a_n=2a_{n-1}-2(-1)^n$$
$$\frac{a_n}{2^n}=\frac{a_{n-1}}{2^{n-1}}-2(-\frac{1}{2})^n$$
$$\frac{a_n}{2^n}=\left(\frac{a_n}{2^n}-\frac{a_{n-1}}{2^{n-1}}\right)+\left(\frac{a_{n-1}}{2^{n-1}}-\frac{a_{n-2}}{2^{n-2}}\right)+\cdots+\left(\frac{a_2}{2^2}-\frac{a_1}{2^1}\right)+\frac{a_1}{2^1}$$
$$\frac{a_n}{2^n}=-2\sum_{k=2}^{n}\left(-\frac{1}{2}\right)^k+\frac{1}{2}$$
$$a_n=\frac{2}{3}[2^{n-2}+(-1)^{n-1}]$$

解法二

$$a_n=2a_{n-1}-2(-1)^n$$
$$a_n+\lambda(-1)^n=2[a_{n-1}+\lambda(-1)^{n-1}]$$

比较系数得到 $\lambda=\frac{2}{3}$.

$\{a_n+\frac{2}{3}(-1)^n\}$,就是等比数列,而且公比是 2,轻易算得

$$a_n=\frac{2}{3}[2^{n-2}+(-1)^{n-1}]$$

例 2 已知数列 $\{a_n\}$ 满足 $a_1=\frac{1}{2}$,$a_{n+1}=a_n+\frac{1}{n^2+n}$,求 a_n 的值.

解 由条件知

$$a_{n+1}-a_n=\frac{1}{n^2+n}=\frac{1}{n(n+1)}=\frac{1}{n}-\frac{1}{n+1} \quad ①$$

分别令 $n=1,2,3,\cdots,n-1$,代入式 ① 得 $n-1$ 个等式累加之,即

$$(a_2-a_1)+(a_3-a_2)+(a_4-a_3)+\cdots+(a_n-a_{n-1})=$$
$$\left(1-\frac{1}{2}\right)+\left(\frac{1}{2}-\frac{1}{3}\right)+\left(\frac{1}{3}-\frac{1}{4}\right)+\cdots+\left(\frac{1}{n-1}-\frac{1}{n}\right)$$

所以

$$a_n - a_1 = 1 - \frac{1}{n}$$

因为 $a_1 = \frac{1}{2}$,所以

$$a_n = \frac{1}{2} + 1 - \frac{1}{n} = \frac{3}{2} - \frac{1}{n}$$

例 3　已知数列 $\{a_n\}$ 满足 $a_1 = \frac{2}{3}, a_{n+1} = \frac{n}{n+1}a_n$,求 a_n 的值.

解　由条件知

$$\frac{a_{n+1}}{a_n} = \frac{n}{n+1} \quad ①$$

分别令 $n = 1, 2, 3, \cdots, n-1$,代入式 ① 得 $n-1$ 个等式累乘之,即

$$\frac{a_2}{a_1} \cdot \frac{a_3}{a_2} \cdot \frac{a_4}{a_3} \cdot \cdots \cdot \frac{a_n}{a_{n-1}} = \frac{1}{2} \cdot \frac{2}{3} \cdot \frac{3}{4} \cdot \cdots \cdot \frac{n-1}{n} \Rightarrow \frac{a_n}{a_1} = \frac{1}{n}$$

又因为 $a_1 = \frac{2}{3}$,所以 $a_n = \frac{2}{3n}$.

例 4　已知在数列 $\{a_n\}$ 中,$a_1 = 1, a_{n+1} = 2a_n + 3$,求 a_n 的值.

解　设递推公式 $a_{n+1} = 2a_n + 3$ 可以转化为

$$a_{n+1} - t = 2(a_n - t)$$

即

$$a_{n+1} = 2a_n - t \Rightarrow t = -3$$

故递推公式为

$$a_{n+1} + 3 = 2(a_n + 3)$$

令 $b_n = a_n + 3$,则

$$b_1 = a_1 + 3 = 4$$

且

$$\frac{b_{n+1}}{b_n} = \frac{a_{n+1} + 3}{a_n + 3} = 2$$

所以 $\{b_n\}$ 是以 $b_1 = 4$ 为首项,2 为公比的等比数列,则

$$b_n = 4 \times 2^{n-1} = 2^{n+1}$$

所以

$$a_n = 2^{n+1} - 3$$

例 5　设数列 $\{a_n\}: a_1 = 4, a_n = 3a_{n-1} + 2n - 1 (n \geqslant 2)$,求数列 $\{a_n\}$ 的通项公式.

解　设 $b_n = a_n + An + B$ 则

$$a_n = b_n - An - B$$

将 a_n，a_{n-1} 代入递推式，得

$$b_n - An - B = 3[b_{n-1} - A(n-1) - B] + 2n - 1 = 3b_{n-1} - (3A-2)n - (3B-3A+1)$$

所以

$$\begin{cases} A = 3A-2 \\ B = 3B-3A+1 \end{cases} \Rightarrow \begin{cases} A = 1 \\ B = 1 \end{cases}$$

于是取

$$b_n = a_n + n + 1 \quad ①$$

则 $b_n = 3b_{n-1}$，又 $b_1 = 6$，所以

$$b_n = 6 \times 3^{n-1} = 2 \times 3^n$$

代入式 ① 得

$$a_n = 2 \times 3^n - n - 1$$

说明 (1) 若 $f(n)$ 为 n 的二次式，则可设 $b_n = a_n + An^2 + Bn + C$；

(2) 本题也可由 $a_n = 3a_{n-1} + 2n - 1$，$a_{n-1} = 3a_{n-2} + 2(n-1) - 1(n \geqslant 3)$，两式相减得 $a_n - a_{n-1} = 3(a_{n-1} - a_{n-2}) + 2$ 转化为 $b_n = pb_{n-1} + q$ 求之.

例 6 已知数列 $\{a_n\}$ 满足 $a_1 = 1$，且 $a_{n+1} = (n+1)a_n + (n+2)!$，求 a_n 的值.

解 令 $\dfrac{h(n)}{h(n+1)} = n+1$，所以由类型 3 可求得

$$\frac{h(n)}{h(n+1)} = \frac{(n+1)!}{n!}$$

于是

$$a_{n+1} = \frac{(n+1)!}{n!} a_n + (n+2)!$$

所以

$$\frac{a_{n+1}}{(n+1)!} = \frac{a_n}{n!} + (n+2)$$

设 $b_n = \dfrac{a_n}{n!}$，则

$$b_{n+1} - b_n = n + 2$$

再用类型 2 的方法求出

$$a_n = \frac{n^2 + 3n - 2}{2} n!$$

例 7 已知在数列 $\{a_n\}$ 中，$a_1 = 1$，$a_2 = 2$，$a_{n+2} = \dfrac{2}{3}a_{n+1} + \dfrac{1}{3}a_n$，求 a_n 的值.

解法一　（待定系数法）由 $a_{n+2}=\frac{2}{3}a_{n+1}+\frac{1}{3}a_n$ 可转化为

$$a_{n+2}-sa_{n+1}=t(a_{n+1}-sa_n)$$

即

$$a_{n+2}=(s+t)a_{n+1}-sta_n \Rightarrow \begin{cases} s+t=\frac{2}{3} \\ st=-\frac{1}{3} \end{cases} \Rightarrow \begin{cases} s=1 \\ t=-\frac{1}{3} \end{cases} 或 \begin{cases} s=-\frac{1}{3} \\ t=1 \end{cases}$$

这里不妨选用 $\begin{cases} s=1 \\ t=-\frac{1}{3} \end{cases}$（当然也可选用 $\begin{cases} s=-\frac{1}{3} \\ t=1 \end{cases}$，大家可以试一试），则

$$a_{n+2}-a_{n+1}=-\frac{1}{3}(a_{n+1}-a_n) \Rightarrow \{a_{n+1}-a_n\}$$

是以首项为 $a_2-a_1=1$，公比为 $-\frac{1}{3}$ 的等比数列，所以

$$a_{n+1}-a_n=\left(-\frac{1}{3}\right)^{n-1} \qquad ①$$

应用类型 2 的方法，分别令 $n=1,2,3,\cdots,n-1$，代入式①得 $n-1$ 个等式累加之，即

$$a_n=-a_1=\left(-\frac{1}{3}\right)^0+\left(-\frac{1}{3}\right)^1+\cdots+\left(-\frac{1}{3}\right)^{n-2}=\frac{1-\left(-\frac{1}{3}\right)^{n-1}}{1+\frac{1}{3}}$$

又因为 $a_1=1$，所以

$$a_n=\frac{7}{4}-\frac{3}{4}\left(-\frac{1}{3}\right)^{n-1}$$

解法二　由 $a_{n+2}=\frac{2}{3}a_{n+1}+\frac{1}{3}a_n$ 的特征方程为 $x^2=\frac{2}{3}x+\frac{1}{3}$，特征根为

$$x_1=1, x_2=-\frac{1}{3}$$

所以

$$a_n=p+q\left(-\frac{1}{3}\right)^{n-1}$$

由于 $a_1=1, a_2=2$，解得

$$p=\frac{7}{4}, q=-\frac{3}{4}$$

所以

$$a_n=\frac{7}{4}-\frac{3}{4}\left(-\frac{1}{3}\right)^{n-1}$$

例 8 数列$\{a_n\}$满足$a_1=1$且$8a_{n+1}a_n-1-16a_{n+1}+2a_n+5=0(n\geqslant 1)$，求数列$\{a_n\}$的通项公式.

解 由已知,得

$$a_{n+1}=\frac{2a_n+5}{16-8a_n}$$

其特征方程为

$$x=\frac{2x+5}{16-8x}$$

解之,得

$$x=\frac{1}{2}\text{ 或 }x=\frac{5}{4}$$

所以

$$a_{n+1}-\frac{1}{2}=\frac{6\left(a_n-\frac{1}{2}\right)}{16-8a_n}$$

于是

$$a_{n+1}-\frac{5}{4}=\frac{12\left(a_n-\frac{5}{4}\right)}{16-8a_n}$$

所以

$$\frac{a_{n+1}-\frac{1}{2}}{a_{n+1}-\frac{5}{4}}=\frac{1}{2}\cdot\frac{a_n-\frac{1}{2}}{a_n-\frac{5}{4}}$$

于是

$$\frac{a_n-\frac{1}{2}}{a_n-\frac{5}{4}}=\frac{a_1-\frac{1}{2}}{a_1-\frac{5}{4}}\cdot\left(\frac{1}{2}\right)^{n-1}=-\frac{4}{2^n}$$

$$a_n=\frac{2^{n-1}+5}{2n+4}$$

例 9 在数列$\{a_n\}$中,$a_1=4$,$a_{n+1}=\dfrac{a_n^2-3}{2a_n-4}$,求$a_n$的值.

解 由$a_{n+1}=\dfrac{a_n^2-3}{2a_n-4}$的特征方程为

$$x=\frac{x^2-3}{2x-4}$$

其特征根为

$$x_1=1, x_2=3$$

所以

$$\frac{a_{n+1}-1}{a_{n+1}-3}=\left(\frac{a_n-1}{a_n-3}\right)^2$$

利用对数代换法易求得

$$\frac{a_n-1}{a_n-3}=3^{2^{n-1}}$$

即

$$a_n=\frac{3^{2^{n-1}+1}-1}{3^{2^{n-1}}-1}$$

例 10　$\{a_n\}$满足,$a_0=\frac{1}{2}$,$a_k=a_{k-1}+\frac{1}{n}a_{k-1}^2(k=1,2,3\cdots)$,证明:$1-\frac{1}{n}<a_n<1$.

证明　将递推公式变形为

$$\frac{1}{a_{k-1}}-\frac{1}{a_k}=\frac{a_{k-1}}{na_k}<\frac{1}{n}$$

由此可证得 $a_n<1$ 且递推公式还变形为

$$\frac{a_{k-1}}{na_k}=\frac{1}{n+a_{k-1}}$$

于是,得

$$\frac{1}{a_{k-1}}-\frac{1}{a_k}=\frac{1}{n+a_{k-1}}>\frac{1}{n+1}$$

由此可证明 $a_n>1-\frac{1}{n}$.

(1) 由 $a_n<1, a_k-a_{k-1}=\frac{1}{n}a^2\ k-1>0$ 得

$$a_k>a_{k-1}\quad(k=1,2,3,\cdots,n)$$

故

$$a_n>a_{n-1}>\cdots>a_k>a_{k-1}>\cdots>a_0=\frac{1}{2}$$

所以数列为递增正数列.

由 $a_k>a_{k-1}>0$ 得

$$0<\frac{a_{k-1}}{a_k}<1$$

将原递推公式两边同时除以 a_ka_{k-1} 变形为

$$\frac{1}{a_{k-1}}-\frac{1}{a_k}=\frac{a_{k-1}}{na_k}<\frac{1}{n}$$

令 $k=1,2,3,\cdots,n$,得不等式 ①,②,③,④

$$\begin{cases}\dfrac{1}{a_0}-\dfrac{1}{a_1}<\dfrac{1}{n} & ①\\ \dfrac{1}{a_1}-\dfrac{1}{a_2}<\dfrac{1}{n} & ②\\ \dfrac{1}{a_2}-\dfrac{1}{a_3}<\dfrac{1}{n} & ③\\ \vdots & \\ \dfrac{1}{a_{n-1}}-\dfrac{1}{a_n}<\dfrac{1}{n} & ④\end{cases}$$

①+②+③+④ 得

$$\frac{1}{a_0}-\frac{1}{a_n}<\frac{1}{n}\cdot n=1$$

所以

$$\frac{1}{a_n}>\frac{1}{a_0}-2=2-1=1$$

即 $a_n<1$.

(2)$a_n>1-\frac{1}{n}$,由递推公式得

$$n(a_k-a_{k-1})=a_{k-1}^2$$

即

$$a_{k-1}(a_{k-1}+n)=na_k$$

于是

$$\frac{a_{k-1}}{na_k}=\frac{1}{a_{k-1}+n}$$

所以

$$\frac{1}{a_{k-1}}-\frac{1}{a_k}=\frac{1}{a_{k-1}+n}$$

由(1) 得

$$0<a_{k-1}<a_n<1$$

故由 $a_{k-1}+n<n+1$ 得

$$\frac{1}{a_{k-1}+n}>\frac{1}{n+1}$$

因此

$$\frac{1}{a_{k-1}}-\frac{1}{a_k}>\frac{1}{n+1}$$

令 $k=1,2,3,\cdots,n$,得到不等式 ④,⑤,⑥,⑦

$$\begin{cases}\dfrac{1}{a_0}-\dfrac{1}{a_1}>\dfrac{1}{n+1} & \text{⑤}\\ \dfrac{1}{a_1}-\dfrac{1}{a_2}>\dfrac{1}{n+1} & \text{⑥}\\ \dfrac{1}{a_2}-\dfrac{1}{a_3}>\dfrac{1}{n+1} & \text{⑦}\\ \qquad\vdots \\ \dfrac{1}{a_{n-1}}-\dfrac{1}{a_n}>\dfrac{1}{n+1} & \text{⑧}\end{cases}$$

⑤+⑥+⑦+⑧ 得

$$\frac{1}{a_0}-\frac{1}{a_n}>\frac{1}{n+1}\cdot n$$

所以

$$\frac{1}{a_n}<\frac{1}{a_0}-\frac{n}{n+1}=2-\frac{n}{n+1}=\frac{n+2}{n+1}$$

即

$$a_n>\frac{n+1}{n+2}>\frac{n-1}{n}=1-\frac{1}{n}$$

说明　将递推公式变形为相邻两项倒数的差的形式,即$\frac{1}{a_{k-1}}-\frac{1}{a_k}=\frac{a_{k-1}}{na_k}=\frac{1}{n+a_{k-1}}$,然后将此差放大和缩小,得$\frac{1}{n+1}<\frac{1}{a_{k-1}}-\frac{1}{a_k}<\frac{1}{n}$.令$k=1,2,\cdots,n$,将所得不等式相加,即可求得 $1<\frac{1}{a_n}<\frac{n+2}{n+1}$,从而得出 $1-\frac{1}{n}<a_n<1$.这种证法巧妙地应用了“放缩”技巧.

课外训练

1. 在数列$\{a_n\}$中,$a_1=1,a_{n+1}=\frac{1}{a}\cdot a_n^2(a>0)$,求数列$\{a_n\}$的通项公式.

2. 已知数列$\{a_n\}$,$a_1=1,a_{n+1}=a_n+\sqrt{a_n}+\frac{1}{4}(n\geqslant 2)$,求数列$\{a_n\}$的通项公式.

3. 在数列$\{a_n\}$中,$a_n>0,a_1=5$,当 $n\geqslant 2$ 时,$a_n+a_{n-1}=\frac{7}{a_n-a_{n-1}}+6$,求

数列$\{a_n\}$的通项公式.

4. 设$a_0=1, a_n=\dfrac{\sqrt{1+a_{n-1}^2}-1}{a_{n-1}}(n\in \mathbf{N}^*)$,求通项公式.

5. 已知数列$\{a_n\}$满足$a_{n+1}=a_n+\dfrac{8(n+1)}{(2n+1)^2(2n+3)^2}, a_1=\dfrac{8}{9}$,求数列$\{a_n\}$的通项公式.

6. 已知数列$\{a_n\}$满足$a_{n+1}=\dfrac{1}{16}(1+4a_n+\sqrt{1+24a_n}), a_1=1$,求数列$\{a_n\}$的通项公式.

7. 已知$a_1=0, a_{n+1}=\dfrac{a_n-\sqrt{3}}{\sqrt{3}a_n+1}$,求$a_{20}$的值.

8. 在数列$\{a_n\}$中,$a_1=2, a_n>0, \dfrac{a_{n+1}^2}{4}-\dfrac{a_n^2}{4}=1$,求其通项公式.

9. 已知数列$\{a_n\}$满足$a_1=a_2=1$,且$a_{n+2}=\dfrac{1}{a_{n+1}}+a_n(n=1,2,3,\cdots)$,求$a_{2\,004}$的值.

10. 已知数列$\{a_n\}$的前n项和S_n满足$S_n-S_{n-2}=3\left(-\dfrac{1}{2}\right)^{n-1}(n\geqslant 3)$,且$S_1=1, S_2=\dfrac{3}{2}$,求数列$\{a_n\}$的通项公式.

11. 数列$\{a_n\}$满足$(n-1)a_{n+1}=(n+1)a_n-2(n-1), n=1,2,3,\cdots$,且$a_{100}=10\,098$,求数列$\{a_n\}$的通项公式.

第 30 讲　等差数列及其前 n 项和

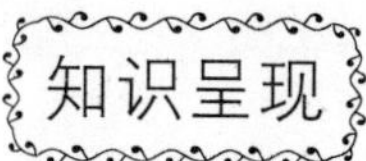

1. 等差数列的定义

如果一个数列从第 2 项起，每一项与它的前一项的差是同一个常数，我们称这样的数列为等差数列，这个常数叫作等差数列的公差，通常用字母 d 表示.

2. 等差数列的通项公式

如果等差数列 $\{a_n\}$ 的首项为 a_1，公差为 d，那么它的通项公式为 $a_n=a_1+(n-1)d$.

3. 等差中项

如果 $A=\dfrac{a+b}{2}$，那么 A 叫作 a 与 b 的等差中项.

4. 等差数列的常用性质

(1) 通项公式的推广：$a_n=a_m+(n-m)d,(n,m\in\mathbf{N}^*)$.

(2) 若 $\{a_n\}$ 为等差数列，且 $k+t=m+n,(k\neq 1,m,n\in\mathbf{N}^*)$，则 $a_k+a=a_m+a_n$.

(3) 若 $\{a_n\}$ 是等差数列，公差为 d，则 $\{a_{2n}\}$ 也是等差数列，公差为 $2d$.

(4) 若 $\{a_n\}$，$\{b_n\}$ 是等差数列，则 $\{pa_n+qb_n\}$ 也是等差数列.

(5) 若 $\{a_n\}$ 是等差数列，公差为 d，则 $a_k,a_{k+m},a_{k+2m},\cdots(k,m\in\mathbf{N}^*)$ 是公差为 md 的等差数列.

5. 等差数列的前 n 项和公式

设等差数列 $\{a_n\}$ 的公差为 d，其前 n 项和 $S_n=\dfrac{n(a_1+a_n)}{2}$ 或 $S_n=na_1+\dfrac{n(n-1)}{2}d$.

6. 等差数列的前 n 项和公式与函数的关系

$S_n=\dfrac{d}{2}n^2+\left(a_1-\dfrac{d}{2}\right)n$.

数列$\{a_n\}$是等差数列$\Leftrightarrow S_n=An^2+Bn$($A,B$为常数).

7.等差数列的前n项和的最值

在等差数列$\{a_n\}$中,$a_1>0,d<0$,则S_n存在最大值;若$a_1<0,d>0$,则S_n存在最小值.

典例展示

例1 在等差数列$\{a_n\}$中,$a_1=1,a_3=-3$.

(1) 求数列$\{a_n\}$的通项公式;

(2) 若数列$\{a_n\}$的前k项和$S_k=-35$,求k的值.

分析 等差数列基本量的计算,基本思想就是根据条件列方程,求等差数列的首项与公差.

解 (1) 设等差数列$\{a_n\}$的公差为d,则

$$a_n=a_1+(n-1)d$$

由$a_1=1,a_3=-3$,可得

$$1+2d=-3$$

解得

$$d=-2$$

从而

$$a_n=1+(n-1)\cdot(-2)=3-2n$$

(2) 由(1)可知

$$a_n=3-2n$$

所以

$$S_n=\frac{n[1+(3-2n)]}{2}=2n-n^2$$

由$S_k=-35$,可得

$$2k-k^2=-35$$

即

$$k^2-2k-35=0$$

解得

$$k=7 \text{ 或 } k=-5$$

又$k\in\mathbf{N}^*$,所以$k=7$.

说明 (1) 等差数列的通项公式及前n项和公式,共涉及五个量a_1,a_n,d,n,S_n,如果知道其中三个就能求出另外两个,体现了用方程的思想来解决

问题；

(2) 数列的通项公式与前 n 项和公式在解题中起到变量代换的作用，而 a_1 和 d 是等差数列的两个基本量，用它们表示已知和未知是常用方法.

例 2　(1) 设等差数列 $\{a_n\}$ 的前 n 项和为 S_n，若 $S_3=9$，$S_6=36$，则 $a_7+a_8+a_9=$ ________；

(2) 若一个等差数列前 3 项的和为 34，最后 3 项的和为 146，且所有项的和为 390，则这个数列的项数为________；

(3) 已知 S_n 是等差数列 $\{a_n\}$ 的前 n 项和，若 $a_1=-2\,014$，$\frac{S_{2\,014}}{2\,014}-\frac{S_{2\,008}}{2\,008}=6$，则 $S_{2\,013}=$ ________.

分析　(1) 根据 S_3，S_6-S_3，S_9-S_6 为等差数列解此题；(2) 利用 $a_1+a_n=a_2+a_{n-1}=a_3+a_{n-2}$ 求 n 的值；(3) 数列 $\{\frac{S_n}{n}\}$ 为等差数列.

解　(1) 由 $\{a_n\}$ 是等差数列，得 S_3，S_6-S_3，S_9-S_6 为等差数列，即

$$2(S_6-S_3)=S_3+(S_9-S_6)$$

得到

$$S_9-S_6=2S_6-3S_3=45$$

故填 45.

(2) 因为

$$a_1+a_2+a_3=34$$

$$a_{n-2}+a_{n-1}+a_n=146$$

$$a_1+a_2+a_3+a_{n-2}+a_{n-1}+a_n=34+146=180$$

又因为

$$a_1+a_n=a_2+a_{n-1}=a_3+a_{n-2}$$

所以

$$3(a_1+a_n)=180$$

从而

$$a_1+a_n=60$$

所以

$$S_n=\frac{n(a_1+a_n)}{2}=\frac{n\cdot 60}{2}=390$$

即

$$n=13$$

故填 13.

(3) 由等差数列的性质可得，$\{\frac{S_n}{n}\}$ 也为等差数列.

又因为

$$\frac{S_{2\,014}}{2\,014}-\frac{S_{2\,008}}{2\,008}=6d=6$$

所以

$$d=1$$

故

$$\frac{S_{2\,013}}{2\,013}=\frac{S_1}{1}+2\,012d=-2\,014+2\,012=-2$$

所以

$$S_{2\,013}=-2\times 2\,013=-4\,026$$

故填 4 026.

说明 在等差数列$\{a_n\}$中,数列$S_m,S_{2m}-S_m,S_{3m}-S_{2m}$也成等差数列;$\{\frac{S_n}{n}\}$也是等差数列.等差数列的性质是解题的重要工具.

例 3 (1) 在等差数列$\{a_n\}$中,已知$a_1=20$,前n项和为S_n,且$S_{10}=S_{15}$,求当n取何值时,S_n取得最大值,并求出它的最大值;

(2) 已知数列$\{a_n\}$的通项公式是$a_n=4n-25$,求数列$\{|a_n|\}$的前n项和.

分析 (1) 由$a_1=20$及$S_{10}=S_{15}$可求得d,进而求得通项.由通项得到此数列前多少项为正,或利用S_n是关于n的二次函数,利用二次函数求最值的方法求解;(2) 利用等差数列的性质,判断出数列从第几项开始变号.

解 (1) **解法一** 因为$a_1=20,S_{10}=S_{15}$,所以

$$10\times 20+\frac{10\times 9}{2}d=15\times 20+\frac{15\times 14}{2}d$$

于是

$$d=-\frac{5}{3}$$

所以

$$a_n=20+(n-1)\times\left(-\frac{5}{3}\right)=-\frac{5}{3}n+\frac{65}{3}$$

于是$a_{13}=0$,即当$n\leqslant 12$时,$a_n>0$;当$n\geqslant 14$时,$a_n<0$.

所以当$n=12$或 13 时,S_n取得最大值,且最大值为

$$S_{13}=S_{12}=12\times 20+\frac{12\times 11}{2}\times\left(-\frac{5}{3}\right)=130$$

解法二 同解法一求得

$$d=-\frac{5}{3}$$

所以

$$S_n=20n+\frac{n(n-1)}{2}\cdot\left(-\frac{5}{3}\right)=-\frac{5}{6}n^2+\frac{125}{6}n=$$
$$-\frac{5}{6}\left(n-\frac{25}{2}\right)^2+\frac{3\,125}{24}$$

因为 $n\in\mathbf{N}^*$，所以当 $n=12$ 或 13 时，S_n 有最大值，且最大值为

$$S_{12}=S_{13}=130$$

解法三　同解法一求得

$$d=-\frac{5}{3}$$

又由 $S_{10}=S_{15}$，所以

$$a_{11}+a_{12}+a_{13}+a_{14}+a_{15}=0$$

于是 $5a_{13}=0$，即 $a_{13}=0$.

所以当 $n=12$ 或 13 时，S_n 有最大值，且最大值为

$$S_{12}=S_{13}=130$$

(2) 因为

$$a_n=4n-25,a_{n+1}=4(n+1)-25$$

所以

$$a_{n+1}-a_n=4=d$$

又

$$a_1=4\times1-25=-21$$

所以数列$\{a_n\}$是以 -21 为首项，以 4 为公差的单调递增的等差数列.

令

$$\begin{cases}a_n=4n-25<0 & ①\\ a_{n+1}=4(n+1)-25\geqslant0 & ②\end{cases}$$

由式 ① 得 $n<6\frac{1}{4}$；由式 ② 得 $n\geqslant5\frac{1}{4}$，所以 $n=6$.

即数列$\{|a_n|\}$的前 6 项是以 21 为首项，公差为 -4 的等差数列，从第 7 项起以后各项构成公差为 4 的等差数列，而

$$|a_7|=a_7=4\times7-25=3$$

设$\{|a_n|\}$的前 n 项和为 T_n，则

$$T_n=\begin{cases}21n+\frac{n(n-1)}{2}\times(-4)(n\leqslant6)\\ 66+3(n-6)+\frac{(n-6)(n-7)}{2}\times4(n\geqslant7)\end{cases}=$$

$$\begin{cases}-2n^2+23n & (n\leqslant 6)\\ 2n^2-23n+132 & (n\geqslant 7)\end{cases}$$

说明 求等差数列前 n 项和的最值,常用的方法有:

(1) 利用等差数列的单调性,求出其正负转折项;

(2) 利用性质求出其正负转折项,便可求得和的最值;

(3) 将等差数列的前 n 项和 $S_n=An^2+Bn$(A,B 为常数)看作二次函数,根据二次函数的性质求最值.

例 4 (1) 等差数列$\{a_n\}$的前 n 项和为 S_n,已知 $a_5+a_7=4$,$a_6+a_8=-2$,则当 S_n 取最大值时,$n=$________;

(2) 已知等差数列$\{a_n\}$的首项 $a_1=20$,公差 $d=-2$,则前 n 项和 S_n 的最大值为________;

(3) 设数列$\{a_n\}$是公差 $d<0$ 的等差数列,S_n 为前 n 项和,若 $S_6=5a_1+10d$,则 S_n 取最大值时,$n=$________.

分析 (1) 由已知分析等差数列各项的变化规律、符号.

(2) 等差数列前 n 项的和 S_n 是关于 n 的二次函数,可将 S_n 的最大值转化为求二次函数的最值问题.

(3) 根据条件确定数列最后的非负项.

解 (1) 依题意,得

$$2a_6=4,2a_7=-2,a_6=2>0,a_7=-1<0$$

又数列$\{a_n\}$是等差数列,所以在该数列中,前 6 项均为正数,自第 7 项起以后各项均为负数,于是当 S_n 取最大值时,$n=6$.

故填 6.

(2) 因为等差数列$\{a_n\}$的首项 $a_1=20$,公差 $d=-2$,代入求和公式得

$$S_n=na_1+\frac{n(n-1)}{2}d=20n-\frac{n(n-1)}{2}\times 2=$$

$$-n^2+21n=-(n-\frac{21}{2})^2+\left(\frac{21}{2}\right)^2$$

又因为 $n\in\mathbf{N}^*$,所以 $n=10$ 或 $n=11$ 时,S_n 取得最大值,最大值为 110.

故填 110.

(3) 由题意,得 $S_6=6a_1+15d=5a_1+10d$,所以 $a_6=0$,故当 $n=5$ 或 6 时,S_n 最大.

故填 5 或 6.

说明 (1) 求等差数列前 n 项和的最值常用的方法有:

① 利用等差数列的单调性,求出其正负转折项;

② 利用等差数列的前n项和$S_n=An^2+Bn$(A,B为常数)为二次函数,根据二次函数的性质求最值.

(2) 注意区别等差数列前n项和S_n的最值和S_n的符号.

例5　设等差数列的首项及公差均为非负整数,项数不少于3,且各项的和为97^2,则这样的数列共有多少个?

分析　利用等差数列的求和公式及分类讨论思想.

解　由$S_n=na_1+\frac{n(n-1)}{2}d=97^2$,即

$$2na_1+(n-1)d=2\times 97^2$$

则

$$n[2a_1+(n-1)d]=2\times 97^2$$

且$2a_1+(n-1)d$是非负整数.

故n是2×97^2的正因数,且$n\geqslant 3$,于是

$$n=97,97^2,2\times 97\text{ 或 }2\times 97^2$$

(1) 若$n=97$,则

$$2a_1+96d=2\times 97$$

且a_1与d是非负整数,由$2a_1=2\times 97-96d\geqslant 0$可得$0\leqslant d\leqslant\frac{97}{48}$,且$d\in\mathbf{Z}$,所以$d=0,1,2$.代入$2a_1+96d=2\times 97$得

$$\begin{cases}d=0\\a_1=97\end{cases}\text{或}\begin{cases}d=1\\a_1=49\end{cases}\text{或}\begin{cases}d=2\\a_1=1\end{cases}$$

故当$n=97$时,符合题意的等差数列有3个.

(2) 若$n=97^2$,则

$$2a_1+(97^2-1)d=2$$

由$2a_1=2-(97^2-1)d\geqslant 0$得

$$0\leqslant d\leqslant\frac{2}{97^2-1}$$

故$d=0$.此时$a_1=1$,即当$n=97^2$时,符合题意的等差数列只有1个.

(3) 若$n=2\times 97$,则

$$2a_1+(2\times 97-1)d=97$$

即$0\leqslant d<1$.所以$d=0$,此时$a_1=\frac{97}{2}$,不符合题意.

(4) 若$n=2\times 97^2$,则

$$2a_1+(2\times 97^2-1)d=1$$

即 $0\leqslant d<1$. 所以 $d=0$,此时 $a_1=\frac{1}{2}$,不符合题意.

故当 $n=2\times 97$ 或 2×97^2 时,符合题意的等差数列不存在.

综上所述,符合题意的等差数列共有 $3+1=4$ 个.

例 6 设数列 $\{a_n\}$ 的前 n 项和为 S_n,已知 $a_1=1,a_2=6,a_3=11$,且 $(5n-8)S_{n+1}-(5n+2)S_n=An+B$, $n=1,2,3,\cdots$,其中 A,B 为常数.

(1) 求 A 与 B 的值;

(2) 证明:数列 $\{a_n\}$ 为等差数列.

分析 本题是一道数列综合运用题,第一问由 a_1,a_2,a_3 求出 S_1,S_2,S_3 代入关系式,即求出 A,B;第二问利用 $a_n=S_n-S_{n-1}(n\geqslant 1)$ 公式,推导得证数列 $\{a_n\}$ 为等差数列.

解 (1) 由已知,得

$$S_1=a_1=1,S_2=a_1+a_2=7,S_3=a_1+a_2+a_3=18$$

由 $(5n-8)S_{n+1}-(5n+2)S_n=An+B$ 知

$$\begin{cases}-3S_2-7S_1=A+B\\2S_3-12S_2=2A+B\end{cases}$$

即

$$\begin{cases}A+B=-28\\2A+B=-48\end{cases}$$

解得

$$A=-20,B=-8$$

(2) **解法一** 由(1)得

$$(5n-8)S_{n+1}-(5n+2)S_n=-20n-8 \quad ①$$

所以

$$(5n-3)S_{n+2}-(5n+7)S_{n+1}=-20n-28 \quad ②$$

②-①,得

$$(5n-3)S_{n+2}-(10n-1)S_{n+1}+(5n+2)S_n=-20 \quad ③$$

所以

$$(5n+2)S_{n+3}-(10n+9)S_{n+2}+(5n+7)S_{n+1}=-20 \quad ④$$

④-③,得

$$(5n+2)S_{n+3}-(15n+6)S_{n+2}+(15n+6)S_{n+1}-(5n+2)S_n=0$$

因为 $a_{n+1}=S_{n+1}-S_n$,所以

$$(5n+2)a_{n+3}-(10n+4)a_{n+2}+(5n+2)a_{n+1}=0$$

又因为 $5n+2\neq 0$,所以

$$a_{n+3}-2a_{n+2}+a_{n+1}=0$$

即

$$a_{n+3}-a_{n+2}=a_{n+2}-a_{n+1}\quad (n\geqslant 1)$$

又 $a_3-a_2=a_2-a_1=5$，所以数列 $\{a_n\}$ 为等差数列.

解法二　由已知

$$S_1=a_1=1$$

又 $(5n-8)S_{n+1}-(5n+2)S_n=-20n-8$，且 $5n-8\neq 0$，所以数列 $\{S_n\}$ 是唯一确定的，因此数列 $\{a_n\}$ 是唯一确定的.

设 $b_n=5n-4$，则数列 $\{b_n\}$ 为等差数列，前 n 项和

$$T_n=\frac{n(5n-3)}{2}$$

于是

$$(5n-8)T_{n+1}-(5n+2)T_n=(5n-8)\cdot\frac{(n+1)(5n+2)}{2}-(5n+2)\cdot\frac{n(5n-3)}{2}=-20n-8$$

由唯一性得 $b_n=a$，即数列 $\{a_n\}$ 为等差数列.

说明　本题主要考查等差数列的有关知识，考查分析推理、理性思维能力及相关运算能力等.

例 7　设 $S=\{1,2,3,\cdots,n\}$，A 为至少包含两项的、公差为正的等差数列，其项都在 S 中，且添加 S 的其他元素于 A 后均不能构成与 A 有相同公差的等差数列，求这种 A 的个数(这里只有两项的数列也看作等差数列).

分析　可先通过对特殊的 n(如 $n=1,2,3$)，通过列举求出 A 的个数，然后总结规律，找出 a_n 的递推关系，从而解决问题；也可以就 A 的公差 $d=1,2,\cdots,n-1$ 时，讨论 A 的个数.

解　设 A 的公差 d，则

$$1\leqslant d\leqslant n-1$$

(1) 设 n 为偶数，则当 $1\leqslant d\leqslant \frac{n}{2}$. 公差 d 的 A 有 d 个；当 $\frac{n}{2}\leqslant d\leqslant n-1$. 公差 d 的 A 有 $n-d$ 个. 故当 n 为偶数时，这样的 A 有

$$\left(1+2+3+\cdots+\frac{n}{2}\right)+\left[1+2+3+\cdots+\left(n-\frac{n}{2}-1\right)\right]=\frac{1}{4}n^2$$

(2) 设 n 为奇数，则当 $1\leqslant d\leqslant\frac{n-1}{2}$，公差 d 的 A 有 d 个；当 $\frac{n+1}{2}\leqslant d\leqslant n-1$. 公差 d 的 A 有 $n-d$ 个. 故当 n 为奇数时，这样的 A 有

$$(1+2+3+\cdots+\frac{n-1}{2})+(1+2+3+\cdots+\frac{n-1}{2})=\frac{1}{4}(n-1)^2$$

综上所述,这样的 A 有 $\left[\frac{1}{4}n^2\right]$.

例 8　已知数列 $a_1,a_2,\cdots,a_{30}$,其中 $a_1,a_2,\cdots,a_{10}$ 是首项为 1,公差为 1 的等差数列;$a_{10},a_{11},\cdots,a_{20}$ 是公差为 d 的等差数列;$a_{20},a_{21},\cdots,a_{30}$ 是公差为 d^2 的等差数列($d\neq 0$).

(1) 若 $a_{20}=40$,求 d 的值;

(2) 试写出 a_{30} 关于 d 的关系式,并求 a_{30} 的取值范围;

(3) 续写已知数列,使 $a_{30},a_{31},\cdots,a_{40}$ 是公差为 d^3 的等差数列,……,依此类推,把已知数列推广为无穷数列. 提出同(2) 类似的问题((2) 应当作为特例),并进行研究,你能得到什么样的结论?

解　(1) 由 $a_{10}=10$,$a_{20}=10+10d=40$,所以 $d=3$.

(2)
$$a_{30}=a_{20}+10d^2=10(1+d+d^2)\quad(d\neq 0)$$

$$a_{30}=10\left[\left(d+\frac{1}{2}\right)^2+\frac{3}{4}\right]$$

当 $d\in(-\infty,0)\cup(0,+\infty)$ 时,$a_{30}\in[7.5,+\infty)$.

(3) 所给数列可以推广为无穷数列 $\{a_n\}$,其中 $a_1,a_2,\cdots,a_{10}$ 是首项为 1,公差为 1 的等差数列,当 $n\geqslant 1$ 时,数列 $a_{10n},a_{10n+1},\cdots,a_{10(n+1)}$ 是公差为 d^n 的等差数列. 研究的问题可以是:试写出 $a_{10(n+1)}$ 关于 d 的关系式,并求 $a_{10(n+1)}$ 的取值范围.

研究的结论可以是:由 $a_{40}=a_{30}+10d^3=10(1+d+d^2+d^3)$,以此类推可得

$$a_{10(n+1)}=10(1+d+\cdots+d^n)=\begin{cases}10\times\dfrac{1-d^{n+1}}{1-d} & (d\neq 1)\\ 10(n+1) & (d=1)\end{cases}$$

当 $d>0$ 时,$a_{10(n+1)}$ 的取值范围为$(10,+\infty)$ 等.

例 9　一台计算机装置的示意图如图 1 所示,其中 J_1,J_2 表示数据入口,C 是计算结果的出口,计算过程是由 J_1,J_2 分别输入自然数 m 和 n,经过计算后的自然数 K 由 C 输出,若此种装置满足以下三个性质:

1. J_1,J_2 分别输入 1,则输出结果 1;

2. 若 J_1 输入任何固定自然数不变,J_2 输入自然数增大 1,则输出结果比原来增大 2;

3. 若 J_2 输入 1,J_1 输入自然数增大 1,则输出结果为原来的 2 倍,试问:

(1) 若 J_1 输入 1,J_2 输入自然数 n,则输出结果为多少?

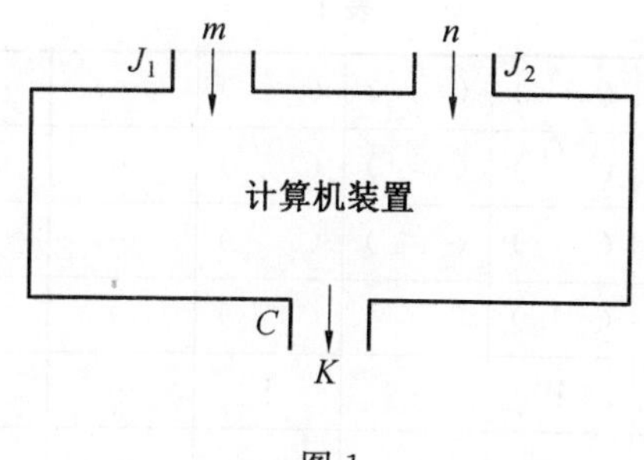

图 1

(2) 若 J_2 输入 1，J_1 输入自然数 m，则输出结果为多少？

(3) 若 J_1 输入自然 2 002，J_2 输入自然数 9，则输出结果为多少？

分析　本题的信息语言含逻辑推理成分，粗看不知如何入手．若细品装置的作用，发现可以把条件写成二元函数式，将逻辑推理符号化，并能抽象出等比数列或等差数列的模型．

解　当 J_1 输入 m，J_2 输入 n 时，输出结果记为 $f(m,n)$，设 $f(m,n)=k$，则

$$f(1,1)=1, f(m,n+1)=f(m,n)+2, f(m+1,1)=2f(m,1)$$

(1) 因为 $f(1,n+1)=f(1,n)+2$，所以 $f(1,1), f(1,2), \cdots, f(1,n), \cdots$ 组成以 $f(1,1)$ 为首项，2 为公差的等差数列．

故

$$f(1,n)=f(1,1)+2(n-1)=2n-1$$

(2) 因为 $f(m+1,1)=2f(m,1)$，所以 $f(1,1), f(2,1), \cdots, f(m,1), \cdots$ 组成以 $f(1,1)$ 为首项，2 为公比的等比数列．

故

$$f(m,1)=f(1,1)\cdot 2^{m-1}=2^{m-1}$$

(3) 因为 $f(m,n+1)=f(m,n)+2$，所以 $f(m,1), f(m,2), \cdots, f(m,n), \cdots$ 组成以 $f(m,1)$ 为首项，2 为公差的等差数列．

故

$$f(m,n)=f(m,1)+2(n-1)=2^{m-1}+2n-2$$

$$f(2\,002,9)=2^{2\,001}+16$$

说明　本题的解题关键点，首先要读懂题目，理解题意，要充满信心．这种给出陌生的背景（问题的情景），文字叙述比较长的题目，其实所涉及的数学知识往往比较简单，剔除伪装并符号化，就是我们熟悉的问题．

例 10　表 1 给出一个“等差数阵”：

表1

4	7	(　)	(　)	(　)	…	a_{1j}	…
7	12	(　)	(　)	(　)	…	a_{2j}	…
(　)	(　)	(　)	(　)	(　)	…	a_{3j}	…
(　)	(　)	(　)	(　)	(　)	…	a_{4j}	…
⋮	⋮	⋮	⋮	⋮	…	⋮	…
a_{i1}	a_{i2}	a_{i3}	a_{i4}	a_{i5}	…	a_{ij}	…
⋮	⋮	⋮	⋮	⋮		⋮	

其中每行、每列都是等差数列，a_{ij} 表示位于第 i 行第 j 列的数.

(1) 写出 a_{45} 的值；

(2) 写出 a_{ij} 的计算公式以及 2 008 这个数在等差数阵中所在的位置；

(3) 求证：正整数 N 在该等差数阵中的充要条件是 $2N+1$ 可以分解成两个不是 1 的正整数之积.

解 (1)$a_{45}=49$.

(2) 该等差数阵的第一行是首项为 4，公差为 3 的等差数列：$a_{1j}=4+3(j-1)$；第二行是首项为 7，公差为 5 的等差数列：$a_{2j}=7+5(j-1)$，…，第 i 行是首项为 $4+3(i-1)$，公差为 $2i+1$ 的等差数列，因此

$$a_{ij}=4+3(i-1)+(2i+1)(j-1)=2ij+i+j=i(2j+1)+j$$

要找 2 008 在该等差数阵中的位置，也就是要找正整数 i,j，使 $2ij+i+j=2\,008$，所以 $j=\dfrac{2\,008-i}{2i+1}$，当 $i=1$ 时，得 $j=669$，所以 2 008 在等差数阵中的一个位置是第 1 行第 669 列.

(3) 必要性：若 N 在该等差数阵中，则存在正整数 i,j 使

$$N=i(2j+1)+j$$

从而

$$2N+1=2i(2j+1)+2j+1=(2i+1)(2j+1)$$

即正整数 $2N+1$ 可以分解成两个不是 1 的正整数之积.

充分性：若 $2N+1$ 可以分解成两个不是 1 的正整数之积，由 $2N+1$ 是奇数，则它必为两个不是 1 的奇数之积，即存在正整数 k,l，使 $2N+1=(2k+1)(2l+1)$，从而 $N=k(2l+1)+l=a_{kl}$，可见 N 在该等差数阵中.

综上所述，正整数 N 在该等差数阵中的充要条件是 $2N+1$ 可以分解成两个不是 1 的正整数之积.

课外训练

1. 在等差数列$\{a_n\}$中，已知 $a_3+a_8=10$，则 $3a_5+a_7=$________.

2. S_n 为等差数列$\{a_n\}$的前 n 项和，$S_2=S_6$，$a_4=1$，则 $a_5=$________.

3. 在数列$\{a_n\}$中，$a_1=1$ 且 $\frac{1}{a_{n+1}}=\frac{1}{a_n}+\frac{1}{3}(n\in\mathbf{N}^*)$，则 $a_{10}=$________.

4. 设等差数列$\{a_n\}$的前 n 项和为 S_n，且 $S_{10}=10$，$S_{20}=30$，则 $S_{30}=$________.

5. 在等差数列$\{a_n\}$中，$a_2=8$，前 10 项和 $S_{10}=185$，则数列$\{a_n\}$的通项公式 a_n 为________.

6. 设等差数列$\{a_n\}$的前 n 项和为 S_n，若 $a_1<0$，$S_{2\,015}=0$，则 S_n 的最小值为________，及此时 n 的值________，n 的取值集合为________，使 $a_n\geqslant S_n$.

7.《九章算术》"竹九节"问题：现有一根 9 节的竹子，自上而下各节的容积成等差数列，上面 4 节的容积共 3 升，下面 3 节的容积共 4 升，则第 5 节的容积为________升.

8. 已知等差数列的前三项依次为 a，4，$3a$，前 n 项和为 S_n，且 $S_k=110$，则 $a=$________及 $k=$________；设数列$\{b_n\}$的通项 $b_n=\frac{S_n}{n}$，则数列$\{b_n\}$是等差数列，前 n 项和 $T_n=$________.

9. 已知等差数列$\{a_n\}$的前三项和为 -3，前三项的积为 8.

(1) 求等差数列$\{a_n\}$的通项公式；

(2) 若 a_2，a_3，a_1 成等比数列，求数列$\{|a_n|\}$的前 n 项和.

10. 在等差数列$\{a_n\}$中，公差 $d>0$，且前 n 项和为 S_n. 又 $a_2a_3=45$，$a_1+a_4=14$.

(1) 求数列$\{a_n\}$的通项公式；

(2) 通过 $b_n=\frac{S_n}{n+c}$ 构造一个新的数列$\{b_n\}$，若$\{b_n\}$也是等差数列，求非零常数 c；

(3) 在(2)的前提下，求 $f(n)=\frac{b_n}{(n+25)\cdot b_{n+1}}(n\in\mathbf{N}^*)$ 的最大值.

11. 已知数列$\{a_n\}$是由正数组成的等差数列，m，n，k 为自然数，求证：

(1) 若 $m+k=2n$，则 $\frac{1}{a_m^2}+\frac{1}{a_k^2}=\frac{2}{a_n^2}$；

(2) $\frac{1}{a_1^2}+\frac{1}{a_2^2}+\cdots+\frac{1}{a_{2n-2}^2}+\frac{1}{a_{2n-1}^2}\geqslant\frac{2n-1}{a_n^2}(n>1)$.

第 31 讲　等比数列及其前 n 项和

1. 等比数列的定义

如果一个数列从第 2 项起，每一项与它的前一项的比都等于同一个常数(不为零)，那么这个数列叫作等比数列，这个常数叫作等比数列的公比，通常用字母 q 表示($q \neq 0$).

2. 等比数列的通项公式

设等比数列$\{a_n\}$的首项为 a_1，公比为 q，则它的通项 $a_n = a_1 \cdot q^{n-1}(a_1 \neq 0, q \neq 0)$.

3. 等比中项

若 $G^2 = a \cdot b(ab \neq 0)$，那么 G 为 a 与 b 的等比中项.

4. 等比数列的常用性质

(1) 通项公式的推广：$a_n = a_m \cdot q^{n-m}(n, m \in \mathbf{N}^*)$.

(2) 若$\{a_n\}$为等比数列，且 $k+t=m+n(k,1,m,n \in \mathbf{N}^*)$，则 $a_k \cdot a_t = a_m \cdot a_n$.

(3) 若$\{a_n\}$，$\{b_n\}$(项数相同)是等比数列，则$\{\lambda a_n\}(\lambda \neq 0)$，$\left\{\frac{1}{a_n}\right\}$，$\{a_n^2\}$，$\{a_n \cdot b_n\}$，$\left\{\frac{a_n}{b_n}\right\}$仍是等比数列.

5. 等比数列的前 n 项和公式

等比数列$\{a_n\}$的公比为 $q(q \neq 0)$，其前 n 项和为 S_n，则

$$S_n = \begin{cases} na_1 & (q=1) \\ \dfrac{a_1(1-q^n)}{1-q} = \dfrac{a_1 - a_n q}{1-q} & (q \neq 1) \end{cases}$$

6. 等比数列前 n 项和的性质

公比不为 -1 的等比数列$\{a_n\}$的前 n 项和为 S_n，则 $S_n, S_{2n}-S_n, S_{3n}-S_{2n}$ 仍成等比数列，其公比为 q^n.

典例展示

例 1　(1) 设 $\{a_n\}$ 是由正数组成的等比数列，S_n 为其前 n 项和. 已知 $a_2a_4=1$，$S_3=7$，则 $S_5=$________；

(2) 在等比数列 $\{a_n\}$ 中，若 $a_4-a_2=6$，$a_5-a_1=15$，则 $a_3=$________.

分析　利用等比数列的通项公式与前 n 项和公式列方程(组)计算.

解　(1) 显然公比 $q\neq 1$，由题意，得

$$\begin{cases} a_1q\cdot a_1q^3=1 \\ \dfrac{a_1(1-q^3)}{1-q}=7 \end{cases}$$

解得

$$\begin{cases} a_1=4 \\ q=\dfrac{1}{2} \end{cases} 或 \begin{cases} a_1=9 \\ q=-\dfrac{1}{3} \end{cases}（舍去）$$

所以

$$S_5=\frac{a_1(1-q^5)}{1-q}=\frac{4\left(1-\dfrac{1}{2^5}\right)}{1-\dfrac{1}{2}}=\frac{31}{4}$$

(2) 设等比数列 $\{a_n\}$ 的公比为 $q(q\neq 0)$，则

$$\begin{cases} a_1q^3-a_1q=6 & ① \\ a_1q^4-a_1=15 & ② \end{cases}$$

①÷②，得

$$\frac{q}{1+q^2}=\frac{2}{5}$$

即 $2q^2-5q+2=0$，解得 $q=2$ 或 $q=\dfrac{1}{2}$.

所以

$$\begin{cases} a_1=1 \\ q=2 \end{cases} 或 \begin{cases} a_1=-16 \\ q=\dfrac{1}{2} \end{cases}$$

故 $a_3=4$ 或 $a_3=-4$.

说明　等比数列基本量的运算是等比数列中的一类基本问题，数列中有五个量 a_1,n,q,a_n,S_n，一般可以“知三求二”，通过列方程(组)可迎刃而解.

例 2　(1) 在等比数列 $\{a_n\}$ 中，各项均为正值，且 $a_6a_{10}+a_3a_5=41$，$a_4a_8=$

5,则 $a_4+a_8=$________.

(2) 等比数列 $\{a_n\}$ 的首项 $a_1=-1$,前 n 项和为 S_n,若 $\frac{S_{10}}{S_5}=\frac{31}{32}$,则公比 $q=$________.

分析 利用等比数列的项的性质与前 n 项和的性质求解.

解 (1) 由

$$a_6a_{10}+a_3a_5=41 \text{ 及 } a_6a_{10}=a_8^2, a_3a_5=a_4^2$$

得

$$a_4^2+a_8^2=41$$

因为 $a_4a_8=5$,所以

$$(a_4+a_8)^2=a_4^2+2a_4a_8+a_8^2=41+2\times5=51$$

又 $a_n>0$,所以

$$a_4+a_8=\sqrt{51}$$

(2) 由 $\frac{S_{10}}{S_5}=\frac{31}{32}$, $a_1=-1$ 知公比 $q\neq1$,则

$$\frac{S_{10}-S_5}{S_5}=-\frac{1}{32}$$

由等比数列前 n 项和的性质,知 $S_5, S_{10}-S_5, S_{15}-S_{10}$ 成等比数列,且公比为 q^5,故

$$q^5=-\frac{1}{32}$$

即

$$q=-\frac{1}{2}$$

说明 (1) 在解决等比数列的有关问题时,要注意挖掘隐含条件,利用性质,特别是性质:"若 $m+n=p+q$,则 $a_m\cdot a_n=a_p\cdot a_q$",可以减少运算量,提高解题速度;

(2) 在应用相应性质解题时,要注意性质成立的前提条件,有时需要进行适当的变形.此外,解题时注意设而不求思想的运用.

例 3 已知数列 $\{a_n\}$ 的前 n 项和为 S_n,在数列 $\{b_n\}$ 中,$b_1=a_1$, $b_n=a_n-a_{n-1}(n\geqslant2)$,且 $a_n+S_n=n$.

(1) 设 $c_n=a_n-1$,求证:$\{c_n\}$ 是等比数列;

(2) 求数列 $\{b_n\}$ 的通项公式.

分析 (1) 由 $a_n+S_n=n$ 及 $a_{n+1}+S_{n+1}=n+1$ 转化成 a_n 与 a_{n+1} 的递推关系,再构造数列 $\{a_n-1\}$;

(2) 由 c_n 求 a_n 再求 b_n.

证明　(1) 因为

$$a_n+S_n=n \quad ①$$

所以

$$a_{n+1}+S_{n+1}=n+1 \quad ②$$

② − ① 得

$$a_{n+1}-a_n+a_{n+1}=1$$

所以 $2a_{n+1}=a_n+1$,得

$$2(a_{n+1}-1)=a_n-1$$

所以 $\dfrac{a_{n+1}-1}{a_n-1}=\dfrac{1}{2}$,故 $\{a_n-1\}$ 是等比数列.

又 $a_1+a_1=1$,所以

$$a_1=\frac{1}{2}$$

因为首项 $c_1=a_1-1$,所以

$$c_1=-\frac{1}{2},q=\frac{1}{2}$$

又 $c_n=a_n-1$,所以 $\{c_n\}$ 是以 $-\dfrac{1}{2}$ 为首项,$\dfrac{1}{2}$ 为公比的等比数列.

(2) 由(1) 可知

$$c_n=\left(-\frac{1}{2}\right)\cdot\left(\frac{1}{2}\right)^{n-1}=-\left(\frac{1}{2}\right)^n$$

所以

$$a_n=c_n+1=1-\left(\frac{1}{2}\right)^n$$

于是当 $n\geqslant 2$ 时,有

$$b_n=a_n-a_{n-1}=1-\left(\frac{1}{2}\right)^n-\left[1-\left(\frac{1}{2}\right)^{n-1}\right]=$$

$$\left(\frac{1}{2}\right)^{n-1}-\left(\frac{1}{2}\right)^n=\left(\frac{1}{2}\right)^n \quad ③$$

又 $b_1=a_1=\dfrac{1}{2}$ 代入式 ③ 也符合,所以 $b_n=\left(\dfrac{1}{2}\right)^n$.

说明　注意判断一个数列是等比数列的方法,另外第(2) 问中要注意验证 $n=1$ 时是否符合 $n\geqslant 2$ 时的通项公式,能合并的必须合并.

例 4　设等比数列 $\{a_n\}$ 的公比为 q,前 n 项和 $S_n>0(n=1,2,3,\cdots)$,则 q 的取值范围为________.

分析 本题容易忽视 q 的取值范围，由于等比数列求和公式中分两种情况 $q=1$ 和 $q\neq 1$，而本题未说明 q 的取值范围，求解时应分类讨论，而不能直接利用公式 $S_n=\dfrac{a_1(1-q^n)}{1-q}$.

解 因为 $\{a_n\}$ 为等比数列，$S_n>0$，可以得到 $a_1=S_1>0(q\neq 0)$.

当 $q=1$ 时，$S_n=na_1>0$；

当 $q\neq 1$ 时，$S_n=\dfrac{a_1(1-q^n)}{1-q}>0$，即

$$\frac{1-q^n}{1-q}>0 \quad (n=1,2,3,\cdots) \qquad ①$$

式 ① 等价于不等式组

$$\begin{cases}1-q<0\\1-q^n<0\end{cases} \quad (n=1,2,3,\cdots) \qquad ②$$

或

$$\begin{cases}1-q>0\\1-q^n>0\end{cases} \quad (n=1,2,3,\cdots) \qquad ③$$

解式 ② 得 $q>1$，解方程组 ③，由于 n 可为奇数，也可为偶数，得 $-1<q<1$.

综上所述，q 的取值范围是 $(-1,0)\cup(0,+\infty)$.

说明 在应用公式 $S_n=\dfrac{a_1(1-q^n)}{1-q}$ 或 $S_n=\dfrac{a_1-a_nq}{1-q}$ 求和时，应注意公式的使用条件为 $q\neq 1$，而当 $q=1$ 时，应按常数列求和，即 $S_n=na_1$. 因此，对含有字母参数的等比数列求和时，应分 $q=1$ 和 $q\neq 1$ 两种情况进行讨论，体现了分类讨论思想.

例 5 如图 1 所示，$\triangle OBC$ 在各顶点的坐标分别为 $(0,0)$，$(1,0)$，$(0,2)$，设点 P_1 为线段 BC 的中点，点 P_2 为线段 CO 的中点，点 P_3 为线段 OP_1 的中点，对于每一个正整数 n，点 P_{n+3} 为线段 P_nP_{n+1} 的中点，令点 P_n 的坐标为 (x_n,y_n)，$a_n=\dfrac{1}{2}y_n+y_{n+1}+y_{n+2}$.

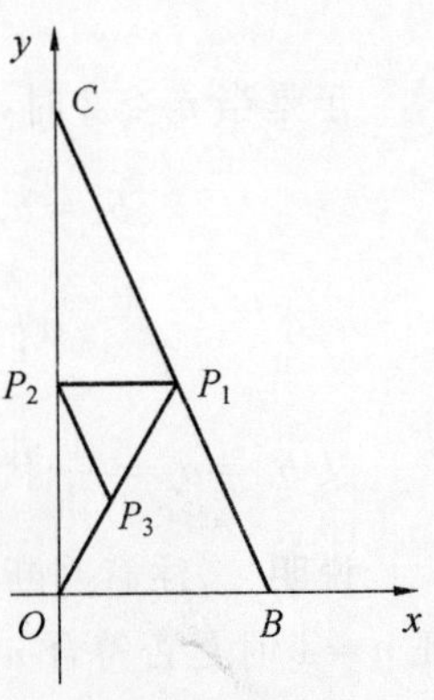

图 1

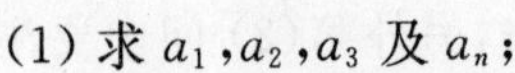

(1) 求 a_1,a_2,a_3 及 a_n；

(2) 求证：$y_{n+4}=1-\dfrac{y_n}{4}$，$n\in\mathbf{N}^*$；

(3) 若设 $b_n=y_{4n+4}-y_{4n}$，$n\in\mathbf{N}^*$，求证：$\{b_n\}$ 是

等比数列.

分析　本题主要考查数列的递推关系、等比数列等基础知识,考查灵活运用数学知识分析问题和解决问题的创新能力.利用图形及递推关系即可解决此类问题.

解　(1) 因为

$$y_1 = y_2 = y_4 = 1, y_3 = \frac{1}{2}, y_5 = \frac{3}{4}$$

所以

$$a_1 = a_2 = a_3 = 2$$

又由题意可知

$$y_{n+3} = \frac{y_n + y_{n+1}}{2}$$

所以

$$a_{n+1} = \frac{1}{2}y_{n+1} + y_{n+2} + y_{n+3} = \frac{1}{2}y_{n+1} + y_{n+2} + \frac{y_n + y_{n+1}}{2} = \frac{1}{2}y_n + y_{n+1} + y_{n+2} = a_n$$

于是 $\{a_n\}$ 为常数列.故 $a_n = a_1 = 2(n \in \mathbf{N}^*)$

(2) 将等式 $\frac{1}{2}y_n + y_{n+1} + y_{n+2} = 2$ 两边除以 2,得 $\frac{1}{4}y_n + \frac{y_{n+1} + y_{n+2}}{2} = 1$,又因为 $y_{n+4} = \frac{y_{n+1} + y_{n+2}}{2}$,所以 $y_{n+4} = 1 - \frac{y_n}{4}$.

(3) 因为

$$b_{n+1} = y_{4n+3} - y_{4n+4} = \left(1 - \frac{y_{4n+4}}{4}\right) - \left(1 - \frac{y_{4n}}{4}\right) = -\frac{1}{4}(y_{4n+4} - y_{4n}) = -\frac{1}{4}b_n$$

又因为 $b_1 = y_3 - y_4 = -\frac{1}{4} \neq 0$,所以 $\{b_n\}$ 是公比为 $-\frac{1}{4}$ 的等比数列.

说明　本题符号较多,有点列 $\{P_n\}$,同时还有三个数列 $\{a_n\}$,$\{y_n\}$,$\{b_n\}$,再加之该题是压轴题,因而考生会惧怕,而如果没有良好的心理素质,或足够的信心,就很难破题深入.即使有的考生写了一些解题过程,但往往有两方面的问题:一个是漫无目的,乱写乱画;另一个是字符欠当,丢三落四.最终因心理素质的欠缺而无法拿到全分.

例 6　实数 x 为有理数的充分必要条件是数列 $x, x+1, x+2, x+3, \cdots$ 中必有 3 个不同的项,它们组成等比数列.

解　(1) 充分性:若 3 个不同的项 $x+i, x+j, x+k$ 成等比数列,且 $i < j < k$,则 $(x+i)(x+k) = (x+j)^2$,即 $x(i+k-2j) = j^2 - ik$.

若 $i+k-2j=0$,则 $j^2-ik=0$,于是得 $i=j=k$ 与 $i<j<k$ 相矛盾.

故 $i+k-2j\neq 0$,$x=\dfrac{j^2-ik}{i+k-2j}$ 且 i,j,k 都是正整数,故 x 是有理数.

(2) 必要性:若 x 为有理数且 $x\leqslant 0$,则必存在正整数 k,使 $x+k>0$.令 $y=x+k$,则正数列 $y,y+1,y+2,\cdots$ 是原数列 $x,x+1,x+2,x+3,\cdots$ 的一个子数列,只要正数列 $y,y+1,y+2,\cdots$ 中存在 3 个不同的项组成等比数列,那么原数列中必有 3 个不同的项组成等比数列,因此不失一般性,不妨设 $x>0$.

① 若 $x\in\mathbf{N}$,设 q 是大于 1 的正整数,则 $xq-x$,xq^2-x 都是正整数.令 $i=xq-x$,$j=xq^2-x$,则 $i<j$,即 $x,x+i,x+j$ 是数列 $x,x+1,x+2,x+3,\cdots$ 中不同的三项,且 $x,x+i$(即 xq),$x+j$(即 xq^2) 成等比数列.

② 若 x 为正分数,设 $x=\dfrac{n}{m}$($m,n\in\mathbf{N}$,且 m,n 互素,$m\neq 1$).可以证明,x,$x+n$,$x+(m+2)n$,这三个不同的项成等比数列,事实上

$$x[x+(m+2)n]=\frac{n}{m}\left(\frac{n}{m}+mn+2n\right)=\left(\frac{n}{m}\right)^2+n^2+2\,\frac{n}{m}\cdot n=\left(\frac{n}{m}+n\right)^2$$

所以 $x[x+(m+2)n]=(x+n)^2$,即三项 $x,x+n,x+(m+2)n$ 成等比数列.

综上所述,实数 x 为有理数的充分必要条件是数列 $x,x+1,x+2,x+3,\cdots$ 中必有 3 个不同的项,它们组成等比数列.

说明　以上证明的巧妙之处在于:当 x 是正分数 $\dfrac{n}{m}$ 时,在数列 $x,x+1,x+2,x+3,\cdots$ 寻求组成等比数列的三项,这三项是 $x,x+n,x+(m+2)n$.

例 7　设数列 $\{a_n\}$ 的首项 $a_1=1$,前 n 项和 S_n 满足关系式 $3tS_n-(2t+3)S_{n-1}=3t$($t>0,n\in\mathbf{N},n\geqslant 2$).

(1) 求证:数列 $\{a_n\}$ 是等比数列;

(2) 设数列 $\{a_n\}$ 的公比为 $f(t)$,作数列 $\{b_n\}$,使 $b_1=1,b_n=f\left(\dfrac{1}{b_{n-1}}\right)$($n\in\mathbf{N},n\geqslant 2$),求 b_n 的值.

分析　由已知等式作递推变换转化为关于 a_{n+1} 与 a_n 的等式,在此基础上分析 a_{n-1} 与 a_n 的比值,证得(1)的结论后,进一步求 $f(t)$,再分析数列 $\{b_n\}$ 的特征,并求其通项公式.

解　(1) 由

$$S_1=a_1=1,S_2=a_1+a_2=1+a_2,3t(1+a_2)-(2t+3)\cdot 1=3t$$

得 $a_2=\dfrac{2t+3}{3t}$,于是

$$\frac{a_2}{a_1}=\frac{2t+3}{3t} \quad ①$$

又

$$3tS_n-(2t+3)S_{n-1}=3t \quad ②$$

$$3tS_{n-1}-(2t+3)S_{n-2}=3t \quad (n=3,4,\cdots) \quad ③$$

②－③，得

$$3t(S_n-S_{n-1})-(2t+3)(S_{n-1}-S_{n-2})=0$$

即

$$3ta_n-(2t+3)a_{n-1}=0 \quad (t>0)$$

于是，得

$$\frac{a_n}{a_{n-1}}=\frac{2t+3}{3t} \quad (n=3,4,\cdots) \quad ④$$

综合式①，④，得 $\{a_n\}$ 是首项为 1，公比为 $\frac{2t+3}{3t}$ 的等比数列.

(2) 由(1)，得

$$f(t)=\frac{2t+3}{3t}=\frac{1}{t}+\frac{2}{3}, b_n=f\left(\frac{1}{b_{n-1}}\right)=b_{n-1}+\frac{2}{3}$$

即

$$b_n-b_{n-1}=\frac{2}{3}$$

所以数列 $\{b_n\}$ 是首项为 1，公差为 $\frac{2}{3}$ 的等差数列，于是

$$b_n=1+(n-1)\cdot\frac{2}{3}=\frac{2n+1}{3}$$

说明　要判断一个数列是否是等比数列，关键要看通项公式，若已知求和公式，在求通项公式时一方面可用 $S_n-S_{n-1}=a_n(n\geqslant 2)$，另一方面要特别注意 a_1 是否符合要求.

例 8　已知二次函数 $y=f(x)$ 在 $x=\frac{t+2}{2}$ 处取得最小值 $-\frac{t^2}{4}(t>0)$，$f(1)=0$.

(1) 求 $y=f(x)$ 的表达式；

(2) 若任意实数 x 都满足等式 $f(x)\cdot g(x)+a_nx+b_n=x^{n+1}$，$[g(x)]$ 为多项式，$n\in\mathbf{N}^*$)，试用 t 表示 a_n 和 b_n；

(3) 设圆 C_n 的方程为 $(x-a_n)^2+(y-b_n)^2=r_n{}^2$，圆 C_n 与 C_{n+1} 外切($n=1,2,3,\cdots$)；$\{r_n\}$ 是各项都是正数的等比数列，设 S_n 为前 n 个圆的面积之和，求 r_n，S_n 的值.

解　(1) 设 $f(x)=a\left(x-\frac{t+2}{2}\right)^2-\frac{t^2}{4}$,由 $f(1)=0$ 得 $a=1$.

所以

$$f(x)=x^2-(t+2)x+t+1$$

(2) 将 $f(x)=(x-1)[x-(t+1)]$ 代入已知得

$$(x-1)[x-(t+1)]g(x)+a_nx+b_n=x^{n+1} \quad ①$$

式 ① 对任意的 $x\in\mathbf{R}$ 都成立,取 $x=1$ 和 $x=t+1$ 分别代入式 ① 得

$$\begin{cases}a_n+b_n=1\\(t+1)a_n+b_n=(t+1)^{n+1}\end{cases}$$

且 $t\neq0$,解得

$$a_n=\frac{1}{t}[(t+1)^{n+1}-1],b_n=\frac{t+1}{t}[1-(t+1]^n)$$

(3) 由于圆的方程为

$$(x-a_n)^2+(y-b_n)^2=r_n{}^2$$

又由(2) 知 $a_n+b_n=1$,所以圆 C_n 的圆心 O_n 在直线 $x+y=1$ 上,又圆 C_n 与圆 C_{n+1} 相切,所以

$$r_n+r_{n+1}=\sqrt{2}\mid a_{n+1}-a_n\mid=\sqrt{2}(t+1)^{n+1}$$

设$\{r_n\}$ 的公比为 q,则

$$\begin{cases}r_n+r_nq=\sqrt{2}(t+1)^{n+1} & ②\\r_{n+1}+r_{n+1}q=\sqrt{2}(t+1)^{n+2} & ③\end{cases}$$

③ ÷ ② 得

$$q=\frac{r_{n+1}}{r_n}=t+1$$

代入式 ② 得

$$r_n=\frac{\sqrt{2}\ (t+1)^{n+1}}{t+2}$$

所以

$$S_n=\pi(r_1^2+r_2^2+\cdots+r_n^2)=\frac{\pi r_1^2(q^{2n}-1)}{q^2-1}=\frac{2\pi\ (t+1)^4}{t\ (t+2)^3}[(t+1)^{2n}-1]$$

例 9　已知数列$\{a_n\}$是首项$a_1>0$,且公比$q>-1,q\neq0$的等比数列,设数列$\{b_n\}$的通项$b_n=a_{n+1}-ka_{n+2}(n\in\mathbf{N}^*)$,数列$\{a_n\}$,$\{b_n\}$的前$n$项和分别为$S_n,T_n$,如果 $T_n>kS_n$,对一切自然数 n 都成立,求实数 $\mathbf{R}$ 的取值范围.

分析　要求 k 的取值范围,必须将关于 k 的不等式 $T_n>kS_n$ 具体化.因此,可首先从探求 T_n 与 S_n 的关系入手,寻求突破口.

解　因为$\{a_n\}$是首项$a_1>0$,公比$q>-1,q\neq 0$的等比数列,所以

$$a_{n+1}=a_nq,a_{n+2}=a_nq^2$$

$$b_n=a_{n+1}-ka_{n+2}=a_n(q-kq^2)$$

$$T_n=b_1+b_2+\cdots+b_n=(a_1+a_2+\cdots+a_n)(q-kq^2)=S_n(q-kq^2)$$

依题意,由$T_n>kS_n$,得

$$S_n(q-kq^2)>kS_n \quad ①$$

对一切自然数 n 都成立.

当$q>0$时,由$a_1>0$,知$a_n>0,S_n>0$;

当$-1<q<0$时,由$a_1>0,1-q>0,1-q^n>0$,所以

$$S_n=\frac{a_1(1-q^n)}{1-q}>0$$

综上所述,当$q>-1,q\neq 0$时,$S_n>0$恒成立.

由式①,可得

$$q-kq^2>k \quad ②$$

即$k(1+q^2)<q$,则$k<\dfrac{q}{1+q^2}=\dfrac{1}{\dfrac{1}{q}+q}$.

由于$\left|q+\dfrac{1}{q}\right|\geqslant 2$,故要使式①恒成立,$k<-\dfrac{1}{2}$.

说明　本题条件表达较复杂,要认真阅读理解,并在此基础上先做一些能做的工作,如求T_n与S_n的关系,将不等式具体化等.待问题明朗后,注意$k<f(q)$恒成立,则k小于$f(q)$的最小值.

例 10　(1) 已知数列$\{c_n\}$,其中$c_n=2^n+3^n$,且数列$\{c_{n+1}-pc_n\}$为等比数列,求常数p;

(2) 设$\{a_n\}$,$\{b_n\}$是公比不相等的两个等比数列,$c_n=a_n+b_n$,求证:数列$\{c_n\}$不是等比数列.

解　(1) 因为$\{c_{n+1}-pc_n\}$是等比数列,所以

$$(c_{n+1}-pc_n)^2=(c_{n+2}-pc_{n+1})(c_n-pc_{n-1}) \quad ①$$

将$c_n=2^n+3^n$代入式①,得

$$[2^{n+1}+3^{n+1}-p(2^n+3^n)]^2=[2^{n+1}+3^{n+1}-p(2^{n+1}+3^{n+1})]^2\cdot[2^n+3^n-p(2^{n-1}+3^{n-1})]$$

即

$$[(2-p)2^n+(3-p)3^n]^2=[(2-p)2^{n+1}+(3-p)3^{n+1}][(2-p)2^{n-1}+(3-p)3^{n-1}]$$

整理得

$$\frac{1}{6}(2-p)(3-p)\cdot 2^n\cdot 3^n=0$$

解得 $p=2$ 或 $p=3$.

(2) 设 $\{a_n\}$,$\{b_n\}$ 的公比分别为 p,q,$c_n=a_n+b_n$,为证 $\{c_n\}$ 不是等比数列只需证 $c_2^2\neq c_1\cdot c_3$.

事实上

$$c_2^2=(a_1p+b_1q)^2=a_1^2p^2+b_1^2q^2+2a_1b_1pq$$

$$c_1\cdot c_3=(a_1+b_1)(a_1p^2+b_1q^2)=a_1^2p^2+b_1^2q^2+a_1b_1(p^2+q^2)$$

由于 $p\neq q$,$p^2+q^2>2pq$,又 a_1,b_1 不为零,因此,$c_2^2\neq c_1\cdot c_3$,所以 $\{c_n\}$ 不是等比数列.

课外训练

1. 在等比数列 $\{a_n\}$ 中,S_n 表示前 n 项和,$a_3=2S_2+1$,$a_4=2S_3+1$,则公比 $q=$________.

2. 等比数列 $\{a_n\}$ 的前 n 项和为 S_n,公比不为1.若 $a_1=1$,则对任意的 $n\in\mathbf{N}^*$,都有 $a_{n+2}+a_{n+1}-2a_n=0$,则 $S_5=$________.

3. 设等比数列 $\{a_n\}$ 的公比为 q,前 n 项和为 S_n,若 S_{n+1},S_n,S_{n+2} 成等差数列,则 $q=$________.

4. 已知 S_n 为等比数列 $\{a_n\}$ 的前 n 项和,且 $S_3=8$,$S_6=7$,则 $a_4+a_5+\cdots+a_9=$________.

5. 已知 $\{a_n\}$ 是首项为1的等比数列,若 S_n 是 $\{a_n\}$ 的前 n 项和,且 $28S_3=S_6$,则数列 $\left\{\frac{1}{a_n}\right\}$ 的前4项和为________.

6. 已知等比数列 $\{a_n\}$ 的公比为 q,设 $b_n=a_{m(n-1)+1}+a_{m(n-1)+2}+\cdots+a_{m(n-1)+m}$,$c_n=a_{m(n-1)+1}\cdot a_{m(n-1)+2}\cdot\cdots\cdot a_{m(n-1)+m}(m,n\in\mathbf{N}^*)$,则数列 $\{c_n\}$ 为等比数列,公比为________.

7. 在数列 $\{a_n\}$ 中,已知 $a_1=1$,$a_n=2(a_{n-1}+a_{n-2}+\cdots+a_2+a_1)(n\geqslant 2,n\in\mathbf{N}^*)$,这个数列的通项公式是________.

8. 已知在正项数列 $\{a_n\}$ 中,$a_1=2$,点 $A_n(\sqrt{a_n},\sqrt{a_{n+1}})$ 在双曲线 $y^2-x^2=1$ 上,在数列 $\{b_n\}$ 中,点 (b_n,T_n) 在直线 $y=-\frac{1}{2}x+1$ 上,其中 T_n 是数列 $\{b_n\}$ 的前 n 项和,则数列 $\{a_n\}$ 的通项公式为________,数列 $\{b_n\}$ 是等比数列,其公比为________.

9. 设数列$\{a_n\}$的前 n 项和为 S_n，已知 $a_1=1, S_{n+1}=4a_n+2$.

(1) 设 $b_n=a_{n+1}-2a_n$，求证：数列$\{b_n\}$是等比数列；

(2) 求数列$\{a_n\}$的通项公式.

10. 数列$\{a_n\}$的前 n 项和设为 S_n，$a_1=t$，点(S_n, a_{n+1})在直线 $y=3x+1$ 上，$n\in\mathbf{N}^*$.

(1) 当实数 t 为何值时，数列$\{a_n\}$是等比数列；

(2) 在(1)的结论下，设 $b_n=\log_4 a_{n+1}$，$c_n=a_n+b_n$，T_n 是数列$\{c_n\}$的前 n 项和，求 T_n 的值.

11. 已知首项为 $\frac{3}{2}$ 的等比数列$\{a_n\}$不是递减数列，其前 n 项和为 $S_n(n\in\mathbf{N}^*)$，且 $S_3+a_3, S_5+a_5, S_4+a_4$ 成等差数列.

(1) 求数列$\{a_n\}$的通项公式；

(2) 设 $T_n=S_n-\frac{1}{S_n}(n\in\mathbf{N}^*)$，求数列$\{T_n\}$的最大项的值与最小项的值.

第32讲 数列求和

知识呈现

一 公式法(定义法)

1.等差数列求和公式

$$S_n=\frac{n(a_1+a_n)}{2}=na_1+\frac{n(n+1)}{2}d$$

特别地,当前 n 项的个数为奇数时,$S_{2k+1}=(2k+1)\cdot a_{k+1}$,即前 n 项和为中间项乘以项数.这个公式在很多时候可以简化运算.

2.等比数列求和公式

(1)$q=1,S_n=na_1$;

(2)$q\neq 1,S_n=\frac{a_1(1-q^n)}{1-q}$,特别要注意对公比的讨论.

3.可转化为等差、等比数列的数列

4.常用公式

(1)$\sum_{k=1}^{n}k=1+2+3+\cdots+n=\frac{1}{2}n(n+1)$;

(2)$\sum_{k=1}^{n}k^2=1^2+2^2+3^2+\cdots+n^2=\frac{1}{6}n(n+1)(2n+1)=\frac{1}{3}n\left(n+\frac{1}{2}\right)(n+1)$;

(3)$\sum_{k=1}^{n}k^3=1^3+2^3+3^3+\cdots+n^3=\left[\frac{n(n+1)}{2}\right]^2$;

(4)$\sum_{k=1}^{n}(2k-1)=1+3+5+\cdots+(2n-1)=n^2$.

二 倒序相加法

如果一个数列$\{a_n\}$与首末两端等“距离”的两项的和相等或等于同一常数,那么求这个数列的前 n 项和即可用倒序相加法.如等差数列的前 n 项和即是用此法推导的，就是将一个数列倒过来排列（反序），再把它与原数列相加，就可以得到 n 个 a_1+a_n.

三　错位相减法

适用于差比数列（如果 $\{a_n\}$ 是等差数列、$\{b_n\}$ 是等比数列，那么 $\{a_n\cdot b_n\}$ 叫作差比数列），即把每一项都乘以 $\{b_n\}$ 的公比 q，向后错一项，再对应同次项相减，即可转化为等比数列求和. 如等比数列的前 n 项和就是用此法推导的.

四　裂项相消法

即把每一项都拆成正负两项，使其正负抵消，只余有限几项，可求和. 这是分解与组合思想（分是为了更好地合）在数列求和中的具体应用. 裂项法的实质是将数列中的每项（通项）分解，然后重新组合，使之能消去一些项，最终达到求和的目的. 适用于 $\left\{\dfrac{c}{a_n\cdot a_{n+1}}\right\}$，其中 $\{a_n\}$ 是各项不为 0 的等差数列，c 为常数；部分无理数列、含阶乘的数列等，其基本方法是 $a_n=f(n+1)-f(n)$.

常见裂项公式：

(1) $\dfrac{1}{n(n+1)}=\dfrac{1}{n}-\dfrac{1}{n+1}$，$\dfrac{1}{n(n+k)}=\dfrac{1}{k}\left(\dfrac{1}{n}-\dfrac{1}{n+k}\right)$，$\dfrac{1}{a_n\cdot a_{n+1}}=\dfrac{1}{d}\left(\dfrac{1}{a_n}-\dfrac{1}{a_{n+1}}\right)$（$\{a_n\}$ 的公差为 d）；

(2) $\dfrac{1}{\sqrt{a_n}+\sqrt{a_{n+1}}}=\dfrac{1}{d}(\sqrt{a_{n+1}}-\sqrt{a_n})$（根式在分母上时，可考虑利用分母有理化，因式相消求和）；

(3) $\dfrac{1}{n(n-1)(n+1)}=\dfrac{1}{2}\left[\dfrac{1}{n(n+1)}-\dfrac{1}{(n+1)(n+2)}\right]$；

(4) $a_n=\dfrac{1}{(2n-1)(2n+1)}=\dfrac{1}{2}\left(\dfrac{1}{2n-1}-\dfrac{1}{2n+1}\right)$；

$a_n=\dfrac{(2n)^2}{(2n-1)(2n+1)}=1+\dfrac{1}{2}\left(\dfrac{1}{2n-1}-\dfrac{1}{2n+1}\right)$；

(5) $a_n=\dfrac{n+2}{n(n+1)}\cdot\dfrac{1}{2^n}=\dfrac{2(n+1)-n}{n(n+1)}\cdot\dfrac{1}{2^n}=\dfrac{1}{n\cdot 2^{n-1}}-\dfrac{1}{(n+1)2^n}$，则 $S_n=1-\dfrac{1}{(n+1)2^n}$；

(6) $\dfrac{\sin 1^\circ}{\cos n^\circ\cos(n+1)^\circ}=\tan(n+1)^\circ-\tan n^\circ$；

(7) $\dfrac{n}{(n+1)!}=\dfrac{1}{n!}-\dfrac{1}{(n+1)!}$；

(8) 常见放缩公式:$2(\sqrt{n+1}-\sqrt{n})=\dfrac{2}{\sqrt{n+1}+\sqrt{n}}<\dfrac{1}{\sqrt{n}}<\dfrac{2}{\sqrt{n}+\sqrt{n-1}}=2(\sqrt{n}-\sqrt{n-1})$.

典例展示

例 1 (1) 已知$\log_3 x=-\dfrac{1}{\log_2 3}$,求 $x+x^2+x^3+\cdots+x^n$ 的前 n 项和;

(2) 设 $S_n=1+2+3+\cdots+n, n\in\mathbf{N}^*$,求 $f(n)=\dfrac{S_n}{(n+32)S_{n+1}}$ 的最大值.

解 (1) 由

$$\log_3 x=-\frac{1}{\log_2 3}\Rightarrow \log_3 x=-\log_3 2\Rightarrow x=\frac{1}{2}$$

由等比数列求和公式,得

$$S_n=x+x^2+x^3+\cdots+x^n=\frac{x(1-x^n)}{1-x}=$$

$$\frac{\frac{1}{2}\left(1-\frac{1}{2^n}\right)}{1-\frac{1}{2}}=1-\frac{1}{2^n}$$

(2) 易知

$$S_n=\frac{1}{2}n(n+1), S_{n+1}=\frac{1}{2}(n+1)(n+2)$$

所以

$$f(n)=\frac{S_n}{(n+32)S_{n+1}}=\frac{n}{n^2+34n+64}=$$

$$\frac{1}{n+34+\frac{64}{n}}=\frac{1}{\left(\sqrt{n}-\frac{8}{\sqrt{n}}\right)^2+50}\leqslant\frac{1}{50}$$

所以当$\sqrt{n}-\dfrac{8}{\sqrt{8}}$,即当 $n=8$ 时,$f(n)_{\max}=\dfrac{1}{50}$.

例 2 (1) 求 $S_n=1+3x+5x^2+7x^3+\cdots+(2n-1)x^{n-1}$ 的值;

(2) 求数列$\dfrac{2}{2},\dfrac{4}{2^2},\dfrac{6}{2^3},\cdots,\dfrac{2n}{2^n},\cdots$ 前 n 项的和.

解 (1) 由题可知,$\{(2n-1)x^{n-1}\}$ 的通项是等差数列 $\{2n-1\}$ 的通项与等比数列 $\{x^{n-1}\}$ 的通项之积.则

$$xS_n=1x+3x^2+5x^3+7x^4+\cdots+(2n-1)x^n$$

得

$$(1-x)S_n=1+2x+2x^2+2x^3+2x^4+\cdots+2x^{n-1}-(2n-1)x^n$$

即

$$(1-x)S_n=1+2x\cdot\frac{1-x^{n-1}}{1-x}-(2n-1)x^n$$

所以

$$S_n=\frac{(2n-1)x^{n+1}-(2n+1)x^n+(1+x)}{(1-x)^2}$$

(2) 由题知，$\left\{\frac{2n}{2^n}\right\}$ 的通项是等差数列 $\{2n\}$ 的通项与等比数列 $\{\frac{1}{2^n}\}$ 的通项之积.

设

$$S_n=\frac{2}{2}+\frac{4}{2^2}+\frac{6}{2^3}+\cdots+\frac{2n}{2^n} \quad ①$$

$$\frac{1}{2}S_n=\frac{2}{2^2}+\frac{4}{2^3}+\frac{6}{2^4}+\cdots+\frac{2n}{2^{n+1}} \quad ②$$

①－② 得

$$\left(1-\frac{1}{2}\right)S_n=\frac{2}{2}+\frac{2}{2^2}+\frac{2}{2^3}+\frac{2}{2^4}+\cdots+\frac{2}{2^n}-\frac{2n}{2^{n+1}}=$$

$$2-\frac{1}{2^{n-1}}-\frac{2n}{2^{n+1}}$$

所以

$$S_n=4-\frac{n+2}{2^{n-1}}$$

例3 (1) 求数列$\frac{1}{1+\sqrt{2}},\frac{1}{\sqrt{2}+\sqrt{3}},\cdots,\frac{1}{\sqrt{n}+\sqrt{n+1}},\cdots$的前 n 项和；

(2) 在数列 $\{a_n\}$ 中，$a_n=\frac{1}{n+1}+\frac{2}{n+1}+\cdots+\frac{n}{n+1}$. 又 $b_n=\frac{2}{a_n\cdot a_{n+1}}$，求数列 $\{b_n\}$ 的前 n 项和.

解 (1) 设 $a_n=\frac{1}{\sqrt{n}+\sqrt{n+1}}=\sqrt{n+1}-\sqrt{n}$.

则

$$S_n=\frac{1}{1+\sqrt{2}}+\frac{1}{\sqrt{2}+\sqrt{3}}+\cdots+\frac{1}{\sqrt{n}+\sqrt{n+1}}=$$

$$(\sqrt{2}-\sqrt{1})+(\sqrt{3}-\sqrt{2})+\cdots+(\sqrt{n+1}-\sqrt{n})=$$

$$\sqrt{n+1}-1$$

(2) 因为

$$a_n=\frac{1}{n+1}+\frac{2}{n+1}+\cdots+\frac{n}{n+1}=\frac{n}{2}$$

所以

$$b_n=\frac{2}{\frac{n}{2}\cdot\frac{n+1}{2}}=8\left(\frac{1}{n}-\frac{1}{n+1}\right)$$

于是数列$\{b_n\}$的前n项和为

$$S_n=8\left[\left(1-\frac{1}{2}\right)+\left(\frac{1}{2}-\frac{1}{3}\right)+\left(\frac{1}{3}-\frac{1}{4}\right)+\cdots+\left(\frac{1}{n}-\frac{1}{n+1}\right)\right]=$$

$$8\left(1-\frac{1}{n+1}\right)=\frac{8n}{n+1}$$

例4 (1) 求$\sin^2 1°+\sin^2 2°+\sin^2 3°+\cdots+\sin^2 88°+\sin^2 89°$的值;

(2) 求证:$\frac{1}{\cos 0°\cos 1°}+\frac{1}{\cos 1°\cos 2°}+\cdots+\frac{1}{\cos 88°\cos 89°}=\frac{\cos 1°}{\sin^2 1°}$.

解 (1) 设

$$S=\sin^2 1°+\sin^2 2°+\sin^2 3°+\cdots+\sin^2 88°+\sin^2 89° \quad ①$$

将式①右边反序,得

$$S=\sin^2 89°+\sin^2 88°+\cdots+\sin^2 3°+\sin^2 2°+\sin^2 1° \quad ②$$

又因为

$$\sin x=\cos(90°-x),\sin^2 x+\cos^2 x=1$$

①+②得

$$2S=(\sin^2 1°+\cos^2 1°)+(\sin^2 2°+\cos^2 2°)+\cdots+$$
$$(\sin^2 89°+\cos^2 89°)=89$$

所以

$$S=44.5$$

(2) 设 $S=\frac{1}{\cos 0°\cos 1°}+\frac{1}{\cos 1°\cos 2°}+\cdots+\frac{1}{\cos 88°\cos 89°}$,因为

$\frac{\sin 1°}{\cos n°\cos (n+1)°}=\tan (n+1)°-\tan n°$,所以

$$S=\frac{1}{\cos 0°\cos 1°}+\frac{1}{\cos 1°\cos 2°}+\cdots+\frac{1}{\cos 88°\cos 89°}=$$

$$\frac{1}{\sin 1°}[(\tan 1°-\tan 0°)+(\tan 2°-\tan 1°)+$$
$$(\tan 3°-\tan 2°)+(\tan 89°-\tan 88°)]=$$

$$\frac{1}{\sin 1°}(\tan 89°-\tan 0°)=$$

$$\frac{1}{\sin 1^\circ}\cdot\cot 1^\circ=\frac{\cos 1^\circ}{\sin^2 1^\circ}$$

故原等式成立.

例 5 (1) 求数列 $1+1,\frac{1}{a}+4,\frac{1}{a^2}+7,\cdots,\frac{1}{a^{n-1}}+3n-2,\cdots$ 的前 n 项和;

(2) 求数列 $\{n(n+1)(2n+1)\}$ 的前 n 项和.

解 (1) 设

$$S_n=(1+1)+\left(\frac{1}{a}+4\right)+\left(\frac{1}{a^2}+7\right)+\cdots+\left(\frac{1}{a^{n-1}}+3n-2\right)$$

将其每一项拆开再重新组合,得

$$S_n=\left(1+\frac{1}{a}+\frac{1}{a^2}+\cdots+\frac{1}{a^{n-1}}\right)+(1+4+7+\cdots+3n-2)$$

当 $a=1$ 时,有

$$S_n=n+\frac{(3n-1)n}{2}=\frac{(3n+1)n}{2}$$

当 $a\neq 1$ 时,有

$$S_n=\frac{1-\frac{1}{a^n}}{1-\frac{1}{a}}+\frac{(3n-1)n}{2}=\frac{a-a^{1-n}}{a-1}+\frac{(3n-1)n}{2}$$

(2) 设

$$a_k=k(k+1)(2k+1)=2k^3+3k^2+k$$

所以

$$S_n=\sum_{k=1}^{n}k(k+1)(2k+1)=\sum_{k=1}^{n}(2k^3+3k^2+k)$$

将其每一项拆开再重新组合,得

$$\begin{aligned}S_n&=2\sum_{k=1}^{n}k^3+3\sum_{k=1}^{n}k^2+\sum_{k=1}^{n}k=\\&2(1^3+2^3+\cdots+n^3)+3(1^2+2^2+\cdots+n^2)+(1+2+\cdots+n)=\\&\frac{n^2(n+1)^2}{2}+\frac{n(n+1)(2n+1)}{2}+\frac{n(n+1)}{2}=\\&\frac{n(n+1)^2(n+2)}{2}\end{aligned}$$

例 6 已知数列 $\{a_n\}$ 是首项为 a 且公比 q 不等于 1 的等比数列,S_n 是其前 n 项的和,$a_1,2a_7,3a_4$ 成等差数列.

(1) 求证:$12S_3,S_6,S_{12}-S_6$ 成等比数列;

(2) 求 $T_n=a_1+2a_4+3a_7+\cdots+na_{3n-2}$ 的和.

分析 (1) 对于第(1)问,可先根据等比数列的定义与等差数列的条件求出等比数列的公比,然后写出 $12S_3, S_6, S_{12}-S_6$,并证明它们构成等比数列;

(2) 对于第(2)问,因为 $T_n=a_1+2a_4+3a_7+\cdots+na_{3n-2}$,所以利用等差数列与等比数列乘积的求和方法,即"乘公比错位相减法"解决此类问题.

证明 (1) 由 $a_1, 2a_7, 3a_4$ 成等差数列,得 $4a_7=a_1+3a_4$,即 $4aq^6=a+3aq^3$. 变形得

$$(4q^3+1)(q^3-1)=0$$

所以

$$q^3=-\frac{1}{4} \text{ 或 } q^3=1(\text{舍去})$$

由

$$\frac{S_6}{12S_3}=\frac{\dfrac{a_1(1-q^6)}{1-q}}{\dfrac{12a_1(1-q^3)}{1-q}}=\frac{1+q^3}{12}=\frac{1}{16}$$

$$\frac{S_{12}-S_6}{S_6}=\frac{S_{12}}{S_6}-1=\frac{\dfrac{a_1(1-q^{12})}{1-q}}{\dfrac{a_1(1-q^6)}{1-q}}-1=1+q^6-1=q^6=\frac{1}{16}$$

得

$$\frac{S_6}{12S_3}=\frac{S_{12}-S_6}{S_6}$$

所以 $12S_3, S_6, S_{12}-S_6$ 成等比数列.

(2)
$$T_n=a_1+2a_4+3a_7+\cdots+na_{3n-2}=$$
$$a+2aq^3+3aq^6+\cdots+naq^{3(n-1)}$$

即

$$T_n=a+2\cdot\left(-\frac{1}{4}\right)a+3\cdot\left(-\frac{1}{4}\right)^2a+\cdots+n\cdot\left(-\frac{1}{4}\right)^{n-1}a \quad ①$$

①$\times\left(-\frac{1}{4}\right)$得

$$-\frac{1}{4}T_n=-\frac{1}{4}a+2\cdot\left(-\frac{1}{4}\right)^2a+3\cdot\left(-\frac{1}{4}\right)^3a+\cdots+$$
$$n\cdot\left(-\frac{1}{4}\right)^{n-1}a-n\left(-\frac{1}{4}\right)^na= \quad ②$$

①－②得

$$\frac{5}{4}T_n=a+(-\frac{1}{4})a+(-\frac{1}{4}a)^2+\cdots+(-\frac{1}{4})^{n-1}a-n(-\frac{1}{4})^na$$

$$\frac{a\left[1-\left(-\frac{1}{4}\right)^n\right]}{1-\left(-\frac{1}{4}\right)}-n\cdot\left(-\frac{1}{4}\right)^n a=\frac{4}{5}a-\left(\frac{4}{5}+n\right)\cdot\left(-\frac{1}{4}\right)^n a$$

所以

$$T_n=\frac{16}{25}a-\left(\frac{16}{25}+\frac{4}{5}n\right)\cdot\left(-\frac{1}{4}\right)^n a$$

说明　本题是课本例题:"已知 S_n 是等比数列 $\{a_n\}$ 的前 n 项和,S_3,S_9,S_6 成等差数列,求证:a_2,a_8,a_5 成等差数列"的类题,是课本习题:"已知数列 $\{a_n\}$ 是等比数列,S_n 是其前 n 项和,a_1,a_7,a_4 成等差数列,求证:$2S_3,S_6,S_{12}-S_6$ 成等比数列"的改编.

例 7　设 $a_1=1,a_2=\frac{5}{3},a_{n+2}=\frac{5}{3}a_{n+1}-\frac{2}{3}a_n(n=1,2,\cdots)$.

(1) 令 $b_n=a_{n+1}-a_n(n=1,2,\cdots)$,求数列 $\{b_n\}$ 的通项公式;

(2) 求数列 $\{na_n\}$ 的前 n 项和 S_n.

分析　利用已知条件找 b_n 与 b_{n+1} 的关系,再利用等差数列与等比数列之积的错位相差法来解决此类问题.

解　(1) 因为

$$b_{n+1}=a_{n+2}-a_{n+1}=\frac{5}{3}a_{n+1}-\frac{2}{3}a_n-a_{n+1}=\frac{2}{3}(a_{n+1}-a_n)=\frac{2}{3}b_n$$

所以 $\{b_n\}$ 是公比为 $\frac{2}{3}$ 的等比数列,且 $b_1=a_2-a_1=\frac{2}{3}$,故

$$b_n=\left(\frac{2}{3}\right)^n\quad(n=1,2,\cdots)$$

(2) 由 $b_n=a_{n+1}-a_n=\left(\frac{2}{3}\right)^n$,得

$$a_{n+1}-a_1=(a_{n+1}-a_n)+(a_n-a_{n-1})+\cdots+(a_2-a_1)=$$
$$\left(\frac{2}{3}\right)^n+\left(\frac{2}{3}\right)^{n-1}+\cdots+\left(\frac{2}{3}\right)^2+\frac{2}{3}=2\left[1-\left(\frac{2}{3}\right)^n\right]$$

注意到 $a_1=1$,可得

$$a_n=3-\frac{2^n}{3^{n-1}}\quad(n=1,2,\cdots)$$

设数列 $\left\{\frac{n2^{n-1}}{3^{n-1}}\right\}$ 的前 n 项和为 T_n,则

$$T_n=1+2\cdot\frac{2}{3}+\cdots+n\cdot(\frac{2}{3})^{n-1}\qquad ①$$

$$\frac{2}{3}T_n=\frac{2}{3}+2\cdot(\frac{2}{3})^2+\cdots+n\cdot(\frac{2}{3})^n\qquad ②$$

①－②得

$$\frac{1}{3}T_n=1+\frac{2}{3}+(\frac{2}{3})^2+\cdots+(\frac{2}{3})^{n-1}-n(\frac{2}{3})^n=3[1-(\frac{2}{3})^n]-n(\frac{2}{3})^n$$

故

$$T_n=9[1-(\frac{2}{3})^n]-3n(\frac{2}{3})^n=9-\frac{(3+n)2^n}{3^{n-1}}$$

从而

$$S_n=a_1+2a_2+\cdots+na_n=3(1+2+\cdots+n)-2T_n=\frac{3}{2}n(n+1)+\frac{(3+n)2^{n+1}}{3^{n-1}}-18$$

说明 本题主要考查递推数列、数列的求和,考查灵活运用数学知识分析问题和解决问题的能力.

例8 已知数列$\{a_n\}$的前n项和S_n满足:$S_n=2a_n+(-1)^n,n\geqslant 1$.

(1) 求数列$\{a_n\}$的前3项a_1,a_2,a_3;

(2) 求数列$\{a_n\}$的通项公式;

(3) 求证:对任意的整数$m>4$,有$\frac{1}{a_4}+\frac{1}{a_5}+\cdots+\frac{1}{a_m}<\frac{7}{8}$.

分析 由数列$\{a_n\}$的前n项和S_n与通项a_n的关系求a_n,应考虑将a_n与a_{n-1}或a_{n+1}转化为递推关系,再依此求a_n的值.对于不等式证明考虑用放缩法,若单项放缩难以达到目的,可以尝试多项组合的放缩.

解 (1) 当$n=1$时,有

$$S_1=a_1=2a_1+(-1)\Rightarrow a_1=1$$

当$n=2$时,有

$$S_2=a_1+a_2=2a_2+(-1)^2\Rightarrow a_2=0$$

当$n=3$时,有

$$S_3=a_1+a_2+a_3=2a_3+(-1)^3\Rightarrow a_3=2$$

综上可知

$$a_1=1,a_2=0,a_3=2$$

(2) 由已知,得

$$a_n=S_n-S_{n-1}=2a_n+(-1)^n-2a_{n-1}-(-1)^{n-1}$$

化简得

$$a_n=2a_{n-1}+2(-1)^{n-1}$$

式①可化为

$$a_n+\frac{2}{3}(-1)^n=2[a_{n-1}+\frac{2}{3}(-1)^{n-1}]$$

故数列$\{a_n+\frac{2}{3}(-1)^n\}$是以$a_1+\frac{2}{3}(-1)^1$为首项，公比为 2 的等比数列.

故

$$a_n+\frac{2}{3}(-1)^n=\frac{1}{3}\cdot 2^{n-1}$$

所以

$$a_n=\frac{1}{3}\cdot 2^{n-1}-\frac{2}{3}(-1)^n=\frac{2}{3}[2^{n-2}-(-1)^n]$$

数列$\{a_n\}$的通项公式为

$$a_n=\frac{2}{3}[2^{n-2}-(-1)^n]$$

(3) 由已知，得

$$\begin{aligned}\frac{1}{a_4}+\frac{1}{a_5}+\cdots+\frac{1}{a_m}=&\frac{3}{2}\left[\frac{1}{2^2-1}+\frac{1}{2^3+1}+\cdots+\frac{1}{2^{m-2}-(-1)^m}\right]=\\&\frac{3}{2}\left[\frac{1}{3}+\frac{1}{9}+\frac{1}{15}+\frac{1}{33}+\frac{1}{63}+\cdots+\frac{1}{2^{m-2}-(-1)^m}\right]=\\&\frac{1}{2}(1+\frac{1}{3}+\frac{1}{5}+\frac{1}{11}+\frac{1}{21}+\cdots)<\\&\frac{1}{2}(1+\frac{1}{3}+\frac{1}{5}+\frac{1}{10}+\frac{1}{20}+\cdots)=\\&\frac{1}{2}\left[\frac{4}{3}+\frac{\frac{1}{5}\left(1-\frac{1}{2^{m-5}}\right)}{1-\frac{1}{2}}\right]=\frac{1}{2}\left(\frac{4}{3}+\frac{2}{5}-\frac{2}{5}\cdot\frac{1}{2^{m-5}}\right)=\\&\frac{13}{15}-\frac{1}{5}\cdot\left(\frac{1}{2}\right)^{m-5}<\frac{13}{15}=\frac{104}{120}<\frac{105}{120}=\frac{7}{8}\end{aligned}$$

故

$$\frac{1}{a_4}+\frac{1}{a_5}+\cdots+\frac{1}{a_m}<\frac{7}{8}\quad(m>4)$$

说明　本题是一道典型的代数综合题，是将数列与不等式相结合，它的综合性不仅表现在知识内容的综合上，还在知识网络的交汇处设计试题，更重要的是体现出在方法与能力上的综合，体现出能力要素的有机组合.

虽然数学是一个演绎的知识系统，并且演绎推理是数学学习和研究的重要方法，但从数学的发展来看，“观察、猜测、抽象、概括、证实”是发现问题和解决问题的一个重要途径，是学生应该学习和掌握的，是数学教育不可忽视的一个方面：要求应用已知的知识和方法分析一些情况和特点，找出已知和未知的联系，组织若干已有的规则，形成新的高级规则，尝试解决新的问题，这其中蕴含了创造性思维的意义.

例 9 给定正整数 n 和正数 M，对于满足条件 $a_1^2+a_{n+1}^2\leqslant M$ 的所有等差数列 $a_1,a_2,\cdots,a_n$，试求 $S=a_{n+1}+a_{n+2}+\cdots+a_{2n+1}$ 的最大值.

分析 本题属于与等差数列相关条件的最值问题，而最值的求解所运用的方法灵活多样，针对条件的理解不同，将有不同的解法.

解法一 设公差为 d，$a_{n+1}=a$，则

$$S=a_{n+1}+a_{n+2}+\cdots+a_{2n+1}=(n+1)a+\frac{n(n+1)}{2}d$$

所以

$$a+\frac{nd}{2}=\frac{S}{n+1}$$

另一方面，由

$$M\geqslant a_1^2+a_{n+1}^2=(a-nd)^2+a^2=\frac{4}{10}\left(a+\frac{nd}{2}\right)^2+\frac{1}{10}(4a-3nd)^2=$$
$$\frac{4}{10}\left(\frac{S}{n+1}\right)^2$$

因此

$$|S|\leqslant\frac{\sqrt{10}}{2}(n+1)\cdot\sqrt{M}$$

且当 $a=\frac{3}{\sqrt{10}}\cdot\sqrt{M}$，$d=\frac{4}{\sqrt{10}}\cdot\frac{\sqrt{M}}{n}$ 时，有

$$S=(n+1)\left[\frac{3}{\sqrt{10}}\cdot\sqrt{M}+\frac{n}{2}\cdot\frac{4}{\sqrt{10}}\cdot\frac{\sqrt{M}}{n}\right]=$$
$$(n+1)\cdot\frac{5}{\sqrt{10}}\sqrt{M}=\frac{\sqrt{10}}{2}(n+1)\sqrt{M}$$

由于此时 $4a=3nd$，故 $a_1^2+a_{n+1}^2=\frac{4}{10}\left(\frac{S}{n+1}\right)^2=M$.

因此 $S=a_{n+1}+a_{n+2}+\cdots+a_{2n+1}$ 的最大值为 $\frac{\sqrt{10}}{2}(n+1)\sqrt{M}$.

解法二 （三角法）由条件 $a_1^2+a_{n+1}^2\leqslant M$，故可令 $a_1=r\cos\theta$，$a_{n+1}=r\sin\theta$，其中 $0\leqslant r\leqslant M$.

故

$$S=a_{n+1}+a_{n+2}+\cdots+a_{2n+1}=\frac{(a_{n+1}+a_{2n+1})(n+1)}{2}=$$

$$\frac{n+1}{2}(3a_{n+1}-a_1)=$$
$$\frac{n+1}{2}r(3\sin\theta-\cos\theta)=$$
$$\frac{\sqrt{10}}{2}(n+1)r\sin(\theta-\varphi)$$

其中 $\cos\varphi=\frac{3}{\sqrt{10}}$，$\sin\varphi=\frac{1}{\sqrt{10}}$. 因此当 $\sin(\theta-\varphi)=1$，$r=\sqrt{M}$ 时，$S=a_{n+1}+a_{n+2}+\cdots+a_{2n+1}$ 的最大值为$\frac{\sqrt{10}}{2}(n+1)\sqrt{M}$.

说明　在解答过程中，要分清什么是常量，什么是变量，注意条件和结论的结构形式. 解法一通过配方来完成，解法二运用三角代换的方法，解法三运用二次方程根的判别式来完成，解法四则主要运用了柯西不等式. 本题入口宽，解法多样，对培养学生的发散思维能力很有好处.

例 10　$n^2(n\geqslant 4)$ 个正数排成 n 行 n 列

$$\begin{matrix} a_{11} & a_{12} & a_{13} & a_{14} & \cdots & a_{1n} \\ a_{21} & a_{22} & a_{23} & a_{24} & \cdots & a_{2n} \\ a_{31} & a_{32} & a_{33} & a_{34} & \cdots & a_{3n} \\ \vdots & \vdots & \vdots & \vdots & \cdots & \vdots \\ a_{n1} & a_{n2} & a_{n3} & a_{n4} & \cdots & a_{nn} \end{matrix}$$

其中每一行的数成等差数列，每一列的数成等比数列，并且所有公比相等，已知“$a_{24}=1$，$a_{42}=\frac{1}{8}$，$a_{43}=\frac{3}{16}$，求 $a_{11}+a_{22}+a_{33}+\cdots+a_{nn}$ 的值.

分析　由于等差数列可以由首项与公差唯一确定，等比数列可以由首项与公比唯一确定，如果设 $a_{11}=a$ 第一行数的公差为 d，第一列数的公比为 q，容易算得 $a_{st}=[a+(t-1)]q^{s-1}$，于是由已知条件，建立方程组，求出 n,d,q 的值.

解　设第一行数列公差为 d，各列数列公比为 q，则第四行数列公差是 dq^2. 于是可得方程组

$$\begin{cases} a_{24}=(a_{11}+3d)q=1 \\ a_{42}=(a_{11}+d)q^3=\frac{1}{8} \\ a_{43}=a_{42}+dq^3=\frac{3}{16} \end{cases}$$

解此方程组，得

$$a_{11}=d=q=\pm\frac{1}{2}$$

由于所给 n^2 个数都是正数,故必有 $q>0$,从而 $a_{11}=d=q=\frac{1}{2}$.

故对任意 $1\leqslant k\leqslant n$,有

$$a_{kk}=a_{1k}q^{k-1}=[a_{11}+(k-1)]q^{k-1}=\frac{k}{2^k}$$

故

$$S=\frac{1}{2}+\frac{2}{2^2}+\frac{3}{2^3}+\cdots+\frac{n}{2^n} \quad ①$$

又

$$\frac{1}{2}S=\frac{1}{2^2}+\frac{2}{2^3}+\frac{3}{2^4}+\cdots+\frac{n}{2^{n+1}} \quad ②$$

① − ② 相减后可得

$$\frac{1}{2}S=\frac{1}{2}+\frac{2}{2^2}+\frac{3}{2^3}+\cdots+\frac{n}{2^n}-\frac{n}{2^{n+1}}$$

所以

$$S=2-\frac{1}{2^{n-1}}-\frac{n}{2^n}$$

说明 本题涉及等差数列、等比数列、数列求和的有关知识和方法.通过建立方程组确定数列的通项;通项确定后,再选择错位相减的方法进行求和.

课外训练

1.设数列 $\{a_n\}$ 的前 n 项和 $S_n=2a_{n-1}(n=1,2,3,\cdots)$,数列 $\{b_n\}$ 满足 $b_1=3,b_{k+1}=a_k+b_k(k=1,2,3,\cdots)$,则数列 $\{b_n\}$ 的前 n 项和为________.

2.$\cos 1°+\cos 2°+\cos 3°+\cdots+\cos 178°+\cos 179°=$________.

3.数列 $\{a_n\}:a_1=1,a_2=3,a_3=2,a_{n+2}=a_{n+1}-a_n$,则 $S_{2002}=$________.

4.在各项均为正数的等比数列中,若 $a_5a_6=9$,则 $\log_3a_1+\log_3a_2+\cdots+\log_3a_{10}=$________.

5.$1+11+111+\cdots+\underbrace{111\cdots1}_{n个1}=$________.

6.已知数列 $\{a_n\}:a_n=\frac{8}{(n+1)(n+3)}$,则 $\sum\limits_{n=1}^{\infty}(n+1)(a_n-a_{n+1})=$________.

7.已知数列 $\{a_n\}$ 的通项公式满足:当 n 为奇数时,$a_n=6n-5$;当 n 为偶数时,$a_n=4^n$,则 $S_n=$________.

8. 已知数列$\{a_n\}$满足：$a_1=1, a_{n+1}=a_n+\frac{1}{a_n}$，则$a_{100}$的整数部分$[a_{100}]$的值为________.

9. 设正项等比数列$\{a_n\}$的首项$a_1=\frac{1}{2}$，前n项和为S_n，且$2^{10}S_{30}-(2^{10}+1)S_{20}+S_{10}=0$.

(1) 求$\{a_n\}$的通项；

(2) 求$\{nS_n\}$的前n项和T_n.

10. 设数列$\{a_n\}$的首项$a_1=1$，前n项和S_n满足关系式：$3tS_n-(2t+3)\cdot S_{n-1}=3t(t>0, n=2,3,4,\cdots)$.

(1) 求证：数列$\{a_n\}$是等比数列；

(2) 设数列$\{a_n\}$的公比为$f(t)$，作数列$\{b_n\}$，使$b_1=1, b_n=f\left(\frac{1}{b_{n-1}}\right)(n=2,3,4,\cdots)$，求数列$\{b_n\}$的通项$b_n$；

(3) 求$b_1b_2-b_2b_3+b_3b_4-\cdots+b_{2n-1}b_{2n}-b_{2n}b_{2n+1}$的和.

11. 已知：$f(x)=\frac{1}{\sqrt{x^2-4}}(x<-2)$，$f(x)$的反函数为$g(x)$，点$An\left(a_n, -\frac{1}{a_{n+1}}\right)$在曲线$y=g(x)$上$(n\in\mathbf{N}^*)$，且$a_1=1$.

(1) 求$y=g(x)$的表达式；

(2) 求证：数列$\{\frac{1}{a_n^2}\}$为等差数列；

(3) 求数列$\{a_n\}$的通项公式；

(4) 设$b_n=\frac{1}{\frac{1}{a_n}+\frac{1}{a_{n+1}}}$，设$S_n=b_1+b_2+\cdots+b_n$，求$S_n$的值.

第33讲　数列型不等式的放缩

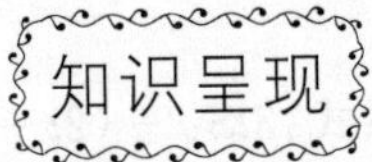

证明数列型不等式,因其思维跨度大、构造性强,需要有较高的放缩技巧而充满思考性和挑战性,能全面而综合地考查学生的潜能与后继学习能力,因此成为高考压轴题及各级各类竞赛试题命题的素材.这类问题的求解策略往往是通过多角度观察所给数列通项的结构,深入剖析其特征,抓住其规律进行恰当地放缩.

典例展示

例1　设 $S_n=\sqrt{1\cdot 2}+\sqrt{2\cdot 3}+\cdots+\sqrt{n(n+1)}$,求证:$\frac{n(n+1)}{2}<S_n<\frac{(n+1)^2}{2}$.

证明　此数列的通项为

$$a_k=\sqrt{k(k+1)}\quad(k=1,2,\cdots,n)$$

因为

$$k<\sqrt{k(k+1)}<\frac{k+k+1}{2}=k+\frac{1}{2}$$

所以

$$\sum_{k=1}^{n}k<S_n<\sum_{k=1}^{n}\left(k+\frac{1}{2}\right)$$

即

$$\frac{n(n+1)}{2}<S_n<\frac{n(n+1)}{2}+\frac{n}{2}<\frac{(n+1)^2}{2}$$

说明　(1) 应注意把握放缩的"度":上述不等式的右边放缩用的是均值不等式 $\sqrt{ab}\leqslant\frac{a+b}{2}$,若放成 $\sqrt{k(k+1)}<k+1$,则 $S_n<\sum_{k=1}^{n}(k+1)=$

$\frac{(n+1)(n+3)}{2} > \frac{(n+1)^2}{2}$,就放过“度”了!

(2) 根据所证不等式的结构特征来选取所需要的重要不等式,这里

$$\frac{n}{\frac{1}{a_1}+\cdots+\frac{1}{a_n}} \leqslant \sqrt[n]{a_1\cdots a_n} \leqslant \frac{a_1+\cdots+a_n}{n} \leqslant \sqrt{\frac{a_1^2+\cdots+a_n^2}{n}}$$

其中,$n=2,3,\cdots$ 的各式及其变式公式均可选用.

例 2　已知函数 $f(x)=\frac{1}{1+a\cdot 2^{bx}}$,若 $f(1)=\frac{4}{5}$,且 $f(x)$ 在 $[0,1]$ 上的最小值为 $\frac{1}{2}$,求证:$f(1)+f(2)+\cdots+f(n) > n+\frac{1}{2^{n+1}}-\frac{1}{2}$.

证明　$f(x)=\frac{4^x}{1+4^x}=1-\frac{1}{1+4^x} > 1-\frac{1}{2\times 2^x}(x\neq 0)\Rightarrow$

$$f(1)+\cdots+f(n) >$$

$$\left(1-\frac{1}{2\times 2}\right)+\left(1-\frac{1}{2\times 2^2}\right)+\cdots+\left(1-\frac{1}{2\times 2^n}\right)=$$

$$n-\frac{1}{4}\left(1+\frac{1}{2}+\cdots+\frac{1}{2^{n-1}}\right)=$$

$$n+\frac{1}{2^{n+1}}-\frac{1}{2}$$

例 3　求证:$(1+1)\left(1+\frac{1}{3}\right)\left(1+\frac{1}{5}\right)\cdots\left(1+\frac{1}{2n-1}\right) > \sqrt{2n+1}$.

证法一　利用假分数的一个性质 $\frac{b}{a} > \frac{b+m}{a+m}(b > a > 0,m > 0)$ 可得

$$\frac{2}{1}\cdot\frac{4}{3}\cdot\frac{6}{5}\cdot\cdots\cdot\frac{2n}{2n-1} > \frac{3}{2}\cdot\frac{5}{4}\cdot\frac{7}{6}\cdot\cdots\cdot\frac{2n+1}{2n}=$$

$$\frac{1}{2}\cdot\frac{3}{4}\cdot\frac{5}{6}\cdot\cdots\cdot\frac{2n-1}{2n}\cdot(2n+1)\Rightarrow$$

$$\left(\frac{2}{1}\cdot\frac{4}{3}\cdot\frac{6}{5}\cdot\cdots\cdot\frac{2n}{2n-1}\right)^2 > 2n+1$$

即

$$(1+1)\left(1+\frac{1}{3}\right)\left(1+\frac{1}{5}\right)\cdots\left(1+\frac{1}{2n-1}\right) > \sqrt{2n+1}$$

证法二　利用伯努利(Bernoulli)不等式 $(1+x)^n > 1+nx(n\in\mathbf{N}^*,n\geqslant 2,x > -1,x\neq 0)$ 的一个特例 $\left(1+\frac{1}{2k-1}\right)^2 > 1+2\cdot\frac{1}{2k-1}$ $\left(此处\ n=2,x=\frac{1}{2k-1}\right)$ 得

$$1+\frac{1}{2k-1}>\sqrt{\frac{2k+1}{2k-1}}\Rightarrow\prod_{k=1}^{n}\left(1+\frac{1}{2k-1}\right)=\prod_{k=1}^{n}\sqrt{\frac{2k+1}{2k-1}}=\sqrt{2n+1}$$

说明 例 3 是 1985 年上海高考题,以此题为主干添“枝”加“叶”而编拟成 1998 年全国高考文科题,进行升维处理并加参数而成理科姊妹题. 理科题的主干是:

证明:$(1+1)\left(1+\frac{1}{4}\right)\left(1+\frac{1}{7}\right)\cdots\left(1+\frac{1}{3n-2}\right)>\sqrt[3]{3n+1}$.(可考虑用伯努利不等式 $n=3$ 的特例)

例 4 已知 $a_1=1, a_{n+1}=\left(1+\frac{1}{n^2+n}\right)a_n+\frac{1}{2^n}$.

(1) 用数学归纳法证明:$a_n\geqslant 2(n\geqslant 2)$;

(2) 对 $\ln(1+x)<x$ 对 $x>0$ 都成立,求证:$a_n<\mathrm{e}^2$(无理数 $\mathrm{e}\approx 2.718\ 28\cdots$)

证明 (1) 数学归纳法证明略;

(2) 结合第(1) 问的结论及所给题设条件 $\ln(1+x)<x(x>0)$ 的结构特征,可得放缩思路

$$a_{n+1}\leqslant\left(1+\frac{1}{n^2+n}+\frac{1}{2^n}\right)a_n\Rightarrow$$

$$\ln a_{n+1}\leqslant\ln\left(1+\frac{1}{n^2+n}+\frac{1}{2^n}\right)+\ln a_n\Rightarrow\leqslant$$

$$\ln a_n+\frac{1}{n^2+n}+\frac{1}{2^n}$$

于是

$$\ln a_{n+1}-\ln a_n\leqslant\frac{1}{n^2+n}+\frac{1}{2^n}$$

$$\sum_{i=1}^{n-1}(\ln a_{i+1}-\ln a_i)\leqslant\sum_{i=1}^{n-1}\left(\frac{1}{i^2+i}+\frac{1}{2^i}\right)\Rightarrow$$

$$\ln a_n-\ln a_1\leqslant$$

$$1-\frac{1}{n}+\frac{1-\left(\frac{1}{2}\right)^{n-1}}{1-\frac{1}{2}}=$$

$$2-\frac{1}{n}-\frac{1}{2^n}<2$$

即

$$\ln a_n-\ln a_1<2\Rightarrow a_n<\mathrm{e}^2$$

说明 题目所给条件 $\ln(1+x)<x(x>0)$ 为一有用结论,可以起到提

醒思路与探索放缩方向的作用;当然,本题还可用结论 $2^n > n(n-1)(n \geqslant 2)$ 来放缩

$$a_{n+1} \leqslant \left[1+\frac{1}{n(n-1)}\right]a_n+\frac{1}{n(n-1)} \Rightarrow$$
$$a_{n+1}+1 \leqslant \left[1+\frac{1}{n(n-1)}\right](a_n+1) \Rightarrow$$
$$\ln(a_{n+1}+1)-\ln(a_n+1) \leqslant$$
$$\ln\left[1+\frac{1}{n(n-1)}\right] < \frac{1}{n(n-1)} \Rightarrow$$
$$\sum_{i=2}^{n-1}[\ln(a_{i+1}+1)-\ln(a_i+1)] < \sum_{i=2}^{n-1}\frac{1}{i(i-1)} \Rightarrow$$
$$\ln(a_n+1)-\ln(a_2+1) < 1-\frac{1}{n} < 1$$

即

$$\ln(a_n+1) < 1+\ln 3 \Rightarrow a_n < 3\mathrm{e}-1 < \mathrm{e}^2$$

例 5　已知不等式 $\frac{1}{2}+\frac{1}{3}+\cdots+\frac{1}{n} > \frac{1}{2}[\log_2 n], n \in \mathbf{N}^*, n > 2$. $[\log_2 n]$ 表示不超过 $\log_2 n$ 的最大整数. 设正数数列 $\{a_n\}$ 满足:$a_1 = b(b > 0), a_n \leqslant \frac{na_{n-1}}{n+a_{n-1}}, n \geqslant 2$. 求证

$$a_n < \frac{2b}{2+b[\log_2 n]} \quad (n \geqslant 3)$$

证明　当 $n \geqslant 2$ 时,有

$$a_n \leqslant \frac{na_{n-1}}{n+a_{n-1}} \Rightarrow \frac{1}{a_n} \geqslant \frac{n+a_{n-1}}{a_{n-1}} = \frac{1}{a_{n-1}}+\frac{1}{n}$$

即

$$\frac{1}{a_n}-\frac{1}{a_{n-1}} \geqslant \frac{1}{n} \Rightarrow \sum_{k=2}^{n}\left(\frac{1}{a_k}-\frac{1}{a_{k-1}}\right) \geqslant \sum_{k=2}^{n}\frac{1}{k}$$

于是当 $n \geqslant 3$ 时,有

$$\frac{1}{a_n}-\frac{1}{a_1} > \frac{1}{2}[\log_2 n] \Rightarrow a_n < \frac{2b}{2+b[\log_2 n]}$$

说明　(1) 本题涉及的和式 $\frac{1}{2}+\frac{1}{3}+\cdots+\frac{1}{n}$ 为调和级数,是发散的,不能求和;但是可以利用所给题设结论 $\frac{1}{2}+\frac{1}{3}+\cdots+\frac{1}{n} > \frac{1}{2}[\log_2 n]$ 来进行有效地放缩;

(2) 引入有用的结论在解题中即时应用,是近年来高考创新型试题的一

个显著特点,有利于培养学生的学习能力与创新意识.

例 6 设 $a_n=\left(1+\frac{1}{n}\right)^n$,求证:数列 $\{a_n\}$ 单调递增且 $a_n<4$.

证明 引入一个结论:若 $b>a>0$,则

$$b^{n+1}-a^{n+1}<(n+1)b^n(b-a)\text{(证略)} \quad ①$$

整理式 ① 得

$$a^{n+1}>b^n[(n+1)a-nb] \quad ②$$

以 $a=1+\frac{1}{n+1}, b=1+\frac{1}{n}$ 代入式 ② 得

$$\left(1+\frac{1}{n+1}\right)^{n+1}>\left(1+\frac{1}{n}\right)^n$$

即 $\{a_n\}$ 单调递增.

以 $a=1, b=1+\frac{1}{2n}$ 代入式 ② 得

$$1>\left(1+\frac{1}{2n}\right)^n\cdot\frac{1}{2}\Rightarrow\left(1+\frac{1}{2n}\right)^{2n}<4 \quad ③$$

式 ③ 对一切正整数 n 都成立,即对一切偶数有 $\left(1+\frac{1}{n}\right)^n<4$,又因为数列 $\{a_n\}$ 单调递增,所以对一切正整数 n 有 $\left(1+\frac{1}{n}\right)^n<4$.

说明 上述不等式可加强为 $2\leqslant\left(1+\frac{1}{n}\right)^n<3$. 简证如下:

利用二项展开式进行部分放缩

$$a_n=\left(1+\frac{1}{n}\right)^n=1+C_n^1\cdot\frac{1}{n}+C_n^2\cdot\frac{1}{n^2}+\cdots+C_n^n\frac{1}{n^n}$$

只取前两项,有 $a_n\geqslant 1+C_n^1\cdot\frac{1}{n}=2$. 对通项作如下放缩

$$C_n^k\frac{1}{n^k}=\frac{1}{k!}\cdot\frac{n}{n}\cdot\frac{n-1}{n}\cdot\cdots\cdot\frac{n-k+1}{n}<\frac{1}{k!}\leqslant\frac{1}{1\cdot 2\cdot\cdots\cdot 2}=\frac{1}{2^{k-1}}$$

故

$$a_n<1+1+\frac{1}{2}+\frac{1}{2^2}+\cdots+\frac{1}{2^{n-1}}=2+\frac{1}{2}\cdot\frac{1-(\frac{1}{2})^{n-1}}{1-\frac{1}{2}}<3$$

例 7 设数列 $\{a_n\}$ 满足 $a_{n+1}=a_n^2-na_n+1(n\in\mathbf{N}^*)$,当 $a_1\geqslant 3$ 时,证明对所有 $n\geqslant 1$,有:

(1) $a_n\geqslant n+2$;

(2) $\frac{1}{1+a_1}+\frac{1}{1+a_2}+\cdots+\frac{1}{1+a_n}\leqslant\frac{1}{2}$.

证明　(1) 用数学归纳法：当 $n=1$ 时，显然成立，假设当 $n\geqslant k$ 时成立，即 $a_k\geqslant k+2$，则当 $n=k+1$ 时，有

$$a_{k+1}=a_k(a_k-k)+1\geqslant a_k(k+2-k)+1\geqslant(k+2)\cdot 2+1>k+3$$

成立.

(2) 利用上述部分放缩的结论 $a_{k+1}\geqslant 2a_k+1$ 来放缩通项，可得

$$a_{k+1}+1\geqslant 2(a_k+1)\Rightarrow a_k+1\geqslant\cdots\geqslant 2^{k-1}(a_1+1)\geqslant 2^{k-1}\cdot 4=2^{k+1}\Rightarrow\frac{1}{a_k+1}\leqslant\frac{1}{2^{k+1}}$$

$$\sum_{i=1}^{n}\frac{1}{1+a_i}\leqslant\sum_{i=1}^{n}\frac{1}{2^{i+1}}=\frac{1}{4}\cdot\frac{1-\left(\frac{1}{2}\right)^n}{1-\frac{1}{2}}\leqslant\frac{1}{2}$$

说明　上述证明(1) 用到部分放缩，当然根据不等式的性质也可以整体放缩：$a_{k+1}\geqslant(k+2)(k+2-k)+1>k+3$；证明(2) 就直接使用了部分放缩的结论 $a_{k+1}\geqslant 2a_k+1$.

例 8　设数列 $\{a_n\}$ 满足 $a_1=2, a_{n+1}=a_n+\frac{1}{a_n}(n=1,2,\cdots)$.

(1) 求证：$a_n>\sqrt{2n+1}$ 对一切正整数 n 成立；

(2) 令 $b_n=\frac{a_n}{\sqrt{n}}(n=1,2,\cdots)$，判断 b_n 与 b_{n+1} 的大小，并说明理由.

证法一　用数学归纳法(只考虑第二步)

$$a_{k+1}^2=a_k^2+2+\frac{1}{a_k^2}>2k+1+2=2(k+1)+1$$

证法二　$a_{n+1}^2=a_n^2+2+\frac{1}{a_n^2}>a_n^2+2\Rightarrow a_{k+1}^2-a_k^2>2\quad(k=1,2,\cdots,n-1)$

则

$$a_n^2-a_1^2>2(n-1)\Rightarrow a_n^2>2n+2>2n+1\Rightarrow a_n>\sqrt{2n+1}$$

例 9　数列 $\{x_n\}$ 由 $x_1=a>0, x_{n+1}=\frac{1}{2}\left(x_n+\frac{a}{x_n}\right), n\in\mathbf{N}$ 确定.

(1) 求证：对 $n\geqslant 2$，总有 $x_n\geqslant\sqrt{a}$；

(2) 求证：对 $n\geqslant 2$，总有 $x_n\geqslant x_{n+1}$.

证明　(1) 构造函数 $f(x)=\frac{1}{2}\left(x+\frac{a}{x}\right)$，易知 $f(x)$ 在 $[\sqrt{a},+\infty)$ 是增

函数.

当 $n=k+1$ 时，$x_{k+1}=\frac{1}{2}\left(x_k+\frac{a}{x_k}\right)$ 在$[\sqrt{a},+\infty)$ 上单调递增，故 $x_{k+1}>f(\sqrt{a})=\sqrt{a}$.

(2) 由题意，得

$$x_n-x_{n+1}=\frac{1}{2}\left(x_n-\frac{a}{x_n}\right)$$

构造函数 $f(x)=\frac{1}{2}\left(x-\frac{a}{x}\right)$，它在$[\sqrt{a},+\infty)$ 上是增函数，故 $x_n-x_{n+1}=\frac{1}{2}\left(x_n-\frac{a}{x_n}\right)\geqslant f(\sqrt{a})=0$，得证.

说明 (1) 本题有着深厚的科学背景：是计算机开平方设计迭代程序的根据；同时有着高等数学背景 —— 数列 $\{x_n\}$ 单调递减有下界因而有极限：$a_n\to\sqrt{a}\,(n\to+\infty)$.

(2) $f(x)=\frac{1}{2}\left(x+\frac{a}{x}\right)$ 是递推数列 $x_{n+1}=\frac{1}{2}\left(x_n+\frac{a}{x_n}\right)$ 的母函数，研究其单调性对此数列本质属性的揭示往往具有重要的指导作用.

例 10 已知数列 $\{a_n\}$ 满足：$a_1=\frac{3}{2}$，且 $a_n=\frac{3na_{n-1}}{2a_{n-1}+n-1}(n\geqslant 2,n\in\mathbf{N}^*)$.

(1) 求数列 $\{a_n\}$ 的通项公式；

(2) 求证：对一切正整数 n 有 $a_1a_2\cdots a_n<2\cdot n!$

解 (1) 将条件变为

$$1-\frac{n}{a_n}=\frac{1}{3}\left(1-\frac{n-1}{a_{n-1}}\right)$$

因此 $\{1-\frac{n}{a_n}\}$ 为一个等比数列，其首项为 $1-\frac{1}{a_1}=\frac{1}{3}$，公比为 $\frac{1}{3}$，从而 $1-\frac{n}{a_n}=\frac{1}{3^n}$，根据此得

$$a_n=\frac{n\cdot 3^n}{3^n-1}\ (n\geqslant 1) \qquad ①$$

(2) 根据式 ① 得

$$a_1a_2\cdots a_n=\frac{n!}{\left(1-\frac{1}{3}\right)\left(1-\frac{1}{3^2}\right)\cdots\left(1-\frac{1}{3^n}\right)}$$

为证 $a_1a_2\cdots a_n<2\cdot n!$，只要证 $n\in\mathbf{N}^*$ 时，有

$$\left(1-\frac{1}{3}\right)\left(1-\frac{1}{3^2}\right)\cdots\left(1-\frac{1}{3^n}\right)>\frac{1}{2} \qquad ②$$

显然,左端每个因式都是正数,先证明一个加强不等式:

对每个 $n\in\mathbf{N}^*$,有

$$\left(1-\frac{1}{3}\right)\left(1-\frac{1}{3^2}\right)\cdots\left(1-\frac{1}{3^n}\right)\geqslant 1-\left(\frac{1}{3}+\frac{1}{3^2}+\cdots+\frac{1}{3^n}\right) \qquad ③$$

(用数学归纳法,证略)利用式 ③ 得

$$\left(1-\frac{1}{3}\right)\left(1-\frac{1}{3^2}\right)\cdots\left(1-\frac{1}{3^n}\right)\geqslant 1-\left(\frac{1}{3}+\frac{1}{3^2}+\cdots+\frac{1}{3^n}\right)=$$

$$1-\frac{\frac{1}{3}\left[1-\left(\frac{1}{3}\right)^n\right]}{1-\frac{1}{3}}=$$

$$1-\frac{1}{2}\left[1-\left(\frac{1}{3}\right)^n\right]=$$

$$\frac{1}{2}+\frac{1}{2}\left(\frac{1}{3}\right)^n>\frac{1}{2}$$

故式 ② 成立,从而结论成立.

课外训练

1. 设 $a_n=1+\frac{1}{2^a}+\frac{1}{3^a}+\cdots+\frac{1}{n^a}$,$a\geqslant 2$,求证:$a_n<2$.

2. 设 $n>1$,$n\in\mathbf{N}$,求证:$\left(\frac{2}{3}\right)^n<\frac{8}{(n+1)(n+2)}$.

3. 求证:$\mathrm{C}_n^1+\mathrm{C}_n^2+\mathrm{C}_n^3+\cdots+\mathrm{C}_n^n>n\cdot 2^{\frac{n-1}{2}}(n>1,n\in\mathbf{N})$.

4. 已知函数 $f(x)=ax-\frac{3}{2}x^2$ 的最大值不大于$\frac{1}{6}$,又当 $x\in\left[\frac{1}{4},\frac{1}{2}\right]$时 $f(x)\geqslant\frac{1}{8}$.

(1) 求 a 的值;

(2) 设 $0<a_1<\frac{1}{2}$,$a_{n+1}=f(a_n)$,$n\in\mathbf{N}^*$,求证:$a_n<\frac{1}{n+1}$.

5. 已知 i,m,n 是正整数,且 $1<i\leqslant m<n$. 求证:

(1)$n^i\mathrm{A}_m^i<m^i\mathrm{A}_n^i$;

(2) $(1+m)^n>(1+n)^m$.

6.求证:$1<\sqrt[n]{n}<1+\sqrt{\dfrac{2}{n-1}}\,(n\in\mathbf{N}^*,n\geqslant 2)$.

7.设 $a>1,n\geqslant 2,n\in\mathbf{N}$,求证:$a^n>\dfrac{n^2(a-1)^2}{4}$.

8.设 $0<a<1$,定义 $a_1=1+a,a_{n+1}=\dfrac{1}{a_n}+a$,求证:对一切正整数 n 有 $a_n>1$.

9.数列 $\{x_n\}$ 满足 $x_1=\dfrac{1}{2},x_{n+1}=x_n+\dfrac{x_n^2}{n^2}$,求证:$x_{2\,001}<1\,001$.

10.已知数列 $\{a_n\}$ 的前 n 项和 S_n 满足 $S_n=2a_n+(-1)^n,n\geqslant 1$.

(1) 写出数列 $\{a_n\}$ 的前 3 项 a_1,a_2,a_3;

(2) 求数列 $\{a_n\}$ 的通项公式;

(3) 求证:对任意的整数 $m>4$,有$\dfrac{1}{a_4}+\dfrac{1}{a_5}+\cdots+\dfrac{1}{a_m}<\dfrac{7}{8}$.

11.(1) 设函数 $f(x)=x\log_2 x+(1-x)\log_2(1-x)(0<x<1)$,求 $f(x)$ 的最小值;

(2) 设正数 $p_1,p_2,p_3,\cdots,p_{2^n}$ 满足 $p_1+p_2+p_3+\cdots+p_{2^n}=1$,求证

$$p_1\log_2 p_1+p_2\log_2 p_2+p_3\log_2 p_3+\cdots+p_{2^n}\log_2 p_{2^n}\geqslant -n$$

第 34 讲　数学归纳法

知识呈现

一　数学归纳法的基本形式

1. 第一数学归纳法：设 $P(n)$ 是关于正整数 n 的命题，若：

(1) $P(1)$ 成立(奠基)；

(2) 假设 $P(k)$ 成立，可以推出 $P(k+1)$ 成立(归纳)，则 $P(n)$ 对一切正整数 n 都成立.

如果 $P(n)$ 定义在集合 $N:\{0,1,2,\cdots,r-1\}$，则(1)中"$P(1)$ 成立"应由"$P(r)$ 成立"取代.

第一数学归纳法有如下"变式"：

跳跃数学归纳法：设 $P(n)$ 是关于正整数 n 的命题，若：

(1) $P(1),P(2),\cdots,P(l)$ 成立；

(2) 假设 $P(k)$ 成立，可以推出 $P(k+l)$ 成立，则 $P(n)$ 对一切正整数 n 都成立.

2. 第二数学归纳法：设 $P(n)$ 是关于正整数的命题，若：

(1) $P(1)$ 成立；

(2) 假设 $n\leqslant k$(k 为任意正整数)时，$P(n)(1\leqslant n\leqslant k)$ 成立，可以推出 $P(k+1)$ 成立，则 $P(n)$ 对一切自然数 n 都成立.

以上每种形式的数学归纳法都由两步组成："奠基"和"归纳"，两步缺一不可. 在"归纳"的过程中必须用到"归纳假设"这一不可缺少的前提.

二　数学归纳法证明技巧

1. "起点前移"或"起点后移"：有些关于自然数 n 的命题 $P(n)$，验证 $P(1)$ 比较困难，或者 $P(1),P(2),\cdots,P(p-1)$ 不能统一到"归纳"的过程中去，这时可以考虑到将起点前移至 $P(0)$(如果有意义)，或将起点后移至 $P(r)$(这时 $P(1),P(2),\cdots,P(r-1)$ 应另行证明).

2. 加大"跨度"：对定义在 $M=\{n_0,n_0+r,n_0+2r,\cdots,n_0+mr,\cdots\}(n_0,r,$

$m \in \mathbf{N}^*$）上的命题 $P(n)$，在采用数学归纳法时应考虑加大"跨度"的方法，即第一步验证 $P(n_0)$，第二步假设 $P(k)(k \in M)$ 成立，推出 $P(k+r)$ 成立.

3.加强命题：有些不易直接用数学归纳法证明的命题，通过加强命题后反而可能用数学归纳法证明比较方便.加强命题通常有两种方法：一是将命题一般化，二是加强结论.一个命题的结论"加强"到何种程度为宜，只有抓住命题的特点，细心探索，大胆猜测，才可能找到恰当的解决方案.

典例展示

例1 是否存在 a,b,c 使等式 $1\times 2^2+2\times 3^2+\cdots+n(n+1)^2=\frac{n(n+1)}{12}(an^2+bn+c)$.

解 假设存在 a,b,c 使题设的等式成立，这时令 $n=1,2,3$，有

$$\begin{cases}4=\frac{1}{6}(a+b+c)\\22=\frac{1}{2}(4a+2b+c)\\70=9a+3b+c\end{cases}$$

所以

$$\begin{cases}a=3\\b=11\\c=10\end{cases}$$

于是，对 $n=1,2,3$ 下面等式成立

$$1\times 2^2+2\times 3^2+\cdots+n(n+1)^2=\frac{n(n+1)}{12}(3n^2+11n+10)$$

设

$$S_n=1\times 2^2+2\times 3^2+\cdots+n(n+1)^2 \quad ①$$

设 $n=k$ 时，式 ① 成立，即

$$S_k=\frac{k(k+1)}{12}(3k^2+11k+10)$$

那么

$$S_{k+1}=S_k+(k+1)(k+2)^2=\frac{k(k+1)}{2}(k+2)(3k+5)+(k+1)(k+2)^2=$$

$$\frac{(k+1)(k+2)}{12}(3k^2+5k+12k+24)=$$

$$\frac{(k+1)(k+2)}{12}[3(k+1)^2+11(k+1)+10]$$

也就是说，等式对 $n=k+1$ 也成立.

综上所述，当 $a=3,b=11,c=10$ 时，题设对一切自然数 n 均成立.

例 2　求证：不论正数 a,b,c 是等差数列还是等比数列，当 $n>1,n\in\mathbf{N}^*$ 且 a,b,c 互不相等时，均有 $a^n+c^n>2b^n$.

证明　(1) 设 a,b,c 为等比数列，$a=\frac{b}{q}$，$c=bq(q>0$ 且 $q\neq1)$，所以

$$a^n+c^n=\frac{b^n}{q^n}+b^nq^n=b^n\left(\frac{1}{q^n}+q^n\right)>2b^n$$

(2) 设 a,b,c 为等差数列，则 $2b=a+c$. 猜想 $\frac{a^n+c^n}{2}>\left(\frac{a+c}{2}\right)^n$ $(n\geqslant2$ 且 $n\in\mathbf{N}^*)$.

下面用数学归纳法证明：

① 当 $n=2$ 时，由 $2(a^2+c^2)>(a+c)^2$，所以

$$\frac{a^2+c^2}{2}>\left(\frac{a+c}{2}\right)^2$$

② 设 $n=k$ 时成立，即

$$\frac{a^k+c^k}{2}>\left(\frac{a+c}{2}\right)^k$$

则当 $n=k+1$ 时，有

$$\begin{aligned}\frac{a^{k+1}+c^{k+1}}{2}=&\frac{1}{4}(a^{k+1}+c^{k+1}+a^{k+1}+c^{k+1})>\\&\frac{1}{4}(a^{k+1}+c^{k+1}+a^kc+c^ka)=\\&\frac{1}{4}(a^k+c^k)(a+c)>\\&\left(\frac{a+c}{2}\right)^k\left(\frac{a+c}{2}\right)=\\&\left(\frac{a+c}{2}\right)^{k+1}\end{aligned}$$

说明　本题中用到结论：$(a^k-c^k)(a-c)>0$ 恒成立（a,b,c 为正数），从而 $a^{k+1}+c^{k+1}>a^kc+c^ka$.

例 3　在数列 $\{a_n\}$ 中，$a_1=1$，当 $n\geqslant2$ 时，$a_n,S_n,S_n-\frac{1}{2}$ 成等比数列.

(1) 求 a_2,a_3,a_4，并推出 a_n 的表达式；

(2) 用数学归纳法证明所得到的结论；

(3) 求数列$\{a_n\}$所有项的和.

解 因为$a_n,S_n,S_n-\frac{1}{2}$成等比数列,所以

$$S_n^2=a_n\cdot\left(S_n-\frac{1}{2}\right)\quad(n\geqslant 2)\qquad①$$

(1) 由$a_1=1,S_2=a_1+a_2=1+a_2$,代入式①得,$a_2=-\frac{2}{3}$.

由$a_1=1,a_2=-\frac{2}{3},S_3=\frac{1}{3}+a_3$代入式①得,$a_3=-\frac{2}{15}$.

同理可得

$$a_4=-\frac{2}{35}$$

由此可推出

$$a_n=\begin{cases}1 & (n=1)\\ -\dfrac{2}{(2n-3)(2n-1)} & (n>1)\end{cases}$$

(2)① 当$n=1,2,3,4$时,由式①知猜想成立.

② 假设$n=k(k\geqslant 2)$时,$a_k=-\frac{2}{(2k-3)(2k-1)}$成立.

故

$$S_k^2=-\frac{2}{(2k-3)(2k-1)}\cdot\left(S_k-\frac{1}{2}\right)$$

所以

$$(2k-3)(2k-1)S_k^2+2S_k-1=0$$

于是

$$S_k=\frac{1}{2k-1},S_k=-\frac{1}{2k-3}(舍)$$

由

$S_{k+1}^2=a_{k+1}\cdot\left(S_{k+1}-\frac{1}{2}\right)$,得

$$(S_k+a_{k+1})^2=a_{k+1}\left(a_{k+1}+S_k-\frac{1}{2}\right)$$

$$\Rightarrow\frac{1}{(2k-1)^2}+a_{k+1}^2+\frac{2a_{k+1}}{2k-1}=a_{k+1}^2+\frac{a_{k+1}}{2k-1}-\frac{1}{2}a_{k+1}$$

$$\Rightarrow a_{k+1}=\frac{-2}{[2(k+1)-3][2(k+1)-1]}$$

即$n=k+1$命题也成立.

由 ①② 知

$$a_n=\begin{cases}1\ (n=1)\\ -\dfrac{2}{(2n-3)(2n-1)}\ (n\geqslant 2)\end{cases}$$

对一切 $n\in\mathbf{N}$ 成立.

(3) 由(2) 得数列前 n 项和 $S_n=\dfrac{1}{2n-1}$,所以 $S=\lim\limits_{n\to\infty}S_n=0$.

说明　求通项可以证明$\{\dfrac{1}{S_n}\}$是以$\{\dfrac{1}{S_1}\}$为首项,$\dfrac{1}{2}$为公差的等差数列,进而求得通项公式.

例 4　设数列$\{a_n\}$满足:$a_{n+1}=a_n^2-na_n+1(n=1,2,3,\cdots)$.

(1) 当 $a_1=2$ 时,求 a_2,a_3,a_4 并由此猜测 a_n 的一个通项公式;

(2) 当 $a_1\geqslant 3$ 时,证明:对所的 $n\geqslant 1$,有:

①$a_n\geqslant n+2$;

② $\dfrac{1}{1+a_1}+\dfrac{1}{1+a_2}+\dfrac{1}{1+a_3}+\cdots+\dfrac{1}{1+a_n}\leqslant\dfrac{1}{2}$.

解　(1) 由 $a_1=2$,得

$$a_2=a_1^2-a_1+1=3$$

由 $a_2=3$,得

$$a_3=a_2^2-2a_2+1=4$$

由 $a_3=4$,得

$$a_4=a_3^2-3a_3+1=5$$

由此猜想 a_n 的一个通项公式

$$a_n=n+1\quad(n\geqslant 1)$$

(2)① 用数学归纳法证明:

(ⅰ) 当 $n=1$ 时,$a_1\geqslant 3=1+2$,不等式成立;

(ⅱ) 假设当 $n=k$ 时,不等式成立,即 $a_k\geqslant k+2$,那么

$a_{k+1}=a_k(a_k-k)+1\geqslant(k+2)(k+2-k)+1=2k+5\geqslant k+3$

也就是说,当 $n=k+1$ 时,$a_{k+1}\geqslant(k+1)+2$.

据(ⅰ) 和(ⅱ),对于所有 $n\geqslant 1$,有 $a_n\geqslant 2$.

② 由 $a_{n+1}=a_n(a_n-n)+1$ 及 ①,对 $k\geqslant 2$,有

$$\begin{aligned}a_k&=a_{k-1}(a_{k-1}-k+1)+1\geqslant\\&a_{k-1}(k-1+2-k+1)+1=2a_{k-1}+1\\&\vdots\end{aligned}$$

$$a_k\geqslant 2^{k-1}a_1+2^{k-2}+\cdots+2+1=2^{k-1}(a_1+1)-1$$

于是

$$\frac{1}{1+a_k} \leqslant \frac{1}{1+a_1} \cdot \frac{1}{2^{k-1}} \quad (k \geqslant 2)$$

$$\sum_{k=1}^{n} \frac{1}{1+a_k} \leqslant \frac{1}{1+a_1} + \frac{1}{1+a_1} \sum_{k=2}^{n} \frac{1}{2^{k-1}} = \frac{1}{1+a_1} \sum_{k=1}^{n} \frac{1}{2^{k-1}} \leqslant$$

$$\frac{2}{1+a_1} \leqslant \frac{2}{1+3} = \frac{1}{2}$$

例 5 已知函数 $f(x)=\frac{x+3}{x+1}(x \neq -1)$. 设数列 $\{a_n\}$ 满足 $a_1=1, a_{n+1}=f(a_n)$, 数列 $\{b_n\}$ 满足 $b_n=|a_n-\sqrt{3}|, S_n=b_1+b_2+\cdots+b_n(n \in \mathbf{N}^*)$

(1) 用数学归纳法证明: $b_n \leqslant \frac{(\sqrt{3}-1)^n}{2^{n-1}}$;

(2) 求证: $S_n < \frac{2-\sqrt{3}}{3}$.

证明 (1) 当 $x \geqslant 0$ 时, $f(x)=1+\frac{2}{x+1} \geqslant 1$.

因为 $a_1=1$, 所以 $a_n \geqslant 1(n \in \mathbf{N}^*)$.

下面用数学归纳法证明不等式 $b_n \leqslant \frac{(\sqrt{3}-1)^n}{2^{n-1}}$.

① 当 $n=1$ 时, $b_1=\sqrt{3}-1$, 不等式成立;

② 假设当 $n=k$ 时, 不等式成立, 即 $b_k \leqslant \frac{(\sqrt{3}-1)^k}{2^{k-1}}$. 那么

$$b_{k-1}=|a_{k+1}-\sqrt{3}|=\frac{(\sqrt{3}-1)|a_k-\sqrt{3}|}{1+a_k} \leqslant$$

$$\frac{\sqrt{3}-1}{2} b_k \leqslant \frac{(\sqrt{3}-1)^{k+1}}{2^k}$$

所以, 当 $n=k+1$ 时, 不等式也成立.

根据(ⅰ)和(ⅱ), 可知不等式对任意 $n \in \mathbf{N}^*$ 都成立.

(2) 由(1)知, $b_n \leqslant \frac{(\sqrt{3}-1)^n}{2^{n-1}}$. 所以

$$S_n=b_1+b_2+\cdots+b_n \leqslant$$

$$(\sqrt{3}-1)+\frac{(\sqrt{3}-1)^2}{2}+\cdots+\frac{(\sqrt{3}-1)^n}{2^{n-1}}=$$

$$(\sqrt{3}-1) \cdot \frac{1-\left(\frac{\sqrt{3}-1}{2}\right)^n}{1-\frac{\sqrt{3}-1}{2}}<$$

$$(\sqrt{3}-1)\cdot\frac{1}{1-\frac{\sqrt{3}-1}{2}}=\frac{2}{3}\sqrt{3}$$

故对任意 $n\in\mathbf{N}^*$，$S_n<\frac{2}{3}\sqrt{3}$.

例 6　设数列 $\{a_n\}$ 满足 $a_1=2$，$a_{n+1}=a_n+\frac{1}{a_n}(n=1,2,3,\cdots)$.

(1) 求证：$a_n>\sqrt{2n+1}$ 对一切正整数 n 成立；

(2) 令 $b_n=\frac{a_n}{\sqrt{n}}(n=1,2,3,\cdots)$，判断 b_n 与 b_{n+1} 的大小，并说明理由.

证明　(1) **证法一**　当 $n=1$ 时，$a_1=2>\sqrt{2\times 1+1}$，不等式成立.

假设 $n=k$ 时，$a_k>\sqrt{2k+1}$ 成立.

当 $n=k+1$ 时，有

$$a_{k+1}^2=a_k^2+\frac{1}{a_k^2}+2>2k+3+\frac{1}{a_k^2}>2(k+1)+1$$

所以当 $n=k+1$ 时，$a_{k+1}>\sqrt{2(k+1)+1}$ 成立.

综上所述，由数学归纳法可知，$a_n>\sqrt{2n+1}$ 对一切正整数成立.

证法二　当 $n=1$ 时，$a_1=2>\sqrt{3}=\sqrt{2\times 1+1}$，结论成立.

假设 $n=k$ 时，结论成立，即 $a_k>\sqrt{2k+1}$.

当 $n=k+1$ 时，由函数 $f(x)=x+\frac{1}{x}(x>1)$ 的单调性和归纳假设，有

$$a_{k+1}=a_k+\frac{1}{a_k}>\sqrt{2k+1}+\frac{1}{\sqrt{2k+1}}$$

因此只需证：$\sqrt{2k+1}+\frac{1}{\sqrt{2k+1}}\geqslant\sqrt{2k+3}$.

而这等价于 $(\sqrt{2k+1}+\frac{1}{\sqrt{2k+1}})^2\geqslant 2k+3\Leftrightarrow\frac{1}{2k+1}\geqslant 0$ 显然成立.

所以当 $n=k+1$ 时，结论成立.

因此，$a_n>\sqrt{2n+1}$ 对一切正整数 n 均成立.

证法三　由递推公式，得

$$a_n^2=a_{n-1}^2+2+\frac{1}{a_{n-1}^2}$$

$$a_{n-1}^2=a_{n-2}^2+2+\frac{1}{a_{n-2}^2}$$

$$\vdots$$

$$a_2^2=a_1^2+2+\frac{1}{a_1^2}$$

上述各式相加并化简,得

$$a_n^2=a_1^2+2(n-1)+\frac{1}{a_1^2}+\cdots+\frac{1}{a_{n-1}^2}>2^2+2(n-1)=$$

$$2n+2>2n+1 \quad (n\geqslant 2)$$

又 $n=1$ 时,$a_n>\sqrt{2n+1}$ 明显成立,所以

$$a_n>\sqrt{2n+1} \quad (n=1,2,\cdots)$$

(2) **证法一** $\dfrac{b_{n+1}}{b_n}=\dfrac{a_{n+1}\sqrt{n}}{a_n\sqrt{n+1}}=\left(1+\dfrac{1}{a_n^2}\right)\dfrac{\sqrt{n}}{\sqrt{n+1}}<$

$$\left(1+\frac{1}{2n+1}\right)\frac{\sqrt{n}}{\sqrt{n+1}}=$$

$$\frac{2(n+1)\sqrt{n}}{(2n+1)\sqrt{n+1}}=$$

$$\frac{2\sqrt{n(n+1)}}{2n+1}=$$

$$\frac{\sqrt{\left(n+\frac{1}{2}\right)^2-\frac{1}{4}}}{n+\frac{1}{2}}<1$$

故 $b_{n+1}<b_n$.

证法二 $b_{n+1}-b_n=\dfrac{a_{n+1}}{\sqrt{n+1}}-\dfrac{a_n}{\sqrt{n}}=\dfrac{1}{\sqrt{n+1}}\left(a_n+\dfrac{1}{a_n}\right)-\dfrac{a_n}{\sqrt{n}}=$

$$\frac{1}{\sqrt{n(n+1)}\,a_n}[\sqrt{n}-(\sqrt{n+1}-\sqrt{n})a_n^2]\leqslant$$

$$\frac{1}{\sqrt{n(n+1)}\,a_n}[\sqrt{n}-(\sqrt{n+1}-\sqrt{n})(2n+1)]$$

(由(1) 的结论)$=$

$$\frac{1}{\sqrt{n(n+1)}(\sqrt{n+1}+\sqrt{n})a_n}\cdot$$

$$[\sqrt{n}(\sqrt{n+1}+\sqrt{n})-(2n+1)]=$$

$$\frac{1}{\sqrt{n(n+1)}(\sqrt{n+1}+\sqrt{n})a_n}\cdot$$

$$[\sqrt{n(n+1)}-(n+1)]=$$

$$\frac{1}{\sqrt{n}(\sqrt{n+1}+\sqrt{n})a_n}(\sqrt{n}-\sqrt{n+1})<0$$

所以 $b_{n+1}<b_n$.

证法三 $b_{n+1}^2-b_n^2=\frac{a_{n+1}^2}{n+1}-\frac{a_n^2}{n}=\frac{1}{n+1}(a_n^2+\frac{1}{a_n^2}+2)-\frac{a_n^2}{n}=$

$$\frac{1}{n+1}\left(2+\frac{1}{a_n^2}-\frac{a_n^2}{n}\right)<$$

$$\frac{1}{n+1}\left(2+\frac{1}{2n+1}-\frac{2n+1}{n}\right)=$$

$$\frac{1}{n+1}\left(\frac{1}{2n+1}-\frac{1}{n}\right)<0$$

故 $b_{n+1}^2<b_n^2$,因此 $b_{n+1}<b_n$.

例 7 已知数列$\{a_n\}$的各项都是正数,且满足:$a_0=1,a_{n+1}=\frac{1}{2}a_n(4-a_n),n\in\mathbf{N}$.

(1) 求证:$a_n<a_{n+1}<2,n\in\mathbf{N}$;

(2) 求数列$\{a_n\}$的通项公式 a_n.

分析 本题考查数列的基础知识,考查运算能力和推理能力.第(1)问是证明递推关系,联想到用数学归纳法;第(2)问是计算题,也必须通过递推关系进行分析求解.

证明 (1) **证法一** 用数学归纳法证明:

① 当 $n=1$ 时,有

$$a_0=1,a_1=\frac{1}{2}a_0(4-a_0)=\frac{3}{2}$$

所以 $a_0<a_1<2$,命题正确.

② 假设 $n=k$ 时,有

$$a_{k-1}<a_k<2$$

则 $n=k+1$ 时,有

$$a_k-a_{k+1}=\frac{1}{2}a_{k-1}(4-a_{k-1})-\frac{1}{2}a_k(4-a_k)=$$

$$2(a_{k-1}-a_k)-\frac{1}{2}(a_{k-1}-a_k)(a_{k-1}+a_k)=$$

$$\frac{1}{2}(a_{k-1}-a_k)(4-a_{k-1}-a_k)$$

而 $a_{k-1}-a_k<0,4-a_{k-1}-a_k>0$,所以

$$a_k-a_{k-1}<0$$

又

$$a_{k+1}=\frac{1}{2}a_k(4-a_k)=\frac{1}{2}[4-(a_k-2)^2]<2$$

所以 $n=k+1$ 时,命题正确.

由①②知,对一切 $n\in\mathbf{N}$ 时,有 $a_n<a_{n+1}<2$.

证法二 用数学归纳法证明:

① 当 $n=1$ 时,$a_0=1,a_1=\frac{1}{2}a_0(4-a_0)=\frac{3}{2}$,所以

$$0<a_0<a_1<2$$

② 假设 $n=k$ 时,$a_{k-1}<a_k<2$ 成立.

令 $f(x)=\frac{1}{2}x(4-x)$,$f(x)$ 在 $[0,2]$ 上单调递增,所以由假设有

$$f(a_{k-1})<f(a_k)<f(2)$$

即

$$\frac{1}{2}a_{k-1}(4-a_{k-1})<\frac{1}{2}a_k(4-a_k)<\frac{1}{2}\times 2\times(4-2)$$

也即当 $n=k+1$ 时,$a_k<a_{k+1}<2$ 成立,所以对一切 $n\in\mathbf{N}$,有 $a_k<a_{k+1}<2$.

(2) 下面来求数列的通项

$$a_{n+1}=\frac{1}{2}a_n(4-a_n)=\frac{1}{2}[-(a_n-2)^2+4]$$

所以

$$2(a_{n+1}-2)=-(a_n-2)^2$$

令 $b_n=a_n-2$,则

$$b_n=-\frac{1}{2}b_{n-1}^2=-\frac{1}{2}\left(-\frac{1}{2}b_{n-2}^2\right)^2=-\frac{1}{2}\cdot\left(\frac{1}{2}\right)^2 b_{n-1}^{2^2}=\cdots=$$

$$-\left(\frac{1}{2}\right)^{1+2+\cdots+2^{n-1}}b_n^{2^n}$$

又 $b_n=-1$,所以 $b_n=-\left(\frac{1}{2}\right)^{2^{n-1}}$,即

$$a_n=2+b_n=2-\left(\frac{1}{2}\right)^{2^{n-1}}$$

例 8 求证:$1+\frac{1}{\sqrt{2^3}}+\frac{1}{\sqrt{3^3}}+\cdots+\frac{1}{\sqrt{n^3}}<3(n\in\mathbf{N}^*)$.

证法一 易验证 $n=1,2,3,4$ 原命题成立.用数学归纳法证明,本题型必须对命题加强:

即证 $1+\frac{1}{\sqrt{2^3}}+\frac{1}{\sqrt{3^3}}+\cdots+\frac{1}{\sqrt{n^3}}<3-\frac{3}{\sqrt{n+1}}$ 成立,原命题显然成立.

当 $n=5$ 时，左边 <1.761，右边 >1.775，即 $n=5$ 时成立.

设 $n=k(k\geqslant 5)$ 时成立，即

$$1+\frac{1}{\sqrt{2^3}}+\frac{1}{\sqrt{3^3}}+\cdots+\frac{1}{\sqrt{k^3}}<3-\frac{3}{\sqrt{k+1}}$$

则 $n=k+1$ 时，有

$$\text{左边}=1+\frac{1}{\sqrt{2^3}}+\frac{1}{\sqrt{3^3}}+\cdots+\frac{1}{\sqrt{k^3}}+\frac{1}{\sqrt{(k+1)^3}}<$$

$$3-\frac{3}{\sqrt{k+1}}+\frac{1}{\sqrt{(k+1)^3}}=3-\frac{3k+2}{\sqrt{(k+1)^3}}$$

又

$$3-\frac{3}{\sqrt{k+2}}-\left(3-\frac{3k+2}{\sqrt{(k+1)^3}}\right)=\frac{3k+2}{\sqrt{(k+1)^3}}-\frac{3}{\sqrt{k+2}}=$$

$$\frac{(3k+2)\sqrt{k+2}-3\sqrt{(k+1)^3}}{\sqrt{(k+1)^3}\sqrt{k+2}}=$$

$$\frac{1}{\sqrt{(k+1)^3}\sqrt{k+2}}[\sqrt{9(k+1)^3+3k^2+k-1}-\sqrt{9(k+1)^3}]>0$$

所以当 $n=k+1$ 时，$1+\frac{1}{\sqrt{2^3}}+\frac{1}{\sqrt{3^3}}+\cdots+\frac{1}{\sqrt{k^3}}+\frac{1}{\sqrt{(k+1)^3}}<3-\frac{3}{\sqrt{k+2}}$ 成立，即原命题成立.

说明　要证 $A>B$，先证 $A>C$，再证 $C>B$. 这种证明不等式的方法称为放缩法，本题用了放缩法.

证法二　由 $n^3>(n-1)n(n+1)$，有

$$\frac{1}{\sqrt{n^3}}<\frac{1}{\sqrt{(n-1)n(n+1)}}=A\left(\frac{1}{\sqrt{n(n-1)}}-\frac{1}{\sqrt{n(n+1)}}\right)$$

整理得

$$A=\frac{1}{\sqrt{n+1}-\sqrt{n-1}}$$

即

$$\frac{1}{\sqrt{n^3}}<\frac{1}{\sqrt{n+1}-\sqrt{n-1}}\left(\frac{1}{\sqrt{n(n-1)}}-\frac{1}{\sqrt{n(n+1)}}\right)=$$

$$\frac{\sqrt{n+1}+\sqrt{n-1}}{2\sqrt{n}}\left(\frac{1}{\sqrt{n-1}}-\frac{1}{\sqrt{n+1}}\right)$$

又因为

$$\left[\frac{\sqrt{n+1}+\sqrt{n-1}}{2\sqrt{n}}\right]^2=\left[\frac{1}{2}\left(\sqrt{1+\frac{1}{n}}+\sqrt{1-\frac{1}{n}}\right)\right]^2=$$

$$\frac{1}{4}(1+\frac{1}{n}+2\sqrt{1-\frac{1}{n^2}}+1-\frac{1}{n})=$$

$$\frac{1}{2}(1+\sqrt{1-\frac{1}{n^2}})<1$$

所以

$$1+\frac{1}{\sqrt{2^3}}+\frac{1}{\sqrt{3^3}}+\cdots+\frac{1}{\sqrt{n^3}}<$$

$$1+\left(1-\frac{1}{\sqrt{3}}\right)+\left(\frac{1}{\sqrt{2}}-\frac{1}{\sqrt{4}}\right)+\left(\frac{1}{\sqrt{3}}-\frac{1}{\sqrt{5}}\right)+\cdots+$$

$$\left(\frac{1}{\sqrt{n-1}}-\frac{1}{\sqrt{n+1}}\right)=$$

$$1+1+\frac{1}{\sqrt{2}}-\frac{1}{\sqrt{n}}-\frac{1}{\sqrt{n+1}}<$$

$$1+1+\frac{1}{\sqrt{2}}=3$$

说明　对通项裂项的目的是相邻项能相消后,放大为合适的常数是关键.

例9　求证:存在正整数的无穷数列$\{a_n\}$:$a_1<a_2<a_3<\cdots$,使得对所有的自然数n,$a_1^2+a_2^2+\cdots+a_n^2$都是完全平方数.

分析　我们设想用数学归纳法来证明之,其关键就是由$P(k)\Rightarrow P(k+1)$,假设$a_1^2+a_2^2+\cdots+a_k^2=x^2$,$a_{k+1}^2=y^2$,则$a_1^2+a_2^2+\cdots+a_k^2+a_{k+1}^2=y^2$,若结论成立,则存在$z$,使$x^2+y^2=z^2$,由有关勾股数的知识,不难想到应将$a_1^2+a_2^2+\cdots+a_n^2$为“完全平方数”加强为“奇数的平方”.

证明　我们加强结论,证明存在正整数的无穷数列$\{a_n\}$:$a_1<a_2<a_3<\cdots$,使得对所有的自然数n,$a_1^2+a_2^2+\cdots+a_n^2$是奇数的平方数.

当$n=1$时,取$a_1=5$即可证得.

设$n=k$时,结论成立,即存在k个正数$a_1<a_2<a_3<\cdots<a_k$,使$a_1^2+a_2^2+\cdots+a_k^2$为奇数$2m+1$的平方,即

$$a_1^2+a_2^2+\cdots+a_k^2=(2m+1)^2$$

取

$$a_{k+1}=2m^2+2m$$

则

$$a_1^2+a_2^2+\cdots+a_k^2+a_{k+1}^2=(2m+1)^2+(2m^2+2m)^2=(2m^2+2m+1)^2$$
也是奇数的平方.

又因为 $a_1\geqslant 5, a_k>a_1$，所以

$$2a_{k+1}=a_1^2+a_2^2+\cdots+a_k^2-1\geqslant a_k^2-1>2a_k$$

即 $a_{k+1}>a_k$. 于是当 $n=k+1$ 时，结论也成立. 从而对一切自然数 n，结论成立.

说明　本例采用了加强命题的技巧. 加强命题，能得到一个较强的归纳假设，有时便于完成从 $P(k)$ 到 $P(k+1)$ 的过渡.

例 10　已知 $x_i\in\mathbf{R}(i=1,2,\cdots,n)$，满足 $\sum_{i=1}^{n}|x_i|=1, \sum_{i=1}^{n}x_i=0$，求证

$$\left|\sum_{i=1}^{n}\frac{x_i}{i}\right|\leqslant\frac{1}{2}-\frac{1}{2n}$$

证明　我们用数学归纳法证明加强命题：$n(n\geqslant 2)$ 个实数 $x_1,x_2,\cdots,x_n$，满足 $\sum_{i=1}^{n}|x_i|\leqslant 1, \sum_{i=1}^{n}x_i=0$，则 $\left|\sum_{i=1}^{n}\frac{x_i}{i}\right|\leqslant\frac{1}{2}-\frac{1}{2n}$.

(1) 当 $n=2$ 时，$|x_1|+|x_2|\leqslant 1, x_1+x_2=0$，则

$$|x_1|=|x_2|\leqslant\frac{1}{2}$$

$$\left|x_1+\frac{x_2}{2}\right|=\left|x_1-\frac{x_1}{2}\right|=\frac{1}{2}|x_1|\leqslant\frac{1}{4}=\frac{1}{2}-\frac{1}{2\times 2}$$

不等式成立.

(2) 假设 $n=k$ 时，不等式成立，即对 $k(k\geqslant 2)$ 个实数 $x_1,x_2,\cdots,x_k$，满足 $\sum_{i=1}^{k}|x_i|\leqslant 1, \sum_{i=1}^{k}x_i=0$，则 $\left|\sum_{i=1}^{k}\frac{x_i}{i}\right|\leqslant\frac{1}{2}-\frac{1}{2k}$.

于是当 $n=k+1$ 时，$k+1$ 个实数 $x_1,x_2,\cdots,x_{k+1}$，满足 $\sum_{i=1}^{k+1}|x_i|\leqslant 1$，$\sum_{i=1}^{k+1}x_i=0$，则（将 x_k+x_{k+1} 看成 $n=k$ 时的 x_k）

$$\sum_{i=1}^{k-1}|x_i|+|x_k+x_{k+1}|\leqslant\sum_{i=1}^{k+1}|x_i|\leqslant 1, \sum_{i=1}^{k-1}x_i+(x_k+x_{k+1})=\sum_{i=1}^{k+1}x_i=0$$

由条件又有 $|x_{k+1}|\leqslant\frac{1}{2}$，事实上，由 $x_{k+1}=-\sum_{i=1}^{k}x_i$，得

$$2|x_{k+1}|=|x_{k+1}|+\left|\sum_{i=1}^{k}x_i\right|\leqslant|x_{k+1}|+\sum_{i=1}^{k}|x_i|=\sum_{i=1}^{k+1}|x_i|\leqslant 1$$

于是 $|x_{k+1}|\leqslant\frac{1}{2}$，所以

$$\begin{aligned}\left|\sum_{i=1}^{k+1}\frac{x_i}{i}\right| &= \left|\left(\sum_{i=1}^{k-1}\frac{x_i}{i}+\frac{x_k+x_{k+1}}{k}\right)+\left(-\frac{x_{k+1}}{k}+\frac{x_{k+1}}{k+1}\right)\right| \leqslant \\ &\left|\sum_{i=1}^{k-1}\frac{x_i}{i}+\frac{x_k+x_{k+1}}{k}\right|+\left|-\frac{x_{k+1}}{k}+\frac{x_{k+1}}{k+1}\right| \leqslant \\ &\frac{1}{2}-\frac{1}{2k}+\left(\frac{1}{k}-\frac{1}{k+1}\right)|x_{k+1}| \leqslant \\ &\frac{1}{2}-\frac{1}{2k}+\frac{1}{2}\left(\frac{1}{k}-\frac{1}{k+1}\right)= \\ &\frac{1}{2}-\frac{1}{2(k+1)}\end{aligned}$$

于是当 $n=k+1$ 时,不等式也成立.

由(1),(2) 知原不等式对一切 $n \geqslant 2(n \in \mathbf{N}^*)$ 均成立.

说明　本命题可推广为:设 $a_1,a_2,\cdots,a_n;x_1,x_2,\cdots,x_n$ 都是实数,且 $\sum_{i=1}^{n}|x_i|=1,\sum_{i=1}^{n}x_i=0$,记 $a_1=\max_{1\leqslant k\leqslant n}a_k,a_n=\min_{1\leqslant k\leqslant n}a_k$,则 $\left|\sum_{k=1}^{n}a_kx_k\right| \leqslant \frac{1}{2}(a_1-a_n)$.

课外训练

1. 已知 $f(n)=(2n+7)\cdot 3^n+9$,存在自然数 m,使得对任意 $n \in \mathbf{N}$ 都能使 m 整除 $f(n)$,则最大的 m 的值为________.

2. 用数学归纳法证明 $3^k \geqslant n^3(n \geqslant 3,n \in \mathbf{N})$ 第一步应验证________.

3. 观察下列式子:$1+\frac{1}{2}<\frac{3}{2},1+\frac{1}{2^2}+\frac{1}{3^2}<\frac{5}{3},1+\frac{1}{2^2}+\frac{1}{3^2}+\frac{1}{4^2}<\frac{7}{4}$,$\cdots$,则可归纳出________.

4. 已知 $a_1=\frac{1}{2},a_{n+1}=\frac{3a_n}{a_n+3}$,则 a_2,a_3,a_4,a_5 的值分别为________,由此猜想 $a_n=$________.

5. 用数学归纳法证明 $4^{2n+1}+3^{n+2}$ 能被 13 整除,其中 $n \in \mathbf{N}^*$.

6. 若 n 为大于 1 的自然数,求证:$\frac{1}{n+1}+\frac{1}{n+2}+\cdots+\frac{1}{2n}>\frac{13}{24}$.

7. 已知数列 $\{b_n\}$ 是等差数列,$b_1=1,b_1+b_2+\cdots+b_{10}=145$.

(1) 求数列 $\{b_n\}$ 的通项公式 b_n;

(2) 设数列 $\{a_n\}$ 的通项 $a_n=\log_a\left(1+\frac{1}{b_n}\right)$(其中 $a>0$ 且 $a \neq 1$),设 S_n 是数列 $\{a_n\}$ 的前 n 项和,试比较 S_n 与 $\frac{1}{3}\log_a b_{n+1}$ 的大小,并证明你的结论.

8. 设实数 q 满足 $|q|<1$，数列 $\{a_n\}$ 满足：$a_1=2, a_2\neq 0, a_n a_{n+1}=-q^n$，求 a_n 的表达式，又如果 $\lim\limits_{n\to\infty} S_{2n}<3$，求 q 的取值范围.

9. n 个半圆的圆心在同一直线上，这 n 个半圆每两个都相交，且都在 1 的同侧，问这些半圆被所有的交点最多分成多少段圆弧？

10. 求证：用面值为 3 分和 5 分的邮票可支付任何 $n(n>7, n\in \mathbf{N})$ 分的邮资.

11. 设 $x_1, x_2, \cdots, x_n$ 是非负实数，设 $a=\min\{x_1, x_2, \cdots, x_n\}$，求证：$\sum\limits_{i=1}^{n} \dfrac{1+x_j}{1+x_{j+1}} \leqslant n+\dfrac{1}{(1+a)^2}\sum\limits_{j=1}^{n}(x_j-a)^2$（令 $x_{n+1}=x_1$），当且仅当 $x_1=x_2=\cdots=x_n$ 等号成立时.

第 35 讲　全等与相似三角形

知识呈现

1. 全等三角形的判定与性质

判定　边角边定理(SAS)、角边角定理(ASA)、角角边定理(AAS)、边边边定理(SSS).

若三角形是直角三角形还可以用斜边直角边定理 HL.

性质　全等三角形的对应边、对应角、对应中线、对应高、对应角平分线、对应位置上的线段和角都相等.

2. 相似三角形的判定与性质

判定　(1) 一个角对应相等,并且夹这个角的两边对应成比例;

(2) 两个角对应相等;

(3) 三条边对应成比例;

(4) 两个直角三角形的斜边和一条直角边对应成比例.

性质　相似三角形的对应角相等;对应边的比、对应中线的比、对应高的比、对应角平分线的比以及周长之比都等于相似比,面积的比等于相似比的平方.

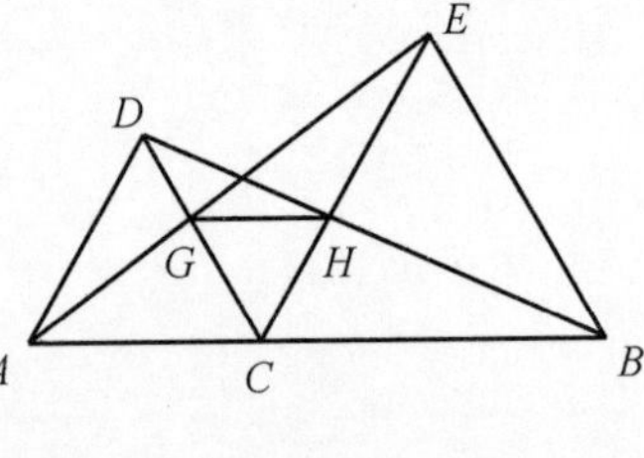

图 1

例 1　如图 1 所示,点 C 是线段 AB 上的一点,$\triangle ACD$ 和 $\triangle BCE$ 是两个等边三角形,点 D,E 在 AB 同旁,AE,BD 分别交 CD,CE 于 G,H 两点.求证:$GH \parallel AB$.

分析　要证 $GH \parallel AB$,也就是要证明 $\triangle GCH$ 为等边三角形,即要证 $CG=CH$,从而可以通过三角形全等来解决,于是有下面的证法.

证明　如图 2 所示,$\angle 1=\angle 2=\angle 3=60^\circ$,所以

$$\angle DCB=\angle ACE=120^\circ$$

又因为 $AC=CD$，$CE=CB$，所以

$$\triangle ACE \cong \triangle DCB$$

于是

$$\angle 4=\angle 5$$

又因为 $\angle 1=\angle 3$，$CB=CE$，所以

$$\triangle CGE \cong \triangle CHB$$

于是

$$CG=CH$$

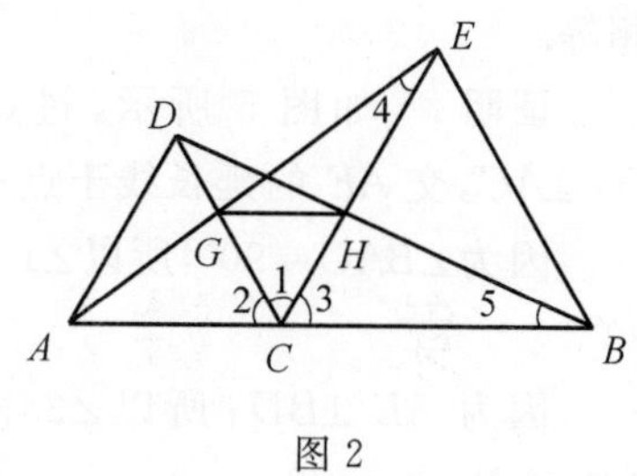

图 2

所以 $\triangle GCH$ 为等边三角形，$\angle GHC=\angle HCB=60^\circ$.

故 $GH \parallel AB$.

例 2　在 $\angle A$ 的两边上分别截取 $AB=AC$，在 AB 上取一点 E，在 AC 上取一点 D，使 $AD=AE$. 试问 BD 与 CE 的交点 P 是否在 $\angle A$ 的平分线上？

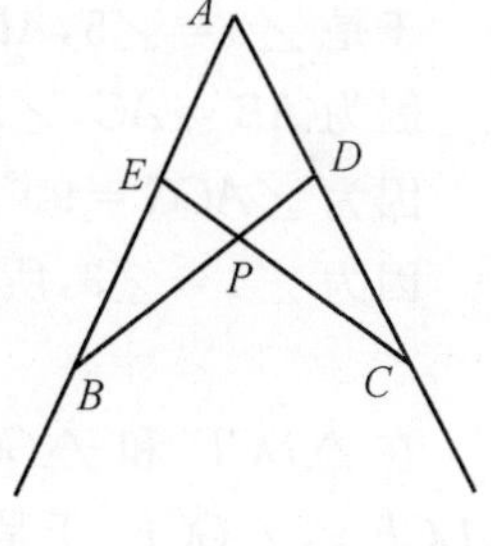

图 3

分析　要判断点 P 是否在 $\angle A$ 的平分线上，可以联结 AP，判断 $\angle BAP$ 与 $\angle CAP$ 是否相等，于是可以通过三角形全等来证明.

解　因为 $AB=AC$，$AD=AE$，$\angle A=\angle A$，所以 $\triangle ABD \cong \triangle ACE$.

于是 $\angle ABP=\angle ACP$.

又因为 $AB=AC$，$AE=AD$，所以 $BE=CD$.

又 $\angle BPE=\angle CPD$，$\angle ABP=\angle ACP$，所以

$$\triangle BPE \cong \triangle CPD$$

于是 $PE=PD$.

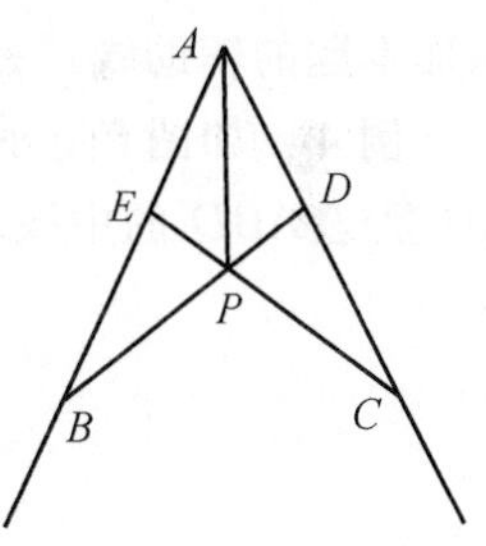

图 4

如图 4 所示，联结 AP. 又因为 $AE=AD$，$AP=AP$，$PE=PD$，所以

$$\triangle AEP \cong \triangle ADP$$

所以 $\angle BAP=\angle CAP$.

故点 P 在 $\angle BAC$ 的平分线上.

说明　(1) 本题实际上又提供了一种作角平分线的方法；

(2) 由 $\triangle BPE \cong \triangle CPD$ 可知 BE 和 CD 边上的对应高相等，从而点 P 在 $\angle BAC$ 的平分线上.

例 3　已知在等腰 Rt$\triangle ABC$ 中，$\angle A=90^\circ$，点 D 是 AC 上一点，$AE \perp BD$，AE 的延长线交 BC 于点 F，若 $\angle ADB=\angle FDC$，求证：点 D 是 AC 的中点.

分析　要证点 D 是 AC 的中点，可以构造两个全等三角形，证明两条线段

相等.

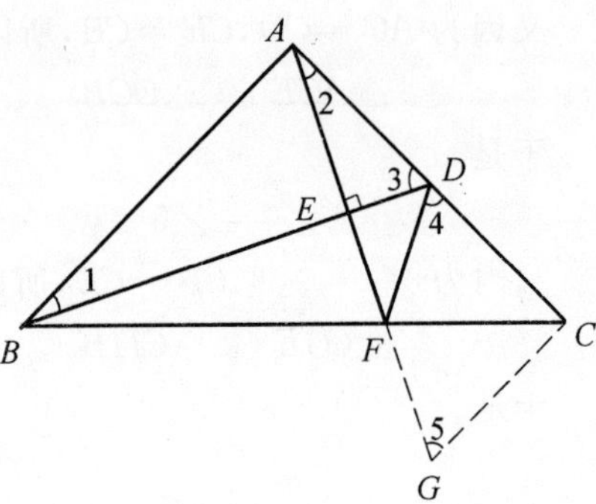

图 5

证明 如图 5 所示,过点 C 作 $CG\perp AC$,交 AE 的延长线于点 G.

因为$\angle BAC=90^\circ$,所以$\angle 1+\angle 3=90^\circ$.

因为 $AE\perp BD$,所以$\angle 2+\angle 3=90^\circ$. 于是$\angle 1=\angle 2$.

在 $\triangle ABD$ 与 $\triangle CAG$ 中,$\angle BAD=\angle ACG=90^\circ$,$AB=CA$,$\angle 1=\angle 2$,所以 $\mathrm{Rt}\triangle ABD\cong \mathrm{Rt}\triangle CAG$.

于是 $\angle 3=\angle 5$,$AD=CG$.

因为 $AB=AC$,$\angle BAC=90^\circ$,所以 $\angle ACB=45^\circ$.

因为 $\angle ACG=90^\circ$,所以 $\angle GCF=45^\circ$.

因为 $\angle 4=\angle 3$,所以

$$\angle 4=\angle 5$$

在 $\triangle DCF$ 和 $\triangle GCF$ 中,$\angle 4=\angle 5$,$\angle DCF=\angle GCF$,$CF=CF$,所以 $\triangle DCF\cong\triangle GCF$. 于是 $DC=GC$. 所以 $AD=DC$.

说明 事实上本题由等腰直角三角形可以补成正方形,很自然地就可以添加本题的辅助线,“补形”是添辅助线常用的方法之一.

例 4 如图 6 所示,已知在 $\triangle ABC$ 中,$BC=2AB$,AD 是 BC 边上的中线,AE 是 $\triangle ABD$ 的中线. 求证:$AC=2AE$.

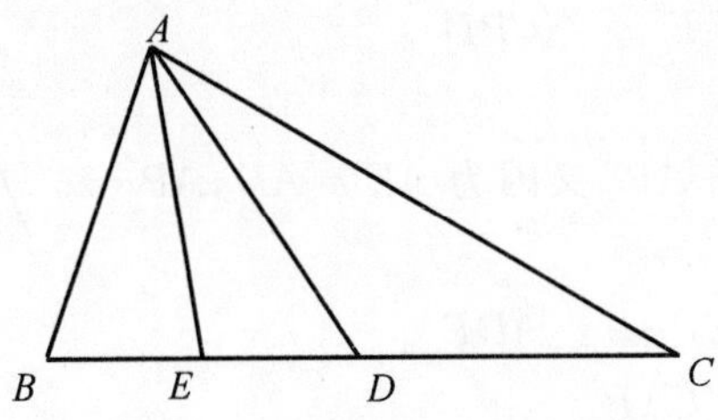

图 6

分析 本题涉及中点和倍差关系,因此可以利用中点的性质和截长补短的方法作辅助线,从而有下列证法.

证法一 如图 7 所示,延长 AE 到点 F,使 $AE=EF$,联结 BF,DF.

在 $\triangle ABE$ 与 $\triangle FDE$ 中,因为 $AE=FE$,$BE=DE$,$\angle 1=\angle 2$,所以

$$\triangle ABE\cong\triangle FDE$$

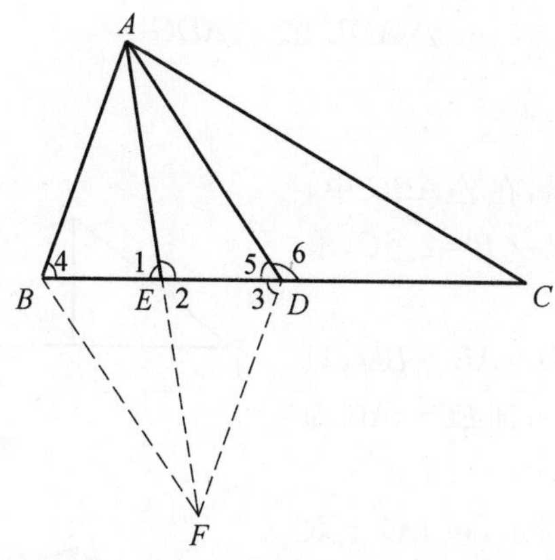

图 7

于是 $AB=FD$，$\angle 4=\angle 3$.

因为 $BC=2AB$，点 D 为 BC 的中点，所以 $AB=CD$，于是 $DF=DC$.

在 $\triangle ADC$ 与 $\triangle ADF$ 中，因为 $\angle 6=\angle 4+\angle 5$，又因为 $\angle ADF=\angle 3+\angle 5$，而 $\angle 4=\angle 3$，所以 $\angle 6=\angle ADF$，$AD=AD$，$DC=DF$.

于是 $\triangle ADC \cong \triangle ADF$.

所以 $AF=AC$，即 $AC=2AE$.

证法二　如图 8 所示，取 AC 的中点 G，联结 DG.

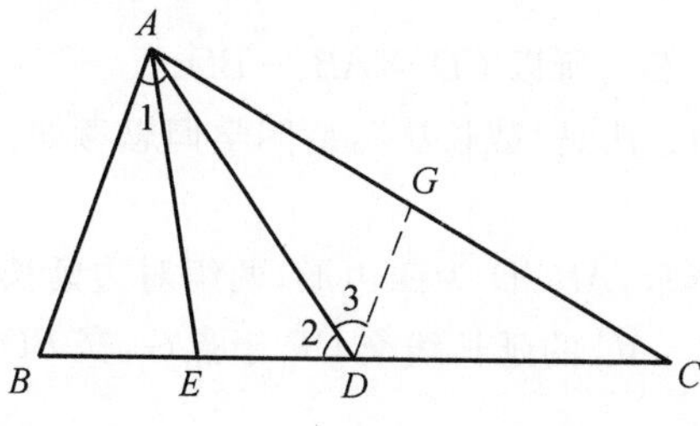

图 8

因为 $BD=DC$，$AG=GC$，所以 $DG\parallel AB$ 且 $DG=\frac{1}{2}AB$.

于是 $\angle 1=\angle 3$.

因为 $2AB=BC$，点 D 为 BC 的中点，所以 $AB=DB$.

于是 $\angle 1=\angle 2$，所以 $\angle 2=\angle 3$.

因为点 E 为 BD 的中点，所以 $DE=\frac{1}{2}BD=\frac{1}{2}AB$.

在 $\triangle ADE$ 与 $\triangle ADG$ 中，因为 $AD=AD$，$ED=DG$，$\angle 2=\angle 3$，所以

$$\triangle ADE \cong \triangle ADG$$

故 $AE = AG = \frac{1}{2}AC$.

例 5 如图 9 所示,在 $\triangle ABC$ 中,故 BC 上的高为 AD,又 $\angle B = 2\angle C$,求证:$CD = AB + BD$.

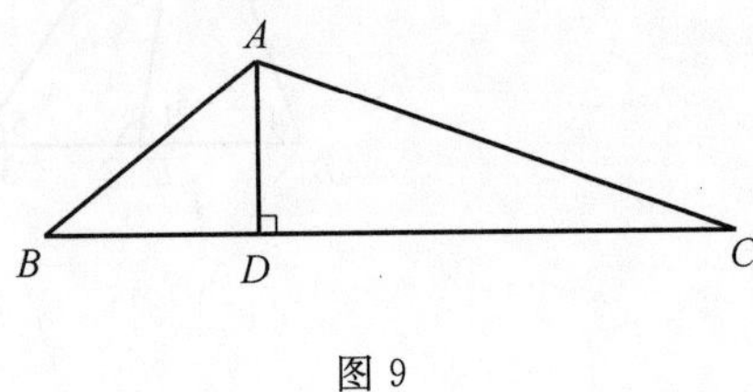

图 9

分析 要证明 $CD = AB + BD$,只要在 DC 上取 $DE = BD$,证 $EC = AB$ 即可.

证明 如图 10 所示,在 DC 上取 $DE = BD$,联结 AE.

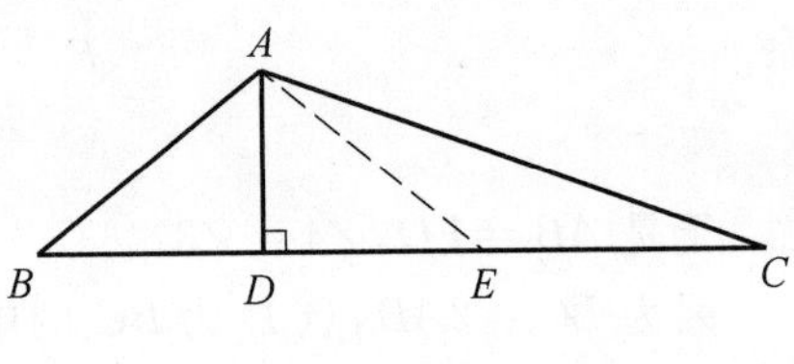

图 10

在 $\triangle ADE$ 与 $\triangle ADB$ 中,$AD = AD$,$\angle ADE = \angle ADB$,$DE = DB$,所以 $\triangle ADE \cong \triangle ADB$.

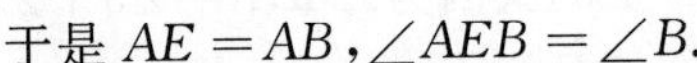

于是 $AE = AB$,$\angle AEB = \angle B$.

因为 $\angle B = 2\angle C$,所以 $\angle AEB = 2\angle C$.

因为 $\angle AEB = \angle C + \angle EAC$,所以 $\angle C = \angle EAC$.

于是 $AE = EC$.

所以 $AB = EC$.

因为 $DC = DE + EC$,所以 $CD = AB + BD$.

说明 本题用的方法是"截长法",请同学们思考如何用"补短法"进行证明.

例 6 如图 11 所示,$ABCD$ 为四边形,两组对边延长后得交点 E,F,联结 EF,对角线 $BD \parallel EF$,AC 的延长线交 EF 于点 G,交 BD 于点 M. 求证:$EG = GF$.

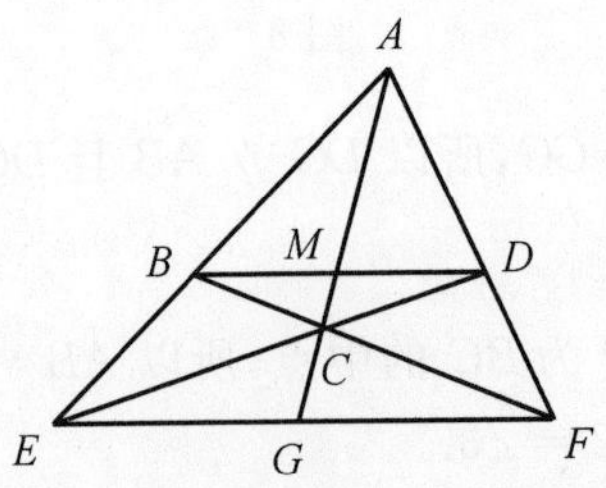

图 11

分析 由 $BD \parallel EF$ 可以得到三角形相似,从而对应线段成比例,于是可以有下面的证法.

证明　如图 11 所示,因为 $BD \parallel EF$,所以 $\triangle ABM \backsim \triangle AEG$,$\triangle AMD \backsim \triangle AGF$.

于是$\frac{BM}{EG}=\frac{AM}{AG}=\frac{MD}{GF}$,即

$$\frac{BM}{EG}=\frac{MD}{GF} \quad ①$$

又因为 $BD \parallel EF$,所以 $\triangle CBM \backsim \triangle CFG$,$\triangle CMD \backsim \triangle CGE$.

于是$\frac{BM}{GF}=\frac{MG}{CG}=\frac{MD}{EG}$,即

$$\frac{BM}{GF}=\frac{MD}{EG} \quad ②$$

由 ① ÷ ② 得$\frac{GF}{EG}=\frac{EG}{GF}$,所以 $EG=GF$.

说明　本题可以用面积法来证明:如图 12 所示,过点 C 作 EF 的平行线分别交 AE,AF 于 M,N 两点.由 $BD \parallel EF$,可知 $MN \parallel BD$.易知

$$S_{\triangle BEF}=S_{\triangle DEF}$$

有 $S_{\triangle BEC}=S_{\triangle DFC}$.

由两条平行线间距离相等可得 $MC=CN$.

所以 $EG=GF$.

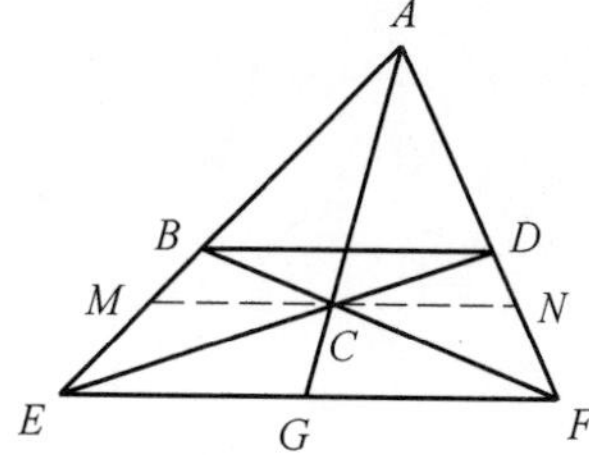

图 12

例 7　如图 13 所示,AB 是圆 O 的直径,PB 是圆 O 的切线,且 $PB=AB$,过点 B 作 PO 的垂线,分别交 PO,PA 于点 C,D.

(1) 求证:$PC : PB=BC : AO$;

(2) 若 $AD=a$,求 PD 的长.

证明　(1) 因为 PB 是圆O 的切线,所以 $OB \perp BP$.因为 $PC \perp BD$,所以 $\mathrm{Rt}\triangle CBO \backsim \mathrm{Rt}\triangle PCB$.于是$\frac{PB}{PC}=\frac{BO}{CB}$.因为 $AO=BO$,所以$\frac{PB}{PC}=\frac{AO}{CB}$.

(2) 如图 14 所示,过点 O 作 $OK \parallel AD$ 交 BC 于点 K,则 $OK=\frac{1}{2}AD$.其次,可以证明 $\triangle OKC \backsim \triangle PDC$,$\triangle BOC \backsim \triangle PBC \backsim \triangle POB$ 则

$$\frac{OK}{PD}=\frac{CO}{PC}=\frac{OC \cdot PO}{PC \cdot PO}=\frac{OB \cdot OB}{PB \cdot PB}=\frac{1}{4}$$

所以 $PD=2a$.

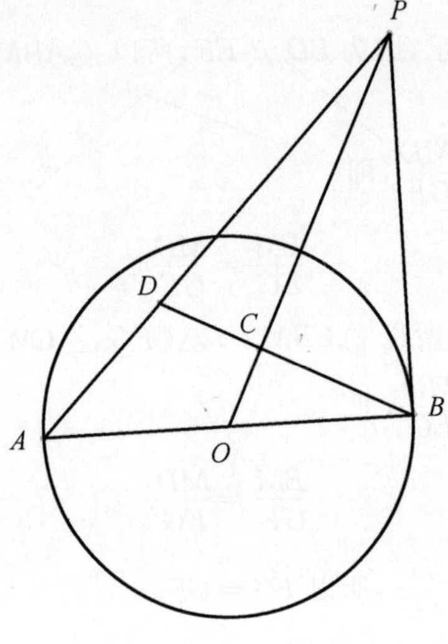

图 13

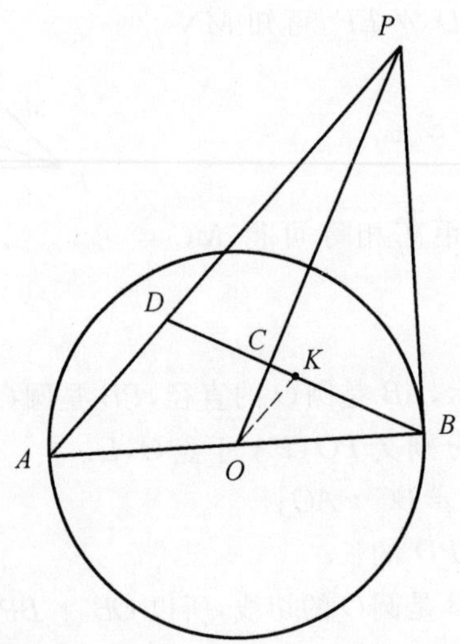

图 14

例 8 如图 15 所示,已知 $\triangle ABC$ 中,$AB=AC$,$\angle A=100^\circ$,$\angle B$ 的平分线交 AC 于点 D,求证:$AD+BD=BC$.

分析 因为 $AD+BD=BC$,所以可以用截长补短的方法.

证法一 如图 16 所示,在 BC 上截取 $BE=BD$,联结 ED.

因为 $AB=AC$,$\angle A=100^\circ$,所以 $\angle ABC=\angle C=40^\circ$.

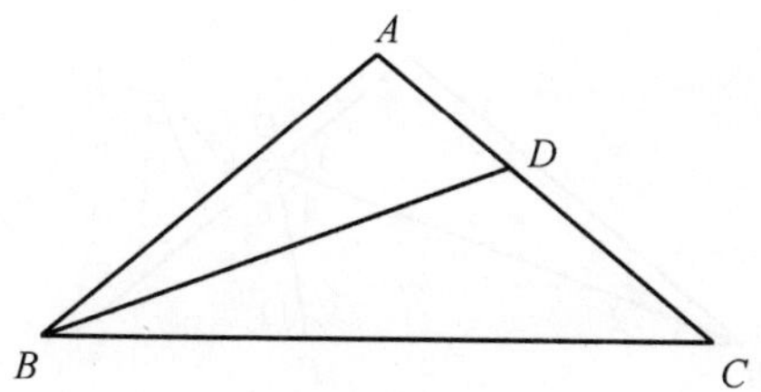

图15

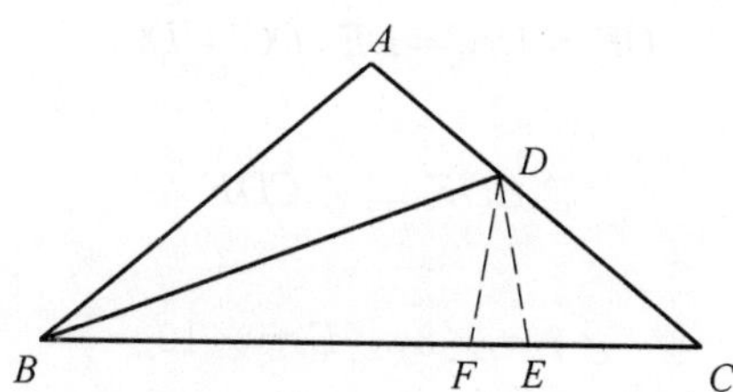

图16

因为 BD 平分 $\angle ABC$，所以 $\angle DBE=20°$.

所以 $\angle BED=80°$.

于是 $\angle DEC=100°$.

所以 $\angle EDC=40°=\angle C$.

于是 $DE=CE$.

在 BC 上取 $BF=BA$，在 $\triangle ABD$ 和 $\triangle FBD$ 中，有

$$BA=BF,\angle ABD=\angle FBD,BD=BD$$

所以 $\triangle ABD\cong\triangle FBD$.

于是 $DF=AD$，$\angle BFD=\angle A=100°$.

所以 $\angle DFE=80°=\angle DEF$.

所以 $DF=DE$.

于是 $AD=CE$.

所以 $AD+BD=BC$.

证法二　如图17所示，延长 BD 到点 E，使 $DE=AD$. 联结 EC，在 BC 上取点 F，使得 $BF=BA$.

因为 $\angle 1=\angle 2$，$BA=BF$，$BD=BD$，所以 $\triangle ABD\cong\triangle FBD$.

于是 $\angle 9=\angle A=100°$，$\angle 3=\angle 4$，$DA=DE$.

在 $\triangle CDF$ 与 $\triangle CDE$ 中，因为

$$\angle 6=\angle 9-\angle 7=60°,\angle 5=\angle 3=180°-\angle 1-\angle A=60°$$

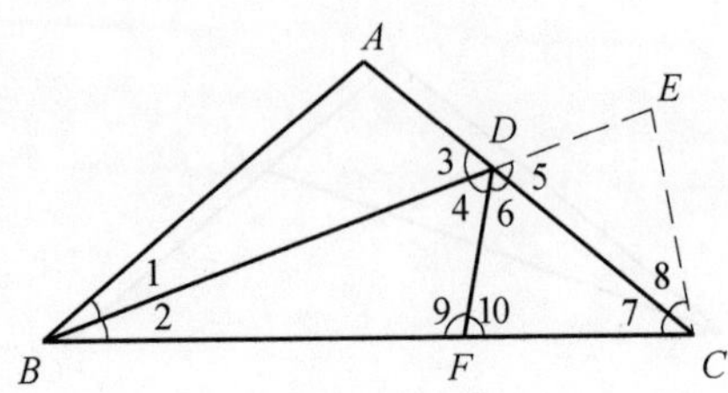

图 17

$$DF = DA = DE, DC = DC$$

所以

$$\triangle CDE \cong \triangle CDF$$

于是

$$\angle 7 = \angle 8, \angle E = \angle 10$$

所以

$$\angle 7 + \angle 8 = 2\angle 7 = 80^\circ, \angle E = \angle 10 = 180^\circ - \angle 9 = 80^\circ$$

于是

$$\angle 7 + \angle 8 = \angle E$$

所以

$$BC = BE = BD + DE = BD + DA$$

例 9　如图 18 所示,在 $\triangle ABC$ 中,$AB = AC$,点 D 是底边 BC 上一点,E 是线段 AD 上一点且 $\angle BED = 2\angle CED = \angle A$. 求证:$BD = 2CD$.

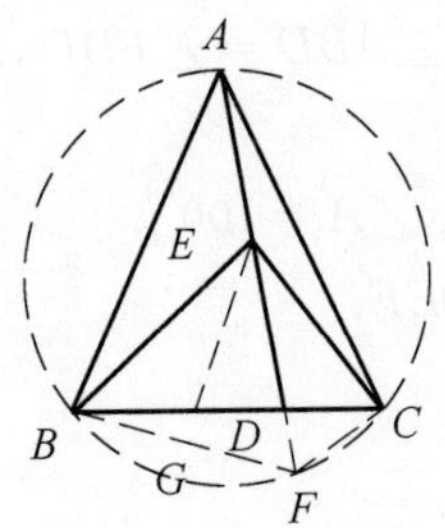

图 18

分析　关键是寻求 $\angle BED = 2\angle CED$ 与结论的联系.

容易想到作 $\angle BED$ 的平分线,但因 $BE \neq ED$,所以不能直接证出 $BD = 2CD$. 若延长 AD 交 $\triangle ABC$ 的外接圆于点 F,则可得 $EB = EF$.

证明　如图 18 所示,延长 AD 与 $\triangle ABC$ 的外接圆交于点 F,联结 CF 与 BF,则

$$\angle BFA=\angle BCA=\angle ABC=\angle AFC$$

即 $\angle BFD=\angle CFD$. 故 $BF:CF=BD:DC$.

又 $\angle BEF=\angle BAC$, $\angle BFE=\angle BCA$, 所以

$$\angle FBE=\angle ABC=\angle ACB=\angle BFE$$

故 $EB=EF$.

作 $\angle BEF$ 的平分线交 BF 于点 G, 则 $BG=GF$.

因为

$$\angle GEF=\frac{1}{2}\angle BEF=\angle CEF, \angle GFE=\angle CFE$$

所以 $\triangle FEG\cong\triangle FEC$. 从而 $GF=FC$.

于是, $BF=2CF$. 故 $BD=2CD$.

例 10　已知 AD 是 $\triangle ABC$ 的角平分线, 求证: $AD^2=AB\cdot AC-BD\cdot DC$.

分析　由线段的乘积关系联想到三角形相似的相似比, 从而可以构造相似三角形.

证明　如图 19 所示, 作 $\angle ABE=\angle ADC$, 交 AD 的延长线于点 E. 由 AD 是 $\triangle ABC$ 的角平分线得 $\triangle ABE\backsim\triangle ADC$, 所以 $\frac{AB}{AD}=\frac{AE}{AC}$, 即

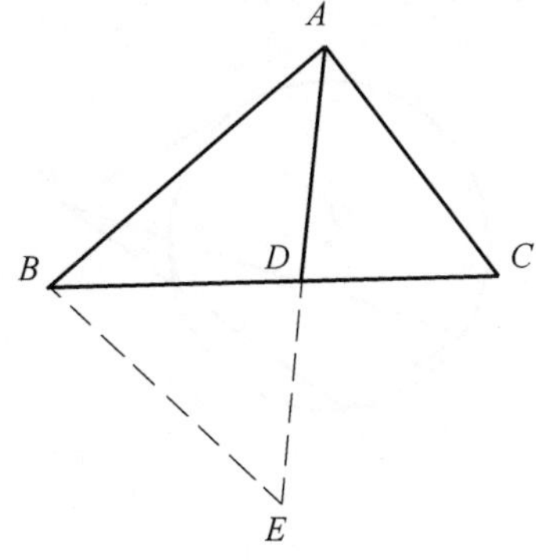

图 19

$$AB\cdot AC=AD\cdot AE \qquad ①$$

显然 $\triangle ADC\backsim\triangle BDE$, 所以 $\frac{BD}{AD}=\frac{DE}{DC}$, 即

$$BD\cdot DC=AD\cdot DE \qquad ②$$

① − ② 可得

$$AD^2=AB\cdot AC-BD\cdot DC$$

说明　本题也可以作 $\triangle ABC$ 的外接圆, 利用圆的性质来研究.

课外训练

1. 在 $\triangle ABC$ 中，$AB=AC$，$CF\perp AB$，$BE\perp AC$，BE 和 CF 交于点 H，如图 20 所示，求证：AH 平分 $\angle BAC$.

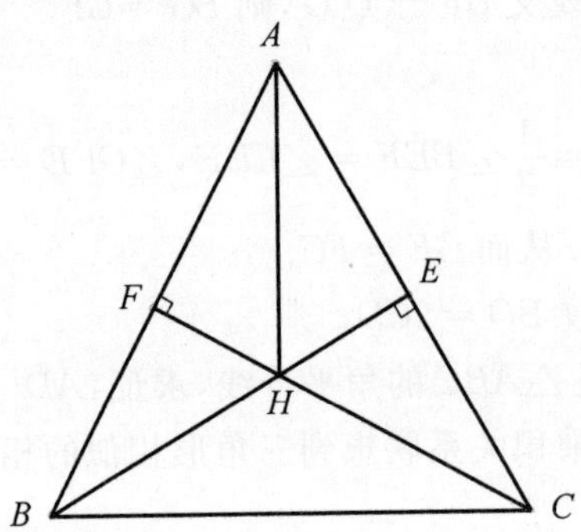

图 20

2. 如图 21 所示，PT 切圆 O 于点 T，PAB，PCD 是割线，弦 $AB=35$ cm，弦 $CD=50$ cm，$AC:DB=1:2$，求 PT 的长.

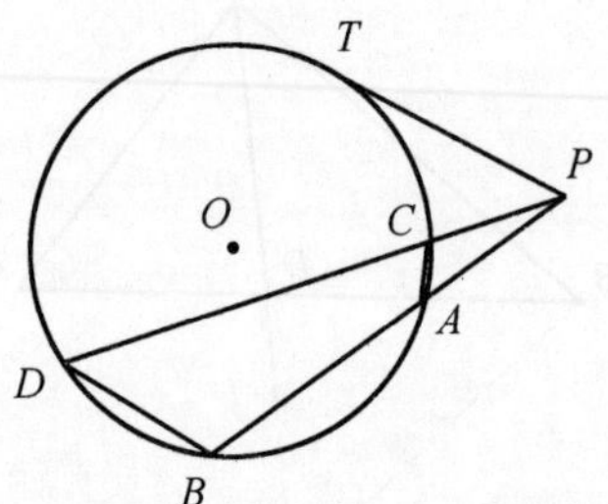

图 21

3. 如图 22 所示，$AB=BC=CA=AD$，$AH\perp CD$ 于点 H，$CP\perp BC$，CP 交 AH 于点 P. 求证：$S_{\triangle ABC}=\dfrac{\sqrt{3}}{4}AP\cdot BD$.

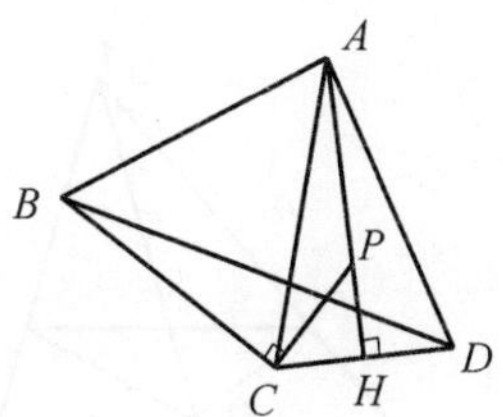

图 22

4. 如图 23 所示，AB 是圆的直径，点 C 是 AB 延长线上的一点，CD 切半圆于点 D，且 $CD=2$，$DE\perp AB$，垂足 E，且 $AE:EB=4:1$. 求 BC 的长.

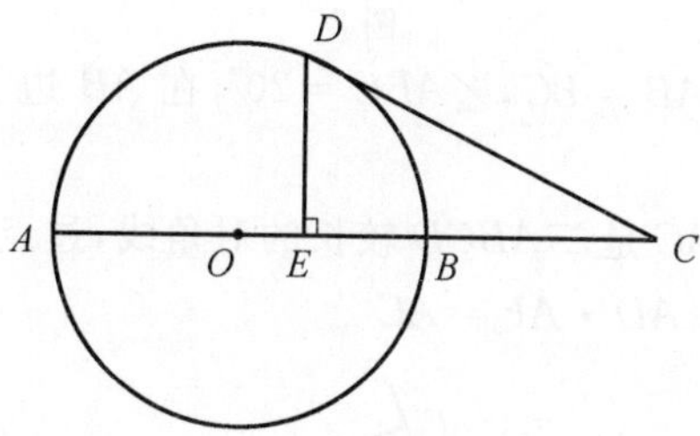

图 23

5. AD 是 $\mathrm{Rt}\triangle ABC$ 斜边 BC 上的高，$\angle B$ 的平分线交 AD 于点 M，交 AC 于点 N. 求证：$AB^2-AN^2=BM\cdot BN$.

6. 设点 P，Q 为线段 BC 上的两点，且 $BP=CQ$，点 A 为 BC 外一动点(图 24). 当点 A 运动到使 $\angle BAP=\angle CAQ$ 时，$\triangle ABC$ 是什么三角形？请证明你的结论.

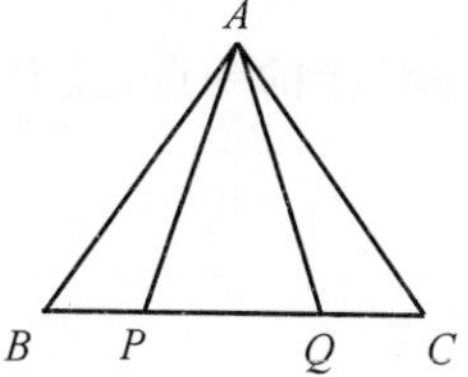

图 24

7. 已知点 O 为 $\triangle ABC$ 底边上中线 AD 上的任一点，如图 25 所示，BO，CO 的延长线分别交对边于 E，F 两点. 求证：$EF\parallel BC$.

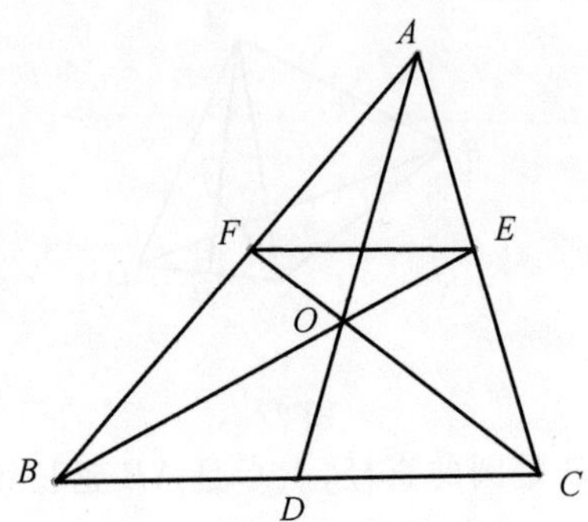

图 25

8. 在 $\triangle ABC$ 中，$AB=BC$，$\angle ABC=20°$，在 AB 边上取一点 M，使 $BM=AC$，求 $\angle AMC$.

9. 如图 26 所示，AC 是 $\square ABCD$ 较长的对角线，过点 C 作 $CF\perp AF$，$CE\perp AE$. 求证：$AB\cdot AE+AD\cdot AF=AC^2$.

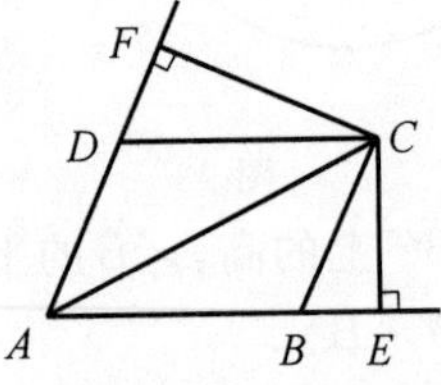

图 26

10. 已知点 E 是 $\triangle ABC$ 的外接圆劣弧 BC 的中点，求证：$AB\cdot AC=AE^2-BE^2$.

11. 设点 P 为 $\triangle ABC$ 边 BC 上的一点，且 $PC=2PB$. 已知 $\angle ABC=45°$，$\angle APC=60°$，求 $\angle ACB$.

第 36 讲　圆中的比例线段与根轴

知识呈现

相交弦定理　圆内的两条相交弦被交点分成的两条线段的积相等.

切割线定理　从圆外一点引圆的切线和割线,切线长是这点到割线与圆交点的两条线段长的比例中项.

割线定理　从圆外一点引圆的两条割线,这一点到每条割线与圆的交点的两条线段长的积相等.

上述三个定理统称为圆幂定理,它们的发现距今已有两千多年的历史,它们有下面的同一形式:

圆幂定理　过一定点作两条直线与圆相交,则定点到每条直线与圆的交点的两条线段的积相等,即它们的积为定值.

这里的切线可以看作割线的特殊情形,切点看作是两个重合的交点.若定点到圆心的距离为 d,圆半径为 r,则这个定值为 $|d^2-r^2|$.

当定点在圆内时,$d^2-r^2<0$, $|d^2-r^2|$ 等于过定点的最小弦的一半的平方;

当定点在圆上时,$d^2-r^2=0$;

当定点在圆外时,$d^2-r^2>0$,d^2-r^2 等于从定点向圆所引切线长的平方.

特别地,我们把 d^2-r^2 称为定点对于圆的幂.

一般地,两圆的"根轴"我们有如下结论:到两圆等幂的点的轨迹是与此两圆的连心线垂直的一条直线;如果此两圆相交,那么该轨迹是此两圆的公共弦所在的直线.这条直线称为两圆的"根轴".

一般地,对于根轴我们有如下结论:三个圆两两的根轴如果不互相平行,那么它们交于一点,这一点称为三圆的"根心".三个圆的根心对于三个圆等幂.当三个圆两两相交时,三条公共弦(就是两两的根轴)所在的直线交于一点.

典例展示

例 1　如图 1 所示,在四边形 $ABCD$ 中,$AB \parallel CD$,$AD=DC=DB=p$,$BC=q$.求对角线 AC 的长.

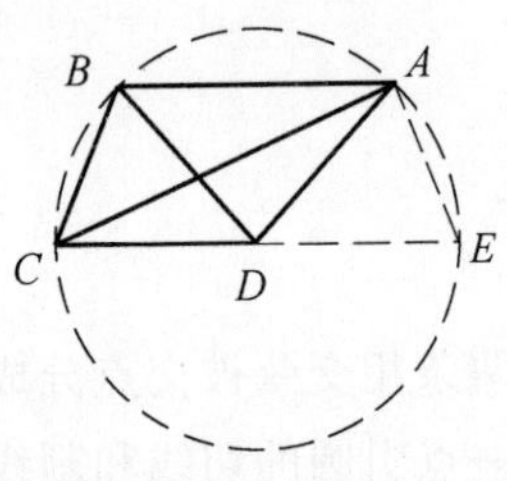

图 1

分析　由“$AD=DC=DB=p$”可知点 A,B,C 在半径为 p 的圆 D 上.利用圆的性质即可找到 AC 与 p,q 的关系.

解　如图 1 所示,延长 CD 交半径为 p 的圆 D 于点 E,联结 AE.显然点 A,B,C 在圆 D 上.因为 $AB \parallel CD$,所以 $\overset{\frown}{BC}=\overset{\frown}{AE}$.从而,$BC=AE=q$.在 $\triangle ACE$ 中,$\angle CAE=90^\circ$,$CE=2p$,$AE=q$,故 $AC=\sqrt{CE^2-AE^2}=\sqrt{4p^2-q^2}$.

例 2　如图 2 所示,AB 切圆 O 于点 B,点 M 为 AB 的中点,过 M 作圆 O 的割线 MD 交圆 O 于 C,D 两点,联结 AC 并延长交圆 O 于点 E,联结 AD 交圆 O 于点 F.求证:$EF \parallel AB$.

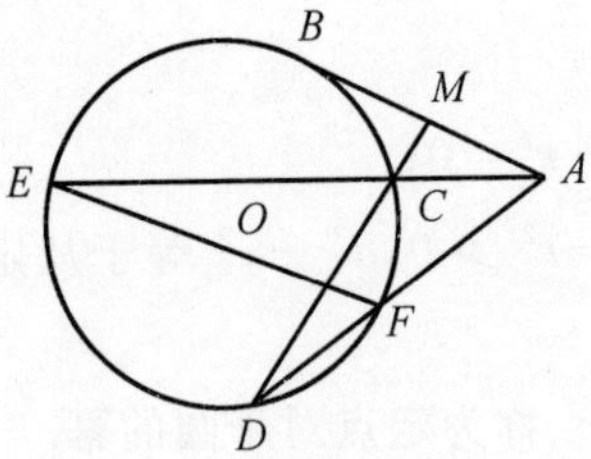

图 2

分析　要证明 $EF \parallel AB$,可以证内错角相等,即要证 $\angle MAE=\angle AEF$,而 $\angle CEF=\angle CDF$,即要证 $\angle MAC=\angle MDA$,于是可以通过三角形相似,证明对应角相等.

证明　因为 AB 是圆 O 的切线,点 M 是 AB 的中点,所以

$$MA^2=MB^2=MC\cdot MD$$

于是 $\triangle MAC \backsim \triangle MDA$.

所以 $\angle MAC = \angle MDA$.

因为 $\angle CEF = \angle CDF$，所以 $\angle MAE = \angle AEF$.

故 $EF \parallel AB$.

例 3　如图 3 所示，AD 是 $\mathrm{Rt}\triangle ABC$ 斜边 BC 上的高，$\angle B$ 的平分线交 AD 于点 M，交 AC 于点 N. 求证：$AB^2 - AN^2 = BM \cdot BN$.

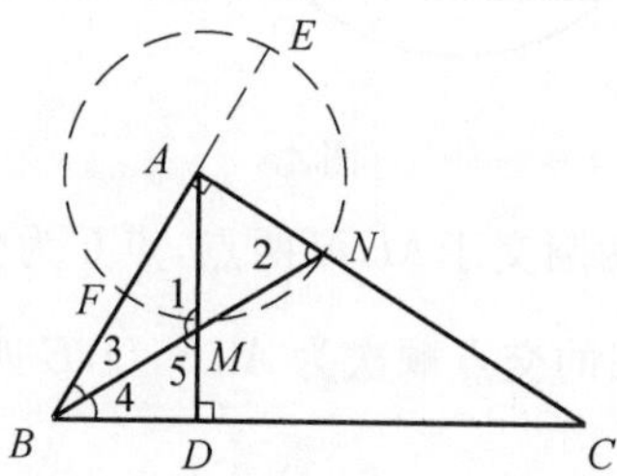

图 3

分析　因为 $AB^2 - AN^2 = (AB + AN)(AB - AN) = BM \cdot BN$，而由题设易知 $AM = AN$，联想割线定理，构造辅助圆即可证得结论.

证明　如图 3 所示，因为 $\angle 2 + \angle 3 = \angle 4 + \angle 5 = 90^\circ$，又 $\angle 3 = \angle 4$，$\angle 1 = \angle 5$，所以 $\angle 1 = \angle 2$. 从而，$AM = AN$.

以 AM 长为半径作圆 A，交 AB 于点 F，交 BA 的延长线于点 E，则

$$AE = AF = AN$$

由割线定理有

$$\begin{aligned} BM \cdot BN = BF \cdot BE = (AB + AE)(AB - AF) = \\ (AB + AN)(AB - AN) = \\ AB^2 - AN^2 \end{aligned}$$

即

$$AB^2 - AN^2 = BM \cdot BN$$

例 4　如图 4 所示，圆 O 内的两条弦 AB，CD 的延长线交于圆外一点 E，由点 E 引 AD 的平行线与直线 CB 交于点 F，作切线 FG，点 G 为切点. 求证：$EF = FG$.

证明　因为 $EF \parallel AD$，所以 $\angle FEA = \angle A$. 因为 $\angle C = \angle A$，所以 $\angle C = \angle FEA$，于是 $\triangle FEB \backsim \triangle FCE$. 所以 $FE^2 = FB \cdot FC$. 因为 FG 是圆 O 的切线，所以 $FG^2 = FB \cdot FC$. 所以 $EF = FG$.

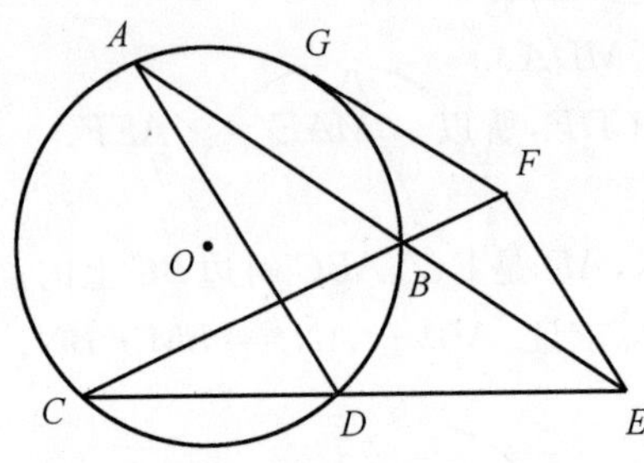

图 4

例 5 如图 5 所示,两圆交于 M,N 两点,点 C 为公共弦 MN 上任意一点,过点 C 任意作直线与两圆的交点顺次为 A,B,D,E 四点. 求证:$\frac{AB}{BC}=\frac{ED}{DC}$.

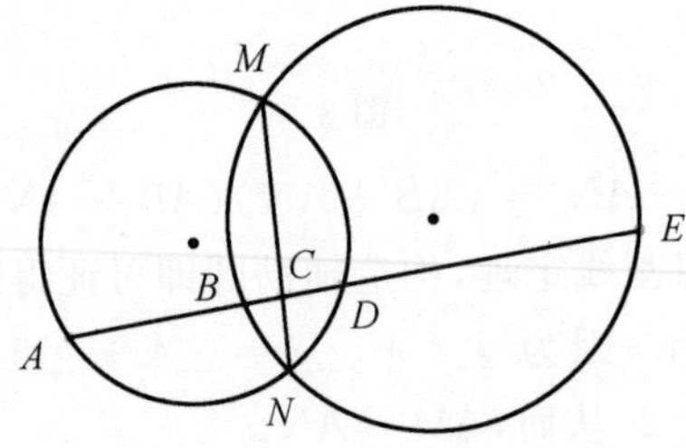

图 5

证明 根据相交弦定理,得

$$MC\cdot CN=AC\cdot CD,MC\cdot CN=BC\cdot CE$$

所以

$$AC\cdot CD=BC\cdot CE$$

于是

$$(AB+BC)\cdot CD=BC\cdot(CD+DE)$$

于是 $AB\cdot CD=BC\cdot DE$,即$\frac{AB}{BC}=\frac{ED}{DC}$.

例 6 如图 6 所示,四边形 $ABCD$ 是圆 O 的内接四边形,延长 AB 和 DC 相交于点 E,延长 AD 和 BC 交于点 F,EP 和 FQ 分别切圆 O 于 P,Q 两点. 求证:$EP^2+FQ^2=EF^2$.

分析 因 EP 和 FQ 是圆 O 的切线,由结论联想到切割线定理,构造辅助圆使 EP,FQ 向 EF 转化.

证明 如图 6 所示,作 $\triangle BCE$ 的外接圆交 EF 点于 G,联结 CG.

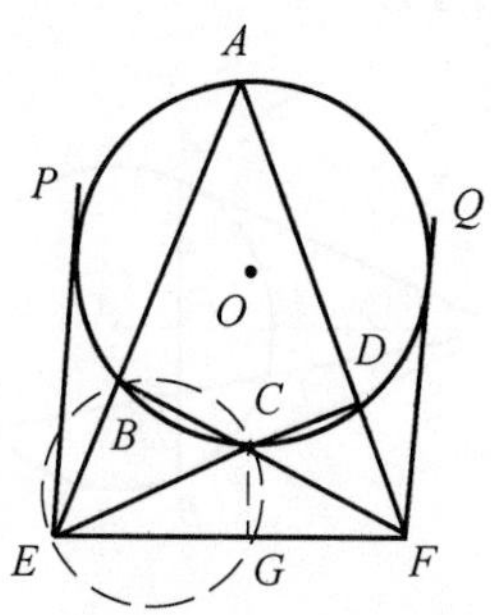

图 6

因为 $\angle FDC = \angle ABC = \angle CGE$，所以 F,D,C,G 四点共圆.

由切割线定理，有

$$EF^2 = (EG + GF)\cdot EF = EG\cdot EF + GF\cdot EF = EC\cdot ED + FC\cdot FB = EC\cdot ED + FC\cdot FB = EP^2 + FQ^2$$

即

$$EP^2 + FQ^2 = EF^2$$

例 7　如图 7 所示，AB 是圆 O 的直径，$ME \perp AB$ 于点 E，点 C 为圆 O 上任一点，AC，EM 交于点 D，BC 交 DE 于点 F. 求证：$EM^2 = ED\cdot EF$.

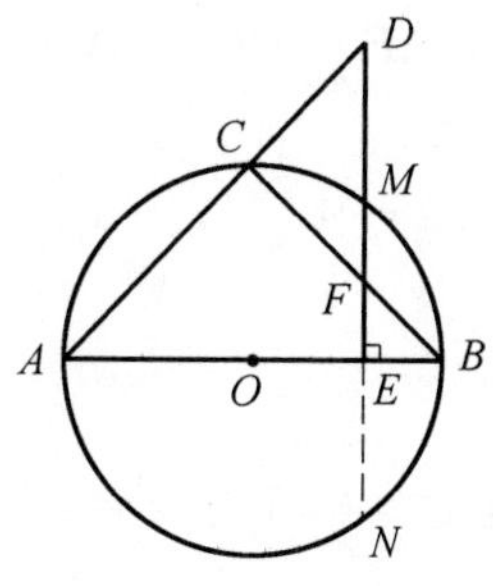

图 7

证明　如图 7 所示，延长 ME 与圆 O 交于点 N.

由相交弦定理，得 $EM\cdot EN = EA\cdot EB$，但 $EM = EN$，所以

$$EM^2 = EA\cdot EB$$

因为 $MN \perp AB$，所以 $\angle B = 90° - \angle BFE = \angle D$，故 $\triangle AED \backsim \triangle FEB$.

所以 $AE : ED = FE : EB$，即 $EA\cdot EB = ED\cdot EF$. 所以 $EM^2 = ED\cdot EF$.

例 8　如图 8 所示，PA，PB 是圆 O 的两条切线，PEC 是圆 O 的一条割线，

点 D 是 AB 与 PC 的交点,若 $PE=2$,$CD=1$,求 DE 的长.

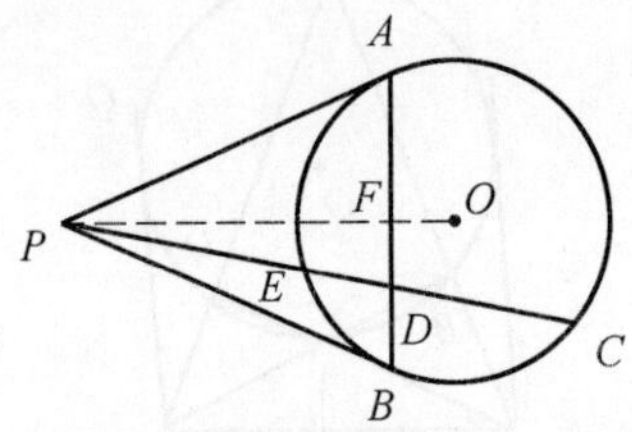

图 8

解 设 $DE=x$,联结 PO 交 AB 于点 F,因为 $PA^2=PE\cdot PC=2(3+x)$.
在 Rt$\triangle PAF$ 中,$PA^2=PF^2+AF^2$.

所以

$$PF^2+AF^2=2(3+x) \tag{①}$$

在 Rt$\triangle PDF$ 中,$PF^2+DF^2=PD^2$.

所以

$$PF^2+DF^2=(2+x)^2 \tag{②}$$

①-② 得

$$AF^2-DF^2=2(3+x)-(2+x)^2$$

因为

$$AF^2-DF^2=(AF+DF)(AF-DF)=AD\cdot BD=DE\cdot CD=x\cdot 1$$

所以

$$6+2x-4-4x-x^2=x$$

即

$$x^2+3x-2=0$$

所以 $x=\dfrac{-3\pm\sqrt{17}}{2}$,但 $x>0$,于是 $x=\dfrac{\sqrt{17}-3}{2}$,所以 $DE=\dfrac{\sqrt{17}-3}{2}$.

例 9 如图 9 所示,自圆外一点 P 向圆 O 引割线与圆交于 R,S 两点,又作切线 PA,PB,A,B 为切点,AB 与直线 PR 交于点 Q.

求证:$\dfrac{1}{PR}+\dfrac{1}{PS}=\dfrac{2}{PQ}$.

分析 要证 $\dfrac{1}{PR}+\dfrac{1}{PS}=\dfrac{2}{PQ}$ 成立,也就是要证 $\dfrac{1}{PR}-\dfrac{1}{PQ}=\dfrac{1}{PQ}-\dfrac{1}{PS}$ 成立,即 $\dfrac{RQ}{PR}=\dfrac{QS}{PS}$. 也就是要证明 $\dfrac{RQ}{QS}=\dfrac{PR}{PS}$ 成立. 于是可通过三角形相似及圆中的比例线段来证.

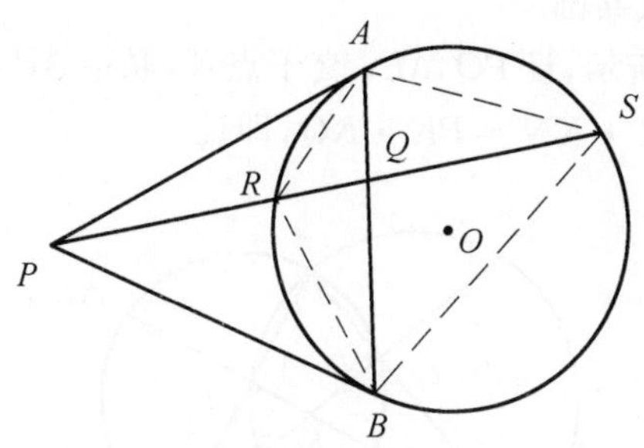

图 9

证明　如图 9 所示，联结 AR，AS，RB，BS，因为 PA 是圆 O 的切线，所以 $\angle PAR=\angle PSA$.

又因为 $\angle APR=\angle SPA$，所以 $\triangle PAR\backsim\triangle PSA$.

于是

$$\frac{PA}{PS}=\frac{AR}{AS}=\frac{PR}{PA}$$

所以 $\frac{PA}{PS}\cdot\frac{PR}{PA}=\left(\frac{AR}{AS}\right)^2$，即 $\frac{PR}{PS}=\frac{AR^2}{AS^2}$.

同理，$\frac{PR}{PS}=\frac{BR^2}{BS^2}$. 所以 $\frac{AR^2}{AS^2}=\frac{BR^2}{BS^2}$，即 $\frac{AR}{AS}=\frac{BR}{BS}$.

又因为 $\angle RAQ=\angle BSQ$，$\angle AQR=\angle SQB$，所以 $\triangle AQR\backsim\triangle SQB$，于是

$$\frac{AR}{SB}=\frac{AQ}{SQ}=\frac{RQ}{BQ}$$

同理 $\triangle AQS\backsim\triangle RQB$，所以 $\frac{BR}{SA}=\frac{RQ}{AQ}=\frac{BQ}{SQ}$.

于是

$$\frac{AR}{SB}\cdot\frac{BR}{SA}=\frac{AQ}{SQ}\cdot\frac{RQ}{AQ}=\frac{RQ}{SQ}$$

又因为 $\frac{AR}{AS}=\frac{BR}{BS}$，所以 $\frac{RQ}{SQ}=\frac{AR^2}{AS^2}$. 从而 $\frac{PR}{PS}=\frac{RQ}{SQ}$.

又因为 $\frac{1}{PR}+\frac{1}{PS}=\frac{2}{PQ}\Leftrightarrow\frac{1}{PR}-\frac{1}{PQ}=\frac{1}{PQ}-\frac{1}{PS}\Leftrightarrow\frac{RQ}{PR}=\frac{QS}{PS}$，所以本题得证.

说明　当 $\frac{1}{PR}+\frac{1}{PS}=\frac{2}{PQ}$ 时，我们称 PR，PQ，PS 成调和数列.

例 10　给出锐角 $\triangle ABC$，以 AB 为直径的圆与 AB 边的高 CC' 及其延长线交于 M，N 两点. 以 AC 为直径的圆与 AC 边的高 BB' 及其延长线交于 P，Q.

求证:M,N,P,Q 四点共圆.

证明 如图10所示,设 PQ,MN 交于点 K,联结 AP,AM.欲证 M,N,P,Q 四点共圆,须证 $MK \cdot KN = PK \cdot KQ$,即证

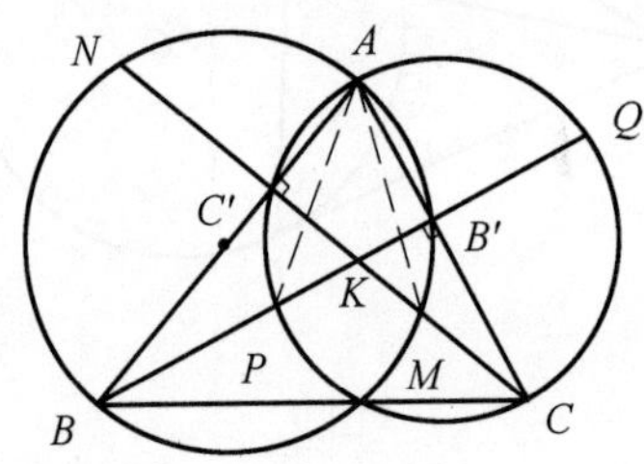

图 10

$$(MC'-KC')(MC'+KC')=(PB'-KB')(PB'+KB')$$

或

$$MC'^2-KC'^2=PB'^2-KB'^2 \quad ①$$

不难证明 $AP=AM$,从而

$$AB'^2+PB'^2=AC'^2+MC'^2$$

故

$$MC'^2-PB'^2=AB'^2-AC'^2=(AK^2-KB'^2)-(AK^2-KC'^2)=KC'^2-KB'^2 \quad ②$$

由式 ② 即得式 ①,命题得证.

课外训练

1.在直角三角形中,斜边上的高是两条直角边在斜边上的射影的比例中项;每一直角边是它在斜边上的射影和斜边的比例中项.

2.PM 切圆 O 于点 M,PO 交圆 O 于点 N,若 $PM=12$,$PN=8$,求圆 O 的直径.

3.如图11所示,AB 切圆 O 于点 B,线段 $ADFC$ 交圆 O 于点 D,F,BC 交圆 O 于点 E,若 $\angle A=28°$,$\angle C=30°$,$\angle BDF=60°$,求 $\angle FBE$.

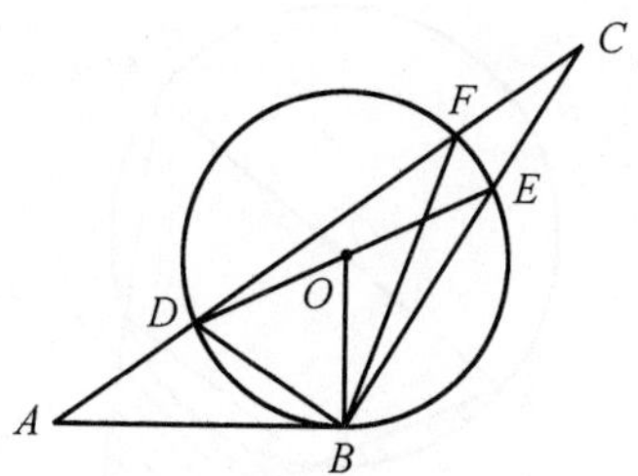

图 11

4. 如图 12 所示，PT 切圆 O 于点 T，点 M 为 PT 的中点，AM 交圆 O 于点 B，PA 交圆 O 于点 C，PB 的延长线交圆 O 于点 D，图 12 中与 $\triangle MPB$ 相似的三角形有几个？请说明理由.

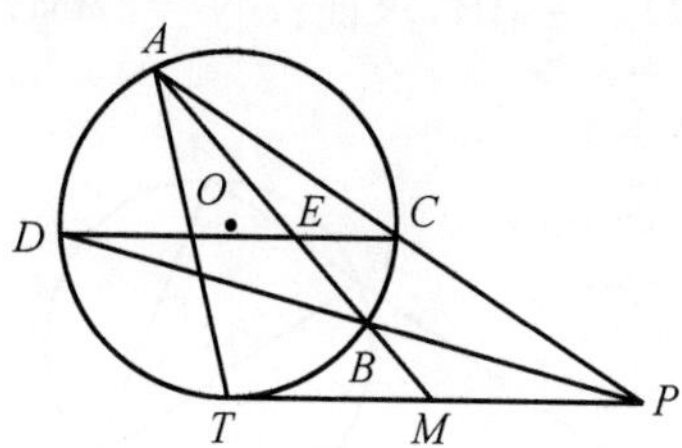

图 12

5. 如图 13 所示，点 D 为圆 O 内一点，BD 交圆 O 于点 C，BA 切圆 O 于点 A，若 $AB=6$，$OD=2$，$DC=CB=3$，求圆 O 的半径.

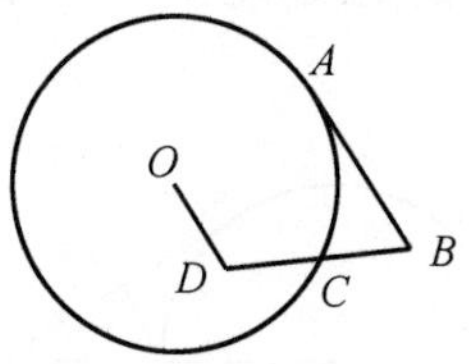

图 13

6. 如图 14 所示，AB 是圆 O 的直径，点 E 为 BC 的中点，$AB=4$，$\angle BED=120°$，求图中阴影部分的面积.

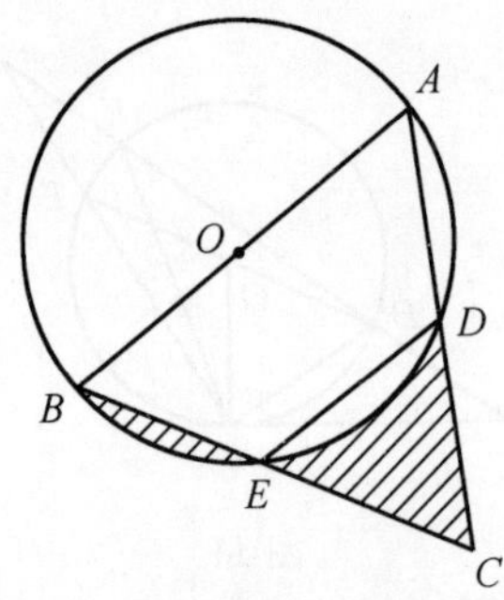

图 14

7. 如图 15 所示，在 $\triangle ABC$ 中，已知 CM 是 $\angle ACB$ 的平分线，$\triangle AMC$ 的外接圆交 BC 于点 N，若 $AC=\frac{1}{2}AB$，求证：$BN=2AM$.

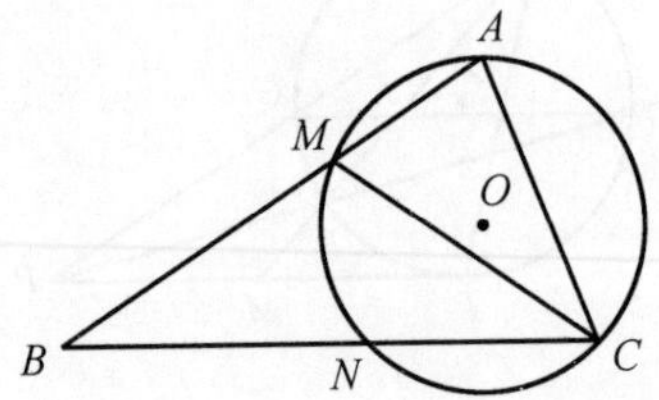

图 15

8. 如图 16 所示，过圆 O 外一点 P 作圆 O 的两条切线 PA，PB，联结 OP 与圆 O 交于点 C，过点 C 作 AP 的垂线，垂足为 E. 若 $PA=12$ cm，$PC=6$ cm，求 CE 的长.

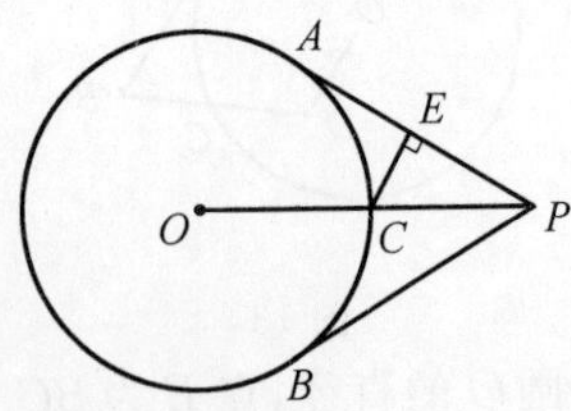

图 16

9. 如图 17 所示，圆 O 与圆 O' 外切于点 P，一条外公切线分别切两圆于点 A，B，AC 为圆 O 的直径，从点 C 引圆 O' 的切线 CT，切点为点 T. 求证：$CT=AB$.

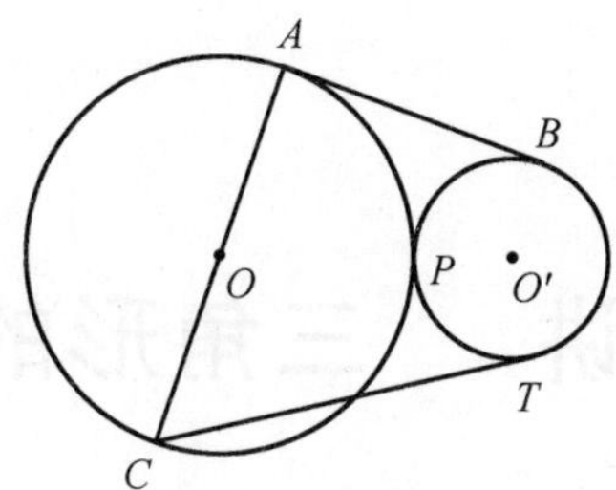

图 17

10. 如图 18 所示，圆 O_1 与圆 O_2 的半径为 r_1，r_2（$r_1 > r_2$），连心线 O_1O_2 的中点为点 D，且 O_1O_2 上有一点 H，满足 $2DH \cdot O_1O_2 = {r_1}^2 - {r_2}^2$，过点 H 作垂直于 O_1O_2 的直线 l，证明：直线 l 上任一点 M 向两圆所引的切线长相等.

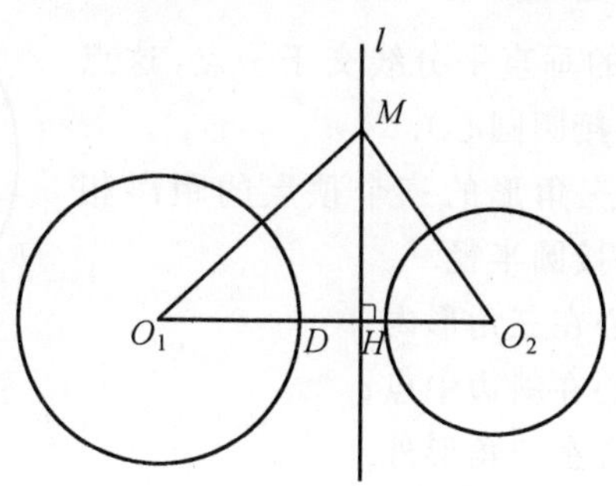

图 18

11. 如图 19 所示，设点 D 为线段 AB 上任一点，以 AB，AD，BD 为直径分别作三个半圆圆 O，圆 O'，圆 O''，EF 是半圆 O'，O''的公切线，点 E，F 为切点. $DC \perp AB$，交半圆 O 于点 C. 求证：四边形 $DFCE$ 为矩形.

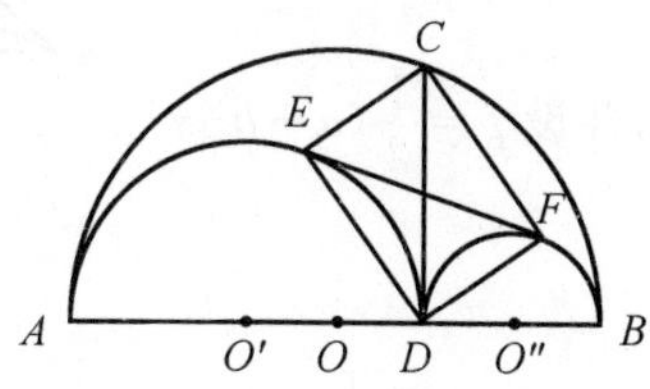

图 19

第 37 讲　三角形的五心

知识呈现

三角形的“五心”是指三角形的外心、内心、重心、垂心和旁心.

1. 三角形的外心(图 1)

三角形的三条边的垂直平分线交于一点,这点称为三角形的外心(外接圆圆心).

三角形的外心到三角形的三个顶点的距离相等,都等于三角形的外接圆半径.

锐角三角形的外心在三角形内;

直角三角形的外心在斜边中点;

钝角三角形的外心在三角形外.

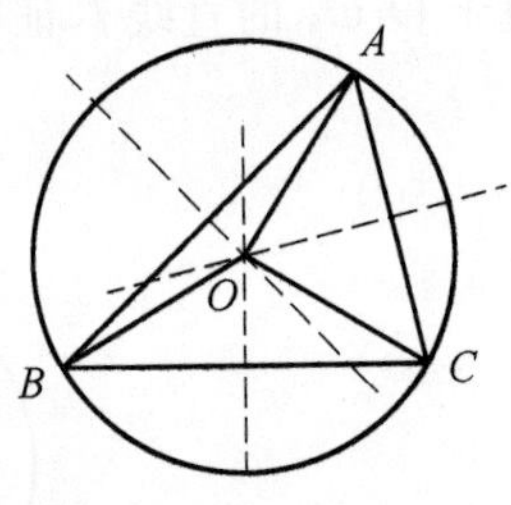

图 1

2. 三角形的内心(图 2)

三角形的三条内角平分线交于一点,这点称为三角形的内心(内切圆圆心).

三角形的内心到三边的距离相等,都等于三角形内切圆半径.

内切圆半径 r 的计算:

设三角形的面积为 S,并设 $p=\frac{1}{2}(a+b+c)$,则 $r=\frac{S}{p}$.

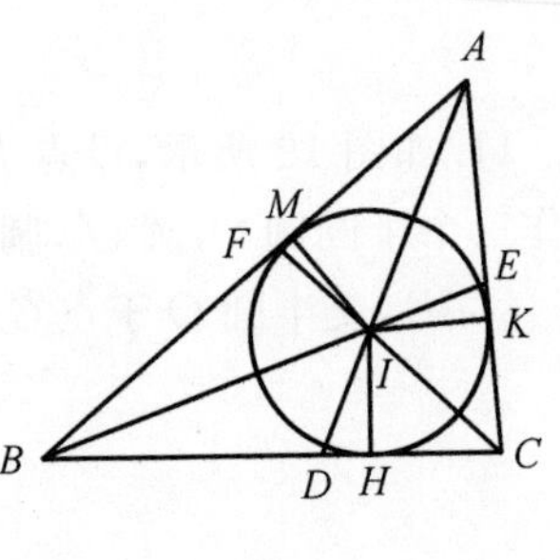

图 2

特别的,在直角三角形中,有 $r=\frac{1}{2}(a+b-c)$.

3. 三角形的重心(图 3)

三角形的三条中线交于一点,这点称为三角形的重心.

我们也得到了以下结论:三角形的重心到边的中点与到相应顶点的距离之比为 1∶2.

4. 三角形的垂心(图 4)

三角形的三条高交于一点,这点称为三角形的垂心.

斜三角形的三个顶点与垂心这四个点中,任何三个为顶点的三角形的垂心就是第四个点,所以把这样的四个点称为一个“垂心组”.

图 3

5. 三角形的旁心

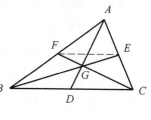

三角形的一条内角平分线与另两个外角平分线交于一点,称为三角形的旁心(旁切圆圆心).

每个三角形都有三个旁切圆.

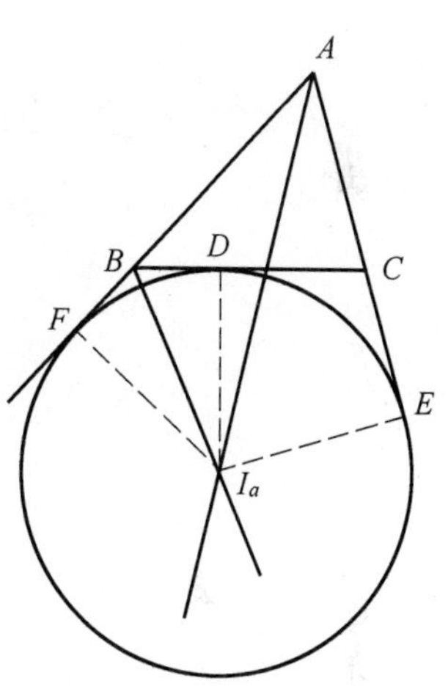

图 4

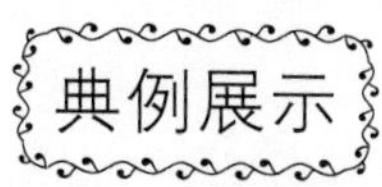

例 1　如图 5 所示,过等腰 $\triangle ABC$ 底边 BC 上的一点 P 作 $PM \parallel CA$ 交 AB 于点 M,作 $PN \parallel BA$ 交 AC 于点 N. 作点 P 关于 MN 的对称点 P'. 求证:点 P' 在 $\triangle ABC$ 的外接圆上.

证明　如图 5 所示,联结 $P'M, MP, P'N$. 由已知可得

$$MP' = MP = MB, NP' = NP = NC$$

故点 M 是 $\triangle P'BP$ 的外心,点 N 是 $\triangle P'PC$ 的外心,有

$$\angle BP'P = \frac{1}{2}\angle BMP = \frac{1}{2}\angle BAC$$

$$\angle PP'C = \frac{1}{2}\angle PNC = \frac{1}{2}\angle BAC$$

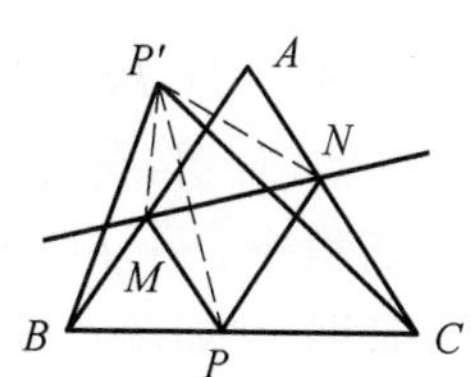

图 5

所以

$$\angle BP'C = \angle BP'P + \angle P'PC = \angle BAC$$

从而,P', A, B, C 四点共圆,即点 P' 在 $\triangle ABC$ 的外接圆上.

由于 $P'P$ 平分 $\angle BP'C$,显然还有 $P'B : P'C = BP : PC$.

例 2　设 $\triangle ABC$ 的外心为 O,内心为 I,$\angle C = 30°$,取边 AC 上的点 D 与边 BC 上的点 E,使 $AD = BE = AB$,求证:$OI = DE$,$OI \perp DE$.

证明 如图7所示,设AI交$\triangle ABC$的外接圆于M,则点M是$\overset{\frown}{BC}$的中点,于是$OM\perp BC$. 联结BD,因为$AB=AD$,所以角A平分线$AM\perp BD$,$\angle OMI=\angle EBD$(对应边垂直),在$\triangle ABC$中,由$\dfrac{AB}{\sin 30^\circ}=2R$,得$AB=OM=R$(外接圆半径),所以$OM=EB$. 联结$OC$,$CM$,$\angle COM=2\angle CAM=\angle DAB$,故等腰三角形$\triangle COM\cong\triangle DAB$,因此$MC=BD$,而点$I$是内心,有$MI=MC$,所以$MI=BD$,得$\triangle OMI\cong\triangle EBD$,所以$OI=ED$,且因$\triangle OMI$与$\triangle EBD$有两对对应边互相垂直,所以第三对对应边也垂直,即有$OI\perp DE$.

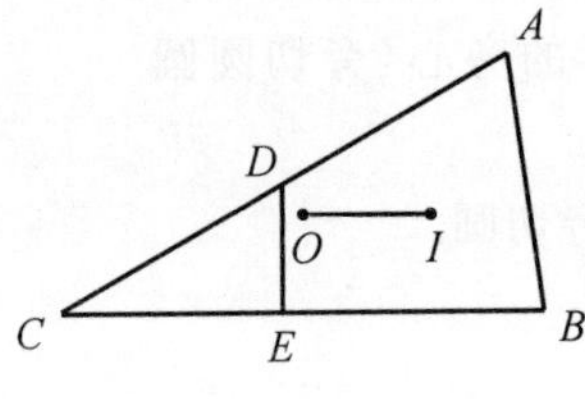

图6

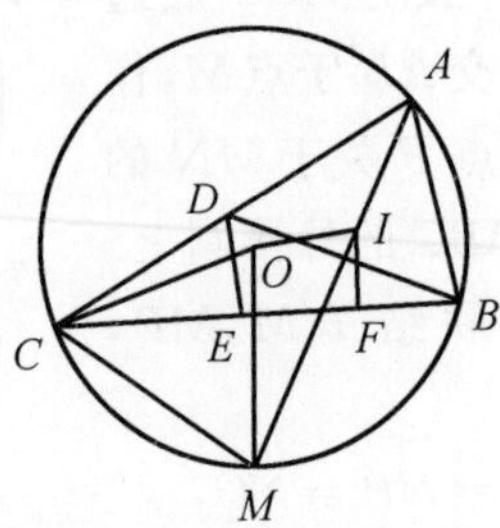

图7

例3 AD,BE,CF是$\triangle ABC$的三条中线,P是任意一点. 证明:在$\triangle PAD$,$\triangle PBE$,$\triangle PCF$中,其中一个面积等于另外两个面积的和.

证明 如图8所示,设点G为$\triangle ABC$的重心,直线PG与AB,BC相交. 从点A,C,D,E,F分别作该直线的垂线,垂足为A',C',D',E',F'.

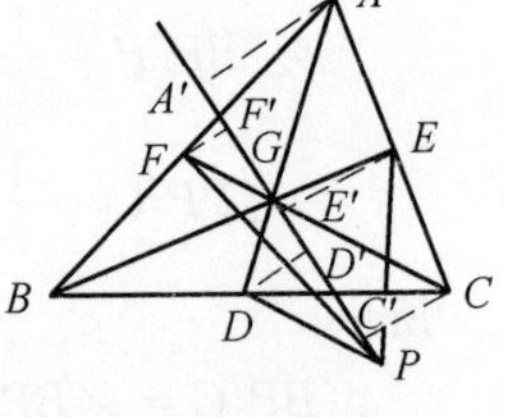

图8

易证

$$AA'=2DD',CC'=2FF',2EE'=AA'+CC'$$

所以

$$EE'=DD'+FF'$$

有

$$S_{\triangle PGE}=S_{\triangle PGD}+S_{\triangle PGF}$$

两边各扩大 3 倍，有

$$S_{\triangle PBE}=S_{\triangle PAD}+S_{\triangle PCF}$$

例 4　如图 9 所示，在四边形 $ABCD$ 中，点 P 满足 $\angle PAB=\angle CAD$，$\angle PCB=\angle ACD$，O_1，O_2 分别是 $\triangle ABC$，$\triangle ADC$ 的外心. 求证：$\triangle PO_1B \backsim \triangle PO_2D$.

证法一　如图 10 所示，延长 CP 交 $\triangle ABC$ 的外接圆于点 Q. 联结 QA，QB，QO_1，AO_2.

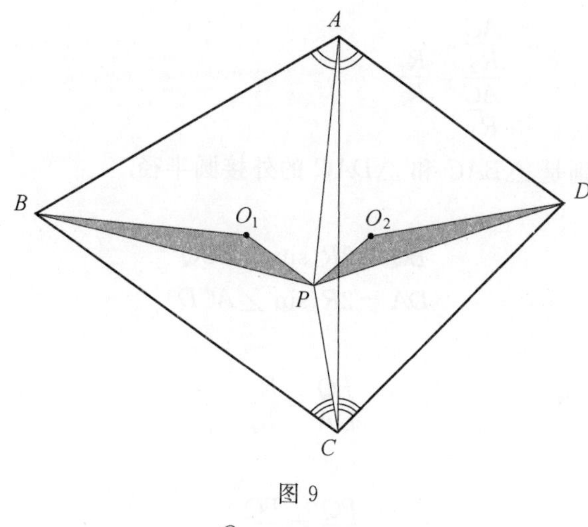

图 9

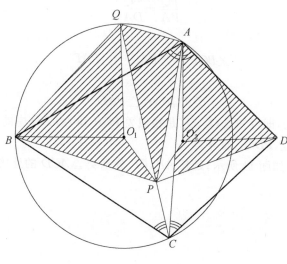

图 10

在等腰 $\triangle O_1BQ$ 和等腰 $\triangle O_2AD$ 中，由于 $\angle BO_1Q=2\angle BCQ=2\angle ACD=\angle AO_2D$，故

$$\triangle O_1BQ \backsim \triangle O_2AD \qquad ①$$

又在 $\triangle PAQ$ 中，由正弦定理得

$$\frac{PQ}{PA}=\frac{\sin\angle PAQ}{\sin\angle PQA}=\frac{\sin(\angle PAB+\angle BAQ)}{\sin\angle CBA}=$$
$$\frac{\sin(\angle DAC+\angle BCQ)}{\sin\angle CBA}=\frac{\sin(\angle DAC+\angle DCA)}{\sin\angle CBA}=$$
$$\frac{\sin(180^\circ-\angle CDA)}{\sin\angle CBA}=\frac{\sin\angle CDA}{\sin\angle CBA}=$$
$$\frac{\frac{AC}{R_2}}{\frac{AC}{R_1}}=\frac{R_1}{R_2}$$

其中 R_1,R_2 分别是 $\triangle BAC$ 和 $\triangle DAC$ 的外接圆半径.

而

$$BQ=2R_1\sin\angle BCQ$$
$$DA=2R_2\sin\angle ACD$$

故

$$\frac{BQ}{DA}=\frac{R_1}{R_2}$$

因此

$$\frac{PQ}{PA}=\frac{BQ}{DA}$$

又

$$\angle BQP=\angle BAC=\angle PAD$$

所以

$$\triangle PQB \backsim \triangle PAD \qquad ②$$

由式①,②,即可知点 O_1,O_2 是相似 $\triangle PQB$ 和 $\triangle PAD$ 中的对应点，从而得 $\triangle PBO_1 \backsim \triangle PDO_2$. 证毕.

证法二　如图 11 所示，延长 AP,CP 分别交 $\triangle ACD$ 的外接圆于 C',A'.

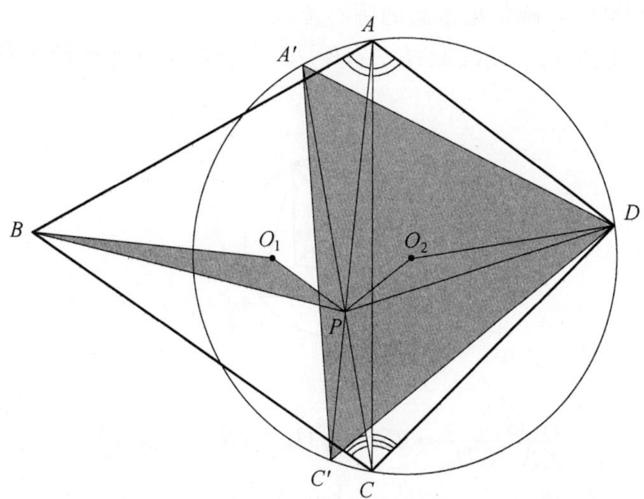

图 11

首先证明 $\triangle DA'C' \backsim \triangle BAC$，而点 O_1，O_2 分别是这两个三角形的外心. 然后说明 P 是这对相似三角形中的自对应点，从而 $\triangle PBO_1 \backsim \triangle PDO_2$（具体过程略）.

证法三　如图 12 所示，在 AB 上取点 Q，使得 $\triangle APQ \backsim \triangle ADC$（具体过程略）.

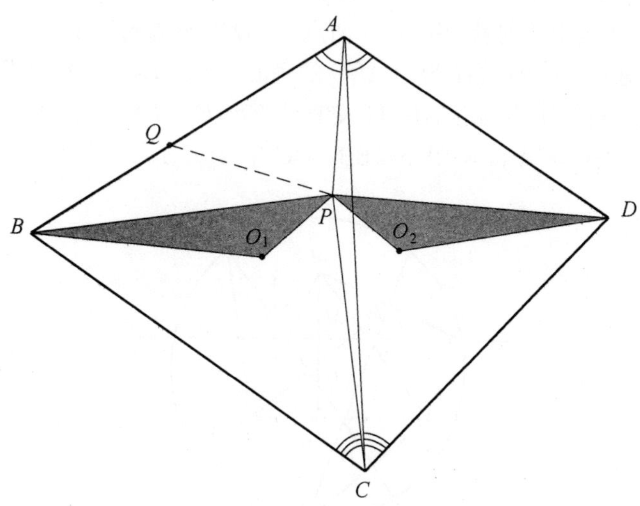

图 12

例 5　设四边形 $A_1A_2A_3A_4$ 为圆 O 的内接四边形，点 H_1，H_2，H_3，H_4 依次为 $\triangle A_2A_3A_4$，$\triangle A_3A_4A_1$，$\triangle A_4A_1A_2$，$\triangle A_1A_2A_3$ 的垂心. 求证：H_1，H_2，

H_3,H_4 四点共圆,并确定出该圆的圆心位置.

证明 如图 13 所示,联结 A_2H_1,A_1H_2,H_1H_2,设圆的半径为 R. 由 $\triangle A_2A_3A_4$ 知

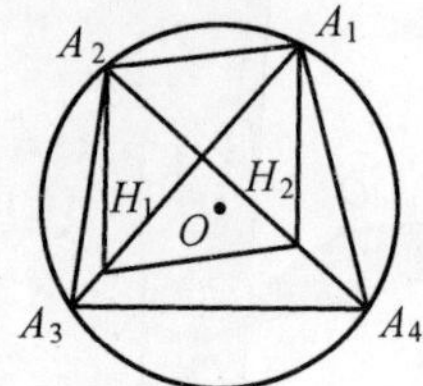

图 13

$$\frac{A_2H_1}{\sin\angle A_2A_3H_1}=2R\Rightarrow A_2H_1=2R\cos\angle A_3A_2A_4$$

由 $\triangle A_1A_3A_4$ 得 $A_1H_2=2R\cos\angle A_3A_1A_4$.

但 $\angle A_3A_2A_4=\angle A_3A_1A_4$,故 $A_2H_1=A_1H_2$.

易证 $A_2H_1 /\!/ A_1H_2$,于是,$A_2H_1 \underline{/\!/} A_1H_2$,故得 $H_1H_2 \underline{/\!/} A_2A_1$. 设 H_1A_1 与 H_2A_2 的交点为 M,故 H_1H_2 与 A_1A_2 关于点 M 成中心对称.

同理,H_2H_3 与 A_2A_3,H_3H_4 与 A_3A_4,H_4H_1 与 A_4A_1 都关于点 M 成中心对称. 故四边形 $H_1H_2H_3H_4$ 与四边形 $A_1A_2A_3A_4$ 关于点 M 成中心对称,两者是全等四边形,点 H_1,H_2,H_3,H_4 在同一个圆上. 后者的圆心设为 Q,点 Q 与 O 也关于点 M 成中心对称. 由 O,M 两点,点 Q 就不难确定了.

例 6 如图 14 所示,H 为 $\triangle ABC$ 的垂心,点 D,E,F 分别是 BC,CA,AB 的中心. 一个以点 H 为圆心的圆 H 交直线 EF,FD,DE 于点 A_1,A_2,B_1,B_2,C_1,C_2. 求证:$AA_1=AA_2=BB_1=BB_2=CC_1=CC_2$.

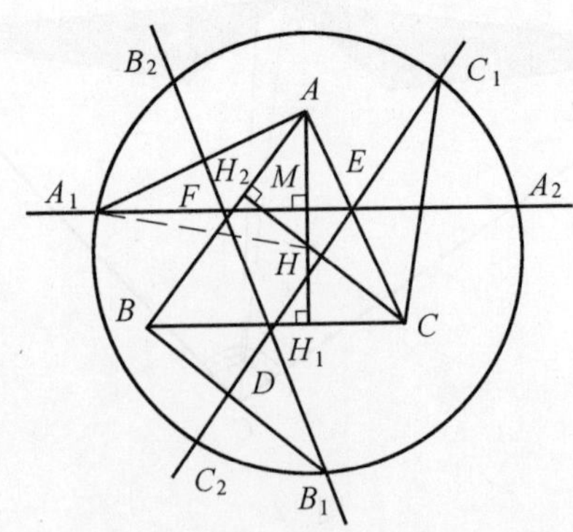

图 14

证明 只须证 $AA_1=BB_1=CC_1$ 即可. 设 $BC=a$, $CA=b$, $AB=c$, $\triangle ABC$ 外接圆半径为 R, 圆 H 的半径为 r.

如图14所示, 联结 HA_1, AH 交 EF 于点 M.

$$AA_1^2=AM^2+A_1M^2=AM^2+r^2-MH^2=r^2+(AM^2-MH^2) \quad ①$$

又

$$AM^2-MH^2=\left(\frac{1}{2}AH_1\right)^2-(AH-\frac{1}{2}AH_1)^2=AH\cdot AH_1-AH^2=AH_2\cdot AB-AH^2=\cos A\cdot bc-AH^2 \quad ②$$

而

$$\frac{AH}{\sin\angle ABH}=2R\Rightarrow AH^2=4R^2\cos^2A$$

$$\frac{a}{\sin A}=2R\Rightarrow a^2=4R^2\sin^2A$$

所以

$$AH^2+a^2=4R^2, AH^2=4R^2-a^2 \quad ③$$

由式①,②,③有

$$AA_1^2=r^2+\frac{b^2+c^2-a^2}{2bc}\cdot bc-(4R^2-a^2)=\frac{1}{2}(a^2+b^2+c^2)-4R^2+r^2$$

同理

$$BB_1^2=\frac{1}{2}(a^2+b^2+c^2)-4R^2+r^2, CC_1^2=\frac{1}{2}(a^2+b^2+c^2)-4R^2+r^2$$

故 $AA_1=BB_1=CC_1$.

例7 已知圆 O 内接 $\triangle ABC$, 圆 Q 切 AB, AC 边于点 E, 点 F 且与圆 O 内切. 求证: EF 的中点 P 是 $\triangle ABC$ 的内心.

证明 如图15所示, 显然 EF 的中点 P、圆心 Q, $\widehat{BC}$ 的中点 K 都在 $\angle BAC$ 的平分线上. 易知 $AQ=\frac{r}{\sin\alpha}$.

因为 $QK\cdot AQ=MQ\cdot QN$, 所以

$$QK=\frac{MQ\cdot QN}{AQ}=\frac{(2R-r)\cdot r}{\frac{r}{\sin\alpha}}=\sin\alpha\cdot(2R-r)$$

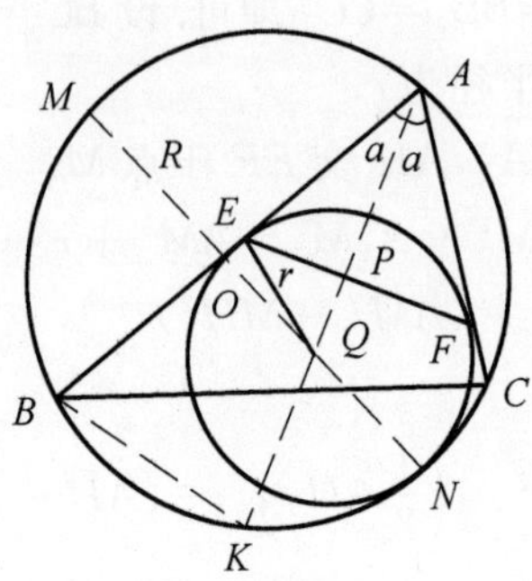

图 15

由 Rt$\triangle EPQ$ 知 $PQ=\sin\alpha\cdot r$. 所以

$$PK=PQ+QK=\sin\alpha\cdot r+\sin\alpha\cdot(2R-r)=\sin\alpha\cdot 2R$$

于是 $PK=BK$.

利用内心等量关系的逆定理,即知点 P 是 $\triangle ABC$ 的内心.

说明 设点 I 为 $\triangle ABC$ 的内心,射线 AI 交 $\triangle ABC$ 的外接圆于点 A',则 $A'I=A'B=A'C$. 换而言之,点 A' 必是 $\triangle IBC$ 的外心(内心的等量关系之逆同样有用).

例 8 在直角三角形中,求证:$r+r_a+r_b+r_c=2p$(式中 r,r_a,r_b,r_c 分别表示内切圆半径及与 a,b,c 相切的旁切圆半径,p 表示半周).

证明 如图 16 所示,在 Rt$\triangle ABC$ 中,设 c 为斜边,先来证明一个特性

$$p(p-c)=(p-a)(p-b)$$

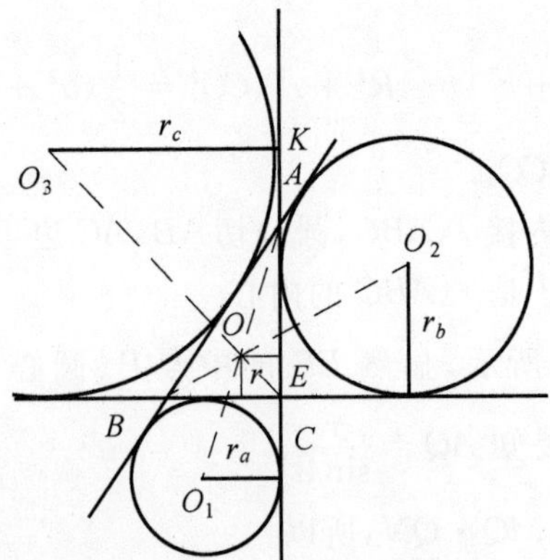

图 16

因为

$$p(p-c)=\frac{1}{2}(a+b+c)\,\frac{1}{2}(a+b-c)=$$
$$\frac{1}{4}[(a+b)^2-c^2]=$$
$$\frac{1}{2}ab$$
$$(p-a)(p-b)=\frac{1}{2}(-a+b+c)\,\frac{1}{2}(a-b+c)=$$
$$\frac{1}{4}[c^2-(a-b)^2]=\frac{1}{2}ab$$

所以

$$p(p-c)=(p-a)(p-b) \qquad ①$$

观察图 16,可得

$$r_a=AF-AC=p-b$$
$$r_b=BG-BC=p-a$$
$$r_c=CK=p$$

而

$$r=\frac{1}{2}(a+b-c)=p-c$$

所以

$$r+r_a+r_b+r_c=(p-c)+(p-b)+(p-a)+p=$$
$$4p-(a+b+c)=2p$$

由式 ① 及图形易证.

例 9　设在圆内接凸六边形 $ABCDFE$ 中,$AB=BC$,$CD=DE$,$EF=FA$.求证:(1)AD,BE,CF 三条对角线交于一点;

(2)$AB+BC+CD+DE+EF+FA\geqslant AK+BE+CF$.

证明　如图 17 所示,联结 AC,CE,EA,由已知可证 AD,CF,EB 是 $\triangle ACE$ 的三条内角平分线,点 I 为 $\triangle ACE$ 的内心.从而

$$ID=CD=DE,IF=EF=FA,IB=AB=BC$$

再由 $\triangle BDF$,易证 BP,DQ,FS 是它的三条高,点 I 是它的垂心,利用厄多斯(Erodös)不等式有

$$BI+DI+FI\geqslant 2(IP+IQ+IS)$$

不难证明

$$IE=2IP,IA=2IQ,IC=2IS$$

所以

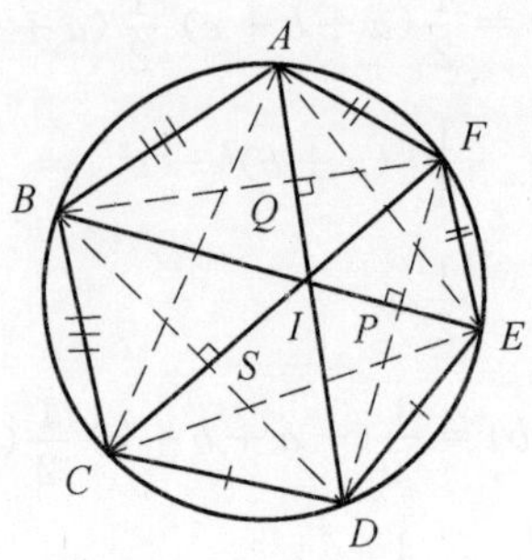

图 17

$$BI+DI+FI\geqslant IA+IE+IC$$

于是

$$AB+BC+CD+DE+EF+FA=2(BI+DI+FI)\geqslant$$
$$(IA+IE+IC)+(BI+DI+FI)=$$
$$AD+BE+CF$$

例10 在$\triangle ABC$中,$\angle C=30^\circ$,点O是外心,点I是内心,AC边上的点D与BC边上的点E使得$AD=BE=AB$.求证:$OI\perp DE$,$OI=DE$.

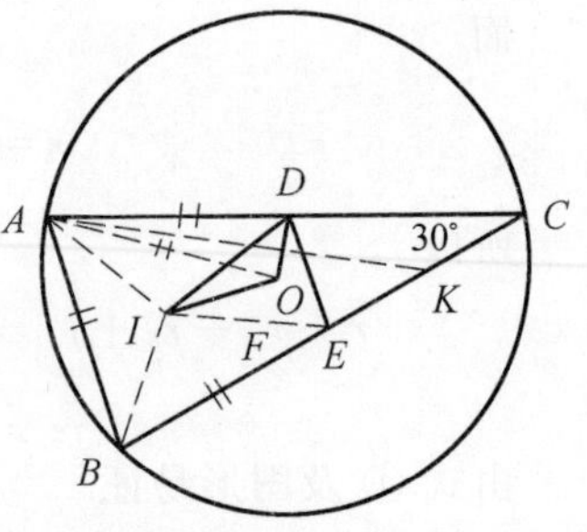

图 18

证明 辅助线如图18所示,作$\angle DAO$平分线交BC于点K.

易证

$$\triangle AID\cong\triangle AIB\cong\triangle EIB$$
$$\angle AID=\angle AIB=\angle EIB$$

利用内心张角公式,有

$$\angle AIB=90^\circ+\frac{1}{2}\angle C=105^\circ$$

所以

$$\angle DIE=360^\circ-105^\circ\times3=45^\circ$$

因为

$$\angle AKB=30^\circ+\frac{1}{2}\angle DAO=30^\circ+\frac{1}{2}(\angle BAC-\angle BAO)=$$
$$30^\circ+\frac{1}{2}(\angle BAC-60^\circ)=$$

$$\frac{1}{2}\angle BAC=\angle BAI=\angle BEI$$

所以 $AK \parallel IE$.

由等腰 $\triangle AOD$ 可知 $DO \perp AK$，所以 $DO \perp IE$，即 DF 是 $\triangle DIE$ 的一条高.

同理 EO 是 $\triangle DIE$ 的垂心，$OI \perp DE$.

由 $\angle DIE=\angle IDO$，易知 $OI=DE$.

课外训练

1. 在 $\triangle ABC$ 中，$\angle A$ 是钝角，H 是垂心，且 $AH=BC$，求 $\cos\angle BHC$ 的值.

2. 若 $0^\circ<\alpha<90^\circ$，求 $\sin\alpha$，$\cos\alpha$，$\tan\alpha\cot\alpha$ 为三边的三角形的内切圆、外接圆的半径之和.

3. 在 $\triangle ABC$ 中，$\angle A=45^\circ$，$BC=a$，高 BE，CF 交于点 H，求 AH 的值.

4. 如图 19 所示，设点 G 为 $\triangle ABC$ 的重心，点 M，N 分别为 AB，CA 的中点，求证：四边形 $GMAN$ 和 $\triangle GBC$ 的面积相等.

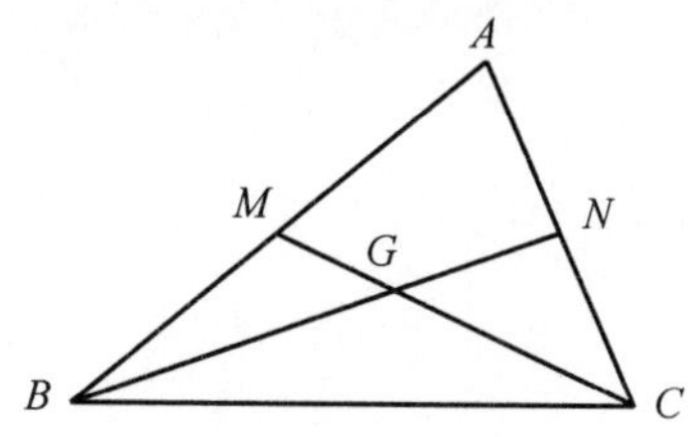

图 19

5. 三角形的任一顶点到垂心的距离等于外心到对边的距离的二倍.

6. 在 $\triangle ABC$ 的边 AB，BC，CA 上分别取点 P，Q，S. 求证：以 $\triangle APS$，$\triangle BQP$，$\triangle CSQ$ 的外心为顶点的三角形与 $\triangle ABC$ 相似.

7. 如果三角形三边的平方成等差数列，那么该三角形和由它的三条中线围成的新三角形相似. 其逆亦真.

8. 设 $\triangle ABC$ 的外心为 O，$AB=AC$，点 D 是 AB 的中点，E 是 $\triangle ACD$ 的重心. 求证：$OE\perp CD$.

9. 在 $\triangle ABC$ 中，$\angle C<90^\circ$，从 AB 上的一点 M 作 CA，CB 的垂线 MP，MQ，点 H 是 $\triangle CPQ$ 的垂心. 当点 M 是 AB 上的动点时，求点 H 的轨迹.

10. 设点 M 是 $\triangle ABC$ 边 AB 上的任意一点. r_1，r_2，r 分别是 $\triangle AMC$，$\triangle BMC$，$\triangle ABC$ 内切圆的半径，q_1，q_2，q 分别是上述三角形在 $\angle ACB$ 内的旁

切圆半径.证明：$\frac{r_1}{q_1}\cdot\frac{r_2}{q_2}=\frac{r}{q}$.

11.在锐角$\triangle ABC$中，点O,G,H分别是外心、重心、垂心.设外心到三边的距离和为$d_{外}$，重心到三边距离和为$d_{重}$，垂心到三边距离和为$d_{垂}$.求证

$$1\cdot d_{垂}+2\cdot d_{外}=3\cdot d_{重}$$

第 38 讲　平面几何中的几个重要定理

知识呈现

定理 1　(托勒密(Ptolemy) 定理) 圆内接四边形对角线之积等于两组对边乘积之和.(逆命题成立)

已知　如图 1 所示,在圆内接四边形 $ABCD$ 中,求证:$AC \cdot BD = AB \cdot CD + AD \cdot BC$.(托勒密定理)

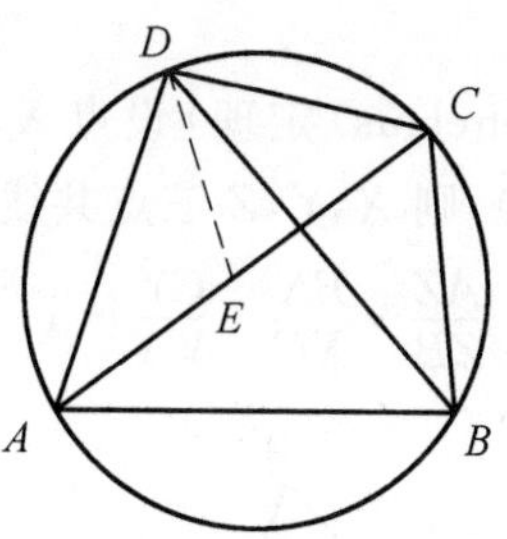

图 1

分析　可设法把 $AC \cdot BD$ 拆成两部分,如把 AC 写成 $AE + EC$,这样,$AC \cdot BD$ 就拆成了两部分:$AE \cdot BD$ 及 $EC \cdot BD$,于是只要证 $AE \cdot BD = AD \cdot BC$ 及 $EC \cdot BD = AB \cdot CD$ 即可.

证明　如图 1 所示,在 AC 上取点 E,使 $\angle ADE = \angle BDC$,由 $\angle DAE = \angle DBC$,得 $\triangle AED \backsim \triangle BCD$.

所以 $AE : BC = AD : BD$,即

$$AE \cdot BD = AD \cdot BC \qquad ①$$

又 $\angle ADB = \angle EDC$,$\angle ABD = \angle ECD$,所以

$$\triangle ABD \backsim \triangle ECD$$

于是 $AB : ED = BD : CD$,即

$$EC \cdot BD = AB \cdot CD \qquad ②$$

① + ②,得

$$AC \cdot BD = AB \cdot CD + AD \cdot BC$$

定理 2 (塞瓦(Ceva)定理)设点 X,Y,Z 分别为 $\triangle ABC$ 的边 BC,CA,AB 上的一点,则 AX,BY,CZ 所在的直线交于一点的充要条件是

$$\frac{AZ}{ZB}\cdot\frac{BX}{XC}\cdot\frac{CY}{YA}=1$$

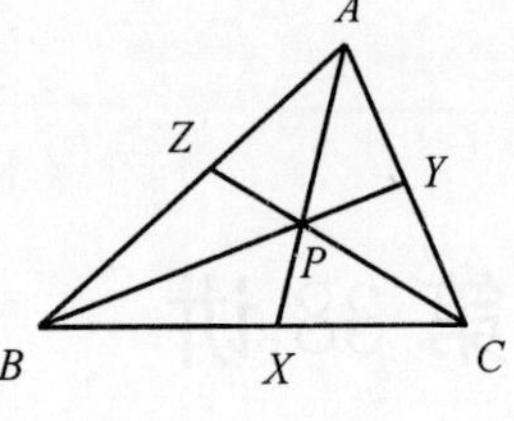

图 2

证明 如图 2 所示,设 $S_{\triangle APB}=S_1$,$S_{\triangle BPC}=S_2$,$S_{\triangle CPA}=S_3$.

则

$$\frac{AZ}{ZB}=\frac{S_3}{S_2} \quad ①$$

$$\frac{BX}{XC}=\frac{S_1}{S_3} \quad ②$$

$$\frac{CY}{YA}=\frac{S_2}{S_1} \quad ③$$

①×②×③,即得证.

定理 3 (梅涅劳斯(Menelaus)定理)设点 X,Y,Z 分别在 $\triangle ABC$ 的 BC,CA,AB 所在的直线上(图 3),则 X,Y,Z 三点共线的充要条件是

$$\frac{AZ}{ZB}\cdot\frac{BX}{XC}\cdot\frac{CY}{YA}=1$$

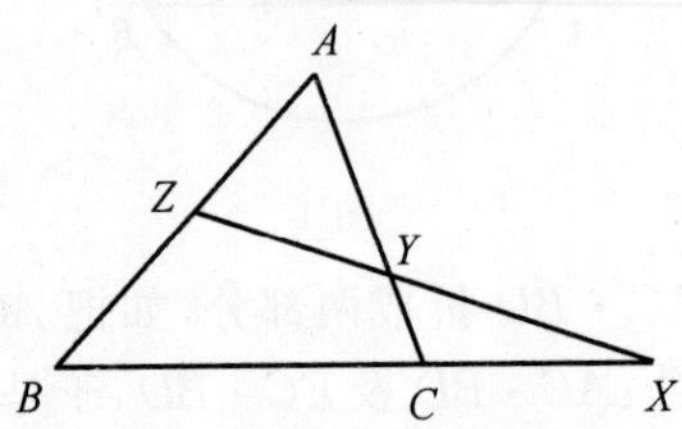

图 3

证明 如图 4 所示,作 $CN\parallel BA$,交 XY 于点 N,则

$$\frac{AZ}{CN}=\frac{CY}{YA},\frac{CN}{ZB}=\frac{XC}{BX}$$

于是

$$\frac{AZ}{ZB}\cdot\frac{BX}{XC}\cdot\frac{CY}{YA}=\frac{AZ}{CN}\cdot\frac{CN}{ZB}\cdot\frac{BX}{XC}\cdot\frac{CY}{YA}=1$$

本定理也可用面积来证明:如图 5 所示,联结 AX,BY,设 $S_{\triangle AYB}=S_1$,$S_{\triangle BYC}=S_2$,$S_{\triangle CYX}=S_3$,$S_{\triangle XYA}=S_4$,则

$$\frac{AZ}{ZB}=\frac{S_4}{S_2+S_3} \quad ①$$

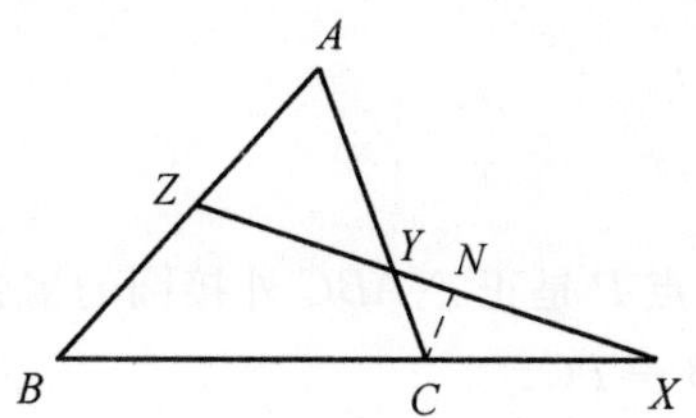

图 4

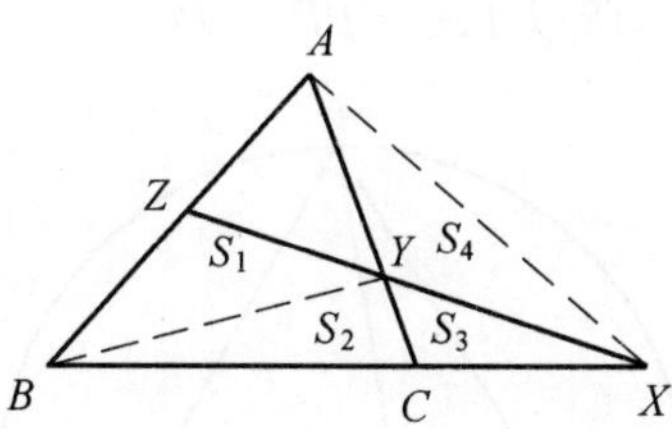

图 5

$$\frac{BX}{XC}=\frac{S_2+S_3}{S_3} \qquad ②$$

$$\frac{CY}{YA}=\frac{S_3}{S_4} \qquad ③$$

①×②×③ 即得证.

定理 4　设点 P,Q,A,B 为任意四点，则 $PA^2-PB^2=QA^2-QB^2 \Leftrightarrow PQ\perp AB$.

证明　先证 $PA^2-PB^2=QA^2-QB^2 \Rightarrow PQ\perp AB$.

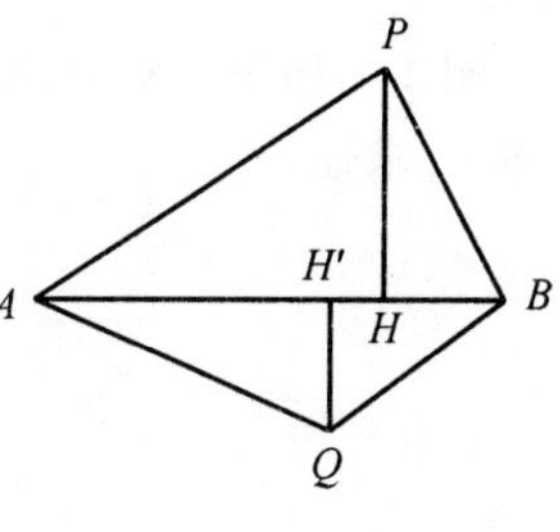

图 6

如图 6 所示，作 $PH\perp AB$ 于点 H，则

$$\begin{aligned}PA^2-PB^2=&(PH^2+AH^2)-(PH^2+BH^2)=\\&AH^2-BH^2=\\&(AH+BH)(AH-BH)=\\&AB(AB-2BH)\end{aligned}$$

同理，作 $QH'\perp AB$ 于点 H'，则

$$QA^2-QB^2=AB(AB-2AH')$$

所以 $H=H'$，即点 H 与点 H' 重合.

$PQ\perp AB \Rightarrow PA^2-PB^2=QA^2-QB^2$ 显然成立.

典例展示

例 1　如图 7 所示，点 P 是正 $\triangle ABC$ 外接圆的劣弧 $\overset{\frown}{BC}$ 上任一点(不与 B，C 重合)，求证：$PA = PB + PC$.

证明　由托勒密定理，得

$$PA \cdot BC = PB \cdot AC + PC \cdot AB$$

因为 $AB = BC = AC$，所以 $PA = PB + PC$.

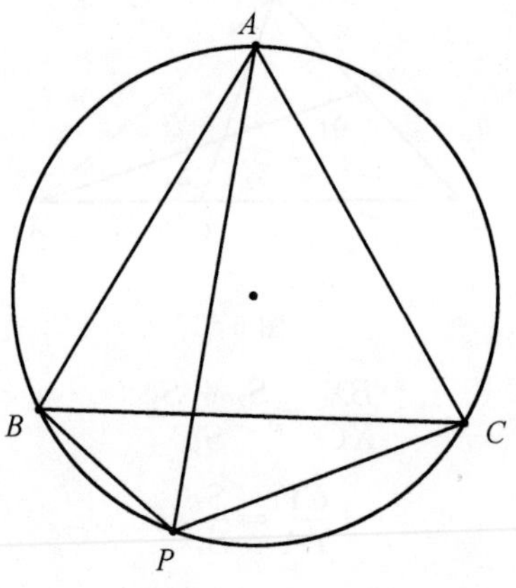

图 7

例 2　如图 8 所示，设 AD 是 $\triangle ABC$ 的边 BC 上的中线，直线 CF 交 AD 于点 E. 求证

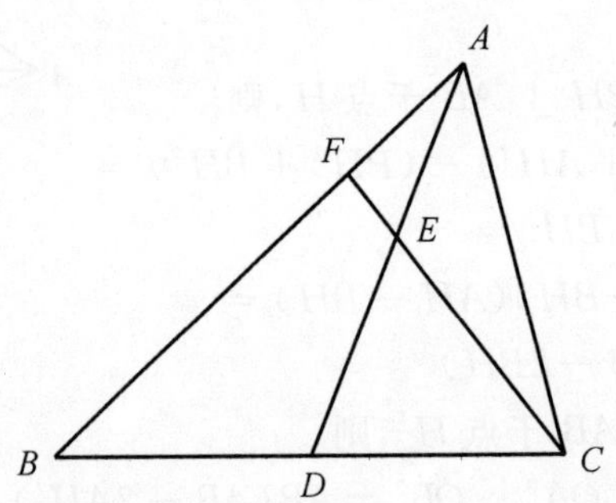

图 8

$$\frac{AE}{ED} = \frac{2AF}{FB}$$

证明　由梅涅劳斯定理，得

$$\frac{AE}{ED}\cdot\frac{DC}{CB}\cdot\frac{BF}{FA}=1$$

从而

$$\frac{AE}{ED}=\frac{2AF}{FB}$$

例 3　求证:三角形的角平分线交于一点.

证明　如图 9 所示,设$\angle A$,$\angle B$,$\angle C$的角平分线为AA,BB_1,CC_1,因为

$$\frac{AC_1}{C_1B}=\frac{b}{a},\frac{BA_1}{A_1C}=\frac{c}{b},\frac{CB_1}{B_1A}=\frac{a}{c}$$

所以

$$\frac{AC_1}{C_1B}\cdot\frac{BA_1}{A_1C}\cdot\frac{CB_1}{B_1A}=1$$

所以三角形的角平分线交于一点.

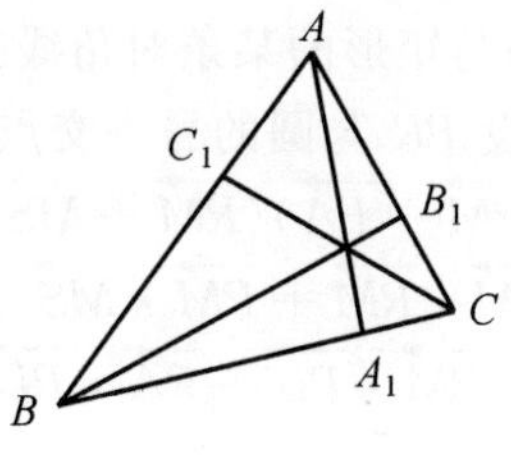

图 9

例 4　设$A_1A_2A_3\cdots A_7$是圆内接正七边形,求证

$$\frac{1}{A_1A_2}=\frac{1}{A_1A_3}+\frac{1}{A_1A_4}$$

分析　注意到题目中要证的是一些边长之间的关系,并且是圆内接多边形,当然存在圆内接四边形,从而可以考虑用托勒密定理.

证明　如图 10 所示,联结A_1A_5,A_3A_5,并设

$$A_1A_2=a,A_1A_3=b,A_1A_4=c$$

本题即证$\frac{1}{a}=\frac{1}{b}+\frac{1}{c}$.在圆内接四边形$A_1A_3A_4A_5$中,有

$$A_3A_4=A_4A_5=a,A_1A_3=A_3A_5=b,A_1A_4=A_1A_5=c$$

于是$ab+ac=bc$,同除以abc,即得$\frac{1}{a}=\frac{1}{b}+\frac{1}{c}$,故证.

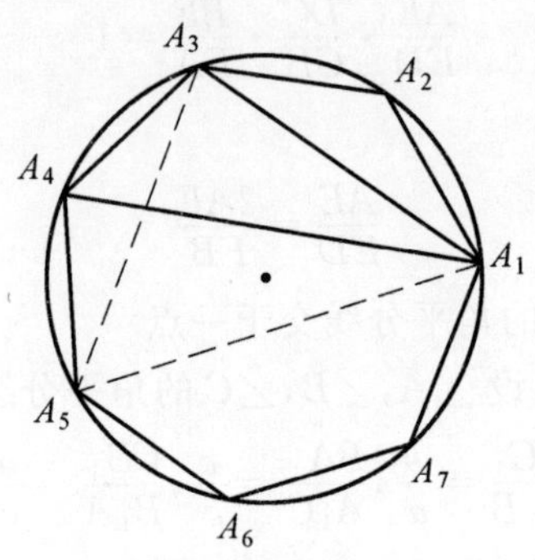

图 10

例 5 在矩形 $ABCD$ 的外接圆$\overset{\frown}{AB}$ 上取一个不同于顶点 A,B 的点 M,点 P,Q,R,S 是点 M 分别在直线 AD,AB,BC,CD 上的投影.求证:直线 PQ 和 RS 是互相垂直的,并且它们与矩形的某条对角线交于同一点.

证明 如图 11 所示,设 PR 与圆的另一交点为点 L,则

$$\overrightarrow{PQ}\cdot\overrightarrow{RS}=(\overrightarrow{PM}+\overrightarrow{PA})(\overrightarrow{RM}+\overrightarrow{MS})=$$
$$\overrightarrow{PM}\cdot\overrightarrow{RM}+\overrightarrow{PM}\cdot\overrightarrow{MS}+\overrightarrow{PA}\cdot\overrightarrow{RM}+\overrightarrow{PA}\cdot\overrightarrow{MS}=$$
$$-\overrightarrow{PM}\cdot\overrightarrow{PL}+\overrightarrow{PA}\cdot\overrightarrow{PD}=0$$

故 $PQ\perp RS$.

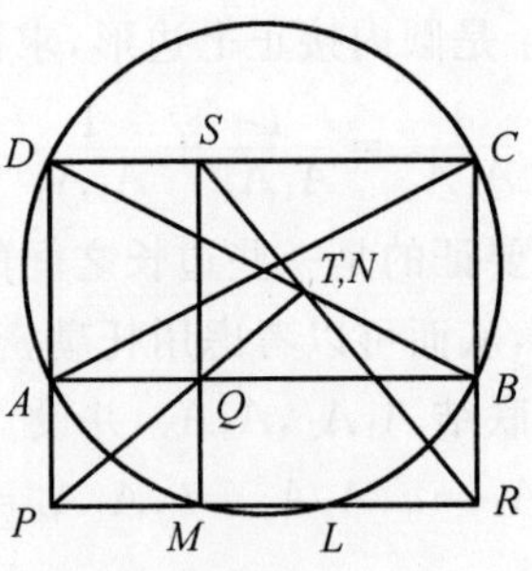

图 11

设 PQ 交对角线 BD 于点 T,则由梅涅劳斯定理,(PQ 交 $\triangle ABD$)得

$$\frac{DP}{PA}\cdot\frac{AQ}{QB}\cdot\frac{BT}{TD}=1$$

即

$$\frac{BT}{TD}=\frac{PA}{DP}\cdot\frac{QB}{AQ}$$

设 RS 交对角线 BD 于点 N，由梅涅劳斯定理，(RS 交 $\triangle BCD$) 得

$$\frac{BN}{ND}\cdot\frac{DS}{SC}\cdot\frac{CR}{RB}=1$$

即

$$\frac{BN}{ND}=\frac{SC}{DS}\cdot\frac{RB}{CR}$$

显然

$$\frac{PA}{DP}=\frac{RB}{CR},\frac{QB}{AQ}=\frac{SC}{DS}$$

于是 $\frac{BT}{TD}=\frac{BN}{ND}$，故点 T 与点 N 重合. 得证.

例 6　如图 12 所示，以点 O 为圆心的圆通过 $\triangle ABC$ 的两个顶点 A，C，且与 AB，BC 两边分别交于 K，N 两点，$\triangle ABC$ 和 $\triangle KBN$ 的两外接圆交于 B，M 两点. 求证：$\angle OMB=90°$.

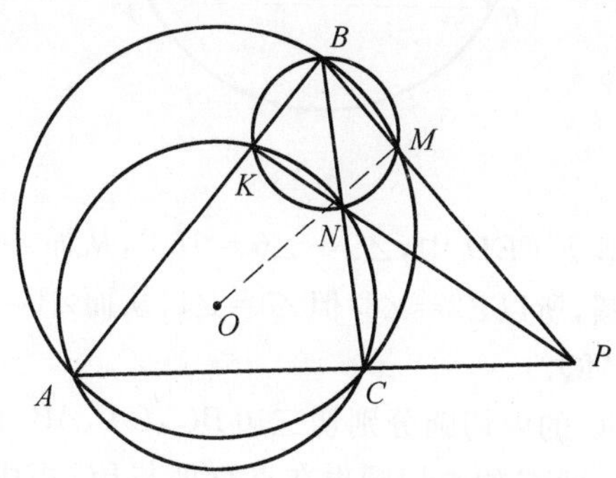

图 12

分析　对于与圆有关的问题，常可以利用圆幂定理，若能找到 BM 上的一点，使该点与点 B 对于圆 O 等幂即可.

证明　由 BM，KN，AC 三线共点 P，知

$$PM\cdot PB=PN\cdot PK=PO^2-r^2 \qquad ①$$

由 $\angle PMN=\angle BKN=\angle CAN$，得 P，M，N，C 四点共圆，故

$$BM\cdot BP=BN\cdot BC=BO^2-r^2 \qquad ②$$

① − ② 得

$$PM\cdot PB-BM\cdot BP=PO^2-BO^2$$

即

$$(PM-BM)(PM+BM)=PO^2-BO^2$$

就是 $PM^2-BM^2=PO^2-BO^2$，于是 $OM\perp PB$.

例7 AB 是圆 O 的弦,点 M 是其的中点,弦 CD,EF 经过点 M,CF,DE 交 AB 于 P,Q 两点,求证:$MP=QM$.

分析 圆是关于直径对称的,当作出点 F 关于 OM 的对称点 F' 后,只要设法证明 $\triangle FMP\cong\triangle F'MQ$ 即可.

证明 如图13所示,作点 F 关于 OM 的对称点 F',联结 FF',$F'M$,$F'Q$,$F'D$,则

$$MF=MF',\angle 4=\angle FMP=\angle 6$$

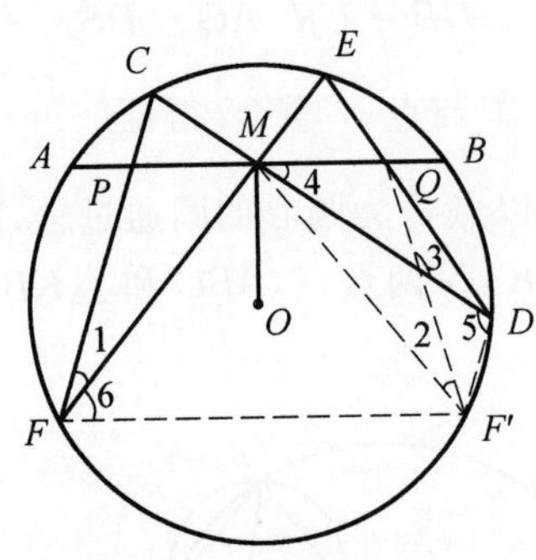

图 13

在圆内接四边形 $F'FED$ 中,$\angle 5+\angle 6=180°$,从而$\angle 4+\angle 5=180°$,于是 M,F',D,Q四点共圆,所以$\angle 2=\angle 3$,但$\angle 3=\angle 1$,从而$\angle 1=\angle 2$,于是$\triangle MFP\cong\triangle MF'Q$.故 $MP=MQ$.

例8 设$\triangle ABC$ 的内切圆分别切三边 BC,CA,AB 于点 D,E,F,点 X 是$\triangle ABC$ 内的一点,$\triangle XBC$ 的内切圆也在点D 处与BC 相切,并与 CX,XB 分别切于点 Y,Z,求证:四边形 $EFZY$ 是圆内接四边形.

证明 如图 14 所示,延长 FE,BC 交于点 Q.

$$\frac{AF}{FB}\cdot\frac{BD}{DC}\cdot\frac{CE}{EA}=1,\frac{XZ}{ZB}\cdot\frac{BD}{DC}\cdot\frac{CY}{YA}=1,\Rightarrow\frac{AF}{FB}\cdot\frac{CE}{EA}=\frac{XZ}{ZB}\cdot\frac{CY}{YA}$$

由梅涅劳斯定理,有

$$\frac{AF}{FB}\cdot\frac{BQ}{QC}\cdot\frac{CE}{EA}=1$$

于是

$$\frac{XZ}{ZB}\cdot\frac{BQ}{QC}\cdot\frac{CY}{YA}=1$$

即 Z,Y,Q 三点共线.

但由切割线定理,知

$$QE\cdot QF=QD^2=QY\cdot QZ$$

故由圆幂定理的逆定理，知 E,F,Z,Y 四点共圆，即四边形 $EFZY$ 是圆内接四边形.

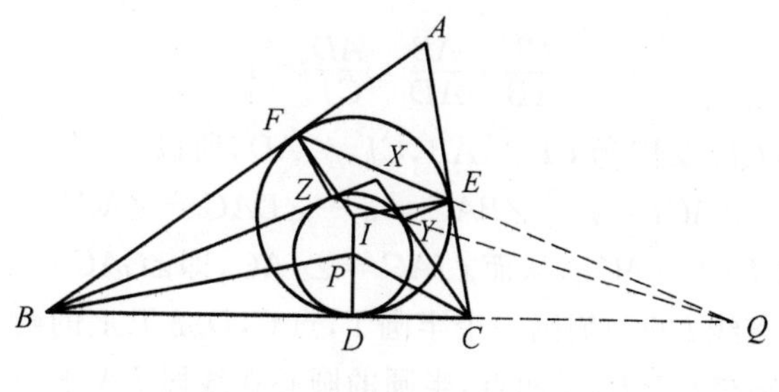

图 14

例 9　在四边形 $ABCD$ 中，对角线 AC 平分 $\angle BAD$，在 CD 上取一点 E，BE 与 AC 交于点 F，延长 DF 交 BC 于点 G. 求证：$\angle GAC=\angle EAC$.

证明　如图 15 所示，联结 BD 交 AC 于点 H，对 $\triangle BCD$ 用塞瓦定理，可得

$$\frac{CG}{GB}\cdot\frac{BH}{HD}\cdot\frac{DE}{EC}=1$$

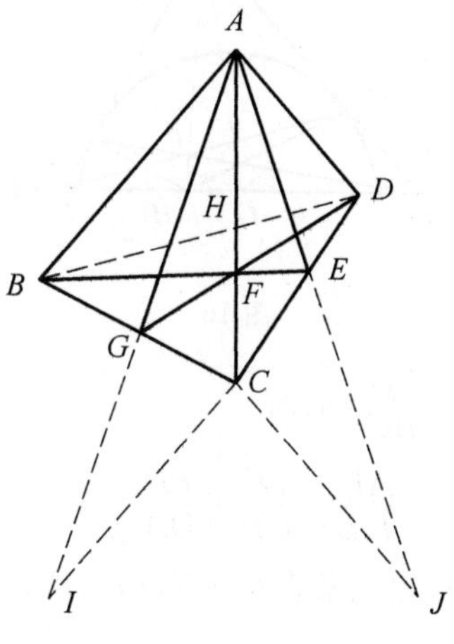

图 15

因为 AH 是 $\angle BAD$ 的角平分线，由角平分线定理，可得 $\frac{BH}{HD}=\frac{AB}{AD}$，所以

$$\frac{CG}{GB}\cdot\frac{AB}{AD}\cdot\frac{DE}{EC}=1$$

过点 C 作 AB 的平行线交 AG 的延长线于点 I，过点 C 作 AD 的平行线交 AE 的延长线于点 J，则

$$\frac{CG}{GB}=\frac{CI}{AB},\frac{DE}{EC}=\frac{AD}{CJ}$$

所以

$$\frac{CI}{AB}\cdot\frac{AB}{AD}\cdot\frac{AD}{CJ}=1$$

从而,$CI=CJ$.又因为 $CI \parallel AB$,$CJ \parallel AD$,所以

$$\angle ACI=\pi-\angle BAC=\pi-\angle DAC=\angle ACJ$$

因此,$\triangle ACI \cong \triangle ACJ$,从而$\angle IAC=\angle JAC$,即$\angle GAC=\angle EAC$.

例 10 在直线 l 的一侧画一个半圆 T,点 C,D 是 T 上的两点,T 上过点 C 和 D 的切线分别交 l 于 B,A 两点,半圆的圆心在线段 BA 上,点 E 是线段 AC 和 BD 的交点,点 F 是 l 上的点,$EF\perp l$.求证:EF 平分 $\angle CFD$.

证明 如图 16 所示,设 AD 与 BC 交于点 P,用点 O 表示半圆 T 的圆心.过点 P 作 $PH\perp l$ 于点 H,联结 OD,OC,OP.由题意,知 $\mathrm{Rt}\triangle OAD\backsim\mathrm{Rt}\triangle PAH$,于是$\frac{AH}{AD}=\frac{HP}{DO}$.类似地,$\mathrm{Rt}\triangle OCB\backsim\mathrm{Rt}\triangle PHB$,则$\frac{BH}{BC}=\frac{HP}{CO}$.

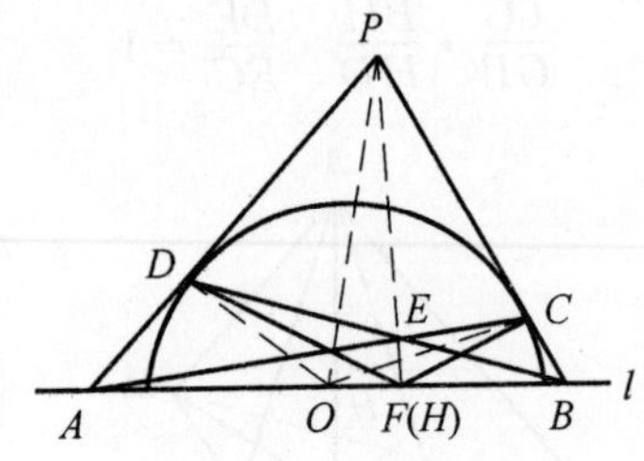

图 16

由 $CO=DO$,有$\frac{AH}{AD}=\frac{BH}{BC}$,从而

$$\frac{AH}{HB}\cdot\frac{BC}{CP}\cdot\frac{PD}{DA}=1$$

由塞瓦定理的逆定理,知三条直线 AC,BD,PH 交于一点,即点 E 在 PH 上,点 H 与 F 重合.

因为 $\angle ODP=\angle OCP=90°$,所以 O,D,C,P 四点共圆,直径为 OP.又 $\angle PFC=90°$,从而推得点 F 也在这个圆上,因此

$$\angle DFP=\angle DOP=\angle COP=\angle CFP$$

所以 EF 平分 $\angle CFD$.

课外训练

1. 如图 17 所示，在四边形 $ABCD$ 中，$\triangle ABD$，$\triangle BCD$，$\triangle ABC$ 的面积比是 $3:4:1$，点 M，N 分别在 AC，CD 上满足 $AM:AC=CN:CD$，并且 B，M，N 三点共线. 求证：点 M 与 N 分别是 AC 与 CD 的中点.

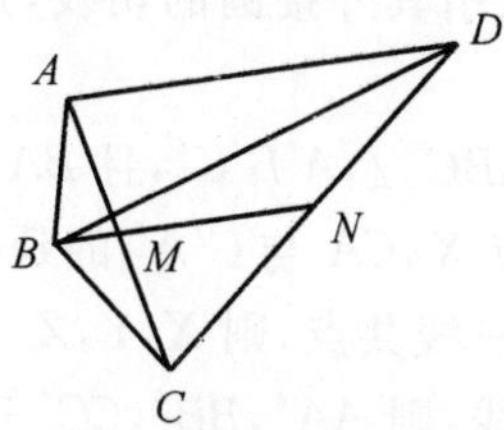

图 17

2. 如图 18 所示，四边形 $ABCD$ 内接于圆，其边 AB 与 DC 的延长线交于点 P，AD，BC 的延长线交于点 Q，由 Q 作该圆的两条切线 QE，QF，切点分别为 E，F，求证：P，F，E 三点共线.

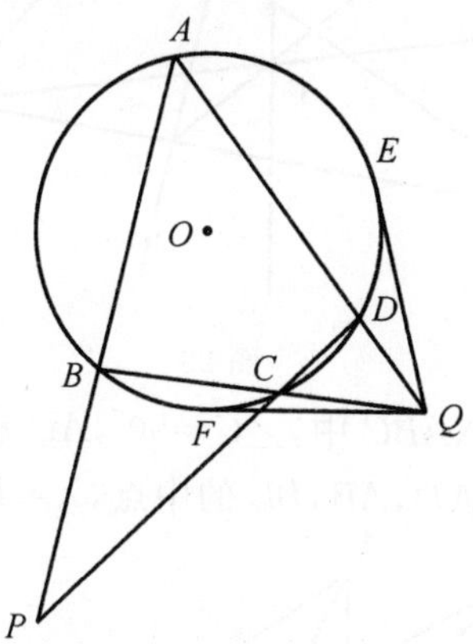

图 18

3. 如图 19 所示，在 $\triangle ABC$ 中，点 P 为三角形内任意一点，AP，BP，CP 分别交对边于点 X，Y，Z. 求证：$\dfrac{XP}{XA}+\dfrac{YP}{YB}+\dfrac{ZP}{ZC}=1$.

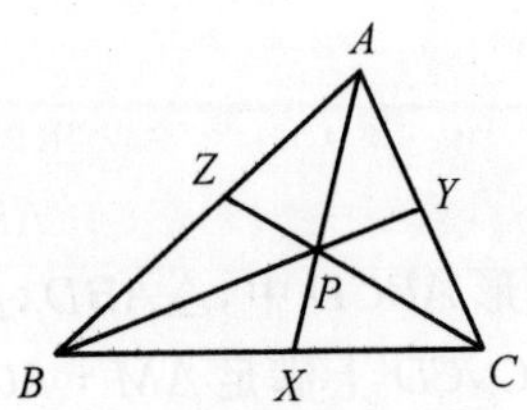

图 19

4. 从三角形的各个顶点引其外接圆的切线，这些切线与各自对边的交点共线.

5. 如图 20 所示，设 $\triangle ABC$，$\triangle A'B'C'$，且 BA 与 $B'A'$ 的延长线交于点 Z，CB 与 $C'B'$ 的延长线交于点 X，CA 与 $C'A'$ 的延长线交于点 Y，则

(1) 若 AA'，BB'，CC' 三线共点，则 X，Y，Z 三点共线；

(2) 若 X，Y，Z 三点共线，则 AA'，BB'，CC' 三线共点.

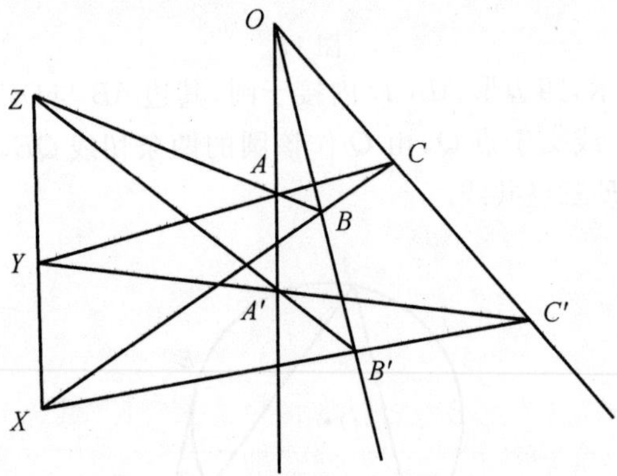

图 20

6. 如图 21 所示，在 $\triangle ABC$ 中，$\angle C=90°$，AD 和 BE 是它的两条内角平分线，设点 L，M，N 分别为 AD，AB，BE 的中点，$X=LM\cap BE$，$Y=MN\cap AD$，

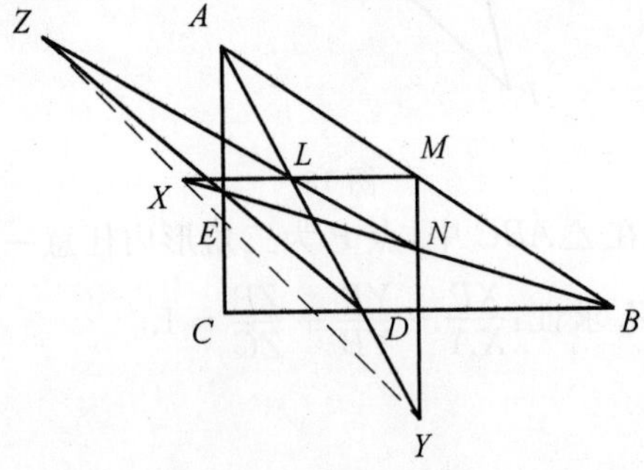

图 21

$Z=NL\cap DE$. 求证：X,Y,Z 三点共线.

7. 在 $\triangle ABC$ 中，$AB>AC$，$\angle A$ 的一个外角的平分线交 $\triangle ABC$ 的外接圆于点 E，过点 E 作 $EF\perp AB$，垂足为 F. 求证：$2AF=AB-AC$.

8. 四边形 $ABCD$ 内接于圆 O，对角线 AC 与 BD 交于点 P，设 $\triangle ABP$，$\triangle BCP$，$\triangle CDP$ 和 $\triangle DAP$ 的外接圆圆心分别是 O_1,O_2,O_3,O_4. 求证：OP，O_1O_3，O_2O_4 三直线共点.

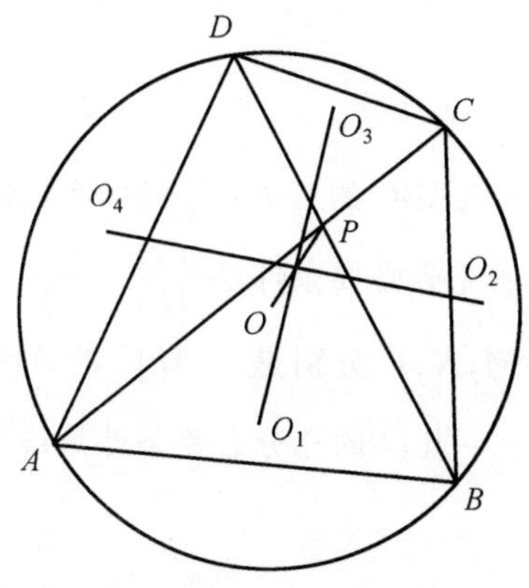

图 22

9. 一个士兵想要查遍一个正三角形区域内或边界上有无地雷，他的探测器的有效长度等于正三角形高的一半. 这个战士从三角形的一个顶点开始探测. 他应以怎样的路线才能使查遍整个区域的路程最短.

10. 以锐角 $\triangle ABC$ 的三边为边向外作三个相似三角形 $\triangle AC_1B$，$\triangle BA_1C$，$\triangle CB_1A$（$\angle AB_1C=\angle ABC_1=\angle A_1BC$，$\angle BA_1C=\angle BAC_1=\angle B_1AC$）.

(1) 求证：$\triangle AC_1B$，$\triangle B_1AC$，$\triangle CBA_1$ 的外接圆交于一点；

(2) 求证：直线 AA_1，BB_1，CC_1 交于一点.

11. 在 $\triangle ABC$ 中，点 O 为外心，H 为垂心，直线 AH，BH，CH 交边 BC，CA，AB 于点 D，E，F，直线 DE 交 AB 于点 M，DF 交 AC 于点 N. 求证：

(1) $OB\perp DF$，$OC\perp DE$；

(2) $OH\perp MN$.

第 39 讲 共线、共点、共圆

知识呈现

1. 梅涅劳斯定理:在$\triangle ABC$的三边BC,CA,AB或其延长线上有点D,E,F,则D,E,F三点共线的充分必要条件是:$\frac{CD}{DB}\cdot\frac{BF}{FA}\cdot\frac{AE}{EC}=1$.

2. 塞瓦定理:设点M,N,P分别是$\triangle ABC$的AB,BC,CA边上的点(图1),则AN,BP,CM交于一点O的充分必要条件是:$\frac{AM}{MB}\cdot\frac{BN}{NC}\cdot\frac{CP}{PA}=1$.

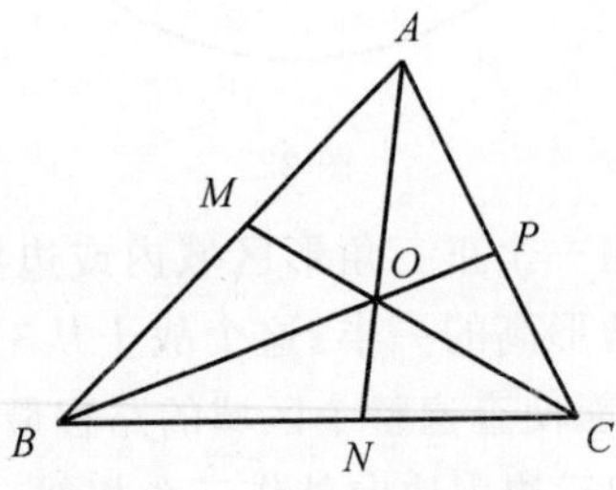

图 1

角元形式的塞瓦定理:设点A',B',C'分别是$\triangle ABC$的BC,CA,AB所在直线的点,则三直线AA',BB',CC'平行或共点的充要条件是

$$\frac{\sin\angle BAA'}{\sin\angle A'AC}\cdot\frac{\sin\angle ACC'}{\sin\angle C'CB}\cdot\frac{\sin\angle CBB'}{\sin\angle B'BA}=1$$

3. 托勒密定理:在四边形$ABCD$中(图2),恒有$AB\cdot CD+BC\cdot AD\geqslant AC\cdot BD$.

四边形$ABCD$内接于一圆的充分必要条件是

$$AB\cdot CD+BC\cdot AD=AC\cdot BD$$

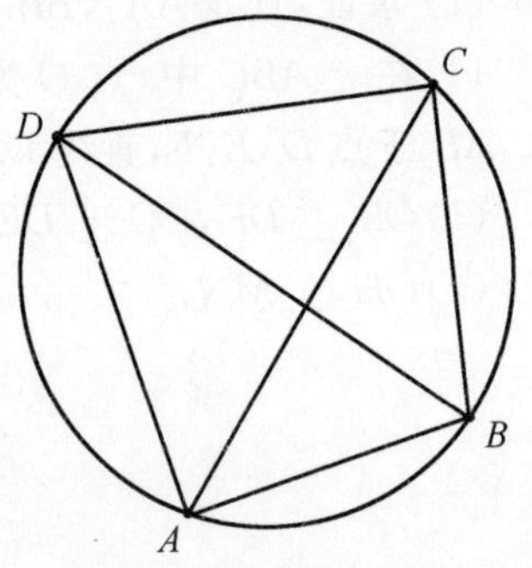

图 2

推论 1 (三弦定理):如果点A是圆上任

意一点，AB，AC，AD 是该圆上顺次的三条弦，则 $AC\cdot\sin\angle BAD=AB\cdot\sin\angle CAD+AD\cdot\sin\angle CAB$.

推论 2　（四角定理）：四边形 $ABCD$ 内接于圆 O，则 $\sin\angle ADC\cdot\sin\angle BAD=\sin\angle ABD\cdot\sin\angle CAD+\sin\angle ADB\cdot\sin\angle CAB$.

直线上的托勒密定理：若点 A，B，C，D 为一直线上依次排列的四点，则 $AB\cdot CD+BC\cdot AD=AC\cdot BD$.

四边形中的托勒密定理：设四边形 $ABCD$ 为任意凸四边形，则 $AB\cdot CD+BC\cdot AD\geqslant AC\cdot BD$，当且仅当 A，B，C，D 四点共圆时取等号.

4. 西姆森(Simson) 定理：从一点 P 向 $\triangle ABC$ 的三边 AB，BC，CA 引垂线，点 P 在 $\triangle ABC$ 的外接圆上的充分必要条件是：三个垂足 X，Y，Z 共线（图 3）.

本定理中，X，Y，Z 三点所在直线称为 $\triangle ABC$ 关于点 P 的"西姆森线".

以上四个定理，通常把充分性称为定理，必要性称为逆定理.

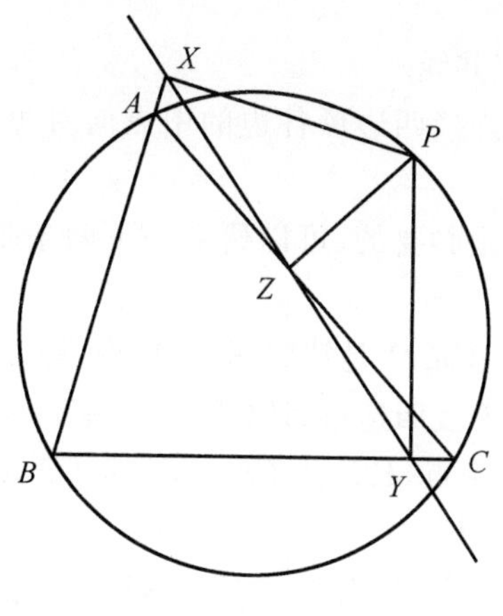

图 3

典例展示

例 1　如图 4 所示，设线段 AB 的中点为点 C，以 AC 为对角线作 $\square AECD$，$\square BFCG$，又作 $\square CFHD$，$\square CGKE$，求证：H，C，K 三点共线.

分析　点 C 为 AB 的中点，若点 C 为 HK 的中点，则四边形 $AKBH$ 为平行四边形. 反之，若平行四边形成立，则 H，C，K 三点共线.

证明　如图 4 所示，联结 AK，DG，BH，AH，BK.

因为 $AD\parallel EC\parallel KG$，$AD=EC=KG$，所以四边形 $AKGD$ 是平行四边形.

于是 $AK \parallel DG$, $AK = GD$.

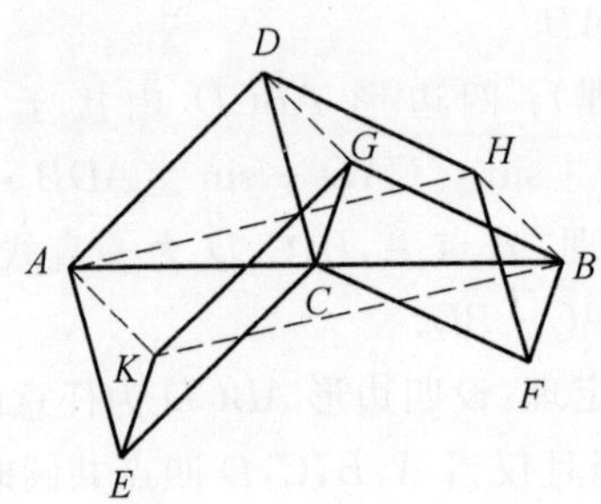

图 4

同理, $BH \parallel GD$, $BH = GD$, 所以

$$BH \parallel AK, BH = AK$$

于是四边形 $AKBH$ 是平行四边形. 故 AB, HK 互相平分, 即 HK 经过 AB 的中点 C.

所以 H, C, K 三点共线.

例 2 求证:过圆内接四边形各边的中点向对边所作的四条垂线交于一点.

分析 画出图形是必要的,可以研究一下两条垂线的交点的性质,不难发现证明的方法.

证明 若四边形 $ABCD$ 是特殊图形(矩形、等腰梯形),易知结论成立.

如图 5 所示,设圆内接四边形 $ABCD$ 的对边互不平行,点 E, F, G, H 分别为 AB, BC, CD, DA 的中点, $EE' \perp CD$, $FF' \perp DA$, $GG' \perp AB$, $HH' \perp BC$, 垂足分别为 E', F', G', H'.

设 EE' 与 GG' 交于点 P. 因为点 E 为 AB 的中点,所以 $OE \perp AB$, 于是 $OE \parallel GG'$.

同理, $OG \parallel EE'$. 所以四边形 $OEPG$ 为平行四边形.

所以 OP, EG 互相平分,即 OP 经过 EG 的中点 M.

同理,设 FF' 与 HH' 交于点 Q, 则 OQ 经过 FH 的中点 N.

因为点 E, F, G, H 分别为 AB, BC, CD, DA 的中点,所以四边形 $EFGH$ 是平行四边形,所以 EG, FH 互相平分,即 EG 的中点就是 FH 的中点,于是点 M 与 N 重合.

所以 OP, OQ 都经过点 M 且 $OP = OQ = 2OM$.

故点 P, Q 重合,即四条垂线交于一点.

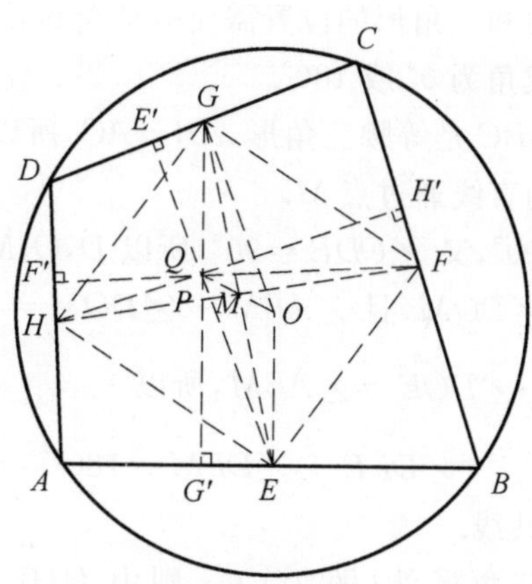

图5

例3　圆 O_1 与圆 O_2 交于点 A,B，点 P 为 BA 延长线的上一点，割线 PCD 交圆 O_1 于 C,D 两点，割线 PEF 交圆 O_2 于 E,F 两点.

求证：C,D,E,F 四点共圆.

分析　可以通过点 C,D,E,F 连成的四边形的对角互补或四边形的外角等于内对角来证明.

证明　如图6所示，联结 CE，DF，则

$$PC\cdot PD=PA\cdot PB=PE\cdot PF$$

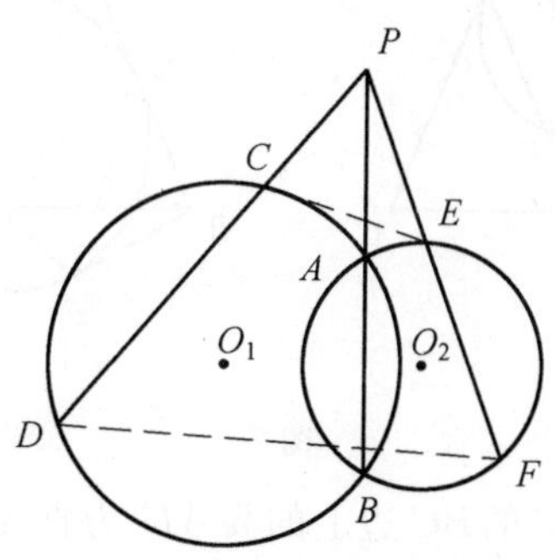

图6

于是，$\triangle PCE\backsim\triangle PDF$，所以 $\angle PEC=\angle PDF$.

所以 C,D,E,F 四点共圆.

例4　如图7所示，设等腰 $\triangle ABC$ 的两腰 AB，AC 分别与圆 O 切于点 D，E，从点 B 作此圆的切线，其切点为点 F，设 BC 的中点为点 M，求证：E,F,M 三点共线.

分析 显然此圆和三角形的位置需要分情况讨论,要证明 E,F,M 三点共线,可以证明连线成角为 $0°$ 或 $180°$.

证明 因为 $\triangle ABC$ 是等腰三角形,$AB=AC$,所以直线 AO 是 $\angle BAC$ 的平分线.故 AO 所在的直线通过点 M.

所以 $\angle OMB=90°$,又 $\angle ODB=90°$,所以 D,O,M,B 四点共圆.

于是 $\angle DFM=\angle DOM$,且 $\angle ABM+\angle DOM=180°$.

因为 $\angle DFE=\frac{1}{2}\angle DOE=\angle ABM$,所以

$$\angle DFE+\angle DFM=180°$$

故 E,F,M 三点共线.

如果切点 F 在三角形外(图 7(b)),则由 D,B,F,M,O 五点共圆,得 $\angle DFM=\angle DBM$.

而 $\angle DBM=\angle AOD=\frac{1}{2}\angle DOE=\angle DFE$. 所以 $\angle DFM=\angle DFE$.

故 F,M,E 三点共线.

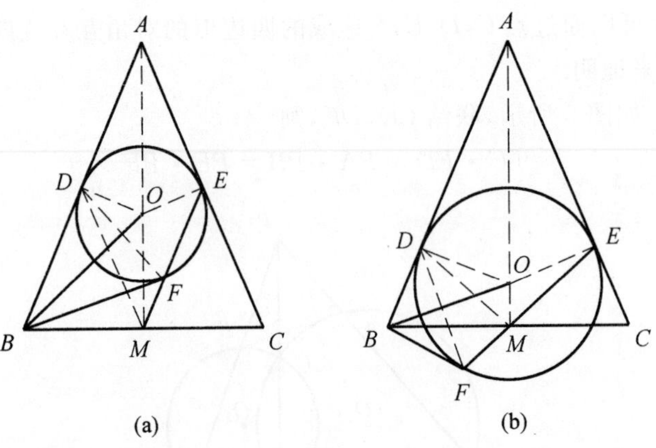

图 7

例5 以锐角 $\triangle ABC$ 的 BC 边上的高 AH 为直径作圆,分别交 AB,AC 于点 M,N,过点 A 作直线 $l_A\perp MN$,用同样的方法作出直线 l_B,l_C,求证:l_A,l_B,l_C 交于一点.

分析 如果能证明这三条直线都经过三角形的外心,则此三线共点.

证明 如图 8 所示,作 $\triangle ABC$ 的外接圆 O,联结 HN,DB,则 $\angle CAD$ 与 $\angle MNH$ 都是 $\angle ANM$ 的余角.

所以

$$\angle MNH=\angle CAD$$

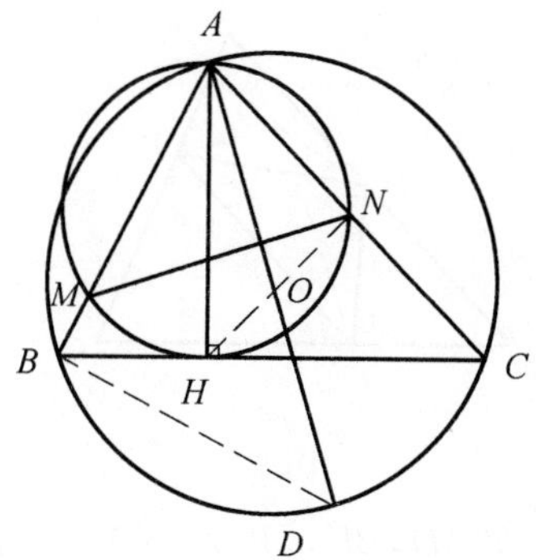

图 8

因为 $\angle MNH=\angle MAH$，$\angle CAD=\angle CBD$，所以

$$\angle CBD=\angle MAH$$

因为 $\angle BAH+\angle ABH=90^\circ$，所以

$$\angle CBD+\angle CBA=90^\circ$$

所以 l_A 是圆 O 的直径，即 AD 过圆 O 的圆心 O.

同理 l_B，l_C 都过点 O，即 l_A，l_B，l_C 交于一点.

例 6　在 $\triangle ABC$ 的边 AB，BC，CA 上分别取点 D，E，F，使 $DE=BE$，$EF=EC$. 求证：$\triangle ADF$ 的外接圆圆心在 $\angle DEF$ 的平分线上.

分析　设点 O 为 $\triangle ADF$ 的外接圆圆心，于是 $OA=OD=OF$. 若 EO 是 $\angle DEF$ 的平分线，则出现了等线段对等角的情况，这在圆中有此性质. 故应证明 O，D，E，F 四点共圆.

证明　如图 9 所示，设点 O 为 $\triangle ADF$ 的外接圆圆心，于是 $OA=OD=OF$.

因为 $EC=EF$，所以

$$\angle 2=180^\circ-2\angle C$$

同理，$\angle 1=180^\circ-2\angle B$. 所以

$$\angle DEF=180^\circ-\angle 1-\angle 2=2(\angle B+\angle C)-180^\circ=$$
$$2(180^\circ-\angle A)-180^\circ=180^\circ-2\angle A$$

但点 O 为 $\triangle ADF$ 的外接圆圆心，所以 $\angle DOF=2\angle A$，于是 $\angle DEF+\angle DOF=180^\circ$，所以 O，D，E，F 四点共圆. 但 $OD=OF$，所以 $\angle DEO=\angle OEF$，即点 O 在 $\angle DEF$ 的角平分线上.

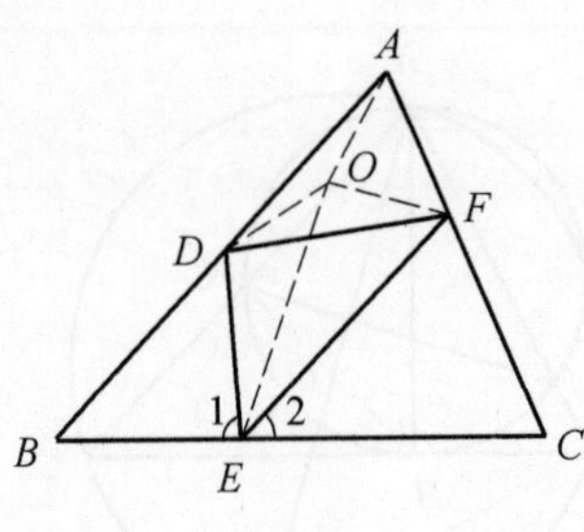

图 9

例 7 如图 10 所示,设 AD,BE,CF 为 $\triangle ABC$ 的三条高,从点 D 引 AB,BE,CF,AC 的垂线 DP,DQ,DR,DS,垂足分别为 P,Q,R,S,求证:P,Q,R,S 四点共线.

分析 这里有多个四点共圆,又有多条垂线.四点共圆,可以看成圆的内接三角形与圆上一点,故适用于西姆森线.

证明 设点 H 为垂心.

由 $\angle HDB=\angle HFB=90^\circ$,所以 H,D,B,F 四点共圆.

因为 $DP\perp BF$,$DQ\perp BH$,$DR\perp HF$,P,Q,R 分别为垂足,所以 P,Q,R 三点共线($\triangle HBF$ 的西姆森线).

同理,Q,R,S 三点共线($\triangle CEH$ 的西姆森线).

故 P,Q,R,S 四点共线.

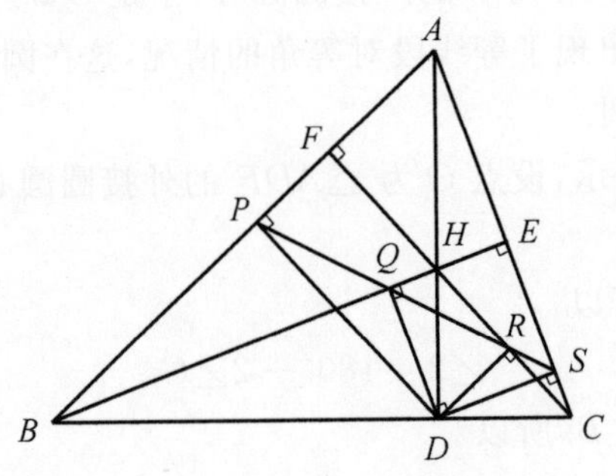

图 10

例 8 如图 11 所示,设点 A_1,B_1,C_1 是直线 l_1 上的三点,A_2,B_2,C_2 是直线 l_2 上的三点.A_1B_2 与 A_2B_1 交于点 L,A_1C_2 与 A_2C_1 交于点 M,B_1C_2 与 B_2C_1 交于点 N,求证:L,M,N 三点共线.

分析 图中有许多三点共线,可以利用这些三点共线来证明 L,M,N 三点共线.所以可以选定一个三角形,这个三角形的三边上分别有 L,M,N 三

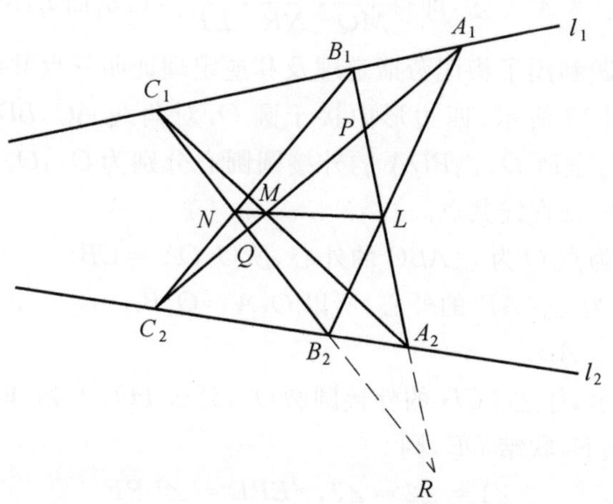

图 11

点.

证明　如图 11 所示,设 A_1C_2 与 A_2B_1,B_2C_1 分别交于点 P,Q,B_1A_2 与 C_1B_2 的延长线交于点 R.

则只要证明$\frac{PM}{MQ}\cdot\frac{QN}{NR}\cdot\frac{RL}{LP}=1$,则由梅涅劳斯定理的逆定理可以证明 L,M,N 三点共线.

A_2C_1 截 $\triangle PQR$ 得

$$\frac{PM}{MQ}\cdot\frac{QC_1}{C_1R}\cdot\frac{RA_2}{A_2P}=1 \qquad ①$$

B_1C_2 截 $\triangle PQR$ 得

$$\frac{QN}{NR}\cdot\frac{RB_1}{B_1P}\cdot\frac{PC_2}{C_2Q}=1 \qquad ②$$

A_1B_2 截 $\triangle PQR$ 得

$$\frac{RL}{LP}\cdot\frac{PA_1}{A_1Q}\cdot\frac{QB_2}{B_2R}=1 \qquad ③$$

l_1 截 $\triangle PQR$ 得

$$\frac{PB_1}{B_1R}\cdot\frac{RC_1}{C_1Q}\cdot\frac{QA_1}{A_1P}=1 \qquad ④$$

l_2 截 $\triangle PQR$ 得

$$\frac{RB_2}{B_2Q}\cdot\frac{QC_2}{C_2P}\cdot\frac{PA_2}{A_2R}=1 \qquad ⑤$$

①×②×③×④×⑤,即得$\frac{PM}{MQ}\cdot\frac{QN}{NR}\cdot\frac{RL}{LP}=1$,从而$L,M,N$三点共线.

说明 本题利用了梅涅劳斯定理及其逆定理证明三点共线.

例 9 如图 12 所示,四边形内接于圆O,对角线AC,BD交于点P,设$\triangle PAB,\triangle PBC,\triangle PCD,\triangle PDA$的外接圆圆心分别为$O_1,O_2,O_3,O_4$,求证:$OP,O_1O_3,O_2O_4$三直线共点.

证明 因为点O为$\triangle ABC$的外心,所以$OA=OB$.

因为点O_1为$\triangle PAB$的外心,所以$O_1A=O_1B$.

于是$OO_1\perp AB$.

如图 12 所示,作$\triangle PCD$的外接圆圆O_3,延长PO_3与所作的圆交于点E,并与AB交于点F,联结DE,则

$$\angle 1=\angle 2=\angle 3,\angle EPD=\angle BPF$$

所以

$$\angle PFB=\angle EDP=90^{\circ}$$

于是$OP_3\perp AB$,即$OO_1\parallel PO_3$.

同理,$OO_3\parallel PO_1$,即四边形OO_1PO_3是平行四边形.

所以O_1O_3与PO互相平分,即O_1O_3过PO的中点.

同理,O_2O_4过PO的中点.

所以OP,O_1O_3,O_2O_4三直线共点.

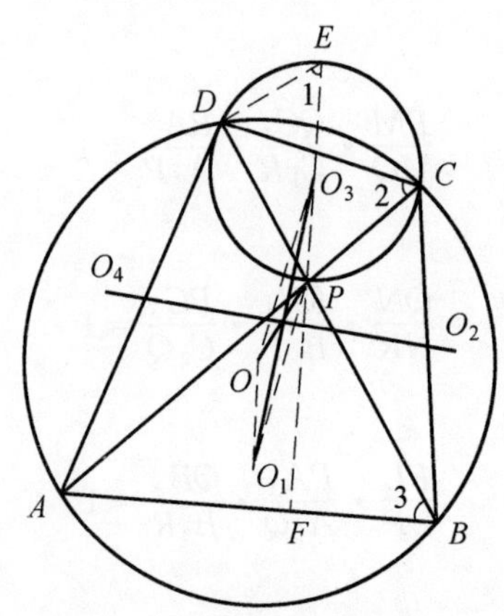

图 12

例 10 如图 13 所示,点I为$\triangle ABC$的内心,作直线IP,IR,使$\angle PIA=\angle RIA=\alpha\left(0<\alpha<\frac{1}{2}\angle BAC\right)$,$IP,IR$分别交直线$AB,AC$于$P,Q$,交圆于点

R, S.

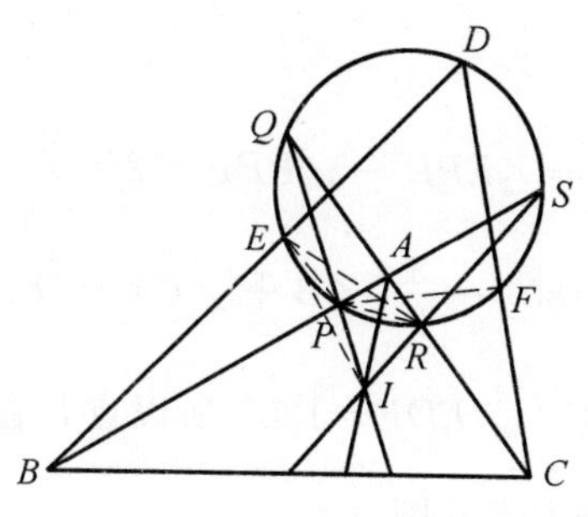

图 13

(1) 求证：P, Q, R, S 四点共圆；

(2) 若 $\alpha = 30^\circ$，点 D, E, F 分别为点 I 关于 AB, AC 的对称点，直线 BE, CF 交于点 D，求证：E, F, F 三点在圆 $PQRS$ 上.

证明　(1) 由题意，知

$$\angle QAI = 180^\circ - \angle IAC = 180^\circ - \frac{1}{2}\angle BAC = \angle SAI$$

又 $AI = AI$，$\angle PIA = \angle RIA = \alpha$，所以 $\angle PQR = \angle PSR$.

故 P, Q, R, S 四点共圆.

(2) 如图 13 所示，联结 EP, ER, EI. 易知 $\triangle IPR$，$\triangle IQS$ 都是等边三角形. 因为 $\angle EPB = \angle IPB = \frac{1}{2}\angle A + 30^\circ$，所以

$$\angle PEI = 60^\circ - \frac{1}{2}\angle A$$

但

$$PE = PI = PR = IR, \angle IER = \frac{1}{2}\angle IPR = 30^\circ$$

所以

$$\angle PER = 30^\circ - \angle PEI = \frac{1}{2}\angle A - 30^\circ$$

$$\angle PQR = \angle IAC - \angle AIP = \frac{1}{2}\angle A - 30^\circ = \angle PER$$

所以点 E 在圆 PQR 上. 同理点 F 在圆 PQR 上. 因为 $\angle EPI = 2\angle IPB = \angle A + 60^\circ$，所以

$$\angle EPR = 360^\circ - \angle EPI - 60^\circ = 240^\circ - \angle A$$

因为 $\angle RFI = 90^\circ - \left(\frac{1}{2}\angle A + 30^\circ\right) = 60^\circ - \frac{1}{2}\angle A$，所以

$$\angle RPF=\angle RFP=30^\circ-\angle RFI=\frac{1}{2}\angle A-30^\circ$$

于是

$$\angle EPF=\angle EPR-\angle RPF=270^\circ-\frac{3}{2}\angle A$$

但在 $\triangle DBC$ 中,$\angle D=180^\circ-\frac{3}{2}(\angle B+\angle C)=180^\circ-\frac{3}{2}(180^\circ-\angle A)=\frac{3}{2}\angle A-90^\circ$. 所以 $\angle EPF+\angle EDF=180^\circ$,所以点 D 在圆 EPF 上. 所以 D,E,F 三点在圆 $PQRS$ 上,即七点共圆.

课外训练

1. 如图 14 所示,在四边形 $ABCD$ 的对角线的延长线上取一点 P,过 P 作两条直线分别交 AB,BC,CD,DA 于点 R,Q,N,M,设 $t=\frac{AR}{RB}\cdot\frac{BQ}{QC}\cdot\frac{CN}{ND}\cdot\frac{DM}{MA}$,求 t 的值.

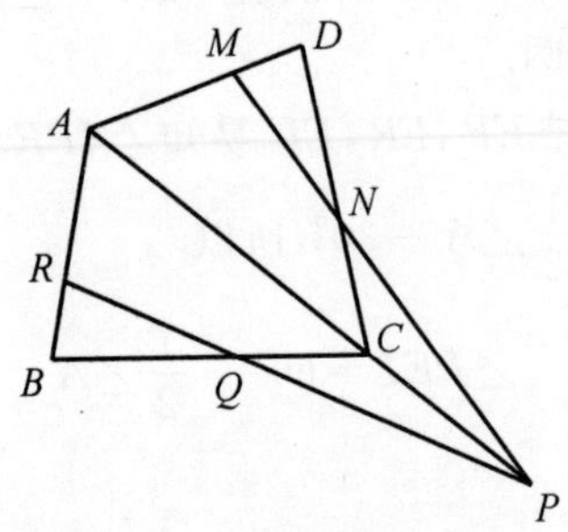

图 14

2. 如图 15 所示,若$\frac{AB}{BC}=\frac{DF}{FB}=2$,求$\frac{DE}{EC}$的值.

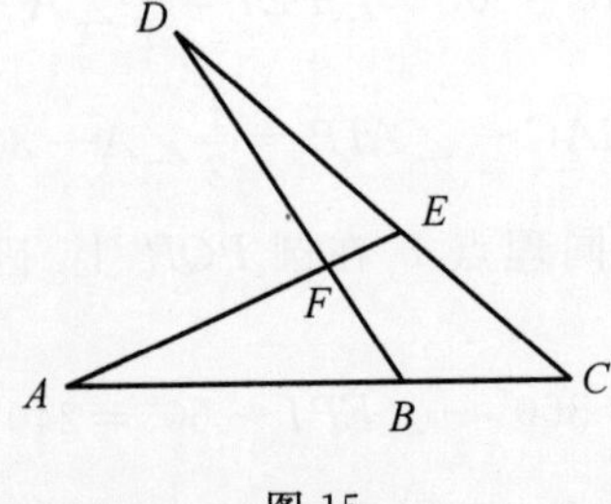

图 15

3. $\triangle ABC$ 的三个旁切圆与三边 BC，CA，AB 切于点 D，E，F，求 $\frac{AF}{FB}\cdot\frac{BD}{DC}\cdot\frac{CE}{EA}$ 的值.

4. 如图 16 所示，已知 $\triangle ABC$ 外有三点 M，N，R，且 $\angle BAR=\angle CAN=\alpha$，$\angle CBM=\angle ABR=\beta$，$\angle ACN=\angle BCM=\gamma$，证明：$AM$，$BN$，$CR$ 三线交于一点.

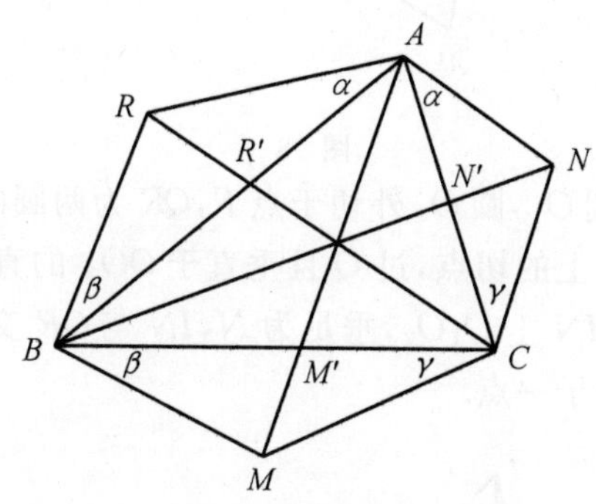

图 16

5. 如图 17 所示，设点 P 为正方形 $ABCD$ 的边 CD 上任一点，过点 A，D，P 作一圆交 BD 于点 Q，过点 C，P，Q 作一圆交 BD 于点 R，求证：A，R，P 三点共线.

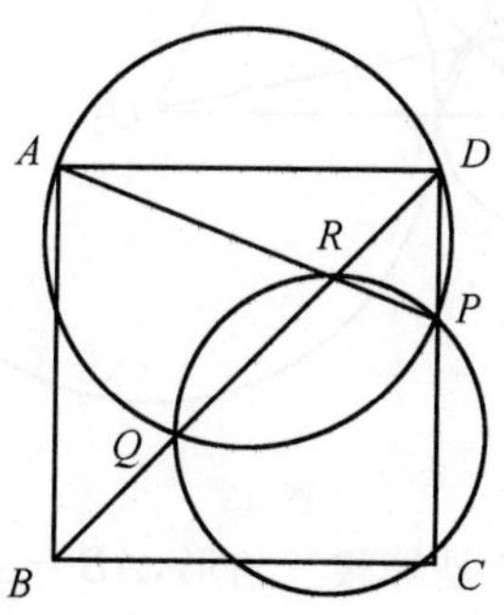

图 17

6. 如图 18 所示，两个全等三角形 $\triangle ABC$ 与 $\triangle A'B'C'$，它们的对应边也互相平行，因此两个三角形内部的公共部分构成一个六边形，求证：此六边形的三条对角线 UX，VY，WZ 交于一点.

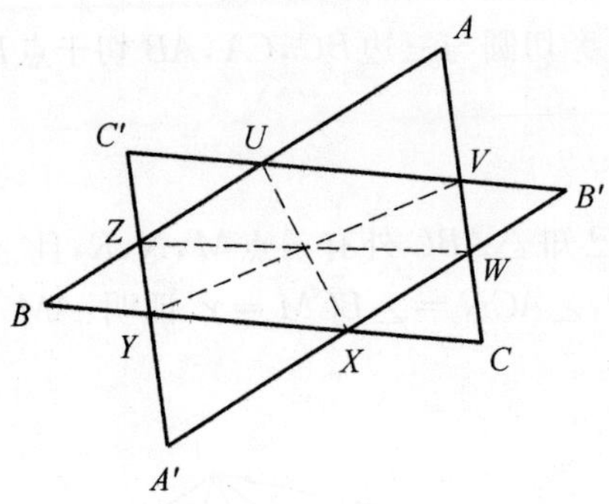

图 18

7. 如图 19 所示，圆 O_1，圆 O_2 外切于点 P，QR 为两圆的公切线，其中点 Q，R 分别为圆 O_1，圆 O_2 上的切点，过 Q 且垂直于 QO_2 的直线与过 R 且垂直于 RO_1 的直线交于点 I，$IN \perp O_1O_2$，垂足为 N，IN 与 QR 交于点 M，证明：PM，RO_1，QO_2 三条直线交于一点.

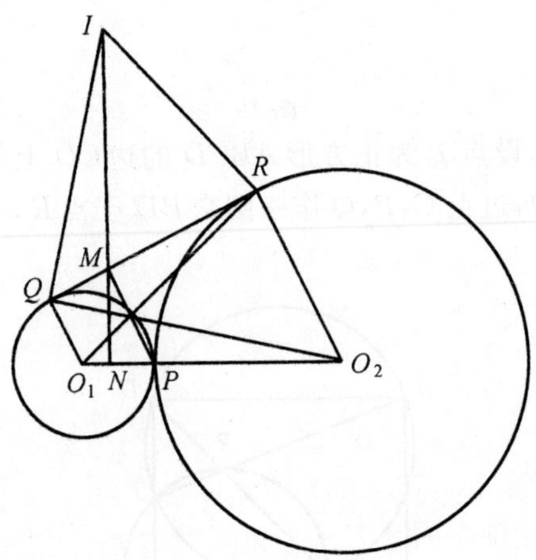

图 19

8. 如图 20 所示，$\triangle ABC$ 是等腰三角形，$AB = AC$，若点 M 是 BC 的中点，点 O 是直线 AM 上的点，使 $OB \perp AB$，点 Q 是 BC 上不同于 B，C 的任一点，点 E 在直线 AB 上，点 F 在直线 AC 上，使 E，Q，F 不同且共线. 求证：$OQ \perp EF$ 当且仅当 $QE = QF$.

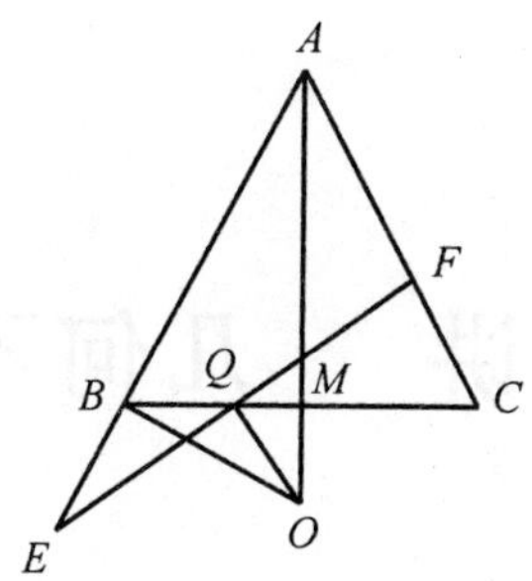

图 20

9. 凸四边形 $ABCD$ 的对角线 AC，BD 互相垂直并交于点 E，求证：点 E 关于此四边形的四边的对称点 P，Q，R，S 共圆.

10. 四边形 $ABCD$ 的对角线 AC，BD 互相垂直，对角线交于点 P，$PF \perp AB$ 于点 E，$PF \perp BC$ 于点 F，$PG \perp CD$ 于点 G，$PH \perp DA$ 于点 H. 又 EP，FP，GP，HP 的延长线分别交 CD，DA，AB，BC 于点 E'，F'，G'，H'，求证：E'，F'，G'，H' 四点与 E，F，G，H 四点共圆.

11. 如图 21 所示，以锐角 $\triangle ABC$ 的边 BC 为直径作圆交高 AD 于点 G，交 AC，AB 于点 E，F，GK 为直径，联结 KE，KF 交 BC 于点 M，N，求证：$BN = CM$.

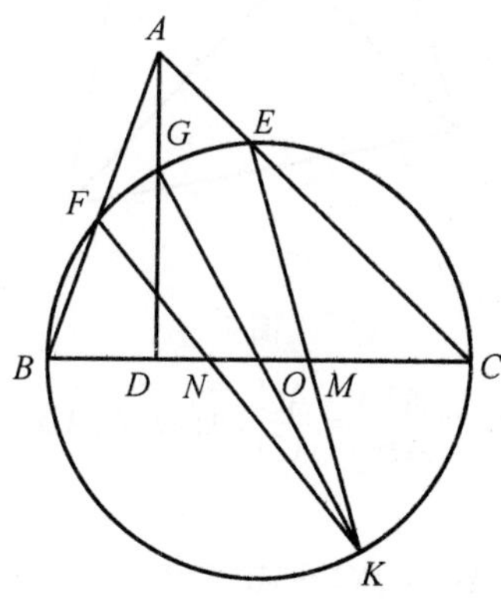

图 21

第 40 讲　几何不等式

知识呈现

定理 1　(托勒密定理的推广):在四边形 $ABCD$ 中,有 $AB \cdot CD + AD \cdot BC \geqslant AC \cdot BD$,等号成立时,四边形 $ABCD$ 是圆内接四边形.

证明　如图 1 所示,在四边形 $ABCD$ 内取点 E,使 $\angle BAE = \angle CAD$, $\angle ABE = \angle ACD$,则 $\triangle ABE \backsim \triangle ACD$,所以

$$AB \cdot CD = AC \cdot BE \quad ①$$

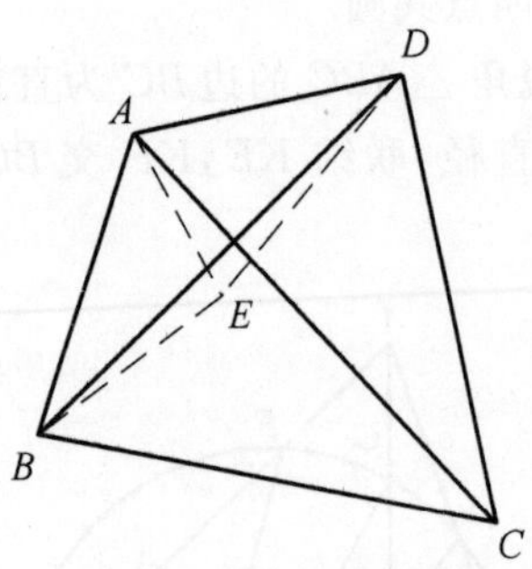

图 1

又 $\angle BAC = \angle EAD$,及 $\dfrac{AB}{AE} = \dfrac{AC}{AD}$,所以 $\triangle ABC \backsim \triangle AED$.

因此

$$AD \cdot CD + AD \cdot BC = AC(BE + DE) \geqslant AC \cdot BD$$

当且仅当点 E 在 BD 上时等号成立.此时,$\angle ABD = \angle ACD$,即四边形 $ABCD$ 内接于圆.

定理 2　(欧拉定理):若 $\triangle ABC$ 的外接圆半径为 R,内切圆半径为 r,两圆心之间的距离为 d,则 $d = \sqrt{R(R - 2r)}$.

推论　在定理条件下,$R \geqslant 2r$,当且仅当 $\triangle ABC$ 为正三角形时等号成立.

证明　设点 O, I 分别为 $\triangle ABC$ 的外心和内心.如图 2 所示,延长 AI 交外

接圆于点 D，则 D 是$\overset{\frown}{BC}$ 的中点，设 $\alpha=\frac{1}{2}\angle BAC$，$\beta=\frac{1}{2}\angle ABC$，则

$$\angle BCD=\angle BAD=\alpha,\angle DBC=\angle DAC=\alpha$$

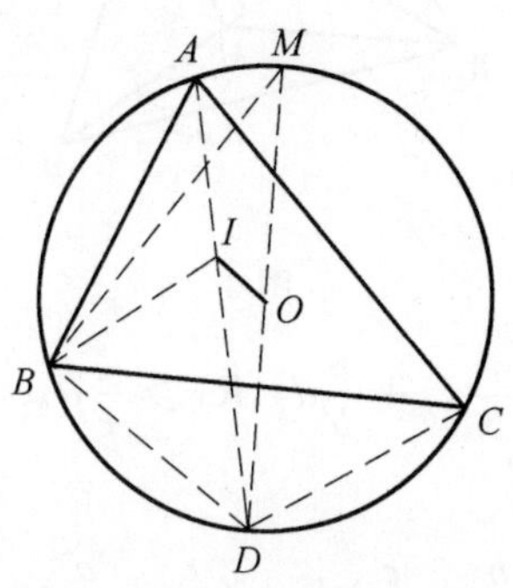

图 2

因为 $\angle BID=\alpha+\beta=\angle DBI$，$\triangle BDI$ 是等腰三角形，所以 $ID=DB$. 由圆幂定理，可得

$$R^2-d^2=DI\cdot IA=DB\cdot IA=2R\sin\alpha\cdot\frac{r}{\sin\alpha}=2Rr$$

故 $d=\sqrt{R(R-2r)}$，且 $R\geqslant 2r$，当且仅当 $\triangle ABC$ 是正三角形时，$d=0$，此时 $R=2r$.

定理 3　(埃德斯－莫德尔不等式)：在 $\triangle ABC$ 内部取点 M. R_a，R_b，R_c 分别表示由点 M 到顶点 A，B，C 之间的距离. d_a，d_b，d_c 分别表示由点 M 到边 BC，CA，AB 的距离，则

$$R_a+R_b+R_c\geqslant 2(d_a+d_b+d_c)$$

证明　如图 3 所示，由点 B，C 分别向直线 MA 引垂线 BK 和 CL. 设 $a_1=BK$，$a_2=CL$，则

$$a_1+a_2\leqslant BC,\frac{1}{2}aR_a\geqslant\frac{1}{2}a_1R_a+\frac{1}{2}a_2R_a=S_{\triangle ABM}+S_{\triangle ACM}=\frac{1}{2}bd_b+\frac{1}{2}cd_c$$

所以

$$aR_a\geqslant bd_b+cd_c \quad ①$$

对点 M 关于 $\angle A$ 的平分线的对称点运用式 ①，有

$$aR_a\geqslant cd_b+cd_c$$

所以 $R_a\geqslant\frac{c}{a}d_b+\frac{b}{a}d_c$.

同理

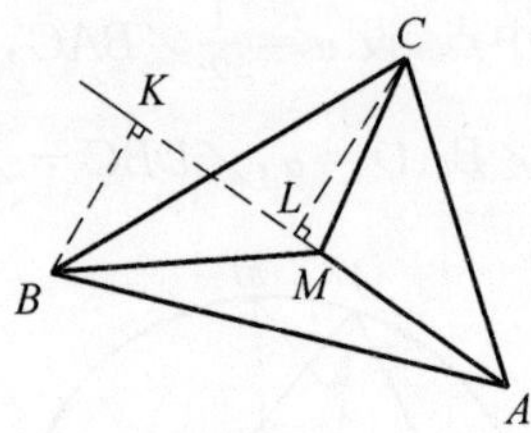

图 3

$$R_b \geqslant \frac{c}{b}d_a + \frac{a}{b}d_c, R_c \geqslant \frac{a}{c}d_b + \frac{b}{c}d_a$$

因此

$$R_a + R_b + R_c \geqslant (\frac{b}{c} + \frac{c}{b})d_a + (\frac{c}{a} + \frac{a}{c})d_b + (\frac{b}{a} + \frac{a}{b})d_c \geqslant 2(d_a + d_b + d_c)$$

在 $\triangle ABC$ 是正三角形时等号成立.

定理 4 (费马问题):已知在 $\triangle ABC$ 中,使 $PA + PB + PC$ 为最小的平面上的点 P 称为费马点.

当 $\angle BAC \geqslant 120^\circ$ 时,点 A 即为费马点.

当 $\triangle ABC$ 内任一内角均小于 120° 时,则与三边张角均为 120° 的点 P 即为费马点.

证明 如图 4 所示,分别过点 A,B,C 作 PA,PB,PC 的垂线,则三条垂线相交成正 $\triangle A_1B_1C_1$,边长为 a.

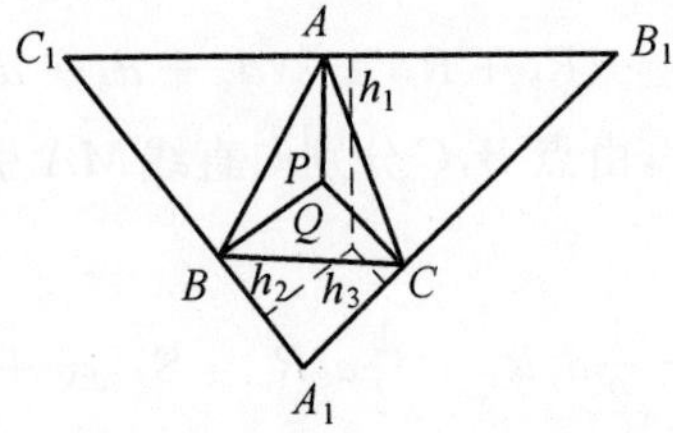

图 4

任取异于点 P 的点 Q,向 $\triangle A_1B_1C_1$ 的三边作垂线,得距离 h_1,h_2,h_3,则

$$2S_{\triangle A_1B_1C_1} = a(PA + PB + PC) = a(h_1 + h_2 + h_3) \leqslant a(QA + QB + QC)$$

即

$$PA + PB + PC = h_1 + h_2 + h_3 \leqslant QA + QB + QC$$

定理 5　(外森比克不等式):设 $\triangle ABC$ 的边长和面积分别为 a,b,c 和 S,则 $a^2+b^2+c^2\geqslant 4\sqrt{3}S$,当且仅当 $\triangle ABC$ 为正三角形时等号成立.

证明　分别以 $\triangle ABC$ 的三边为边向外侧作正 $\triangle BCD,\triangle CAE,\triangle ABF$,它们的外接圆 O_1,O_2,O_3 交于一点 O,即 $\triangle ABC$ 的费马点.故

$$S_{\triangle BOC}\leqslant S_{\triangle BO_1C}=\frac{a^2}{4\sqrt{3}}$$

同理

$$S_{\triangle AOB}\leqslant\frac{c^2}{4\sqrt{3}} \qquad ②$$

$$S_{\triangle AOC}\leqslant\frac{b^2}{4\sqrt{3}} \qquad ③$$

①+②+③,得

$$a^2+b^2+c^2\geqslant 4\sqrt{3}S$$

典例展示

例 1　已知点 D 是 $\triangle ABC$ 的边 AB 上的任意一点,点 E 是边 AC 上的任意一点,联结 DE,点 F 是联结线段 DE 上的任意一点.设 $\frac{AD}{AB}=x,\frac{AE}{AC}=y$,$\frac{DF}{DE}=z$,求证:

(1) $S_{\triangle BDF}=(1-x)yzS_{\triangle ABC},S_{\triangle CEF}=x(1-y)(1-z)S_{\triangle ABC}$;

(2) $\sqrt[3]{S_{\triangle BDF}}+\sqrt[3]{S_{\triangle BDF}}\leqslant\sqrt[3]{S_{\triangle ABC}}$.

证明　(1) $S_{\triangle BDF}=zS_{\triangle BDE}=z(1-x)S_{\triangle ABD}=z(1-x)yS_{\triangle ABC}$

$$S_{\triangle CEF}=(1-z)S_{\triangle CDE}=(1-z)(1-y)S_{\triangle ACD}=(1-z)(1-y)xS_{\triangle ABC}$$

(2)
$$\sqrt[3]{S_{\triangle BDF}}+\sqrt[3]{S_{\triangle BDF}}=\left[\sqrt[3]{(1-x)yz}+\sqrt[3]{x(1-y)(1-z)}\right]\sqrt[3]{S_{\triangle ABC}}\leqslant\left[\frac{(1-x)+y+z}{3}+\frac{x+(1-y)+(1-z)}{3}\right]\sqrt[3]{S_{\triangle ABC}}=\sqrt[3]{S_{\triangle ABC}}$$

例 2　如图 5 所示,在 $\triangle ABC$ 中,点 P,Q,R 将其周长三等分,且 P,Q 在 AB 边上,求证:$\frac{S_{\triangle PQR}}{S_{\triangle ABC}}>\frac{2}{9}$.

证明 如图5所示,从点 C,R 向 AB 引垂线,用放缩法证所需不等式.

不妨设周长为1,作 $\triangle ABC$,$\triangle PQR$ 的高 CL,RH.

$$\frac{S_{\triangle PQR}}{S_{\triangle ABC}}=\frac{\frac{1}{2}PQ\cdot RH}{\frac{1}{2}AB\cdot AC}=\frac{PQ\cdot AR}{AB\cdot AC}$$

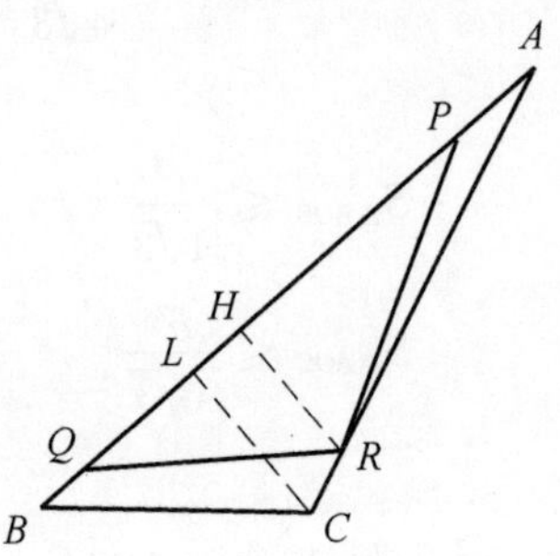

图5

因为 $PQ=\frac{1}{3},AC<\frac{1}{2}$,所以$\frac{PQ}{AC}>\frac{2}{3}$.

$$AP\leqslant AP+BQ=AB-PQ<\frac{1}{2}-\frac{1}{3}=\frac{1}{6}$$

$$AR=\frac{1}{3}-AP>\frac{1}{3}-\frac{1}{6}=\frac{1}{6}$$

$$AC<\frac{1}{2}$$

所以

$$\frac{AR}{AC}>\frac{\frac{1}{6}}{\frac{1}{2}}=\frac{1}{3}$$

$$\frac{S_{\triangle PQR}}{S_{\triangle ABC}}>\frac{2}{3}\times\frac{1}{3}=\frac{2}{9}$$

例3 设点 P 是 $\triangle ABC$ 内的任意一点,P 到三边 BC,CA,AB 的距离分别为 $PD=p,PE=q,PF=r$,并设 $PA=x,PB=y,PC=z$,则 $x+y+z\geqslant 2(p+q+r)$ 等号成立,当且仅当 $\triangle ABC$ 是正三角形并且点 P 为此三角形的中心.

解 以 $\angle B$ 的平分线为对称轴分别作出 A,C 的对称点 A',C'. 联结 $A'C'$,又联结 PA',PC',在 $\triangle BA'C'$ 中,容易得到

$$S_{\triangle BA'P}+S_{\triangle BC'P}\leqslant\frac{1}{2}BP\cdot A'C' \quad ①$$

当且仅当 $BP \perp A'C'$ 时等号成立成立.

由于 $\triangle ABC \cong \triangle A'BC'$，式 ① 等价于 $\frac{1}{2}cp+\frac{1}{2}ar \leqslant \frac{1}{2}yb$.

即

$$y \geqslant \frac{c}{b}\cdot p+\frac{a}{b}\cdot r \qquad ②$$

同理

$$x \geqslant \frac{c}{a}\cdot q+\frac{b}{a}\cdot r \qquad ③$$

$$z \geqslant \frac{b}{c}\cdot p+\frac{a}{c}\cdot q \qquad ④$$

将不等式 ②,③,④ 相加，得

$$x+y+z \geqslant p\left(\frac{c}{b}+\frac{b}{c}\right)+q\left(\frac{c}{a}+\frac{a}{c}\right)+r\left(\frac{a}{b}+\frac{b}{a}\right) \geqslant 2(p+q+r)$$

例 4 设点 P 是 $\triangle ABC$ 内的一点，求证：$\angle PAB$，$\angle PBC$，$\angle PCA$ 至少有一个小于或等于 $30°$.

证法一 如图 6 所示，联结 AP，BP，CP，并延长交对边于点 D，E，F，则

$$\frac{PD}{AD}+\frac{PE}{BE}+\frac{PF}{CF}=\frac{S_{\triangle PBC}}{S_{\triangle ABC}}+\frac{S_{\triangle PCA}}{S_{\triangle ABC}}+\frac{S_{\triangle PAB}}{S_{\triangle ABC}}=1$$

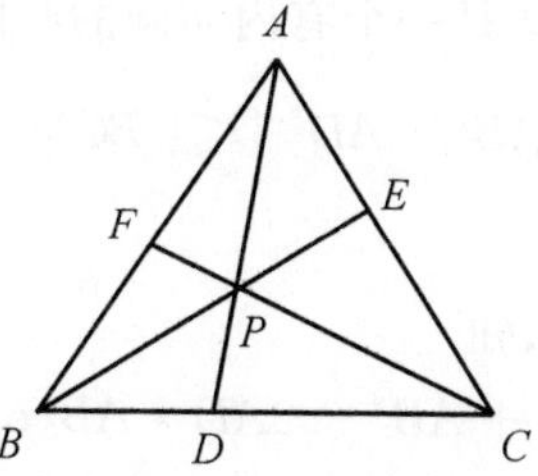

图 6

设 $\angle PAB=\alpha$，$\angle PBC=\beta$，$\angle PCA=\gamma$，则

$$\sin\alpha\sin\beta\sin\gamma \leqslant \frac{PF}{PA}\cdot\frac{PD}{PB}\cdot\frac{PE}{PC}=\frac{PD}{PA}\cdot\frac{PE}{PB}\cdot\frac{PF}{PC}=y$$

令 $x_1=\frac{PD}{AD}$，$x_2=\frac{PE}{BE}$，$x_3=\frac{PF}{CF}$，那么 $x_1+x_2+x_3=1$，且

$$y=\frac{PD}{PA}\cdot\frac{PE}{PB}\cdot\frac{PF}{PC}=$$

$$\frac{x_1}{1-x_1}\cdot\frac{x_2}{1-x_2}\cdot\frac{x_3}{1-x_3}=$$

$$\frac{x_1}{x_2+x_3}\cdot\frac{x_2}{x_3+x_1}\cdot\frac{x_3}{x_1+x_2}\leqslant$$
$$\frac{x_1x_2x_3}{2\sqrt{x_2x_3}\cdot 2\sqrt{x_3x_1}\cdot 2\sqrt{x_1x_2}}=\frac{1}{8}$$

当且仅当 $x_1=x_2=x_3=\frac{1}{3}$ 时取等号,所以 $\sin\alpha\sin\beta\sin\gamma\leqslant\frac{1}{8}$,由此推出 $\sin\alpha,\sin\beta,\sin\gamma$ 中至少有一个不大于$\frac{1}{2}$,不妨设 $\sin\alpha\leqslant\frac{1}{2}$,则 $\alpha\leqslant 30^\circ$ 或 $\alpha\geqslant 150^\circ$. 当 $\alpha\geqslant 150^\circ$ 时,$\beta<30^\circ$,$\gamma<30^\circ$,命题也成立.

当 $\sin\alpha\sin\beta\sin\gamma=\frac{1}{8}$ 时,点 P 既是 $\triangle ABC$ 的重心,又是 $\triangle ABC$ 的垂心,此时 $\triangle ABC$ 是正三角形.

证法二　用反证法,设 $30^\circ<\angle PAB,\angle PBC,\angle PCA<120^\circ$,则$\frac{PD}{PA}=\sin\angle PAB>\sin 30^\circ$,即 $2PD>PA$.

同理 $2PE>PB$,$2PF>PC$.

于是

$$2(PD+PE+PF)>PA+PB+PC$$

这与厄多斯-莫德尔不等式矛盾.

例5　设四边形 $ABCD$ 是一个有内切圆的凸四边形,它的每个内角和外角都不小于 60°,求证:$\frac{1}{3}|AB^3-AD^3|\leqslant|BC^3-CD^3|\leqslant 3|AB^3-AD^3|$. 等号何时成立?

证明　利用余弦定理,知

$$BD^2=AD^2+AB^2-2AD\cdot AB\cos\angle DAB=$$
$$CD^2+BC^2-2CD\cdot BC\cos\angle DCB$$

由已知条件知 $60^\circ\leqslant\angle DAB,\angle DCB\leqslant 120^\circ$,故

$$-\frac{1}{2}\leqslant\cos\angle DAB\leqslant\frac{1}{2},-\frac{1}{2}\leqslant\cos\angle DCB\leqslant\frac{1}{2}$$

于是

$$3BD^2-(AB^2+AD^2+AB\cdot AD)=2(AB^2+AD^2)-AB\cdot AD(1+6\cos\angle DAB)\geqslant$$
$$2(AB^2+AD^2)-4AB\cdot AD=$$
$$2(AB-AD)^2\geqslant 0$$

即

$$\frac{1}{3}(AB^2+AD^2+AB\cdot AD)\leqslant BD^2=CD^2+BC^2-2CD\cdot BC\cos\angle DCB\leqslant$$

$$CD^2+BC^2+CD\cdot BC$$

再由四边形 $ABCD$ 为圆外切四边形,可知

$$AD+BC=AB+CD$$

所以

$$|AB-AD|=|CD-BC| \quad ①$$

结合式 ①,就有

$$\frac{1}{3}|AB^3-AD^3|\leqslant|BC^3-CD^3|$$

等号成立的条件是 $\cos A=\frac{1}{2}$, $AB=AD$, $\cos C=-\frac{1}{2}$ 或者 $|AB-AD|=|CD-BC|=0$.

所以,等号成立的条件是 $AB=AD$ 且 $CD=BC$.

同理可证另一个不等式成立,等号成立的条件同上.

例 6　设六边形 $ABCDEF$ 是凸六边形,且 $AB=BC=CD$, $DE=EF=FA$, $\angle BCD=\angle EFA=60°$. 设点 G 和 H 是这个六边形内的两点,使 $\angle AGB=\angle DHE=\angle 120°$. 求证:$AG+GB+GH+DH+HE\geqslant CF$.

分析　题中所给的凸六边形可以剖分成两个正三角形和一个四边形. 注意到四边形 $ABDE$ 以直线 BE 为对称轴,问题就可迎刃而解.

证法一　以直线 BE 为对称轴,作点 C 和 F 关于该直线的对称点 C' 和 F',则 $\triangle ABC'$ 和 $\triangle DEF'$ 都是正三角形,G 和 H 分别在这两个三角形的外接圆上. 根据托勒密定理,得

$$C'G\cdot AB=AG\cdot C'B+GB\cdot C'A.$$

因而

$$C'G=AG+GB$$

同理

$$HF'=DH+HE$$

于是

$$AG+GB+GH+DH+HE=C'G+GH+HF'\geqslant C'F'=CF$$

上面最后一个等号成立的依据是:线段 CF 和 $C'F'$ 以直线 BE 为对称轴.

证法二　以直线 BE 为对称轴,作点 G 和 H 的对称点 G' 和 H'. 这两点分别在正 $\triangle BCD$ 和正 $\triangle EFA$ 的外接圆上,因此

$$CG'=DG'+G'B, H'F=AH'+H'E$$

我们看到

$$AG+GB+GH+DH+HE=DG'+G'B+G'H'+AH'+H'E=$$

$$CG'+G'H'+H'F\geqslant CF$$

例7 如图7所示,设圆 K 和 K_1 同心,它们的半径分别是 $R,R_1,R_1>R$,四边形 $ABCD$ 内接于圆 K,四边形 $A_1B_1C_1D_1$ 内接于圆 K_1,点 A_1,B_1,C_1,D_1 分别在射线 CD,DA,AB 和 BC 上,求证:$\frac{S_{四边形A_1B_1C_1D_1}}{S_{四边形ABCD}}\geqslant\frac{R_1^2}{R^2}$.

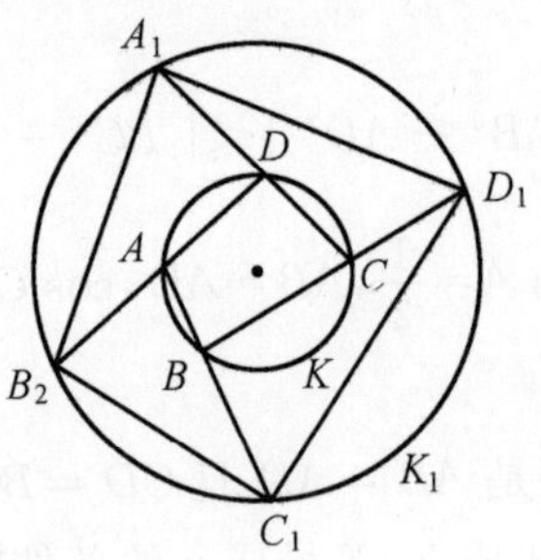

图 7

证明 为了书写方便,令 $AB=a,BC=b,CD=c,DA=d,AB_1=e$,$BC_1=f,CD_1=g,DA_1=h$,则

$$S_{\triangle AB_1C_1}=\frac{1}{2}(a+f)e\sin\angle B_1AC_1,\angle DCB=\angle B_1AC_1$$

$$S_{四边形ABCD}=S_{\triangle ABD}+S_{\triangle BDC}=\frac{1}{2}ad\sin\angle DCB+\frac{1}{2}bc\sin\angle B_1AC_1$$

于是

$$\frac{S_{\triangle AB_1C_1}}{S_{四边形ABCD}}=\frac{(a+f)e}{ad+bc}=\frac{(e+d)e}{ad+bc}\cdot\frac{a+f}{e+d}=\frac{R_1^2-R^2}{ad+bc}\cdot\frac{a+f}{e+d} \quad ①$$

同理

$$\frac{S_{\triangle BC_1D_1}}{S_{四边形ABCD}}=\frac{R_1^2-R^2}{ab+cd}\cdot\frac{b+g}{a+f} \quad ②$$

$$\frac{S_{\triangle CD_1A_1}}{S_{四边形ABCD}}=\frac{R_1^2-R^2}{ad+bc}\cdot\frac{c+h}{b+g} \quad ③$$

$$\frac{S_{\triangle DA_1B_1}}{S_{四边形ABCD}}=\frac{R_1^2-R^2}{ab+cd}\cdot\frac{e+d}{c+h} \quad ④$$

①+②+③+④,并运用均值不等式,得

$$\frac{S_{四边形A_1B_1C_1D_1}-S_{四边形ABCD}}{S_{四边形ABCD}}\geqslant 4(R_1^2-R^2)\sqrt{\frac{1}{(ad+bc)(ab+cd)}} \quad ①$$

由于四边形 $ABCD$ 内接于半径为 R 的圆,故由等周定理,在圆内接四边形中,正方形周长最大,知

$$a+b+c+d\leqslant 4\sqrt{2}R$$

再由均值不等式，得

$$\sqrt{(ad+bc)(ab+cd)}\leqslant\frac{(ad+bc)+(ab+cd)}{2}=\frac{(a+c)(b+d)}{2}=$$

$$\frac{1}{2}\cdot\frac{1}{4}(a+b+c+d)^2=4R^2$$

从而推出

$$\frac{S_{四边形A_1B_1C_1D_1}-S_{四边形ABCD}}{S_{四边形ABCD}}\geqslant 4(R_1^2-R^2)\cdot\frac{1}{4R^2}=\frac{R_1^2-R^2}{R^2}$$

故

$$\frac{S_{四边形A_1B_1C_1D_1}}{S_{四边形ABCD}}\geqslant\frac{R_1^2}{R^2}$$

例 8　设$\triangle ABC$的内切圆与三边AB,BC,CA分别切于点P,Q,R，求证：$\frac{BC}{PQ}+\frac{CA}{QR}+\frac{AB}{RP}\geqslant 6$.

证明　设$a=BC,b=CA,c=AB,p=QR,q=RP,r=PQ$，则只需证明

$$T=\frac{a}{r}+\frac{b}{p}+\frac{c}{p}\geqslant 6 \qquad ①$$

设$2s=a+b+c$.

根据$BQ=BP=s-b$，并在$\triangle BPQ$上应用余弦定理，可得

$$r^2=2(s-b)^2(1-\cos B)=2(s-b)^2\left(1-\frac{a^2+c^2-b^2}{2ac}\right)=$$

$$\frac{(s-b)^2[b^2-(a-c)^2]}{ac}=\frac{4(s-b)^2(s-a)(s-c)}{ac}$$

故

$$r=\frac{2(s-b)\sqrt{(s-a)(s-c)}}{\sqrt{ca}}$$

同理可得

$$p=\frac{2(s-c)\sqrt{(s-a)(s-b)}}{\sqrt{ab}},q=\frac{2(s-a)\sqrt{(s-b)(s-c)}}{\sqrt{ca}}$$

利用算术几何均值不等式可得

$$T=\frac{a\sqrt{ca}}{2(s-b)\sqrt{(s-a)(s-c)}}+\frac{b\sqrt{ab}}{2(s-c)\sqrt{(s-a)(s-b)}}+\frac{c\sqrt{bc}}{2(s-a)\sqrt{(s-b)(s-c)}}\geqslant$$

$$\frac{3}{2}\sqrt[3]{\frac{a^2b^2c^2}{(s-a)^2(s-b)^2(s-c)^2}}=$$

$$6\sqrt[3]{\frac{a^2b^2c^2}{(b+c-a)^2(c+a-b)^2(a+b-c)^2}} \quad ②$$

另一方面，由于 a,b,c 是三角形的三条边长，则

$$0<(a+b-c)(c+a-b)=a^2-(b-c)^2\leqslant a^2 \quad ③$$

$$0<(a+b-c)(b+c-a)=b^2-(a-c)^2\leqslant b^2 \quad ④$$

$$0<(b+c-a)(c+a-b)=c^2-(a-b)^2\leqslant c^2 \quad ⑤$$

③×④×⑤得

$$0<(b+c-a)^2(c+a-b)^2(a+b-c)^2\leqslant a^2b^2c^2 \quad ⑥$$

所以，由式②，⑥可以断定式①成立.

例9 在 $\triangle ABC$ 中，点 D 为点 A 在 BC 上的投影，点 E,F 分别是点 D 关于边 AB,AC 的对称点. R_1,R_2 分别是 $\triangle BDE,\triangle CDF$ 的外接圆的半径，r_1,r_2 分别是 $\triangle BDE,\triangle CDF$ 的内切圆半径. 求证

$$|S_{\triangle ABD}-S_{\triangle ACD}|\geqslant|R_1r_1-R_2r_2|$$

证明 如图8(a)所示，若点 D 在边 BC 上，则

$$S_{\triangle ABD}=\frac{1}{2}AD\cdot BD,\ S_{\triangle ACD}=\frac{1}{2}AD\cdot CD$$

不妨设 $BD\geqslant CD$. 于是

$$|S_{\triangle ABD}-S_{\triangle ACD}|=\frac{1}{2}AD(BD-CD)$$

设点 G 为 $\triangle BDE$ 的内心，点 G' 为 G 在 BC 上的投影，则 $GG'=r_1$.

又由对称性知 $\angle BEA=\angle BDA=90°$.

因此，A,E,B,D 四点共圆，AB 为该圆的直径. 故 $AB=2R_1$.

又因为 $\triangle ADB\backsim\triangle GG'B$，所以，$\dfrac{AB}{AD}=\dfrac{BG}{GG'}$.

故 $AD\cdot GB=2R_1r_1$. 设点 H 为 $\triangle CDF$ 的内心.

同理，$AD\cdot HC=2R_2r_2$.

则

$$R_1r_1-R_2r_2=\frac{1}{2}AD(GB-HC)$$

又 $\angle ADG=90°-\dfrac{1}{2}\angle BDE=90°-\dfrac{1}{2}\angle DAG$，所以 $AD=AG$.

同理，$AD=AH$，故 $AG=AH$.

由勾股定理，知

$$AB^2-BD^2=AC^2-CD^2$$

则

$$(BD-CD)(BD+CD)=(AB-AC)(AB+AC)$$

即

$$(BD-CD)BC=(GB-HC)(AB+AC)$$

又 $BC<AB+AC$，所以

$$BD-CD\geqslant GB-HC$$

因此

$$|S_{\triangle ABD}-S_{\triangle ACD}|\geqslant|R_1r_1-R_2r_2|$$

如图 8(b) 所示，若点 D 在边 BC 的延长线上，则作 AC 关于 AD 的对称线段 AC'. 对 $\triangle ABC'$ 进行同样的分析即可得结论.

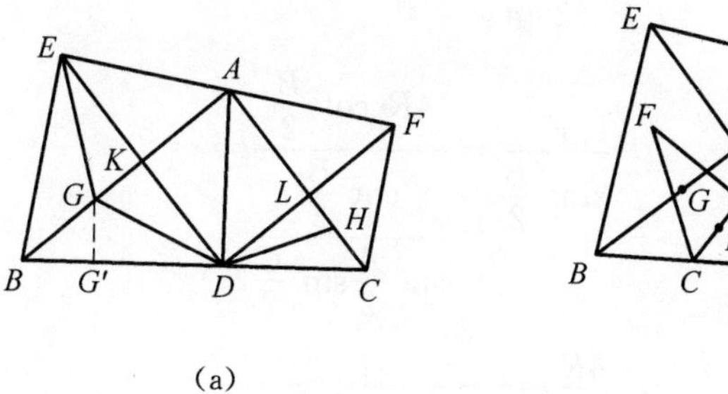

图 8

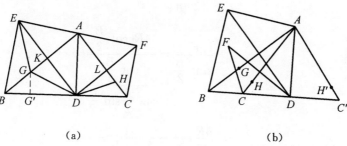

例 10　如图 9 所示，设 $\triangle ABC$ 的外接圆 O 与内切圆 I 的半径分别为 R，r，$AB\neq BC$，求证：

(1) $IB=\sqrt{\dfrac{Rr\cot\dfrac{B}{2}}{\cot\dfrac{A}{2}+\cot\dfrac{C}{2}}}$；

(2) $\angle BOI\neq\dfrac{\pi}{2}$ 的充要条件是 $\left(\angle BOI-\dfrac{\pi}{2}\right)\left(\cot\dfrac{A}{2}\cot\dfrac{C}{2}-\dfrac{R+r}{R-r}\right)<0$.

证明　(1) $IB=\dfrac{r}{\sin\dfrac{B}{2}}$，则

$$\frac{r}{\sin\frac{B}{2}}=2\sqrt{\frac{Rr\cot\frac{B}{2}}{\cot\frac{A}{2}+\cot\frac{C}{2}}}\Leftrightarrow$$

$$\frac{r^2}{\sin^2\frac{B}{2}}=\frac{4Rr\cot\frac{B}{2}}{\cot\frac{A}{2}+\cot\frac{C}{2}}\Leftrightarrow$$

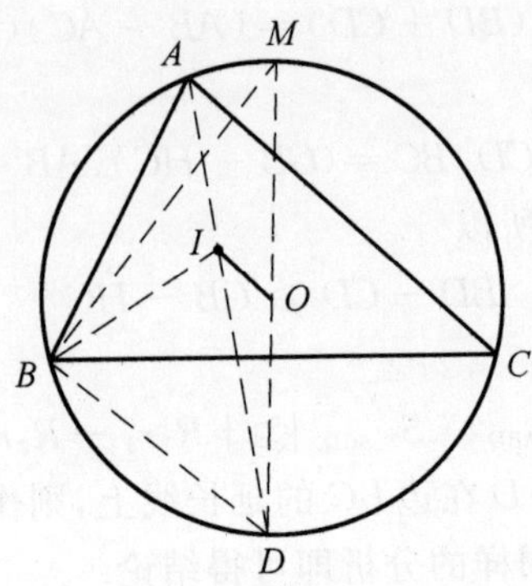

图 9

$$\frac{r^2}{\sin^2\frac{B}{2}}=\frac{4Rr\cot\frac{B}{2}}{\frac{\cot\frac{B}{2}}{\sin\frac{A}{2}\sin\frac{C}{2}}}\Leftrightarrow$$

$$\frac{4R}{r}=\frac{1}{\sin\frac{A}{2}\sin\frac{B}{2}\sin\frac{C}{2}} \qquad ①$$

因为 $S_{\triangle ABC}=2R^2\sin A\sin B\sin C=\frac{r(a+b+c)}{2}$,所以

$$\frac{4R}{r}=\frac{2(\sin A+\sin B+\sin C)}{\sin A\cdot\sin B\cdot\sin C}=\frac{1}{\sin\frac{A}{2}\sin\frac{B}{2}\sin\frac{C}{2}}$$

故式 ① 成立.

(2) $OB^2=R^2, OI^2=R^2-2Rr$ (欧拉定理)

$$IB^2=\frac{4Rr\cot\frac{B}{2}}{\cot\frac{A}{2}+\cot\frac{C}{2}}=\frac{4Rr}{\cot\frac{A}{2}\cot\frac{C}{2}-1}$$

当 $\angle BOI<\frac{\pi}{2}$ 时,$OB^2+OI^2-BI^2>0$,因此

$$\left(\angle BOI-\frac{\pi}{2}\right)(OB^2+OI^2-BI^2)<0$$

当 $\angle BOI>\frac{\pi}{2}$ 时,$OB^2+OI^2-BI^2<0$,因此

$$\left(\angle BOI-\frac{\pi}{2}\right)(OB^2+OI^2-BI^2)<0$$

而且

$$OB^2+OI^2-BI^2=R^2+R^2-2Rr-\frac{4Rr}{\cot\frac{A}{2}\cot\frac{C}{2}-1}=$$

$$\frac{2R(R-r)}{\cot\frac{A}{2}\cot\frac{C}{2}-1}\cdot\left(\cot\frac{A}{2}\cot\frac{C}{2}-\frac{R+r}{R-r}\right)$$

又 $R>r,\cot\frac{A}{2}\cot\frac{C}{2}-1>0$，所以充要条件是成立的.

课外训练

1. 设 $\triangle ABC$ 内存在一点 F，使 $\angle AFB=\angle BFC=\angle CFA$，直线 BF,CF 分别交 AC,AB 于 D,E 两点. 求证：$AB+AC\geqslant 4DE$.

2. 设与 $\triangle ABC$ 的外接圆内切并与边 AB,AC 相切的圆为 C_a，设 r_a 为圆 C_a 的半径，r 是 $\triangle ABC$ 的内切圆半径. 类似地定义 r_b,r_c，求证：$r_a+r_b+r_c\geqslant 4r$.

3. 已知凸四边形 $ABCD$ 的对角线 AC 和 BD 互相垂直，且交于点 O，设 $\triangle AOB,\triangle BOC,\triangle COD,\triangle DOA$ 的内切圆的圆心分别是 O_1,O_2,O_3,O_4，求证：

(1) 圆 O_1，圆 O_2，圆 O_3，圆 O_4 的直径之和不超过 $(2-\sqrt{2})(AC+BD)$；

(2) $O_1O_2+O_2O_3+O_3O_4+O_4O_1<2(\sqrt{2}-1)(AC+BD)$.

4. 四面体 $OABC$ 的棱 OA,OB,OC 两两垂直，r 是其内切球半径，点 H 是 $\triangle ABC$ 的垂心. 求证：$OH\leqslant r(\sqrt{3}+1)$.

5. 已知 $\triangle ABC$，求：

(1) 若点 M 是平面内任一点，证明：$AM\sin A\leqslant BM\sin B+CM\sin C$；

(2) 设点 A_1,B_1,C_1 分别在边 BC,AC,AB 上，$\triangle A_1B_1C_1$ 的内角依次是 α，β,γ，求证

$$AA_1\sin\alpha+BB_1\sin\beta+CC_1\sin\gamma\leqslant BC\sin\alpha+CA\sin\beta+AB\sin\gamma.$$

6. 设点 D 为锐角 $\triangle ABC$ 内一点，求证：$DA\cdot DB\cdot AB+DB\cdot DC\cdot BC+DC\cdot DA\cdot CA\geqslant AB\cdot BC\cdot CA$，当且仅当点 D 为 $\triangle ABC$ 的垂心时等号成立.

7. 设六边形 $ABCDEF$ 是凸六边形，且 $AB=BC,CD=DE,EF=FA$，证明：$\frac{BC}{BE}+\frac{DE}{DA}+\frac{FA}{FC}\geqslant\frac{3}{2}$.

8. 设 $\triangle ABC$ 是锐角三角形，外接圆圆心为 O，半径为 R，AO 交 $\triangle BOC$ 所在的圆于另一点 A'，BO 交 $\triangle COA$ 所在的圆于另一点 B'，CO 交 $\triangle AOB$ 所在

的圆于另一点 C'. 求证：$OA'\cdot OB'\cdot OC'\geqslant 8R^3$，并指出等号在什么条件下成立.

9. 设 T 是一个周长为 2 的三角形，a,b,c 是 T 的三边长. 求证

$$abc+\frac{28}{27}\geqslant ab+bc+ca\geqslant abc+1$$

10. 求证：在锐角 $\triangle ABC$ 中，$\dfrac{abc}{\sqrt{2(a^2+b^2)(b^2+c^2)(c^2+a^2)}}\geqslant\dfrac{r}{2R}$，其中 r,R 分别表示 $\triangle ABC$ 的内切圆和外接圆的半径.

11. 已知 a_1,a_2,a_3,a_4 是周长为 $2s$ 的四边形的四条边. 求证

$$\sum_{i=1}^{4}\frac{1}{a_i+s}\leqslant\frac{2}{9}\sum_{1\leqslant i<j\leqslant 4}\frac{1}{\sqrt{(s-a_i)(s-a_j)}}$$

参 考 答 案

第 1 讲　一元二次方程根的判别式与韦达定理

1. (1) $-\frac{b}{a}$; $\frac{c}{a}$　(2) -2　2. (1) $\frac{1}{2}$　(2) $\frac{1}{2}$;7　3. (1)0　(2)1(舍去 -2)　4. -3　5. $x^2 \pm 3x + 2 = 0$　6. $\frac{3}{4} < m \leqslant 1$　7. $9q = 2p^2$

8. $\begin{cases} a=1 \\ b \leqslant \frac{1}{4} \end{cases}$; $\begin{cases} a=-2 \\ b=-1 \end{cases}$　9. (1)5; (2) $\frac{21}{4}$; (3) $\frac{\sqrt{17}}{2}$　10. (1) $\frac{5}{4}$; (2) $\frac{27}{16}$; (3) -2　11. (1) 略; (2) $m=-\frac{1}{2}$

第 2 讲　一元二次方程根的分布讨论

1. 1　2. $k<-4$ 或 $k>0$　3. $\frac{1}{2}<k<\frac{2}{3}$　4. $1 \leqslant m < 3$　5. $\frac{1}{2}<a<5$　6. $-3<p<\frac{3}{2}$　7. $(\frac{5}{2}, +\infty)$　8. 0 或 -1　9. $a=-3, b=5, f(x)=-3x^2-3x+18$　10. $(-\sqrt{2}, \frac{9}{2}]$　11. $(-3, -\frac{5}{2})$

第 3 讲　一元二次不等式的求解方法

1. (1) $(-\infty, -1) \cup (\frac{4}{3}, +\infty)$; (2) $x \in \varnothing$; (3) $(0,1)$; (4) $(0,8)$

2. $\begin{cases} a>0 \\ -3a<x<2a \end{cases}$; $\begin{cases} a=0 \\ x \in \varnothing \end{cases}$; $\begin{cases} a<0 \\ 2a<x<-3a \end{cases}$　3. $(-\frac{1}{2}, -\frac{1}{3})$　4. $(-\infty, -1] \cup (2, +\infty)$　5. $P \cap Q = \{-2,3,4,5\}$　6. $a=-\frac{7}{2}; b=3$

7. $-1+a\leqslant x\leqslant -1-a$　不等式可以变为

$$(x+1+a)(x+1-a)\leqslant 0$$

(1) 当 $-1-a<-1+a$,即 $a>0$ 时,所以 $-1-a\leqslant x\leqslant -1+a$;

(2) 当 $-1-a=-1+a$,即 $a=0$ 时,不等式即为 $(x+1)^2\leqslant 0$,所以 $x=-1$;

(3) 当 $-1-a>-1+a$,即 $a<0$ 时,所以 $-1+a\leqslant x\leqslant -1-a$.

综上所述,当 $a>0$ 时,原不等式的解为 $-1-a\leqslant x\leqslant -1+a$;

当 $a=0$ 时,原不等式的解为 $x=-1$;

8. 当 $a>1$ 时,原不等式的解为 $1<x<a$;

当 $a=1$ 时,原不等式无实数解;

当 $a<1$ 时,原不等式的解为 $a<x<1$.

不等式可变形为 $(x-1)(x-a)<0$.

当 $a>1$ 时,原不等式的解为 $1<x<a$;

当 $a=1$ 时,原不等式无实数解;

当 $a<1$ 时,原不等式的解为 $a<x<1$.

9. 由题意,得 -1 和 3 是方程 $2x^2+bx-c=0$ 的两根,所以

$$-1+3=-\frac{b}{2},-1\times 3=-\frac{c}{2}$$

即

$$b=-4,c=6$$

所以等式 $bx^2+cx+4\geqslant 0$ 就化为 $-4x^2+6x+4\geqslant 0$,即 $2x^2-3x-2\leqslant 0$,所以 $-\frac{1}{2}\leqslant x\leqslant 2$.

10. 消去 y,得

$$4x^2+4(m-1)x+m^2=0$$

当 $\Delta=16(m-1)^2-16m^2=0$,即 $m=\frac{1}{2}$ 时,方程有一个实数解.

将 $m=\frac{1}{2}$ 代入原方程组,得方程组的解为 $\begin{cases}x=\frac{1}{4}\\y=1\end{cases}$.

11. (1) 根据题意,$m\neq 1$ 且 $\Delta>0$,即

$$\Delta=(m-2)^2-4(m-1)(-1)>0$$

得

$$m^2>0$$

所以 $m\neq 1$ 且 $m\neq 0$.

(2) 在 $m\neq 0$ 且 $m\neq 1$ 的条件下，因为 $x_1+x_2=\frac{m-2}{1-m}$，$x_1x_2=\frac{1}{1-m}$，所以 $\frac{1}{x_1}+\frac{1}{x_2}=m-2$，于是

$$\frac{1}{x_1^2}+\frac{1}{x_2^2}=(m-2)^2+2(m-1)\leqslant 0$$

得 $m^2-2m\leqslant 0$，所以 $0\leqslant m\leqslant 2$.

故 m 的取值范围是 $\{m\mid 0<m<1$ 或 $1<m\leqslant 2\}$.

第4讲　含参变量二次函数在闭区间上的最值问题

1. $-1\leqslant a\leqslant 1$

2. -2 或 $\frac{10}{3}$　因为 $t\in[-1,1]$，所以 $y=-(t-\frac{a}{2})^2+\frac{1}{4}(a^2-a+2)$，对称轴为 $t=\frac{a}{2}$.

(1) 当 $-1\leqslant\frac{a}{2}\leqslant 1$，即 $-2\leqslant a\leqslant 2$ 时，$y_{\max}=\frac{1}{4}(a^2-a+2)=2$，解得 $a=-2$ 或 $a=3$(舍去).

(2) 当 $\frac{a}{2}>1$，即 $a>2$ 时，函数 $y=-(t-\frac{a}{2})^2+\frac{1}{4}(a^2-a+2)$ 在 $[-1,1]$ 上单调递增，由 $y_{\max}=-\frac{1}{2}+\frac{3}{4}a=2$，解得 $a=\frac{10}{3}$.

(3) 当 $\frac{a}{2}<-1$，即 $a<-2$ 时，函数 $y=-(t-\frac{a}{2})^2+\frac{1}{4}(a^2-a+2)$ 在 $[-1,1]$ 上单调递减，由 $y_{\max}=-\frac{5}{4}a-\frac{1}{2}=2$，得 $a=-2$(舍去).

综上可得，a 的值为 -2 或 $\frac{10}{3}$.

3. $a=-1$ 或 2

4. $a=\frac{3}{8}$ 或 -3

5. $(\frac{9}{4},18)$

6. 4；$x=\frac{-5+\sqrt{5}}{2}$

7. $\frac{1}{4}$　$g(a)=\begin{cases}\frac{a}{2}-\frac{a^2}{4}(0<a<2)\\1-\frac{a}{2}(a\geqslant 2)\end{cases}$,所以 $g(a)_{\max}=\frac{1}{4}$.

8. 当 $a<0\leqslant 1$,$12a-8a^2$;当 $a>1$,$(a-3)^2$　将 $y^2=4a(x-a)$ 代入 u 中,得

$u=(x-3)^2+4a(x-a)=[x-(3-2a)]^2+12a-8a^2\quad(x\in[a,+\infty))$

(1)$3-2a\geqslant a$,即 $0<a\leqslant 1$ 时,$f(x)_{\min}=f(3-2a)=12a-8a^2$;

(2)$3-2a<a$,即 $a>1$ 时,$f(x)_{\min}=f(a)=(a-3)^2$.

所以

$$f(x)_{\min}=\begin{cases}12a-8a^2 & (0<a\leqslant 1)\\(a-3)^2 & (a>1)\end{cases}$$

9. (1)$f(x)=-\frac{1}{2}x^2+x$;(2)$\begin{cases}m=-4\\n=0\end{cases}$.

10. 原不等式可化为$(x-1)p+x^2-2x+1>0$,令 $f(p)=(x-1)p+x^2-2x+1$,则原问题等价于 $f(p)>0$ 在 $p\in[-2,2]$ 上恒成立,故(图1):

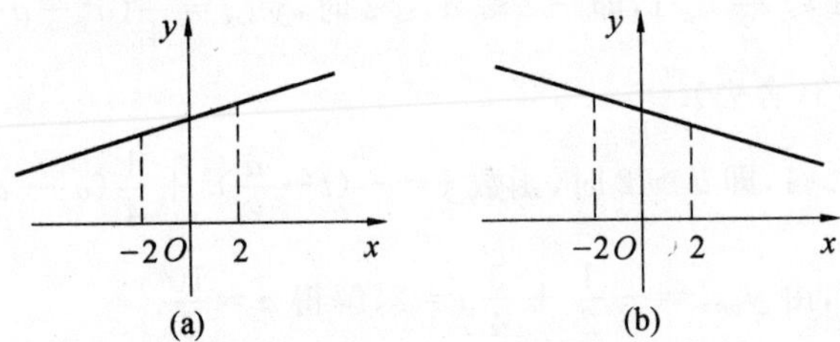

图1

解法一　$\begin{cases}x-1<0\\f(2)>0\end{cases}$ 或 $\begin{cases}x-1>0\\f(-2)>0\end{cases}$,所以 $x<-1$ 或 $x>3$.

解法二　$\begin{cases}f(-2)>0\\f(2)>0\end{cases}$,即$\begin{cases}x^2-4x+3>0\\x^2-1>0\end{cases}$,解得

$$\begin{cases}x>3\text{ 或 }x<1\\x>1\text{ 或 }x<-1\end{cases}$$

所以 $x<-1$ 或 $x>3$.

11. 设 $g(x)=f(x)-x=ax^2+(b-1)x+1$,则 $g(x)=0$ 的两根为 x_1 和 x_2.

(1) 由 $a>0$ 及 $x_1<2<x_2<4$,可得$\begin{cases}g(2)<0\\g(4)>0\end{cases}$,即

$$\begin{cases}4a+2b-1<0\\16a+4b-3>0\end{cases}$$

亦即

$$\begin{cases}3+3\cdot\dfrac{b}{2a}-\dfrac{3}{4a}<0 & ①\\-4-2\cdot\dfrac{b}{2a}+\dfrac{3}{4a}<0 & ②\end{cases}$$

① + ② 得$\frac{b}{2a}<1$，所以，$x_0>-1$.

(2) 由$(x_1-x_2)^2=(\frac{b-1}{a})^2-\frac{4}{a}$，可得

$$2a+1=\sqrt{(b-1)^2+1}$$

又 $x_1x_2=\frac{1}{a}>0$，所以 x_1，x_2 同号.

于是

$$|x_1|<2,\ |x_2-x_1|=2\Leftrightarrow\begin{cases}0<x_1<2<x_2\\2a+1=\sqrt{(b-1)^2+1}\end{cases}$$

或

$$\begin{cases}x_2<-2<x_1<0\\2a+1=\sqrt{(b-1)^2+1}\end{cases}$$

即

$$\begin{cases}g(2)>0\\g(0)>0\\2a+1=\sqrt{(b-1)^2+1}\end{cases}\text{或}\begin{cases}g(-2)>0\\g(0)>0\\2a+1=\sqrt{(b-1)^2+1}\end{cases}$$

解之得 $b<\frac{1}{4}$ 或 $b>\frac{7}{4}$.

第 5 讲　二次函数的图像与性质

1. -2；-3　2. 6　3. (1) $f(x)=x^2-x+1$；(2) $m<-1$　4. $a<1$
5. $[2,4]$

6. t^2-2t　函数 $y=x^2-4x+3=(x-2)^2-1$，其对称轴 $x=2$.

(1) 当 $2<t$，即 $t>2$ 时，$y_{\min}=f(t)=t^2-4t+3$；

(2) 当 $t\leqslant 2\leqslant t+1$，即 $1\leqslant t\leqslant 2$ 时，$y_{\min}=f(2)=-1$；

(3) 当 $2>t+1$，即 $t<1$ 时，$y_{\min}=f(t+1)=t^2-2t$.

7.1　当 $a \leqslant 1$ 时，$f(x)_{\min} = f(2) = 4a - 3$；当 $a > 1$ 时，$f(x)_{\min} = f(0) = 1$.

8.设二次函数为

$$f(x) = a\left(x - \frac{1}{2}\right)^2 + 25 \quad (a < 0)$$

$$f(x) = 0 \Rightarrow ax^2 - ax + \frac{100 + a}{4} = 0$$

由题意

$$x_1^2 + x_2^2 = 13 \Rightarrow (x_1 + x_2)^2 - 2x_1x_2 = 13 \Rightarrow 1 - 2 \cdot \frac{100 + a}{4a} = 13$$

解得 $a = -4$. 所求二次函数为 $f(x) = -4x^2 + 4x + 24$.

9.(1) 由题意，$\begin{cases} a + b + c = 2 \\ 4a - 2b + c = -1 \end{cases}$，解得

$$\begin{cases} b = 1 + a \\ c = 1 - 2a \end{cases}$$

(2) $y = ax^2 + (1 + a)x + 1 - 2a$，将 $(m, m^2 + 1)$ 代入原式，得

$$am^2 + (1 + a)m + 1 - 2a = m^2 + 1 \Rightarrow (m^2 + m - 2)a = m^2 - m$$

由题意，关于 a 的方程无非零实数解.

由 $\begin{cases} m^2 + m - 2 = 0 \\ m^2 - m \neq 0 \end{cases} \Rightarrow m = -2$；$\begin{cases} m^2 + m - 2 \neq 0 \\ m^2 - m = 0 \end{cases} \Rightarrow m = 0$.

所求的值为 $m = 0$ 或 $m = -2$.

10.(1) $f_1(x) = -\frac{1}{4}x^2 + \frac{1}{2}x + \frac{11}{4}$，$f_2(x) = \frac{1}{4}x^2 - \frac{1}{2}x + \frac{5}{4}$；

(2) 当 $x = 1$ 时，$f_1(x)_{\max} = 3$；当 $x = 1$ 时，$f_2(x)_{\min} = 1$.

11.(1) 原函数可化为

$$y = \begin{cases} y_1 = \left(x - \frac{1}{2}\right)^2 + a^2 + a + \frac{7}{4} & (x < 1 - a) \\ y_2 = \left(x + \frac{1}{2}\right)^2 + a^2 + 3a - \frac{1}{4} & (x \geqslant 1 - a) \end{cases}$$

① 当 $a < \frac{1}{2}$ 时，$y_{1(\min)} = a^2 + a + \frac{7}{4}$，$y_{2(\min)} = f_2(1 - a) = 2a^2 + 2$.

由 $(2a^2 + 2) - \left(a^2 + a + \frac{7}{4}\right) = \left(a - \frac{1}{2}\right)^2 > 0$，得

$$y_{\min} = y_{1(\min)} = a^2 + a + \frac{7}{4} > 5 \Rightarrow a < \frac{-1 - \sqrt{14}}{2}$$

② 当 $\frac{1}{2} \leqslant a < \frac{3}{2}$ 时，$y_{1(\min)} = f_1(1 - a) = 2a^2 + 2$，$y_{2(\min)} = f_2(1 - a) =$

$2a^2+2$.

由 $2a^2+2>5\Rightarrow\frac{\sqrt{6}}{2}<a<\frac{3}{2}$；

③ 当 $a\geqslant\frac{3}{2}$ 时，$y_{1(\min)}=f_1(1-a)=2a^2+2$，$y_{2(\min)}=a^2+3a-\frac{1}{4}$.

由 $(2a^2+2)-(a^2+3a-\frac{1}{4})=(a-\frac{3}{2})^2\geqslant0$，得

$$y_{\min}=y_{2(\min)}=a^2+3a-\frac{1}{4}>5\Rightarrow a\geqslant\frac{3}{2}$$

综上所述，a 的取值范围是 $a<\frac{-1-\sqrt{14}}{2}$ 或 $a>\frac{\sqrt{6}}{2}$.

(2) 由 $f(x)=x^2-2x-8=(x-1)^2-9$ 得原函数图像的对称轴是 $x=1$，且当 $x<1$ 时，函数值 y 随自变量 x 的增加而减少；当 $x>1$ 时，函数值 y 随着自变量 x 的增加而增加.

当 $t+1\leqslant1$，即 $t\leqslant0$ 时，函数 $f(x)=x^2-2x-8$，$x\in[t,t+1]$ 的最小值是 $f(t+1)$；

当 $0<t\leqslant1$ 时，函数 $f(x)=x^2-2x-8$，$x\in[t,t+1]$ 的最小值是 -9；

当 $t>1$ 时，函数 $f(x)=x^2-2x-8$，$x\in[t,t+1]$ 的最小值是 $f(t)$.

所以，函数 $f(x)=x^2-2x-8$，$x\in[t,t+1]$ 的最小值是

$$\varphi(t)=\begin{cases}t^2-9 & (t\leqslant0)\\-9 & (0<t\leqslant1)\\t^2-2t-8 & (t>1)\end{cases}$$

当 $-5\leqslant t<0$ 时，$\varphi_{\max}(t)=\varphi(-5)=16$；

当 $0<t\leqslant1$ 时，$\varphi_{\max}(t)=-9$；

当 $1<t\leqslant5$ 时，$\varphi_{\max}(t)=\varphi(5)=7$.

所以，$\varphi(t)$ 在闭区间 $[-5,5]$ 上的最大值为 16.

第 6 讲　二次函数、二次方程及二次不等式

1. $-2<a\leqslant2$　当 $a-2=0$，即 $a=2$ 时，不等式为 $-4<0$，恒成立. 所以 $a=2$；当 $a-2\neq0$ 时，则 a 满足 $\begin{cases}a-2<0\\\Delta<0\end{cases}$，解得 $-2<a<2$，所以 a 的取值范围是 $-2<a\leqslant2$.

2. $(-3,\frac{3}{2})$　只需

$$f(1)=-2p^2-3p+9>0 \text{ 或 } f(-1)=-2p^2+p+1>0$$

即 $-3<p<\frac{3}{2}$ 或 $-\frac{1}{2}<p<1$. 所以 $p\in\left(-3,\frac{3}{2}\right)$.

3. $-2<x<0$　由 $f(2+x)=f(2-x)$ 知 $x=2$ 为对称轴，由于离对称轴较近的点的纵坐标较小，所以 $|1-2x^2-2|<|1+2x-x^2-2|$，故 $-2<x<0$.

4. $m\leqslant 1$ 且 $m\neq 0$　因为 $f(0)=1>0$.

(1) 当 $m<0$ 时，二次函数图像与 x 轴有两个交点且分别在 y 轴两侧，符合题意.

(2) 当 $m>0$ 时，则 $\begin{cases}\Delta\geqslant 0\\ \dfrac{3-m}{m}>0\end{cases}$，解得 $0<m\leqslant 1$.

综上所述，m 的取值范围是 $\{m\mid m\leqslant 1 \text{ 且 } m\neq 0\}$.

5. $-4<m\leqslant 0$　因为 $x^2-8x+20=(x-4)^2+4>0$，所以只须 $mx^2-mx-1<0$ 恒成立，则：

(1) 当 $m=0$ 时，$-1<0$，不等式成立；

(2) 当 $m\neq 0$ 时，则须 $\begin{cases}m<0\\ \Delta=m^2+4m<0\end{cases}$.

解得，$-4<m<0$. 由(1),(2) 得：$-4<m\leqslant 0$.

6. $x<\frac{1}{\beta}$ 或 $x>\frac{1}{\alpha}$　由题意得

$$\begin{cases}\alpha<0\\ \alpha+\beta=-\dfrac{b}{a}\\ \alpha\beta=\dfrac{c}{a}\end{cases}\Rightarrow\begin{cases}c<0\\ \dfrac{1}{\alpha}+\dfrac{1}{\beta}=-\dfrac{b}{c}\\ \dfrac{1}{\alpha}\cdot\dfrac{1}{\beta}=\dfrac{a}{c}\end{cases}$$

所以 $cx^2+bx+a<0$ 的解集是 $\left\{x\mid x<\frac{1}{\beta}\text{ 或 }x>\frac{1}{\alpha}\right\}$.

7. -1　如图 1 所示，由 $\triangle ABC$ 是直角三角形，得

$$\triangle AOC\backsim\triangle COB$$

因此

$$\frac{AO}{OC}=\frac{CO}{OB}$$

$$\Rightarrow AO\cdot OB=OC^2$$

$$\Rightarrow -x_1x_2=c^2\Rightarrow -\frac{c}{a}=c^2\Rightarrow ac=-1$$

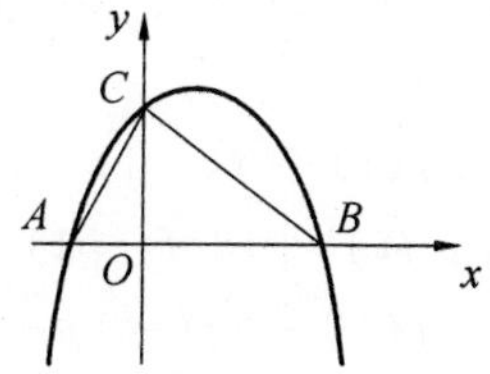

图 1

8. $-2 < a \leqslant 2$　原不等式可化为

$$(2-a)x^2+2(2-a)x+4>0$$

当 $a=2$ 时,原不等式为 $4>0$,恒成立;

当 $a \neq 2$ 时,$\begin{cases}2-a>0\\ \Delta=4(2-a)^2-16(2-a)<0\end{cases} \Rightarrow -2<a<2$;

综上所述,当 $-2<a\leqslant 2$ 时,原不等式恒成立.

9.(1) 特殊赋值法:$1\leqslant f(1)\leqslant 1$,所以

$$f(1)=1=a+b+c$$

(2) 再注意条件 $b=a+c=\frac{1}{2}$,将不等式 $x\leqslant f(x)$ 化为二次不等式恒成立,构造其判别式大于 0 解出 $a>0, ac\geqslant\frac{1}{16}$.

(3) 由 $a+c=\frac{1}{2}$ 和 $a>0, ac\geqslant\frac{1}{16}$,所以

$$a=c=\frac{1}{4}, a+c=\frac{1}{2}$$

因为 $F(x)=f(x)-mx=\frac{1}{4}[x^2+(2-4m)x+1]$,在 $x\in[-2,2]$ 上是单调的,顶点一定在区间之外,所以 $|2m-1|\geqslant 2$,故 $m\leqslant-\frac{1}{2}$ 或 $m\geqslant\frac{3}{2}$.

10. 由题意知

$$f(-1)=a-b+c, f(0)=c, f(1)=a+b+c$$

所以

$$a=\frac{1}{2}(f(1)+f(-1)-2f(0)), b=\frac{1}{2}(f(1)-f(-1)), c=f(0)$$

于是

$$f(x)=ax^2+bx+c=f(1)\left(\frac{x^2+x}{2}\right)+f(-1)\left(\frac{x^2-x}{2}\right)+f(0)(1-x^2)$$

由 $-1\leqslant x\leqslant 1$ 时,有 $-1\leqslant f(x)\leqslant 1$,可得

$$|f(1)|\leqslant 1,\ |f(-1)|\leqslant 1,\ |f(0)|\leqslant 1$$

所以

$$|f(2)|=|3f(1)+f(-1)-3f(0)|\leqslant 3|f(1)|+|f(-1)|+3|f(0)|\leqslant 7$$

$$|f(-2)|=|f(1)+3f(-1)-3f(0)|\leqslant |f(1)|+3|f(-1)|+3|f(0)|\leqslant 7$$

(1) 若$-\dfrac{b}{2a}\notin[-2,2]$，则$f(x)$在$[-2,2]$上单调，故当$x\in[-2,2]$时，$|f(x)|_{\max}=\max(|f(-2)|,|f(2)|)$，所以此时问题获证.

(2) 若$-\dfrac{b}{2a}\in[-2,2]$，则当$x\in[-2,2]$时，有

$$|f(x)|_{\max}=\max\left(|f(-2)|,|f(2)|,\left|f\left(-\frac{b}{2a}\right)\right|\right)$$

又

$$\left|f\left(-\frac{b}{2a}\right)\right|=\left|c-\frac{b^2}{4a}\right|\leqslant|c|+\left|\frac{b}{2a}\right|\cdot\left|\frac{b}{2}\right|=$$

$$|f(0)|+\left|\frac{b}{2a}\right|\cdot\left|\frac{f(1)-f(-1)}{4}\right|\leqslant$$

$$1+2\cdot\frac{1+1}{4}=2<7$$

所以，此时问题获证.

综上所述，当$-2\leqslant x\leqslant 2$时，有$-7\leqslant f(x)\leqslant 7$.

11. (1) $g(x)=f(x-2)=2^{x-2}-\dfrac{a}{2^{x-2}}$；

(2) 设$y=h(x)$图像上的一点$P(x,y)$，点$P(x,y)$关于$y=1$的对称点为$Q(x,2-y)$，由点Q在$y=g(x)$的图像上，所以

$$2^{x-2}-\frac{a}{2^{x-2}}=2-y$$

于是

$$y=2-2^{x-2}+\frac{a}{2^{x-2}}$$

即

$$h(x)=2-2^{x-2}+\frac{a}{2^{x-2}}$$

(3) $F(x)=\dfrac{1}{a}f(x)=h(x)=\left(\dfrac{1}{a}-\dfrac{1}{4}\right)2^x+\dfrac{4a-1}{2^x}+2$.

设$t=2^x$，则

$$F(x)=\frac{4-a}{4a}\cdot t+\frac{4a-1}{t}+2$$

问题转化为：$\frac{4-a}{4a}\cdot t+\frac{4a-1}{t}+2>2+\sqrt{7}$ 对 $t>0$ 恒成立，即

$$\frac{4-a}{4a}\cdot t^2-\sqrt{7}t+4a-1>0 \quad ①$$

对 $t>0$ 恒成立.

故必有 $\frac{4-a}{4a}>0$.（否则，若 $\frac{4-a}{4a}<0$，则关于 t 的二次函数 $u(t)=\frac{4-a}{4a}\cdot t^2-\sqrt{7}t+4a-1$ 开口向下，当 t 充分大时，必有 $u(t)<0$；而当 $\frac{4-a}{4a}=0$ 时，显然不能保证式 ① 成立.）此时，由于二次函数 $u(t)=\frac{4-a}{4a}\cdot t^2-\sqrt{7}t+4a-1$ 的对称轴 $t=\dfrac{\sqrt{7}}{\frac{4-a}{8a}}>0$，所以，问题等价于 $\Delta_t<0$，即

$$\begin{cases}\frac{4-a}{4a}>0\\ 7-4\cdot\frac{4-a}{4a}\cdot(4a-1)<0\end{cases}$$

解得 $\frac{1}{2}<a<2$.

此时，$\frac{4-a}{4a}>0$，$4a-1>0$，故 $F(x)=\frac{4-a}{4a}\cdot t+\frac{4a-1}{t}+2$ 在 $t=\sqrt{\frac{4a(4a-1)}{4-a}}$ 时取得最小值 $m=2\sqrt{\frac{4-a}{4a}\cdot(4a-1)}+2$ 满足条件.

第7讲　集合的概念与运算

1. 1；-1　2. $\{3,5,7\}$　3. $(-\infty,2)\cup[4,+\infty)$　4. 0；1；-1　5. $m=-1$　6. 23　7. 1 或 -1

8. $B\subseteq A$　若 $B=\varnothing$ 时，$p+1>2p-1\Rightarrow p<2$. 若 $B\neq\varnothing$ 时，则

$$\begin{cases}p+1\leqslant 2p-1\\ -2\leqslant p+1\\ 2p-1\leqslant 5\end{cases}\Rightarrow 2\leqslant p\leqslant 3$$

综上所述，当 $p\leqslant 3$ 时，$B\subseteq A$.

9. 注意集合 A,B 的几何意义，先看集合 B.

当 $a=1$ 时,$B=\varnothing$,$A\cap B=\varnothing$.

当 $a=-1$ 时,集合 B 为直线 $y=-15$,$A\cap B=\varnothing$.

当 $a\neq\pm 1$ 时,集合 A:$y-3=(a+1)(x-2)$,$(2,3)\notin A$,只有$(2,3)\in B$ 才满足条件.

故$(a^2-1)\cdot 2+(a-1)\cdot 3=30$,解得 $a=-5$ 或 $a=\frac{7}{2}$.

所以 $a=1$ 或 $a=\frac{7}{2}$ 或 $a=-1$ 或 $a=-5$.

10. 根据"孤立元素"的定义,如果一个元素是"孤立元素",则这个元素与集合中的其他元素必不相邻,我们的目的是求没有"孤立元素"的四元子集,找到这样的四元子集的特征就可以解决问题了. 由成对的相邻元素组成的四元子集都没有"孤立元素",如$\{0,1,2,3\}$,$\{0,1,3,4\}$,$\{0,1,4,5\}$,$\{1,2,3,4\}$,$\{1,2,4,5\}$,$\{2,3,4,5\}$ 这样的集合,故共有 6 个.

11. 因为 $A\cup B=A$,所以 $B\subseteq A$. 因为 $A=\{1,2\}$,所以 $B\neq\varnothing$ 或 $B=\{1\}$ 或 $B=\{2\}$ 或 $B=\{1,2\}$.

若 $B=\varnothing$,则由 $\triangle<0$ 知,不存在实数 a 使原方程有解.

若 $B=\{1\}$,则由 $\triangle=0$ 得,$a=2$,此时 1 是方程的根.

若 $B=\{2\}$,则由 $\triangle=0$ 得,$a=2$,此时 2 不是方程的根.

所以不存在实数 a 使原方程有解.

若 $B=\{1,2\}$,则由 $\triangle>0$,得 $a\in\mathbf{R}$,且 $a\neq 2$.

此时将 $x=1$ 代入方程得 $a\in\mathbf{R}$,将 $x=2$ 代入方程得 $a=3$.

综上所述,实数 a 的值为 2 或 3.

第 8 讲　子集与集合的划分

1. 7　由 $x^2-ax+a+3=0$,得 $\Delta=a^2-4a-12=(a+2)(a-6)$.

当 $a<-2$ 或 $a>6$ 时,$\Delta<0\Rightarrow$ 原方程的解集为空集;

当 $a=-2$ 或 $a=6$ 时,$\Delta=0\Rightarrow$ 原方程的解集为单元素集;

当 $-2<a<6$ 时,$\Delta>0\Rightarrow$ 原方程有两个不等的实数解.

所以,当 $a<-2$ 或 $a>6$ 时,集合 $M=\varnothing$,有 1 个子集;

当 $a=-2$ 或 $a=6$ 时,集合 $M=\{x_0\}$,有 2 个子集;

当 $-2<a<6$ 时,集合 $M=\{x_1,x_2\}$,有 4 个子集.

2. 8　由集合$\{c,d,e\}$ 的子集数为 $2^3=8$,得所求集合 P 的个数为 8.

3. 864　由集合元素的互异性,得集合 A 中某个元素在总和 S 中出现的次

数,就是集合 A 中含有该元素的子集数.所以,全体 $S(X)$ 的总和

$$S=(2+3+4+5+6+7)\times 2^5=864$$

4.4 $\begin{cases}y=x^2-4x+1\\y=2x-1\end{cases}\Rightarrow x^2-6x+2=0$,由 $\Delta=36-8=28>0$,得 $|A\cap B|=2$.所以,集合 $A\cap B$ 的子集的个数为 4.

5.0 或 4　由题意,$\sqrt{a}=2\Rightarrow a=4$ 或 $\sqrt{a}=a\Rightarrow a=0$ 或 $a=1$.经检验,a 的值是 0 或 4.

6.15　由题意,1 与 7,2 与 6,3 与 5 中每一对数必须在同一个集合 A 内.因此,所求集合 A 的个数等同于以 1 与 7,2 与 6,3 与 5 及 4 为元素的集合的非空子集的个数.所以,这样的 A 共有 $2^4-1=15$(个).

7.70　设 $B=\{b\in A\mid b=7k+2,k\in \mathbf{N}\}$,则

$$|B|=[\frac{600-2}{7}]-[\frac{99-2}{7}]=85-13=72$$

由 $100\leqslant 57k\leqslant 600\Rightarrow 2\leqslant k\leqslant 10$.又 $57k=7\cdot 8k+k$,所以当 $k=2$ 或 9 时,$57k$ 被 7 除余 2.

故集合 A 中被 7 除余 2 且不能被 57 整除的数的个数为 $72-2=70$(个).

8.5　设其中第 i 个三元集为 $\{x_i,y_i,z_i\}$,$i=1,2,\cdots,n$,则

$$1+2+\cdots+3n=\sum_{i=1}^{n}4z_i$$

所以

$$\frac{3n(3n+1)}{2}=4\sum_{i=1}^{n}z_i$$

当 n 为偶数时,有 $8\mid 3n$,所以 $n\geqslant 8$;当 n 为奇数时,有 $8\mid 3n+1$,所以 $n\geqslant 5$;当 $n=5$ 时,集合 $\{1,11,4\}$,$\{2,13,5\}$,$\{3,15,6\}$,$\{9,12,7\}$,$\{10,14,8\}$ 满足条件,所以 n 的最小值为 5.

9.由题意,存在非零实数 $x\in A$,得

$$f(x)>x^2\geqslant 0$$

$$f^2(x)\leqslant 2x^2f(\frac{x}{2})\Rightarrow f^2(x)\leqslant 2x^2f(\frac{x}{2})<2f^2(x)f(\frac{x}{2})$$

$$\Rightarrow x^2<f(x)<2f(x)f(\frac{x}{2})$$

$$\Rightarrow f(\frac{x}{2})>\frac{x^2}{2}>(\frac{x}{2})^2$$

即由 $f(x)>x^2\Rightarrow f(\frac{x}{2})>(\frac{x}{2})^2$.

又非零实数 x 可无限平分,所以原命题得证.

10. 命题不正确.

反例如下:取 $A=\{(x,y)\mid y=x,-1\leqslant x\leqslant 1\}$,$B=\{(x,y)\mid y=x,x\neq 0$ 且 $x\in\mathbf{R}\}$,则集合 A,B 满足 $C_r\cup A\subseteq C_r\cup B$,但集合 A 不是集合 B 的子集.

11. 由(2)知,$0\notin S$. 对任意非零有理数 r,由(2),得 $r\in S$ 或 $-r\in S$,再由(1)$r\cdot r=(-r)(-r)=r^2\in S$. 在特例中,取 $r=1\Rightarrow 1\in S$.

在(1)中,由 $1\in S\Rightarrow 1+1=2\in S\Rightarrow 1+2=3\in S\Rightarrow\cdots$,得全体正整数都是集合 S 的元素.

设任意正有理数 $r=\dfrac{p}{q}$,$p,q\in\mathbf{N}^*$,$(p,q)=1$.

由 $p,q\in\mathbf{N}^*\Rightarrow p,q\in S\Rightarrow pq\in S$,又 $\dfrac{1}{q}\in Q\Rightarrow\dfrac{1}{q^2}\in S$,所以 $pq\cdot\dfrac{1}{q^2}=\dfrac{p}{q}\in S$,即全体正有理数都是集合 S 的元素.

又由(2),全体负有理数不可能是集合 S 的元素,所以集合 S 是由全体正有理数组成的集合.

第9讲　映射与函数

1. 2或3　2. $\dfrac{1}{x^2}-\dfrac{1}{x}+1$　3. $\dfrac{x-1}{x+1}$　4. 7　5. x^2-x+1　6. $f(x)=\dfrac{2a}{3x}-\dfrac{ax}{3}$　7. 24　8. $x+1$　9. 2 011

10. 由式②,得

$$f(x+5)\leqslant f(x+4)+1\leqslant f(x+3)+2\leqslant f(x+2)+3\leqslant f(x+1)+4\leqslant f(x)+5$$

比较已知得 $f(x+5)=f(x)+5$. 由已知得

$$f(x)=f(x+5)-5\leqslant f(x+4)-4\leqslant f(x+3)-3\leqslant f(x+2)-2\leqslant f(x+1)-1\leqslant f(x)$$

所以 $f(x+1)=f(x)+1$. 于是 $f(x)=x$ 对一切 $x\in\mathbf{N}^*$ 成立,所以对于 $x\in\mathbf{N}^*$,$g(x)=f(x)+1-x=x+1-x=1$,所以 $g(2\,016)=1$.

11. 设分子为 $f(x)=x^2+2(a^2+1)x-a^2+4a-7$,分母 $g(x)=x^2+(a^2+4a-5)x-a^2+4a-7$,则

$$f(0)=g(0)=-a^2+4a-7=-(a-2)^2-3$$

即 $f(x),g(x)$ 都经过点$(0,-(a-2)^2-3)$.

函数 $f(x)$ 的对称轴方程为 $x=-(a^2+1)$，$g(x)$ 的对称轴方程为 $x=-\frac{1}{2}(a^2+4a-5)$.

设 $f(x)=0$ 的两个根为 $\alpha_1,\alpha_2(\alpha_1<\alpha_2)$，$g(x)=0$ 的两个根为 $\beta_1,\beta_2(\beta_1<\beta_2)$，因为 $-(a^2+1)<-\frac{1}{2}(a^2+4a-5)$，所以

$$a^2-4a+7>0$$

$f(x)$ 的对称轴在 $g(x)$ 的对称轴的左边，即

$$\alpha_1<\beta_1<\alpha_2<\beta_2$$

所以

$$\begin{aligned}\text{所求区间之和}=&(\beta_1-\alpha_1)+(\beta_2-\alpha_2)=\\&(\beta_1+\beta_2)-(\alpha_1+\alpha_2)=\\&-(a^2+4a-5)+(2a^2+2)=\\&a^2-4a+7>4\end{aligned}$$

故 $a^2-4a+3>0$，即 $a\in(-\infty,1]\cup[3,+\infty)$.

第10讲　函数的定义域和值域

1. $\frac{1}{2}$　$V(a)=\begin{cases}1-2a(a\leqslant 0)\\1-a(0<a<\frac{1}{2})\\a(\frac{1}{2}\leqslant a<1)\\2a-1(a\geqslant 1)\end{cases}$，故 $V_{\min}=\frac{1}{2}$

2. $a=4,b=3$

3. $(-\frac{9}{4},-2]$

4. $[15,\frac{47}{3}]$

5. $(-\infty,-9]\cup[4\sqrt{3}-3,+\infty)$

6. (1) $\frac{1}{2}$；(2)4；(3)5；(4) $-\frac{1}{4}$

7. $\sqrt{c^2+(\sqrt{a}+\sqrt{b})^2}$

8. $-\frac{1}{2}$　因为 $g(x)=\frac{x}{x^2+1}=\frac{1}{x+\frac{1}{x}}\leqslant\frac{1}{2}$，所以当 $x=1$ 时，$g_{\max}(x)=$

$\frac{1}{2}$.

于是 $f(x)=-(x-1)^2+\frac{1}{2}$,所以当 $x=2$ 时,$f_{\min}(x)=-\frac{1}{2}$.

9.因为 $x=y=0$ 不满足 $4x^2-5xy+4y^2=5$,所以 $S\neq 0$.

因为 $S=x^2+y^2 \Rightarrow 1=\frac{x^2+y^2}{S}$,所以

$$4x^2-5xy+4y^2=5 \Rightarrow 4x^2-5xy+4y^2=5\cdot\frac{x^2+y^2}{S}$$

不妨设 $y\neq 0$,所以

$$(4S-5)(\frac{x}{y})^2-5S\cdot\frac{x}{y}+(4S-5)=0$$

因为$\frac{x}{y}\in\mathbf{R}$,所以

$$\Delta\geqslant 0 \Rightarrow (5S)^2-4(4S-5)^2\geqslant 0 \Rightarrow \frac{10}{13}\leqslant S\leqslant\frac{10}{3} \Rightarrow \frac{3}{10}\leqslant\frac{1}{S}\leqslant\frac{13}{10}$$

故

$$\frac{1}{S_{\min}}+\frac{1}{S_{\max}}=\frac{3}{10}+\frac{13}{10}=\frac{8}{5}$$

10.分三种情况讨论:

(1)若 $0\leqslant a<b$,则 $f(x)$ 在$[a,b]$上单调递减,所以

$$\begin{cases}f(a)=2b\\f(b)=2a\end{cases}\Rightarrow\begin{cases}a=1\\b=3\end{cases}$$

(2)若 $a<0<b$,则 $f(x)$ 在$[a,0]$上单调递增,在$[0,b]$上单调递减,所以

$$\begin{cases}f(0)=2b\\f(a)=2a\end{cases}\text{或}\begin{cases}f(0)=2b\\f(b)=2a\end{cases}\Rightarrow\begin{cases}a=-2-\sqrt{17}\\b=\frac{13}{4}\end{cases}$$

(3)若 $a<b\leqslant 0$,则 $f(x)$ 在$[a,b]$上单调递增,所以$\begin{cases}f(a)=2a\\f(b)=2b\end{cases}$无解.

故所求的区间为$[1,3]$或$[-2-\sqrt{17},\frac{13}{4}]$.

11.(1)如图1所示,设 $BC=a$,$CA=b$,$AB=c$,则斜边 AB 上的高 $h=\frac{ab}{c}$,所以

$$S_1=\pi ah+\pi bh=\begin{cases}\dfrac{\pi ab}{c}(a+b)\\ S_2=\pi\left(\dfrac{a+b-c}{2}\right)^2\end{cases}$$

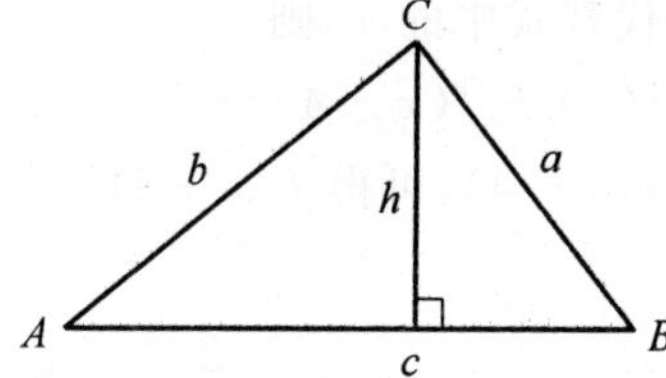

图 1

于是

$$f(x)=\frac{S_1}{S_2}=\frac{4ab(a+b)}{c(a+b-c)^2} \quad ①$$

又

$$\begin{cases}\dfrac{a+b}{c}=x\\ a^2+b^2=c^2\end{cases}\Rightarrow\begin{cases}a+b=cx\\ ab=\dfrac{c^2}{2}(x^2-1)\end{cases}$$

代入式 ① 消去 c，得

$$f(x)=\frac{2(x^2+x)}{x-1}$$

在 $\mathrm{Rt}\triangle ABC$ 中，有 $a=c\sin A$，$b=c\cos A(0<A<\frac{\pi}{2})$，则

$$x=\frac{a+b}{c}=\sin A+\cos A=\sqrt{2}\sin(A+\frac{\pi}{4})$$

所以 $1<x\leqslant\sqrt{2}$.

(2) $$f(x)=\frac{2(x^2+x)}{x-1}=2[(x-1)+\frac{2}{x-1}]+6$$

设 $t=x-1$，则 $t\in(0,\sqrt{2}-1)$，$y=2(t+\frac{2}{t})+6$ 在 $(0,\sqrt{2}-1)$ 内是减函数，所以当 $x=(\sqrt{2}-1)+1=\sqrt{2}$ 时，$f(x)$ 的最小值为 $6\sqrt{2}+8$.

第 11 讲　函数的性质与运用

1. 11

2. $\{x \mid \frac{1-\sqrt{17}}{4} \leqslant x \leqslant \frac{1+\sqrt{17}}{4}$,且 $x \neq 0$,且 $x \neq \frac{1}{2}\}$

3. 偶函数

4. 18　该函数图像关于 $x=3$ 对称,所以 6 个根的和为 $3 \times 2 \times 3 = 18$.

5. $f(x)$　将 $x-2$ 代替式中的 x,则

$$f(x)+f(x-4)=f(x-2)$$

于是 $f(x+2)=-f(x-4)$,可得 $f(x+6)=-f(x)$,所以 $f(x+12)=f(x)$.

6. $(-\infty,+\infty)$　当 $x>0$ 时,$y=\dfrac{2}{\sqrt{4+\frac{1}{x^2}}}$,当 x 增加时,y 增加. 又函数为奇函数,所以所求范围为$(-\infty,+\infty)$.

7. $\{0,-1\}$　$f(x)$ 是奇函数,所以$[f(x)]+[f(-x)]=0$ 或 -1,即所求的值域为$\{0,-1\}$.

8. 8

$$f(f(x))=|1-2|1-2x||=\begin{cases}1-4x & (0 \leqslant x \leqslant \frac{1}{4}) \\ 4x-1 & (\frac{1}{4} \leqslant x \leqslant \frac{1}{2}) \\ 3-4x & (\frac{1}{2} \leqslant x \leqslant \frac{3}{4}) \\ 4x-3 & (\frac{3}{4} \leqslant x \leqslant 1)\end{cases}$$

同样 $f(f(f(x)))$ 的图像为 8 条线段,其斜率分别为 ± 8,夹在 $y=0$ 与 $y=1$,$x=0$,$x=1$ 之内. 它们与线段 $y=\frac{1}{2}x(0 \leqslant x \leqslant 1)$ 有 1 个交点. 故方程 $f(f(f(x)))=\frac{1}{2}x$ 共 8 个解.

9. 函数 $f(x)=-\dfrac{x}{1+|x|}$ 是奇函数,又当 $x \geqslant 0$ 时,$f(x)=-\dfrac{x}{1+x}=-1+\dfrac{1}{1+x}$ 是减函数,所以 $f(x)=-\dfrac{x}{1+|x|}$ 在$(-\infty,+\infty)$上是减函数.

由 $M=N$ 得

$$\begin{cases}f(a)=-\dfrac{-a}{1+|a|}=b \\ f(b)=-\dfrac{-b}{1+|b|}=a\end{cases}$$

于是

$$\frac{ab}{(1+|a|)(1+|b|)}=ab$$

所以

$$ab\left[\frac{1}{(1+|a|)(1+|b|)}-1\right]=0$$

若 $a=0$,则 $b=0$,不符合题意;若 $b=0$,则 $a=0$,不符合题意;

若 $\frac{1}{(1+|a|)(1+|b|)}-1=0$,则 $a=b=0$ 与 $a<b$ 矛盾.

所以使 $M=N$ 成立的实数对 (a,b) 有 0 对.

10. (1) 显然,$f(0)=f(0+0)=2f(0)$,故 $f(0)=0$.

设 $x<0$,则 $-x>0$,根据已知,$f(-x)>0$,由 $f(x)$ 为奇函数,故

$$f(x)=-f(-x)<0$$

设 $x_1,x_2\in\mathbf{R}$,且 $x_1<x_2$.

① 若 $0\leqslant x_1<x_2$,因为 $x_2=x_1+(x_2-x_1)$,且 $x_2-x_1>0$,所以 $f(x_2-x_1)<0$.根据已知

$$f(x_2)=f(x_1+(x_2-x_1))=f(x_1)+f(x_2-x_1)<f(x_1)$$

即 $f(x_1)<f(x_2)$;

② 若 $x_1<x_2<0$,有 $-x_1>-x_2>0$,由上证,知 $f(-x_1)<f(-x_2)$,即 $f(x_1)>f(x_2)$;

③ 若 $x_1<0<x_2$,由上证知,$f(x_1)>0$,$f(x_2)<0$,从而 $f(x_1)>f(x_2)$;

综上可知,在 $x\in\mathbf{R}$ 时,$f(x)$ 为减函数.

(2) 由上证可知,$f(x)$ 在$[-3,3]$上的最大值为 $f(-3)$,最小值为 $f(3)$.

又

$$f(2)=f(1+1)=f(1)+f(1)=-2+(-2)=-4$$

$$f(3)=f(2+1)=f(2)+f(1)=-4+(-2)=-6$$

$$f(-3)=-f(3)=6$$

即 $f(x)$ 在$[-3,3]$上的最大值为 6(当 $x=-3$ 时,取得最大值),最小值为 -6(当 $x=3$ 时,取得最小值).

11. 由 $f(n+1)>f(n)$ 知函数 f 严格单调递增.

若 $f(1)=1$,则 $f(f(1))=1\neq 3$,与题设矛盾.

所以 $f(1)\geqslant 2$.

由 $3=f(f(1))\geqslant f(2)>f(1)\geqslant 2$ 得

$$f(1)=2,f(2)=3 \quad ①$$

因为

$$f(3n)=f(f(f(n)))=3f(n) \quad ②$$

由式 ① 及式 ② 即得

$$f(3^n)=3^n f(1)=2\times 3^n$$

$$f(2\times 3^n)=3^n f(2)=3^{n+1} \quad (n=0,1,2,\cdots)$$

注意到 2×3^n 与 3^n+1 之间共有 3^n-1 个自然数，而 3^n 与 2×3^n 之间也恰有 3^n-1 个自然数，由 f 严格单调，可得

$$f(3^n+m)=2\times 3^n+m \quad (0\leqslant m\leqslant 3^n,n=0,1,2,\cdots) \quad ③$$

由式 ③ 即得

$$f(2\times 3^n+m)=f(f(3^n+m))=3(3^n+m)$$

于是

$$f(n)=\begin{cases}2\times 3^k+m & (\text{若 } n=3^k+m,0\leqslant m\leqslant 3^k)\\ 3(3^k+m) & (\text{若 } n=2\times 3^k+m,0\leqslant m\leqslant 3^k)\end{cases}$$

由 $1\ 992=2\times 3^6+534$，所以

$$f(1\ 992)=3(3^6+534)=3\ 789$$

第 12 讲　指数函数、对数函数与幂函数

1. $x>1$　令 $1+2^x=3^x$，由图像知，$x=1$，则不等式 $1+2^x<3^x$ 的解是 $x>1$.

2. $[2,\frac{9}{4}]$　由 $x>10,y>10,xy=1\ 000$ 得

$$\lg x+\lg y=3,\lg x>1,\lg y>1$$

设 $\lg x=a(1<a<2)$，则

$$\lg y=3-a$$

所以

$$(\lg x)(\lg y)=3a-a^2=\frac{9}{4}-(a-\frac{3}{2})^2\in(2,\frac{9}{4}]$$

3. $kx>0,x+1>0$

(1) 若 $k<0$，则 $-1<x<0$，此时 $y=\lg(kx)$ 的图像与 $y=2\lg(x+1)$ 的图像在 $(-1,0)$ 内有唯一交点；

(2) 当 $k>0$，则 $x>0$，得 $kx=(x+1)^2$，即 $x^2+(2-k)x+1=0,\Delta=(2-k)^2-4$.

若 $\Delta=0,k>0$，得 $k=4$.

若 $\Delta > 0$,即 $k > 4$,此时方程 $x^2 + (2-k)x + 1 = 0$ 有两个正实根.

综上所述,$k = 4$ 或 $k < 0$.

4.10　由题意,5 min 后,$y_1 = ae^{-nt}$,$y_2 = a - ae^{-nt}$,$y_1 = y_2$,所以 $n = \frac{1}{5}\ln 2$.设再过 t min 桶 1 中的水只有 $\frac{a}{8}$,则 $y_1 = ae^{-n(5+t)} = \frac{a}{8}$,解得 $t = 10$.

5.3,3　在直角坐标系内分别作出函数

$$y = 3 - x \quad ①$$

$$y = \log_2 x \quad ②$$

$$y = 2^x \quad ③$$

的图像.

由 $y = \log_2 x$ 和 $y = 2^x$ 互为反函数,所以式 ②③ 的图像关于直线 $y = x$ 对称,而式 ① 的图像也关于 $y = x$ 对称,

从而式 ①② 交点的横坐标 α 与式 ①③ 交点的横坐标 β 之和等于 3.纵坐标之和也等于 3.故 $\alpha + \beta$ 和 $\log_2\alpha + 2^\beta$ 的值都为 3.

6.$0 < a < 1$　令 $\log_2 \frac{a+1}{a} = m$,原不等式化为

$$x^2(m+2) + 2x(1-m) + 2(m-1) > 0 \quad ①$$

不等式 ① 恒成立的条件为

$$\begin{cases} \frac{a+1}{a} > 0 \\ m + 2 > 0 \\ \Delta = (1-m)^2 - 2(m+2)(m-1) < 0 \end{cases}$$

即

$$\begin{cases} \frac{a+1}{a} > 0 \\ m > -2 \\ m < -5 \text{ 或 } m > 1 \end{cases}$$

解得

$$\begin{cases} \frac{a+1}{a} > 0 \\ \frac{a+1}{a} > 2 \end{cases}$$

所以 $0 < a < 1$.

7.4　令 $2\sqrt{5x + 9y + 4z} = t$,则 $t^2 - 68t + 256 = 0$,所以 $(t-64)(t-4) = 0$,解得 $t = 4$,$t = 64$.

当$\sqrt{5x+9y+4z}=2$,则$5x+9y+4z=4$,所以$9(x+y+z)=4+4x+5z\geqslant 4$,即$x+y+z\geqslant\frac{4}{9}$,则$4(x+y+z)=4-x-5y\leqslant 4$,即$x+y+z\leqslant 1$,所以$x+y+z\in[\frac{4}{9},1]$.

当$\sqrt{5x+9y+4z}=32$,则$5x+9y+4z=36$,所以$9(x+y+z)=36+4x+5z\geqslant 36$,即$x+y+z\geqslant 4$,则$4(x+y+z)=36-x-5y\leqslant 36$,即$x+y+z\leqslant 9$.所以$x+y+z\in[4,9]$.

故$x+y+z$的最大值与最小值的乘积为$\frac{4}{9}\times 9=4$.

8.lg 2　$a=\lg(\frac{x}{y}+z),b=\lg(yz+\frac{1}{x}),c=\lg(\frac{1}{xz}+y)$

所以

$$a+c=\lg(\frac{1}{yz}+\frac{1}{x}+yz+x)\geqslant 2\lg 2$$

于是a,c中必有一个大于或等于lg 2,即$M\geqslant\lg 2$,于是M的最小值大于或等于lg 2.

又当取$x=y=z=1$,得$a=b=c=\lg 2$,即此时$M=\lg 2$.于是M的最小值$\leqslant\lg 2$.所以所求M的最小值为lg 2.

9.由题意得

$$f(x_1)+f(x_2)=\log_a x_1+\log_a x_2=\log_a x_1x_2$$

因为$x_1,x_2\in(0,+\infty)$,$x_1x_2\leqslant(\frac{x_1+x_2}{2})^2$(当且仅当$x_1=x_2$时,取“=”号),当$a>1$时,有

$$\log_a x_1x_2\leqslant\log_a(\frac{x_1+x_2}{2})^2$$

所以

$$\frac{1}{2}\log_a x_1x_2\leqslant\log_a(\frac{x_1+x_2}{2}),\frac{1}{2}(\log_a x_1+\log_a x_2)\leqslant\log_a\frac{x_1+x_2}{2}$$

即

$$\frac{1}{2}[f(x_1)+f(x_2)]\leqslant f(\frac{x_1+x_2}{2})\quad(\text{当且仅当 }x_1=x_2\text{ 时,取“=”号})$$

当$0<a<1$时,有

$$\log_a x_1x_2\geqslant\log_a(\frac{x_1+x_2}{2})^2$$

所以

$$\frac{1}{2}(\log_a x_1+\log_a x_2)\geqslant \log_a\frac{x_1+x_2}{2}$$

即

$$\frac{1}{2}[f(x_1)+f(x_2)]\geqslant f(\frac{x_1+x_2}{2})\quad (\text{当且仅当 } x_1=x_2 \text{ 时,取“=”号})$$

10. 由已知等式,得

$$\log_a^2 x+\log_a^2 y=(1+2\log_a x)+(1+2\log_a y)$$

即

$$(\log_a x-1)^2+(\log_a y-1)^2=4$$

令 $u=\log_a x$, $v=\log_a y$, $k=\log_a xy$,则

$$(u-1)^2+(v-1)^2=4(uv\geqslant 0),k=u+v$$

在平面直角坐标系 uOv 内,圆弧 $(u-1)^2+(v-1)^2=4(uv\geqslant 0)$ 与平行直线系 $v=-u+k$ 有公共点,分两类情况讨论:

(1) 当 $u\geqslant 0$, $v\geqslant 0$ 时,即 $a>1$ 时,结合判别式法与代点法得 $1+\sqrt{3}\leqslant k\leqslant 2(1+\sqrt{2})$;

(2) 当 $u\leqslant 0$, $v\leqslant 0$,即 $0<a<1$ 时,同理得到 $2(1-\sqrt{2})\leqslant k\leqslant 1-\sqrt{3}$.
综上所述,当 $a>1$ 时,$\log_a xy$ 的最大值为 $2+2\sqrt{2}$,最小值为 $1+\sqrt{3}$;当 $0<a<1$ 时,$\log_a xy$ 的最大值为 $1-\sqrt{3}$,最小值为 $2-2\sqrt{2}$.

11. 因为 $2(\log_{\frac{1}{2}}x)^2+9(\log_{\frac{1}{2}}x)+9\leqslant 0$,所以

$$(2\log_{\frac{1}{2}}x+3)(\log_{\frac{1}{2}}x+3)\leqslant 0$$

于是 $-3\leqslant \log_{\frac{1}{2}}x\leqslant -\frac{3}{2}$,即

$$\log_{\frac{1}{2}}(\frac{1}{2})^{-3}\leqslant \log_{\frac{1}{2}}x\leqslant \log_{\frac{1}{2}}(\frac{1}{2})^{-\frac{3}{2}}$$

所以 $(\frac{1}{2})^{-\frac{3}{2}}\leqslant x\leqslant (\frac{1}{2})^{-3}$,于是 $2\sqrt{2}\leqslant x\leqslant 8$,即

$$M=\{x\mid x\in[2\sqrt{2},8]\}$$

又

$$f(x)=(\log_2 x-1)(\log_2 x-3)=\log_2{}^2 x-4\log_2 x+3=(\log_2 x-2)^2-1$$

因为 $2\sqrt{2}\leqslant x\leqslant 8$,所以

$$\frac{3}{2}\leqslant \log_2 x\leqslant 3$$

所以当 $\log_2 x=2$,即 $x=4$ 时 $y_{\min}=-1$;当 $\log_2 x=3$,即 $x=8$ 时,$y_{\max}=0$.

第13讲　函数的图像

1. ③　$y=\ln(1-x)=\ln[-(x-1)]$,其图像可由 $y=\ln x$ 关于 y 轴对称的图像向右平移一个单位得到,故填 ③.

2. ②　$y=f(x+1)$ 是由 $y=f(x)$ 的图像向左平移一个单位得到的,故为②.

3. (3,2)　由于函数 $y=f(x)$ 是 $\mathbf{R}$ 上的奇函数,故它的图像过原点,又由于 $y=f(x)$ 的图像向右平移 3 个单位,向上平移 2 个单位可得到函数 $y=f(x-3)+2$ 的图像,所以 $f(x-3)+2$ 的图像过定点(3,2).

4. ④　函数 $y=ax^2+bx$ 的两个零点是 $0,-\frac{b}{a}$.

对于 ①②,由抛物线的图像知,$-\frac{b}{a}\in(0,1)$,所以$\left|\frac{b}{a}\right|\in(0,1)$.

于是函数 $y=\log\left|\frac{b}{a}\right|x$ 不是增函数,错误;

对于 ③,由抛物线的图像知 $a<0$,且$-\frac{b}{a}<-1$,所以 $b<0$ 且$\frac{b}{a}>1$,所以 $|\frac{b}{a}|>1$,于是函数 $y=\log\left|\frac{b}{a}\right|x$ 应为增函数,错误;

对于 ④,由抛物线的图像知 $a>0$,$-\frac{b}{a}\in(-1,0)$,所以$\left|\frac{b}{a}\right|\in(0,1)$,满足 $y=\log\left|\frac{b}{a}\right|x$ 为减函数.

5. 1　6. ③　7. $(-2,0)\cup(2,5]$　8. ①

9. (1) $y=\frac{2}{10^x+1}-1$ 的反函数为

$$f(x)=\lg\frac{1-x}{1+x}\quad(-1<x<1)$$

由已知得 $g(x)=\frac{1}{x+2}$,所以 $F(x)=\lg\frac{1-x}{1+x}+\frac{1}{x+2}$,定义域为$(-1,1)$.

(2) 用定义可证明函数 $u=\frac{1-x}{1+x}=-1+\frac{2}{x+1}$ 是$(-1,1)$内的减函数,且 $y=\lg u$ 是增函数. 所以 $f(x)$ 是$(-1,1)$内的减函数,故不存在符合条件的点 A,B.

10. (1) $y=f(x)=\begin{cases}\sqrt{1-x^2}, x\in[1,0)\\ -x+1, x\in[0,1]\end{cases}$. 图略.

$y=f(x)$ 的曲线绕 x 轴旋转一周所得几何体的表面积为 $(2+\sqrt{2})\pi$.

(2) 当 $f_1(x+a)=f_2(x)$ 有两个不等的实根时, a 的取值范围为

$$2-\sqrt{2}<a\leqslant 1$$

(3) 若 $f_1(x)>f_2(x-b)$ 的解集为 $[-1,\frac{1}{2}]$, 则可解得 $b=\frac{5-\sqrt{3}}{2}$.

11. (1) $g(x)=x-2+\frac{1}{x-4}$.

(2) 当 $b=4$ 时, 交点为 $(5,4)$; 当 $b=0$ 时, 交点为 $(3,0)$.

(3) 不等式的解集为 $\{x \mid 4<x<\frac{9}{2}$ 或 $x>6\}$.

第 14 讲　函数与方程

1. 6　2. $[-\frac{3}{2},\frac{3}{2}]$　3. $[0,\sqrt{41}]$

4. 2　由题意知, 所求零点的个数即函数 $y_1=|x-2|$ 的图像与函数 $y_2=\ln x$ 的图像交点的个数, y_1, y_2 的图像如图 1 所示, 显然二者有 2 个交点.

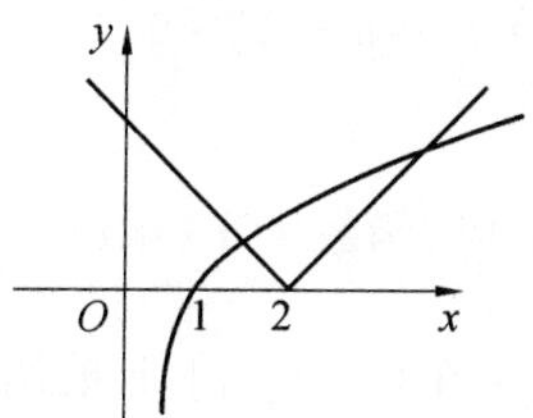

图 1

5. 4　如图 2 所示, 分别画出函数 $y=\sin x$ 和 $y=|\lg x|$ 的图像, 显然, 当 $0<x<1$ 时, 函数 $y=\sin x$ 与 $y=|\lg x|$ 的图像有一个交点; 当 $x>1$ 时, 因为 $y=\sin x\in[-1,1]$, 故可只考虑函数 $y=|\lg x|$ 在 $[1,10]$ 上的图像, 由图 2 可知, 在 $[1,10]$ 上这两个函数的图像有三个公共点. 综上所述, 两个函数图像有四个公共点, 即方程 $\sin x=|\lg x|$ 有四个不同的实根.

6. $0<m<1$　根据函数 $f(x)$ 的图像, 当 $0<m<1$ 时, 直线 $y=m$ 与函数 $f(x)$ 的图像有 3 个交点.

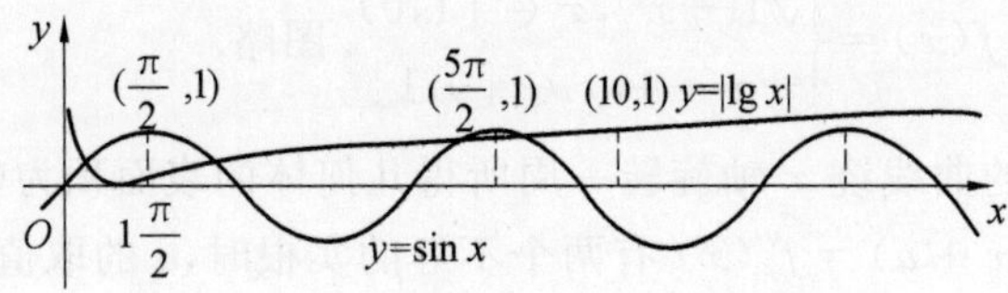

图 2

7. $(-5,-4]$　8. $(\frac{4}{3},2)$　9. $[-3,1]$

10. $1<a\leqslant 3,a=\frac{13}{4}$,一解;$3<a<\frac{13}{4}$,两解;$a\leqslant 1,a>\frac{13}{4}$ 无解.

11. 构造函数 $f(x)=x^2-(ac-bd)\sqrt{4-k^2}\,x+1$,证明函数非负.

第 15 讲　函数的综合问题

1. $(-1,2-2\sqrt{2})$　设 $2^x=t>0$,则原方程可变为

$$t^2+at+a+1=0 \qquad ①$$

方程 ① 有两个正实根,则

$$\begin{cases}\Delta=a^2-4(a+1)\geqslant 0\\ t_1+t_2=-a>0\\ t_1t_2=a+1>0\end{cases}$$

解得,$a\in(-1,2-2\sqrt{2}]$.

2. $\frac{3}{4}-a$　(1) 当 $x\leqslant a$ 时,函数 $f(x)=x^2-x+a+1=(x-\frac{1}{2})^2+a+\frac{3}{4}$,若 $a\leqslant\frac{1}{2}$,则函数 $f(x)$ 在 $(-\infty,a]$ 上单调递减,从而,函数 $f(x)$ 在 $(-\infty,a]$ 上的最小值为 $f(a)=a^2+1$.

若 $a>\frac{1}{2}$,则函数 $f(x)$ 在 $(-\infty,a]$ 上的最小值为 $f(\frac{1}{2})=\frac{3}{4}+a$,且 $f(\frac{1}{2})\leqslant f(a)$.

(2) 当 $x\geqslant a$ 时,函数 $f(x)=x^2+x-a+1=(x+\frac{1}{2})^2-a+\frac{3}{4}$;当 $a\leqslant-\frac{1}{2}$ 时,则函数 $f(x)$ 在 $[a,+\infty)$ 上的最小值为 $f(-\frac{1}{2})=\frac{3}{4}-a$,且 $f(-\frac{1}{2})\leqslant f(a)$. 若 $a>-\frac{1}{2}$,则函数 $f(x)$ 在 $[a,+\infty)$ 上单调递增. 因此,函

数 $f(x)$ 在$[a,+\infty]$上的最小值为 $f(a)=a^2+1$.

综上所述，当 $a\leqslant -\frac{1}{2}$ 时，函数 $f(x)$ 的最小值是$\frac{3}{4}-a$，当$-\frac{1}{2}<a\leqslant\frac{1}{2}$时，函数 $f(x)$ 的最小值是 a^2+1；当 $a>\frac{1}{2}$ 时，函数 $f(x)$ 的最小值是 $a+\frac{3}{4}$.

3.奇函数　取特殊值 $x=4$ 和 $x=-4$ 代入，是奇函数，但不是偶函数.

4.$M>N$　因为 $a>0$，$-\frac{b}{2a}>1$，所以

$$-b>2a>0,b<0,2a-b>0,2a+b<0$$

$$f(1)=a+b+c<0$$

$$f(-1)=a-b+c>0$$

$$f(0)=c<0$$

$$M=-a-b-c+2a-b=a-2b-c$$

$$N=a-b+c-2a-b=-a-2b+c$$

$M-N=2a-2c>0$.

5.$0<x<\frac{-3+3\sqrt{17}}{2}$　由 $f(x+3)-f(\frac{1}{x})<2f(6)$ 及单调性，知 $f(x(x+3)-f(6))<f(6)$，即$\begin{cases}\frac{x(x+3)}{6}<6\\ x>0\end{cases}$.

解得不等式 $f(x+3)<f(\frac{1}{x})+2$ 的解集是$\left\{x\,\middle|\,0<x<\frac{-3+3\sqrt{17}}{2}\right\}$.

6.④⑤

7.5　$y=\sqrt{(x+2)^2+(0+1)^2}+\sqrt{(x-2)^2+(0-2)^2}$，由两点间距离公式知 y 表示动点 $P(x,0)$ 到两定点 $A(-2,-1)$ 和 $B(2,2)$ 的距离之和.当且仅当 P,A,B 三点共线时取得最小值 $|AB|=5$.

8.$0,3+\sqrt{5}$　由题意，得

$$f(x)=4(x-\frac{a}{2})^2-2a+2$$

若$\frac{a}{2}<0$，则最小值为

$$f(0)=a^2-2a+2=2$$

所以 $a=0$，或 $a=2$，与 $a<0$ 矛盾.舍去；

若 $0\leqslant\frac{a}{2}\leqslant 1$，则最小值为 $-2a+2=2$，所以 $a=0$；

若$\frac{a}{2}>1$,则最小值为

$$f(1)=4-4a+a^2-2a+2=a^2-6a+6=2$$

所以 $a=3\pm\sqrt{5}$,其中 $a=3+\sqrt{5}$ 满足要求.

故 $a=0, a=3+\sqrt{5}$.

9. 构造函数 $f(x)=\ln(\sqrt{x^2+1}+x)+x$,则原方程等价于

$$f(x)+f(2x)=0$$

易证,函数 $f(x)$ 为奇函数,且在 $\mathbf{R}$ 上是增函数(证明略),所以

$$f(x)=-f(2x)=f(-2x)$$

由函数的单调性,得 $x=-2x$. 所以原方程的解为 $x=0$.

10. (1) 由$\begin{cases}\frac{1-x}{1+x}<0\\ x+2\neq 0\end{cases}$ 得 $f(x)$ 的定义域为$(-1,1)$,易判断 $f(x)$ 在$(-1,1)$ 内是减函数.

(2) 因为 $f(0)=\frac{1}{2}$,所以 $f^{-1}(\frac{1}{2})=0$,即 $x=\frac{1}{2}$ 是方程 $f^{-1}(x)=0$ 的一个解. 若方程 $f^{-1}(x)=0$ 还有另一个解 $x_0\neq\frac{1}{2}$,则 $f^{-1}(x_0)=0$,由反函数的定义知 $f(0)=x_0\neq\frac{1}{2}$,与已知矛盾,故方程 $f^{-1}(x)=0$ 有唯一解.

(3) $f[x(x-\frac{1}{2})]<\frac{1}{2}$,即 $f[x(x-\frac{1}{2})]<f(0)$.

所以

$$\begin{cases}-1<x(x-\frac{1}{2})<1\\ x(x-\frac{1}{2})>0\end{cases}\Rightarrow\frac{1-\sqrt{15}}{4}<x<0\text{ 或}\frac{1}{2}<x<\frac{1+\sqrt{15}}{4}$$

11. 注意 1 997 是素数,满足(1) ~ (3) 的函数 $f(x)$ 易找到,例如,若 $f(x)\equiv r(\bmod 1\,997)(0\leqslant r\leqslant 1\,996)$,则 $f(x)=r$,但此函数不满足(4). 注意到 $f(2)=999$,但 $2\times 999=1\,998\equiv 1(\bmod 1\,997)$,即 999 是 2 的“逆元”. 由于 1 997 是素数,故每个小于 1 997 的正整数都有唯一逆元.

由于 1 997 是素数,故对任何 $x\in\mathbf{Z}$,且 $x\not\equiv 0(\bmod 1\,997)$,都存在唯一整数 $y(0<y<1\,997)$,使 $xy\equiv 1(\bmod 1\,997)$(x,y 称为互逆的,y 是 x 的逆元). 令 $f(x)=y$,(若 $x=0$,则 $f(0)=0$),这个函数满足(1) ~ (4),即为所求函数.

当 $100x \equiv 1 \pmod{1\,997}$ 时，$f(x)=1\,000$，此时

$$x \equiv \frac{1+1\,997x}{1\,000} \equiv \frac{1+(200-3)x}{1\,000} \equiv \frac{1+(2\,000-3)}{1\,000}$$

因而所求的最小正整数 $x=1\,332$.

第16讲　整数的性质及其应用

1. 设 $4n^2+17n-15=(2n+k)(2n+k+1)=4n^2+2n(2k+1)+k(k+1)$，所以

$$n=\frac{k^2+k+15}{15-4k}$$

当 $k=0$ 时，$n=1$；当 $k=1$ 时，n 不为整数；当 $k=2$ 时，$n=3$；当 $k=3$ 时，$n=9$；当 $k>3$ 时，$n<0$.

当 $k<0$ 时，由 $2n+k\geqslant 1$，知 $n\geqslant \frac{1-k}{2}$，此时

$$15-4k>0,\frac{k^2+k+15}{15-4k}\geqslant \frac{1-k}{2}$$

所以

$$2k^2+2k+30\geqslant 15-19k+4k^2 \Rightarrow 2k^2-21k-15\leqslant 0 \qquad ①$$

无负整数满足式 ①. 故只有 3 个值.

2. 由题意知

$$2^6+2^9=2^6(1+2^3)=2^6\times 3^2=24^2$$

设 $24^2+2^n=a^2$，有 $(a+24)(a-24)=2^n$，于是

$$a+24=2^r,a-24=2^t,2^r-2^t=48=2^t(2^{r-t}-1)=2^4\times 3$$

所以 $t=4$，$r-t=2$，即 $r=6$，$n=r+t=10$.

3. 只要证明在任意连续的十个正整数中，必有一个不含素因子 2，3，5，7.

由于在连续的十个正整数中必有 5 个偶数；至多 4 个 3 的倍数，但其中奇数至多有 2 个；必有 2 个 5 的倍数，其中 5 的奇数倍数只有 1 个，至多有 2 个 7 的倍数，其中 7 的奇数倍数至多有 1 个，于是在 5 个奇数中有因子 3，5，7 之一的奇数不超过 4 个，即至少有一个奇数不含素因子 3，5，7. 这个数的素因数最小为 11，但在连续的 10 个正整数中 11（或大于 11 的素数）的倍数至多只有 1 个，即此数与其余 9 个数互素.

4. 当 $n=2$ 时，$[2,3]=6$，所有 6 的倍数不在此二组；

当 $n=3$ 时，$[2,3,4]=12$，所有 12 的倍数不在此三组；

当 $n=4$ 时，$[2,3,4,5]=60$，所有 60 的倍数不在此四组；

当 $n=5$ 时，$[2,3,4,5,6]=60$，所有 60 的倍数不在此五组；

当 $n=6$ 时，$[2,3,4,5,6,7]=420$，所有 420 的倍数不在此六组；

当 $n=7$ 时，$[2,3,4,5,6,7,8]=840$，所有 840 的倍数不在此七组；

当 $n=8$ 时，$[2,3,4,5,6,7,8,9]=2\,520$，$2\,520>2\,006$，故所有的数都可分入此 8 组中，即 $n=8$.

5. 存在. 用数学归纳法证明它的加强命题：对任何正整数 m 存在 m 个连续的整数，使得每一个都含有重复的素因子.

当 $m=1$ 时，显然成立. 这只需取一个素数的平方.

假设当 $m=k$ 时命题成立，即有 k 个连续的整数 $n+1,n+2,\cdots,n+k$，它们分别含有重复的素因子 $p_1,p_2,\cdots,p_k$，任取一个与 $p_1,p_2,\cdots,p_k$ 都不同的素数 p_{k+1}（显然存在）.

当 $t=1,2,\cdots,p_{k+1}^2$ 时，$tp_1^2p_2^2\cdots p_k^2+n+(k+1)$ 这 p_{k+1}^2 个数中任两个数的差是形如 $ap_1^2p_2^2\cdots p_k^2(1\leqslant a\leqslant p_{k+1}^2-1)$ 的数，不能被 p_{k+1}^2 整除，故这 p_{k+1}^2 个数除以 p_{k+1}^2 后，余数两两不同. 但除以 p_{k+1}^2 后的余数只有 $0,1,\cdots,p_{k+1}^2-1$ 这 p_{k+1}^2 个，从而恰有一个数 $t_0(1\leqslant t_0\leqslant p_{k+1}^2)$，使 $t_0p_1^2p_2^2\cdots p_k^2+n+(k+1)$ 能被 p_{k+1}^2 整除. 这时，$k+1$ 个连续的整数

$$t_0p_1^2p_2^2\cdots p_k^2+n+1,t_0p_1^2p_2^2\cdots p_k^2+n+2,\cdots,$$
$$t_0p_1^2p_2^2\cdots p_k^2+n+k,t_0p_1^2p_2^2\cdots p_k^2+n+(k+1)$$

分别能被 $p_1^2,p_2^2,\cdots,p_k^2,p_{k+1}^2$ 整除，即 $m=k+1$ 时命题成立.

故本题对一切正整数 m 均成立.

6. 当 $p=2$ 时，$p^2+2\,543=2\,547=3^2\times 283$，283 不是 2,3,5,7,11,13 的倍数，是素数，此时共有正因数 $(2+1)\times(1+1)=6$ 个，$p=2$ 满足条件；

当 $p=3$ 时，$p^2+2\,543=2\,552=2^3\times 11\times 19$，此时共有正因数 $(3+1)\times(1+1)\times(1+1)=16$ 个，$p=3$ 不满足条件；

当 $p>3$ 时，$p^2+2\,543=p^2-1+2\,544=(p-1)(p+1)+2\,400+144$，素数 $p>3$，则必为 $3k\pm1$ 型的奇数，$p-1,p+1$ 是相邻的两个偶数，且其中必有一个是 3 的倍数，所以 $(p-1)(p+1)$ 是 24 的倍数，所以 $p^2+2\,543$ 是 24 的倍数，$p^2+2\,543=2^{3+i}\cdot 3^{1+j}\cdot m$，若 $m>1$，共有正因数 $(3+i+1)(1+j+1)(k+1)>16$ 个，若 $m=1$，$2^i\times 3^j>106$；

当 $j>1$，正因数个数不少于 16；当 $j=1,i>4$，正因数个数不少于 24；当 $j=0,i>5$，正因数个数不少于 18，所以 $p>3$ 不满足条件；

综上所述，当 $p\geqslant 2$ 时，正因数个数至少有 16 个，而当 $p=2$ 时，正因数个数为 6. 故所求的素数 p 是 2.

7. 本题即证明 $(21p+4,14p+3)=1$. 若 a,b,c 是 3 个不全为 0 的整数，且

有整数 t 使 $a=bt+c$，则 a,b 与 b,c 有相同的公约数，因而 $(a,b)=(b,c)$，即 $(a,b)=(a-bt,b)$. 可以用此法化简. 因为

$$(21p+4,14p+3)=(21p+4-14p-3,14p+3)=$$
$$(7p+1,14p+3)=(7p+1,14p+3-14p-2)=$$
$$(7p+1,1)=1$$

所以 $\dfrac{21p+4}{14p+3}$ 是既约分数.

8. 条件 $[a,b]=24$ 及 $[c,a]=36$ 意味着 a,b,c 不大，都是 24 或 36 的约数，对于 a，它既是 24 又是 36 的约数，所以它是 12 的约数. 而 b 满足 $(b,c)=6$，则是 6 的倍数，是 24 的约数，只能取 6,12,24. 注意到 a 的取值，b 更是只能取 24.

$a\mid 24, a\mid 36\Rightarrow a\mid 12\Rightarrow a=1,2,3,4,6,12$.

$6\mid b, b\mid 24\Rightarrow b=6,12,24$.

$6\mid c, c\mid 36\Rightarrow c=6,12,18,36$.

若 $a=1,2,3,4,6,12$ 时，由 $[a,b]=24$，得 $b=24$，a 不是 9 的倍数，由 $[a,c]=36$，则 c 是 9 的倍数，再由 $(b,c)=6$，得 $c=36$ 或 $18(a=4,12$ 时$)$，但 $(24,36)=12$，产生矛盾. 故 $c=18$.

所以 $a=12,b=24,c=18$ 或 $a=4,b=24,c=18$.

即 $(12,24,18)$，$(4,24,18)$ 二组.

9. 由于 $(m^3,mn-1)=1$ 且

$$mn-1\mid n^3+1\Leftrightarrow mn-1\mid m^3(n^3+1)\Leftrightarrow mn-1\mid m^3n^3-1+m^3+1$$
$$\Leftrightarrow mn-1\mid m^3+1$$

所以 m,n 是对称的. 不妨设 $m\geqslant n$，当 $m=n$ 时，则 $\dfrac{n^3+1}{n^2-1}=\dfrac{n^2-n+1}{n-1}=n+\dfrac{1}{n-1}\in\mathbf{N}^*\Leftrightarrow n=2$，从而 $m=n=2$；

当 $m>n$ 时，若 $n=1$ 时，则 $m-1\mid 2$，所以 $m=2$ 或 3；

若 $n\geqslant 2$ 时，由于 $\dfrac{n^3+1}{mn-1}$ 是一个整数，从而 $\exists k\in\mathbf{N}^*$ 使

$$n^3+1=(kn-1)(mn-1)$$
$$kn-1=\frac{n^3+1}{mn-1}<\frac{n^3+1}{n^2-1}=n+\frac{1}{n-1}$$

所以

$$kn-1<1+\frac{1}{n-1}$$

又由于 $n\geqslant 2,k\in\mathbf{N}^*$，所以 $k=1$.

于是

$$n^3+1=(n-1)(mn-1)=mn^3-n-mn+1$$

从而 $m=\dfrac{n^2+1}{n-1}=n+1+\dfrac{2}{n-1}\in\mathbf{N}^*$ 得 $n=2$ 或 3,所以 $m=5$.

综上所述,所有的 (m,n) 为

$$(2,2),(2,1),(1,2),(3,1),(1,3),(5,2),(2,5),(5,3),(3,5)$$

10.因为 $a^k+b^k=a^{k-n}(a^n+b^n)-b^n(a^{k-n}-b^{k-n})$,所以

$$a^n+b^n\mid a^k+b^k\Leftrightarrow a^n+b^n\mid a^{k-n}+b^{k-n}$$

又 $a^r-b^r=a^{r-n}(a^n+b^n)-b^n(a^{r-n}+b^{r-n})$,所以

$$a^n+b^n\mid a^r+b^r\Leftrightarrow a^n+b^n\mid a^{r-n}+b^{r-n}$$

令 $m=nq+r(0\leqslant r<n)$,则

$$a^n+b^n\mid a^{nq+r}+b^{nq+r}\Leftrightarrow a^n+b^n\mid a^{(q-1)n+r}-b^{(q-1)n+r}$$

$$\Leftrightarrow a^n+b^n\mid a^{(q-2)n+r}+b^{(q-2)n+r}\Leftrightarrow\cdots\Leftrightarrow a^n+b^n\mid a^r+(-1)^q b^r$$

又因为 $n>r$,所以

$$a^r+(-1)^q b^r<a^n+b^n \qquad ①$$

从而式 ①$\Leftrightarrow r=0$ 且 q 为奇数,即 $a^n+b^n\mid a^m+b^m$ 的充要条件是 $n\mid m$ 且 $\dfrac{m}{n}$ 为奇数.

11.令 $a_k=2^{3^k}+1$,则 $a_k=3^{k+1}b_k$,即要证 b_k 是整数且有 $k-1$ 个素因子.

下面用数学归纳法证 b_k 是整数.当 $k=1$ 时,结论显然成立;假设当 $n=k$ 时,结论成立;

当 $n=k+1$ 时,因为 $a_{k+1}=(a_k-1)^3+1=a_k^3-3a_k^2+3a_k$,又因为 $3^{k+1}\mid a_k$,所以 $3^{k+2}\mid a_{k+1}$,即 b_{k+1} 是整数.下面证 b_{k+1} 至少有 k 个素因子.

$$a_{k+1}=3^{k+2}b_{k+1}=a_k^3-3a_k^2+3a_k=(3^{k+1}b_k)^3-3(3^{k+1}b_k)^2+3(3^{k+1}b_k)$$

因为 $b_{k+1}=b_k(3^{2k+1}b_k^2-3^{k+1}b_k+1)$,令 $c_k=3^{2k+1}b_k^2-3^{k+1}b_k+1$,则 $b_{k+1}=b_kc_k$.由于 $(c_k,3)=1$,所以 $(c_k,b_k)=1$,从而 c_k 必有异于 b_k 素因子的素因子,所以 b_{k+1} 至少有 k 个素因子.

第17讲　同余问题

1.设 $M=2^{6k+1}+3^{6k+1}+5^{6k}+1$,所以

$$M=2\cdot2^{6k}+3\cdot3^{6k}+5^{6k}+1=$$
$$2\cdot64^k+3\cdot729^k+15\ 625^k+1=$$
$$2\cdot(7\cdot9+1)^k+3\cdot(7\cdot104+1)^k+$$

$$(7\cdot 2\,232+1)^k+1=$$
$$2\cdot 7\cdot A+2+3\cdot 7\cdot B+3+7\cdot C+1+1=$$
$$(2+3+1+1)(\mathrm{mod}\ 7)=0(\mathrm{mod}\ 7)$$

所以对 $\forall k\geqslant 0$,且 $k\in\mathbf{Z}$,$2^{6k+1}+3^{6k+1}+5^{6k}+1$ 都能被 7 整除.

2. 因为 $1\,971\equiv 0(\mathrm{mod}\ 3)$,$1\,972\equiv 1(\mathrm{mod}\ 3)$,$1\,973\equiv 2(\mathrm{mod}\ 3)$,所以

$$1\,971^{26}+1\,972^{27}+1\,973^{28}\equiv(0^{26}+1^{27}+2^{28})(\mathrm{mod}\ 3)$$

即

$$1\,971^{26}+1\,972^{27}+1\,973^{28}\equiv(1+2^{28})(\mathrm{mod}\ 3)$$

又因为 $2^{28}=4^{14}\equiv 1(\mathrm{mod}\ 3)$,所以 $(1+2^{28})\equiv 2(\mathrm{mod}\ 3)$.

故 $1\,971^{26}+1\,972^{27}+1\,973^{28}$ 不能被 3 整除.

3. 若 k 为奇数,则 $k\equiv\pm 1$ 或 $\pm 3(\mathrm{mod}\ 8)$,$k^2\equiv 1(\mathrm{mod}\ 8)$,所以当 k 为奇数时,$k^{2n}\equiv 1(\mathrm{mod}\ 8)$,所以

$$5^{2m}\equiv 3^{2m}\equiv 1(\mathrm{mod}\ 8)$$

若 n 为正奇数,$a_n=5\times 5^{n-1}+2\times 3^{n-1}+1\equiv 5+2+1\equiv 0(\mathrm{mod}\ 8)$.

若 n 为正偶数,$a_n=5^n+2\times 3\times 3^{n-2}+1\equiv 1+6+1\equiv 0(\mathrm{mod}\ 8)$.

4. 由条件,$x\mid(7+12-1)$,$x\mid 18$,故 $x\leqslant 18$. 下面证对任意 $y\in\mathbf{N}$,有

$$18\mid(7^y+12y-1)$$

事实上,首先 7^y-1 是偶数,所以 $2\mid(7^y+12y-1)$;其次,当 $y=3k(k\in\mathbf{N}^*)$ 时,有

$$7^y+12y-1\equiv(7^3)^k-1\equiv 1^k-1\equiv 0(\mathrm{mod}\ 9)$$

当 $y=3k+1(k\in\mathbf{N}^*)$ 时,有

$$7^y+12y-1\equiv 7\cdot(7^3)^k+3-1\equiv 7+3-1\equiv 0(\mathrm{mod}\ 9)$$

当 $y=3k+2$ 时,有

$$7^y+12y-1\equiv 7^2\cdot(7^3)^k-3-1\equiv 49-4\equiv 0(\mathrm{mod}\ 9)$$

故对任意 $y\in\mathbf{N}^*$,有 $9\mid 7^y+12y-1$. 因为 $(2,9)=1$,所以 $18\mid 7^y+12y-1$,故所求的 x 为 18.

5. $3\mid n\cdot 2^n+1$,则 $n\cdot 2^n\equiv 2(\mathrm{mod}\ 3)$. 对 n 按 6 的同余类分类处理.

若 $3\mid n\cdot 2^n+1$,则

$$n\cdot 2^n\equiv 2(\mathrm{mod}\ 3)$$

考虑到 n 及 2^n,则:

当 $n=6k+1$ 时$(k=0,1,2,\cdots)$,有

$$n\cdot 2^n=(6k+1)2^{6k+1}=(12k+2)(3+1)^k\equiv 2(\mathrm{mod}\ 3)$$

当 $n=6k+2$ 时$(k=0,1,2,\cdots)$,有

$$n\cdot 2^n=(6k+2)2^{6k+2}=(24k+8)(3+1)^k\equiv 2(\mathrm{mod}\ 3)$$

当 $n=6k+3$ 时($k=0,1,2,\cdots$),有

$$n\cdot 2^n=(6k+3)2^{6k+3}\equiv 0(\bmod 3)$$

当 $n=6k+4$ 时($k=0,1,2,\cdots$),有

$$n\cdot 2^n=(6k+4)2^{6k+4}=(96k+64)(3+1)^k\equiv 1(\bmod 3)$$

当 $n=6k+5$ 时($k=0,1,2,\cdots$),有

$$n\cdot 2^n=(6k+5)2^{6k+5}=(6\cdot 32k+160)(3+1)^k\equiv 1(\bmod 3)$$

当 $n=6k+6$ 时($k=0,1,2,\cdots$),有

$$n\cdot 2^n=(6k+6)2^{6k+6}\equiv 0(\bmod 3)$$

由上可知当且仅当 $n=6k+1,6k+2$ 时,$n\cdot 2^n$ 能被 3 整除.

6. 对任意 $x\in\mathbf{Z},x\equiv 0,\pm 1(\bmod 3)$,所以 $x^2\equiv 0$ 或 $1(\bmod 3)$,而 $3\mid p$,故 $p-1\equiv 2(\bmod 3)$,所以 $p-1$ 不是完全平方数.

又 $p_2,\cdots,p_n$ 都是奇数,设 $p_2\cdots p_n=2k+1$,所以 $p=2(2k+1)\equiv 2(\bmod 4)$,而完全平方数 $\equiv 0$ 或 $1(\bmod 4)$,$p+1\equiv 3(\bmod 4)$.

所以 $p+1$ 不是完全平方数.

7. 考虑这 4 个数模 4 的结果,如果有某两个数对模 4 同余,则这两数是 4 的倍数,如果这 4 个数对模 4 没有两数同余,则这四数必两奇两偶,奇偶相同两数的差能被 2 整除,于是其积是 4 的倍数,即得.

再考虑这 4 个数模 3 的结果,由于任何整数模 3 后只能与 0,1,2 这三个数同余,则必有两数对模 3 同余,这两数的差能被 3 整除. 综上即得.

8. 设数列各对应项为 $a_i,i=1,2,\cdots,10$,并设 $S_k=a_1+a_2+\cdots+a_k$,所以 $S_1,S_2,\cdots,S_{10}$ 依次为 1,5,13,23,39,58,79,104,134,177 它们被 11 除的余数依次为 1,5,2,1,6,3,2,5,2,1. 由此可得

$$S_1\equiv S_4(\bmod 11)\equiv S_{10}(\bmod 11)$$

$$S_2\equiv S_8(\bmod 11)$$

$$S_3\equiv S_7(\bmod 11)\equiv S_9(\bmod 11)$$

由于 S_k-S_j 是数列$\{a_i\}$相邻项之和,且当 $S_k\equiv S_j(\bmod 11)$ 时,$11\mid S_k-S_j$,则满足条件的数组有$(3+1+3=)$7 组.

9. 依题意,知 $n^3\equiv 888(\bmod 1\,000)$,故 n 的末位数字为 2,设 $n=10k+2$,则分别有

$$600k^2+120k+8\equiv 888(\bmod 5^3)$$

即

$$15k^2+3k\equiv 22\equiv -3(\bmod 25)$$

故 $25\mid 5k^2+k+1$,所以 $5\mid k+1$.

设 $k=5m+4$,则

$$25 \mid 5 \times 4^2 + 5m + 5$$

即 $5 \mid m+2$,所以 $m=5r+3$,则 $n=500r+192$.

所以最小的 n 为 192.

10. 设由 11 111,11 112,…,99 999 排成的数为 A,则

$A = a_1a_2\cdots a_{88\,889}, a_i \in \{11\,111, 11\,112, \cdots, 99\,999\}$

所以

$$A = a_1 \cdot 10^{444\,440} + a_2 \cdot 10^{444\,435} + a_3 \cdot 10^{444\,430} + \cdots + a_{88\,888} \cdot 10^5 + a_{88\,889}$$

注意到 $10^5 \equiv 1 (\bmod 11\,111)$,所以 $10^{5k} \equiv 1 (\bmod 11\,111), k \in \mathbf{Z}$.

于是

$$A \equiv a_1 + a_2 + \cdots + a_{88\,888} + a_{88\,889} (\bmod 11\,111)$$

又因为

$$a_1 + a_2 + \cdots + a_{88\,888} + a_{88\,889} = 11\,111 + 11\,112 + \cdots + 99\,999 = \frac{11\,111 + 99\,999}{2} \times 88\,889$$

即

$$a_1 + a_2 + \cdots + a_{88\,888} + a_{88\,889} = 11\,111 \times 5 \times 88\,889$$

所以 $A \equiv 0 (\bmod 11\,111)$.

故 A 不可能是 2 的幂.

11. 由题意,知

$$a^3b - ab^3 = ab(a+b)(a-b)$$
$$b^3c - bc^3 = bc(b+c)(b-c)$$
$$c^3a - ca^3 = ca(c+a)(c-a)$$

(1) 若 $a \equiv 0 (\bmod 2)$ 或 $b \equiv 0 (\bmod 2)$,则 $ab(a+b)(a-b) \equiv 0 (\bmod 2)$;

若 $a \equiv 1 (\bmod 2)$ 且 $b \equiv 1 (\bmod 2)$,则

$$a+b \equiv 0 (\bmod 2) \text{ 且 } a-b \equiv 0 (\bmod 2)$$

于是 $ab(a+b)(a-b) \equiv 0 (\bmod 2)$;总之,$a^3b - ab^3 \equiv 0 (\bmod 2)$.

同理 $b^3c - bc^3 \equiv 0 (\bmod 2), c^3a - ca^3 \equiv 0 (\bmod 2)$.

(2) 若 $a \equiv 0 (\bmod 5)$,则

$$ab(a+b)(a-b) \equiv 0 (\bmod 5) \text{ 且 } ca(c+a)(c-a) \equiv 0 (\bmod 5)$$

故可知,当 $a \equiv 0$,或 $b \equiv 0$,或 $c \equiv 0 (\bmod 5)$ 时,考查 $a^3b - ab^3, b^3c - bc^3, c^3a - ca^3$ 这三个数中,至少有 2 个能被 5 整除.

当 $a \not\equiv 0 (\bmod 5)$ 且 $b \not\equiv 0 (\bmod 5)$ 且 $c \not\equiv 0 (\bmod 5)$ 时,有:

① 若 $a \equiv b (\bmod 5)$,则 $a-b \equiv 0 (\bmod 5)$,于是

$$ab(a+b)(a-b) \equiv 0 (\bmod 5)$$

同理若 $b \equiv c \pmod 5$，则 $bc \equiv 0(b+c)(b-c) \pmod 5$；

若 $c \equiv a \pmod 5$，则 $ca(c+a)(c-a) \equiv 0 \pmod 5$.

② 若 $a \neq b, b \neq c, c \neq a$，则取 $M=\{1,4\}, N=\{2,3\}$ 两个集合.

由于 a,b,c 被 5 除的余数互不相等且只能是 1,2,3,4 中的某 3 个，故必存在两个数，它们被 5 除的余数或同属于 M，或同属于 N，不妨设 a,b 这两个数被 5 除的余数属于同一集合，则 $a+b \equiv 0 \pmod 5$.

总之，在 $a^3b-ab^3, b^3c-bc^3, c^3a-ca^3$ 三个数中，至少有 1 个能被 5 整除.

综上可知，在 $a^3b-ab^3, b^3c-bc^3, c^3a-ca^3$ 三个数中，至少有一个数能被 10 整除.

第18讲　不定方程

1. $\begin{cases} x=63+15t \\ y=-31+7t \end{cases}$（$t$ 为整数）

2. $\begin{cases} x=-5-8t \\ y=3+t \\ z=3+2t \end{cases}$（$t$ 为整数）

3. $\begin{cases} x=5+14t \\ y=1+5t \end{cases}$（$t$ 为整数，且 $t \geqslant 0$）

4. 当 $y \neq 0$ 时，$x^2-dy^2>1$，方程 $x^2-dy^2=1(d<-1)$ 无非负整数解；当 $y=0$ 时，$x^2=1$，则 $x=1$，所以方程的非负整数解为 $x=1, y=0$.

5. 由 $4x^2-4xy-3y^2=21$ 得

$$(2x+y)(2x-3y)=21$$

故解为

$$\begin{cases} x=8 \\ y=5 \end{cases}, \begin{cases} x=3 \\ y=1 \end{cases}$$

6. 由 $x^2-18xy+35=0$ 得

$$18y=\frac{35}{x}+x$$

x 是 35 的约数，得

$$\begin{cases} x=1 \\ y=2 \end{cases}, \begin{cases} x=35 \\ y=2 \end{cases}$$

7. 设原数为 $\overline{abcd}$，依题意得方程：$4 \times \overline{abcd}=\overline{dcba}$.

因为两个数的位数相同，所以 $1 \leqslant a \leqslant 2$，且 a 为偶数，故 $a=2$.

由题意，得 d 只能为 9 或 8，但 $d=9$ 不可能，因为方程左边的个位数为 6，而右边的个位数为 2，故 $d=8$. 从而 $32+40c+400b=2+10b+100c$，即 $13b-2c=-1$. 由观察法得 $b=1, c=7$，故所求原数为 2 178.

8. 显然此方程有整数解. 先确定系数最大的未知数 z 的取值范围，因为 x, y, z 的最小值为 1，所以 $1 \leqslant z \leqslant \left[\frac{40-3-2}{8}\right]=4$. 当 $z=1$ 时，原方程变为 $3x+2y=32$，即

$$y=\frac{32-3x}{2} \quad ①$$

由式 ① 知，x 是偶数，且 $2 \leqslant x \leqslant 10$，故方程有 5 组正整数解，分别为

$$\begin{cases}x=2\\y=13\end{cases},\begin{cases}x=4\\y=10\end{cases},\begin{cases}x=6\\y=7\end{cases},\begin{cases}x=8\\y=4\end{cases},\begin{cases}x=10\\y=1\end{cases}$$

当 $z=2$ 时，原方程变为 $3x+2y=24$，即 $y=\frac{24-3x}{2}$.

故方程有 3 组正整数解：$\begin{cases}x=2\\y=9\end{cases},\begin{cases}x=4\\y=6\end{cases},\begin{cases}x=6\\y=3\end{cases}$.

当 $z=3$ 时，原方程变为 $3x+2y=16$，即 $y=\frac{16-3x}{2}$.

故方程有 2 组正整数解：$\begin{cases}x=2\\y=5\end{cases},\begin{cases}x=4\\y=2\end{cases}$.

当 $z=4$ 时，原方程变为 $3x+2y=8$，即 $y=\frac{8-3x}{2}$.

故方程有 1 组正整数解：$\begin{cases}x=2\\y=1\end{cases}$.

故原方程有 11 组正整数解(表 1)：

表 1

x	2	4	6	8	10	2	4	6	2	4	2
y	13	10	7	4	1	9	6	3	5	2	1
z	1	1	1	1	1	2	2	2	3	3	4

9. 令 $u=\left[\frac{b}{5}\right]$，由 $5a \geqslant 7b \geqslant 0$ 知，$v=b-5u$ 只能是 0,1,2,3,4 中的一个. 由条件 $a-7u \geqslant \frac{7b}{5}-7u=\frac{7v}{5}$.

当 $v=0$ 时，取 $y=z=0, x=a-7u$，则 $x \geqslant \frac{7v}{5} \geqslant 0$；

当 $v=1$ 时,取 $y=1,z=0,x=a-7u-2$,则 $x\geqslant\frac{7}{5}-2>-1$,即 $x\geqslant 0$;

当 $v=2$ 时,取 $y=0,z=1,x=a-7u-3$,则 $x\geqslant\frac{14}{5}-3>-1$,即 $x\geqslant 0$;

当 $v=3$ 时,取 $y=z=1,x=a-7u-5$,则 $x\geqslant\frac{21}{5}-5>-1$,即 $x\geqslant 0$;

当 $v=4$ 时,取 $y=0,z=2,x=a-7u-6$,则 $x\geqslant\frac{28}{5}-6>-1$,即 $x\geqslant 0$.

10.存在这样的正整数.易知 $(x,y,z,u,v)=(1,2,3,4,5)$ 是原方程的正整数解.

一般地,设 (x,y,z,u,v) 是原方程的正整数解,并且 $x<y<z<u<v$.则将原方程视为关于 x 的一元二次方程,可知 $(yzuv-x,y,z,u,v)$ 也是原方程的正整数解,由对称性可知,$(y,z,u,v,yzuv-x)$ 也是解,并且满足条件 $y<z<u<v<yzuv-x$.依此递推方式,可得原方程的无穷多组正整数解,并且在后一步构造的解中,最小的数比前一组中最小的数大.故存在满足条件的正整数解.

11.由原方程组中 $x+y+z=0$ 得 $z=-(x+y)$,代入 $x^3+y^3+z^3=-18$ 得,$xy(x+y)=6$,故 $xyz=-6$,x,y,z 都是6的约数,并且只有一个是负数,从而得其整数解为 $x=-3,y=2,z=1$.

第19讲　周期函数与周期数列

1.当 n 为偶数时,$S_n=\frac{5}{2}n$;当 n 为奇数时,$S_n=\frac{5}{2}n-\frac{1}{2}$.

2.设 $u=px-\frac{p}{2}$,所以 $px=u+\frac{p}{2}$,则 $f(u)=f(u+\frac{p}{2})$ 对任意的实数 u 都成立,根据周期函数的定义,$f(x)$ 的一个正周期为 $\frac{p}{2}$,所以 $f(x)$ 的一个正周期为 $\frac{p}{2}$.

3.由 $f(x+1)=\frac{1+f(x)}{1-f(x)}$ 得 $f(x+2)=-\frac{1}{f(x)}$,故

$$f(x+4)=f(x)$$

$$f(2\ 019)=f(4\times 504+3)=f(3)=-\frac{1}{2}$$

4.因为

$$f(x)=f(x-1)+f(x+1) \quad ①$$

所以

$$f(x+1)=f(x)+f(x+2) \quad ②$$

① + ② 得 $0=f(x-1)+f(x+2)$，即 $f(x+3)=-f(x)$，所以 $f(x+6)=f(x)$，$f(x)$ 是以 6 为周期的周期函数，$2\ 016=6\times 336$，所以

$$f(2\ 016)=f(0)=2\ 016$$

5.(1) 令 $a=b=0$，得 $f(0)=1$($f(0)=0$ 舍去)；又令 $a=0$，得 $f(b)=f(-b)$，即 $f(x)=f(-x)$，所以，$f(x)$ 为偶函数.

(2) 令 $a=x+m, b=m$，得

$$f(x+2m)+f(x)=2f(x+m)f(m)=0$$

所以

$$f(x+2m)=-f(x)$$

于是

$$f(x+4m)=f[(x+2m)+2m]=-f(x+2m)=f(x)$$

即 $T=4m$(周期函数).

6.易知 $f(n+10)=f(n)$，$f[(n+10)^2]=f(n^2)$，所以 $a_{n+10}=a_n$，即 a_n 是以 10 为周期的数列.

又易知

$a_1=0, a_2=2, a_3=6, a_4=2, a_5=0, a_6=0, a_7=2, a_8=-4, a_9=-8, a_{10}=0$

所以

$$a_1+a_2+a_3+\cdots+a_{10}=0$$

故

$$a_1+a_2+a_3+\cdots+a_{2\ 015}=a_1+a_2+a_3+\cdots+a_6=10$$

7.先考虑 $n=999$(近 1 000 时) 的情况

$$\begin{aligned}ffff(999)&=ffff[f(1\ 004)]=ffff(1\ 001)=\\&fff(998)=fff[f(1\ 003)]=\\&fff(1\ 000)=ff(997)=ff[f(1\ 002)]=\\&ff(999)\quad (\text{有规律 } ffff(999)=ff(999))\end{aligned}$$

所以

$$\begin{aligned}f(84)&=f[f(84+5)]=ff[f(84+2\times 5)]=fff[f(84+3\times 5)]=\\&\underbrace{ff\cdots f}_{184}(84+183\times 5)=\underbrace{ff\cdots f}_{184}(999)=\underbrace{ff\cdots f}_{182}(999)=\cdots=\\&ff(999)=fff(1\ 004)=ff(1\ 001)=f(998)=ff(1\ 003)=\end{aligned}$$

$$f(1\,000)=997$$

8. 易知

$$a_3=3, a_4=1, a_5=2$$

由

$$a_n a_{n+1} a_{n+2}=a_n+a_{n+1}+a_{n+2} \quad ①$$

得

$$a_{n+1} a_{n+2} a_{n+3}=a_{n+1}+a_{n+2}+a_{n+3} \quad ②$$

② − ① 得

$$(a_{n+3}-a_n)(a_{n+1} a_{n+2}-1)=0$$

又 $a_{n+1} a_{n+2} \neq 1$,所以

$$a_{n+3}-a_n=0$$

即 a_n 是以 3 为周期的数列. 又 $a_1+a_2+a_3=6$,所以

$$\sum_{i=1}^{2\,015} a_i=6 \times 671+1+2=4\,029$$

9. (1) 不妨令 $x=x_1-x_2$,则

$$f(-x)=f(x_2-x_1)=\frac{f(x_2) f(x_1)+1}{f(x_1)-f(x_2)}=-\frac{f(x_1) f(x_2)+1}{f(x_2)-f(x_1)}= -f(x_1-x_2)=-f(x)$$

所以 $f(x)$ 是奇函数.

(2) 要证 $f(x+4a)=f(x)$,可先计算 $f(x+a)$,$f(x+2a)$.

因为

$$f(x+a)=f[x-(-a)]=\frac{f(-a) f(x)+1}{f(-a)-f(-x)}=\frac{-f(a) f(x)+1}{-f(a)-f(x)}= \frac{f(x)-1}{f(x)+1} \quad (f(a)=1)$$

所以

$$f(x+2a)=f[(x+a)+a]=\frac{f(x+a)-1}{f(x+a)+1}=\frac{\frac{f(x)-1}{f(x)+1}-1}{\frac{f(x)-1}{f(x)+1}+1}=-\frac{1}{f(x)}$$

于是

$$f(x+4a)=f[(x+2a)+2a]=\frac{1}{-f(x+2a)}=f(x)$$

故 $f(x)$ 是以 $4a$ 为周期的周期函数.

10. (1) 对非零常数 T,$f(x+T)=x+T$,$Tf(x)=Tx$. 因为对任意 $x \in \mathbf{R}$,$x+T=Tx$ 不能恒成立,所以 $f(x)=x \notin M$.

(2) 因为函数 $f(x)=a^x(a>0$ 且 $a\neq 1)$ 的图像与函数 $y=x$ 的图像有公共点,所以方程组 $\begin{cases}y=a^x\\y=x\end{cases}$ 有解,消去 y 得,$a^x=x$.

显然 $x=0$ 不是方程 $a^x=x$ 的解,所以存在非零常数 T,使 $a^T=T$.

于是对 $f(x)=a^x$,有

$$f(x+T)=a^{x+T}=a^T\cdot a^x=T\cdot a^x=Tf(x)$$

故

$$f(x)=a^x\in M$$

(3) 当 $k=0$ 时,$f(x)=0$,显然 $f(x)=0\in M$.

当 $k\neq 0$ 时,因为 $f(x)=\sin kx\in M$,所以存在非零常数 T,对任意 $x\in\mathbf{R}$,有 $f(x+T)=Tf(x)$ 成立,即 $\sin(kx+kT)=T\sin kx$.

因为 $k\neq 0$,且 $x\in\mathbf{R}$,所以 $kx\in\mathbf{R}$,$kx+kT\in\mathbf{R}$.

于是 $\sin kx\in[-1,1]$,$\sin(kx+kT)\in[-1,1]$,故要使 $\sin(kx+kT)=T\sin kx$ 成立,只有 $T=\pm 1$,当 $T=1$ 时,$\sin(kx+k)=\sin kx$ 成立,则 $k=2m\pi$,$m\in\mathbf{Z}$.

当 $T=-1$ 时,$\sin(kx-k)=-\sin kx$ 成立,即 $\sin(kx-k+\pi)=\sin kx$ 成立,则 $-k+\pi=2m\pi$,$m\in\mathbf{Z}$,即 $k=-2(m-1)\pi$,$m\in\mathbf{Z}$.

综上所述,实数 k 的取值范围是 $\{k\mid k=m\pi,m\in\mathbf{Z}\}$.

11. 由已知 $f(x)+f(x+\frac{13}{42})=f(x+\frac{7}{42})+f(x+\frac{16}{42})$,所以

$$\begin{aligned}f(x+\frac{7}{42})-f(x)=f(x+\frac{13}{42})-f(x+\frac{6}{42})=\\f(x+\frac{19}{42})-f(x+\frac{12}{42})=\cdots=\\f(x+\frac{49}{42})-f(x+\frac{42}{42})\end{aligned}$$

即

$$f(x+\frac{42}{42})-f(x)=f(x+\frac{49}{42})-f(x+\frac{7}{42}) \quad ①$$

同理

$$f(x+\frac{7}{42})-f(x+\frac{1}{42})=f(x+\frac{49}{42})-f(x+\frac{43}{42})$$

即

$$f(x+\frac{49}{42})-f(x+\frac{7}{42})=f(x+\frac{43}{42})-f(x+\frac{1}{42}) \quad ②$$

由式 ①② 得

$$f(x+\frac{42}{42})-f(x)=f(x+\frac{49}{42})-f(x+\frac{7}{42})=f(x+\frac{43}{42})-f(x+\frac{1}{42})=$$

$$f(x+\frac{44}{42})-f(x+\frac{2}{42})=\cdots=$$

$$f(x+\frac{84}{42})-f(x+\frac{42}{42})$$

于是

$$f(x+1)-f(x)=f(x+2)-f(x+1)$$

设这个差为 d,同理

$$f(x+3)-f(x+2)=f(x+2)-f(x+1)=d$$

$$\vdots$$

$$f(x+n+1)-f(x+n)=f(x+n)-f(x+n-1)=\cdots=$$

$$f(x+1)-f(x)=d$$

即是说数列$\{f(x+n)\}$是一个以 $f(x)$ 为首项,d 为公差的等差数列.

因此 $f(x+n)=f(x)+nd=f(x)+n[f(x+1)-f(x)]$ 对所有的自然数 n 成立,而对于 $x\in\mathbf{R}$,$|f(x)|\leqslant 1$,即 $f(x)$ 有界,故只有

$$f(x+1)-f(x)=0$$

即 $f(x+1)=f(x)$,$x\in\mathbf{R}$,所以 $f(x)$ 是周期为 1 的周期函数.

第 20 讲　函数迭代与函数方程

1. $x^2-x+1(x\neq 1)$　令 $u=\frac{x+1}{x}(u\neq 1)$,所以 $x=\frac{1}{u-1}(u\neq 1)$.代入原式得 $f(u)=u^2-u+1$,所以 $f(x)=x^2-x+1(x\neq 1)$.

2. $(-\infty,-\frac{2\sqrt{2}}{3}]\cup[\frac{2\sqrt{2}}{3},+\infty)$　将 $f(x)-2f(\frac{1}{x})=x$ 中的 x 换为 $\frac{1}{x}$,有 $f(\frac{1}{x})-2f(x)=\frac{1}{x}$,两式消去 $f(\frac{1}{x})$,得 $f(x)=-\frac{1}{3}(x+\frac{2}{x})$,其值域是$(-\infty,-\frac{2\sqrt{2}}{3}]\cup[\frac{2\sqrt{2}}{3},+\infty)$.

3. 1 009.5　由 $f(n+1)=f(n)+\frac{1}{2}$,得

$$f(2\ 016)=f(1)+2\ 015\times\frac{1}{2}=1\ 009.5$$

4. $2x+3$　若 $\deg(P(x))\geqslant 2$,则 $\deg(P(x^2)+2x^2+10x)>\deg(2xP\cdot(x+1)+3)$,故 $\deg(P(x))=1$,设 $P(x)=ax+b$,代入得,$a=2$,$b=3$,则 $P(x)=2x+3$.

5. -1　因为 $f(y-x)=f(y)g(x)-g(y)f(x)=-f(x-y)$,所以 $f(x)$

为奇函数.于是

$$f(1)=f(-2)=f(-1-1)=f(-1)g(1)-g(-1)f(1)=\\-f(1)(g(1)+g(-1))$$

故 $g(1)+g(-1)=-1$.

6. $x+1$　令 $x=y=0$,得 $f(1)=1-1-0+2\Rightarrow f(1)=2$.

令 $y=1$,得 $f(x+1)=2f(x)-2-x+2$,即

$$f(x+1)=2f(x)-x \quad ①$$

又 $f(yx+1)=f(y)f(x)-f(x)-y+2$,令 $y=1$ 代入,得 $f(x+1)=2f(x)-f(x)-1+2$,即

$$f(x+1)=f(x)+1 \quad ②$$

比较式①②,得 $f(x)=x+1$.

7. 0　取 $x^3=x$ 的解,得 $x=0,1,-1$.设 $f(0)=a,f(1)=b,f(-1)=c$.由 $f(0^3)=f^3(0)$,得 $a=a^3$.同理,$b=b^3,c=c^3$.于是 $f(0),f(1),f(-1)$ 都是 $x^3=x$ 的根,但此三个值互不相等,即它们分别等于 $0,1,-1$ 中的某一个.从而所求值为 0.

8. $\dfrac{x}{\sqrt{1+(n+1)x^2}}$

$$f_1(x)=f(f(x))=\frac{f(x)}{\sqrt{1+(f(x))^2}}=\frac{\frac{x}{\sqrt{1+x^2}}}{\sqrt{1+\left(\frac{x}{\sqrt{1+x^2}}\right)^2}}=\frac{x}{\sqrt{1+2x^2}}$$

$$f_2(x)=f(f_1(x))=\frac{\frac{x}{\sqrt{1+2x^2}}}{\sqrt{1+\left(\frac{x}{\sqrt{1+2x^2}}\right)^2}}=\frac{x}{\sqrt{1+3x^2}}$$

$$f_3(x)=\frac{x}{\sqrt{1+4x^2}}$$

于是猜想 $f_n(x)=\dfrac{x}{\sqrt{1+(n+1)x^2}}$.

设 $n=k$ 时,$f_n(x)=\dfrac{x}{\sqrt{1+(n+1)x^2}}$ 成立,则当 $n=k+1$ 时,有

$$f_{k+1}(x)=f(f_k(x))=\frac{\frac{x}{\sqrt{1+(k+1)x^2}}}{\sqrt{1+\left(\frac{x}{\sqrt{1+(k+1)x^2}}\right)^2}}=\frac{x}{\sqrt{1+(k+2)x^2}}$$

故由数学归纳法可知 $f_n(x)=\dfrac{x}{\sqrt{1+(n+1)x^2}}$ 成立.

所以 $f_n(x)=\dfrac{x}{\sqrt{1+(n+1)x^2}}$.

9.将 $f(x-1)-f(x)=xf(x-1)f(x)$ 两边同除 $f(x-1)f(x)$ 可得对任意的 $x\geqslant 2$,有

$\dfrac{1}{f(x)}-\dfrac{1}{f(x-1)}=x$ (此时,易证得对任意 $x\in\mathbf{N}^*$,$f(x)\neq 0$)

依次以 2,3,…,x 代入 $\dfrac{1}{f(x)}-\dfrac{1}{f(x-1)}=x$,可得

$$\frac{1}{f(2)}-\frac{1}{f(1)}=2$$

$$\frac{1}{f(3)}-\frac{1}{f(2)}=3$$

$$\vdots$$

$$\frac{1}{f(x)}-\frac{1}{f(x-1)}=x$$

将这 $x-1$ 个等式相加,得到 $\dfrac{1}{f(x)}-\dfrac{1}{f(1)}=2+3+\cdots+x$,所以

$$\frac{1}{f(x)}=1+2+3+\cdots+x=\frac{x(x+1)}{2}$$

故对任意 $x\in\mathbf{N}^*$,$f(x)=\dfrac{2}{x(x+1)}$.

10.设 $f(1)=a$,则当 $x=1$ 时,由条件(1)得 $f(a+1)=\dfrac{1}{a}$.

令 $x=a+1$,由条件(1)得 $f(a+1)f[f(a+1)+\dfrac{1}{a+1}]=1$,即

$$f(\frac{1}{a}+\frac{1}{a+1})=a=f(1)$$

由 $f(x)$ 在 $(0,+\infty)$ 上是严格单调递增的,所以 $\dfrac{1}{a}+\dfrac{1}{a+1}=1$.

解得 $a=\dfrac{1\pm\sqrt{5}}{2}$,则 $1<a=f(1)<f(a+1)=\dfrac{1}{a}<1$,矛盾.所以,$a=\dfrac{1-\sqrt{5}}{2}$,即 $f(1)=\dfrac{1-\sqrt{5}}{2}$.

11.用反证法.假设存在这样的函数 f,则由原式,得

$$(f(x))^2+f(x)y-f(x+y)f(x)-f(x+y)y=f(x)y$$

所以

$$f(x)-f(x+y)\geqslant \frac{f(x)y}{f(x)+y} \quad ①$$

由式 ① 知，$f(x)$ 是减函数.

首先，我们证明：对任意正实数 x，都有 $f(x)-f(x+1)\leqslant \frac{1}{2}$.

事实上，对 $x>0$，存在一个正整数 n，使得

$$nf(x)\geqslant 1 \quad ②$$

于是当 $k=0,1,2,\cdots,n-1$ 时，利用式 ① 和式 ②，得

$$f(x+\frac{k}{n})-f(x+\frac{k+1}{n})\geqslant \frac{f(x+\frac{k}{n})\cdot \frac{1}{n}}{f(x+\frac{k}{n})+\frac{1}{n}}=\frac{1}{n+\frac{n}{nf(x+\frac{k}{n})}}\geqslant \frac{1}{2n}$$

所以 $\sum\limits_{k=0}^{n-1}(f(x+\frac{k}{n})-f(x+\frac{k-1}{n}))\geqslant n\cdot \frac{1}{2n}=\frac{1}{2}$，即

$$f(x_0)-f(x_0+m)=\sum_{i=0}^{m-1}(f(x_0+i)-f(x_0+i+1))\geqslant m\cdot \frac{1}{2}\geqslant f(x_0)$$

所以 $f(x_0+m)\leqslant 0$，产生矛盾. 于是命题得证.

第 21 讲　三角函数的化简与求值

1. $\frac{7}{24}$　因为 $\sin\alpha=\frac{3}{5}$，$\alpha\in(\frac{\pi}{2},\pi)$，所以 $\cos\alpha=-\frac{4}{5}$，则 $\tan\alpha=-\frac{3}{4}$. 又 $\tan(\pi-\beta)=\frac{1}{2}$，所以可得

$$\tan\beta=-\frac{1}{2}$$

$$\tan 2\beta=\frac{2\tan\beta}{1-\tan^2\beta}=\frac{2\times(-\frac{1}{2})}{1-(-\frac{1}{2})^2}=-\frac{4}{3}$$

$$\tan(\alpha-2\beta)=\frac{\tan\alpha-\tan^2\beta}{1+\tan\alpha\tan 2\beta}=\frac{-\frac{3}{4}-(-\frac{4}{3})}{1+(-\frac{3}{4})\times(-\frac{4}{3})}=\frac{7}{24}$$

2. $\frac{56}{65}$　$\alpha\in(\frac{\pi}{4},\frac{3\pi}{4})$，$\alpha-\frac{\pi}{4}\in(0,\frac{\pi}{2})$，又 $\cos(\alpha-\frac{\pi}{4})=\frac{3}{5}$，所以

$$\sin(\alpha-\frac{\pi}{4})=\frac{4}{5}\quad(\beta\in(0,\frac{\pi}{4}))$$

于是

$$\frac{3\pi}{4}+\beta\in(\frac{3\pi}{4},\pi),\sin(\frac{3\pi}{4}+\beta)=\frac{5}{13}$$

所以

$$\cos(\frac{3\pi}{4}+\beta)=-\frac{12}{13}$$

于是

$$\sin(\alpha+\beta)=\sin[(\alpha-\frac{\pi}{4})+(\frac{3\pi}{4}+\beta)-\frac{\pi}{2}]=$$

$$-\cos[(\alpha-\frac{\pi}{4})+(\frac{3\pi}{4}+\beta)]=$$

$$-\cos(\alpha-\frac{\pi}{4})\cos(\frac{3\pi}{4}+\beta)+$$

$$\sin(\alpha-\frac{\pi}{4})\sin(\frac{3\pi}{4}+\beta)=$$

$$-\frac{3}{5}\times(-\frac{12}{13})+\frac{4}{5}\times\frac{5}{13}=\frac{56}{65}$$

即 $\sin(\alpha+\beta)=\frac{56}{65}$.

3.2

4.$\frac{28}{75}$　因为 $\cos(\frac{\pi}{4}+x)=\frac{3}{5}$,所以 $\sin 2x=-\cos 2(\frac{\pi}{4}+x)=\frac{7}{25}$.

又$\frac{17\pi}{12}<x<\frac{7}{4}\pi$,故$\frac{5\pi}{3}<x+\frac{\pi}{4}<2\pi$,所以

$$\sin(x+\frac{\pi}{4})=-\frac{4}{5}$$

$$\frac{\sin 2x+2\sin^2 x}{1-\tan x}=\frac{2\sin x\cos x+2\sin^2 x}{1-\frac{\sin x}{\cos x}}=\frac{2\sin x(\sin x+\cos x)\cos x}{\cos x-\sin x}=$$

$$\frac{\sin 2x\sin(\frac{\pi}{4}+x)}{\cos(\frac{\pi}{4}+x)}=\frac{\frac{7}{25}\times(-\frac{4}{5})}{\frac{3}{5}}=\frac{28}{75}$$

5.$\left(\frac{\sqrt{5}-1}{2},\frac{\sqrt{5}+1}{2}\right)$　设 a,b,c 的公比为 q,则 $b=aq,c=aq^2$,而

$$\frac{\sin A\cot C+\cos A}{\sin B\cot C+\cos B}=\frac{\sin A\cos C+\cos A\sin C}{\sin B\cos C+\cos B\sin C}=\frac{\sin(A+C)}{\sin(B+C)}=$$

$$\frac{\sin(\pi-B)}{\sin(\pi-A)}=\frac{\sin B}{\sin A}=\frac{b}{a}=q$$

因此,只需求 q 的取值范围.

因为 a,b,c 成等比数列,最大边只能是 a 或 c. 因此 a,b,c 要构成三角形的三边,必须且只需 $a+b>c$ 且 $b+c>a$,即有不等式组

$$\begin{cases}a+aq>aq^2\\aq+aq^2>a\end{cases}$$

即

$$\begin{cases}q^2-q-1<0\\q^2+q-1>0\end{cases}$$

解得

$$\begin{cases}\dfrac{1-\sqrt{5}}{2}<q<\dfrac{\sqrt{5}+1}{2}\\q>\dfrac{\sqrt{5}-1}{2}\text{ 或 }q<-\dfrac{\sqrt{5}+1}{2}\end{cases}$$

从而$\frac{\sqrt{5}-1}{2}<q<\frac{\sqrt{5}+1}{2}$,因此所求的取值范围是$(\frac{\sqrt{5}-1}{2},\frac{\sqrt{5}+1}{2})$.

6. $\frac{\sqrt{2}}{2}$　由$\frac{a^2+b^2}{2}\geqslant(\frac{a+b}{2})^2\Rightarrow a+b\leqslant\sqrt{2(a^2+b^2)}$,故

$$\sin\alpha+\sin\beta\leqslant\sqrt{2(\sin^2\alpha+\sin^2\beta)}=\sqrt{2}\cos\gamma$$

同理

$$\sin\beta+\sin\gamma\leqslant\sqrt{2}\cos\alpha,\sin\gamma+\sin\alpha\leqslant\sqrt{2}\cos\beta$$

所以

$$2(\sin\alpha+\sin\beta+\sin\lambda)\leqslant\sqrt{2}(\cos\alpha+\cos\beta+\cos\gamma)$$

故

$$\frac{\sin\alpha+\sin\beta+\sin\gamma}{\cos\alpha+\cos\beta+\cos\gamma}\leqslant\frac{\sqrt{2}}{2}$$

7. 0　设 $f(x)=\cos(x+\alpha)+\cos(x+\beta)+\cos(x+\gamma)$,由 $x\in\mathbf{R}$, $f(x)\equiv 0$ 知

$$f(-\alpha)=0,f(-\gamma)=0,f(-\beta)=0$$

即

$$\cos(\beta-\alpha)+\cos(\gamma-\alpha)=-1$$
$$\cos(\alpha-\beta)+\cos(\gamma-\beta)=-1$$
$$\cos(\alpha-\gamma)+\cos(\beta-\gamma)=-1$$

所以

$$\cos(\beta-\alpha)=\cos(\gamma-\beta)=\cos(\gamma-\alpha)=-\frac{1}{2}$$

因为 $0<\alpha<\beta<\gamma<2\pi$，所以 $\beta-\alpha,\gamma-\alpha,\gamma-\beta\in\{\frac{2\pi}{3},\frac{4\pi}{3}\}$. 又 $\beta-\alpha<\gamma-\alpha,\gamma-\beta<\gamma-\alpha$. 只有 $\beta-\alpha=\gamma-\beta=\frac{2\pi}{3}$，所以 $\gamma-\alpha=\frac{4\pi}{3}$.

另一方面，当 $\beta-\alpha=\gamma-\beta=\frac{2\pi}{3}$，有 $\beta=\alpha+\frac{2\pi}{3},\gamma=\alpha+\frac{4\pi}{3},\forall x\in\mathbf{R}$，设 $x+\alpha=\theta$，由于三点 $(\cos\theta,\sin\theta)$，$(\cos(\theta+\frac{2\pi}{3}),\sin(\theta+\frac{2\pi}{3}))$，$(\cos(\theta+\frac{4\pi}{3}),\sin(\theta+\frac{4\pi}{3}))$ 构成单位圆 $x^2+y^2=1$ 上正三角形的三个顶点. 其中心位于原点，显然有 $\cos\theta+\cos(\theta+\frac{2\pi}{3})+\cos(\theta+\frac{4\pi}{3})=0$.

即 $\cos(x+\alpha)+\cos(x+\beta)+\cos(x+\gamma)=0$.

8. $\frac{11\sqrt{3}}{6}$　$y=\tan(x+\frac{2\pi}{3})+\cot(x+\frac{2\pi}{3})+\cos(x+\frac{\pi}{6})=-\frac{2}{\sin(2x+\frac{\pi}{3})}+\cos(x+\frac{\pi}{6})$，由函数的每一部分在给定区间上都是增函数，所以当 $x=-\frac{\pi}{3}$ 时，取最大值为 $\frac{11\sqrt{3}}{6}$.

9. 令

$$t=\frac{1-\cos(\pi-\alpha)}{\csc\frac{\alpha}{2}-\sin\frac{\alpha}{2}}-4\sin^2(\frac{\pi}{4}-\frac{\beta}{4})=$$

$$\frac{\sin\frac{\alpha}{2}(1+\cos\alpha)}{1-\sin^2\frac{\alpha}{2}}-4\,\frac{1-\cos(\frac{\pi}{2}-\frac{\beta}{2})}{2}=$$

$$\frac{\sin\frac{\alpha}{2}\cdot 2\cos^2\frac{\alpha}{2}}{\cos^2\frac{\alpha}{2}}-4(\frac{1}{2}-\frac{1}{2}\sin\frac{\beta}{2})=$$

$$2(\sin\frac{\alpha}{2}+\sin\frac{\beta}{2})-2=$$

$$4\sin\frac{\alpha+\beta}{2}\cos\frac{\alpha-\beta}{2}-2$$

因为 $\alpha-\beta=\frac{8}{3}\pi$，所以 $\frac{\alpha-\beta}{4}=\frac{2\alpha-\frac{8}{3}\pi}{4}=\frac{\alpha}{2}-\frac{2\pi}{3}$.

于是

$$t=4\sin(\frac{\alpha}{2}-\frac{2}{3}\pi)(-\frac{1}{2})-2=-2\sin(\frac{\alpha}{2}-\frac{2\pi}{3})-2$$

因为 $\alpha\neq k\pi(k\in\mathbf{Z})$，所以 $\frac{\alpha}{2}-\frac{2}{3}\pi\neq\frac{k\pi}{2}-\frac{2\pi}{3}(k\in\mathbf{Z})$.

所以当 $\frac{\alpha}{2}-\frac{2\pi}{3}=2k\pi-\frac{\pi}{2}$，即 $\alpha=4k\pi+\frac{\pi}{3}(k\in\mathbf{Z})$ 时，$\sin(\frac{\alpha}{2}-\frac{2}{3}\pi)$ 的最小值为 -1.

10. 以 OA 为 x 轴，点 O 为原点，建立平面直角坐标系，并设点 P 的坐标为 $(\cos\theta,\sin\theta)$，则 $|PS|=\sin\theta$. 直线 OB 的方程为 $y=\sqrt{3}x$，直线 PQ 的方程为 $y=\sin\theta$. 联立解之得 $Q(\frac{\sqrt{3}}{3}\sin\theta,\sin\theta)$，所以 $|PQ|=\cos\theta-\frac{\sqrt{3}}{3}\sin\theta$.

于是

$$S_{\text{四边形}PQRS}=\sin\theta(\cos\theta-\frac{\sqrt{3}}{3}\sin\theta)=\frac{\sqrt{3}}{3}(\sqrt{3}\sin\theta\cos\theta-\sin^2\theta)=$$

$$\frac{\sqrt{3}}{3}(\frac{\sqrt{3}}{2}\sin 2\theta-\frac{1-\cos 2\theta}{2})=$$

$$\frac{\sqrt{3}}{3}(\frac{\sqrt{3}}{2}\sin 2\theta+\frac{1}{2}\cos 2\theta-\frac{1}{2})=$$

$$\frac{\sqrt{3}}{3}\sin(2\theta+\frac{\pi}{6})-\frac{\sqrt{3}}{6}$$

因为 $0<\theta<\frac{\pi}{3}$，所以 $\frac{\pi}{6}<2\theta+\frac{\pi}{6}<\frac{5}{6}\pi$. 故 $\frac{1}{2}<\sin(2\theta+\frac{\pi}{6})\leqslant 1$.

所以当 $\sin(2\theta+\frac{\pi}{6})=1$ 时，四边形 $PQRS$ 的面积最大，且最大面积是 $\frac{\sqrt{3}}{6}$，此时，$\theta=\frac{\pi}{6}$，点 P 为 $\overset{\frown}{AB}$ 的中点，$P(\frac{\sqrt{3}}{2},\frac{1}{2})$.

11. 设 $u=\sin\alpha+\cos\beta$，则

$$u^2+(\sqrt{3})^2=(\sin\alpha+\cos\beta)^2+(\cos\alpha+\sin\beta)^2=2+2\sin(\alpha+\beta)\leqslant 4$$

所以 $u^2\leqslant 1$，$-1\leqslant u\leqslant 1$，即 $D=[-1,1]$，设 $t=\sqrt{2x+3}$，因为 $-1\leqslant x\leqslant 1$，所以 $1\leqslant t\leqslant\sqrt{5}$，即 $x=\frac{t^2-3}{2}$.

所以

$$M=\frac{\sqrt{2x+3}}{4x+10}=\frac{t}{2t^2+4}=\frac{1}{2t+\frac{4}{t}}\leqslant\frac{1}{4\sqrt{2}}=\frac{\sqrt{2}}{8}$$

当且仅当 $2t=\frac{4}{t}$,即 $t=\sqrt{2}$ 时,$M_{\max}=\frac{\sqrt{2}}{8}$.因为 $y=\log_{0.5}M$ 在 $M>0$ 时是减函数,所以 $y_{\min}=\log_{0.5}\frac{\sqrt{2}}{8}=\log_{0.5}\sqrt{2}-\log_{0.5}8=\frac{5}{2}$ 时,此时 $t=\sqrt{2}$,即 $\sqrt{2x+3}=\sqrt{2}$,$x=-\frac{1}{2}$.

第22讲　三角函数的图像与性质

1.$\frac{\sqrt{2}}{2}$ 由周期性和诱导公式求解.

$$f(-\frac{15\pi}{4})=f(-\frac{15\pi}{4}+\frac{9\pi}{2})=f(\frac{3\pi}{4})=\sin\frac{3\pi}{4}=\frac{\sqrt{2}}{2}$$

2.3;$-\sqrt{5}$　数形结合求解.

设两实根分别为 α,β,则

$$\begin{cases}\alpha+\beta=2\sin\theta\\ \alpha\beta=-2\cos^2\theta\end{cases}$$

于是

$$\alpha^2+\beta^2=(\alpha+\beta)^2-2\alpha\beta=10$$

又由 $\theta\in[0,\frac{\pi}{2}]$ 知 $0\leqslant\alpha+\beta\leqslant 2$.

于是满足条件 $\alpha^2+\beta^2=10$ 且 $0\leqslant\alpha+\beta\leqslant 2$ 的点(α,β)在如图1所示的$\overset{\frown}{AB}$或$\overset{\frown}{CD}$上.

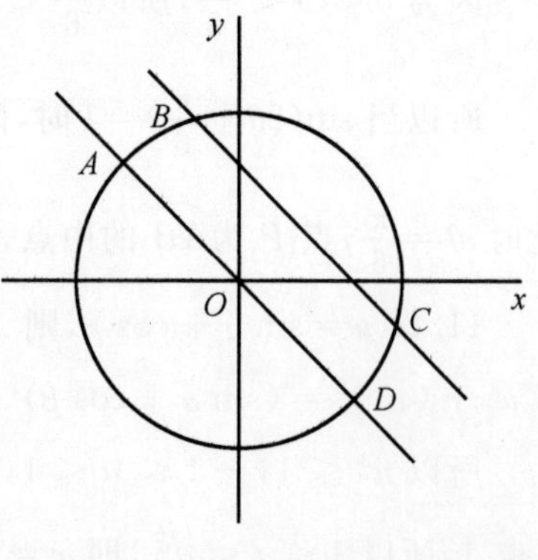

图1

由此可知实根的最大值为 $x_D=y_B=3$,实根的最小值是 $x_A=y_C=-\sqrt{5}$.

3.$(4-2\sqrt{2},+\infty)$ 可以转化为二次函数求最小值,由最小值大于0求出 a 的范围. 现用分离变量法求解. 由 $\cos 2\theta-2a\cos\theta+4a-3>0$,$\theta\in[0,\frac{\pi}{2}]$,得 $a>$

$\frac{2-\cos^2\theta}{2-\cos\theta}$，而$\frac{2-\cos^2\theta}{2-\cos\theta}=-[(2-\cos\theta)+\frac{2}{2-\cos\theta}]+4$，由基本不等式得其最大值是 $4-2\sqrt{2}$，故 $a>4-2\sqrt{2}$.

4. $A=B$　发现函数 $f(x)$ 的周期性，运用周期变换求解.

由 $f(x)=f(x+1)-f(x+2)$，得 $f(x+1)=f(x+2)-f(x+3)$，两式相加，得 $f(x+3)=-f(x)$，即得 $f(x+6)=f(x)$，从而可知 $f(x)$ 是以 6 为周期的函数，所以

$$A=f(x+9)=f(x+3)=f(x-3)=f(x-9)=B$$

即 A 与 B 的大小关系是 $A=B$.

5. $y=3\sin(\frac{\pi}{4}x-\frac{\pi}{4})+2$　设出其解析式，利用正弦函数图像的性质求解.

设 $y=A\sin(\omega x+\varphi)+B$，由正弦函数图像的性质可得振幅 $A=\frac{5-(-1)}{2}=3$，周期 $T=2(7-3)=8$，频率 $\omega=\frac{2\pi}{T}=\frac{\pi}{4}$，$B=\frac{5-1}{2}=2$，将坐标 $B(3,5)$ 代入，得初相 $\varphi=-\frac{\pi}{4}$，故所求表达式为 $y=3\sin(\frac{\pi}{4}x-\frac{\pi}{4})+2$.

6. 4

$$f(x)=(\sin x+\cos x)\left(\frac{1}{\sin x+\tan x}+\frac{1}{\cos x+\cot x}\right)+(\tan x+\cot x)\left(\frac{1}{\cos x+\tan x}+\frac{1}{\sin x+\cot x}\right)\geqslant$$

（由调和平均值不等式）

$$(\sin x+\cos x)\left(\frac{4}{\sin x+\tan x+\cos x+\cot x}\right)+(\tan x+\cot x)\left(\frac{4}{\sin x+\tan x+\cos x+\cot x}\right)=4$$

要使上式等号成立，当且仅当

$$\begin{cases}\sin x+\tan x=\cos x+\cot x & ①\\ \tan x+\cos x=\cot x+\sin x & ②\end{cases}$$

① − ② 得到 $\sin x-\cos x=\cos x-\sin x$，即得 $\sin x=\cos x$. 因为 $x\in(0,\frac{\pi}{2})$，所以当 $x=\frac{\pi}{4}$ 时，$f(x)=f(\frac{\pi}{4})=4$. 所以 $\min f(x)=4$.

7. $\frac{2\pi}{a}\sqrt{a^2+1}$　利用正弦函数图像的对称性补形转化求解.

$f(x)=\sqrt{a^2+1}\sin(ax+\varphi)$，$\varphi=\arctan\frac{1}{a}$，它的最小正周期为$\frac{2\pi}{a}$，振幅为

$\sqrt{a^2+1}$.由 $f(x)$ 的图像与 $g(x)$ 的图像围成的封闭图形的对称性,可将该图形割补成长为$\frac{2\pi}{a}$,宽为$\sqrt{a^2+1}$ 的长方形,故它的面积为$\frac{2\pi}{a}\sqrt{a^2+1}$.

8. $\frac{3}{2}$　$y=1-\cos^2 x+a\cos x+\frac{5}{8}a-\frac{3}{2}=-(\cos x-\frac{a}{2})^2+\frac{a^2}{4}+\frac{5}{8}a-\frac{1}{2}$.

当 $0\leqslant x\leqslant\frac{\pi}{2}$ 时,$0\leqslant\cos x\leqslant1$.

若$\frac{a}{2}>1$ 时,即 $a>2$,则当 $\cos x=1$ 时,$y_{\max}=a+\frac{5}{8}a-\frac{3}{2}=1\Rightarrow a=\frac{20}{13}<2$(舍去);

若 $0\leqslant\frac{a}{2}\leqslant1$,即 $0\leqslant a\leqslant2$,则当 $\cos x=\frac{a}{2}$ 时,$y_{\max}=\frac{a^2}{4}+\frac{5}{8}a-\frac{1}{2}=1\Rightarrow a=\frac{3}{2}$ 或 $a=-4<0$(舍去);

若$\frac{a}{2}<0$,即 $a<0$,则当 $\cos x=0$ 时,$y_{\max}=\frac{5}{8}a-\frac{1}{2}=1\Rightarrow a=\frac{12}{5}>$(舍去).

综合上所述,存在 $a=\frac{3}{2}$ 符合题设.

9.(1) 因为 $-1\leqslant\sin\alpha\leqslant1$ 且 $f(\sin\alpha)\geqslant0$ 恒成立,所以 $f(1)\geqslant0$;
因为 $1\leqslant2+\cos\beta\leqslant3$,且 $f(2+\cos\beta)\leqslant0$ 恒成立,所以 $f(1)\leqslant0$.
从而知 $f(1)=0$,所以 $b+c+1=0$.

(2) 由 $f(2+\cos\beta)\leqslant0$,知 $f(3)\leqslant0$,所以 $9+3b+c\leqslant0$.又因为 $b+c=-1$,所以 $c\geqslant3$.

(3) 因为 $f(\sin\alpha)=\sin^2\alpha+(-1-c)\sin\alpha+c=(\sin\alpha-\frac{1+c}{2})^2+c-\left(\frac{1+c}{2}\right)^2$,当 $\sin\alpha=-1$ 时,$[f(\sin\alpha)]_{\max}=8$,由$\begin{cases}1-b+c=8\\1+b+c=0\end{cases}$解得 $b=-4$,$c=3$.

10.构造函数,运用其单调性求解.

设 $f(x)=\cos(\sin x)-x$,$0\leqslant x\leqslant\frac{\pi}{2}$,因为 $f(0)=1-0=1$,$f(\frac{\pi}{2})=\cos1-\frac{\pi}{2}<0$,所以 $f(x)=0$ 在$(0,\frac{\pi}{2})$ 上有根.又 $f(x)$ 在$(0,\frac{\pi}{2})$ 内单调递减,所以 $f(x)=0$ 在$(0,\frac{\pi}{2})$ 上的根 α 是唯一的.

同样设 $g(x)=\sin(\cos x)-x$，由 $g(0)>0$，$g(\frac{\pi}{2})<0$ 及 $g(x)$ 在 $(0,\frac{\pi}{2})$ 内单调递减，所以 $g(x)=0$ 在 $(0,\frac{\pi}{2})$ 上的根 β 存在且是唯一的.

由 $\cos(\sin\alpha)=\alpha$ 两边取 sin，得 $\sin[\cos(\sin\alpha)]=\sin\alpha$.

由 $\sin(\cos x)=x$ 的解是唯一的，所以 $\sin\alpha=\beta$.

故 $\beta=\sin\alpha<\alpha$.

11. 运用单调性结合分类讨论求解.

(1) 若 $a=b$，则 $\cos a=\sin\cos a$，但由 $\cos a\in(0,\frac{\pi}{2})$，故 $\cos a>\sin\cos a$ 产生矛盾，即 $a\neq b$.

(2) 若 $a<b$，则由单调性可知 $\cos a>\cos b$，又由 $a<b$ 及题意可得 $\cos a<\sin\cos b$，而 $\sin\cos b<\cos b$，因此又可得 $\cos a<\cos b$，从而产生矛盾.

因此 $a>b$.

类似地，若 $c=a$，则由题意可得 $\cos a=\cos\sin a$，从而可得 $a=\sin a$ 与 $a>\sin a$ 矛盾；若 $c<a$，则 $\sin c<\sin a<a$，即 $\sin c<a$，所以 $\cos\sin c>\cos a$，即 $c>a$ 产生矛盾.

综上所述，$b<a<c$.

第 23 讲　三角恒等变换

1. $\frac{\sqrt{3}}{2}$　注意到 $\cos\theta=\frac{a^2+1}{2|a|}=\frac{1}{2}(|a|+\frac{1}{|a|})\geqslant\sqrt{|a|\cdot\frac{1}{|a|}}=1\geqslant\cos\theta$，我们有 $\cos\theta=1$，$\sin\theta=0$，此时有 $\cos\left(\theta+\frac{\pi}{6}\right)=\cos\theta\cos\frac{\pi}{6}-\sin\theta\sin\frac{\pi}{6}=\frac{\sqrt{3}}{2}$.

2. 1　注意到 $\cos\frac{1}{7}\pi+\cos\frac{6}{7}\pi=\cos\frac{2}{7}\pi+\cos\frac{5}{7}\pi=\cos\frac{3}{7}\pi+\cos\frac{4}{7}\pi=0$，因此原式 $=1$.

3. $\frac{\pi}{4}$

$y=\frac{1}{\cos^2 x}+\frac{2\sqrt{2}}{\sin x}+4=(\frac{1}{\cos^2 x}+4\cos^2 x)+(\frac{\sqrt{2}}{\sin x}+\frac{\sqrt{2}}{\sin x}+4\sin^2 x)\geqslant$

$4+3\sqrt[3]{8}=10$

当且仅当$\begin{cases}\frac{1}{\cos^2 x}=4\cos^2 x\\ \frac{\sqrt{2}}{\sin x}=4\sin^2 x\end{cases}$取等号.因为$x\in(0,\frac{\pi}{2})$,所以$\sin x=\cos x=\frac{\sqrt{2}}{2}$,

即$x=\frac{\pi}{4}$.

4.$\sqrt{2}$

解法一 因为$\frac{\cos x}{\sqrt{1-\sin x}}\leqslant\sqrt{1+\sin x}\leqslant\sqrt{2}$,所以

$$\cos x\leqslant\sqrt{2}\cdot\sqrt{1-\sin x}$$

于是

$$\sqrt{2}\sin x+\cos x\leqslant\sqrt{2}\sin x+\sqrt{2}\cdot\sqrt{1-\sin x}=$$
$$\sqrt{2}(\sin x+\sqrt{1-\sin x})$$

(两边同时加上$\sqrt{2}\sin x$)

所以

$$\frac{\sqrt{2}\sin x+\cos x}{\sin x+\sqrt{1-\sin x}}\leqslant\sqrt{2}$$

解法二 $f(x)=\frac{\sqrt{2}\sin x+\cos x}{\sin x+\sqrt{1-\sin x}}=\frac{\sqrt{2}\sin x+\sqrt{1-\sin^2 x}}{\sin x+\sqrt{1-\sin x}}=$

$$\frac{\sqrt{2}\sin x+\sqrt{(1-\sin x)}\cdot\sqrt{1+\sin x}}{\sin x+\sqrt{1-\sin x}}\leqslant$$

$$\frac{\sqrt{2}\sin x+\sqrt{2}\cdot\sqrt{1-\sin x}}{\sin x+\sqrt{1-\sin x}}=\sqrt{2}$$

5.$-\frac{4}{5}$ 化成正切.由$\tan(\frac{\pi}{4}+\theta)=3$,求得$\tan\theta=\frac{1}{2}$,而

$$\sin 2\theta-2\cos^2\theta=\frac{\sin 2\theta-2\cos^2\theta}{\sin^2\theta+\cos^2\theta}=\frac{2\tan\theta-2}{\tan^2\theta+1}=-\frac{4}{5}$$

6.$\frac{9\sqrt{10}}{50}$ 角变换$\beta=\alpha-(\alpha-\beta)$.由$\alpha$是锐角,$\cos\alpha=\frac{4}{5}$得$\sin\alpha=\frac{3}{5}$,

由α,β是锐角,$\tan(\alpha-\beta)=-\frac{1}{3}$知$\alpha-\beta$是第四象限角,所以

$$\cos(\alpha-\beta)=\frac{1}{\sqrt{1+\tan^2(\alpha-\beta)}}=\frac{3\sqrt{10}}{10},\sin(\alpha-\beta)=-\frac{\sqrt{10}}{10}$$

故

$$\cos\beta=\cos[\alpha-(\alpha-\beta)]=\cos\alpha\cos(\alpha-\beta)+\sin\alpha\sin(\alpha-\beta)=\frac{9\sqrt{10}}{50}$$

7. $-\sqrt{2}$　降次

$\sin 3x\sin^3 x+\cos 3x\cos^3 x=(\sin 3x\sin x)\sin^2 x+(\cos 3x\cos x)\cos^2 x=$

$\frac{1}{2}[(\cos 2x-\cos 4x)\sin^2 x+(\cos 2x+\cos 4x)\cos^2 x]=$

$\frac{1}{2}[(\sin^2 x+\cos^2 x)\cos 2x+(\cos^2 x-\sin^2 x)\cos 4x]=$

$\frac{1}{2}(\cos 2x+\cos 2x\cos 4x)=$

$\frac{1}{2}\cos 2x(1+\cos 4x)=\cos^3 2x$

所以 $y=\cos 2x+\sin 2x=\sqrt{2}\sin(2x+\frac{\pi}{4})$，其最小值为 $-\sqrt{2}$.

8. 3　角变换.

由 $\frac{\sin(\alpha-\beta)}{\sin\alpha}=2\tan\alpha\sin\beta$ 得

$$\sin(\alpha-\beta)\cos\alpha=2\sin^2\alpha\sin\beta$$

即 $\sin(\alpha-\beta)\cos\alpha=(1-\cos 2\alpha)\sin\beta$，所以

$$\frac{1}{2}\sin(2\alpha-\beta)+\frac{1}{2}\sin(-\beta)=\sin\beta-\frac{1}{2}\sin(2\alpha+\beta)+\frac{1}{2}\sin(2\alpha-\beta)$$

即 $3\sin\beta=\sin(2\alpha+\beta)$，所以 $\frac{\sin(2\alpha+\beta)}{\sin\beta}=3$.

9. 裂项.

$$\frac{1}{\sin 2x}=\frac{2\cos^2 x-\cos 2x}{\sin 2x}=\frac{2\cos^2 x}{2\sin x\cos x}-\frac{\cos 2x}{\sin 2x}=\cot x-\cot 2x$$

同理

$$\frac{1}{\sin 4x}=\cot 2x-\cot 4x$$

$$\vdots$$

$$\frac{1}{\sin 2^n x}=\cot 2^{n-1}x-\cot 2^n x$$

各项相加,得$\frac{1}{\sin 2x}+\frac{1}{\sin 4x}+\cdots+\frac{1}{\sin 2^n x}=\cot x-\cot 2^n x$.

10.用不等式求出.由α,β是锐角,知

$$\cos(\alpha-\beta)>0 \quad ①$$

又由已知条件得

$$\sin(\alpha+\beta)=\frac{1-\cos 2\alpha}{2}+\frac{1-\cos 2\beta}{2}=1-\cos(\alpha-\beta)\cos(\alpha+\beta) \quad ②$$

但$0<\sin(\alpha+\beta)\leqslant 1$,故

$$0\leqslant\cos(\alpha+\beta)\cos(\alpha-\beta)<1 \quad ③$$

由式①,③得

$$\cos(\alpha+\beta)\geqslant 0$$

从而$0<\alpha+\beta\leqslant\frac{\pi}{2}$,有

$$0\leqslant|\alpha-\beta|<\alpha+\beta\leqslant\frac{\pi}{2}$$

推出$0\leqslant\cos(\alpha+\beta)<\cos(\alpha-\beta)$代入式②,得

$$\sin(\alpha+\beta)\leqslant 1-\cos^2(\alpha+\beta)=\sin^2(\alpha+\beta)$$

即$\sin(\alpha+\beta)\geqslant 1$,只能是$\sin(\alpha+\beta)=1,\alpha+\beta=\frac{\pi}{2}$.

11.构造关于角β的函数,重新组合三角式.作函数$f(\beta)=\sum_{k=1}^{n}A_k\cos(\alpha_k+\beta),\beta\in\mathbf{R}$,所以有$f(0)=f(1)=0$.由

$$\begin{aligned}f(\beta)=&\sum_{k=1}^{n}A_k[\cos\alpha_k\cos\beta+\cos(\alpha_k+\frac{\pi}{2})\sin\beta]=\\&(\sum_{k=1}^{n}A_k\cos\alpha_k)\cos\beta+[\sum_{k=1}^{n}A_k\cos(\alpha_k+\frac{\pi}{2})]\sin\beta=\\&f(0)\cos\beta+f(\frac{\pi}{2})\sin\beta=f(\frac{\pi}{2})\sin\beta\end{aligned}$$

取$\beta=1$,得$0=f(1)=f(\frac{\pi}{2})\sin 1$,但$\sin 1\neq 0$,故$f(\frac{\pi}{2})=0$,从而由$f(\beta)=f(\frac{\pi}{2})\sin\beta$知$f(\beta)=0,\beta\in\mathbf{R}$.

第24讲　正弦定理与余弦定理

1. $\frac{24}{5}$　由

$\tan A+\tan B=\tan(A+B)(1-\tan A\tan B)=-\tan C(1-\tan A\tan B)$
得 $\tan A+\tan B=5$，又 $a>b$，所以 $\tan A=3$，$\tan B=2$。

所以 $\sin A=\frac{3\sqrt{10}}{10}$，$\sin B=\frac{2\sqrt{5}}{5}$，由正弦定理，得 $a=\frac{6\sqrt{10}}{5}$，$b=\frac{8\sqrt{5}}{5}$，从而面积是 $\frac{24}{5}$.

2. $60°$　$a^2=b(b+c)$ 化边为角，则 $\sin^2 A=\sin B(\sin B+\sin C)$，即

$$\sin^2 A-\sin^2 B=\sin B\sin C$$

所以

$$\frac{1-\cos 2A}{2}-\frac{1-\cos 2B}{2}=\sin B\sin C$$

即

$$-\frac{1}{2}(\cos 2A-\cos 2B)=\sin B\sin C$$

即

$$\sin(A+B)\sin(A-B)=\sin B\sin C$$

由 $\sin(A+B)=\sin C$ 得 $\sin(A-B)=\sin B$，由三角形内角的范围可知只能有 $\angle A-\angle B=\angle B$，$\angle A=2\angle B$，所以 $\angle B=40°$，从而 $\angle C=60°$.

3. $8\sqrt{3}$　利用余弦定理构造等量关系求角的三角函数值.

如图1所示，联结 BD，则四边形 $ABCD$ 的面积

$$S=S_{\triangle ABD}+S_{\triangle CDB}=\frac{1}{2}AB\cdot AD\sin A+\frac{1}{2}BC\cdot CD\sin C$$

由 $\angle A+\angle C=180°$，得 $\sin A=\sin C$，从而四边形 $ABCD$ 的面积 $S=16\sin A$.

由余弦定理，在 $\triangle ABD$ 中，有

$$BD^2=AB^2+AD^2-2AB\cdot AD\cos A=20-16\cos A$$

同理，在 $\triangle CDB$ 中，有

$$BD^2=CB^2+CD^2-2CB\cdot CD\cos C=52-48\cos C$$

所以 $20-16\cos A=52-48\cos C$，及 $\cos A=-\cos C$，求得 $\cos A=-\frac{1}{2}$，

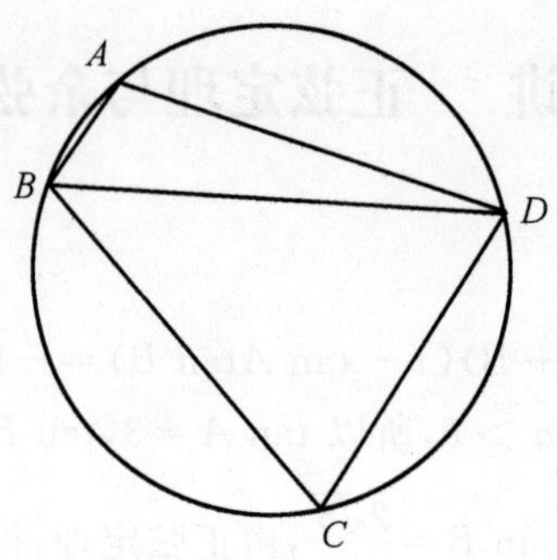

图 1

$\angle A=120^{\circ}$,所以 $S=16\sin A=8\sqrt{3}$.

4.1　AC 边上的高 $h=a\sin C$,故 $c-a=a\sin C$,化边为角,即

$$\sin C-\sin A=\sin A\sin C$$

所以

$$2\cos\frac{C+A}{2}\sin\frac{C-A}{2}=\frac{1}{2}[\cos(A-C)-\cos(A+C)]$$

于是

$$2\cos\frac{C+A}{2}\sin\frac{C-A}{2}=\frac{1}{2}\left[\left(1-\sin^{2}\frac{C-A}{2}\right)-\left(2\cos^{2}\frac{C+A}{2}-1\right)\right]$$

整理得

$$\sin^{2}\frac{C-A}{2}+2\sin\frac{C-A}{2}\cos\frac{C+A}{2}+\cos^{2}\frac{C+A}{2}=1$$

即 $\left(\sin\frac{C-A}{2}+\cos\frac{C+A}{2}\right)^{2}=1$,从而 $\sin\frac{C-A}{2}+\cos\frac{C+A}{2}=1$.

5.$\sqrt{3}$　因为 $\angle A+\angle B+\angle C=\pi$,$\angle A+\angle C=2\angle B$,所以 $\angle A+\angle C=\frac{2\pi}{3}$,$\tan\frac{A+C}{2}=\sqrt{3}$,$\tan\frac{A}{2}+\tan\frac{C}{2}=\sqrt{3}\left(1-\tan\frac{A}{2}\tan\frac{C}{2}\right)$

故 $\tan\frac{A}{2}+\tan\frac{C}{2}+\sqrt{3}\tan\frac{A}{2}\tan\frac{C}{2}=\sqrt{3}$.

6.$\frac{527}{625}$　因为 $\angle A$ 为最小角,所以

$$2\angle A+\angle C=\angle A+\angle A+\angle C<\angle A+\angle B+\angle C=180^{\circ}$$

因为 $\cos(2A+C)=-\frac{4}{5}$,所以 $\sin(2A+C)=\frac{3}{5}$.

因为 $\angle C$ 为最大角,所以 $\angle B$ 为锐角.又 $\sin B=\frac{4}{5}$,所以 $\cos B=\frac{3}{5}$,即

$$\sin(A+C)=\frac{4}{5},\cos(A+C)=-\frac{3}{5}$$

因为

$$\cos(B+C)=-\cos A=-\cos[(2A+C)-(A+C)]=-\frac{24}{25}$$

所以

$$\cos 2(B+C)=2\cos^2(B+C)-1=\frac{527}{625}$$

7.77　因为 $\angle C=\pi-\angle A-\angle B=\pi-3\angle B>\frac{\pi}{2}$，所以 $\angle B<\frac{\pi}{6}$，$\cos B>\frac{\sqrt{3}}{2}$ 且 $\cos B$ 是有理数.

令 $\cos B=\frac{n}{m}$，$m>n$，$m,n\in\mathbf{N}$，$(m,n)=1$，由 $\frac{6}{7}<\frac{\sqrt{3}}{2}<\frac{7}{8}$，故 $m\geqslant 8$.

又 $c=\frac{b}{\sin B}\cdot\sin 3B=b(3-4\sin^2 B)=b(4\cos^2 B-1)=b(\frac{4n^2}{m^2}-1)$，所以 $\frac{4bn^2}{m^2}$ 是整数. 又 $(m,n)=1$，所以 $\frac{4b}{m^2}$ 为整数. 由 $m\geqslant 8$ 知 $b\geqslant 16$，再由 $\cos B>\frac{\sqrt{3}}{2}$，得 $c>16[4\left(\frac{\sqrt{3}}{2}\right)^2-1]=32$，故 $c\geqslant 32$.

$$a=\frac{b\sin 2B}{\sin B}=2b\cos B\geqslant 2\times 16\times\frac{\sqrt{3}}{2}=16\sqrt{3}>27$$

故 $a\geqslant 28$，即 $a+b+c\geqslant 28+16+33=77$，即周长的最小值为 77. 此时 $a=28$，$b=16$，$c=33$，由余弦定理求得 $\cos A=\frac{17}{32}$，$\cos B=\frac{7}{8}$，故 $\cos A=\cos 2B$，即满足 $\angle A=2\angle B$. 又 $\cos A=\frac{17}{32}>\frac{1}{2}$，$\cos B=\frac{7}{8}>\frac{\sqrt{3}}{2}$，即 $\angle B<\frac{\pi}{6}$，$\angle A<\frac{\pi}{3}$，所以 $\angle C$ 是钝角，满足条件. 故 $\triangle ABC$ 周长的最小值是 77，此时 $a=28$，$b=16$，$c=33$.

8. $\frac{\sqrt{2}}{2}R$　$R=r\cos\theta$，由此得

$$\frac{1}{r}=\frac{\cos\theta}{R}\quad(0<\theta<\frac{\pi}{2})$$

$$I=k\cdot\frac{\sin\theta}{r^2}=k\cdot\frac{\sin\theta\cdot\cos^2\theta}{R^2}=\frac{k}{R^2}(\sin\theta\cdot\cos^2\theta)$$

$$2I^2=\left(\frac{k}{R^2}\right)^2 2\sin^2\theta(1-\sin^2\theta)(1-\sin^2\theta)\leqslant\left(\frac{k}{R^2}\right)^2\cdot\left(\frac{2}{3}\right)^3$$

由此得 $I\leqslant\frac{k}{R^2}\cdot\frac{2}{9}\sqrt{3}$，等号在 $\sin\theta=\frac{\sqrt{3}}{3}$ 时成立，此时 $h=R\tan\theta=\frac{\sqrt{2}}{2}R$.

9. 设 $\angle MOA=\theta$，$60^\circ\leqslant\theta\leqslant 120^\circ$，在 $\triangle MOA$，$\triangle NOA$ 中分别得

$$OM=\frac{\frac{\sqrt{3}}{6}a}{\sin(\theta+30^\circ)},ON=\frac{\frac{\sqrt{3}}{6}a}{\sin(\theta-30^\circ)}$$

所以

$$\frac{1}{OM^2}+\frac{1}{ON^2}=\frac{12}{a^2}[\sin^2(\theta+30^\circ)+\sin^2(\theta-30^\circ)]=\frac{6}{a^2}(2-\cos 2\theta)$$

由角 θ 的取值范围可知 $-1\leqslant\cos 2\theta\leqslant-\frac{1}{2}$，所以其最大值是 $\frac{18}{a^2}$，最小值为 $\frac{15}{a^2}$.

10. (1) 在 $\triangle ABC$ 中，由已知，有

$$2\sin(B+C)(\cos B+\cos C)=3(\sin B+\sin C)$$

所以

$$4\sin\frac{B+C}{2}\cos\frac{B+C}{2}\cdot 2\cos\frac{B+C}{2}\cos\frac{B-C}{2}=6\sin\frac{B+C}{2}\cos\frac{B-C}{2}$$

因为 $\sin\frac{B+C}{2}\cos\frac{B-C}{2}\neq 0$，所以 $4\cos^2\frac{B+C}{2}=3$，即 $4\sin^2\frac{A}{2}=3$，所以 $\sin\frac{A}{2}=\pm\frac{\sqrt{3}}{2}$(舍负). 故 $\frac{A}{2}=\frac{\pi}{3}$，即 $\angle A=\frac{2\pi}{3}$.

(2) 由 $\cos A=-\frac{1}{2}$，得 $\frac{b^2+c^2-a^2}{2bc}=-\frac{1}{2}$，即

$$(b+c)^2-a^2=bc \qquad ①$$

又 $a=\sqrt{61}$，$b+c=9$，代入式 ① 得，$bc=20$.

由 $\begin{cases}b+c=9\\bc=20\end{cases}$，得

$$\begin{cases}b=5\\c=4\end{cases}\text{或}\begin{cases}b=4\\c=5\end{cases}$$

11. 由题意，设折叠后点 A 落在边 BC 上改称点 P，显然 A，P 两点关于折线 DE 对称. 又设 $\angle BAP=\theta$，所以 $\angle DPA=\theta$，$\angle BDP=2\theta$，再设 $AB=a$，$AD=x$，所以 $DP=x$. 在 $\triangle ABC$ 中，有

$$\angle APB=180^\circ-\angle ABP-\angle BAP=120^\circ-\theta$$

由正弦定理知，$\frac{BP}{\sin\angle BAP}=\frac{AB}{\sin\angle APB}$. 所以 $BP=\frac{a\sin\theta}{\sin(120^\circ-\theta)}$.

在 $\triangle PBD$ 中，$\dfrac{DP}{\sin\angle DBP}=\dfrac{BP}{\sin\angle BDP}$，所以 $BP=\dfrac{x\cdot\sin\theta}{\sin 60^\circ}$，从而

$$\frac{a\sin\theta}{\sin(120^\circ-\theta)}=\frac{x\sin 2\theta}{\sin 60^\circ}$$

所以

$$x=\frac{a\sin\theta\cdot\sin 60^\circ}{\sin 2\theta\cdot\sin(120^\circ-\theta)}=\frac{\sqrt{3}a}{2\sin(60^\circ+2\theta)+\sqrt{3}}$$

因为 $0^\circ\leqslant\theta\leqslant 60^\circ$，所以 $60^\circ\leqslant 60^\circ+2\theta\leqslant 180^\circ$，于是当 $60^\circ+2\theta=90^\circ$，即 $\theta=15^\circ$ 时，$\sin(60^\circ+2\theta)=1$，此时 x 取得最小值 $\dfrac{\sqrt{3}a}{2+\sqrt{3}}=(2\sqrt{3}-3)a$，即 AD 最小，所以 $AD:DB=2\sqrt{3}-3$.

第 25 讲　反三角函数与三角方程

1. -20°　$2\,000^\circ=1\,800^\circ+180^\circ+20^\circ$，故

$$\sin 2\,000^\circ=\sin(180^\circ+20^\circ)=\sin-20^\circ$$

故原式 $=-20^\circ$.

2. 3　当 $x=0$ 时，$[\sin x]=0$，$[\cos x]=1$，$\arcsin[\sin x]+\arccos[\cos x]=0$；

当 $x\in\left(0,\dfrac{\pi}{2}\right)$ 时，$[\sin x]=[\cos x]=0$，$\arcsin[\sin x]+\arccos[\cos x]=\dfrac{\pi}{2}$；

当 $x=\dfrac{\pi}{2}$ 时，$[\sin x]=1$，$[\cos x]=0$，$\arcsin[\sin x]+\arccos[\cos x]=\dfrac{\pi}{2}$；

当 $x\in\left(\dfrac{\pi}{2},\pi\right]$ 时，$[\sin x]=0$，$[\cos x]=-1$，$\arcsin[\sin x]+\arccos[\cos x]=\pi$；

当 $x\in\left(\pi,\dfrac{3\pi}{2}\right)$ 时，$[\sin x]=-1$，$[\cos x]=-1$，$\arcsin[\sin x]+\arccos[\cos x]=\dfrac{\pi}{2}$；

当 $x\in\left[\dfrac{3\pi}{2},2\pi\right)$ 时，$[\sin x]=-1$，$[\cos x]=0$，$\arcsin[\sin x]+$

$\arccos[\cos x]=\frac{\pi}{2}$.

3. $\frac{15\pi}{12}$　$2\alpha=2k\pi+\alpha-\frac{\pi}{4},\Rightarrow\alpha=2k\pi-\frac{\pi}{4},\Rightarrow\alpha=-\frac{\pi}{4};2\alpha=2k\pi+\pi-\alpha+\frac{\pi}{4},\Rightarrow\alpha=-\frac{\pi}{4},\alpha=\frac{15\pi}{12}$.

4. $\pm1;1$　(1)$\Delta=4\sin^2\frac{\pi x}{2}-4\geqslant0,\Rightarrow$故 $\sin\frac{\pi x}{2}=\pm1,\Rightarrow\frac{\pi x}{2}=k\pi+\frac{\pi}{2},\Rightarrow x=2k+1$.

$(2k+1)^2-2(2k+1)(\pm1)+1=4k^2+4k+2-[\pm(4k+2)]=0$

当 k 为偶数时，$4k^2=0$，即 $k=0$；当 k 为奇数时，$4k^2+8k+4=0,k=-1$.

故解为 $x=\pm1$.

(2)$\Delta=4-4(2-\sin\frac{\pi x}{2})\geqslant0,4\sin\frac{\pi x}{2}\geqslant4\Rightarrow\sin\frac{\pi x}{2}=1,\frac{\pi x}{2}=2k\pi+\frac{\pi}{2}\Rightarrow x=4k+1$，得 $x^2-2x+1=0,x=1(k=0)$.

5. $k\pi+\frac{\pi}{2}(k\in\mathbf{Z})$　$\left(\frac{\sin x}{2}\right)^{\csc^2x}=\pm\frac{1}{2}.\Rightarrow\frac{\sin x}{2}=(\pm\frac{1}{2})^{\sin^2x}$，但 $\left|\frac{\sin x}{2}\right|\leqslant\frac{1}{2}$，而 $\left|\pm\frac{1}{2}\right|^{\sin^2x}\geqslant\frac{1}{2}$. 故 $\sin x=\pm1,\csc^2x=1$. 从而，$x=k\pi+\frac{\pi}{2}(k\in\mathbf{Z})$.

6. $\sin x=\cos x$　显然 $\sin x=\cos x$ 时满足方程，即方程有解 $x=k\pi+\frac{\pi}{4}(k\in\mathbf{Z})$. 下面说明方程没有别的解. 首先，$|\sin x|=1$ 或 $|\cos x|=1$ 时，方程失去意义，故 $|\sin x|<1,|\cos x|<1$.

原方程即 $\sin^nx-\frac{1}{\sin^mx}=\cos^nx-\frac{1}{\cos^mx}$.

当 $\sin x>0$，则左边 $<0,\Rightarrow\cos x>0$；当 $\sin x<0$，则左边 $>0,\Rightarrow\cos x<0$，即 $\sin x$ 与 $\cos x$ 同号.

若 $\sin x>\cos x>0$，则 $\sin^nx>\cos^nx>0$，而 $\frac{1}{\sin^mx}<\frac{1}{\cos^mx}$，于是左边 $>$ 右边；同样 $\cos x>\sin x>0$，则右边 $>$ 左边.

对于 $\sin x<0,\cos x<0$ 时也一样. 于是只能 $\sin x=\cos x$. 故只有上解.

7. $\frac{2\sqrt{5}}{5}$　由 $f(x)=\sin x+2\cos x$ 可得 $f(x)=\sqrt{5}\sin(x+\varphi)$，其中

$\tan\varphi=2$，当 $x+\varphi=\frac{\pi}{2}+2k\pi(k\in\mathbf{Z})$ 时，函数 $f(x)$ 取得最大值，所以 $\cos\theta=\cos\left(\frac{\pi}{2}-\varphi+2k\pi\right)=\sin\varphi=\frac{2\sqrt{5}}{5}$.

8. $\frac{\pi}{6}$；$\frac{\pi}{6}$　(1) 由题意，得 $f(x)=2\sin\left(x+\frac{\pi}{3}\right)$，$y=f(x+\varphi)=2\sin\left(x+\frac{\pi}{3}+\varphi\right)$ 的图像关于 $x=0$ 对称，即 $f(x+\varphi)$ 为偶函数.

所以$\frac{\pi}{3}+\varphi=\frac{\pi}{2}+k\pi,k\in\mathbf{Z},\varphi=k\pi+\frac{\pi}{6},k\in\mathbf{Z}$.

又因为 $|\varphi|\leqslant\frac{\pi}{2}$，所以 $\varphi=\frac{\pi}{6}$.

(2) 由题意，得

$$3\cos\left(2\cdot\frac{4\pi}{3}+\varphi\right)=3\cos\left(\frac{2\pi}{3}+\varphi+2\pi\right)=3\cos\left(\frac{2\pi}{3}+\varphi\right)=0$$

所以$\frac{2\pi}{3}+\varphi=k\pi+\frac{\pi}{2},k\in\mathbf{Z}$.

于是 $\varphi=k\pi-\frac{\pi}{6},k\in\mathbf{Z}$，取 $k=0$，得 $|\varphi|$ 的最小值为$\frac{\pi}{6}$.

9. (1) 由题意，得 $x=\dfrac{\frac{\pi}{6}+\frac{\pi}{3}}{2}=\frac{\pi}{4}$ 时，y 有最小值，所以$\sin\left(\frac{\pi}{4}\cdot\omega+\frac{\pi}{3}\right)=-1$，于是$\frac{\pi}{4}\omega+\frac{\pi}{3}=2k\pi+\frac{3\pi}{2}(k\in\mathbf{Z})$.

所以 $\omega=8k+\frac{14}{3}(k\in\mathbf{Z})$.

因为 $f(x)$ 在$\left(\frac{\pi}{6},\frac{\pi}{3}\right)$内有最小值，无最大值，所以$\frac{\pi}{3}-\frac{\pi}{4}<\frac{\pi}{\omega}$，即 $\omega<12$，令 $k=0$，得 $\omega=\frac{14}{3}$.

(2) $y=\sqrt{3}\cos x+\sin x=2\sin(x+\frac{\pi}{3})$ 向左平移 m 个单位长度后得到 $y=2\sin(x+\frac{\pi}{3}+m)$，它关于 y 轴对称可得 $\sin(\frac{\pi}{3}+m)=\pm1$，所以

$$\frac{\pi}{3}+m=k\pi+\frac{\pi}{2}\quad(k\in\mathbf{Z})$$

于是 $m=k\pi+\frac{\pi}{6},k\in\mathbf{Z}$. 因为 $m>0$，所以 m 的最小值为$\frac{\pi}{6}$.

10. 假设所求的 α,β 存在，则 $\frac{\alpha}{2}+\beta=\frac{\pi}{3}$，即

$$\tan(\frac{\alpha}{2}+\beta)=\frac{\tan\frac{\alpha}{2}+\tan\beta}{1-\tan\frac{\alpha}{2}\tan\beta}=\sqrt{3} \quad ①$$

又 $\tan\frac{\alpha}{2}\tan\beta=2-\sqrt{3}$ 代入式 ① 得

$$\tan\frac{\alpha}{2}+\tan\beta=3-\sqrt{3}$$

显然 $\tan\frac{\alpha}{2},\tan\beta$ 是一元二次方程 $x^2-(3-\sqrt{3})x+2-\sqrt{3}=0$ 的两个根，解得 $x_1=1,x_2=2-\sqrt{3}$，由于 $0<\frac{\alpha}{2}<\frac{\pi}{4},\tan\frac{\alpha}{2}\neq 1$.

从而 $\tan\frac{\alpha}{2}=2-\sqrt{3},\tan\beta=1$ 且 $\alpha+2\beta=\frac{2\pi}{3}$，所以 $\beta=\frac{\pi}{4},\alpha=\frac{2\pi}{3}-2\beta=\frac{\pi}{6}$，即存在 $\alpha=\frac{\pi}{6},\beta=\frac{\pi}{4}$，使上述两式同时成立.

11. (1) $x\in[-\frac{\pi}{6},\frac{2}{3}\pi],A=1,\frac{T}{4}=\frac{2\pi}{3}-\frac{\pi}{6},T=2\pi,\omega=1$，且 $f(x)=\sin(x+\varphi)$ 过 $(\frac{2\pi}{3},0)$，则

$$\frac{2\pi}{3}+\varphi=\pi,\varphi=\frac{\pi}{3},f(x)=\sin(x+\frac{\pi}{3})$$

当 $-\pi\leqslant x<-\frac{\pi}{6}$ 时，$-\frac{\pi}{6}\leqslant -x-\frac{\pi}{3}\leqslant\frac{2\pi}{3}$，$f(-x-\frac{\pi}{3})=\sin(-x-\frac{\pi}{3}+\frac{\pi}{3})$，而函数 $y=f(x)$ 的图像关于直线 $x=-\frac{\pi}{6}$ 对称，则 $f(x)=f(-x-\frac{\pi}{3})$，即

$$f(x)=\sin(-x-\frac{\pi}{3}+\frac{\pi}{3})=-\sin x \quad (-\pi\leqslant x<-\frac{\pi}{6})$$

所以

$$f(x)=\begin{cases}\sin(x+\frac{\pi}{3}) & (x\in[-\frac{\pi}{6},\frac{2\pi}{3}])\\ -\sin x & (x\in[-\pi,-\frac{\pi}{6}))\end{cases}$$

(2) 当 $-\frac{\pi}{6}\leqslant x\leqslant\frac{2\pi}{3}$ 时，$\frac{\pi}{6}\leqslant x+\frac{\pi}{3}\leqslant\pi$，$f(x)=\sin(x+\frac{\pi}{3})=\frac{\sqrt{2}}{2}$，

$x+\frac{\pi}{3}=\frac{\pi}{4}$,或$\frac{3\pi}{4}$,$x=-\frac{\pi}{12}$,或$\frac{5\pi}{12}$.

当$-\pi\leqslant x<-\frac{\pi}{6}$时,$f(x)=-\sin x=\frac{\sqrt{2}}{2}$,$\sin x=-\frac{\sqrt{2}}{2}$,$x=-\frac{\pi}{4}$,或$-\frac{3\pi}{4}$,所以$x=-\frac{\pi}{4}$,$-\frac{3\pi}{4}$,$-\frac{\pi}{12}$,或$\frac{5\pi}{12}$为所求.

第26讲　三角不等式

1. 根据$y=2\sin^2 x\cos x$,则

$$y^2=4\sin^4 x\cos^2 x=2(1-\cos^2 x)(1-\cos^2 x)2\cos^2 x\leqslant$$
$$2\left[\frac{(1-\cos^2 x)+(1-\cos^2 x)+2\cos^2 x}{3}\right]^3=$$
$$2\times\left(\frac{2}{3}\right)^3=\frac{16}{27}$$

所以$y\leqslant\frac{4\sqrt{3}}{9}$(当$\cos^2 x=\frac{1}{3}$时,取等号).

2. $\cos x^2+\cos y^2-\cos xy\leqslant 3$显然成立,下面证明等号不能成立.用反证法.若等号成立,则$\cos x^2=1$,$\cos y^2=1$,$\cos xy=-1$,于是$x^2=2k\pi$,$y^2=2n\pi$,$k,n\in\mathbf{N}^*$,则$x^2y^2=4nk\pi^2$,$k,n\in\mathbf{N}^*$,则$xy=2\sqrt{nk}\pi$,$k,n\in\mathbf{N}^*$,$2\sqrt{nk}$不可能为奇数.因此$\cos xy\neq-1$,故等号不成立.

3. (1) 由锐角三角形可知$\angle A+\angle B<\frac{\pi}{2}$,从而$\angle A<\frac{\pi}{2}-\angle B$,从而

$$\sin A>\cos B \quad ①$$

同理

$$\sin B>\cos C \quad ②$$
$$\sin C>\cos A \quad ③$$

①×②×③ 得

$$\sin A\sin B\sin C>\cos A\cos B\cos C$$

从而可得$\tan A\tan B\tan C>1$.

(2)

$$\sin A>\sin^2 A \quad ④$$
$$\sin B>\sin^2 B \quad ⑤$$
$$\sin C=\sin(A+B)=\sin A\cos B+\cos A\sin B>$$
$$\cos B\cos B+\cos A\cos A=\cos^2 B+\cos^2 A \quad ⑥$$

④+⑤+⑥ 得证.

4. $\cos(\sin x)-\sin(\cos x)=\cos(\sin x)-\cos(\frac{\pi}{2}-\cos x)=$

$2\sin(\frac{\pi}{4}-\frac{\cos x+\sin x}{2})\sin(\frac{\pi}{4}-\frac{\cos x-\sin x}{2})$

又 $-\frac{\sqrt{2}}{2}\leqslant\frac{\cos x\pm\sin x}{2}\leqslant\frac{\sqrt{2}}{2},\frac{\pi}{4}-\frac{\sqrt{2}}{2}\leqslant\frac{\pi}{4}-\frac{\cos x\pm\sin x}{2}\leqslant\frac{\pi}{4}+\frac{\sqrt{2}}{2}$,

又 $\frac{\pi}{4}-\frac{\sqrt{2}}{2}>0,\frac{\pi}{4}+\frac{\sqrt{2}}{2}<\frac{\pi}{2}$,由正弦函数在 $[0,\frac{\pi}{2}]$ 上的单调性可知,原不等式成立.

5. **证法一**　$\sin\alpha+\sin\beta=2\sin\frac{\alpha+\beta}{2}\cos\frac{\alpha-\beta}{2}>$

$$2\sin\frac{\alpha+\beta}{2}\cos\frac{\alpha+\beta}{2}=\sin(\alpha+\beta)$$

$$|\sin\alpha-\sin\beta|=2\cos\frac{\alpha+\beta}{2}\left|\sin\frac{\alpha-\beta}{2}\right|<2\cos\frac{\alpha+\beta}{2}\sin\frac{\alpha+\beta}{2}=\sin(\alpha+\beta)$$

因此可以构成三角形.

证法二　在直径为1的圆内作内接 $\triangle ABC$,使 $\angle A=\alpha,\angle B=\beta$,所以 $\angle C=\pi-(\alpha+\beta)$,则 $BC=\sin\alpha,AC=\sin\beta,AB=\sin(\alpha+\beta)$,因此可以构成三角形.

6. 左边 $=\frac{1}{\cos^2\alpha}+\frac{4}{\sin^2\alpha\sin^2 2\beta}\geqslant\frac{1}{\cos^2\alpha}+\frac{4}{\sin^2\alpha}=5+\tan^2\alpha+4\cot^2\alpha\geqslant 9$.

7. 注意到 π 可写成 $\angle A+\angle B+\angle C$,故即证 $3(a\angle A+b\angle B+c\angle C)\geqslant(a+b+c)\pi$,亦即证 $3(a\angle A+b\angle B+c\angle C)\geqslant(a+b+c)(\angle A+\angle B+\angle C)$,即证 $(a-b)(\angle A-\angle B)+(b-c)(\angle B-\angle C)+(c-a)(\angle C-\angle A)\geqslant 0$,由大边对大角得上式成立.

8. 设 $x=\tan A,y=\tan B,z=\tan C$,则 $x>0,y>0,z>0,x+y+z=xyz$,而 $x+y+z\geqslant 3\sqrt[3]{xyz}$,代入得 $xyz\geqslant 3^{\frac{3}{2}}$,故

$$x^n+y^n+z^n\geqslant 3\sqrt[3]{3x^ny^nz^n}\geqslant 3^{\frac{n}{2}+1}$$

9. 要证原不等式,即证 $(\frac{a}{\sin\theta}+\frac{b}{\cos\theta})^2\geqslant(a^{\frac{2}{3}}+b^{\frac{2}{3}})^3$,即

$$\frac{a^2}{\sin^2\theta}+\frac{b^2}{\cos^2\theta}+\frac{2ab}{\sin\theta\cos\theta}\geqslant a^2+b^2+3\sqrt[3]{a^4b^2}+3\sqrt[3]{a^2b^4}\qquad①$$

将式①中 θ 看作变量,a,b 看作常数,考虑从左边向右边转化,即证

$$a^2\cot^2\theta+b^2\tan^2\theta+2ab\frac{\sin^2\theta+\cos^2\theta}{\sin\theta\cos\theta}\geqslant 3\sqrt[3]{a^4b^2}+3\sqrt[3]{a^2b^4}$$

即

$$a^2\cot^2\theta+b^2\tan^2\theta+2ab\tan\theta+2ab\cot\theta\geqslant 3\sqrt[3]{a^4b^2}+3\sqrt[3]{a^2b^4}$$

因为

$$a^2\cot^2\theta+2ab\tan\theta=a^2\cot^2\theta+ab\tan\theta+ab\tan\theta\geqslant 3\sqrt[3]{a^4b^2}$$

同理可得 $b^2\tan^2\theta+2ab\cot\theta\geqslant 3\sqrt[3]{a^2b^4}$，从而原不等式成立.

10. 如图 1 所示，$PA\sin\theta_1=PB\sin\theta_5$，$PB\sin\theta_2=PC\sin\theta_6$，$PC\sin\theta_3=PA\sin\theta_4$，三式相乘得

$$\sin\theta_1\sin\theta_2\sin\theta_3=\sin\theta_4\sin\theta_5\sin\theta_6$$

因此

$$(\sin\theta_1\sin\theta_2\sin\theta_3)^2=\sin\theta_1\sin\theta_2\sin\theta_3\sin\theta_4\sin\theta_5\sin\theta_6\leqslant$$
$$\left(\frac{\sin\theta_1+\sin\theta_2+\sin\theta_3+\sin\theta_4+\sin\theta_5+\sin\theta_6}{6}\right)^6\leqslant$$
$$\left(\sin\frac{\theta_1+\theta_2+\theta_3+\theta_4+\theta_5+\theta_6}{6}\right)^6=\left(\frac{1}{2}\right)^6$$

从而 $\sin\theta_1\sin\theta_2\sin\theta_3\leqslant\left(\frac{1}{2}\right)^3$，因此 $\sin\theta_1$，$\sin\theta_2$，$\sin\theta_3$ 中至少有一个小于或等于$\frac{1}{2}$. 不妨设 $\sin\theta_1\leqslant\frac{1}{2}$，则 $\theta_1\leqslant 30°$ 或 $\theta_1\geqslant 150°$，此时三个角中至少有一个角小于 30°.

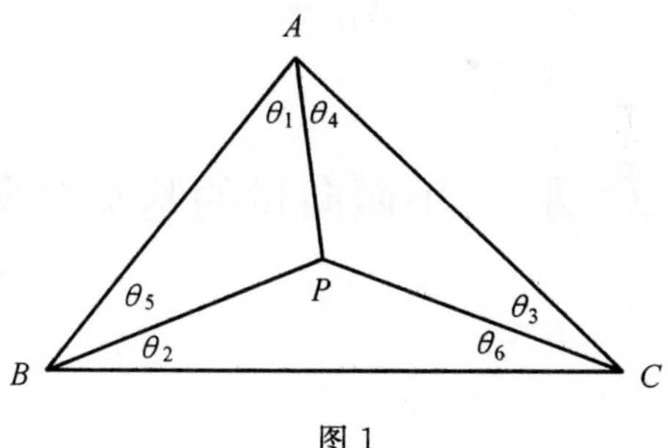

图 1

11. $$f(x)=\sin 2x-(2\sqrt{2}+\sqrt{2}a)\sin\left(x+\frac{\pi}{4}\right)+2a+3=$$
$$2\sin x\cos x-(2+a)(\sin x+\cos x)+2a+3$$

因为$\frac{2\sqrt{2}}{\cos\left(x-\frac{\pi}{4}\right)}=\frac{4}{\sin x+\cos x}$，要使 $f(x)>\frac{2\sqrt{2}}{\cos\left(x-\frac{\pi}{4}\right)}$ 在 $x\in\left[0,\frac{\pi}{2}\right]$ 上恒成立，即

$$2\sin x\cos x-(2+a)(\sin x+\cos x)+2a+3>\frac{4}{\sin x+\cos x}$$

在 $x\in[0,\frac{\pi}{2}]$ 上恒成立.

设 $\sin x+\cos x=t$，则 $2\sin x\cos x=t^2-1$，则需使 $t^2-(2+a)t+2a+2>\frac{4}{t}$ 在 $t\in[1,\sqrt{2}]$ 上恒成立，即 $a(2-t)>\frac{(2+t^2)(2-t)}{t}$ 在 $t\in[1,\sqrt{2}]$ 上恒成立.

又因为 $2-t>0$，所以 $a>t+\frac{2}{t}$.

设 $g(t)=t+\frac{2}{t}$，$1\leqslant t_1\leqslant t_2\leqslant\sqrt{2}$，则

$$g(t_1)-g(t_2)=(t_1+\frac{2}{t_1})-(t_2+\frac{2}{t_2})=$$

$$t_1-t_2+\frac{2}{t_1}-\frac{2}{t_2}=$$

$$(t_1-t_2)\frac{t_1t_2-2}{t_1t_2}$$

因为 $1\leqslant t_1<t_2\leqslant\sqrt{2}$，所以 $t_1-t_2<0$，$t_1t_2>0$，$1<t_1t_2<2$，于是 $(t_1-t_2)\frac{t_1t_2-2}{t_1t_2}>0$，则 $g(t_1)>g(t_2)$.

所以当 $t\in[1,\sqrt{2}]$ 时，$g(t)$ 为减函数.

故 $g(t)_{\max}=g(1)=3$，所以 $a>3$.

第27讲　平面向量的基本概念

1.$(5,4)$

2.$(-2,1)$

3.①②

4.$(-7,-\frac{\sqrt{14}}{2})\cup(-\frac{\sqrt{14}}{2},-\frac{1}{2})$　由题意，得 $e_1^2=4$，$e_2^2=1$，$e_1\cdot e_2=2\cdot1\cdot\cos 60^\circ=1$，所以

$$(2te_1+7e_2)(e_1+te_2)=2te_1^2+(2t^2+7)e_1\cdot e_2+7te_2^2=2t^2+15t+7$$

于是 $2t^2+15t+7<0$，所以 $-7<t<-\frac{1}{2}$. 设 $2te_1+7e_2=\lambda(e_1+te_2)(\lambda<0)\Rightarrow\begin{cases}2t=\lambda\\7=t\lambda\end{cases}\Rightarrow 2t^2=7\Rightarrow t=-\frac{\sqrt{14}}{2}$，所以 $\lambda=-\sqrt{14}$. 于是当 $t=-\frac{\sqrt{14}}{2}$ 时，$2te_1+7e_2$ 与 e_1+te_2 的夹角为 π.

所以 t 的取值范围是 $\left(-7,-\frac{\sqrt{14}}{2}\right)\cup\left(-\frac{\sqrt{14}}{2},-\frac{1}{2}\right)$.

5. 16

$(\overrightarrow{OA}+\overrightarrow{OC})\cdot(\overrightarrow{OB}-\overrightarrow{OD})=(\overrightarrow{OE}+\overrightarrow{EA}+\overrightarrow{OE}+\overrightarrow{EC})\cdot(\overrightarrow{OB}-\overrightarrow{OD})=$
$2\overrightarrow{OE}\cdot(\overrightarrow{OB}-\overrightarrow{OD})+(\overrightarrow{EA}+\overrightarrow{EC})\cdot\overrightarrow{DB}=$
$(\overrightarrow{OB}+\overrightarrow{OD})\cdot(\overrightarrow{OB}-\overrightarrow{OD})=16$

6. $\frac{5}{2}$ 如图 1 所示，作 $\overrightarrow{OG}=2\overrightarrow{OA}$，$\overrightarrow{OE}=2\overrightarrow{OB}$，$\overrightarrow{OF}=2\overrightarrow{OA}+2\overrightarrow{OB}$. 点 M，N 为 OF，EF 的中点，则点 P 在 $\triangle MNF$ 内，面积为 $\frac{5}{2}$.

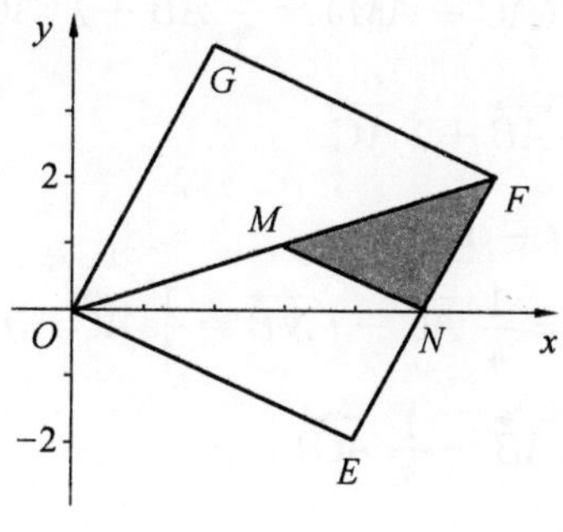

图 1

7. $\left[0,\frac{\pi}{6}\right]$ 因为 $|\overrightarrow{AC}|=\frac{5}{2}$，点 C 在以点 A 为圆心，$\frac{5}{2}$ 为半径的圆周上. 可得 $|\overrightarrow{AB}|=5$，如图 2 所示，当直线 BC 与圆周相切时，$\angle ABC$ 有最大值为 $\frac{\pi}{6}$，当 A,B,C 三点共线时，$\angle ABC$ 有最小值为 0，所以 $\angle ABC$ 的取值范围为 $\left[0,\frac{\pi}{6}\right]$.

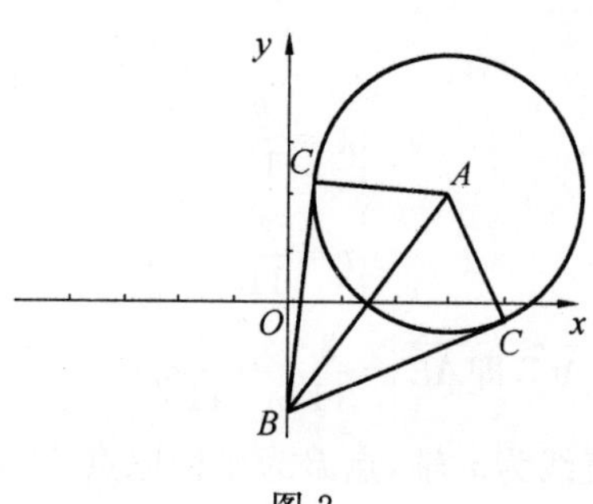

图 2

8. $\frac{1}{4}$　由 $|\overrightarrow{AB}|\leqslant 5$ 与 AC 构成三角形及 $k\in\mathbf{Z}$，知 $k\in\{-4,-3,-2,-1,0,1,3,4\}$，可得$\overrightarrow{BC}=(2-k,0)$. 若$\overrightarrow{AC}$与$\overrightarrow{AB}$垂直，则$k=-2$；若$\overrightarrow{AC}$与$\overrightarrow{BC}$垂直，则 $k=2$(舍去)；若$\overrightarrow{BC}$与$\overrightarrow{AB}$垂直，则 $k=0$，或 $k=2$(舍去).

综上所述，满足要求的 k 有 2 个，所求概率为$\frac{1}{4}$.

9. 由已知，得$\overrightarrow{AM}=\frac{1}{3}\overrightarrow{AB}$，$\overrightarrow{AN}=\frac{1}{4}\overrightarrow{AC}$. 设$\overrightarrow{ME}=\lambda\overrightarrow{MC}$，$\lambda\in\mathbf{R}$，则$\overrightarrow{AE}=\overrightarrow{AM}+\overrightarrow{ME}=\overrightarrow{AM}+\lambda\overrightarrow{MC}$. 而$\overrightarrow{MC}=\overrightarrow{AC}-\overrightarrow{AM}$，所以

$$\overrightarrow{AE}=\overrightarrow{AM}+\lambda(\overrightarrow{AC}-\overrightarrow{AM})=\frac{1}{3}\overrightarrow{AB}+\lambda(\overrightarrow{AC}-\frac{1}{3}\overrightarrow{AB})$$

于是$\overrightarrow{AE}=(\frac{1}{3}-\frac{\lambda}{3})\overrightarrow{AB}+\lambda\overrightarrow{AC}$.

同理，设$\overrightarrow{NE}=t\overrightarrow{NB}$，$t\in\mathbf{R}$，则

$$\overrightarrow{AE}=\overrightarrow{AN}+\overrightarrow{NE}=\frac{1}{4}\overrightarrow{AC}+t\overrightarrow{NB}=\frac{1}{4}\overrightarrow{AC}+t(\overrightarrow{AB}-\overrightarrow{AN})=$$

$$\frac{1}{4}\overrightarrow{AC}+t(\overrightarrow{AB}-\frac{1}{4}\overrightarrow{AC})$$

所以$\overrightarrow{AE}=(\frac{1}{4}-\frac{t}{4})\overrightarrow{AC}+t\overrightarrow{AB}$. 于是

$$(\frac{1}{3}-\frac{\lambda}{3})\overrightarrow{AB}+\lambda\overrightarrow{AC}=(\frac{1}{4}-\frac{t}{4})\overrightarrow{AC}+t\overrightarrow{AB}$$

由$\overrightarrow{AB}$与$\overrightarrow{AC}$是不共线向量，得

$$\begin{cases}\frac{1}{3}-\frac{\lambda}{3}=t\\ \lambda=\frac{1}{4}-\frac{t}{4}\end{cases}$$

解得

$$\begin{cases}\lambda=\frac{2}{11}\\ t=\frac{3}{11}\end{cases}$$

所以$\overrightarrow{AE}=\frac{3}{11}\overrightarrow{AB}+\frac{2}{11}\overrightarrow{AC}$，即$\overrightarrow{AE}=\frac{3}{11}a+\frac{2}{11}b$.

10. 以 BC 所在的直线为 x 轴，点 B 为坐标原点，建立如图 3 所示的平面直角坐标系，则 $B(0,0)$，$C(a,0)$. 设 $A(x,y)$，则 $E(\frac{a+x}{2},\frac{y}{2})$，$F(\frac{x}{2},\frac{y}{2})$，由 b^2+

$c^2=5a^2$ 可得

$$(x-a)^2+y^2+x^2+y^2=5a^2, \Rightarrow x^2-ax+y^2=2a^2$$

因此

$$\overrightarrow{BE}\cdot\overrightarrow{CF}=(\frac{x+a}{2},\frac{y}{2})(\frac{x}{2}-a,\frac{y}{2})=$$
$$\frac{(x+a)(x-2a)}{4}+\frac{y^2}{4}=$$
$$\frac{x^2-ax-2a^2+y^2}{4}=0$$

故 $BE\perp CF$.

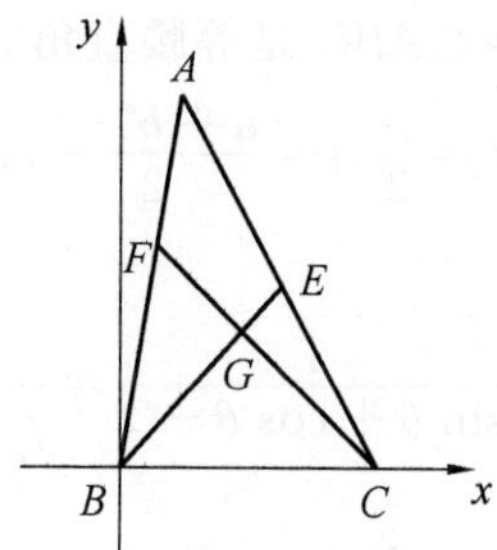

图 3

11. 设所求物体质量为 m kg 时，系统保持平衡，再设 F_1 与竖直方向的夹角为 θ_1，F_2 与竖直方向的夹角为 θ_2，则

$$\begin{cases}4g\sin\theta_1=2g\sin\theta_2 & ①\\ 4g\cos\theta_1+2g\cos\theta_2=mg & ②\end{cases}$$

(其中 g 为重力加速度). 由式 ① 和式 ② 消去 θ_2，得 $m^2-8m\cos\theta_1+12=0$，即

$$m=4\cos\theta_1\pm2\sqrt{4\cos^2\theta_1-3} \qquad ③$$

因为 $\cos\theta_2>0$，由式 ② 知，式 ③ 中 $m=4\cos\theta_1-2\sqrt{4\cos^2\theta_1-3}$ 不符合题意，舍去.

又因为 $4\cos^2\theta_1-3\geqslant0$，解得 $\frac{\sqrt{3}}{2}\leqslant\cos\theta_1\leqslant1$. 经检验，当 $\cos\theta_1=\frac{\sqrt{3}}{2}$ 时，$\cos\theta_2=0$，不符合题意，舍去，所以 $2\sqrt{3}<m<6$.

综上所述，所求物体的质量在 $2\sqrt{3}$ kg 到 6 kg 之间变动时，系统可保持平衡.

第28讲　三角法与向量法证题

1. 等腰直角三角形　由条件

$c=a\sin(90^\circ-B)=a\cos B=a\cdot\dfrac{a^2+c^2-b^2}{2ac}=\dfrac{a^2+c^2-b^2}{2c}\Rightarrow a^2+c^2-b^2=$

$2c^2\Rightarrow a^2=c^2+b^2\Rightarrow\angle A=90^\circ$

$$\left.\begin{array}{l}\dfrac{a}{\sin A}=\dfrac{c}{\sin C}\\ \angle A=90^\circ\Rightarrow\sin A=1\end{array}\right\}\Rightarrow a=\frac{c}{\sin C}\Rightarrow c=a\sin C$$

因为 $b=a\sin C\Rightarrow b=c\Rightarrow\triangle ABC$ 是等腰直角三角形.

2. $\sqrt{2}+1$　由题意,得 $R=\dfrac{c}{2}$,$r=\dfrac{a+b-c}{2}$,(其中 a,b,c 为 $\mathrm{Rt}\triangle ABC$ 的三条边,c 为斜边) 所以

$$\frac{R}{r}=\frac{c}{a+b-c}=\frac{1}{\sin\theta+\cos\theta-1}=\frac{1}{\sqrt{2}\sin(\theta+\frac{\pi}{4})-1}$$

因为 $\sin(\alpha+\frac{\pi}{4})\leqslant 1$,所以 $\dfrac{R}{r}\geqslant\dfrac{1}{\sqrt{2}-1}=\sqrt{2}+1$.

当且仅当 $\theta=\dfrac{\pi}{4}$ 时,$\dfrac{R}{r}$ 的最小值为 $\sqrt{2}+1$.

3. 45°　由 $a^2+c^2=b^2+ac$ 可得 $\dfrac{a^2+c^2-b^2}{2ac}=\dfrac{1}{2}=\cos B$,故 $\angle B=60^\circ$,$\angle A+\angle C=120^\circ$.

由正弦定理,有 $\dfrac{\sin A}{\sin C}=\dfrac{a}{c}=\dfrac{\sqrt{3}+1}{2}$,所以 $\sin A=\dfrac{\sqrt{3}+1}{2}\sin C$.

又 $\sin A=\sin(120^\circ-C)=\dfrac{\sqrt{3}}{2}\cos C+\dfrac{1}{2}\sin C$,于是

$$\frac{\sqrt{3}}{2}\cos C+\frac{1}{2}\sin C=\frac{\sqrt{3}+1}{2}\sin C$$

所以 $\sin C=\cos C$,于是 $\tan C=1$,所以 $\angle C=45^\circ$.

故 $\angle A+\angle C=120^\circ$,$\sin A=\dfrac{\sqrt{3}+1}{2}\sin C$,要求 $\angle C$ 需消去 $\angle A$.

4. $(-1,\dfrac{\sqrt{3}-1}{2}]$

5. $\sqrt{3}$

6. $-\frac{4}{5}$　因为 $\boldsymbol{m}+\boldsymbol{n}=(\cos\theta-\sin\theta+\sqrt{2},\cos\theta+\sin\theta)$，所以

$$|\boldsymbol{m}+\boldsymbol{n}|=\sqrt{(\cos\theta-\sin\theta+\sqrt{2})^2+(\cos\theta+\sin\theta)^2}=$$
$$\sqrt{4+2\sqrt{2}(\cos\theta-\sin\theta)}=$$
$$\sqrt{4+4\cos\left(\theta+\frac{\pi}{4}\right)}=$$
$$2\sqrt{1+\cos\left(\theta+\frac{\pi}{4}\right)}$$

由已知 $|\boldsymbol{m}+\boldsymbol{n}|=\frac{8\sqrt{2}}{5}$，得 $\cos\left(\theta+\frac{\pi}{4}\right)=\frac{7}{25}$. 又 $\cos\left(\theta+\frac{\pi}{4}\right)=2\cos^2\left(\frac{\theta}{2}+\frac{\pi}{8}\right)-1$，所以 $\cos^2\left(\frac{\theta}{2}+\frac{\pi}{8}\right)=\frac{16}{25}$，于是 $\theta\in(\pi,2\pi)$，所以 $\frac{5\pi}{8}<\frac{\theta}{2}+\frac{\pi}{8}<\frac{9\pi}{8}$.

于是 $\cos\left(\frac{\theta}{2}+\frac{\pi}{8}\right)<0$，所以 $\cos\left(\frac{\theta}{2}+\frac{\pi}{8}\right)=-\frac{4}{5}$.

7. $60°$；$\frac{\sqrt{3}}{2}$　因为 a,b,c 成等比数列，所以 $b^2=ac$. 又 $a^2-c^2=ac-bc$，所以

$$b^2+c^2-a^2=bc$$

在 $\triangle ABC$ 中，由余弦定理，得 $\cos A=\frac{b^2+c^2-a^2}{2bc}=\frac{bc}{2bc}=\frac{1}{2}$，所以 $\angle A=60°$.

在 $\triangle ABC$ 中，由正弦定理，得 $\sin B=\frac{b\sin A}{a}$.

因为 $b^2=ac$，$\angle A=60°$，所以 $\frac{b\sin B}{c}=\frac{b^2\sin 60°}{ca}=\sin 60°=\frac{\sqrt{3}}{2}$.

8. $\frac{\sqrt{2}}{2}$　**解法一**　由题设条件，知 $\angle B=60°$，$\angle A+\angle C=120°$.

设 $\alpha=\frac{\angle A-\angle C}{2}$，则 $\angle A-\angle C=2\alpha$，可得 $\angle A=60°+\alpha$，$\angle C=60°-\alpha$，所以

$$\frac{1}{\cos A}+\frac{1}{\cos C}=\frac{1}{\cos(60°+\alpha)}+\frac{1}{\cos(60°-\alpha)}=$$
$$\frac{1}{\frac{1}{2}\cos\alpha-\frac{\sqrt{3}}{2}\sin\alpha}+\frac{1}{\frac{1}{2}\cos\alpha+\frac{\sqrt{3}}{2}\sin\alpha}=$$

$$=\frac{\cos\alpha}{\frac{1}{4}\cos^2\alpha-\frac{3}{4}\sin^2\alpha}=$$

$$\frac{\cos\alpha}{\cos^2\alpha-\frac{3}{4}}$$

依题设条件,有$\frac{\cos\alpha}{\cos^2\alpha-\frac{3}{4}}=-\frac{\sqrt{2}}{\cos B}$,因为$\cos B=\frac{1}{2}$,所以

$$\frac{\cos\alpha}{\cos^2\alpha-\frac{3}{4}}=-2\sqrt{2}$$

整理,得$4\sqrt{2}\cos^2\alpha+2\cos\alpha-3\sqrt{2}=0$,即

$$(2\cos\alpha-\sqrt{2})(2\sqrt{2}\cos\alpha+3)=0$$

因为$2\sqrt{2}\cos\alpha+3\neq 0$,所以$2\cos\alpha-\sqrt{2}=0$.从而得$\cos\frac{A-C}{2}=\frac{\sqrt{2}}{2}$.

解法二　由题设条件,知$\angle B=60°$,$\angle A+\angle C=120°$.

因为$\frac{-\sqrt{2}}{\cos 60°}=-2\sqrt{2}$,所以

$$\frac{1}{\cos A}+\frac{1}{\cos C}=-2\sqrt{2} \qquad ①$$

把式①化为

$$\cos A+\cos C=-2\sqrt{2}\cos A\cos C \qquad ②$$

利用和差化积及积化和差公式,式②可化为

$$2\cos\frac{A+C}{2}\cos\frac{A-C}{2}=-\sqrt{2}[\cos(A+C)+\cos(A-C)] \qquad ③$$

将$\cos\frac{A+C}{2}=\cos 60°=\frac{1}{2}$,$\cos(A+C)=-\frac{1}{2}$代入式③得

$$\cos\frac{A-C}{2}=\frac{\sqrt{2}}{2}-\sqrt{2}\cos(A-C) \qquad ④$$

将$\cos(A-C)=2\cos^2(\frac{A-C}{2})-1$代入④得

$$4\sqrt{2}\cos^2(\frac{A-C}{2})+2\cos\frac{A-C}{2}-3\sqrt{2}=0 \qquad ⑤$$

式⑤可化为

$$(2\cos\frac{A-C}{2}-2\sqrt{2})(2\sqrt{2}\cos\frac{A-C}{2}+3)=0$$

因为 $2\sqrt{2}\cos\dfrac{A-C}{2}+3=0$，所以 $2\cos\dfrac{A-C}{2}-\sqrt{2}=0$，从而得

$$\cos\frac{A-C}{2}=\frac{\sqrt{2}}{2}$$

9.(1) 由 $\cos B=\dfrac{3}{4}$，得

$$\sin B=\sqrt{1-\cos^2 B}=\frac{\sqrt{7}}{4}$$

由 $b^2=ac$ 及正弦定理，得

$$\sin^2 B=\sin A\sin C$$

于是

$$\cot A+\cos C=\frac{\cos A}{\sin A}+\frac{\cos C}{\sin C}=\frac{\sin C\cos A+\cos C\sin A}{\sin A\sin C}=\frac{\sin(A+C)}{\sin A\sin C}=\frac{1}{\sin B}=\frac{4}{7}\sqrt{7}$$

(2) 由 $\overrightarrow{BA}\cdot\overrightarrow{BC}=\dfrac{3}{2}$ 得 $ca\cos B=\dfrac{3}{2}$，由 $\cos B=\dfrac{3}{4}$ ，所以 $ca=2$，即$b^2=2$.

由余弦定理，得 $b^2=a^2+c^2-2ac\cos B$.

所以 $a^2+c^2=5$，故 $a+c=3$.

10.如图1所示，设 $\angle DAB=\alpha$，$AD=a$，$AB=b$. 由面积公式，得

$$S_{\triangle AKN}=\frac{1}{2}AK\cdot AN\sin\alpha$$

$$S_{\triangle BLK}=\frac{1}{2}BL\cdot(b-AK)\cdot\sin\alpha$$

$$S_{\triangle CLM}=\frac{1}{2}(a-BL)(b-MD)\cdot\sin\alpha$$

$$S_{\triangle DMN}=\frac{1}{2}(a-AN)\cdot MD\cdot\sin\alpha$$

$$S_{\square ABCD}=ab\sin\alpha$$

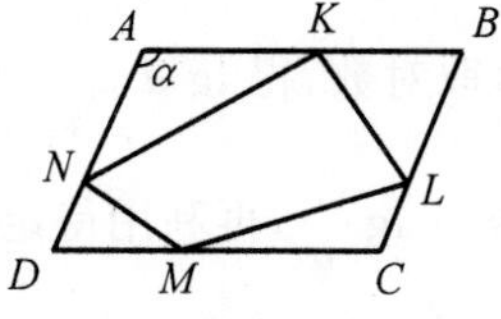

图1

于是

$$S_{\text{四边形}LMNK}=S_{\square ABCD}-(S_{\triangle AKN}+S_{\triangle BLK}+S_{\triangle CLM}+S_{\triangle DMN})=$$
$$\frac{1}{2}ab\sin\alpha\left[1-\frac{(AN-BL)(AK-MD)}{ab}\right]$$

由 $S_{\text{四边形}LMNK}=\frac{1}{2}ab\sin\alpha$，得 $(AN-BL)(AK-MD)=0$.

故 $AN=BL$，或 $AK=MD$，即 $LN /\!/ AB$ 或 $KM /\!/ AD$.

11.(1) 因为

$$y=\cot A+\frac{2\sin[\pi-(B+C)]}{\cos[\pi-(B+C)]+\cos(B-C)}=$$
$$\cot A+\frac{2\sin(B+C)}{-\cos(B+C)+\cos(B-C)}=$$
$$\cot A+\frac{\sin B\cos C+\cos B\sin C}{\sin B\sin C}=$$
$$\cot A+\cot B+\cot C$$

所以任意交换两个角的位置，y 的值不变.

(2) 因为 $\cos(B-C)\leqslant 1$，所以

$$y\geqslant\cot A+\frac{2\sin A}{1+\cos A}=\frac{1-\tan^2\frac{A}{2}}{2\tan\frac{A}{2}}+2\tan\frac{A}{2}=\frac{1}{2}\left(\cot\frac{A}{2}+3\tan\frac{A}{2}\right)\geqslant$$
$$\sqrt{3\tan\frac{A}{2}\cot\frac{A}{2}}=\sqrt{3}$$

故当 $\angle A=\angle B=\angle C=\frac{\pi}{3}$ 时，$y_{\min}=\sqrt{3}$.

本题的第(1)问是一道结论开放型题，y 的表达式的不对称性显示了问题的有趣之处. 第(2)问实际上是一道常见题：在 $\triangle ABC$ 中，求证：$\cot A+\cot B+\cot C\geqslant\sqrt{3}$.

第29讲　数列的通项

1. 由 $a_{n+1}=\frac{1}{a}\cdot a_n^2$ 两边取对数，得 $\lg a_{n+1}=2\lg a_n+\lg\frac{1}{a}$.

令 $b_n=\lg a_n$，则 $b_{n+1}=2b_n+\lg\frac{1}{a}$，再利用待定系数法解得 $a_n=a\left(\frac{1}{a}\right)^{2n-1}$.

2. 由 $a_{n+1}=a_n+\sqrt{a_n}+\frac{1}{4}=\left(\sqrt{a_n}+\frac{1}{2}\right)^2$，$\sqrt{a_{n+1}}=\sqrt{a_n}+\frac{1}{2}$，故数列 $\{\sqrt{a_n}\}$ 是首项为1，公差为 $\frac{1}{2}$ 的等差数列. 所以 $\sqrt{a_n}=\frac{n+1}{2}$，故 $a_n=\left(\frac{n+1}{2}\right)^2$.

3. 由题设条件可化为 $a_n^2 - a_{n-1}^2 = 6a_n - 6a_{n-1} + 7$，配方得

$$(a_n - 3)^2 - (a_{n-1} - 3)^2 = 7$$

所以 $(a_n - 3)^2 = 7n - 3$，故 $a_n = \sqrt{7n-3} + 3$.

4. 易知 $a_n > 0$，构建新数列 $\{\alpha_n\}$，使 $a_n = \tan \alpha_n, \alpha_n \in \left(0, \frac{\pi}{2}\right)$.

$$a_n = \frac{\sqrt{1+\tan^2\alpha_{n-1}} - 1}{\tan \alpha_{n-1}} = \frac{1-\cos\alpha_{n-1}}{\sin\alpha_{n-1}} = \tan\frac{\alpha_{n-1}}{2}$$

所以 $\tan \alpha_n = \tan\frac{\alpha_{n-1}}{2}, \alpha_n = \frac{\alpha_{n-1}}{2}$. 又 $a_0 = 1, a_1 = \sqrt{2} - 1 = \tan\frac{\pi}{8}$，从而 $\alpha_1 = \frac{\pi}{8}$，所以新数列 $\{\alpha_n\}$ 是以 $\frac{\pi}{8}$ 为首项，$\frac{1}{2}$ 为公比的等比数列.

于是 $\alpha_n = \left(\frac{1}{2}\right)^{n-1} \cdot \frac{\pi}{8} = \frac{\pi}{2^{n+2}}$，所以 $a_n = \tan\frac{\pi}{2^{n+2}}$.

5. 由 $a_{n+1} = a_n + \frac{8(n+1)}{(2n+1)^2(2n+3)^2}$ 及 $a_1 = \frac{8}{9}$，得

$$a_2 = a_1 + \frac{8(1+1)}{(2\times1+1)^2(2\times1+3)^2} = \frac{8}{9} + \frac{8\times2}{9\times25} = \frac{24}{25}$$

$$a_3 = a_2 + \frac{8(2+1)}{(2\times2+1)^2(2\times2+3)^2} = \frac{24}{25} + \frac{8\times3}{25\times49} = \frac{48}{49}$$

$$a_4 = a_3 + \frac{8(3+1)}{(2\times3+1)^2(2\times3+3)^2} = \frac{48}{49} + \frac{8\times4}{49\times81} = \frac{80}{81}$$

由此可猜测 $a_n = \frac{(2n+1)^2 - 1}{(2n+1)^2}$，用数学归纳法证明这个结论.

(1) 当 $n=1$ 时，$a_1 = \frac{(2\times1+1)^2-1}{(2\times1+1)^2} = \frac{8}{9}$，所以等式成立.

(2) 假设当 $n=k$ 时等式成立，即 $a_k = \frac{(2k+1)^2-1}{(2k+1)^2}$，则当 $n=k+1$ 时，有

$$a_{k+1} = a_k + \frac{8(k+1)}{(2k+1)^2(2k+3)^2} = \frac{(2k+1)^2-1}{(2k+1)^2} + \frac{8(k+1)}{(2k+1)^2(2k+3)^2} =$$

$$\frac{[(2k+1)^2-1](2k+3)^2+8(k+1)}{(2k+1)^2(2k+3)^2}=$$

$$\frac{(2k+1)^2(2k+3)^2-(2k+3)^2+8(k+1)}{(2k+1)^2(2k+3)^2}=$$

$$\frac{(2k+1)^2(2k+3)^2-(2k+1)^2}{(2k+1)^2(2k+3)^2}=$$

$$\frac{(2k+3)^2-1}{(2k+3)^2}=\frac{[2(k+1)+1]^2-1}{[2(k+1)+1]^2}$$

由此可知,当 $n=k+1$ 时等式也成立.

根据(1)(2) 可知,等式对任何 $n\in\mathbf{N}^*$ 都成立.

6. 令 $b_n=\sqrt{1+24a_n}$,则 $a_n=\frac{1}{24}(b_n^2-1)$,故

$$a_{n+1}=\frac{1}{24}(b_{n+1}^2-1)$$

代入 $a_{n+1}=\frac{1}{16}(1+4a_n+\sqrt{1+24a_n})$ 得

$$\frac{1}{24}(b_{n+1}^2-1)=\frac{1}{16}[1+4\cdot\frac{1}{24}(b_n^2-1)+b_n]$$

即 $4b_{n+1}^2=(b_n+3)^2$.

因为 $b_n=\sqrt{1+24a_n}\geqslant 0$,所以

$$b_{n+1}=\sqrt{1+24a_{n+1}}\geqslant 0$$

则 $2b_{n+1}=b_n+3$,即 $b_{n+1}=\frac{1}{2}b_n+\frac{3}{2}$,可化为

$$b_{n+1}-3=\frac{1}{2}(b_n-3)$$

所以$\{b_n-3\}$是以 $b_1-3=\sqrt{1+24a_1}-3=\sqrt{1+24\times 1}-3=2$ 为首项,以$\frac{1}{2}$为公比的等比数列.因此 $b_n-3=2\times(\frac{1}{2})^{n-1}=(\frac{1}{2})^{n-2}$,则 $b_n=(\frac{1}{2})^{n-2}+3$,即 $\sqrt{1+24a_n}=(\frac{1}{2})^{n-2}+3$,得 $a_n=\frac{2}{3}\times(\frac{1}{4})^n+(\frac{1}{2})^n+\frac{1}{3}$.

7. 这个式子是以三角正切函数为背景,通过计算可知以 3 为周期,易得 $a_{20}=a_2=-\sqrt{3}$.或用三角代换可求得 $a_n=\tan\left(\frac{1-n}{3}\pi\right)$,同理 $a_{20}=-\sqrt{3}$.

8. 令 $b_n=\frac{a_n^2}{4}$,则 $b_{n+1}-b_n=1$,故数列$\{b_n\}$是首项为1,公差为1的等差数列.所以 $b_n=n$.故 $a_n=2\sqrt{n}$.

9. 由题设，得 $a_{n+2}a_{n+1}-a_{n+1}a_n=1$，所以数列 $\{a_{n+1}a_n\}$ 是一个以首项为 1，公差为 1 的等差数列，从而 $a_{n+1}a_n=n(n=1,2,3\cdots)$.

于是

$$a_{n+2}=\frac{n+1}{a_{n+1}}=\frac{n+1}{\frac{n}{a_n}}=\frac{n+1}{n}a_n \quad (n=1,2,3\cdots)$$

所以

$$a_{2\,004}=\frac{2\,003}{2\,002}a_{2\,002n}=\frac{2\,003}{2\,002}\times\frac{2\,001}{2\,000}a_{2\,000}=\cdots=\frac{2\,003}{2\,002}\times\frac{2\,001}{2\,000}\times\cdots\times a_2=$$

$$\frac{3\times5\times\cdots\times2\,003}{2\times4\times\cdots\times2\,002}=\frac{2\,003!}{2\,002!}$$

10. **解法一**　先考虑偶数项有

$$S_{2n}-S_{2n-2}=3\times(-\frac{1}{2})^{2n-1}=-3\times\left(\frac{1}{2}\right)^{2n-1}$$

$$S_{2n-2}-S_{2n-4}=3\times(-\frac{1}{2})^{2n-3}=-3\times(\frac{1}{2})^{2n-3}$$

$$\vdots$$

$$S_4-S_2=2\times(-\frac{1}{2})^3=-3\times(\frac{1}{2})^3$$

所以

$$S_{2n}=S_2-3\left[\left(\frac{1}{2}\right)^{2n-1}+\left(\frac{1}{2}\right)^{2n-3}+\cdots+\left(\frac{1}{2}\right)^3\right]=$$

$$-3\left[\left(\frac{1}{2}\right)^{2n-1}+\left(\frac{1}{2}\right)^{2n-3}+\cdots+\left(\frac{1}{2}\right)^3+\frac{1}{2}\right]=$$

$$-3\times\frac{\frac{1}{2}-\frac{1}{2}\times\left(\frac{1}{4}\right)^n}{1-\frac{1}{4}}=-4[\frac{1}{2}-\frac{1}{2}\times\left(\frac{1}{4}\right)^n]=$$

$$-2+\left(\frac{1}{2}\right)^{2n-1} \quad (n\geqslant1)$$

同理，考虑奇数项有

$$S_{2n+1}-S_{2n-1}=3\left(-\frac{1}{2}\right)^{2n}=3\times(\frac{1}{2})^{2n}$$

$$S_{2n-1}-S_{2n-3}=3\times\left(-\frac{1}{2}\right)^{2n-2}=3\times\left(\frac{1}{2}\right)^{2n-2}$$

$$\vdots$$

$$S_3-S_1=3\times\left(-\frac{1}{2}\right)^2=3\times\left(\frac{1}{2}\right)^2$$

所以

$$S_{2n+1}=S_1+3\left[\left(\frac{1}{2}\right)^{2n}+\left(\frac{1}{2}\right)^{2n-2}+\cdots+\left(\frac{1}{2}\right)^{2}\right]=2-\left(\frac{1}{2}\right)^{2n}\quad(n\geqslant 1)$$

于是

$$a_{2n+1}=S_{2n+1}-S_{2n}=2-\left(\frac{1}{2}\right)^{2n}-\left[-2+\left(\frac{1}{2}\right)^{2n-1}\right]=4-3\times\left(\frac{1}{2}\right)^{2n}\quad(n\geqslant 1)$$

$$a_{2n}=S_{2n}-S_{2n-1}=-2+\left(\frac{1}{2}\right)^{2n}-\left[2-\left(\frac{1}{2}\right)^{2n-1}\right]=-4+3\times\left(\frac{1}{2}\right)^{2n-1}\quad(n\geqslant 1)$$

$$a_1=S_1=1$$

综上所述，得

$$a_n=\begin{cases}4-3\times\left(\dfrac{1}{2}\right)^{n-1} & (n\text{ 为奇数})\\ -4+3\times\left(\dfrac{1}{2}\right)^{n-1} & (n\text{ 为偶数})\end{cases}$$

解法二 因为 $S_n-S_{n-2}=a_n+a_{n-1}$，所以

$$a_n+a_{n-1}=3\times\left(-\frac{1}{2}\right)^{n-1}\quad(n\geqslant 3)\qquad ①$$

式 ① 两边同乘以 $(-1)^n$，可得

$$(-1)^n a_n-(-1)^{n-1}a_{n-1}=3\times(-1)^n\times\left(-\frac{1}{2}\right)^{n-1}=-3\times\left(\frac{1}{2}\right)^{n-1}$$

令 $b_n=(-1)^n a_n$，所以

$$b_n-b_{n-1}=-3\times\left(-\frac{1}{2}\right)^{n-1}\quad(n\geqslant 3)$$

于是

$$b_n-b_{n-1}=-3\times\left(-\frac{1}{2}\right)^{n-1}$$

$$b_{n-1}-b_{n-2}=-3\times\left(-\frac{1}{2}\right)^{n-2}$$

$$\vdots$$

$$b_3-b_2=-3\times\left(-\frac{1}{2}\right)^{2}$$

所以

$$b_n=b_2-3\left[\left(\frac{1}{2}\right)^{n-1}+\left(\frac{1}{2}\right)^{n-2}+\cdots+\left(\frac{1}{2}\right)^{2}\right]=$$

$$b_2-3\times\frac{\dfrac{1}{4}-\dfrac{1}{4}\times\left(\dfrac{1}{2}\right)^{n-2}}{1-\dfrac{1}{2}}=$$

$$b_2-\frac{3}{2}+3\times(\frac{1}{2})^{n-1}\quad(n\geqslant 3)$$

11.已知等式可变形为

$$(n-1)(a_{n+1}-2n)=(n+1)[a_n-2(n-1)]$$

令 $b_n=a_n-2(n-1)$，$(n-1)b_{n+1}=(n+1)b_n$；当 $n\geqslant 2$ 时，$b_{n+1}=\frac{n+1}{n-1}b_n$.

所以当 $n\geqslant 2$ 时，有

$$b_n=\frac{n}{n-2}b_{n-1}=\frac{n}{n-2}\cdot\frac{n-1}{n-3}\cdot b_{n-2}=\cdots=$$

$$\frac{n(n-1)\cdot\cdots\cdot 3}{(n-2)(n-3)\cdot\cdots\cdot 1}\cdot b_2=\frac{n(n-1)}{2}b_2$$

又因为 $b_2=a_2-2$，所以 $b_n=a_n-2(n-1)$. 故

$$a_n=2(n-1)+\frac{n(n-1)}{2}(a_2-2)=(n-1)(\frac{n}{2}a_2-n+2)$$

因为 $a_{100}=10\ 098$，所以 $99(50a_2-100+2)=10\ 098$. 故 $a_2=4$.

所以 $a_n=(n-1)(n+2)(n\geqslant 3)$，在已知等式中，令 $n=1$，可知 $a_1=0$.

又 $a_2=4$，所以 $a_n=(n-1)(n+2)(n\geqslant 1)$ 都成立.

故数列 $\{a_n\}$ 的通项公式为 $a_n=(n-1)(n+2)(n\geqslant 1)$.

第30讲　等差数列及其前 n 项和

1.20　设公差为 d，则 $a_3+a_8=2a_1+9d=10$，所以

$$3a_5+a_7=4a_1+18d=2(2a_1+9d)=20$$

2.-1　由题意，知 $\begin{cases}a_1+a_1+d=6a_1+\frac{6\times 5}{2}d\\ a_1+3d=1\end{cases}$，解得 $\begin{cases}a_1=7\\ d=-2\end{cases}$.

所以 $a_5=a_4+d=1+(-2)=-1$.

3.$\frac{1}{4}$　由已知 $\frac{1}{a_{10}}=\frac{1}{a_1}+(10-1)\times\frac{1}{3}=1+3=4$，所以 $a_{10}=\frac{1}{4}$.

4.60　因为 S_{10}，$S_{20}-S_{10}$，$S_{30}-S_{20}$ 成等差数列，所以 $2(S_{20}-S_{10})=S_{10}+S_{30}-S_{20}$，于是 $40=10+S_{30}-30$，所以 $S_{30}=60$.

5.$3n+2$　设数列 $\{a_n\}$ 的公差为 d，因为 $a_2=8$，$S_{10}=185$，所以 $\begin{cases}a_1+d=8\\ 10a_1+\frac{10\times 9}{2}d=185\end{cases}$，解得 $\begin{cases}a_1=5\\ d=3\end{cases}$.

所以 $a_n=5+(n-1)\times 3=3n+2$，即 $a_n=3n+2$.

6. $504a_1$;1 007 或 1 008;$\{n\mid 1\leqslant n\leqslant 2\,016,n\in\mathbf{N}^*\}$ (1) 设公差为 d，则由 $S_{2\,015}=0\Rightarrow 2\,015a_1+\frac{2\,015\times 2\,014}{2}d=0\Rightarrow a_1+1\,007d=0,d=-\frac{1}{1\,007}a_1$，

$a_1+a_n=\frac{2\,015-n}{1\,007}a_1$，所以

$$S_n=\frac{n}{2}(a_1+a_n)=\frac{n}{2}\cdot\frac{2\,015-n}{1\,007}a_1=\frac{a_1}{2\,014}(2\,015n-n^2).$$

因为 $a_1<0,n\in\mathbf{N}^*$，所以当 $n=1\,007$ 或 $1\,008$ 时，S_n 取最小值 $504a_1$.

(2)$a_n=\frac{1\,008-n}{1\,007}a_1,S_n\leqslant a_n\Leftrightarrow\frac{a_1}{2\,014}(2\,015n-n^2)\leqslant\frac{1\,008-n}{1\,007}a_1$.

因为 $a_1<0$，所以 $n^2-2\,017n+2\,016\leqslant 0$，即 $(n-1)(n-2\,016)\leqslant 0$，解得 $1\leqslant n\leqslant 2\,016$.

故所求 n 的取值集合为 $\{n\mid 1\leqslant n\leqslant 2\,016,n\in\mathbf{N}^*\}$.

7. $\frac{67}{66}$ 设所构成数列 $\{a_n\}$ 的首项为 a_1，公差为 d.

由题意 $\begin{cases}a_1+a_2+a_3+a_4=3\\a_7+a_8+a_9=4\end{cases}$，即 $\begin{cases}4a_1+6d=3\\3a_1+21d=4\end{cases}$，解得 $\begin{cases}a_1=\frac{13}{22}\\d=\frac{7}{66}\end{cases}$.

所以 $a_5=a_1+4d=\frac{13}{22}+4\times\frac{7}{66}=\frac{67}{66}$.

8. a;10;$\frac{n(n+3)}{2}$ (1) 设该等差数列为 $\{a_n\}$，则 $a_1=a,a_2=4,a_3=3a$.

由已知有 $a+3a=8$，得 $a_1=a=2$，公差 $d=4-2=2$，所以

$$S_k=ka_1+\frac{k(k-1)}{2}\cdot d=2k+\frac{k(k-1)}{2}\cdot 2=k^2+k$$

由 $S_k=110$，得 $k^2+k-110=0$，解得 $k=10$ 或 $k=-11$(舍去)，故 $a=2$，$k=10$.

(2) 由(1) 得 $S_n=\frac{n(2+2n)}{2}=n(n+1)$，则 $b_n=\frac{S_n}{n}=n+1$.

故 $b_{n+1}-b_n=(n+2)-(n+1)=1$，即数列 $\{b_n\}$ 是首项为 2，公差为 1 的等差数列，所以 $T_n=\frac{n(2+n+1)}{2}=\frac{n(n+3)}{2}$.

9.(1) 设等差数列 $\{a_n\}$ 的公差为 d，则 $a_2=a_1+d,a_3=a_1+2d$.

由题意，得 $\begin{cases}3a_1+3d=-3\\a_1(a_1+d)(a_1+2d)=8\end{cases}$，解得

$$\begin{cases}a_1=2\\d=-3\end{cases}\text{或}\begin{cases}a_1=-4\\d=3\end{cases}$$

所以由等差数列的通项公式可得

$$a_n=2-3(n-1)=-3n+5\text{ 或 }a_n=-4+3(n-1)=3n-7$$

故 $a_n=-3n+5$ 或 $a_n=3n-7$.

(2) 当 $a_n=-3n+5$ 时,a_2,a_3,a_1 分别为 $-1,-4,2$,不成等比数列;

当 $a_n=3n-7$ 时,a_2,a_3,a_1 分别为 $-1,2,-4$,成等比数列,满足条件.

故

$$|a_n|=|3n-7|=\begin{cases}-3n+7 & (n=1,2)\\3n-7 & (n\geqslant 3)\end{cases}$$

设数列$\{|a_n|\}$的前 n 项和为 S_n.

当 $n=1$ 时,$S_1=|a_1|=4$;当 $n=2$ 时,$S_2=|a_1|+|a_2|=5$;

当 $n\geqslant 3$ 时,有

$$\begin{aligned}S_n=&S_2+|a_3|+|a_4|+\cdots+|a_n|=\\&5+(3\times3-7)+(3\times4-7)+\cdots+(3n-7)=\\&5+\frac{n-2[2+3n-7]}{2}=\\&\frac{3}{2}n^2-\frac{11}{2}n+10\end{aligned}\qquad ①$$

当 $n=2$ 时,满足式 ①.

综上所述,$S_n=\begin{cases}4(n=1)\\\frac{3}{2}n^2-\frac{11}{2}n+10(n\geqslant 2)\end{cases}$.

10.(1) 由题意得$\begin{cases}a_2a_3=45\\a_2+a_3=14\end{cases}$,解得

$$\begin{cases}a_2=5\\a_3=9\end{cases}\text{或}\begin{cases}a_2=9\\a_3=5\end{cases}\quad(\text{与 }d>0\text{ 矛盾,舍去})$$

所以 $d=a_3-a_2=4$,于是

$$a_n=a_2+(n-2)\times d=5+(n-2)\times 4=4n-3$$

(2) 由(1) 可知 $S_n=(2n-1)n$,因为$\{b_n\}$是等差数列,所以

$$b_n=\frac{(2n-1)n}{n+c}=\frac{2n(n-\frac{1}{2})}{n+c}$$

应是关于 n 的一次函数,故 $c=-\frac{1}{2}$.

(3) 由(2)可知 $b_n=2n$,所以

$$f(n)=\frac{b_n}{(n+25)b_{n+1}}=\frac{2n}{(n+25)(2n+2)}=$$

$$\frac{n}{(n+25)(n+1)}=\frac{n}{n^2+26n+25}=$$

$$\frac{1}{n+\frac{25}{n}+26}\leqslant\frac{1}{2\sqrt{25}+26}=\frac{1}{36}$$

当且仅当 $n=\frac{25}{n}$ 即 $n=5$ 时,取等号.

故 $f(n)$ 的最大值为 $\frac{1}{36}$.

11. (1) 设等差数列 $\{a_n\}$ 的公差为 d,由 $m+k=2n$,得 $a_k=2a_n$,因为

$$a_m^2+a_k^2\geqslant\frac{1}{2}(a_m+a_k)^2=2a_n^2$$

$$(a_m a_k)^2\leqslant\left[\left(\frac{a_m+a_k}{2}\right)^2\right]^2=a_n^4$$

所以 $\frac{a_m^2+a_k^2}{(a_m a_k)^2}\geqslant\frac{2a_n^2}{a_n^4}=\frac{2}{a_n^2}$,当且仅当 $d=0$ 时等号成立.

(2) 由(1)的结论,$\frac{1}{a_i^2}+\frac{1}{a_{2n-i}^2}\geqslant\frac{2}{a_n^2}(i=1,2,\cdots,n-1)$ 把这 $n-1$ 个不等式相加,再把所得的结果两边同时加上 $\frac{1}{a_n^2}$ 便得到所证明的结论.当 $d=0$ 时,等号成立.

第31讲　等比数列及其前 n 项和

1. 3　由 $a_3=2S_2+1,a_4=2S_3+1$ 得

$$a_4-a_3=2(S_3-S_2)=2a_3$$

所以 $a_4=3a_3$,故 $q=\frac{a_4}{a_3}=3$.

2. 11　由题意知 $a_3+a_2-2a_1=0$,设公比为 q,则 $a_1(q^2+q-2)=0$. 由 $q^2+q-2=0$ 解得 $q=-2$ 或 $q=1$(舍去),则

$$S_5=\frac{a_1(1-q^5)}{1-q}=\frac{1-(-2)^5}{3}=11$$

3. -2　由已知条件,得 $2S_n=S_{n+1}+S_{n+2}$,即 $2S_n=2S_n+2a_{n+1}+a_{n+2}$,即 $\frac{a_{n+2}}{a_{n+1}}=-2$.

4. $-\frac{7}{8}$　根据等比数列的性质，知 S_3, S_6-S_3, S_9-S_6 成等比数列，即 8，$7-8, S_9-7$ 成等比数列，所以 $(-1)^2=8(S_9-7)$，解得 $S_9=7\frac{1}{8}$. 于是

$$a_4+a_5+\cdots+a_9=S_9-S_3=7\frac{1}{8}-8=-\frac{7}{8}$$

5. $\frac{40}{27}$　设数列 $\{a_n\}$ 的公比为 q.

当 $q=1$ 时，由 $a_1=1$，得 $28S_3=28\times3=84$.

而 $S_6=6$，两者不相等，因此不符合题意.

当 $q\neq1$ 时，由 $28S_3=S_6$ 及首项为 1，得 $\frac{28(1-q^3)}{1-q}=\frac{1-q^6}{1-q}$. 解得 $q=3$. 所以数列 $\{a_n\}$ 的通项公式为 $a_n=3^{n-1}$.

故数列 $\left\{\frac{1}{a_n}\right\}$ 的前 4 项和为 $1+\frac{1}{3}+\frac{1}{9}+\frac{1}{27}=\frac{40}{27}$.

6. q^{m^2}　因为 $b_n=a_{m(n-1)}(q+q^2+\cdots+q^m)$，所以

$$\frac{b_{n+1}}{b_n}=\frac{a_{mn}(q+q^2+\cdots+q^m)}{a_{m(n-1)}(q+q^2+\cdots+q^m)}=\frac{a_{mn}}{a_{m(n-1)}}=q^m\quad（常数）$$

$b_{n+1}-b_n$ 不是常数.

又因为 $c_n=[a_{m(n-1)}]^m q^{1+2+\cdots+m}=[a_{m(n-1)}q\frac{m+1}{2}]^m$，所以

$$\frac{c_{n+1}}{c_n}=[\frac{a_{mn}}{a_{m(n-1)}}]^m=(q^m)^m=q^{m^2}\quad（常数）$$

$c_{n+1}-c_n$ 不是常数.

7. $a_n=\begin{cases}1(n=1)\\2\times3^{n-2}(n\geqslant2)\end{cases}$　由已知 $n\geqslant2$ 时，有

$$a_n=2S_{n-1}\qquad ①$$

当 $n\geqslant3$ 时，有

$$a_{n-1}=2S_{n-2}\qquad ②$$

① − ② 整理得 $\frac{a_n}{a_{n-1}}=3(n\geqslant3)$，所以

$$a_n=\begin{cases}1 & (n=1)\\2\times3^{n-2} & (n\geqslant2)\end{cases}$$

8. $b_n=\frac{1}{3}b_{n-1}(n\geqslant2)$；$\frac{1}{3}$　由已知点 A_n 在 $y^2-x^2=1$ 上知，$a_{n+1}-a_n=1$，所以数列 $\{a_n\}$ 是一个以 2 为首项，以 1 为公差的等差数列，于是

$$a_n = a_1 + (n-1)d = 2 + n - 1 = n + 1$$

因为点(b_n, T_n)在直线$y = -\frac{1}{2}x + 1$上,所以

$$T_n = -\frac{1}{2}b_n + 1 \quad ①$$

于是

$$T_{n-1} = -\frac{1}{2}b_{n-1} + 1 \quad (n \geqslant 2) \quad ②$$

①－②得

$$b_n = -\frac{1}{2}b_n + \frac{1}{2}b_{n-1} \quad (n \geqslant 2)$$

所以$\frac{3}{2}b_n = \frac{1}{2}b_{n-1}$,于是

$$b_n = \frac{1}{3}b_{n-1} \quad (n \geqslant 2)$$

令$n=1$,得$b_1 = -\frac{1}{2}b_1 + 1$,所以$b_1 = \frac{2}{3}$.

故$\{b_n\}$是一个以$\frac{2}{3}$为首项,$\frac{1}{3}$为公比的等比数列.

9.(1) 由$a_1 = 1$及$S_{n+1} = 4a_n + 2$,有$a_1 + a_2 = S_2 = 4a_1 + 2$.
所以$a_2 = 5$,于是$b_1 = a_2 - 2a_1 = 3$.
又

$$\begin{cases} S_{n+1} = 4a_n + 2 & ① \\ S_n = 4a_{n-1} + 2 & ② \end{cases}$$

①－②,得

$$a_{n+1} = 4a_n - 4a_{n-1}$$

所以

$$a_{n+1} - 2a_n = 2(a_n - 2a_{n-1})$$

因为$b_n = a_{n+1} - 2a_n$,所以$b_n = 2b_{n-1}$.
故$\{b_n\}$是以首项$b_1 = 3$,公比为2的等比数列.

(2) 由(1)知$b_n = a_{n+1} - 2a_n = 3 \times 2^{n-1}$,所以$\frac{a_{n+1}}{2^{n+1}} - \frac{a_n}{2^n} = \frac{3}{4}$.

故$\{\frac{a_n}{2^n}\}$是以首项为$\frac{1}{2}$,公差为$\frac{3}{4}$的等差数列.

所以$\frac{a_n}{2^n} = \frac{1}{2} + (n-1) \cdot \frac{3}{4} = \frac{3n-1}{4}$,得$a_n = (3n-1) \cdot 2^{n-2}$.

10.(1) 因为点(S_n,a_{n+1})在直线$y=3x+1$上,所以

$$a_{n+1}=3S_n+1,a_n=3S_{n-1}+1\quad(n>1,且 n\in\mathbf{N}^*)$$

$$a_{n+1}-a_n=3(S_n-S_{n-1})=3a_n$$

所以

$$a_{n+1}=4a_n\quad(n>1)$$

$$a_2=3S_1+1=3a_1+1=3t+1$$

故当$t=1$时,$a_2=4a_1$,数列$\{a_n\}$是等比数列.

(2) 在(1) 的结论下,有

$$a_{n+1}=4a_n,a_{n+1}=4^n$$

$$b_n=\log_4 a_{n+1}=n,c_n=a_n+b_n=4^{n-1}+n$$

$$\begin{aligned}T_n=c_1+c_2+\cdots+c_n=&(4^0+1)+(4^1+2)+\cdots+(4^{n-1}+n)=\\&(1+4+4^2+\cdots+4^{n-1})+(1+2+3+\cdots+n)=\\&\frac{4^n-1}{3}+\frac{n(n+1)}{2}\end{aligned}$$

11.(1) 设等比数列$\{a_n\}$的公比为q.

因为S_3+a_3,S_5+a_5,S_4+a_4成等差数列,所以$S_5+a_5-S_3-a_3=S_4+a_4-S_5-a_5$,即$4a_5=a_3$,于是$q^2=\frac{a_5}{a_3}=\frac{1}{4}$.

又$\{a_n\}$不是递减数列且$a_1=\frac{3}{2}$,所以$q=-\frac{1}{2}$.

故等比数列$\{a_n\}$的通项公式为

$$a_n=\frac{3}{2}\times\left(-\frac{1}{2}\right)^{n-1}=(-1)^{n-1}\times\frac{3}{2^n}$$

(2) 由(1) 得

$$S_n=1-\left(-\frac{1}{2}\right)^n=\begin{cases}1+\frac{1}{2^n} & (n\text{ 为奇数})\\1-\frac{1}{2^n} & (n\text{ 为偶数})\end{cases}$$

当n为奇数时,S_n随n的增大而减小,所以$1<S_n\leqslant S_1=\frac{3}{2}$.故

$$0<S_n-\frac{1}{S_n}\leqslant S_1-\frac{1}{S_1}=\frac{3}{2}-\frac{2}{3}=\frac{5}{6}$$

当n为偶数时,S_n随n的增大而增大,所以$\frac{3}{4}=S_2\leqslant S_n<1$.故

$$0>S_n-\frac{1}{S_n}\geqslant S_2-\frac{1}{S_2}=\frac{3}{4}-\frac{4}{3}=-\frac{7}{12}$$

综上所述,对于 $n\in\mathbf{N}^*$,总有 $-\frac{7}{12}\leqslant S_n-\frac{1}{S_n}\leqslant\frac{5}{6}$.

故数列 $\{T_n\}$ 最大项的值为 $\frac{5}{6}$,最小项的值为 $-\frac{7}{12}$.

第32讲　数列求和

1. 2^n+2n-1　由 $S_n=2a_{n-1}$ 可得 $a_{n+1}=2a_n$,即数列 $\{a_n\}$ 是等比数列,故 $a_n=2^{n-1}$. 又由 $a_k=b_{k+1}-b_k$,得

$$b_n=b_1+a_1+a_2+a_3+\cdots+a_{n-1}=3+\frac{2^{n-1}-1}{2-1}=2^{n-1}+2$$

所以

$$S_n=b_1+b_2+b_3+\cdots+b_n=1+2+2^2+\cdots+2^{n-1}+2n=\frac{2^{n-1}}{2-1}+2n=2^n+2n-1$$

2. 0　设 $S_n=\cos 1^\circ+\cos 2^\circ+\cos 3^\circ+\cdots+\cos 178^\circ+\cos 179^\circ$,因为 $\cos n^\circ=-\cos(180^\circ-n^\circ)$,所以

$$S_n=(\cos 1^\circ+\cos 179^\circ)+(\cos 2^\circ+\cos 178^\circ)+(\cos 3^\circ+\cos 177^\circ)+\cdots+(\cos 89^\circ+\cos 91^\circ)+\cos 90^\circ=0$$

3. 5　设 $S_{2\,002}=a_1+a_2+a_3+\cdots+a_{2\,002}$.

由 $a_1=1,a_2=3,a_3=2,a_{n+2}=a_{n+1}-a_n$ 可得

$$a_4=-1,a_5=-3,a_6=-2$$

$$a_7=1,a_8=3,a_9=2,a_{10}=-1,a_{11}=-3,a_{12}=-2$$

$$\vdots$$

$$a_{6k+1}=1,a_{6k+2}=3,a_{6k+3}=2,a_{6k+4}=-1,a_{6k+5}=-3,a_{6k+6}=-2$$

因为 $a_{6k+1}+a_{6k+2}+a_{6k+3}+a_{6k+4}+a_{6k+5}+a_{6k+6}=0$,所以

$$\begin{aligned}S_{2\,002}&=a_1+a_2+a_3+\cdots+a_{2\,002}=\\&(a_1+a_2+a_3+\cdots+a_6)+(a_7+a_8+\cdots+a_{12})+\cdots+\\&(a_{6k+1}+a_{6k+2}+\cdots+a_{6k+6})+\cdots+\\&(a_{1\,993}+a_{1\,994}+\cdots+a_{1\,998})+\\&a_{1\,999}+a_{2\,000}+a_{2\,001}+a_{2\,002}=\\&a_{1\,999}+a_{2\,000}+a_{2\,001}+a_{2\,002}=\\&a_{6k+1}+a_{6k+2}+a_{6k+3}+a_{6k+4}=5\end{aligned}$$

4. 10　设 $S_n=\log_3 a_1+\log_3 a_2+\cdots+\log_3 a_{10}$.

由等比数列的性质$m+n=p+q\Rightarrow a_m a_n=a_p a_q$和对数的运算性质$\log_a M+\log_a N=\log_a M\cdot N$,得

$$S_n=(\log_3 a_1+\log_3 a_{10})+(\log_3 a_2+\log_3 a_9)+\cdots+(\log_3 a_5+\log_3 a_6)=$$
$$(\log_3 a_1\cdot a_{10})+(\log_3 a_2\cdot a_9)+\cdots+(\log_3 a_5\cdot a_6)=$$
$$\log_3 9+\log_3 9+\cdots+\log_3 9=10$$

5. $\frac{1}{81}(10^{n+1}-10-9n)$　由$\underbrace{111\cdots1}_{k个1}=\frac{1}{9}\times\underbrace{999\cdots9}_{k个1}=\frac{1}{9}(10^k-1)$,所以

$$1+11+111+\cdots+\underbrace{111\cdots1}_{n个1}=$$
$$\frac{1}{9}(10^1-1)+\frac{1}{9}(10^2-1)+\frac{1}{9}(10^3-1)+\cdots+\frac{1}{9}(10^n-1)=$$
$$\frac{1}{9}(10^1+10^2+10^3+\cdots+10^n)-\frac{1}{9}\underbrace{(1+1+1+\cdots+1)}_{n个1}=$$
$$\frac{1}{9}\cdot\frac{10(10^n-1)}{10-1}-\frac{n}{9}=$$
$$\frac{1}{81}(10^{n+1}-10-9n)$$

6. $\frac{13}{3}$　因为

$$(n+1)(a_n-a_{n+1})=8(n+1)[\frac{1}{(n+1)(n+3)}-\frac{1}{(n+2)(n+4)}]=$$
$$8\cdot[\frac{1}{(n+2)(n+4)}+\frac{1}{(n+3)(n+4)}]=$$
$$4\cdot(\frac{1}{n+2}-\frac{1}{n+4})+8(\frac{1}{n+3}-\frac{1}{n+4})$$

所以

$$\sum_{n=1}^{\infty}(n+1)(a_n-a_{n+1})=4\sum_{n=1}^{\infty}(\frac{1}{n+2}-\frac{1}{n+4})+8\sum_{n=1}^{\infty}(\frac{1}{n+3}-\frac{1}{n+4})=$$
$$4\times(\frac{1}{3}+\frac{1}{4})+8\times\frac{1}{4}=\frac{13}{3}$$

7. $\frac{3}{2}n^2+\frac{1}{2}n-\frac{31}{15}+\frac{1}{15}\times4^{n+1}$或$\frac{3}{2}n^2-\frac{5}{2}n+\frac{16}{15}(4^n-1)$若$n$为偶数$2m$,则

$$S_{2m}=1+13+25+\cdots+[6(2m-1)-5]+4^2+4^4+\cdots+4^{2m}=$$
$$6m^2-5m+\frac{16}{15}(4^{2m}-1)$$

$$S_n=\frac{3}{2}n^2-\frac{5}{2}n+\frac{16}{15}(4^n-1)$$

若 n 为奇数 $2m+1$ 时,则

$$S_{2m+1}=S_{2m}+6(2m+1)-5=6m^2+7m+1+\frac{16}{15}(4^{2m}-1)$$

$$S_n=\frac{3}{2}n^2+\frac{1}{2}n-\frac{31}{15}+\frac{1}{15}\times 4^{n+1}$$

8.14　由题设,得 $a_{n+1}^2-a_n^2=2+\frac{1}{a_n^2}$,所以

$$a_{100}^2=a_1^2+(a_2^2-a_1^2)+(a_3^2-a_2^2)+\cdots+(a_{100}^2-a_{99}^2)=$$

$$200+\left[\frac{1}{a_2^2}+\frac{1}{a_3^2}+\cdots+\frac{1}{a_{99}^2}\right]$$

又 $a_{n+1}-a_n=\frac{1}{a_n}>0$,所以数列 $\{a_n\}$ 单调递增.当 $n\geqslant 2$ 时,$a_n\geqslant 2$.

$$200<a_{100}^2<200+\left(\frac{1}{2}\right)^2\times 98=224.5<225$$

因此 $14<a_{100}<15$.所以 a_{100} 的整数部分 $[a_{100}]=14$.

9.(1) 由 $2^{10}S_{30}-(2^{10}+1)S_{20}+S_{10}=0$ 得

$$2^{10}(S_{30}-S_{20})=S_{20}-S_{10}$$

即

$$2^{10}(a_{21}+a_{22}+\cdots+a_{30})=a_{11}+a_{12}+\cdots+a_{20}$$

可得

$$2^{10}\cdot q^{10}(a_{11}+a_{12}+\cdots+a_{20})=a_{11}+a_{12}+\cdots+a_{20}$$

因为 $a_n>0$,所以 $2^{10}q^{10}=1$,解得 $q=\frac{1}{2}$,因此

$$a_n=a_1q^{n-1}=\frac{1}{2^n}\quad(n=1,2,\cdots)$$

(2) 因为 $\{a_n\}$ 是首项为 $\frac{1}{2}$,公比为 $\frac{1}{2}$ 的等比数列,所以

$$S_n=\frac{\frac{1}{2}(1-\frac{1}{2^n})}{1-\frac{1}{2}}=1-\frac{1}{2^n},nS_n=n-\frac{n}{2^n}$$

则数列 $\{nS_n\}$ 的前 n 项和

$$T_n=(1+2+\cdots+n)-\left(\frac{1}{2}+\frac{2}{2^2}+\cdots+\frac{n}{2^n}\right)\qquad ①$$

$$\frac{T_n}{2}=\frac{1}{2}(1+2+\cdots+n)-\left(\frac{1}{2^2}+\frac{2}{2^3}+\cdots+\frac{n-1}{2^n}+\frac{n}{2^{n+1}}\right)\qquad ②$$

①－②,得

$$\frac{T_n}{2}=\frac{1}{2}(1+2+\cdots+n)-(\frac{1}{2}+\frac{1}{2^2}+\cdots+\frac{1}{2^n})+\frac{n}{2^{n+1}}=$$

$$\frac{n(n+1)}{4}-\frac{\frac{1}{2}(1-\frac{1}{2^n})}{1-\frac{1}{2}}+\frac{n}{2^{n+1}}$$

即 $T_n=\frac{n(n+1)}{2}+\frac{1}{2^{n-1}}+\frac{n}{2^n}-2$.

10. (1) 由 $S_1=a_1=1,S_2=1+a_2$,得 $3t(1+a_2)-(2t+3)=3t$. 所以

$$a_2=\frac{2t+3}{3t},\frac{a_2}{a_1}=\frac{2t+3}{3t}$$

又

$$3tS_n-(2t+3)S_{n-1}=3t \quad ①$$

$$3tS_{n-1}-(2t+3)S_{n-2}=3t \quad ②$$

所以 ①－② 得

$$3ta_n-(2t+3)a_{n-1}=0$$

于是

$$\frac{a_n}{a_{n-1}}=\frac{2t+3}{3t} \quad (n=2,3,4\cdots)$$

所以$\{a_n\}$是一个首项为 1,公比为$\frac{2t+3}{3t}$的等比数列.

(2) 由 $f(t)=\frac{2t+3}{3t}=\frac{2}{3}+\frac{1}{t}$,得 $b_n=f(\frac{1}{b_{n-1}})=\frac{2}{3}+b_{n-1}$,所以$\{b_n\}$是一个首项为 1,公差为$\frac{2}{3}$的等差数列. 于是 $b_n=1+\frac{2}{3}(n-1)=\frac{2n+1}{3}$.

(3) 由 $b_n=\frac{2n+1}{3}$,可知$\{b_{2n-1}\}$和$\{b_{2n}\}$是首项分别为 1 和$\frac{5}{3}$,公差均为$\frac{4}{3}$的等差数列,于是 $b_{2n}=\frac{4n+1}{3}$,所以

$$b_1b_2-b_2b_3+b_3b_4-b_4b_5+\cdots+b_{2n-1}b_{2n}-b_{2n}b_{2n+1}=$$

$$b_2(b_1-b_3)+b_4(b_3-b_5)+\cdots+b_{2n}(b_{2n-1}-b_{2n+1})=$$

$$-\frac{4}{3}(b_2+b_4+\cdots+b_{2n})=$$

$$-\frac{4}{3}\cdot\frac{1}{2}n(\frac{5}{3}+\frac{4n+1}{3})=$$

$$-\frac{4}{9}(2n^2+3n)$$

11.(1) 由 $y=\frac{1}{\sqrt{x^2-4}}$ 得 $x^2-4=\frac{1}{y^2}$,所以 $x^2=4+\frac{1}{y^2}$.因为 $x<-2$,所以 $x=-\sqrt{4+\frac{1}{y^2}}$.故 $g(x)=-\sqrt{4+\frac{1}{x^2}}(x>0)$.

(2) 因为点 $An(a_n,-\frac{1}{a_{n+1}})$ 在曲线 $y=g(x)$ 上($n\in \mathbf{N}^*$),所以 $-\frac{1}{a_{n+1}}=g(a_n)=-\sqrt{4+\frac{1}{a_n^2}}$,并且 $a_n>0$.于是 $\frac{1}{a_{n+1}}=\sqrt{4+\frac{1}{a_n^2}}$,所以 $\frac{1}{a_{n+1}^2}-\frac{1}{a_n^2}=4(n\geqslant 1,n\in \mathbf{N})$.故数列 $\{\frac{1}{a_n^2}\}$ 为等差数列.

(3) 因为数列 $\{\frac{1}{a_n^2}\}$ 为等差数列,并且首项为 $\frac{1}{a_1^2}=1$,公差为 4,所以 $\frac{1}{a_n^2}=1+4(n-1)$,所以 $a_n^2=\frac{1}{4n-3}$.因为 $a_n>0$,所以 $a_n=\frac{1}{\sqrt{4n-3}}$.

(4) 由题意,得

$$b_n=\frac{1}{\frac{1}{a_n}+\frac{1}{a_{n+1}}}=\frac{1}{\sqrt{4n-3}+\sqrt{4n+1}}=\frac{\sqrt{4n+1}-\sqrt{4n-3}}{4}$$

所以

$$S_n=b_1+b_2+\cdots+b_n=\frac{\sqrt{5}-1}{4}+\frac{\sqrt{9}-\sqrt{5}}{4}+\cdots+\frac{\sqrt{4n+1}-\sqrt{4n-3}}{4}=\frac{\sqrt{4n+1}-1}{4}$$

第33讲　数列型不等式的放缩

1.　　$a_n=1+\frac{1}{2^a}+\frac{1}{3^a}+\cdots+\frac{1}{n^a}\leqslant 1+\frac{1}{2^2}+\frac{1}{3^2}+\cdots+\frac{1}{n^2}$

又 $k^2=k\cdot k>k(k-1),k\geqslant 2$(只将其中一个 k 变成 $k-1$,进行部分放缩),所以

$$\frac{1}{k^2}<\frac{1}{k(k-1)}=\frac{1}{k-1}-\frac{1}{k}$$

于是

$$a_n\leqslant 1+\frac{1}{2^2}+\frac{1}{3^2}+\cdots+\frac{1}{n^2}<1+(1-\frac{1}{2})+(\frac{1}{2}-\frac{1}{3})+\cdots+(\frac{1}{n-1}-\frac{1}{n})=2-\frac{1}{n}<2$$

2. 观察$(\frac{2}{3})^{n}$的结构，注意到$(\frac{3}{2})^{n}=(1+\frac{1}{2})^{n}$，展开得

$$(1+\frac{1}{2})^{n}=1+C_n^1\cdot\frac{1}{2}+C_n^2\cdot\frac{1}{2^2}+C_n^3\cdot\frac{1}{2^3}+\cdots\geqslant$$

$$1+\frac{n}{2}+\frac{n(n-1)}{8}=$$

$$\frac{(n+1)(n+2)+6}{8}$$

即$(1+\frac{1}{2})^{n}>\frac{(n+1)(n+2)}{8}$，得证.

3. 不等式左边

$$C_n^1+C_n^2+C_n^3+\cdots+C_n^n=2^n-1=1+2+2^2+\cdots+2^{n-1}>$$

$$n\cdot\sqrt[n]{1\cdot 2\cdot 2^2\cdot\cdots\cdot 2^{n-1}}=n\cdot 2^{\frac{n-1}{2}}$$

故原结论成立.

4. (1) $a=1$.

(2) 由 $a_{n+1}=f(a_n)$，得

$$a_{n+1}=a_n-\frac{3}{2}a_n^2=-\frac{3}{2}(a_n-\frac{1}{3})^2+\frac{1}{6}\leqslant\frac{1}{6}\quad(\text{且 } a_n>0)$$

用数学归纳法(只看第二步)：$a_{k+1}=f(a_k)$ 在 $a_k\in(0,\frac{1}{k+1})$ 是增函数，则得

$$a_{k+1}=f(a_k)<f(\frac{1}{k+1})=\frac{1}{k+1}-\frac{3}{2}(\frac{1}{k+1})^2<\frac{1}{k+2}$$

5. (1) 对于 $1<i\leqslant m$ 有

$$A_m^i=m(m-i+1)$$

$$\frac{A_m^i}{m^i}=\frac{m}{m}\cdot\frac{m-1}{m}\cdot\frac{m-i+1}{m}$$

同理

$$\frac{A_n^i}{n^i}=\frac{n}{n}\cdot\frac{n-1}{n}\cdot\frac{n-i+1}{n}$$

由 $m<n$，对整数 $k=1,2,i-1$ 有$\frac{n-k}{n}>\frac{m-k}{m}$，所以

$$\frac{A_n^i}{n^i}>\frac{A_m^i}{m^i}$$

即 $n^iA_m^i<m^iA_n^i$.

(2) 用$\frac{1}{n}$代替 n 得数列$\{b_n\}$：$b_n=(1+n)^{\frac{1}{n}}$ 是单调递减数列；借鉴此结论

可有如下简洁证法：数列$\{(1+n)^{\frac{1}{n}}\}$单调递减，且$1<i\leqslant m<n$，故$(1+m)^{\frac{1}{m}}>(1+n)^{\frac{1}{n}}$，即$(1+m)^{n}>(1+n)^{m}$.

6. 令$a_n=\sqrt[n]{n}=1+h_n$，这里$h_n>0(n>1)$，则

$$n=(1+h_n)^n>\frac{n(n-1)}{2}h_n^2\Rightarrow 0<h_n<\sqrt{\frac{2}{n-1}}\quad (n>1)$$

因此$1<a_n=1+h_n<1+\sqrt{\frac{2}{n-1}}$.

7. 令$a=b+1$，则$b>0$，$a-1=b$，应用二项式定理进行部分放缩有

$$a^n=(b+1)^n=\mathrm{C}_n^0b^n+\mathrm{C}_n^1b^{n-1}+\mathrm{C}_n^2b^{n-2}+\cdots+\mathrm{C}_n^n>\mathrm{C}_n^2b^{n-2}=\frac{n(n-1)}{2}b^2$$

注意到$n\geqslant 2$，$n\in\mathbf{N}$，则$\frac{n(n-1)}{2}b^2\geqslant\frac{n^2b^2}{4}$(证明从略)，因此$a^n>\frac{n^2(a-1)^2}{4}$.

8. 用数学归纳法推出$n=k+1$时的结论$a_{n+1}>1$，仅用归纳假设$a_k>1$及递推式$a_{k+1}=\frac{1}{a_k}+a$是难以证出的，因为a_k出现在分母上，所以可以逆向考虑：$a_{k+1}=\frac{1}{a_k}+a>1\Leftarrow a_k<\frac{1}{1-a}$. 故将原问题转化为证明其加强命题：

对一切正整数n有$1<a_n<\frac{1}{1-a}$.(证明从略)

9. 将问题一般化：先证明其加强命题$x_n\leqslant\frac{n}{2}$. 用数学归纳法，只考虑第二步

$$x_{k+1}=x_k+\frac{x_k^2}{k^2}\leqslant\frac{k}{2}+\frac{1}{k^2}\cdot\left(\frac{k}{2}\right)^2=\frac{k}{2}+\frac{1}{4}<\frac{k+1}{2}$$

因此对一切$x\in\mathbf{N}^*$有$x_n\leqslant\frac{n}{2}$.

10. (1) 略.

(2) $a_n=\frac{2}{3}[2^{n-2}+(-1)^{n-1}]$.

(3) 由于通项中含有$(-1)^n$，很难直接放缩，考虑分项讨论：

当$n\geqslant 3$且n为奇数时，有

$$\frac{1}{a_n}+\frac{1}{a_{n+1}}=\frac{3}{2}\left(\frac{1}{2^{n-2}+1}+\frac{1}{2^{n-1}-1}\right)=\frac{3}{2}\cdot\frac{2^{n-2}+2^{n-1}}{2^{2n-3}+2^{n-1}-2^{n-2}-1}<$$

$$\frac{3}{2}\cdot\frac{2^{n-2}+2^{n-1}}{2^{2n-3}}=\frac{3}{2}\cdot\left(\frac{1}{2^{n-2}}+\frac{1}{2^{n-1}}\right)\quad(\text{减项放缩})$$

于是：

① 当 $m>4$ 且 m 为偶数时，有

$$\frac{1}{a_4}+\frac{1}{a_5}+\cdots+\frac{1}{a_m}=\frac{1}{a_4}+(\frac{1}{a_5}+\frac{1}{a_6})+\cdots+(\frac{1}{a_{m-1}}+\frac{1}{a_m})<$$

$$\frac{1}{2}+\frac{3}{2}(\frac{1}{2^3}+\frac{1}{2^4}+\cdots+\frac{1}{2^{m-2}})=$$

$$\frac{1}{2}+\frac{3}{2}\cdot\frac{1}{4}\cdot(1-\frac{1}{2^{m-4}})<$$

$$\frac{1}{2}+\frac{3}{8}=\frac{7}{8}$$

② 当 $m>4$ 且 m 为奇数时，有

$$\frac{1}{a_4}+\frac{1}{a_5}+\cdots+\frac{1}{a_m}<\frac{1}{a_4}+\frac{1}{a_5}+\cdots+\frac{1}{a_m}+\frac{1}{a_{m+1}}\quad\text{（添项放缩）}$$

由 ① 知$\frac{1}{a_4}+\frac{1}{a_5}+\cdots+\frac{1}{a_m}+\frac{1}{a_{m+1}}<\frac{7}{8}$. 由 ①② 得证.

11.(1) 略.

(2) 由 $g(x)$ 为下凸函数，得

$$\frac{g(p_1)+g(p_2)+\cdots+g(p_{2^n})}{2^n}\geqslant g(\frac{p_1+p_2+\cdots+p_{2^n}}{2^n})$$

又 $p_1+p_2+p_3+\cdots+p_{2^n}=1$，所以

$$p_1\log_2 p_1+p_2\log_2 p_2+p_3\log_2 p_3+\cdots+p_{2^n}\log_2 p_{2^n}\geqslant 2^n g(\frac{1}{2^n})\geqslant -n$$

第 34 讲　数学归纳法

1.36　因为

$$f(1)=36,f(2)=108=3\times36,f(3)=360=10\times36$$

所以 $f(1),f(2),f(3)$ 能被 36 整除，猜想 $f(n)$ 能被 36 整除.

证明当 $n=1,2$ 时，由上得证，设 $n=k(k\geqslant2)$ 时，$f(k)=(2k+7)\cdot3^k+9$ 能被 36 整除，则 $n=k+1$ 时，有

$$f(k+1)-f(k)=(2k+9)\cdot3^{k+1}-(2k+7)\cdot3^k=$$

$$(6k+27)\cdot3^k-(2k+7)\cdot3^k=$$

$$(4k+20)\cdot3^k=36(k+5)\cdot3^{k-2}\quad(k\geqslant2)$$

$$\Rightarrow f(k+1)\text{ 能被 36 整除}$$

因为 $f(1)$ 不能被大于 36 的数整除，所以所求最大的 m 值等于 36.

2. $n=3$　由题意知 $n\geqslant3$，所以应验证 $n=3$.

3. $1+\frac{1}{2^2}+\frac{1}{3^2}+\cdots+\frac{1}{(n+1)^2}<\frac{2n+1}{n+1}(n\in\mathbf{N}^*)$　$1+\frac{1}{2^2}<\frac{3}{2}$,即 $1+\frac{1}{(1+1)^2}<\frac{2\times1+1}{1+1}$.

$1+\frac{1}{2^2}+\frac{1}{3^2}<\frac{5}{3}$,即 $1+\frac{1}{(1+1)^2}+\frac{1}{(2+1)^2}<\frac{2\times2+1}{2+1}$.

归纳为 $1+\frac{1}{2^2}+\frac{1}{3^2}+\cdots+\frac{1}{(n+1)^2}<\frac{2n+1}{n+1}(n\in\mathbf{N}^*)$.

4. $\frac{3}{7},\frac{3}{8},\frac{3}{9},\frac{3}{10};\frac{3}{n+5}$

$$a_2=\frac{3a_1}{a_1+3}=\frac{3\times\frac{1}{2}}{\frac{1}{2}+3}=\frac{3}{7}=\frac{3}{2+5}$$

同理

$$a_3=\frac{3a_2}{a_2+3}=\frac{3}{8}=\frac{3}{3+5},a_4=\frac{3}{9}=\frac{3}{4+5},a_5=\frac{3}{10}=\frac{3}{5+5}$$

猜想 $a_n=\frac{3}{n+5}$.

5. (1) 当 $n=1$ 时,$4^{2\times1+1}+3^{1+2}=91$ 能被 13 整除.

(2) 假设当 $n=k$ 时,$4^{2k+1}+3^{k+2}$ 能被 13 整除,则当 $n=k+1$ 时,有

$$4^{2(k+1)+1}+3^{k+3}=4^{2k+1}\times4^2+3^{k+2}\times3-4^{2k+1}\times3+4^{2k+1}\times3=$$
$$4^{2k+1}\times13+3\times(4^{2k+1}+3^{k+2})$$

因为 $4^{2k+1}\times13$ 能被 13 整除,$4^{2k+1}+3^{k+2}$ 能被 13 整除.所以当 $n=k+1$ 时也成立.

由(1),(2) 知,当 $n\in\mathbf{N}^*$ 时,$4^{2n+1}+3^{n+2}$ 能被 13 整除.

6. (1) 当 $n=2$ 时,$\frac{1}{2+1}+\frac{1}{2+2}=\frac{7}{12}>\frac{13}{24}$.

(2) 假设当 $n=k$ 时成立,即

$$\frac{1}{k+1}+\frac{1}{k+2}+\cdots+\frac{1}{2k}>\frac{13}{24}$$

则当 $n=k+1$ 时,有

$$\frac{1}{k+2}+\frac{1}{k+3}+\cdots+\frac{1}{2k}+\frac{1}{2k+1}+\frac{1}{2k+2}+\frac{1}{k+1}-\frac{1}{k+1}>$$
$$\frac{13}{24}+\frac{1}{2k+1}+\frac{1}{2k+2}-\frac{1}{k+1}=\frac{13}{24}+\frac{1}{2k+1}-\frac{1}{2k+2}=$$
$$\frac{13}{24}+\frac{1}{2(2k+1)(k+1)}>\frac{13}{24}$$

7.(1) 设数列$\{b_n\}$的公差为d,由题意,得

$$\begin{cases}b_1=1\\10b_1+\frac{10(10-1)}{2}d=145\end{cases}\Rightarrow\begin{cases}b_1=1\\d=3\end{cases}$$

所以$b_n=3n-2$.

(2) 由$b_n=3n-2$知

$$S_n=\log_a(1+1)+\log_a(1+\frac{1}{4})+\cdots+\log_a(1+\frac{1}{3n-2})=$$

$$\log_a[(1+1)(1+\frac{1}{4})\cdots(1+\frac{1}{3n-2})]$$

而$\frac{1}{3}\log_a b_{n+1}=\log_a\sqrt[3]{3n+1}$,于是,比较$S_n$与$\frac{1}{3}\log_a b_{n+1}$的大小$\Leftrightarrow$比较$(1+1)(1+\frac{1}{4})\cdots(1+\frac{1}{3n-2})$与$\sqrt[3]{3n+1}$的大小.

取$n=1$,有$(1+1)=\sqrt[3]{8}>\sqrt[3]{4}=\sqrt[3]{3\times1+1}$.

取$n=2$,有$(1+1)(1+\frac{1}{4})>\sqrt[3]{8}>\sqrt[3]{7}=\sqrt[3]{3\times2+1}$.

推测

$$(1+1)(1+\frac{1}{4})\cdots(1+\frac{1}{3n-2})>\sqrt[3]{3n+1} \qquad ①$$

① 当$n=1$时,已验证式①成立.

② 假设$n=k(k\geqslant1)$时式①成立,即

$$(1+1)(1+\frac{1}{4})\cdots(1+\frac{1}{3k-2})>\sqrt[3]{3k+1}$$

则当$n=k+1$时,有

$$(1+1)(1+\frac{1}{4})\cdots(1+\frac{1}{3k-2})[1+\frac{1}{3(k+1)-2}]>$$

$$\sqrt[3]{3k+1}(1+\frac{1}{3k+1})=\frac{3k+2}{3k+1}\sqrt[3]{3k+1}$$

因为

$$\left(\frac{3k+2}{3k+1}\cdot\sqrt[3]{3k+1}\right)^3-(\sqrt[3]{3k+4})^3=\frac{(3k+2)^3-(3k+4)(3k+1)^2}{(3k+1)^2}=$$

$$\frac{9k+4}{(3k+1)^2}>0$$

所以

$$\frac{\sqrt[3]{3k+1}}{3k+1}(3k+2)>\sqrt[3]{3k+4}=\sqrt[3]{3(k+1)+1}$$

从而$(1+1)(1+\frac{1}{4})\cdots(1+\frac{1}{3k-2})(1+\frac{1}{3k-1})>\sqrt[3]{3(k+1)+1}$,即当$n=k+1$时,式 ① 成立.

由 ①② 知,式 ① 对任意的正整数 n 都成立.

于是,当 $a>1$ 时,$S_n>\frac{1}{3}\log_a b_{n+1}$;当 $0<a<1$ 时,$S_n<\frac{1}{3}\log_a b_{n+1}$.

8. 因为 $a_1\cdot a_2=-q$,$a_1=2$,$a_2\neq 0$,所以 $q\neq 0$,$a_2=-\frac{q}{2}$.

因为

$$a_n\cdot a_{n+1}=-q^n \quad ①$$

$$a_{n+1}\cdot a_{n+2}=-q^{n+1} \quad ②$$

$\frac{①}{②}$,得$\frac{a_n}{a_{n+2}}=\frac{1}{q}$,即 $a_{n+2}=q\cdot a_n$.

于是,$a_1=2$,$a_3=2\cdot q$,$a_5=2\cdot q^n\cdots$,猜想

$$a_{2n+1}=-\frac{1}{2}q^n \quad (n=1,2,3,\cdots)$$

综合 ①②,猜想通项公式为

$$a_n=\begin{cases}2\cdot q^{k-1} & (n=2k-1\text{ 时},k\in\mathbf{N})\\ -\frac{1}{2}q^k & (n=2k\text{ 时},k\in\mathbf{N})\end{cases}$$

下面证明:(1) 当 $n=1,2$ 时,猜想成立.

(2) 设 $n=2k-1$ 时,$a_{2k-1}=2\cdot q^{k-1}$,则 $n=2k+1$ 时,由 $a_{2k+1}=q\cdot a_{2k-1}$,所以 $a_{2k+1}=2\cdot q^k$,即 $n=2k-1$ 成立.

可推知 $n=2k+1$ 也成立.

设 $n=2k$ 时,$a_{2k}=-\frac{1}{2}q^k$,则 $n=2k+2$ 时,由 $a_{2k+2}=q\cdot a_{2k}$,所以 $a_{2k+2}=-\frac{1}{2}q^k+1$,这说明 $n=2k$ 成立,可推知 $n=2k+2$ 也成立.

综上所述,对一切自然数 n,猜想都成立.

因此所求的通项公式为

$$a_n=\begin{cases}2\cdot q^{k-1} & (\text{当 } n=2k-1\text{ 时},k\in\mathbf{N})\\ -\frac{1}{2}q^k & (\text{当 } n=2k\text{ 时},k\in\mathbf{N})\end{cases}$$

$$S_{2n}=(a_1+a_3\cdots+a_{2n-1})+(a_2+a_4+\cdots+a_{2n})=$$

$$2(1+q+q^2+\cdots+q^{n-1})-\frac{1}{2}(q+q^2+\cdots+q^n)=$$

$$\frac{2(1-q^n)}{1-q}-\frac{1}{2}\cdot\frac{q(1-q^n)}{1-q}=$$

$$(\frac{1-q^n}{1-q})(\frac{4-q}{2})$$

由 $|q|<1$，所以 $\lim\limits_{n\to\infty}q^n=0$，故 $\lim\limits_{n\to\infty}S_{2n}=(\frac{1-q^n}{1-q})(\frac{4-q}{2})$.

依题意，知 $\frac{4-q}{2(1-q)}<3$，并注意 $1-q>0$，$|q|<1$，解得 $-1<q<0$ 或 $0<q<\frac{2}{5}$.

9. 设这些半圆最多互相分成 $f(n)$ 段圆弧，则

$$f(1)=1, f(2)=4=2^2, f(3)=9=3^3$$

猜想：$f(n)=n^2$，用数学归纳法证明如下：

(1) 当 $n=1$ 时，猜想显然成立.

(2) 假设 $n=k$ 时，猜想正确，即 $f(k)=k^2$，则当 $n=k+1$ 时，我们作出第 $k+1$ 个圆，它与前 k 个半圆均相交，最多新增 k 个交点，第 $k+1$ 个半圆自身被分成了 $k+1$ 段弧，同时前 k 个半圆又各多分出 1 段弧，故

$$f(k+1)=f(k)+k+k+1=k^2+2k+1=(k+1)^2$$

即 $n=k+1$ 时，猜想也正确.

所以对一切正整数 n，$f(n)=n^2$.

10. **证法一** (1) 当 $n=8$ 时，结论显然成立.

(2) 假设当 $n=k(k>7, k\in \mathbf{N})$ 时命题成立.

若这 k 分邮资全用 3 分票支付，则至少有 3 张，将 3 张 3 分票换成 2 张 5 分票就可支付 $k+1$ 分邮资；

若这 k 分邮资中至少有一张 5 分票，只要将一张 5 分票换成 2 张 3 分票就仍可支付 $k+1$ 分邮资.

故当 $n=k+1$ 时，命题也成立.

综上所述，对 $n>7$ 的任何自然数命题都成立.

证法二 (1) 当 $n=8,9,10$ 时，由 $8=3+5$，$9=3+3+3$，$10=5+5$ 知命题成立.

(2) 假设当 $n=k(k>7, k\in \mathbf{N})$ 时命题成立. 则当 $n=k+3$ 时，由(1)及归纳假设显然成立. 证毕.

11. 当 $n=1$ 时，$a=x_1$，不等式写为 $\frac{1+x_1}{1+x_1}\leqslant 1+\frac{1}{(1+x_1)^2}(x_1-x_1)$，它当然成立，且为等式.

设命题在$n-1$时成立,考虑n的情形,由于不等式关于$x_1,x_2,\cdots,x_n$是循环对称的,不妨设$x_n=\max\{x_1,x_2,\cdots,x_n\}$,于是$a=\min\{x_1,x_2,\cdots,x_n\}=\min\{x_1,x_2,\cdots,x_{n-1}\}$.

由归纳假设,得

$$\sum_{i=1}^{n}\frac{1+x_j}{1+x_{j+1}}=\frac{1+x_1}{1+x_2}+\cdots+\frac{1+x_{n-2}}{1+x_{n-1}}+\frac{1+x_{n-1}}{1+x_n}+\frac{1+x_n}{1+x_1}\leqslant$$

$$n-1+\frac{1}{(1+a)^2}\sum_{j=1}^{n-1}(x_j-a)^2-\frac{1+x_{n-1}}{1+x_1}+\frac{1+x_{n-1}}{1+x_n}+\frac{1+x_n}{1+x_1}$$

因此,只需证明

$$-1+\frac{x_n-x_{n-1}}{1+x_1}+\frac{1+x_{n-1}}{1+x_n}\leqslant\frac{(x_n-a)^2}{(1+a)^2} \quad ①$$

式①左边为

$$\frac{x_n-x_{n-1}}{1+x_1}+\frac{x_{n-1}-x_n}{1+x_n}=\frac{(x_n-x_1)(x_n-x_{n-1})}{(1+x_1)(1+x_n)}\leqslant\frac{(x_n-a)^2}{(1+a)^2}$$

这就证明了不等式成立.

又等号成立当且仅当式①取等号,即$x_n=a$,自然有$x_1=x_2=\cdots=x_n$.

第35讲　全等与相似三角形

1. 易得$\text{Rt}\triangle ABE\cong\text{Rt}\triangle ACF$,从而$AE=AF$,于是$\text{Rt}\triangle AHE\cong\text{Rt}\triangle AHF$,所以$AH$平分$\angle BAC$.

2. 设$PC=x,PA=y,\triangle PCA\backsim\triangle PBD$,$\frac{x}{y+35}=\frac{1}{2}$,$\frac{y}{x+50}=\frac{1}{2}$.

解之得$x=40,y=45,PT=60$ cm.

3. 如图1所示,设BD与AH交于点Q,则由$AC=AD,AH\perp CD$,得$\angle ACQ=\angle ADQ$. 又$AB=AD$,所以$\angle ADQ=\angle ABQ$. 从而,$\angle ABQ=\angle ACQ$. 可知A,B,C,Q四点共圆. 因为$\angle APC=90^\circ+\angle PCH=\angle BCD$,

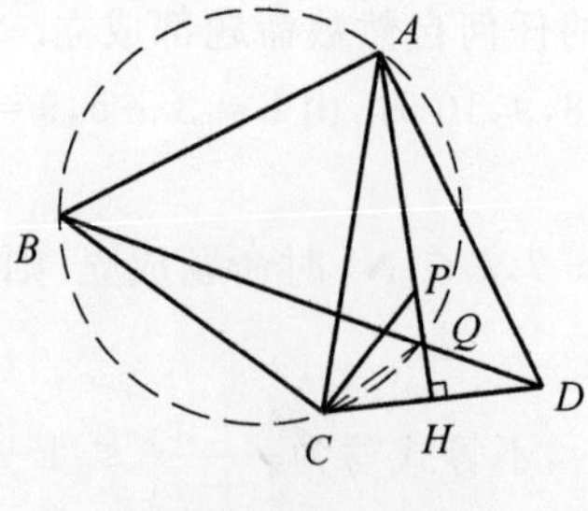

图1

$\angle CBQ=\angle CAQ$,所以 $\triangle APC \backsim \triangle BCD$. 所以 $AC \cdot BC=AP \cdot BD$. 于是,$S_{\triangle ABC}=\frac{\sqrt{3}}{4}AC \cdot BC=\frac{\sqrt{3}}{4}AP \cdot BD$.

4. 如图 2 所示,联结 AD,DB,因为 AB 为直径,$DE \perp AB$,由相交弦定理得 $DE^2=AE \cdot EB$. 设 $BE=x$,$AE=4x$,所以 $DE=2x$.

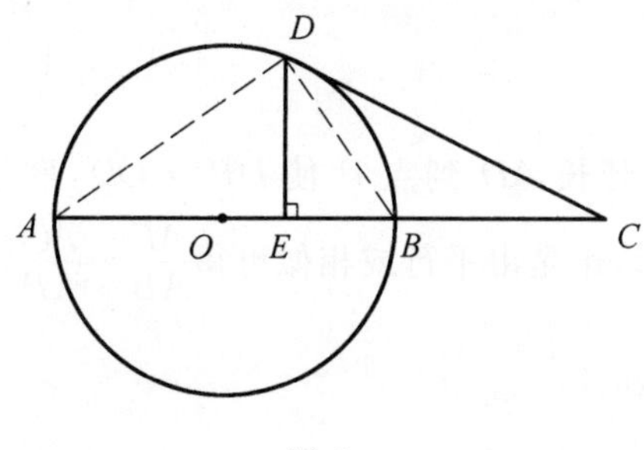

图 2

在 $\mathrm{Rt}\triangle DEB$ 中,$DB=\sqrt{5}x$.

在 $\mathrm{Rt}\triangle ADE$ 中,$AD=2\sqrt{5}x$.

在 $\triangle ADC$ 和 $\triangle DBC$ 中,有

$$\angle CDB=\angle A,\angle DCB=\angle ACD$$

所以 $\triangle ADC \backsim \triangle DBC$,$\frac{BC}{DC}=\frac{DB}{AD}=\frac{\sqrt{5}x}{2\sqrt{5}x}=\frac{1}{2}$.

故 $BC=\frac{1}{2}CD=\frac{1}{2}\times 2=1$.

(或设 $BE=x$,则 $AE=4x$,$DE=2x$. 设 $BC=y$,由切割线定理、勾股定理得 $(2x)^2+(x+y)^2=2^2$,$y(5x+y)=4$,解之得 $x=\frac{3}{5}$,$y=1$. 所以 $BC=1$.)

5. 显然 $AM=AN$. 利用角平分线的对称性,可以添加辅助线构造全等和相似三角形,从而解决问题,也可以添加辅助圆来解决问题.

6. 当点 A 运动到使 $\angle BAP=\angle CAQ$ 时,$\triangle ABC$ 为等腰三角形.

如图 3 所示,分别过点 P,B 作 AC,AQ 的平行线的交点 D,联结 DA.

在 $\triangle DBP$ 与 $\triangle AQC$ 中,显然 $\angle DBP=\angle AQC$,$\angle DPB=\angle C$. 由 $BP=CQ$,可知 $\triangle DBP \cong \triangle AQC$,有 $DP=AC$,$\angle BDP=\angle QAC$. 于是,$DA \parallel BP$,$\angle BAP=\angle BDP$. 则 A,D,B,P 四点共圆,且四边形 $ADBP$ 为等腰梯形. 故 $AB=DP$. 所以 $AB=AC$.

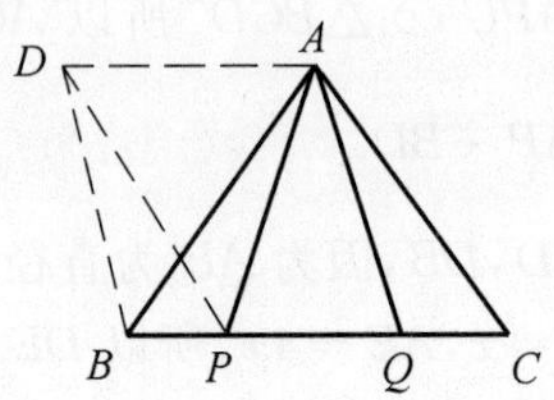

图 3

7. 如图 4 所示，延长 AD 到点 P 使 $DP=OD$，联结 BP，CP，则四边形 $BPCO$ 是平行四边形，于是由平行或相似可得 $\frac{AF}{AB}=\frac{AO}{AP}$，$\frac{AE}{AC}=\frac{AO}{AP}$，从而 $\frac{AF}{AB}=\frac{AE}{AC}$，所以 $EF \parallel BC$.

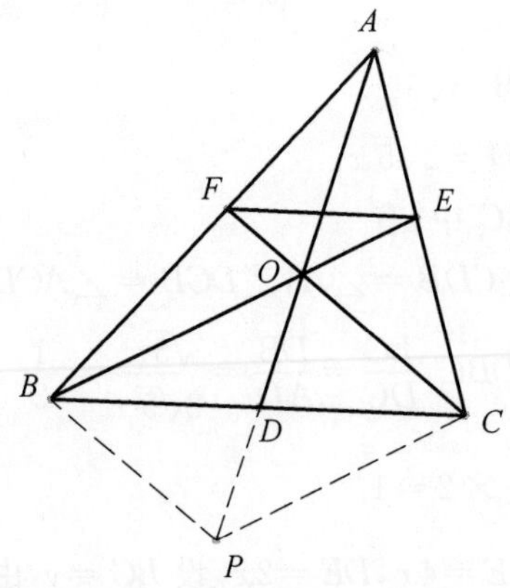

图 4

8. 以 BC 为边在 $\triangle ABC$ 外作正 $\triangle KBC$，联结 KM，可得 $\triangle KBM \cong \triangle BAC$，从而 $KM=KB=KC$，计算得 $\angle AMC=30°$.

9. 显然 $\mathrm{Rt}\triangle CBE \backsim \mathrm{Rt}\triangle CDF$，则 $\frac{CB}{CD}=\frac{BE}{DF}$，于是可得 $AD \cdot DF=AB \cdot BE$. 又

$$\begin{aligned}AC^2 = AE^2 + CE^2 = AE^2 + CB^2 - BE^2 &= \\ (AE+BE)(AE-BE)+AD^2 &= \\ AB(AE+BE)+AD^2 &= \\ AB \cdot AE + AD \cdot DF + AD^2 &= \\ AB \cdot AE + AD \cdot AF &\end{aligned}$$

所以得证.

10. 以 BE 为半径作辅助圆圆 E，交 AE 及其延长线于点 N,M，由 $\triangle ANC \backsim \triangle ABM$，证 $AB \cdot AC = AN \cdot AM$.

11. 过点 C 作 PA 的平行线交 BA 的延长线于点 D. 由正弦定理，易证 $\triangle ACD \backsim \triangle PBA$. 从而 $\angle ACB = 75°$.

第 36 讲　圆中的比例线段与根轴

1. 如图 1 所示，在 $\mathrm{Rt}\triangle ABC$ 中，$\angle ACB = 90°$，作 $\mathrm{Rt}\triangle ABC$ 的外接圆，CD 是斜边 AB 上的高，延长 CD 交外接圆于点 E. 由相交弦定理，得 $AD \cdot DB = CD \cdot DE$，因为 $CD = DE$，所以 $CD^2 = AD \cdot DB$.

又因为 BC 是外接圆的直径，所以 AC 切圆 BDC 于点 C. 由切割线定理，有 $AC^2 = AD \cdot AB$. 同理 $BC^2 = BD \cdot BA$.

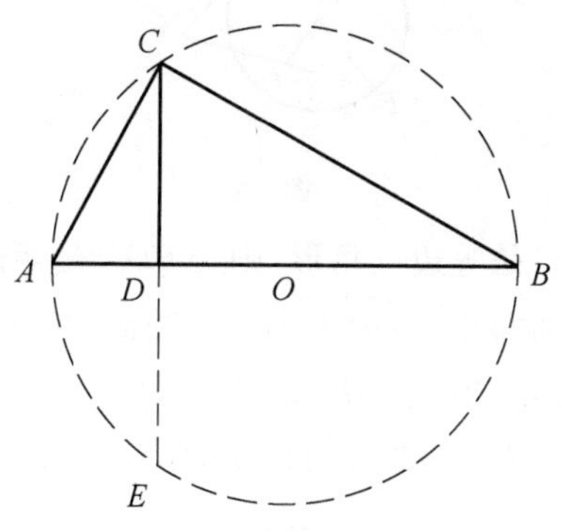

图 1

2. 如图 2 所示，在 $\mathrm{Rt}\triangle OPM$ 中，$PO^2 = OM^2 + PM^2$，即 $(8+R)^2 = R^2 + 12^2$，解得 $R = 5$. 故圆 O 的直径为 10.（或由切割线定理，得 $12^2 = 8(8+2R)$，$2R = 10$.）

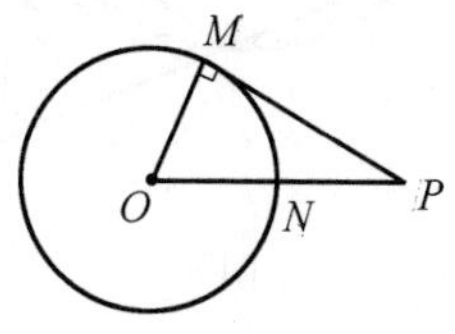

图 2

3. 设 $\angle FBE = x°$，则 $\angle FDE = x°$，$\angle BDE = 60°$，所以由 $\angle BDF = 60°$，得 $\angle ABD = \angle BDF - \angle A = 32°$，所以 $\angle BFD = 32°$. 但 $\angle BFD = \angle FBE + \angle C$，

即 $32 = x + 30$，所以 $x = 2$. 故 $\angle FBE = 2^\circ$.

4. 图中有 3 个与 $\triangle MPB$ 相似的三角形. 由题意，得 $PM^2 = MT^2 = MB \cdot MA$，所以 $\triangle PMB \backsim \triangle AMP$. 于是 $\angle MAC = \angle BPM$，所以

$$\angle BPM = \angle BDC, DC \parallel MP$$

设 DC 交 AM 于点 E，则 $\triangle PMB \backsim \triangle DEB$，且 $\triangle AEC \backsim \triangle AMP \backsim \triangle PMB$. 结论得证.

5. 如图 3 所示，延长 BD 与圆 O 交于点 E，于是 $BA^2 = BC \cdot BE$，所以 $BE = 12$.

于是 $DE = 6$. 取 CE 的中点 G，联结 OG，则 $DG = 1.5$，所以 $OG^2 = 2^2 - (\frac{3}{2})^2 = \frac{7}{4}$. 所以 $OE^2 = OG^2 + GE^2 = 22$，即 $OE = \sqrt{22}$.

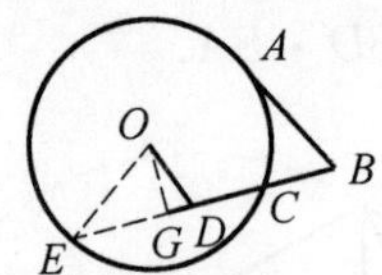

图 3

6. 首先证明 $\triangle ABC$ 是等边三角形，则 $\triangle EDC$ 是等边三角形，边长是 2，而 $\overset{\frown}{BE}$ 和弦 BE 围成部分的面积 $= \overset{\frown}{DE}$ 和弦 DE 围成部分的面积. 据此即可求解. 如图 4 所示，联结 AE，因为 AB 是直径，所以 $\angle AEB = 90^\circ$. 又因为 $\angle BED = 120^\circ$，所以 $\angle AED = 30^\circ$，所以 $\angle AOD = 2\angle AED = 60^\circ$.

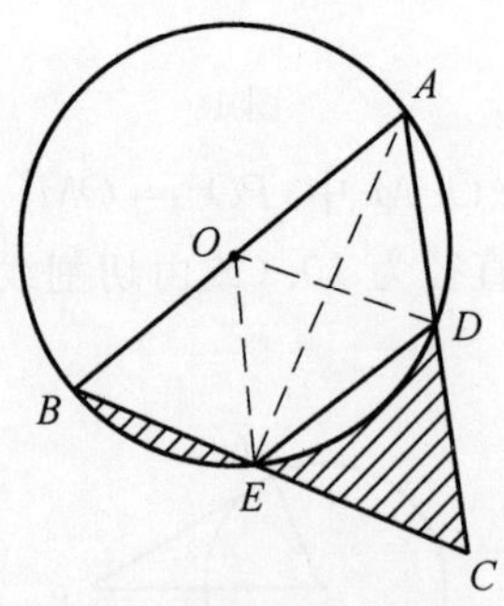

图 4

因为 $OA = OD$，所以 $\triangle AOD$ 是等边三角形，于是 $\angle A = 60^\circ$.

因为点 E 为 BC 的中点，$\angle AEB = 90^\circ$，所以 $AB = AC$，所以 $\triangle ABC$ 是等边三角形，边长是 4. $\triangle EDC$ 是等边三角形，边长是 2. 所以 $\angle BOE = \angle EOD = 60^\circ$.

故$\overset{\frown}{BE}$和弦 BE 围成部分的面积 $=\overset{\frown}{DE}$ 和弦 DE 围成部分的面积.

所以阴影部分的面积 $=S_{\triangle EDC}=\frac{\sqrt{3}}{4}\times 2^2=\sqrt{3}$.

7. 如图 5 所示，联结 MN，则由 $BM\cdot BA=BN\cdot BC$，得 $\triangle BMN\backsim\triangle BAC$，所以 $MN:BN=AC:AB=\frac{1}{2}$. 因为 CM 平分 $\angle ACB$，所以 $MN=AM$. 故$BN=2AM$.

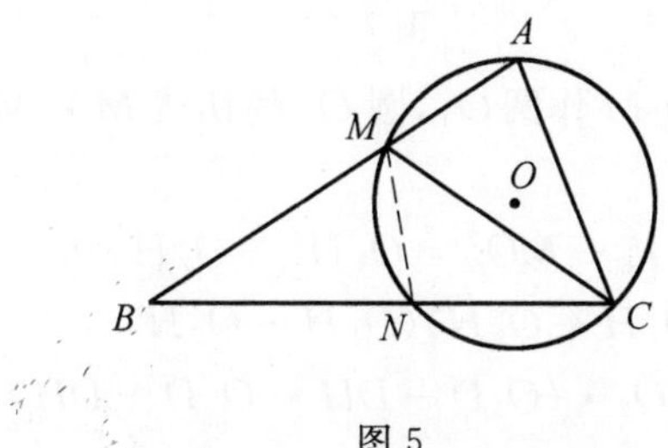

图 5

8. 如图 6 所示，设 PO 的延长线与圆 O 交于点 D，联结 OA，则

$$PA^2=PC\cdot PD \quad ①$$

把 $PA=12$，$PC=6$，代入式 ①，得 $PD=24$，于是 $CD=18$，$OC=9$. 因为 $OA\perp PA$，$CE\perp PA$，所以

$$PC:PO=CE:AO \quad ②$$

以 $PC=6$，$PO=15$，$OA=9$ 代入式 ②，得 $CE=\frac{18}{5}$ cm.

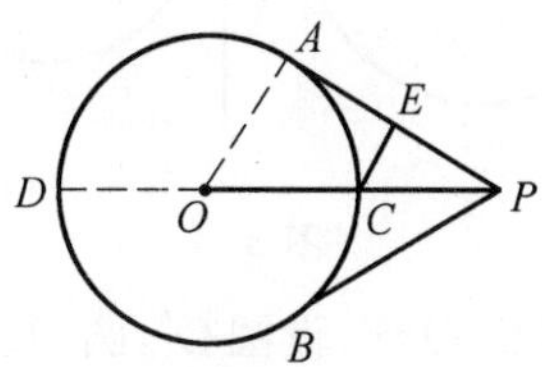

图 6

9. 如图 7 所示，联结 PA，PB，PC.

则 $\angle APB=90°$，$\angle APC=90°$，所以 C，P，B 三点在一条直线上. 由 $OA\perp AB$，知 $\triangle ABC$ 是直角三角形. 所以 $\triangle CAP\backsim\triangle CBA$. 于是 $CA^2=CP\cdot CB$，但 CT 为圆 O' 的切线，所以 $CT^2=CP\cdot CB$. 故 $CT=CA$.

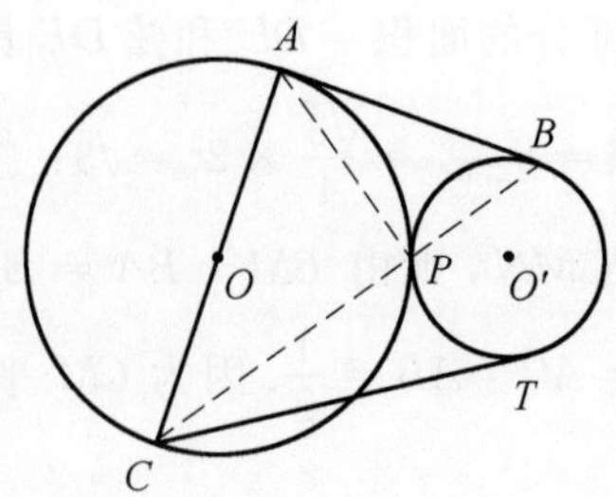

图 7

10. 如图 8 所示，过点 M 作圆 O_1，圆 O_2 的切线 MA，MB，切点为 A，B. 由题意，得

$$\begin{aligned}&MO_1^2-MO_2^2=O_1H^2-O_2H^2=\\&(O_1H+O_2H)(O_1H-O_2H)=\\&O_1O_2\cdot(O_1D+DH-O_2D+DH)=\\&2O_1O_2\cdot DH=r_1^2-r_2^2\end{aligned}$$

所以 $MO_1^2-O_1A^2=MO_2^2-O_2B^2$，即 $MA=MB$.

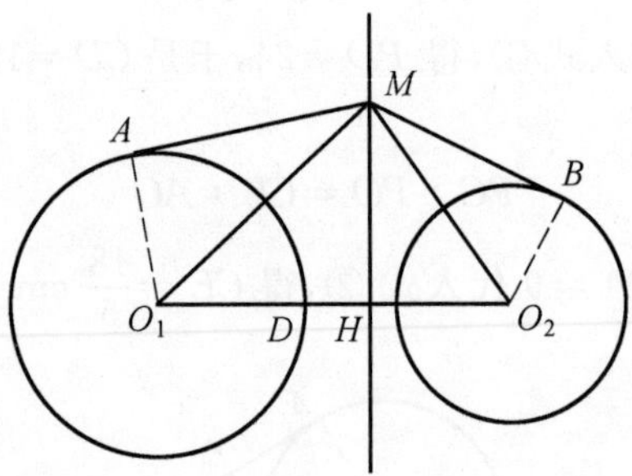

图 8

11. 如图 9 所示，联结 $O'E$，$O''F$，设圆 O'，圆 O'' 的半径分别为 R_1，R_2，CD，EF 交于点 P.

则四边形 $O'O''FE$ 为直角梯形，所以

$$\begin{aligned}EF^2=O'O''^2-(O'E-O''F)^2=\\(R_1+R_2)^2-(R_1-R_2)^2=4R_1R_2\end{aligned}$$

又由 $\triangle ABC$ 是直角三角形，CD 是其斜边上的高，$CD^2=AD\cdot BD=4R_1R_2$. 所以 $CD=EF$. 因为 $PE=PD$，$PF=PD$，所以 $\triangle DEF$ 是直角三角形. 因为 $PE=PF=PD$，所以 CD，

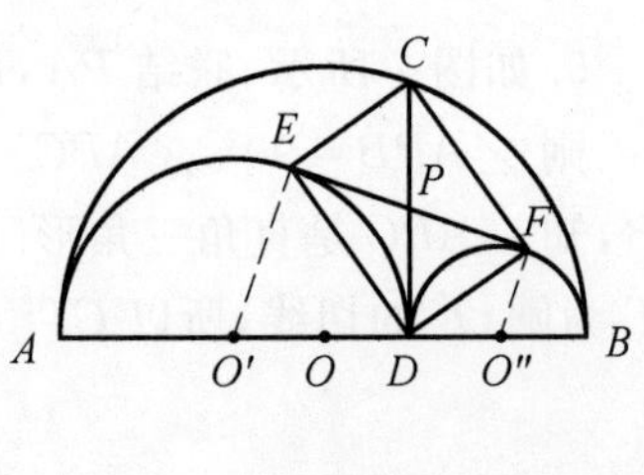

图 9

EF 互相平分，即四边形 $DFCE$ 是矩形.

第 37 讲　三角形的五心

1. $\frac{1}{2}\sqrt{2}$

2. $\frac{\sin\alpha+\cos\alpha}{2}$

3. a

4. 如图 1 所示，联结 GA，因为点 M,N 分别为 AB,CA 的中点，所以 $\triangle AMG$ 的面积 $=\triangle GBM$ 的面积，$\triangle GAN$ 的面积 $=\triangle GNC$ 的面积，即四边形 $GMAN$ 和 $\triangle GBC$ 的面积相等.

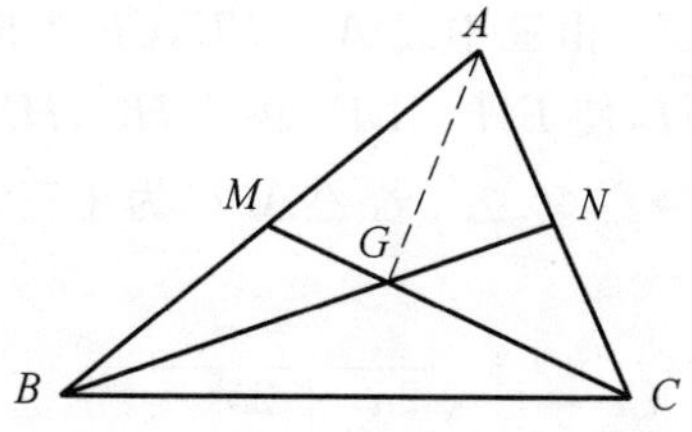

图 1

5. 如图 2 所示，点 O 为 $\triangle ABC$ 的外心，点 H 为垂心，联结 CO 交 $\triangle ABC$ 的外接圆于 D，联结 DA,DB，则 $DA\perp AC$，$BD\perp BC$. 又 $AH\perp BC$，$BH\perp AC$，所以 $DA\parallel BH$，$BD\parallel AH$，故四边形 $DAHB$ 为平行四边形. 又显然 $DB=2OM$，所以 $AH=2OM$. 同理可证 $BH=2ON$，$CH=2OK$.

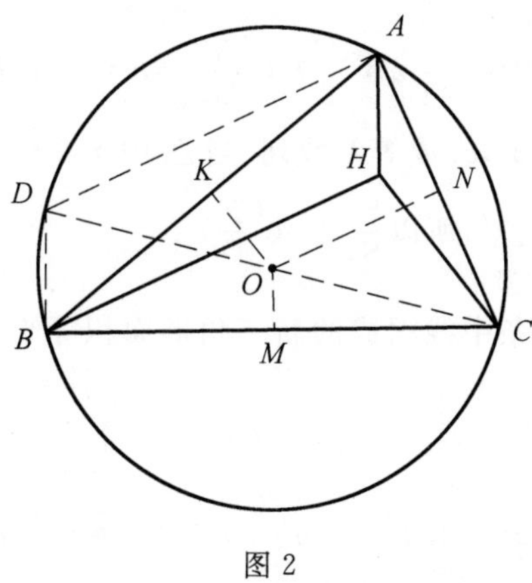

图 2

6. 设点 O_1,O_2,O_3 是 $\triangle APS,\triangle BQP,\triangle CSQ$ 的外心，作出六边形 $O_1PO_2QO_3S$ 后再由外心性质可知

$$\angle PO_1S=2\angle A,\angle QO_2P=2\angle B,\angle SO_3Q=2\angle C$$

所以 $\angle PO_1S+\angle QO_2P+\angle SO_3Q=360°$. 从而又知

$$\angle O_1PO_2+\angle O_2QO_3+\angle O_3SO_1=360°$$

将 $\triangle O_2QO_3$ 绕着点 O_3 旋转到 $\triangle KSO_3$，易判断 $\triangle KSO_1\cong\triangle O_2PO_1$.

同时可得 $\triangle O_1O_2O_3\cong\triangle O_1KO_3$. 所以 $\angle O_2O_1O_3=\angle KO_1O_3=\frac{1}{2}\angle O_2O_1K=\frac{1}{2}(\angle O_2O_1S+\angle SO_1K)=\frac{1}{2}(\angle O_2O_1S+\angle PO_1O_2)=\frac{1}{2}\angle PO_1S=\angle A$;

同理有 $\angle O_1O_2O_3=\angle B$. 故 $\triangle O_1O_2O_3\backsim\triangle ABC$.

7. 将 $\triangle ABC$ 简记为 $\triangle$，由三中线 AD,BE,CF 围成的三角形简记为 $\triangle'$. G 为重心，联结 DE 到点 H，使 $EH=DE$，联结 HC,HF，则 $\triangle'$ 就是 $\triangle HCF$.

(1) a^2,b^2,c^2 成等差数列 $\Rightarrow\triangle\backsim\triangle'$. 若 $\triangle ABC$ 为正三角形，易证 $\triangle\backsim\triangle'$. 不妨设 $a\geqslant b\geqslant c$，有

$$CF=\frac{1}{2}\sqrt{2a^2+2b^2-c^2}$$

$$BE=\frac{1}{2}\sqrt{2c^2+2a^2-b^2}$$

$$AD=\frac{1}{2}\sqrt{2b^2+2c^2-a^2}$$

将 $a^2+c^2=2b^2$，分别代入以上三式，得 $CF=\frac{\sqrt{3}}{2}a,BE=\frac{\sqrt{3}}{2}b,AD=\frac{\sqrt{3}}{2}c$.

所以 $CF:BE:AD=\frac{\sqrt{3}}{2}a:\frac{\sqrt{3}}{2}b:\frac{\sqrt{3}}{2}c=a:b:c$. 故有 $\triangle\backsim\triangle'$.

(2) $\triangle\backsim\triangle'\Rightarrow a^2,b^2,c^2$ 成等差数列. 当 $\triangle$ 中 $a\geqslant b\geqslant c$ 时，在 $\triangle'$ 中 $CF\geqslant BE\geqslant AD$. 因为 $\triangle\backsim\triangle'$，所以 $\frac{S_{\triangle'}}{S_{\triangle}}=(\frac{CF}{a})^2$.

根据“三角形的三条中线围成的新三角形面积等于原三角形面积的 $\frac{3}{4}$”，

有 $\frac{S_{\triangle'}}{S_{\triangle}}=\frac{3}{4}$.

所以 $\frac{CF^2}{a^2}=\frac{3}{4}\Rightarrow 3a^2=4CF^2=2a^2+b^2-c^2\Rightarrow a^2+c^2=2b^2$.

8. 如图 3 所示，设 AM 为高亦为中线，取 AC 的中点 F，点 E 必在 DF 上且

$DE:EF=2:1$.设 CD 交 AM 于点 G,点 G 必为 $\triangle ABC$ 的重心.

联结 GE,MF,MF 交 CD 于点 K.易证

$$DG:GK=\frac{1}{3}DC:(\frac{1}{2}-\frac{1}{3})DC=2:1$$

所以 $DG:GK=DE:EF\Rightarrow GE\parallel MF$.

因为 $OD\perp AB$,$MF\parallel AB$,所以 $OD\perp MF\Rightarrow OD\perp GE$.但 $OG\perp DE\Rightarrow$ 点 G 又是 $\triangle ODE$ 的垂心.

易证 $OE\perp CD$.

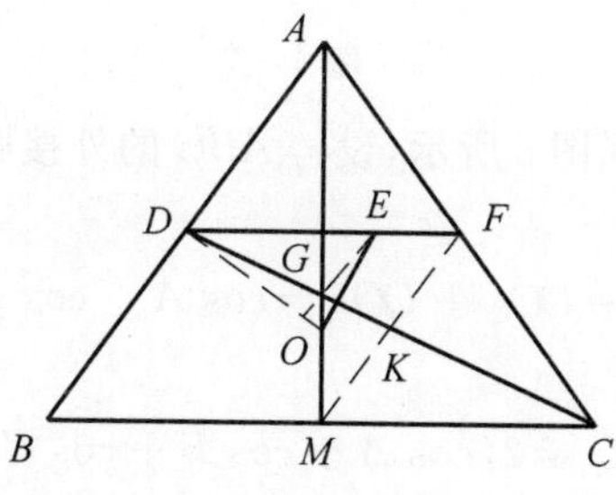

图 3

9.点 H 的轨迹是一条线段.

10.对任意 $\triangle A'B'C'$,由正弦定理可知

$$OD=OA'\cdot\sin\frac{A'}{2}=A'B'\cdot\frac{\sin\frac{B'}{2}}{\sin\angle A'O'B'}\cdot\sin\frac{A'}{2}=$$

$$A'B'\cdot\frac{\sin\frac{A'}{2}\cdot\sin\frac{B'}{2}}{\sin\frac{A'+B'}{2}}$$

$$O'E=A'B'\cdot\frac{\cos\frac{A'}{2}\cos\frac{B'}{2}}{\sin\frac{A'+B'}{2}}$$

所以

$$\frac{OD}{O'E}=\tan\frac{A'}{2}\tan\frac{B'}{2}$$

亦即有

$$\frac{r_1}{q_1}\cdot\frac{r_2}{q_2}=\tan\frac{A}{2}\tan\frac{\angle CMA}{2}\tan\frac{\angle CNB}{2}\tan\frac{B}{2}=$$

$$\tan\frac{A}{2}\tan\frac{B}{2}=\frac{r}{q}$$

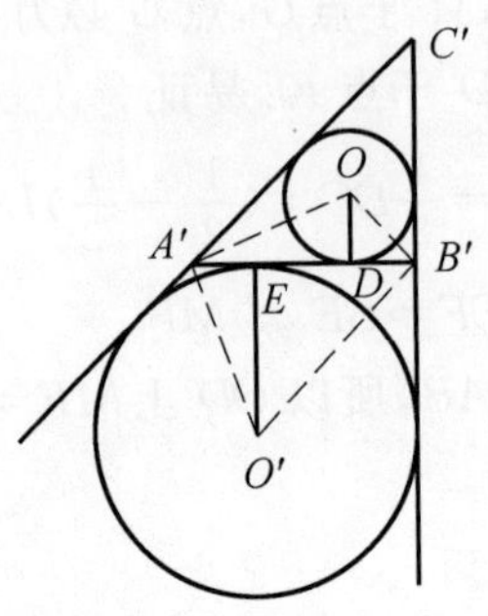

图 4

11. 这里用三角法. 如图 5 所示,设 $\triangle ABC$ 的外接圆半径为 1,设三个内角为 $\angle A,\angle B,\angle C$. 易知

$$d_{外}=OO_1+OO_2+OO_3=\cos A+\cos B+\cos C$$

所以

$$2d_{外}=2(\cos A+\cos B+\cos C) \quad ①$$

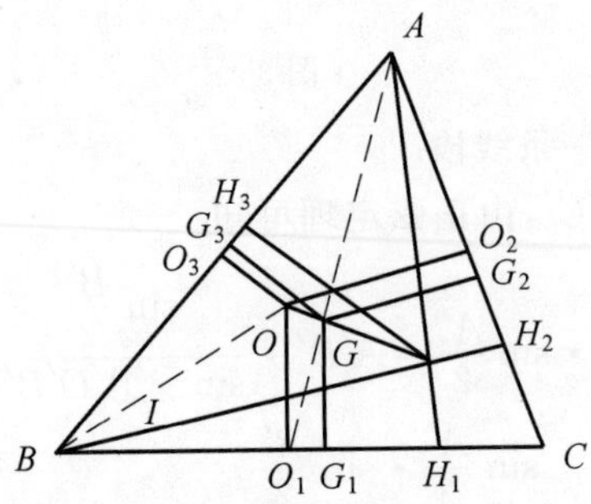

图 5

因为 $AH_1=\sin B\cdot AB=\sin B\cdot(2\sin C)=2\sin B\cdot\sin C$,同样可得

$$BH_2=2\sin C\sin A, CH_3=2\sin A\sin B$$

所以

$$3d_{重}=\triangle ABC\text{ 三条高的和}=2(\sin B\sin C+\sin C\sin A+\sin A\sin B) \quad ②$$

于是 $\frac{BH}{\sin\angle BCH}=2$,所以

$$HH_1=\cos C\cdot BH=2\cdot\cos B\cdot\cos C$$

同样可得 HH_2, HH_3. 所以

$$d_{垂}=HH_1+HH_2+HH_3=2(\cos B\cos C+\cos C\cos A+\cos A\cos B) \quad ③$$

欲证结论,观察式 ①②③,须证

$(\cos B\cos C+\cos C\cos A+\cos A\cos B)+(\cos A+\cos B+\cos C)=$
$\sin B\sin C+\sin C\sin A+\sin A\sin B$

即得 $1\cdot d_{重}+2\cdot d_{外}=3\cdot d_{重}$.

第 38 讲　平面几何中的几个重要定理

1. 如图 1 所示,设 AC,BD 交于点 E. 由 $AM:AC=CN:CD$,故

$$AM:MC=CN:ND$$

令 $CN:ND=r(r>0)$,则 $AM:MC=r$. 由 $S_{\triangle ABD}=3S_{\triangle ABC}$,$S_{\triangle BCD}=4S_{\triangle ABC}$,即 $S_{\triangle ABD}:S_{\triangle BCD}=3:4$. 因此

$$AE:EC:AC=3:4:7,S_{\triangle ACD}:S_{\triangle ABC}=6:1$$

故 $DE:EB=6:1$,所以 $DB:BE=7:1$. $AM:AC=r:(r+1)$,即

$$AM=\frac{r}{r+1}AC,AE=\frac{3}{7}AC$$

所以

$$EM=(\frac{r}{r+1}-\frac{3}{7})AC=\frac{4r-3}{7(r+1)}AC,MC=\frac{1}{r+1}AC$$

所以 $EM:MC=\frac{4r-3}{7}$. 由梅涅劳斯定理,知 $\frac{CN}{ND}\cdot\frac{DB}{BE}\cdot\frac{EM}{MC}=1$,代入得 $r\cdot 7\cdot\frac{4r-3}{7}=1$,即 $4r^2-3r-1=0$,这个方程有唯一的正根 $r=1$. 故 $CN:ND=1$,就是点 N 为 CN 的中点,点 M 为 AC 的中点.

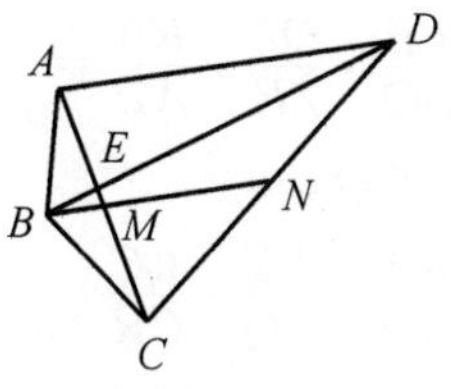

图 1

2. 如图 2 所示,联结 PQ,作圆 QDC 交 PQ 于点 M,则 $\angle QMC=\angle CDA=\angle CBP$,于是 M,C,B,P 四点共圆. 由

$$PO^2-r^2=PC\cdot PD=PM\cdot PQ \quad ①$$

$$QO^2-r^2=QC\cdot QB=QM\cdot QP \quad ②$$

① − ②,得

$$PO^2-QO^2=PQ\cdot(PM-QM)=(PM+QM)(PM-QM)=PM^2-QM^2$$

所以 $OM\perp PQ$.

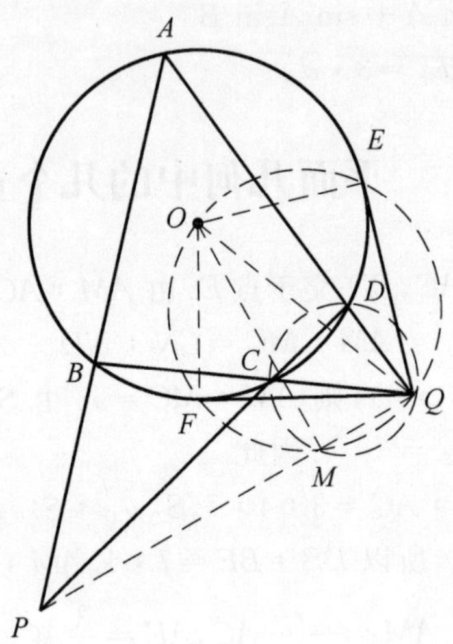

图 2

所以 O,F,M,Q,E 五点共圆. 联结 PE,若 PE 交圆 O 于点 F_1,交圆 OFM 于点 F_2,则对于圆 O,有 $PF_1\cdot PE=PC\cdot PD$,对于圆 OFM,又有 $PF_2\cdot PE=PC\cdot PD$. 所以 $PF_1\cdot PE=PF_2\cdot PE$,即 F_1 与 F_2 重合于两圆的公共点 F,即 P,F,E 三点共线.

3. $\dfrac{XP}{XA}=\dfrac{S_{\triangle PBC}}{S_{\triangle ABC}},\dfrac{YP}{YA}=\dfrac{S_{\triangle PCA}}{S_{\triangle ABC}},\dfrac{ZP}{ZA}=\dfrac{S_{\triangle PAB}}{S_{\triangle ABC}}$,三式相加即得证.

4. 如图 3 所示,AB 交 $\triangle PQR$ 于 B,A,Z 三点,$\Rightarrow$

$$\frac{PB}{BQ}\cdot\frac{QZ}{ZR}\cdot\frac{RA}{AP}=1 \quad ①$$

AC 交 $\triangle PQR$ 于 C,A,Y 三点,$\Rightarrow$

$$\frac{RA}{AP}\cdot\frac{PY}{YQ}\cdot\frac{QC}{CR}=1 \quad ②$$

BC 交 $\triangle PQR$ 于 B,C,X 三点,$\Rightarrow$

$$\frac{PB}{BQ}\cdot\frac{QC}{CR}\cdot\frac{RX}{XP}=1 \quad ③$$

①×②×③,得

$$\left(\frac{PB}{BQ}\cdot\frac{RA}{AP}\cdot\frac{QC}{CR}\right)^2\frac{QZ}{ZR}\cdot\frac{RX}{XP}\cdot\frac{PY}{YQ}=1$$

但 $PB=PA,QB=QC,RA=RC$,故 $\dfrac{QZ}{ZR}\cdot\dfrac{RX}{XP}\cdot\dfrac{PY}{YQ}=1.\Rightarrow X,Y,Z$ 三点共

线.

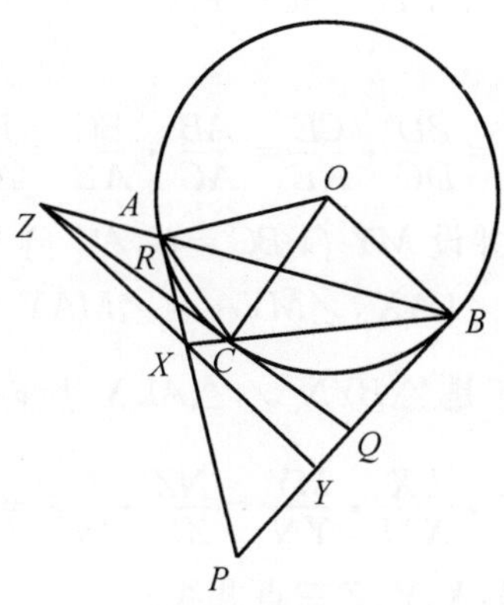

图 3

5.(1) 若 AA',BB',CC' 三线交于点 O,由 $\triangle OA'B'$ 与直线 AB 相交,得

$$\frac{OA}{AA'} \cdot \frac{A'Z}{ZB'} \cdot \frac{B'B}{BO}=1 \quad ①$$

由 $\triangle OA'C'$ 与直线 AC 相交,得

$$\frac{A'A}{AO} \cdot \frac{OC}{CC'} \cdot \frac{C'Y}{YA'}=1 \quad ②$$

由 $\triangle OB'C'$ 与直线 BC 相交,得

$$\frac{OB}{BB'} \cdot \frac{B'X}{XC'} \cdot \frac{CC'}{C'O}=1 \quad ③$$

①×②×③,得

$$\frac{A'Z}{ZB'} \cdot \frac{B'X}{XC'} \cdot \frac{C'Y}{YA'}=1$$

由梅涅劳斯的逆定理,知 X,Y,Z 三点共线.

(2) 上述显然可逆.

6. 如图 4 所示,作 $\triangle ABC$ 的外接圆,则点 M 为圆心. 因为 $MN \parallel AE$,所以 $MN \perp BC$.

因为 AD 平分 $\angle A$,所以点 Y 在圆 M 上. 同理点 X 也在圆 M 上. 所以 $MX=MY$.

设 $NE \cap AD=F$,由直线 DEZ 与 $\triangle LNF$ 的三边相交,直线 AEC 与 $\triangle BDF$ 三边相交,直线 BFE 与 $\triangle ADC$ 三边相交,由梅涅劳斯定理,可得

$$\frac{LZ}{ZN} \cdot \frac{NE}{EF} \cdot \frac{FD}{DL}=1 \Rightarrow \frac{NZ}{ZL}=\frac{NE}{EF} \cdot \frac{FD}{DL}=\frac{BE}{EF} \cdot \frac{FD}{DA} \quad ①$$

$$\frac{FE}{EB} \cdot \frac{BC}{CD} \cdot \frac{DA}{AF}=1 \quad ②$$

$$\frac{AF}{FD}\cdot\frac{DB}{BC}\cdot\frac{CE}{EA}=1 \qquad ③$$

①×②×③ 得

$$\frac{NZ}{ZL}=\frac{BD}{DC}\cdot\frac{CE}{AE}=\frac{AB}{AC}\cdot\frac{BC}{AB}=\frac{BC}{AC}$$

另一方面,联结 BY,AX,并设 $MY\cap BC=G,AC\cap MX=H$,于是

$$\angle NBY=\angle LAX,\angle MYA=\angle MAY=\angle LAC$$

所以 $\angle BYN=\angle ALX$. 于是 $\triangle BYN\backsim\triangle ALX$. 所以$\frac{LX}{NY}=\frac{AF}{BG}=\frac{AC}{BC}$,故

$$\frac{NZ}{ZL}\cdot\frac{LX}{XM}\cdot\frac{MY}{YN}=\frac{NZ}{ZL}\cdot\frac{LX}{NY}=1$$

由梅涅劳斯定理可得,X,Y,Z 三点共线.

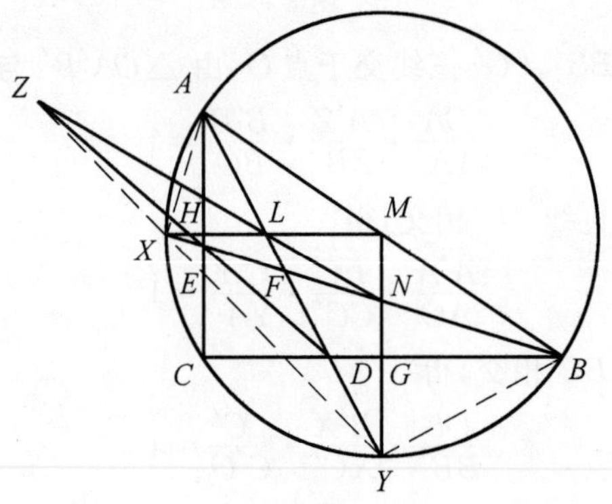

图 4

7. 如图 5 所示,在 FB 上取 $FG=AF$,联结 EG,EC,EB,于是 $\triangle AEG$ 为等

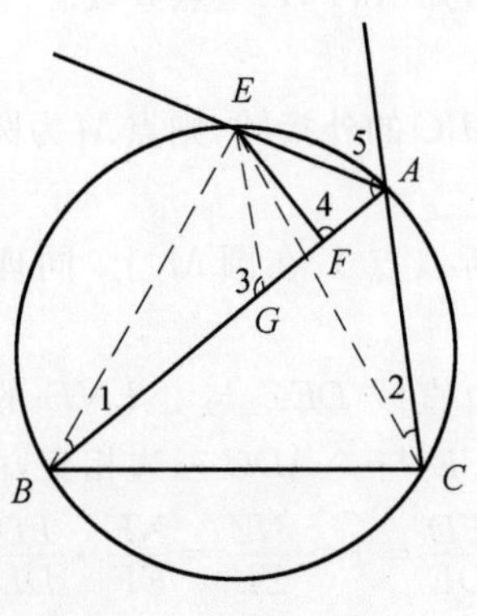

图 5

腰三角形，所以 $EG=EA$. 又 $\angle 3=180^\circ-\angle EGA=180^\circ-\angle EAG=180^\circ-\angle 5=\angle 4$，$\angle 1=\angle 2$，于是 $\triangle EGB\cong\triangle EAC$，所以 4 $BG=AC$. 故 $AB-AC=AG=2AF$.

8. 因为点 O 为 $\triangle ABC$ 的外心，所以 $OA=OB$. 因为点 O_1 为 $\triangle PAB$ 的外心，所以 $O_1A=O_1B$. 于是 $OO_1\perp AB$. 如图 6 所示，作 $\triangle PCD$ 的外接圆圆 O_3，延长 PO_3 与所作的圆交于点 E，并与 AB 交于点 F，联结 DE，则

$$\angle 1=\angle 2=\angle 3,\angle EPD=\angle BPF$$

所以 $\angle PFB=\angle EDP=90^\circ$. 故 $PO_3\perp AB$，即 $OO_1\ /\!/\ PO_3$.

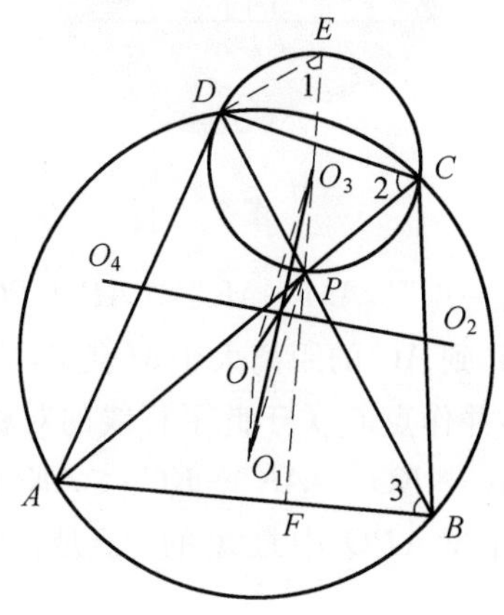

图 6

同理，$OO_3\ /\!/\ PO_1$，即四边形 OO_1PO_3 是平行四边形. 所以 O_1O_3 与 PO 互相平分，即 O_1O_3 过 PO 的中点. 同理，O_2O_4 过 PO 的中点. 所以 OP，O_1O_3，O_2O_4 三直线共点.

9. 设士兵要探测的正三角形为 $\triangle ABC$，其高等于 $2d$，他从顶点 A 出发. 如图 7 所示，以 B，C 为圆心，d 为半径分别作 $\overset{\frown}{EF}$，$\overset{\frown}{GH}$，则他分别到达此两弧上的任意一点时，就可探测全部扇形区域 BEF 及 CGH，故可取 $\overset{\frown}{EF}$ 上一点 P，及 $\overset{\frown}{GH}$ 上一点 Q，士兵从 A 出发，走过折线 APQ，联结 PC，交 $\overset{\frown}{GH}$ 于点 R，则

$$AP+PQ+QC>AP+PR+RC$$

即 $AP+PQ>AP+PR$. 因此，只要使 $AP+PC$ 最小，就有折线 APQ 最小.

现在取 $\overset{\frown}{EF}$ 的中点 M，MC 交 $\overset{\frown}{GH}$ 于点 N，则士兵应沿折线 AMN 前进.

易证，对于 $\triangle ABC$ 三边上任一点，总有折线 AMN 上某一点与之距离小于 d（不难证明，图中以点 A，M，N 为圆心，d 为半径的三个圆已经完全覆盖了 $\triangle ABC$）.

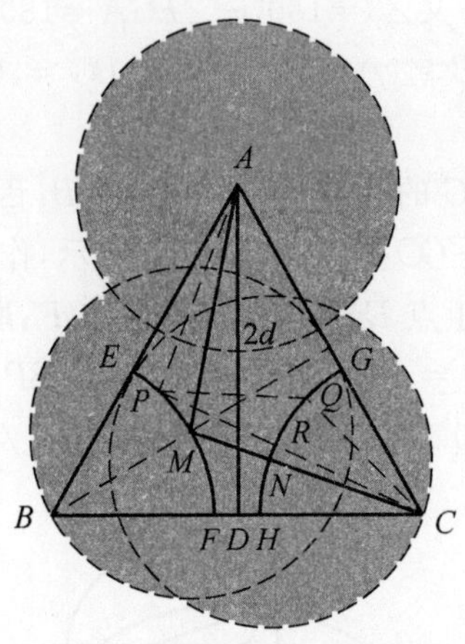

图 7

其次,对于$\overset{\frown}{EF}$上任一点P,$AM+MC<AP+PC$. 这可由图7证出:过M作AC的平行线,由点P到AC的距离大于M到AC的距离,知AP与此平行线有交点,设交点为K,并作点C关于此平行线的对称点C',则

$$AM+MC=AC'<AK+KC'=AK+KC<AK+KP+PC=AP+PC$$

即折线AMN是所有折线APQ中最短的. 于是,所求的最短路程为折线AMN.

10. (1) 如图8所示,设点D为AA_1与BB_1的交点,易知$\angle A_1CA=$

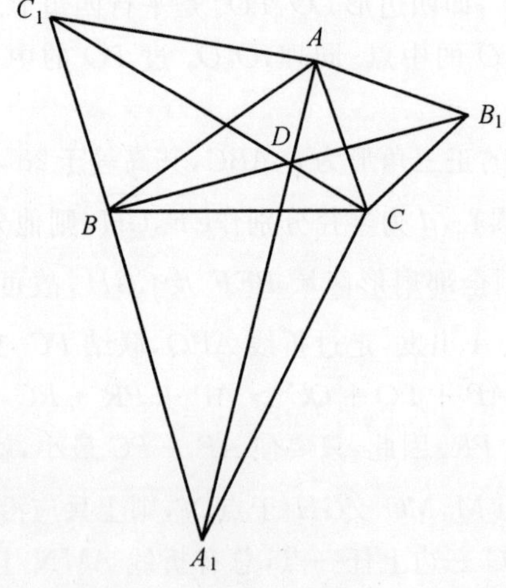

图 8

$\angle B_1CB$，$A_1C : BC = AC : B_1C$，所以 $\triangle A_1CA \backsim \triangle B_1CB$. 所以 4 $\angle DBC = \angle DA_1C$. 于是 B,D,C,A_1 四点共圆. 同理 A,D,C,B_1 四点共圆，故点 D 是 $\triangle A_1BC$ 和 $\triangle AB_1C$ 的外接圆的交点.

又 $\angle ADB = 180^\circ - \angle ADB_1 = 180^\circ - \angle AC_1B$. 所以，点 A_1,D,B 和 C_1，四点共圆，于是点 D 是所有三个圆的公共点.

(2) 由 $\angle BDC_1 = \angle BAC_1 = \angle BA_1C = 180^\circ - \angle BDC$，所以直线 CC_1 经过点 D.

11. (1) 如图 9 所示，显然 B,D,H,F 四点共圆；H,E,F,A 四点共圆. 所以

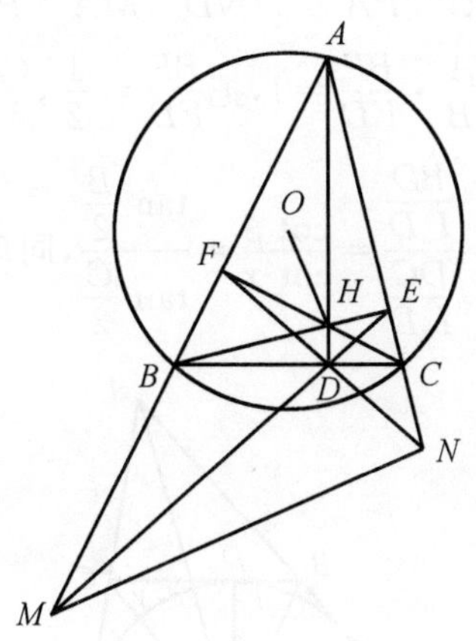

图 9

$$\angle BDF = \angle BHF + 180^\circ - \angle EHF = \angle BAC$$

$$\angle OBC = \frac{1}{2}(180^\circ - \angle BOC) = 90^\circ - \angle BAC$$

故 $OB \perp DF$. 同理，$OC \perp DE$.

(2) 因为 $CF \perp MA$，所以

$$MC^2 - MH^2 = AC^2 - AH^2 \quad ①$$

因为 $BE \perp NA$，所以

$$NB^2 - NH^2 = AB^2 - AH^2 \quad ②$$

因为 $DA \perp AC$，所以

$$DB^2 - CD^2 = BA^2 - AC^2 \quad ③$$

因为 $OB \perp DF$，所以

$$BN^2 - BD^2 = ON^2 - OD^2 \quad ④$$

因为 $OC \perp DE$，所以

$$CM^2 - CD^2 = OM^2 - OD^2 \quad ⑤$$

①－②＋③＋④－⑤,得

$$NH^2 - MH^2 = ON^2 - OM^2$$

$$OM^2 - MH^2 = ON^2 - NH^2$$

所以 $OH \perp MN$.

第39讲　共线、共点、共圆

1. 由题意,得$\frac{AR}{RB}\cdot\frac{BQ}{QC}\cdot\frac{CP}{PA}=1$,$\frac{CN}{ND}\cdot\frac{DM}{MA}\cdot\frac{AP}{PC}=1$,相乘即得 $t=1$.

2. 由题意,得$\frac{DE}{EC}\cdot\frac{CA}{AB}\cdot\frac{BF}{FD}=1$,把$\frac{BF}{FD}=\frac{1}{2}$,$\frac{CA}{AB}=\frac{3}{2}$,代入得$\frac{DE}{EC}=\frac{4}{3}$.

3. 如图1所示,$\frac{BD}{DC}=\frac{\frac{BD}{I_aD}}{\frac{DC}{I_aD}}=\frac{\cot\beta}{\cot\gamma}=\frac{\tan\frac{B}{2}}{\tan\frac{C}{2}}$,同理可得其余. 故结果为1.

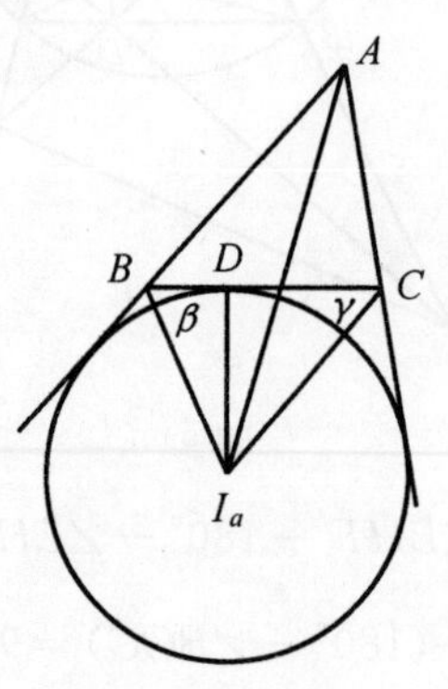

图1

4. 如图2所示,设 AM,BN,CR 分别与 BC,CA,AB 交于点 M',N',R',则

$$\frac{BM'}{M'C}=\frac{S_{\triangle ABM}}{S_{\triangle ACM}}=\frac{AB\cdot BM\sin(B+\beta)}{AC\cdot CM\sin(C+\gamma)}=\frac{AB\sin\gamma\sin(B+\beta)}{AC\sin\beta\sin(C+\gamma)} \quad ①$$

同理

$$\frac{CN'}{N'A}=\frac{BC\sin\alpha\sin(C+\gamma)}{AB\sin\gamma\sin(A+\alpha)} \quad ②$$

$$\frac{AR'}{R'B}=\frac{AC\sin\beta\sin(A+\alpha)}{BC\sin\alpha\sin(B+\beta)} \quad ③$$

①×②×③得$\frac{AR'}{R'B}\cdot\frac{BM'}{M'C}\cdot\frac{CN'}{N'A}=1$,由塞瓦定理的逆定理知 AM,BN,CR 交于一点.

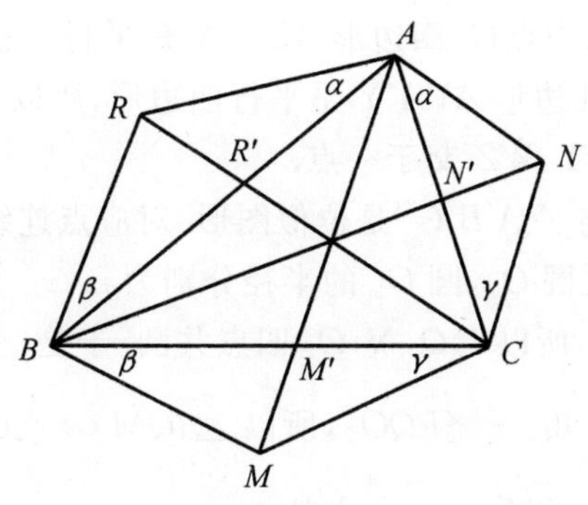

图 2

5. 如图 3 所示，设 AP 交 BD 于点 R'，即证明点 R 与 R' 重合，联结 PQ，RC. 因为 A，D，P，Q 四点共圆，所以 $\angle DQP=\angle DAP$.

因为 C，Q，R，P 四点共圆，所以 $\angle DQP=\angle DCR$，于是 $\angle DAR=\angle DCR$. 但若 AP 交 BD 于点 R'，由对称性知 $\angle DCR'=\angle DAP$.

所以 CR 与 CR' 重合，即 R 与 R' 重合. 故 A，R，P 三点共线.

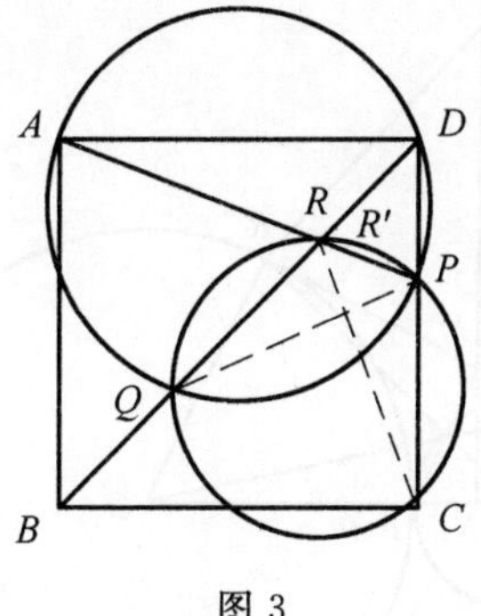

图 3

6. 如图 4 所示，联结 AA'，BB'，易证，四边形 $AZA'W$ 是平行四边形，所以

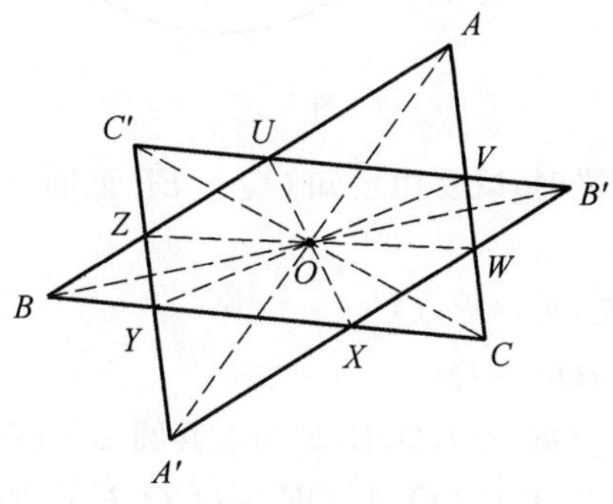

图 4

AA',WZ 交于 AA' 的中点 O. 四边形 $AUA'X$ 是平行四边形,所以 AA' 与 UX 交于 AA' 的中点 O. 四边形 $AVA'Y$ 是平行四边形,所以 AA' 与 VY 交于 AA' 的中点 O. 所以 UX,VY,WZ 交于一点.

说明 $\triangle ABC$ 与 $\triangle A'B'C'$ 是位似图形. 对应点连线都交于一点.

7. 如图 5 所示,设圆 O_1,圆 O_2 的半径分别为 r_1,r_2,则 $O_1O_2=r_1+r_2$. 因为 $\angle IQO_2=\angle INO_2$,所以 I,Q,N,O_2 四点共圆. 于是 $\angle QIM=\angle QO_2O_1$. 又 $\angle IQM=\angle O_2QO_1=90°-\angle RQO_2$,所以 $\triangle IQM\backsim\triangle O_2QO_1$,$\dfrac{QM}{MI}=\dfrac{QO_1}{O_1O_2}$.

同理 $\dfrac{RM}{IM}=\dfrac{RO_2}{O_1O_2}$. 所以 $\dfrac{QM}{MR}=\dfrac{r_1}{r_2}=\dfrac{O_1P}{PO_2}$. 故 $MP\ /\!/\ O_2R$.

设 O_1R 与 O_2Q 交于点 S,因为 $O_1Q\ /\!/\ O_2R$,所以 $\triangle O_1QS\backsim\triangle RO_2S$,于是 $\dfrac{r_1}{r_2}=\dfrac{O_1S}{SR}$. 过点 S 作 $M'P'\ /\!/\ O_2R$,交 QR 于点 M',则 $\dfrac{O_1P'}{P'O_2}=\dfrac{QM'}{M'R}=\dfrac{O_1S}{SR}=\dfrac{r_1}{r_2}$,即点 M' 与 M 重合,点 P' 与 P 重合. 故 PM,O_1R,O_2Q 三线共点.

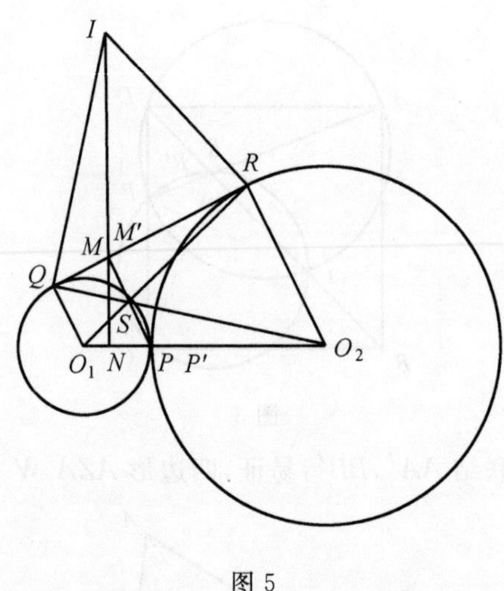

图 5

8. 证明"当且仅当"时,既要由已知 $OQ\perp EF$ 证明 $QE=QF$,也要由 $QE=QF$ 证明 $OQ\perp EF$.

如图 6 所示,联结 OE,OF,OC.

先证 $OQ\perp EF\Rightarrow QE=QF$.

$OB\perp AB$,$OQ\perp QE\Rightarrow O,Q,B,E$ 四点共圆 $\Rightarrow\angle OEQ=\angle OBM$.

由对称性知 $OC\perp CA$,$OQ\perp QF\Rightarrow O,Q,F,C$ 四点共圆 $\Rightarrow\angle OFQ=\angle OCQ$. 又 $\angle OBC=\angle OCB\Rightarrow\angle OEF=\angle OFE\Rightarrow OE=OF\Rightarrow QE=QF$.

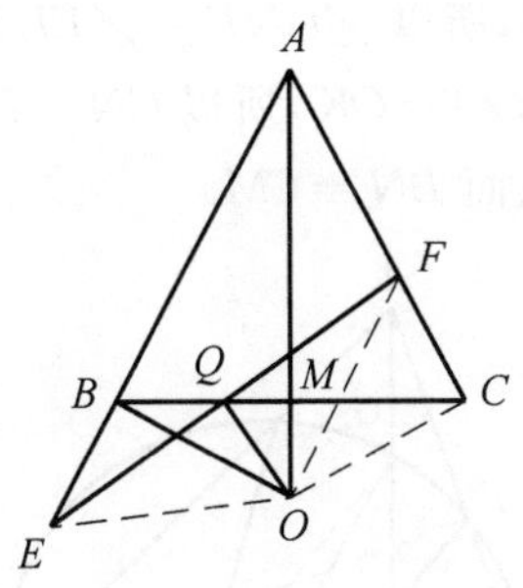

图 6

再证 $QE = QF \Rightarrow OQ \perp EF$.(用同一法)

过点 Q 作 $E'F' \perp OQ$,交 AB 于点 E',交 AC 于点 F'. 由上证,可得 $QE' = QF'$.

若 $E'F'$ 与 EF 不重合,则 EF 与 $E'F'$ 互相平分于点 Q,则四边形 $EE'F'F$ 为平行四边形,$EE' /\!/ FF'$,这与 AB 不与 AC 平行矛盾. 从而 $E'F'$ 与 EF 重合.

9. 因为点 P,E 关于 AB 对称,所以 $AP = AE$. 同理,$AS = AE$,即 P,E,S 都在以 A 为圆心的圆上. 所以 $\angle PSE = \frac{1}{2}\angle PAE = \angle BAE$.

同理 $\angle PQE = \frac{1}{2}\angle PBE = \angle ABE$,$\angle RQE = \angle DCE$,$\angle RSE = \angle CDE$.

所以 $\angle PSR + \angle PQR = \angle PSE + \angle RSE + \angle PQE + \angle RQE = 180^\circ$.

故 P,Q,R,S 四点共圆.

10. $PE \perp AB$,$PF \perp BC$,所以 P,E,B,F 四点共圆. 所以 $\angle PEF = \angle PBF$.

同理,$\angle PGF = \angle PCF$,但 $AC \perp BD$,所以 $\angle PBF + \angle PCF = 90^\circ$,于是 $\angle PEF + \angle PGF = 90^\circ$. 同理,$\angle PEH + \angle PGH = 90^\circ$. 所以 $\angle FEH + \angle FGH = 180^\circ$. 故 E,F,G,H 四点共圆.

$\angle EG'G = \angle G'BP + \angle G'PB$,因为 E,B,F,P 四点共圆,所以 $\angle G'BP = \angle EFP$,$\angle G'PB = \angle GPD$,但 $\angle DPC = 90^\circ$,$PG \perp CD$,所以 $\angle DPG = \angle PCG$. 因为 P,F,C,G 四点共圆,所以 $\angle PCG = \angle PFG$,所以 $\angle EG'G = \angle EFP + \angle PFG = \angle EFG$. 所以点 G' 在圆 $EFGH$ 上. 同理,可证其他.

11. 如图 7 所示,联结 FD,FC,FG,GN,GM.

因为 $\angle GDN = 90^\circ$,$\angle GFN = 90^\circ$,所以 G,F,D,N 四点共圆. 所以 $\angle GNF = \angle GDF$. 因为 $CF \perp AF$,$CD \perp AD$,所以 A,F,D,C 四点共圆. 于是 $\angle ADF = \angle ACF$.

因为$\angle ECF=\angle EKF$,所以$\angle GNF=\angle EKF$.

于是$GN\parallel EK$.因为$GO=OK$,所以$GN=MK$,四边形$GNKM$为平行四边形.所以$ON=OM$,从而$BN=CM$.

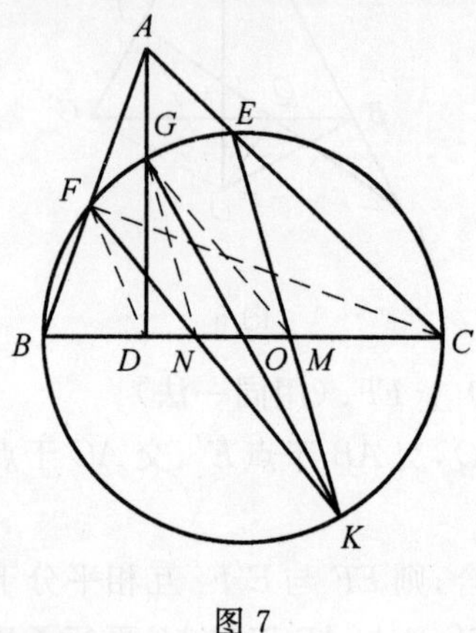

图 7

第40讲　几何不等式

1. 设$AF=x$,$BF=y$,$CF=z$.由$S_{\triangle ACF}=S_{\triangle ADF}+S_{\triangle CDF}$,得$DF=\dfrac{xz}{x+z}$.

同理,$EF=\dfrac{xy}{x+y}$.

于是只要证明

$$\sqrt{x^2+xy+y^2}+\sqrt{x^2+xz+z^2}\geqslant$$

$$4\sqrt{\left(\frac{xy}{x+y}\right)^2+\left(\frac{xy}{x+y}\right)\left(\frac{xz}{x+z}\right)+\left(\frac{xz}{x+z}\right)^2}$$

因为$x+y\geqslant\dfrac{4xy}{x+y}$,$x+z\geqslant\dfrac{4xz}{x+z}$,所以只要证明

$$\sqrt{x^2+xy+y^2}+\sqrt{x^2+xz+z^2}\geqslant$$

$$\sqrt{(x+y)^2+(x+y)(x+z)+(x+z)^2}$$

平方化简后,得

$$2\sqrt{x^2+xy+y^2}\cdot\sqrt{x^2+xz+z^2}\geqslant x^2+2(y+z)x+yz$$

再平方化简后,得$3(x^2-yz)^2\geqslant 0$,即原不等式成立.

2. 设O_a,O_b,O_c为圆C_a,C_b,C_c的圆心.

设点M,N为圆O_a在AB,AC上的投影,则$\triangle ABC$的内心I是MN的中

点.

设点 X,Y 为 I 在 AB,AC 上的投影，有

$$\frac{r_a}{r}=\frac{O_aM}{IX}=\frac{AM}{AX}=\frac{\dfrac{AI}{\cos\dfrac{A}{2}}}{AI\cos\dfrac{A}{2}}=\frac{1}{\cos^2\dfrac{A'}{2}}$$

同理 $\dfrac{r_a}{r}=\dfrac{1}{\cos^2\dfrac{B'}{2}}$, $\dfrac{r_b}{r}=\dfrac{1}{\cos^2\dfrac{C}{2}}$.

令 $\alpha=\dfrac{\angle A}{2},\beta=\dfrac{\angle B}{2},\gamma=\dfrac{\angle C}{2}$，只需证明当 $\alpha+\beta+\gamma=\dfrac{\pi}{2}$ 时，有

$$\frac{1}{\cos^2\alpha}+\frac{1}{\cos^2\beta}+\frac{1}{\cos^2\gamma}\geqslant 4$$

即 $\tan^2\alpha+\tan^2\beta+\tan^2\gamma\geqslant 1$.

由柯西不等式 $3(\tan^2\alpha+\tan^2\beta+\tan^2\gamma)\geqslant(\tan\alpha+\tan\beta+\tan\gamma)^2$.

只需证明 $\tan\alpha+\tan\beta+\tan\gamma\geqslant 3\tan\dfrac{\pi}{6}$.

因为 $\tan x$ 在 $(0,\dfrac{\pi}{2})$ 上是凸函数，故由詹森(Jensen)不等式，得

$$\tan\alpha+\tan\beta+\tan\gamma\geqslant 3\tan\frac{\pi}{6}=\sqrt{3}$$

故 $r_a+r_b+r_c\geqslant 4r$.

3.(1) 设直角三角形的三条边的边长分别是 a,b,c，则内切圆直径为 $d=a+b-c$，因为 $c=\sqrt{a^2+b^2}\geqslant\dfrac{a+b}{\sqrt{2}}$，所以

$$d\leqslant a+b-\frac{a+b}{\sqrt{2}}=\frac{2-\sqrt{2}}{2}(a+b)$$

设圆 O_1，圆 O_2，圆 O_3，圆 O_4 的直径分别为 d_1,d_2,d_3,d_4，则

$$d_1\leqslant\frac{2-\sqrt{2}}{2}(AO+BO),d_2\leqslant\frac{2-\sqrt{2}}{2}(BO+CO)$$

$$d_3\leqslant\frac{2-\sqrt{2}}{2}(CO+DO),d_2\leqslant\frac{2-\sqrt{2}}{2}(DO+AO)$$

故 $d_1+d_2+d_3+d_4\leqslant(2-\sqrt{2})(AC+BD)$.

(2) 设圆 O_1，圆 O_2 的半径分别为 r_1 和 r_2，则由勾股定理，得

$$O_1O_2^2=(r_1+r_2)^2+(r_1-r_2)^2=2(r_1^2+r_2^2)$$

于是

$$O_1O_2=\sqrt{2}\sqrt{r_1^2+r_2^2}<\sqrt{2}(r_1+r_2) \quad ①$$

同理,有

$$O_2O_3<\sqrt{2}(r_2+r_3) \quad ②$$

$$O_3O_4<\sqrt{2}(r_3+r_4) \quad ③$$

$$O_4O_1<\sqrt{2}(r_4+r_1) \quad ④$$

① + ② + ③ + ④ 得

$$O_1O_2+O_2O_3+O_3O_4+O_4O_1<\sqrt{2}(d_1+d_2+d_3+d_4)\leqslant$$
$$\sqrt{2}(2-\sqrt{2})(AC+BD)=$$
$$2(\sqrt{2}-1)(AC+BD)$$

4. 由 $OC\perp OA$,$OC\perp OB$,知 $OC\perp$ 平面 OAB. 故 $OC\perp AB$.

又 $CH\perp AB$,所以,平面 $OCH\perp AB$,$OH\perp AB$. 同理 $OH\perp AC$. 由此,$OH\perp$ 平面 ABC.

设 $OA=a$,$OB=b$,$OC=c$,则不难得到

$$(S_{\triangle ABC})^2=(S_{\triangle OAB})^2+(S_{\triangle OBC})^2+(S_{\triangle OAC})^2=\frac{1}{4}(a^2b^2+b^2c^2+c^2a^2)$$

又

$$3V_{四面体OABC}=OH\cdot S_{\triangle ABC}=r(S_{\triangle ABC}+S_{\triangle OAB}+S_{\triangle OBC}+S_{\triangle OAC})$$

所以

$$OH\cdot\sqrt{a^2b^2+b^2c^2+c^2a^2}=r(ab+bc+ca+\sqrt{a^2b^2+b^2c^2+c^2a^2})$$

只需证明 $ab+bc+ca\leqslant\sqrt{3(a^2b^2+b^2c^2+c^2a^2)}$,而此时显然成立.

5.(1) 在四边形 $ABMC$ 中,应用推广的托勒密定理(托勒密不等式)可得

$$AM\cdot BC\leqslant BM\cdot AC+CM\cdot AB$$

在 $\triangle ABC$ 中由正弦定理,得

$$AM\cdot 2R\sin A\leqslant BM\cdot 2R\sin B+CM\cdot 2R\sin C$$

即 $AM\cdot\sin A\leqslant BM\cdot\sin B+CM\cdot\sin C$.

(2) 由(1) 得

$$AA_1\cdot\sin\alpha\leqslant AB_1\cdot\sin\beta+AC_1\cdot\sin\gamma \quad ①$$

$$BB_1\cdot\sin\beta\leqslant BA_1\cdot\sin\alpha+BC_1\cdot\sin\gamma \quad ②$$

$$CC_1\cdot\sin\gamma\leqslant CA_1\cdot\sin\alpha+CB_1\cdot\sin\beta \quad ③$$

① + ② + ③ 得

$$AA_1\cdot\sin\alpha+BB_1\cdot\sin\beta+CC_1\cdot\sin\gamma\leqslant$$
$$BC\cdot\sin\alpha+CA\cdot\sin\beta+AB\cdot\sin\gamma$$

6. 作 $ED \mathrel{\underline{\parallel}} BC$，$FA \mathrel{\underline{\parallel}} ED$，则四边形 $BCDE$ 和 $ADEF$ 都是平行四边形. 联结 BF 和 AE，显然，四边形 $BCAF$ 也是平行四边形，于是

$$AF = ED = BC, EF = AD, EB = CD, BF = AC$$

在四边形 $ABEF$ 和 $AEBD$ 中，由托勒密不等式，得

$$AB \cdot EF + AF \cdot BE \geqslant AE \cdot BF$$
$$BD \cdot AE + AD \cdot BE \geqslant AB \cdot ED$$

即

$$AB \cdot AD + BC \cdot CD \geqslant AE \cdot AC \quad ①$$
$$BD \cdot AE + AD \cdot CD \geqslant AB \cdot BC \quad ②$$

于是，由式 ① 和 ② 可得

$$\begin{aligned} & DA \cdot DB \cdot AB + DB \cdot DC \cdot BC + DC \cdot DA \cdot CA = \\ & DB(AB \cdot AD + BC \cdot CD) + DC \cdot DA \cdot CA \geqslant \\ & DB \cdot AE \cdot AC + DC \cdot DA \cdot AC = \\ & AC(BD \cdot AE + AD \cdot CD) \geqslant AC \cdot AB \cdot BC \end{aligned}$$

故不等式得证，且等号成立的充要条件是式 ① 和 ② 等号同时都成立，即等号当且仅当四边形 $ABEF$ 及四边形 $AEBD$ 都是圆内接四边形时成立. 也即五边形 $AFEBD$ 是圆内接五边形时等号成立. 由于四边形 $AFED$ 为平行四边形，所以条件等价于四边形 $AFED$ 为矩形（即 $AD \perp BC$）且 $\angle ABE = \angle ADE = 90^\circ$，亦等价于 $AD \perp BC$ 且 $CD \perp AB$，所以原不等式等号成立的充分必要条件是 D 为 $\triangle ABC$ 的垂心.

7. 设 $AC = a$，$CE = b$，$AE = c$，对四边形 $ACEF$ 运用托勒密不等式，得

$$AC \cdot EF + CE \cdot AF \geqslant AE \cdot CF$$

因为 $EF = AF$，这意味着 $\frac{FA}{FC} \geqslant \frac{c}{a+b}$，同理

$$\frac{DE}{DA} \geqslant \frac{b}{c+a}, \frac{BC}{BE} \geqslant \frac{a}{b+c}$$

所以

$$\frac{BC}{BE} + \frac{DE}{DA} + \frac{FA}{FC} \geqslant \frac{a}{b+c} + \frac{b}{c+a} + \frac{c}{c+b} \geqslant \frac{3}{2} \quad ①$$

要使等号成立必须式 ① 是等式，即每次运用托勒密不等式要等号成立，从而四边形 $ACEF$，$ABCE$，$ACDE$ 都是圆内接四边形，所以六边形 $ABCDEF$ 是圆内接六边形，且 $a = b = c$ 时式 ① 是等式.

因此，当且仅当六边形 $ABCDEF$ 是正六边形等式成立.

8. 设 AO 与 BC，BO 与 CA，CO 与 AB 的交点依次为 D，E ，F，$\triangle AOB$，

$\triangle BOC$，$\triangle COA$ 的面积依次为 S_1，S_2，S_3. 由 B，O，C，A' 四点共圆知 $\angle OBC = \angle OCB = \angle BA'O$，从而有 $\triangle OBD \backsim \triangle OA'B$ 得

$$OA' = \frac{OB^2}{OD} = \frac{R^2}{OD}$$

同理

$$OB' = \frac{R^2}{OE'}, OC' = \frac{R^2}{OF}$$

所以

$$\frac{OA' \cdot OB' \cdot OC'}{R^3} = \frac{OA}{OD} \cdot \frac{OB}{OE} \cdot \frac{OC}{OF} = \frac{S_1 + S_3}{S_2} \cdot \frac{S_1 + S_2}{S_3} \cdot \frac{S_2 + S_3}{S_1} \geqslant \frac{2\sqrt{S_1 S_3}}{S_2} \cdot \frac{2\sqrt{S_1 S_2}}{S_3} \cdot \frac{2\sqrt{S_2 S_3}}{S_1} = 8$$

当且仅当 $S_1 = S_2 = S_3$ 时等号成立，此时 $\triangle ABC$ 是正三角形. 故 $OA' \cdot OB' \cdot OC' \geqslant 8R^3$. 当且仅当 $\triangle ABC$ 是正三角形时等号成立.

9. 由已知条件可知 $0 \leqslant a, b, c \leqslant 1$，$a + b + c = 2$，于是

$$0 \leqslant (1-a)(1-b)(1-c) \leqslant \left[\frac{(1-a)+(1-b)(1-c)}{3}\right]^3 = \frac{1}{27}$$

所以

$$0 \leqslant 1 - a - b - c + ab + bc + ca - abc \leqslant \frac{1}{27}$$

再结合 $a + b + c = 2$，可知

$$1 \leqslant ab + bc + ca - abc \leqslant \frac{28}{27}$$

即 $abc + \frac{28}{27} \geqslant ab + bc + ca \geqslant abc + 1$.

10. 在 $\triangle ABC$ 中，$\frac{r}{R} = 4\sin\frac{A}{2}\sin\frac{B}{2}\sin\frac{C}{2}$. 要证明 $\frac{abc}{\sqrt{2(a^2+b^2)(b^2+c^2)(c^2+a^2)}} \geqslant \frac{r}{2R}$，只要证明

$$\frac{abc}{\sqrt{(a^2+b^2)(b^2+c^2)(c^2+a^2)}} \geqslant 2\sqrt{2}\sin\frac{A}{2}\sin\frac{B}{2}\sin\frac{C}{2}$$

考虑到对称性，只要证明 $\frac{a}{\sqrt{b^2+c^2}} \geqslant \sqrt{2}\sin\frac{A}{2}$，只要证明 $\frac{a^2}{b^2+c^2} \geqslant 1 - \cos A$，等价于证明

$$a^2 - (b^2 + c^2)(1 - \cos A) \geqslant 0$$

由余弦定理，得

$$a^2-(b^2+c^2)(1-\cos A)=b^2+c^2-2bc\cos A-(b^2+c^2)(1-\cos A)=$$
$$(b^2+c^2-2bc)\cos A=$$
$$(b-c)^2\cos A$$

因为$(b-c)^2\geqslant 0,\cos A>0$,所以$a^2-(b^2+c^2)(1-\cos A)\geqslant 0$,从而$\dfrac{a^2}{b^2+c^2}\geqslant 1-\cos A$,即

$$\frac{a}{\sqrt{b^2+c^2}}\geqslant\sqrt{2}\sin\frac{A}{2} \qquad ①$$

同理

$$\frac{b}{\sqrt{c^2+a^2}}\geqslant\sqrt{2}\sin\frac{B}{2} \qquad ②$$

$$\frac{c}{\sqrt{c^2+a^2}}\geqslant\sqrt{2}\sin\frac{C}{2} \qquad ③$$

①×②×③ 得

$$\frac{abc}{\sqrt{(a^2+b^2)(b^2+c^2)(c^2+a^2)}}\geqslant 2\sqrt{2}\sin\frac{A}{2}\sin\frac{B}{2}\sin\frac{C}{2}$$

从而原不等式成立.

11. $$\frac{2}{9}\sum_{1\leqslant i<j\leqslant 4}\frac{1}{\sqrt{(s-a_i)(s-a_j)}}\geqslant\frac{4}{9}\sum_{1\leqslant i<j\leqslant 4}\frac{1}{(s-a_i)+(s-a_j)} \qquad ①$$

所以只要证明

$$\sum_{i=1}^{4}\frac{1}{a_i+s}\leqslant\frac{4}{9}\sum_{1\leqslant i<j\leqslant 4}\frac{1}{(s-a_i)+(s-a_j)} \qquad ②$$

设$a_1=a,a_2=b,a_3=c,a_4=d$,式 ② 等价于

$$\frac{2}{9}\left(\frac{1}{a+b}+\frac{1}{a+c}+\frac{1}{a+d}+\frac{1}{b+c}+\frac{1}{b+d}+\frac{1}{c+d}\right)\geqslant$$
$$\frac{1}{3a+b+c+d}+\frac{1}{a+3b+c+d}+\frac{1}{a+b+3c+d}+$$
$$\frac{1}{a+b+c+3d} \qquad ③$$

由柯西不等式,得

$$(3a+b+c+d)\left(\frac{1}{a+b}+\frac{1}{a+c}+\frac{1}{a+d}\right)\geqslant 9$$

$$\frac{1}{9}\left(\frac{1}{a+b}+\frac{1}{a+c}+\frac{1}{a+d}\right)\geqslant\frac{1}{3a+b+c+d} \qquad ④$$

同理可得

$$\frac{1}{9}\left(\frac{1}{a+b}+\frac{1}{b+c}+\frac{1}{b+d}\right)\geqslant\frac{1}{a+3b+c+d}\quad⑤$$

$$\frac{1}{9}\left(\frac{1}{a+c}+\frac{1}{b+c}+\frac{1}{c+d}\right)\geqslant\frac{1}{a+b+3c+d}\quad⑥$$

$$\frac{1}{9}\left(\frac{1}{a+d}+\frac{1}{b+d}+\frac{1}{c+d}\right)\geqslant\frac{1}{a+b+c+3d}\quad⑦$$

将式 ④⑤⑥⑦ 四式相加得式 ③,从而,原不等式成立.

刘培杰数学工作室

已出版(即将出版)图书目录——初等数学

书　　名	出版时间	定　价	编号
新编中学数学解题方法全书(高中版)上卷	2007－09	38.00	7
新编中学数学解题方法全书(高中版)中卷	2007－09	48.00	8
新编中学数学解题方法全书(高中版)下卷(一)	2007－09	42.00	17
新编中学数学解题方法全书(高中版)下卷(二)	2007－09	38.00	18
新编中学数学解题方法全书(高中版)下卷(三)	2010－06	58.00	73
新编中学数学解题方法全书(初中版)上卷	2008－01	28.00	29
新编中学数学解题方法全书(初中版)中卷	2010－07	38.00	75
新编中学数学解题方法全书(高考复习卷)	2010－01	48.00	67
新编中学数学解题方法全书(高考真题卷)	2010－01	38.00	62
新编中学数学解题方法全书(高考精华卷)	2011－03	68.00	118
新编平面解析几何解题方法全书(专题讲座卷)	2010－01	18.00	61
新编中学数学解题方法全书(自主招生卷)	2013－08	88.00	261

书　　名	出版时间	定　价	编号
数学奥林匹克与数学文化(第一辑)	2006－05	48.00	4
数学奥林匹克与数学文化(第二辑)(竞赛卷)	2008－01	48.00	19
数学奥林匹克与数学文化(第二辑)(文化卷)	2008－07	58.00	36′
数学奥林匹克与数学文化(第三辑)(竞赛卷)	2010－01	48.00	59
数学奥林匹克与数学文化(第四辑)(竞赛卷)	2011－08	58.00	87
数学奥林匹克与数学文化(第五辑)	2015－06	98.00	370

书　　名	出版时间	定　价	编号
世界著名平面几何经典著作钩沉——几何作图专题卷(上)	2009－06	48.00	49
世界著名平面几何经典著作钩沉——几何作图专题卷(下)	2011－01	88.00	80
世界著名平面几何经典著作钩沉(民国平面几何老课本)	2011－03	38.00	113
世界著名平面几何经典著作钩沉(建国初期平面三角老课本)	2015－08	38.00	507
世界著名解析几何经典著作钩沉——平面解析几何卷	2014－01	38.00	264
世界著名数论经典著作钩沉(算术卷)	2012－01	28.00	125
世界著名数学经典著作钩沉——立体几何卷	2011－02	28.00	88
世界著名三角学经典著作钩沉(平面三角卷Ⅰ)	2010－06	28.00	69
世界著名三角学经典著作钩沉(平面三角卷Ⅱ)	2011－01	38.00	78
世界著名初等数论经典著作钩沉(理论和实用算术卷)	2011－07	38.00	126

书　　名	出版时间	定　价	编号
发展你的空间想象力	2017－06	38.00	785
走向国际数学奥林匹克的平面几何试题诠释(上、下)(第1版)	2007－01	68.00	11,12
走向国际数学奥林匹克的平面几何试题诠释(上、下)(第2版)	2010－02	98.00	63,64
平面几何证明方法全书	2007－08	35.00	1
平面几何证明方法全书习题解答(第1版)	2005－10	18.00	2
平面几何证明方法全书习题解答(第2版)	2006－12	18.00	10
平面几何天天练上卷·基础篇(直线型)	2013－01	58.00	208
平面几何天天练中卷·基础篇(涉及圆)	2013－01	28.00	234
平面几何天天练下卷·提高篇	2013－01	58.00	237
平面几何专题研究	2013－07	98.00	258

刘培杰数学工作室

已出版(即将出版)图书目录——初等数学

书　名	出版时间	定　价	编号
最新世界各国数学奥林匹克中的平面几何试题	2007－09	38.00	14
数学竞赛平面几何典型题及新颖解	2010－07	48.00	74
初等数学复习及研究(平面几何)	2008－09	58.00	38
初等数学复习及研究(立体几何)	2010－06	38.00	71
初等数学复习及研究(平面几何)习题解答	2009－01	48.00	42
几何学教程(平面几何卷)	2011－03	68.00	90
几何学教程(立体几何卷)	2011－07	68.00	130
几何变换与几何证题	2010－06	88.00	70
计算方法与几何证题	2011－06	28.00	129
立体几何技巧与方法	2014－04	88.00	293
几何瑰宝——平面几何 500 名题暨 1000 条定理(上、下)	2010－07	138.00	76,77
三角形的解法与应用	2012－07	18.00	183
近代的三角形几何学	2012－07	48.00	184
一般折线几何学	2015－08	48.00	503
三角形的五心	2009－06	28.00	51
三角形的六心及其应用	2015－10	68.00	542
三角形趣谈	2012－08	28.00	212
解三角形	2014－01	28.00	265
三角学专门教程	2014－09	28.00	387
图天下几何新题试卷.初中(第 2 版)	2017－11	58.00	855
圆锥曲线习题集(上册)	2013－06	68.00	255
圆锥曲线习题集(中册)	2015－01	78.00	434
圆锥曲线习题集(下册・第 1 卷)	2016－10	78.00	683
圆锥曲线习题集(下册・第 2 卷)	2018－01	98.00	853
论九点圆	2015－05	88.00	645
近代欧氏几何学	2012－03	48.00	162
罗巴切夫斯基几何学及几何基础概要	2012－07	28.00	188
罗巴切夫斯基几何学初步	2015－06	28.00	474
用三角、解析几何、复数、向量计算解数学竞赛几何题	2015－03	48.00	455
美国中学几何教程	2015－04	88.00	458
三线坐标与三角形特征点	2015－04	98.00	460
平面解析几何方法与研究(第 1 卷)	2015－05	18.00	471
平面解析几何方法与研究(第 2 卷)	2015－06	18.00	472
平面解析几何方法与研究(第 3 卷)	2015－07	18.00	473
解析几何研究	2015－01	38.00	425
解析几何学教程.上	2016－01	38.00	574
解析几何学教程.下	2016－01	38.00	575
几何学基础	2016－01	58.00	581
初等几何研究	2015－02	58.00	444
十九和二十世纪欧氏几何学中的片段	2017－01	58.00	696
平面几何中考.高考.奥数一本通	2017－07	28.00	820
几何学简史	2017－08	28.00	833
四面体	2018－01	48.00	880
平面几何图形特性新析.上篇	即将出版		911
平面几何图形特性新析.下篇	2018－06	88.00	912
平面几何范例多解探究.上篇	2018－04	48.00	913
平面几何范例多解探究.下篇	即将出版		914

刘培杰数学工作室
已出版(即将出版)图书目录——初等数学

书 名	出版时间	定 价	编号
俄罗斯平面几何问题集	2009－08	88.00	55
俄罗斯立体几何问题集	2014－03	58.00	283
俄罗斯几何大师——沙雷金论数学及其他	2014－01	48.00	271
来自俄罗斯的5000道几何习题及解答	2011－03	58.00	89
俄罗斯初等数学问题集	2012－05	38.00	177
俄罗斯函数问题集	2011－03	38.00	103
俄罗斯组合分析问题集	2011－01	48.00	79
俄罗斯初等数学万题选——三角卷	2012－11	38.00	222
俄罗斯初等数学万题选——代数卷	2013－08	68.00	225
俄罗斯初等数学万题选——几何卷	2014－01	68.00	226
463个俄罗斯几何老问题	2012－01	28.00	152
谈谈素数	2011－03	18.00	91
平方和	2011－03	18.00	92
整数论	2011－05	38.00	120
从整数谈起	2015－10	28.00	538
数与多项式	2016－01	38.00	558
谈谈不定方程	2011－05	28.00	119
解析不等式新论	2009－06	68.00	48
建立不等式的方法	2011－03	98.00	104
数学奥林匹克不等式研究	2009－08	68.00	56
不等式研究(第二辑)	2012－02	68.00	153
不等式的秘密(第一卷)	2012－02	28.00	154
不等式的秘密(第一卷)(第2版)	2014－02	38.00	286
不等式的秘密(第二卷)	2014－01	38.00	268
初等不等式的证明方法	2010－06	38.00	123
初等不等式的证明方法(第二版)	2014－11	38.00	407
不等式·理论·方法(基础卷)	2015－07	38.00	496
不等式·理论·方法(经典不等式卷)	2015－07	38.00	497
不等式·理论·方法(特殊类型不等式卷)	2015－07	48.00	498
不等式探究	2016－03	38.00	582
不等式探秘	2017－01	88.00	689
四面体不等式	2017－01	68.00	715
数学奥林匹克中常见重要不等式	2017－09	38.00	845
同余理论	2012－05	38.00	163
[x]与{x}	2015－04	48.00	476
极值与最值. 上卷	2015－06	28.00	486
极值与最值. 中卷	2015－06	38.00	487
极值与最值. 下卷	2015－06	28.00	488
整数的性质	2012－11	38.00	192
完全平方数及其应用	2015－08	78.00	506
多项式理论	2015－10	88.00	541
奇数、偶数、奇偶分析法	2018－01	98.00	876

刘培杰数学工作室

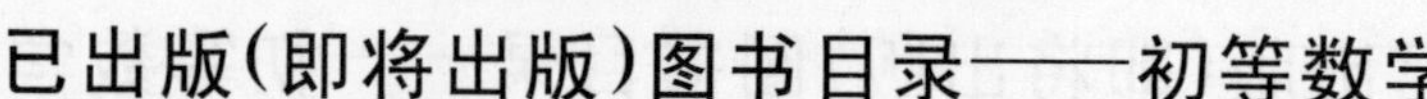

已出版(即将出版)图书目录——初等数学

书　名	出版时间	定　价	编号
历届美国中学生数学竞赛试题及解答(第一卷)1950—1954	2014—07	18.00	277
历届美国中学生数学竞赛试题及解答(第二卷)1955—1959	2014—04	18.00	278
历届美国中学生数学竞赛试题及解答(第三卷)1960—1964	2014—06	18.00	279
历届美国中学生数学竞赛试题及解答(第四卷)1965—1969	2014—04	28.00	280
历届美国中学生数学竞赛试题及解答(第五卷)1970—1972	2014—06	18.00	281
历届美国中学生数学竞赛试题及解答(第六卷)1973—1980	2017—07	18.00	768
历届美国中学生数学竞赛试题及解答(第七卷)1981—1986	2015—01	18.00	424
历届美国中学生数学竞赛试题及解答(第八卷)1987—1990	2017—05	18.00	769

书　名	出版时间	定　价	编号
历届 IMO 试题集(1959—2005)	2006—05	58.00	5
历届 CMO 试题集	2008—09	28.00	40
历届中国数学奥林匹克试题集(第 2 版)	2017—03	38.00	757
历届加拿大数学奥林匹克试题集	2012—08	38.00	215
历届美国数学奥林匹克试题集:多解推广加强	2012—08	38.00	209
历届美国数学奥林匹克试题集:多解推广加强(第 2 版)	2016—03	48.00	592
历届波兰数学竞赛试题集. 第 1 卷,1949～1963	2015—03	18.00	453
历届波兰数学竞赛试题集. 第 2 卷,1964～1976	2015—03	18.00	454
历届巴尔干数学奥林匹克试题集	2015—05	38.00	466
保加利亚数学奥林匹克	2014—10	38.00	393
圣彼得堡数学奥林匹克试题集	2015—01	38.00	429
匈牙利奥林匹克数学竞赛题解. 第 1 卷	2016—05	28.00	593
匈牙利奥林匹克数学竞赛题解. 第 2 卷	2016—05	28.00	594
历届美国数学邀请赛试题集(第 2 版)	2017—10	78.00	851
全国高中数学竞赛试题及解答. 第 1 卷	2014—07	38.00	331
普林斯顿大学数学竞赛	2016—06	38.00	669
亚太地区数学奥林匹克竞赛题	2015—07	18.00	492
日本历届(初级)广中杯数学竞赛试题及解答. 第 1 卷(2000～2007)	2016—05	28.00	641
日本历届(初级)广中杯数学竞赛试题及解答. 第 2 卷(2008～2015)	2016—05	38.00	642
360 个数学竞赛问题	2016—08	58.00	677
奥数最佳实战题. 上卷	2017—06	38.00	760
奥数最佳实战题. 下卷	2017—05	58.00	761
哈尔滨市早期中学数学竞赛试题汇编	2016—07	28.00	672
全国高中数学联赛试题及解答:1981—2017(第 2 版)	2018—05	98.00	920
20 世纪 50 年代全国部分城市数学竞赛试题汇编	2017—07	28.00	797
高中数学竞赛培训教程:平面几何问题的求解方法与策略. 上	2018—05	68.00	906
高中数学竞赛培训教程:平面几何问题的求解方法与策略. 下	2018—06	78.00	907
高中数学竞赛培训教程:整除与同余以及不定方程	2018—01	88.00	908
高中数学竞赛培训教程:组合计数与组合极值	2018—04	48.00	909
国内外数学竞赛题及精解:2016～2017	2018—07	45.00	922

书　名	出版时间	定　价	编号
高考数学临门一脚(含密押三套卷)(理科版)	2017—01	45.00	743
高考数学临门一脚(含密押三套卷)(文科版)	2017—01	45.00	744
新课标高考数学题型全归纳(文科版)	2015—05	72.00	467
新课标高考数学题型全归纳(理科版)	2015—05	82.00	468
洞穿高考数学解答题核心考点(理科版)	2015—11	49.80	550
洞穿高考数学解答题核心考点(文科版)	2015—11	46.80	551

刘培杰数学工作室
已出版(即将出版)图书目录——初等数学

书　名	出版时间	定　价	编号
高考数学题型全归纳:文科版.上	2016—05	53.00	663
高考数学题型全归纳:文科版.下	2016—05	53.00	664
高考数学题型全归纳:理科版.上	2016—05	58.00	665
高考数学题型全归纳:理科版.下	2016—05	58.00	666
王连笑教你怎样学数学:高考选择题解题策略与客观题实用训练	2014—01	48.00	262
王连笑教你怎样学数学:高考数学高层次讲座	2015—02	48.00	432
高考数学的理论与实践	2009—08	38.00	53
高考数学核心题型解题方法与技巧	2010—01	28.00	86
高考思维新平台	2014—03	38.00	259
30分钟拿下高考数学选择题、填空题(理科版)	2016—10	39.80	720
30分钟拿下高考数学选择题、填空题(文科版)	2016—10	39.80	721
高考数学压轴题解题诀窍(上)(第2版)	2018—01	58.00	874
高考数学压轴题解题诀窍(下)(第2版)	2018—01	48.00	875
北京市五区文科数学三年高考模拟题详解:2013～2015	2015—08	48.00	500
北京市五区理科数学三年高考模拟题详解:2013～2015	2015—09	68.00	505
向量法巧解数学高考题	2009—08	28.00	54
高考数学万能解题法(第2版)	即将出版	38.00	691
高考物理万能解题法(第2版)	即将出版	38.00	692
高考化学万能解题法(第2版)	即将出版	28.00	693
高考生物万能解题法(第2版)	即将出版	28.00	694
高考数学解题金典(第2版)	2017—01	78.00	716
高考物理解题金典(第2版)	即将出版	68.00	717
高考化学解题金典(第2版)	即将出版	58.00	718
我一定要赚分:高中物理	2016—01	38.00	580
数学高考参考	2016—01	78.00	589
2011～2015年全国及各省市高考数学文科精品试题审题要津与解法研究	2015—10	68.00	539
2011～2015年全国及各省市高考数学理科精品试题审题要津与解法研究	2015—10	88.00	540
最新全国及各省市高考数学试卷解法研究及点拨评析	2009—02	38.00	41
2011年全国及各省市高考数学试题审题要津与解法研究	2011—10	48.00	139
2013年全国及各省市高考数学试题解析与点评	2014—01	48.00	282
全国及各省市高考数学试题审题要津与解法研究	2015—02	48.00	450
新课标高考数学——五年试题分章详解(2007～2011)(上、下)	2011—10	78.00	140,141
全国中考数学压轴题审题要津与解法研究	2013—04	78.00	248
新编全国及各省市中考数学压轴题审题要津与解法研究	2014—05	58.00	342
全国及各省市5年中考数学压轴题审题要津与解法研究(2015版)	2015—04	58.00	462
中考数学专题总复习	2007—04	28.00	6
中考数学较难题、难题常考题型解题方法与技巧.上	2016—01	48.00	584
中考数学较难题、难题常考题型解题方法与技巧.下	2016—01	58.00	585
中考数学较难题常考题型解题方法与技巧	2016—09	48.00	681
中考数学难题常考题型解题方法与技巧	2016—09	48.00	682
中考数学选择填空压轴好题妙解365	2017—05	38.00	759

刘培杰数学工作室
已出版(即将出版)图书目录——初等数学

书名	出版时间	定价	编号
中考数学小压轴汇编初讲	2017-07	48.00	788
中考数学大压轴专题微言	2017-09	48.00	846
北京中考数学压轴题解题方法突破(第3版)	2017-11	48.00	854
助你高考成功的数学解题智慧:知识是智慧的基础	2016-01	58.00	596
助你高考成功的数学解题智慧:错误是智慧的试金石	2016-04	58.00	643
助你高考成功的数学解题智慧:方法是智慧的推手	2016-04	68.00	657
高考数学奇思妙解	2016-04	38.00	610
高考数学解题策略	2016-05	48.00	670
数学解题泄天机(第2版)	2017-10	48.00	850
高考物理压轴题全解	2017-04	48.00	746
高中物理经典问题25讲	2017-05	28.00	764
高中物理教学讲义	2018-01	48.00	871
2016年高考文科数学真题研究	2017-04	58.00	754
2016年高考理科数学真题研究	2017-04	78.00	755
初中数学、高中数学脱节知识补缺教材	2017-06	48.00	766
高考数学小题抢分必练	2017-10	48.00	834
高考数学核心素养解读	2017-09	38.00	839
高考数学客观题解题方法和技巧	2017-10	38.00	847
十年高考数学精品试题审题要津与解法研究.上卷	2018-01	68.00	872
十年高考数学精品试题审题要津与解法研究.下卷	2018-01	58.00	873
中国历届高考数学试题及解答.1949-1979	2018-01	38.00	877
数学文化与高考研究	2018-03	48.00	882
跟我学解高中数学题	2018-07	58.00	926
中学数学研究的方法及案例	2018-05	58.00	869
新编640个世界著名数学智力趣题	2014-01	88.00	242
500个最新世界著名数学智力趣题	2008-06	48.00	3
400个最新世界著名数学最值问题	2008-09	48.00	36
500个世界著名数学征解问题	2009-06	48.00	52
400个中国最佳初等数学征解老问题	2010-01	48.00	60
500个俄罗斯数学经典老题	2011-01	28.00	81
1000个国外中学物理好题	2012-04	48.00	174
300个日本高考数学题	2012-05	38.00	142
700个早期日本高考数学试题	2017-02	88.00	752
500个前苏联早期高考数学试题及解答	2012-05	28.00	185
546个早期俄罗斯大学生数学竞赛题	2014-03	38.00	285
548个来自美苏的数学好问题	2014-11	28.00	396
20所苏联著名大学早期入学试题	2015-02	18.00	452
161道德国工科大学生必做的微分方程习题	2015-05	28.00	469
500个德国工科大学生必做的高数习题	2015-06	28.00	478
360个数学竞赛问题	2016-08	58.00	677
200个趣味数学故事	2018-02	48.00	857
德国讲义日本考题.微积分卷	2015-04	48.00	456
德国讲义日本考题.微分方程卷	2015-04	38.00	457
二十世纪中叶中、英、美、日、法、俄高考数学试题精选	2017-06	38.00	783

刘培杰数学工作室
已出版(即将出版)图书目录——初等数学

书　名	出版时间	定　价	编号
中国初等数学研究　2009 卷(第 1 辑)	2009—05	20.00	45
中国初等数学研究　2010 卷(第 2 辑)	2010—05	30.00	68
中国初等数学研究　2011 卷(第 3 辑)	2011—07	60.00	127
中国初等数学研究　2012 卷(第 4 辑)	2012—07	48.00	190
中国初等数学研究　2014 卷(第 5 辑)	2014—02	48.00	288
中国初等数学研究　2015 卷(第 6 辑)	2015—06	68.00	493
中国初等数学研究　2016 卷(第 7 辑)	2016—04	68.00	609
中国初等数学研究　2017 卷(第 8 辑)	2017—01	98.00	712
几何变换(Ⅰ)	2014—07	28.00	353
几何变换(Ⅱ)	2015—06	28.00	354
几何变换(Ⅲ)	2015—01	38.00	355
几何变换(Ⅳ)	2015—12	38.00	356
初等数论难题集(第一卷)	2009—05	68.00	44
初等数论难题集(第二卷)(上、下)	2011—02	128.00	82,83
数论概貌	2011—03	18.00	93
代数数论(第二版)	2013—08	58.00	94
代数多项式	2014—06	38.00	289
初等数论的知识与问题	2011—02	28.00	95
超越数论基础	2011—03	28.00	96
数论初等教程	2011—03	28.00	97
数论基础	2011—03	18.00	98
数论基础与维诺格拉多夫	2014—03	18.00	292
解析数论基础	2012—08	28.00	216
解析数论基础(第二版)	2014—01	48.00	287
解析数论问题集(第二版)(原版引进)	2014—05	88.00	343
解析数论问题集(第二版)(中译本)	2016—04	88.00	607
解析数论基础(潘承洞,潘承彪著)	2016—07	98.00	673
解析数论导引	2016—07	58.00	674
数论入门	2011—03	38.00	99
代数数论入门	2015—03	38.00	448
数论开篇	2012—07	28.00	194
解析数论引论	2011—03	48.00	100
Barban Davenport Halberstam 均值和	2009—01	40.00	33
基础数论	2011—03	28.00	101
初等数论 100 例	2011—05	18.00	122
初等数论经典例题	2012—07	18.00	204
最新世界各国数学奥林匹克中的初等数论试题(上、下)	2012—01	138.00	144,145
初等数论(Ⅰ)	2012—01	18.00	156
初等数论(Ⅱ)	2012—01	18.00	157
初等数论(Ⅲ)	2012—01	28.00	158

刘培杰数学工作室
已出版(即将出版)图书目录——初等数学

书　名	出版时间	定　价	编号
平面几何与数论中未解决的新老问题	2013－01	68.00	229
代数数论简史	2014－11	28.00	408
代数数论	2015－09	88.00	532
代数、数论及分析习题集	2016－11	98.00	695
数论导引提要及习题解答	2016－01	48.00	559
素数定理的初等证明.第2版	2016－09	48.00	686
数论中的模函数与狄利克雷级数(第二版)	2017－11	78.00	837
数论:数学导引	2018－01	68.00	849
数学眼光透视(第2版)	2017－06	78.00	732
数学思想领悟(第2版)	2018－01	68.00	733
数学解题引论	2017－05	48.00	735
数学史话览胜(第2版)	2017－01	48.00	736
数学应用展观(第2版)	2017－08	68.00	737
数学建模尝试	2018－04	48.00	738
数学竞赛采风	2018－01	68.00	739
数学技能操握	2018－03	48.00	741
数学欣赏拾趣	2018－02	48.00	742
从毕达哥拉斯到怀尔斯	2007－10	48.00	9
从迪利克雷到维斯卡尔迪	2008－01	48.00	21
从哥德巴赫到陈景润	2008－05	98.00	35
从庞加莱到佩雷尔曼	2011－08	138.00	136
博弈论精粹	2008－03	58.00	30
博弈论精粹.第二版(精装)	2015－01	88.00	461
数学 我爱你	2008－01	28.00	20
精神的圣徒　别样的人生——60位中国数学家成长的历程	2008－09	48.00	39
数学史概论	2009－06	78.00	50
数学史概论(精装)	2013－03	158.00	272
数学史选讲	2016－01	48.00	544
斐波那契数列	2010－02	28.00	65
数学拼盘和斐波那契魔方	2010－07	38.00	72
斐波那契数列欣赏	2011－01	28.00	160
Fibonacci数列中的明珠	2018－06	58.00	928
数学的创造	2011－02	48.00	85
数学美与创造力	2016－01	48.00	595
数海拾贝	2016－01	48.00	590
数学中的美	2011－02	38.00	84
数论中的美学	2014－12	38.00	351

刘培杰数学工作室
已出版(即将出版)图书目录——初等数学

书 名	出版时间	定 价	编号
数学王者 科学巨人——高斯	2015—01	28.00	428
振兴祖国数学的圆梦之旅:中国初等数学研究史话	2015—06	98.00	490
二十世纪中国数学史料研究	2015—10	48.00	536
数字谜、数阵图与棋盘覆盖	2016—01	58.00	298
时间的形状	2016—01	38.00	556
数学发现的艺术:数学探索中的合情推理	2016—07	58.00	671
活跃在数学中的参数	2016—07	48.00	675

书 名	出版时间	定 价	编号
数学解题——靠数学思想给力(上)	2011—07	38.00	131
数学解题——靠数学思想给力(中)	2011—07	48.00	132
数学解题——靠数学思想给力(下)	2011—07	38.00	133
我怎样解题	2013—01	48.00	227
数学解题中的物理方法	2011—06	28.00	114
数学解题的特殊方法	2011—06	48.00	115
中学数学计算技巧	2012—01	48.00	116
中学数学证明方法	2012—01	58.00	117
数学趣题巧解	2012—03	28.00	128
高中数学教学通鉴	2015—05	58.00	479
和高中生漫谈:数学与哲学的故事	2014—08	28.00	369
算术问题集	2017—03	38.00	789

书 名	出版时间	定 价	编号
自主招生考试中的参数方程问题	2015—01	28.00	435
自主招生考试中的极坐标问题	2015—04	28.00	463
近年全国重点大学自主招生数学试题全解及研究.华约卷	2015—02	38.00	441
近年全国重点大学自主招生数学试题全解及研究.北约卷	2016—05	38.00	619
自主招生数学解证宝典	2015—09	48.00	535

书 名	出版时间	定 价	编号
格点和面积	2012—07	18.00	191
射影几何趣谈	2012—04	28.00	175
斯潘纳尔引理——从一道加拿大数学奥林匹克试题谈起	2014—01	28.00	228
李普希兹条件——从几道近年高考数学试题谈起	2012—10	18.00	221
拉格朗日中值定理——从一道北京高考试题的解法谈起	2015—10	18.00	197
闵科夫斯基定理——从一道清华大学自主招生试题谈起	2014—01	28.00	198
哈尔测度——从一道冬令营试题的背景谈起	2012—08	28.00	202
切比雪夫逼近问题——从一道中国台北数学奥林匹克试题谈起	2013—04	38.00	238
伯恩斯坦多项式与贝齐尔曲面——从一道全国高中数学联赛试题谈起	2013—03	38.00	236
卡塔兰猜想——从一道普特南竞赛试题谈起	2013—06	18.00	256
麦卡锡函数和阿克曼函数——从一道前南斯拉夫数学奥林匹克试题谈起	2012—08	18.00	201
贝蒂定理与拉姆贝克莫斯尔定理——从一个拣石子游戏谈起	2012—08	18.00	217
皮亚诺曲线和豪斯道夫分球定理——从无限集谈起	2012—08	18.00	211
平面凸图形与凸多面体	2012—10	28.00	218
斯坦因豪斯问题——从一道二十五省市自治区中学数学竞赛试题谈起	2012—07	18.00	196

刘培杰数学工作室

已出版(即将出版)图书目录——初等数学

书　　名	出版时间	定　价	编号
纽结理论中的亚历山大多项式与琼斯多项式——从一道北京市高一数学竞赛试题谈起	2012－07	28.00	195
原则与策略——从波利亚"解题表"谈起	2013－04	38.00	244
转化与化归——从三大尺规作图不能问题谈起	2012－08	28.00	214
代数几何中的贝祖定理(第一版)——从一道 IMO 试题的解法谈起	2013－08	18.00	193
成功连贯理论与约当块理论——从一道比利时数学竞赛试题谈起	2012－04	18.00	180
素数判定与大数分解	2014－08	18.00	199
置换多项式及其应用	2012－10	18.00	220
椭圆函数与模函数——从一道美国加州大学洛杉矶分校(UCLA)博士资格考题谈起	2012－10	28.00	219
差分方程的拉格朗日方法——从一道 2011 年全国高考理科试题的解法谈起	2012－08	28.00	200
力学在几何中的一些应用	2013－01	38.00	240
高斯散度定理、斯托克斯定理和平面格林定理——从一道国际大学生数学竞赛试题谈起	即将出版		
康托洛维奇不等式——从一道全国高中联赛试题谈起	2013－03	28.00	337
西格尔引理——从一道第 18 届 IMO 试题的解法谈起	即将出版		
罗斯定理——从一道前苏联数学竞赛试题谈起	即将出版		
拉克斯定理和阿廷定理——从一道 IMO 试题的解法谈起	2014－01	58.00	246
毕卡大定理——从一道美国大学数学竞赛试题谈起	2014－07	18.00	350
贝齐尔曲线——从一道全国高中联赛试题谈起	即将出版		
拉格朗日乘子定理——从一道 2005 年全国高中联赛试题的高等数学解法谈起	2015－05	28.00	480
雅可比定理——从一道日本数学奥林匹克试题谈起	2013－04	48.00	249
李天岩－约克定理——从一道波兰数学竞赛试题谈起	2014－06	28.00	349
整系数多项式因式分解的一般方法——从克朗耐克算法谈起	即将出版		
布劳维不动点定理——从一道前苏联数学奥林匹克试题谈起	2014－01	38.00	273
伯恩赛德定理——从一道英国数学奥林匹克试题谈起	即将出版		
布查特－莫斯特定理——从一道上海市初中竞赛试题谈起	即将出版		
数论中的同余数问题——从一道普特南竞赛试题谈起	即将出版		
范·德蒙行列式——从一道美国数学奥林匹克试题谈起	即将出版		
中国剩余定理:总数法构建中国历史年表	2015－01	28.00	430
牛顿程序与方程求根——从一道全国高考试题解法谈起	即将出版		
库默尔定理——从一道 IMO 预选试题谈起	即将出版		
卢丁定理——从一道冬令营试题的解法谈起	即将出版		
沃斯滕霍姆定理——从一道 IMO 预选试题谈起	即将出版		
卡尔松不等式——从一道莫斯科数学奥林匹克试题谈起	即将出版		
信息论中的香农熵——从一道近年高考压轴题谈起	即将出版		
约当不等式——从一道希望杯竞赛试题谈起	即将出版		
拉比诺维奇定理	即将出版		
刘维尔定理——从一道《美国数学月刊》征解问题的解法谈起	即将出版		
卡塔兰恒等式与级数求和——从一道 IMO 试题的解法谈起	即将出版		
勒让德猜想与素数分布——从一道爱尔兰竞赛试题谈起	即将出版		
天平称重与信息论——从一道基辅市数学奥林匹克试题谈起	即将出版		
哈密尔顿－凯莱定理:从一道高中数学联赛试题的解法谈起	2014－09	18.00	376
艾思特曼定理——从一道 CMO 试题的解法谈起	即将出版		

刘培杰数学工作室

已出版(即将出版)图书目录——初等数学

书　名	出版时间	定　价	编号
阿贝尔恒等式与经典不等式及应用	2018－06	98.00	923
迪利克雷除数问题	2018－07	48.00	930
贝克码与编码理论——从一道全国高中联赛试题谈起	即将出版		
帕斯卡三角形	2014－03	18.00	294
蒲丰投针问题——从2009年清华大学的一道自主招生试题谈起	2014－01	38.00	295
斯图姆定理——从一道"华约"自主招生试题的解法谈起	2014－01	18.00	296
许瓦兹引理——从一道加利福尼亚大学伯克利分校数学系博士生试题谈起	2014－08	18.00	297
拉姆塞定理——从王诗宬院士的一个问题谈起	2016－04	48.00	299
坐标法	2013－12	28.00	332
数论三角形	2014－04	38.00	341
毕克定理	2014－07	18.00	352
数林掠影	2014－09	48.00	389
我们周围的概率	2014－10	38.00	390
凸函数最值定理:从一道华约自主招生题的解法谈起	2014－10	28.00	391
易学与数学奥林匹克	2014－10	38.00	392
生物数学趣谈	2015－01	18.00	409
反演	2015－01	28.00	420
因式分解与圆锥曲线	2015－01	18.00	426
轨迹	2015－01	28.00	427
面积原理:从常庚哲命的一道CMO试题的积分解法谈起	2015－01	48.00	431
形形色色的不动点定理:从一道28届IMO试题谈起	2015－01	38.00	439
柯西函数方程:从一道上海交大自主招生的试题谈起	2015－02	28.00	440
三角恒等式	2015－02	28.00	442
无理性判定:从一道2014年"北约"自主招生试题谈起	2015－01	38.00	443
数学归纳法	2015－03	18.00	451
极端原理与解题	2015－04	28.00	464
法雷级数	2014－08	18.00	367
摆线族	2015－01	38.00	438
函数方程及其解法	2015－05	38.00	470
含参数的方程和不等式	2012－09	28.00	213
希尔伯特第十问题	2016－01	38.00	543
无穷小量的求和	2016－01	28.00	545
切比雪夫多项式:从一道清华大学金秋营试题谈起	2016－01	38.00	583
泽肯多夫定理	2016－03	38.00	599
代数等式证题法	2016－01	28.00	600
三角等式证题法	2016－01	28.00	601
吴大任教授藏书中的一个因式分解公式:从一道美国数学邀请赛试题的解法谈起	2016－06	28.00	656
易卦——类万物的数学模型	2017－08	68.00	838
"不可思议"的数与数系可持续发展	2018－01	38.00	878
最短线	2018－01	38.00	879

书　名	出版时间	定　价	编号
幻方和魔方(第一卷)	2012－05	68.00	173
尘封的经典——初等数学经典文献选读(第一卷)	2012－07	48.00	205
尘封的经典——初等数学经典文献选读(第二卷)	2012－07	38.00	206

书　名	出版时间	定　价	编号
初级方程式论	2011－03	28.00	106
初等数学研究(Ⅰ)	2008－09	68.00	37
初等数学研究(Ⅱ)(上、下)	2009－05	118.00	46,47

刘培杰数学工作室
已出版(即将出版)图书目录——初等数学

书　　名	出版时间	定　价	编号
趣味初等方程妙题集锦	2014—09	48.00	388
趣味初等数论选美与欣赏	2015—02	48.00	445
耕读笔记(上卷):一位农民数学爱好者的初数探索	2015—04	28.00	459
耕读笔记(中卷):一位农民数学爱好者的初数探索	2015—05	28.00	483
耕读笔记(下卷):一位农民数学爱好者的初数探索	2015—05	28.00	484
几何不等式研究与欣赏.上卷	2016—01	88.00	547
几何不等式研究与欣赏.下卷	2016—01	48.00	552
初等数列研究与欣赏·上	2016—01	48.00	570
初等数列研究与欣赏·下	2016—01	48.00	571
趣味初等函数研究与欣赏.上	2016—09	48.00	684
趣味初等函数研究与欣赏.下	即将出版		685
火柴游戏	2016—05	38.00	612
智力解谜.第1卷	2017—07	38.00	613
智力解谜.第2卷	2017—07	38.00	614
故事智力	2016—07	48.00	615
名人们喜欢的智力问题	即将出版		616
数学大师的发现、创造与失误	2018—01	48.00	617
异曲同工	即将出版		618
数学的味道	2018—01	58.00	798
数贝偶拾——高考数学题研究	2014—04	28.00	274
数贝偶拾——初等数学研究	2014—04	38.00	275
数贝偶拾——奥数题研究	2014—04	48.00	276
钱昌本教你快乐学数学(上)	2011—12	48.00	155
钱昌本教你快乐学数学(下)	2012—03	58.00	171
集合、函数与方程	2014—01	28.00	300
数列与不等式	2014—01	38.00	301
三角与平面向量	2014—01	28.00	302
平面解析几何	2014—01	38.00	303
立体几何与组合	2014—01	28.00	304
极限与导数、数学归纳法	2014—01	38.00	305
趣味数学	2014—03	28.00	306
教材教法	2014—04	68.00	307
自主招生	2014—05	58.00	308
高考压轴题(上)	2015—01	48.00	309
高考压轴题(下)	2014—10	68.00	310
从费马到怀尔斯——费马大定理的历史	2013—10	198.00	Ⅰ
从庞加莱到佩雷尔曼——庞加莱猜想的历史	2013—10	298.00	Ⅱ
从切比雪夫到爱尔特希(上)——素数定理的初等证明	2013—07	48.00	Ⅲ
从切比雪夫到爱尔特希(下)——素数定理100年	2012—12	98.00	Ⅲ
从高斯到盖尔方特——二次域的高斯猜想	2013—10	198.00	Ⅳ
从库默尔到朗兰兹——朗兰兹猜想的历史	2014—01	98.00	Ⅴ
从比勃巴赫到德布朗斯——比勃巴赫猜想的历史	2014—02	298.00	Ⅵ
从麦比乌斯到陈省身——麦比乌斯变换与麦比乌斯带	2014—02	298.00	Ⅶ
从布尔到豪斯道夫——布尔方程与格论漫谈	2013—10	198.00	Ⅷ
从开普勒到阿诺德——三体问题的历史	2014—05	298.00	Ⅸ
从华林到华罗庚——华林问题的历史	2013—10	298.00	Ⅹ

刘培杰数学工作室

已出版(即将出版)图书目录——初等数学

书　名	出版时间	定　价	编号
美国高中数学竞赛五十讲.第1卷(英文)	2014－08	28.00	357
美国高中数学竞赛五十讲.第2卷(英文)	2014－08	28.00	358
美国高中数学竞赛五十讲.第3卷(英文)	2014－09	28.00	359
美国高中数学竞赛五十讲.第4卷(英文)	2014－09	28.00	360
美国高中数学竞赛五十讲.第5卷(英文)	2014－10	28.00	361
美国高中数学竞赛五十讲.第6卷(英文)	2014－11	28.00	362
美国高中数学竞赛五十讲.第7卷(英文)	2014－12	28.00	363
美国高中数学竞赛五十讲.第8卷(英文)	2015－01	28.00	364
美国高中数学竞赛五十讲.第9卷(英文)	2015－01	28.00	365
美国高中数学竞赛五十讲.第10卷(英文)	2015－02	38.00	366
三角函数	2014－01	38.00	311
不等式	2014－01	38.00	312
数列	2014－01	38.00	313
方程	2014－01	28.00	314
排列和组合	2014－01	28.00	315
极限与导数	2014－01	28.00	316
向量	2014－09	38.00	317
复数及其应用	2014－08	28.00	318
函数	2014－01	38.00	319
集合	即将出版		320
直线与平面	2014－01	28.00	321
立体几何	2014－04	28.00	322
解三角形	即将出版		323
直线与圆	2014－01	28.00	324
圆锥曲线	2014－01	38.00	325
解题通法(一)	2014－07	38.00	326
解题通法(二)	2014－07	38.00	327
解题通法(三)	2014－05	38.00	328
概率与统计	2014－01	28.00	329
信息迁移与算法	即将出版		330
IMO 50年.第1卷(1959－1963)	2014－11	28.00	377
IMO 50年.第2卷(1964－1968)	2014－11	28.00	378
IMO 50年.第3卷(1969－1973)	2014－09	28.00	379
IMO 50年.第4卷(1974－1978)	2016－04	38.00	380
IMO 50年.第5卷(1979－1984)	2015－04	38.00	381
IMO 50年.第6卷(1985－1989)	2015－04	58.00	382
IMO 50年.第7卷(1990－1994)	2016－01	48.00	383
IMO 50年.第8卷(1995－1999)	2016－06	38.00	384
IMO 50年.第9卷(2000－2004)	2015－04	58.00	385
IMO 50年.第10卷(2005－2009)	2016－01	48.00	386
IMO 50年.第11卷(2010－2015)	2017－03	48.00	646

刘培杰数学工作室

已出版(即将出版)图书目录——初等数学

书 名	出版时间	定 价	编号
方程(第2版)	2017-04	38.00	624
三角函数(第2版)	2017-04	38.00	626
向量(第2版)	即将出版		627
立体几何(第2版)	2016-04	38.00	629
直线与圆(第2版)	2016-11	38.00	631
圆锥曲线(第2版)	2016-09	48.00	632
极限与导数(第2版)	2016-04	38.00	635
历届美国大学生数学竞赛试题集.第一卷(1938—1949)	2015-01	28.00	397
历届美国大学生数学竞赛试题集.第二卷(1950—1959)	2015-01	28.00	398
历届美国大学生数学竞赛试题集.第三卷(1960—1969)	2015-01	28.00	399
历届美国大学生数学竞赛试题集.第四卷(1970—1979)	2015-01	18.00	400
历届美国大学生数学竞赛试题集.第五卷(1980—1989)	2015-01	28.00	401
历届美国大学生数学竞赛试题集.第六卷(1990—1999)	2015-01	28.00	402
历届美国大学生数学竞赛试题集.第七卷(2000—2009)	2015-08	18.00	403
历届美国大学生数学竞赛试题集.第八卷(2010—2012)	2015-01	18.00	404
新课标高考数学创新题解题诀窍:总论	2014-09	28.00	372
新课标高考数学创新题解题诀窍:必修1~5分册	2014-08	38.00	373
新课标高考数学创新题解题诀窍:选修2-1,2-2,1-1,1-2分册	2014-09	38.00	374
新课标高考数学创新题解题诀窍:选修2-3,4-4,4-5分册	2014-09	18.00	375
全国重点大学自主招生英文数学试题全攻略:词汇卷	2015-07	48.00	410
全国重点大学自主招生英文数学试题全攻略:概念卷	2015-01	28.00	411
全国重点大学自主招生英文数学试题全攻略:文章选读卷(上)	2016-09	38.00	412
全国重点大学自主招生英文数学试题全攻略:文章选读卷(下)	2017-01	58.00	413
全国重点大学自主招生英文数学试题全攻略:试题卷	2015-07	38.00	414
全国重点大学自主招生英文数学试题全攻略:名著欣赏卷	2017-03	48.00	415
劳埃德数学趣题大全.题目卷.1:英文	2016-01	18.00	516
劳埃德数学趣题大全.题目卷.2:英文	2016-01	18.00	517
劳埃德数学趣题大全.题目卷.3:英文	2016-01	18.00	518
劳埃德数学趣题大全.题目卷.4:英文	2016-01	18.00	519
劳埃德数学趣题大全.题目卷.5:英文	2016-01	18.00	520
劳埃德数学趣题大全.答案卷:英文	2016-01	18.00	521
李成章教练奥数笔记.第1卷	2016-01	48.00	522
李成章教练奥数笔记.第2卷	2016-01	48.00	523
李成章教练奥数笔记.第3卷	2016-01	38.00	524
李成章教练奥数笔记.第4卷	2016-01	38.00	525
李成章教练奥数笔记.第5卷	2016-01	38.00	526
李成章教练奥数笔记.第6卷	2016-01	38.00	527
李成章教练奥数笔记.第7卷	2016-01	38.00	528
李成章教练奥数笔记.第8卷	2016-01	48.00	529
李成章教练奥数笔记.第9卷	2016-01	28.00	530

刘培杰数学工作室

已出版(即将出版)图书目录——初等数学

书　　名	出版时间	定　价	编号
第19～23届"希望杯"全国数学邀请赛试题审题要津详细评注(初一版)	2014—03	28.00	333
第19～23届"希望杯"全国数学邀请赛试题审题要津详细评注(初二、初三版)	2014—03	38.00	334
第19～23届"希望杯"全国数学邀请赛试题审题要津详细评注(高一版)	2014—03	28.00	335
第19～23届"希望杯"全国数学邀请赛试题审题要津详细评注(高二版)	2014—03	38.00	336
第19～25届"希望杯"全国数学邀请赛试题审题要津详细评注(初一版)	2015—01	38.00	416
第19～25届"希望杯"全国数学邀请赛试题审题要津详细评注(初二、初三版)	2015—01	58.00	417
第19～25届"希望杯"全国数学邀请赛试题审题要津详细评注(高一版)	2015—01	48.00	418
第19～25届"希望杯"全国数学邀请赛试题审题要津详细评注(高二版)	2015—01	48.00	419
物理奥林匹克竞赛大题典——力学卷	2014—11	48.00	405
物理奥林匹克竞赛大题典——热学卷	2014—04	28.00	339
物理奥林匹克竞赛大题典——电磁学卷	2015—07	48.00	406
物理奥林匹克竞赛大题典——光学与近代物理卷	2014—06	28.00	345
历届中国东南地区数学奥林匹克试题集(2004～2012)	2014—06	18.00	346
历届中国西部地区数学奥林匹克试题集(2001～2012)	2014—07	18.00	347
历届中国女子数学奥林匹克试题集(2002～2012)	2014—08	18.00	348
数学奥林匹克在中国	2014—06	98.00	344
数学奥林匹克问题集	2014—01	38.00	267
数学奥林匹克不等式散论	2010—06	38.00	124
数学奥林匹克不等式欣赏	2011—09	38.00	138
数学奥林匹克超级题库(初中卷上)	2010—01	58.00	66
数学奥林匹克不等式证明方法和技巧(上、下)	2011—08	158.00	134,135
他们学什么:原民主德国中学数学课本	2016—09	38.00	658
他们学什么:英国中学数学课本	2016—09	38.00	659
他们学什么:法国中学数学课本.1	2016—09	38.00	660
他们学什么:法国中学数学课本.2	2016—09	28.00	661
他们学什么:法国中学数学课本.3	2016—09	38.00	662
他们学什么:苏联中学数学课本	2016—09	28.00	679
高中数学题典——集合与简易逻辑·函数	2016—07	48.00	647
高中数学题典——导数	2016—07	48.00	648
高中数学题典——三角函数·平面向量	2016—07	48.00	649
高中数学题典——数列	2016—07	58.00	650
高中数学题典——不等式·推理与证明	2016—07	38.00	651
高中数学题典——立体几何	2016—07	48.00	652
高中数学题典——平面解析几何	2016—07	78.00	653
高中数学题典——计数原理·统计·概率·复数	2016—07	48.00	654
高中数学题典——算法·平面几何·初等数论·组合数学·其他	2016—07	68.00	655

刘培杰数学工作室

已出版(即将出版)图书目录——初等数学

书　名	出版时间	定　价	编号
台湾地区奥林匹克数学竞赛试题.小学一年级	2017－03	38.00	722
台湾地区奥林匹克数学竞赛试题.小学二年级	2017－03	38.00	723
台湾地区奥林匹克数学竞赛试题.小学三年级	2017－03	38.00	724
台湾地区奥林匹克数学竞赛试题.小学四年级	2017－03	38.00	725
台湾地区奥林匹克数学竞赛试题.小学五年级	2017－03	38.00	726
台湾地区奥林匹克数学竞赛试题.小学六年级	2017－03	38.00	727
台湾地区奥林匹克数学竞赛试题.初中一年级	2017－03	38.00	728
台湾地区奥林匹克数学竞赛试题.初中二年级	2017－03	38.00	729
台湾地区奥林匹克数学竞赛试题.初中三年级	2017－03	28.00	730
不等式证题法	2017－04	28.00	747
平面几何培优教程	即将出版		748
奥数鼎级培优教程.高一分册	即将出版		749
奥数鼎级培优教程.高二分册.上	2018－04	68.00	750
奥数鼎级培优教程.高二分册.下	2018－04	68.00	751
高中数学竞赛冲刺宝典	即将出版		883
初中尖子生数学超级题典.实数	2017－07	58.00	792
初中尖子生数学超级题典.式、方程与不等式	2017－08	58.00	793
初中尖子生数学超级题典.圆、面积	2017－08	38.00	794
初中尖子生数学超级题典.函数、逻辑推理	2017－08	48.00	795
初中尖子生数学超级题典.角、线段、三角形与多边形	2017－07	58.00	796
数学王子——高斯	2018－01	48.00	858
坎坷奇星——阿贝尔	2018－01	48.00	859
闪烁奇星——伽罗瓦	2018－01	58.00	860
无穷统帅——康托尔	2018－01	48.00	861
科学公主——柯瓦列夫斯卡娅	2018－01	48.00	862
抽象代数之母——埃米·诺特	2018－01	48.00	863
电脑先驱——图灵	2018－01	58.00	864
昔日神童——维纳	2018－01	48.00	865
数坛怪侠——爱尔特希	2018－01	68.00	866
当代世界中的数学.数学思想与数学基础	2018－04	38.00	892
当代世界中的数学.数学问题	即将出版		893
当代世界中的数学.应用数学与数学应用	即将出版		894
当代世界中的数学.数学王国的新疆域(一)	2018－04	38.00	895
当代世界中的数学.数学王国的新疆域(二)	即将出版		896
当代世界中的数学.数林撷英(一)	即将出版		897
当代世界中的数学.数林撷英(二)	即将出版		898
当代世界中的数学.数学之路	即将出版		899

联系地址:哈尔滨市南岗区复华四道街10号　哈尔滨工业大学出版社刘培杰数学工作室
网　　址:http://lpj.hit.edu.cn/
邮　　编:150006
联系电话:0451－86281378　　13904613167
E-mail:lpj1378@163.com